김광암 · 강병욱 · 권기행 지음

BM 주식회사 도서출판 성안당
www.cyber.co.kr

■ 도서 A/S 안내

성안당에서 발행하는 모든 도서는 저자와 출판사, 그리고 독자가 함께 만들어 나갑니다.

좋은 책을 펴내기 위해 많은 노력을 기울이고 있습니다. 혹시라도 내용상의 오류나 오탈자 등이 발견되면 "좋은 책은 나라의 보배"로서 우리 모두가 함께 만들어 간다는 마음으로 연락주시기 바랍니다. 수정 보완하여 더 나은 책이 되도록 최선을 다하겠습니다.

성안당은 늘 독자 여러분들의 소중한 의견을 기다리고 있습니다. 좋은 의견을 보내주시는 분께는 성안당 쇼핑몰의 포인트(3,000포인트)를 적립해 드립니다.

잘못 만들어진 책이나 부록 등이 파손된 경우에는 교환해 드립니다.

저자 문의 e-mail : mpkka@hanmail.net(김광암)
본서 기획자 e-mail : coh@cyber.co.kr(최옥현)
홈페이지 : http://www.cyber.co.kr 전화 : 031) 950-6300

머리말 PREFACE

용접은 석유화학, 발전소, 중공업, 항공, 자동차, 건설, 기계 등 매우 광범위하게 쓰이는 기술로서 모든 공업 분야에 영향을 미치는 중요한 기술 중 하나입니다. 로봇과 인공지능이 계속해서 발달해도 용접을 대체할 수 있는 데는 한계가 있으며 특수용접 또한 이와 마찬가지라고 생각합니다.

우리나라의 용접기술은 전 세계적으로 인정받고 있습니다. 하지만 국가기술자격인 용접기능장, 용접기사, 용접산업기사, 용접기능사 자격증으로는 세계적으로 자격을 인정받을 수 없습니다.

이에 ISO를 주관하는 SCC(캐나다표준화위원회)로부터 ISO 17024 기준에 의거한 용접자격을 인증받아 세계 163개국에서 인정받을 수 있는 세계 최초의 표준화된 국제용접사 자격증제도를 시행하게 되었습니다. 그리고 국제용접사 심사위원과 평가위원은 전국대회는 물론 세계기능올림픽 금메달리스트와 국가대표 감독관, 20년 이상의 현장 경험이 있는 용접 감독관들로 구성되어 있습니다.

이러한 국제용접사는 명실공히 세계 최초의 용접기능장 수준 이상의 실기시험을 거쳐 자격을 취득하게 되므로 용접에 대한 자부심을 느끼게 될 것입니다. 또한 자격증을 취득함으로써 세계화에 앞장서고 세계를 리드해 나갈 수 있는 역군이 될 것입니다.

아무쪼록 이 책으로 열심히 공부하여 합격의 영광이 함께하기를 기원드립니다. 끝으로 IQCS의 안봉수 원장님과 IEQC 정인기 대표님께 감사드리며, 출판하는 데 도움을 주신 모든 분들께 감사의 마음을 전합니다.

저자를 대표하여

김 광 암

ISO

ISO 국제용접사 자격검정 안내

GUIDE

용접사 국제자격 소개

1. 국제표준화기구(ISO, International Organization for Standardization)란?

세계 각국의 공업규격을 조정, 통일하여 국제표준을 개발하고 물자와 서비스의 국제적 교류를 증진시키기 위해 전 세계 163개 회원국의 국가 표준, 산업기술 관련 연구기관들이 참여하고 있는 세계에서 가장 큰 단체이다.

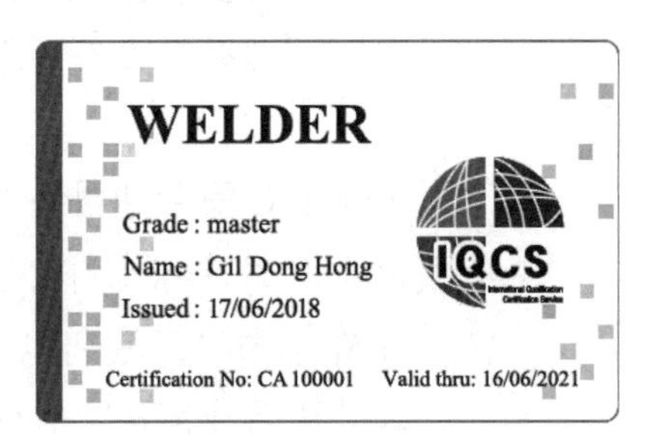

2. ISO 국제용접사 자격증이란?

국제표준화기구(ISO)의 개인자격국제표준(ISO 17024)에 의거, 국내는 물론 세계 어디에서나 동일하게 인정받을 수 있는 용접사 자격으로 캐나다표준화위원회(SCC)로부터 최초로 공식 승인을 받은 국제 개인자격증이다.

3. ISO 국제용접사 자격증의 특징은?

현행 대한민국 국가기술자격(용접기능장, 기사, 산업기사, 기능사) 검정에서 다루고 있지 않은 Pipe용접을 작업형 실기시험에 채택함으로써 산업체에서 요구하는 현장 용접 실무 위주의 검정방법을 적용하고 있다.

4. ISO 국제용접사 자격 검정방법 및 평가기준

<table>
<tr><th colspan="3">구분</th><th>Master</th><th>Expert</th><th>Semi-Master</th></tr>
<tr><td colspan="3">응시자격</td><td>• 현장 용접 경력 5년 이상인 자
• 대학 관련 학과 1년 이상 재학 중인 자, 졸업자</td><td>• 현장 용접 경력 2년 이상인 자
• 대학 관련 학과 1년 이상 재학 중인 자, 졸업자</td><td>• 현장 용접 경력 2년 이상인 자
• 용접 관련 고등학교 재학 중인 자, 졸업자
• 용접 관련 대학 재학 중인 자, 졸업자</td></tr>
<tr><td rowspan="4">필기</td><td colspan="2">출제기준</td><td colspan="3">용접공학, 용접재료, 용접설계 및 시공, 용접검사, 용접 자동화</td></tr>
<tr><td colspan="2">문항</td><td colspan="3">OX문제(10문항), 4지선다형(40문항)</td></tr>
<tr><td colspan="2">시험시간</td><td colspan="3">60분</td></tr>
<tr><td colspan="2">합격기준</td><td colspan="3">60점 이상</td></tr>
<tr><td rowspan="15">실기</td><td rowspan="4">1
과제</td><td>과제명</td><td>절단 및 가용접</td><td>탄소강관 용접</td><td>절단 및 용접</td></tr>
<tr><td>용접기법
및 자세</td><td>가스절단
FCAW</td><td>GTAW(6G)</td><td>가스절단
FCAW</td></tr>
<tr><td>평가</td><td>외관검사+파단시험</td><td>외관검사+RT검사</td><td>외관검사+파단시험</td></tr>
<tr><td>배점</td><td>20점</td><td>49점</td><td>20점</td></tr>
<tr><td rowspan="4">2
과제</td><td>과제명</td><td>탄소강관 용접</td><td>STS강관 용접</td><td>평판 맞대기용접</td></tr>
<tr><td>용접기법
및 자세</td><td>SMAW(6G)
GTAW(6G)</td><td>GTAW(6G)</td><td>SMAW, GTAW, FCAW</td></tr>
<tr><td>평가</td><td>외관검사+RT검사</td><td>외관검사+RT검사</td><td>외관검사+굽힘시험</td></tr>
<tr><td>배점</td><td>37점</td><td>49점</td><td>37점</td></tr>
<tr><td rowspan="4">3
과제</td><td>과제명</td><td>압력용기 용접</td><td>–</td><td>구조물 용접</td></tr>
<tr><td>용접기법
및 자세</td><td>SMAW, GTAW, FCAW</td><td>–</td><td>SMAW, GTAW, FCAW</td></tr>
<tr><td>평가</td><td>외관검사+수압시험</td><td>–</td><td>외관검사+자연압시험</td></tr>
<tr><td>배점</td><td>40점</td><td>–</td><td>40점</td></tr>
<tr><td colspan="2">배점</td><td>3점</td><td>2점</td><td>3점</td></tr>
<tr><td colspan="2">총시험시간</td><td>8시간</td><td>4시간</td><td>6시간</td></tr>
<tr><td colspan="2">합격기준</td><td>60점 이상</td><td>60점 이상</td><td>60점 이상</td></tr>
</table>

5. 검정용 공개도면

(1) Master(1, 2, 3)

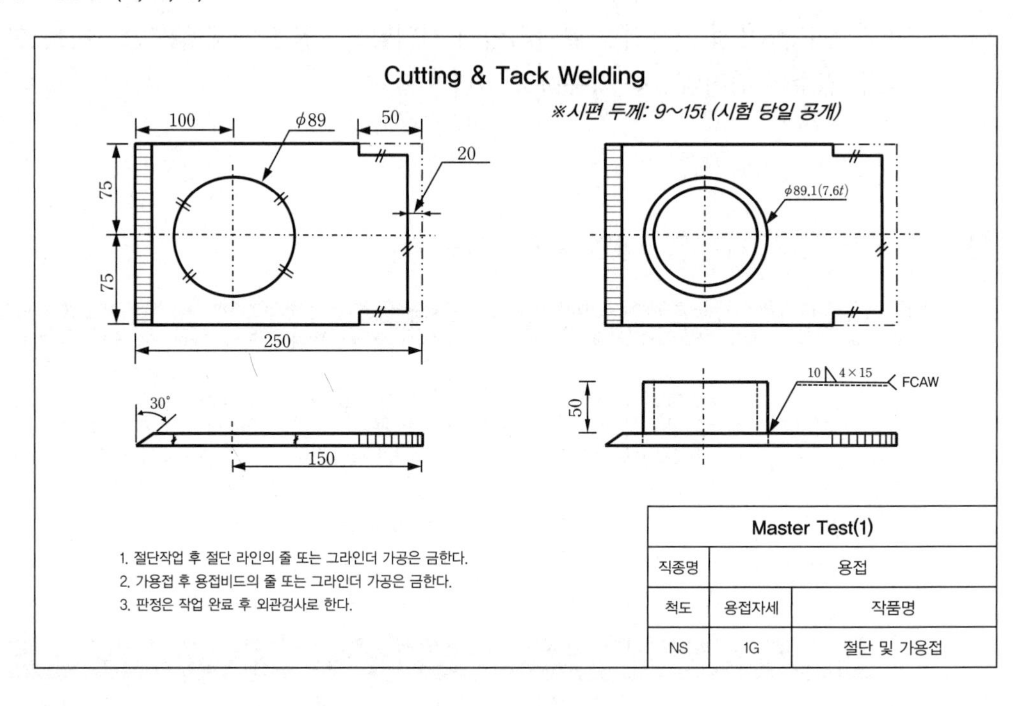

1. 절단작업 후 절단 라인의 줄 또는 그라인더 가공은 금한다.
2. 가용접 후 용접비드의 줄 또는 그라인더 가공은 금한다.
3. 판정은 작업 완료 후 외관검사로 한다.

Master Test(1)		
직종명	용접	
척도	용접자세	작품명
NS	1G	절단 및 가용접

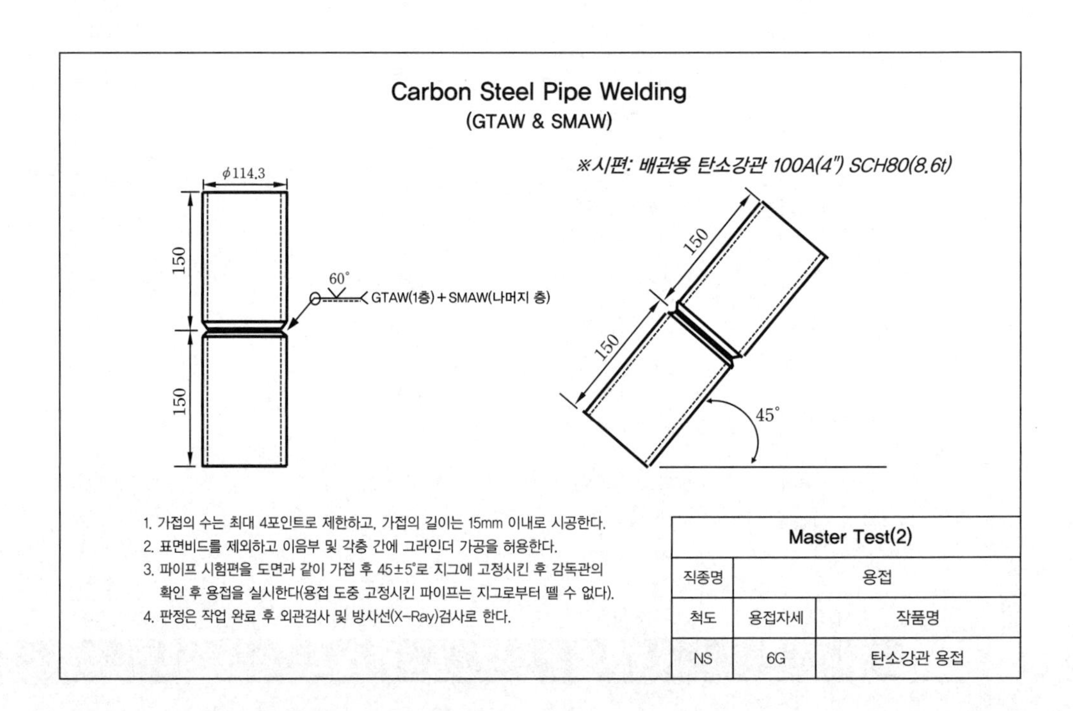

1. 가접의 수는 최대 4포인트로 제한하고, 가접의 길이는 15mm 이내로 시공한다.
2. 표면비드를 제외하고 이음부 및 각층 간에 그라인더 가공을 허용한다.
3. 파이프 시험편을 도면과 같이 가접 후 45±5°로 지그에 고정시킨 후 감독관의 확인 후 용접을 실시한다(용접 도중 고정시킨 파이프는 지그로부터 뗄 수 없다).
4. 판정은 작업 완료 후 외관검사 및 방사선(X-Ray)검사로 한다.

Master Test(2)		
직종명	용접	
척도	용접자세	작품명
NS	6G	탄소강관 용접

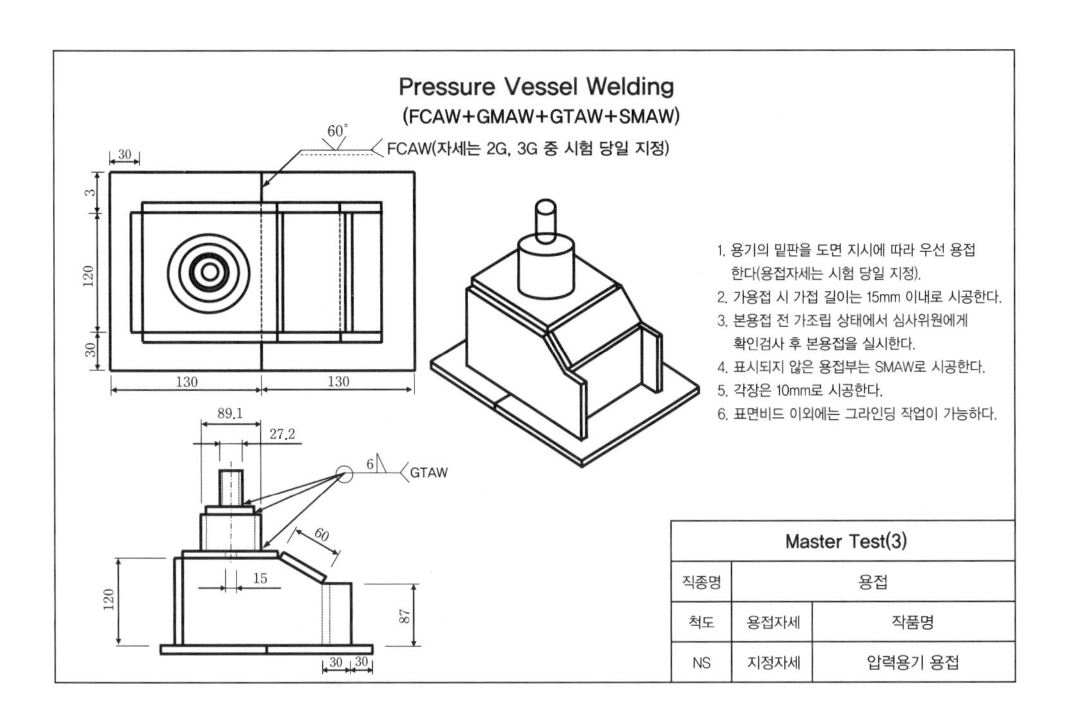

Pressure Vessel Welding
(FCAW+GMAW+GTAW+SMAW)
60°
FCAW(자세는 2G, 3G 중 시험 당일 지정)
30
3
120
30
130
130
89.1
27.2
6
GTAW
60
15
120
87
30
30
1. 용기의 밑판을 도면 지시에 따라 우선 용접 한다(용접자세는 시험 당일 지정).
2. 가용접 시 가접 길이는 15mm 이내로 시공한다.
3. 본용접 전 가조립 상태에서 심사위원에게 확인검사 후 본용접을 실시한다.
4. 표시되지 않은 용접부는 SMAW로 시공한다.
5. 각장은 10mm로 시공한다.
6. 표면비드 이외에는 그라인딩 작업이 가능하다.
Master Test(3)
직종명
용접
척도
용접자세
작품명
NS
지정자세
압력용기 용접

(2) Expert(1, 2)

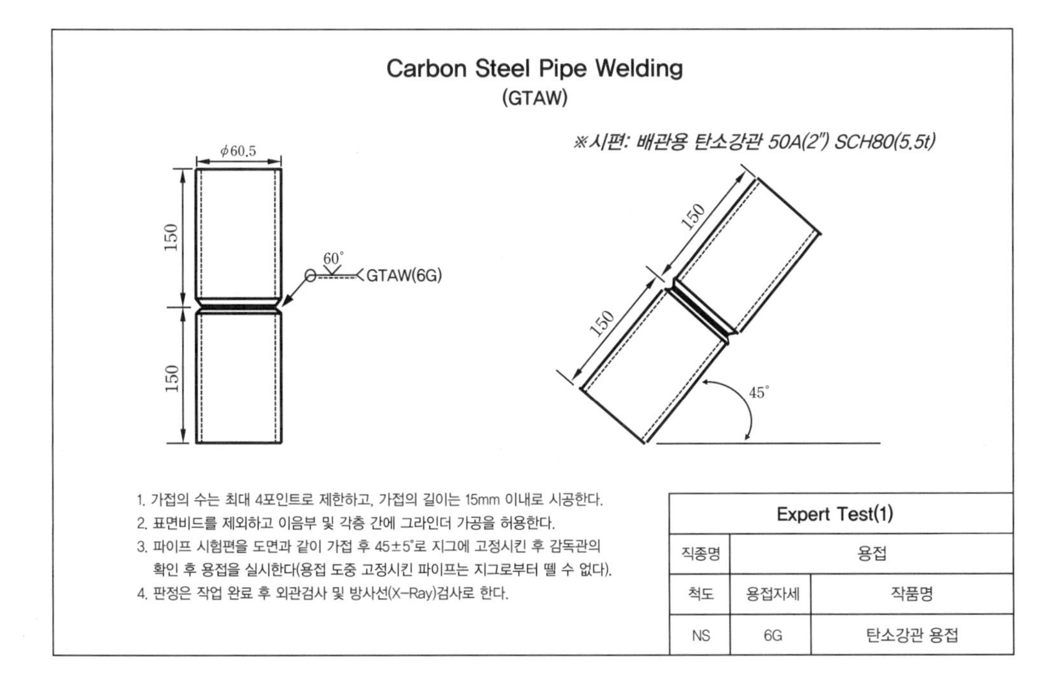

Carbon Steel Pipe Welding
(GTAW)
※시편: 배관용 탄소강관 50A(2") SCH80(5.5t)
φ60.5
150
150
60°
GTAW(6G)
150
150
45°
1. 가접의 수는 최대 4포인트로 제한하고, 가접의 길이는 15mm 이내로 시공한다.
2. 표면비드를 제외하고 이음부 및 각층 간에 그라인더 가공을 허용한다.
3. 파이프 시험편을 도면과 같이 가접 후 45±5°로 지그에 고정시킨 후 감독관의 확인 후 용접을 실시한다(용접 도중 고정시킨 파이프는 지그로부터 뗄 수 없다).
4. 판정은 작업 완료 후 외관검사 및 방사선(X-Ray)검사로 한다.
Expert Test(1)
직종명
용접
척도
용접자세
작품명
NS
6G
탄소강관 용접

Stainless Steel Pipe Welding
(GTAW)

※시편: 배관용 STS강관 150A(6") SCH80(11.0t)

φ165.2

150

150

60°

GTAW(6G)

150

150

45°

1. 가접의 수는 최대 4포인트로 제한하고, 가접의 길이는 15mm 이내로 시공한다.
2. 표면비드를 제외하고 이음부 및 각층 간에 그라인더 가공을 허용한다.
3. 파이프 시험편을 도면과 같이 가접 후 45±5°로 지그에 고정시킨 후 감독관의 확인 후 용접을 실시한다(용접 도중 고정시킨 파이프는 지그로부터 뗄 수 없다).
4. 용접 중 가스 퍼징을 실시한다.
5. 판정은 작업 완료 후 외관검사 및 방사선(X-Ray)검사로 한다.

Expert Test(2)		
직종명	용접	
척도	용접자세	작품명
NS	6G	STS강관 용접

(3) Semi-Master(1, 2, 3)

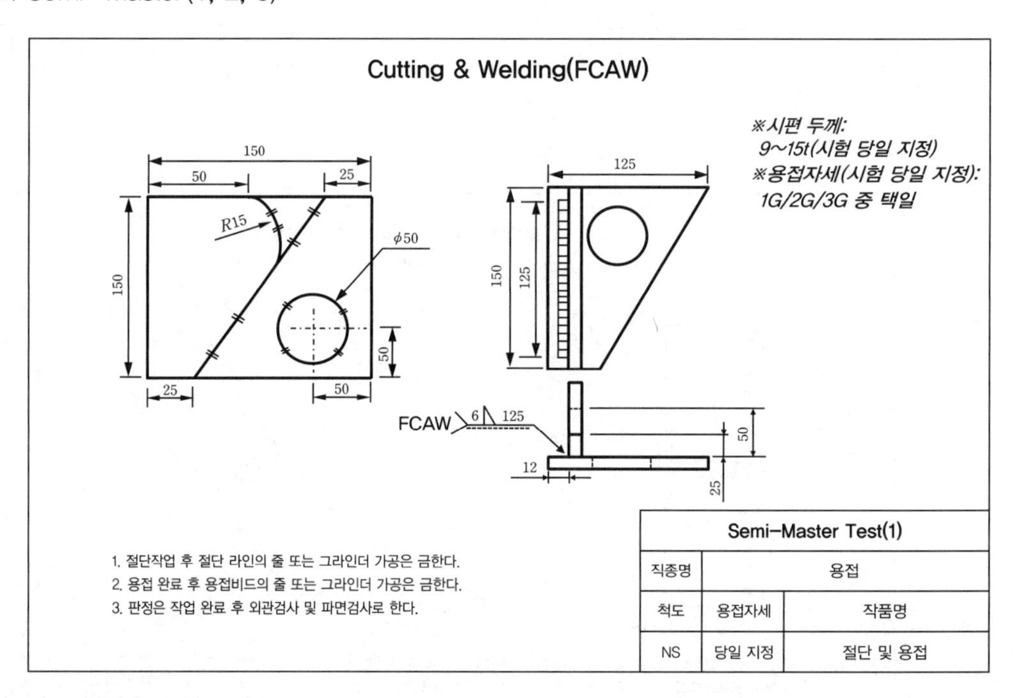

1. 절단작업 후 절단 라인의 줄 또는 그라인더 가공은 금한다.
2. 용접 완료 후 용접비드의 줄 또는 그라인더 가공은 금한다.
3. 판정은 작업 완료 후 외관검사 및 파면검사로 한다.

Semi-Master Test(1)		
직종명	용접	
척도	용접자세	작품명
NS	당일 지정	절단 및 용접

Carbon Steel Plate Welding
(SMAW/GMAW/GTAW/FCAW)

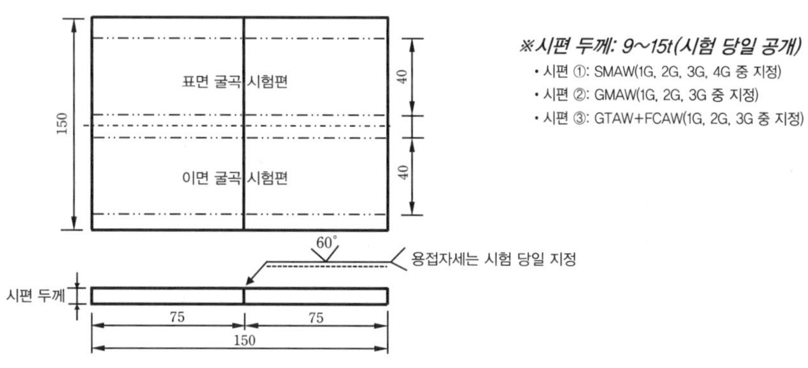

※시편 두께: 9~15t(시험 당일 공개)
- 시편 ①: SMAW(1G, 2G, 3G, 4G 중 지정)
- 시편 ②: GMAW(1G, 2G, 3G 중 지정)
- 시편 ③: GTAW+FCAW(1G, 2G, 3G 중 지정)

1. 가용접 시 가접 길이는 15mm 이내로 한다.
2. 용접자세는 시험 당일 지정한다.
3. 용접작업은 지정된 자세로 한다.
4. 용접 완료 후 용접비드의 줄 또는 그라인더 가공은 금한다.
5. 판정은 작업 완료 후 외관검사 및 굽힘시험으로 한다.

Semi-Master Test(2)		
직종명	용접	
척도	용접자세	작품명
NS	당일 지정	평판 맞대기용접

Structure Vessel Welding
(FCAW+GMAW+GTAW+SMAW)

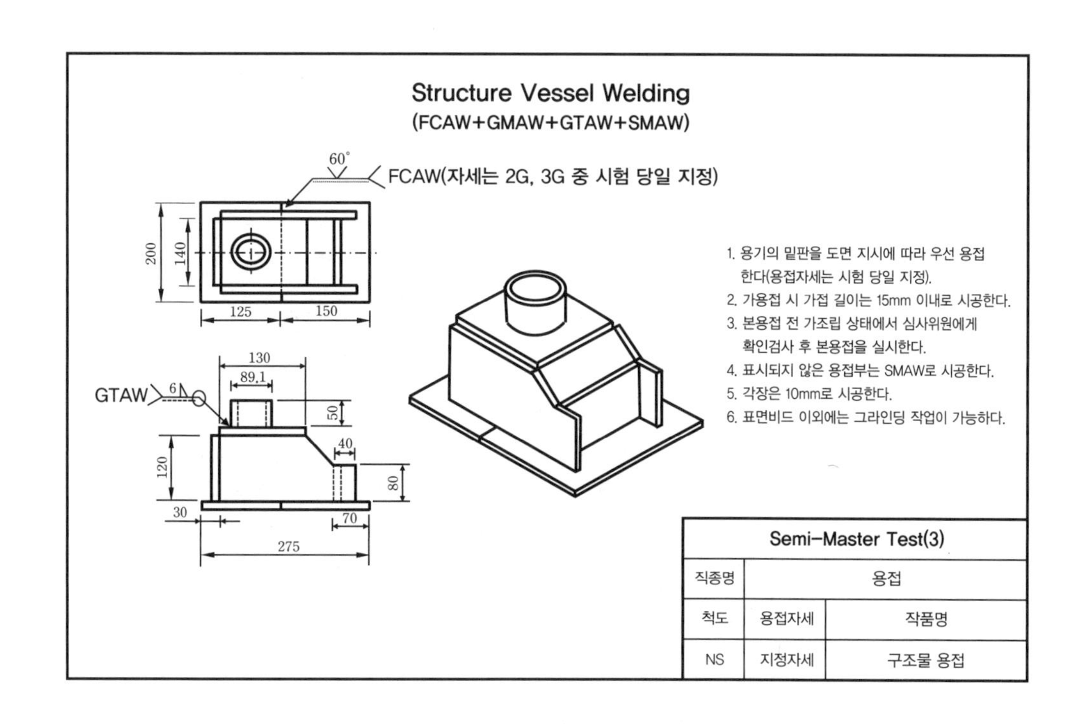

1. 용기의 밑판을 도면 지시에 따라 우선 용접 한다(용접자세는 시험 당일 지정).
2. 가용접 시 가접 길이는 15mm 이내로 시공한다.
3. 본용접 전 가조립 상태에서 심사위원에게 확인검사 후 본용접을 실시한다.
4. 표시되지 않은 용접부는 SMAW로 시공한다.
5. 각장은 10mm로 시공한다.
6. 표면비드 이외에는 그라인딩 작업이 가능하다.

Semi-Master Test(3)		
직종명	용접	
척도	용접자세	작품명
NS	지정자세	구조물 용접

시험 응시안내

1. 1차 필기 응시안내

(1) 원서 접수방법

① ISO 국제용접사 자격시험 응시원서 다운로드

② 응시원서 작성(1차 필기 체크)

③ 응시원서 팩스(Fax: 052-256-2354)

또는 이메일(E-mail: mpkka@hanmail.net) 송부

④ 응시료 납부

(2) 응시원서

(ISO 국제용접사) 자격시험 응시원서

IEQC (주)국제교육자격인증원

깥갱�곡 m'펏 ㅈ끈77풉 6;- 퐺꿧ㄹ.
myy704| ||3 jvh3ht 3pw4 ru ppfE mfsrf j y
ㄹㅎ껌꿏뷥 5:7 27==27<;; 4 KF] 5:727:;278:9

갖ㅈ	뷘픈		길ㄹㅎ	
겐ᄌ깝갖			갖mA	
꿝넺갲뷥				
늦ㅗ뷥				
껆ㄷ갗				
꾦곌꽻 -끊꾦곌꽻.				
꽻꿏꾦곌 -뷥ᅱㅁ예 틀깠.				
곌곕 -뷥ᅱ꿝귆 뷘뷘.	뷖퍽 / 찐ㄹㄷ꿖?	뷖팍 / cm'겡?	뷖ᄌ / 꽻꾋?	
끒꼿뷖ㅎ	뷖퍽	뷖팍	껟뷖 4 꼟극 4 괄ㅎ	
mg꺫꿝튕	62	72	82	92
깵곡펏km'	☐ 6꿟 늦풀	☐ 7꿟 긇플	☐ 꿝튕꺭 토귯	
귺꿦꿝튕 ㅈ끲	☐ ㅊ꾮넴-R f xyj w	☐ 긢꾮냆눇-J } uj wy.	☐ 갶폐ㅊ꾮넴-Xj r @R f xyj w	
Hti j St3				

NT 펐껬깎꺽갴 꿝튕곡뷐긆 깵곡뷖틘꿝 깜겡ㄱ 꼤끒뷀ㅎㅓ3 껆 깜겡긆 풀곌뷘 흥깎껆 갴끒팍 ㅓり탄헬 곌꼤껆 깵곡꿝튕 풀꾦긆 뷥ᅱㅁ꽻 긇ㅎ뷘 틀깠긆예 곡뷀 ㅓ예 꿝튕깽 끒곌뷖긢ㅜ 긢 ㄹㄷ「 껆껆ㄱ 꼤풀뷖꽻 긬튈길ㅎㅓ3

ᄌ 깝 갖

NVH ㅗ뷣껆갴 펫뷖 갖ㅈ ? -겡ㅈ.

※ 자세한 내용은 (주)국제교육자격인증원(http://ieqc.co.kr/ko)을 참고하세요.
문의전화: 052-288-2766 / 052-256-2355(실기시험장)

2. 2차 실기 응시안내

(1) 2차 실기 원서 접수자격

① 용접사 국제자격 1차 필기 합격자

② 용접사 국제자격 1차 필기 합격일로부터 1년 미만인 자

※필기 합격 후 1년이 경과하면 2차 실기 자격이 상실됩니다.

(2) 원서 접수방법

① ISO 국제용접사 자격시험 응시원서 다운로드

② 응시원서 작성(2차 실기 체크)

③ 응시원서 팩스 또는 이메일 송부

④ 응시료 납부

(3) 응시원서

(ISO 국제용접사) 자격시험 응시원서

IEQC (주)국제교육자격인증원

목차 CONTENTS

ISO INTERNATIONAL WELDING

/ 이론편 /

PART I

용접 일반

용접재료(용접야금)

ISO

PART III

용접설계, 시공, 검사

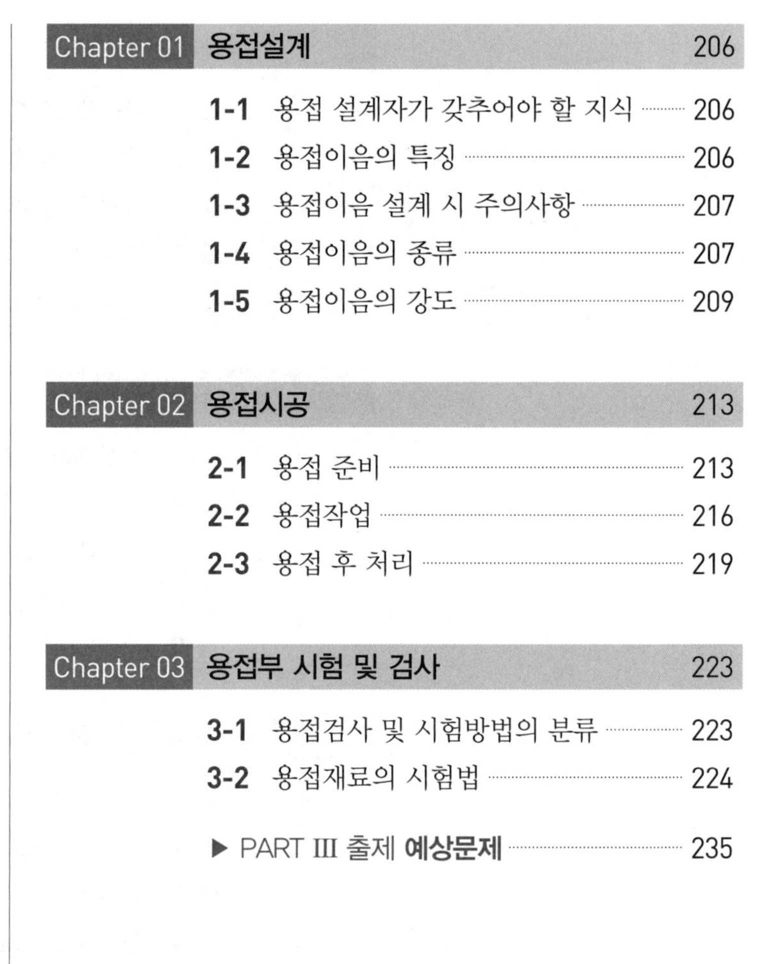

PART IV

기계제도

ISO INTERNATIONAL WELDING

/ 실 습 편 /

SMAW 실습

FCAW 실습

GTAW 실습

가스절단 실습

압력용기의 제작

작업형 공개도면

ISO INTERNATIONAL WELDING

/ 부 록 편 /

선급 및 용접사 자격 규정

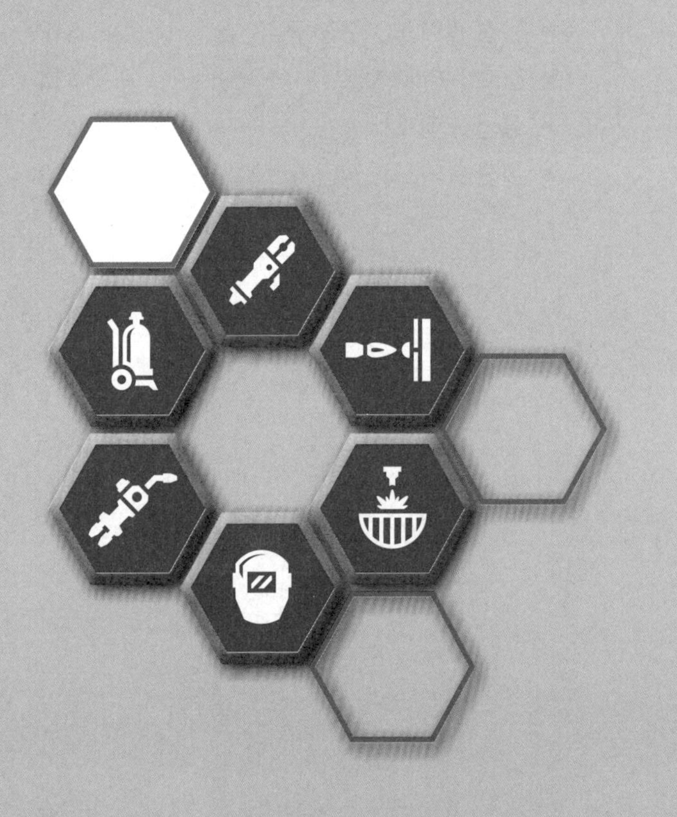

[이론편]

ISO INTERNATIONAL WELDING >>>

- PART Ⅰ 용접 일반
- PART Ⅱ 용접재료(용접야금)
- PART Ⅲ 용접설계, 시공, 검사
- PART Ⅳ 기계제도

ISO INTERNATIONAL WELDING

PART I

ISO INTERNATIONAL WELDING >>>

용접 일반

01 용접 개요

1-1 용접의 원리

1 용접의 개념

① 용접(welding)이란 접합하고자 하는 2개 이상의 물체나 재료의 접합 부분을 용융 또는 반용융 상태에서 용가재(용접봉, 와이어, 땜납 등)를 첨가하여 접합하거나, 접합하고자 하는 부분을 적당한 온도로 가열한 후 압력을 가하여 서로 접합시키는 기술을 말한다.

② 금속과 금속의 원자 간 거리를 충분히 접근시키면 금속원자 간에 인력이 작용하여 스스로 결합할 수 있지만, 금속의 표면에는 매우 얇은 산화피막이 덮여 있고 표면 요철도 있기 때문에 상온에서 스스로 결합할 수 있는 간격($1Å=10^{-8}cm$)까지 접근시킬 수 없으므로 전기나 가스와 같은 열원을 이용하여 접합하고자 하는 부분의 산화피막과 요철을 제거하고 금속원자 간에 영구 결합을 이루는 것을 용접이라 한다.

2 접합의 종류

(1) 기계적 접합법
볼트, 리벳, 나사, 핀 등으로 결합하는 방법

(2) 야금적 접합법
금속과 금속을 충분히 접근시키면 금속원자 사이에 인력이 작용하는데, 그 인력에 의하여 금속을 영구 결합시키는 것으로 대표적인 것이 용접이다.

1-2 용접의 분류

(1) 가열하는 열원과 접합하는 방법에 따른 분류

융접, 압접, 납땜으로 분류한다.

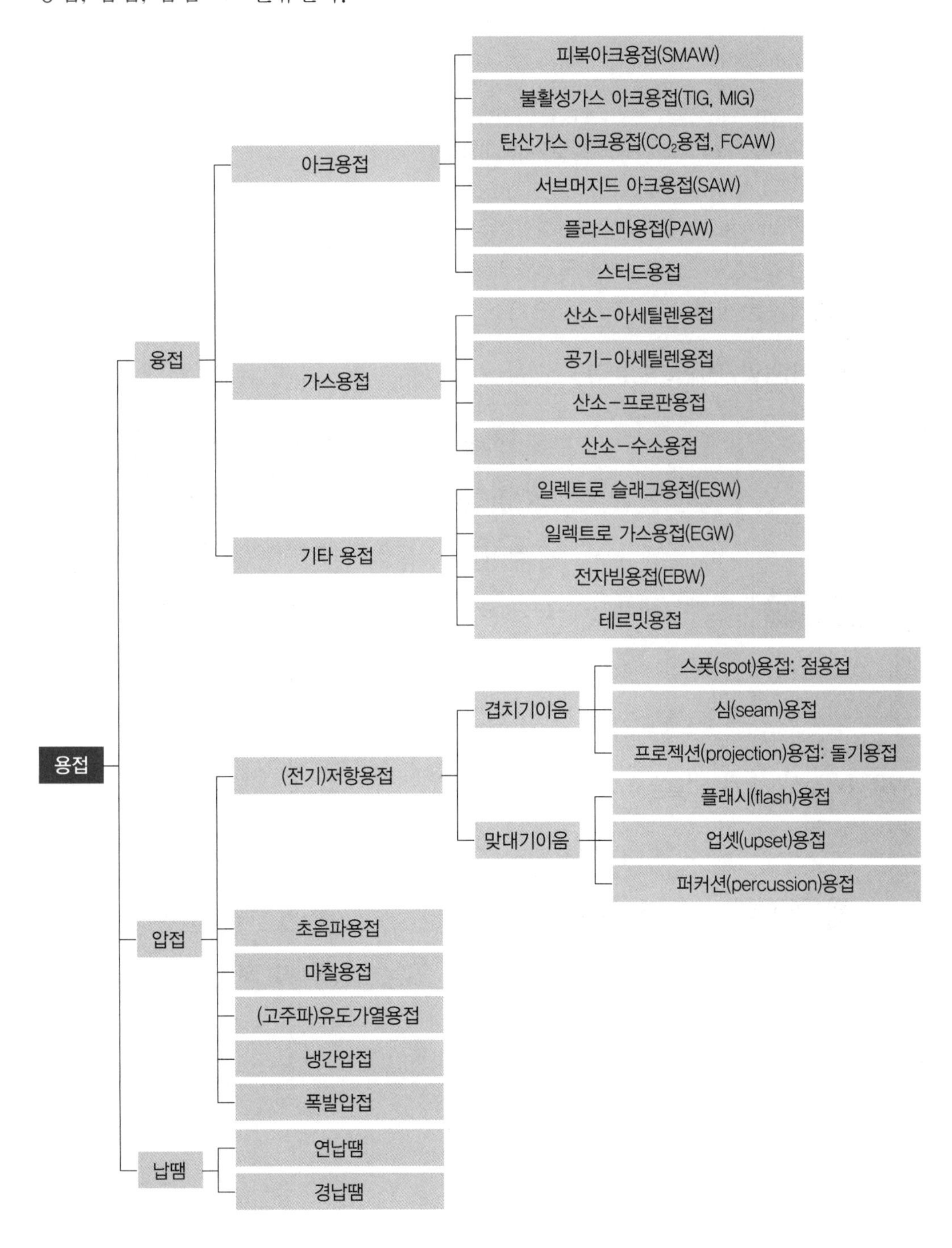

① 융접(fusion welding): 접합 부분을 용융 또는 반용융 상태로 가열한 후 용가재(용접봉, 와이어)를 첨가하여 접합시키는 방법
② 압접(pressure welding): 접합 부분을 열간 또는 냉간* 상태에서 압력(기계적 에너지)을 주어 접합하는 방법

ONE POINT

냉간: 금속의 재결정온도 이하를 의미한다. 철의 재결정온도는 450℃이므로 450℃ 이하에서 가공하는 것을 **냉간가공**, 그 이상에서 가공하는 것을 **열간가공**이라 한다.

③ 납땜(brazing & soldering): 접합하고자 하는 재료, 즉 모재는 녹이지 않고 모재보다 용융점이 낮은 금속을 녹여 모재와의 사이에서 발생하는 모세관현상 및 표면장력으로 접합시키는 방법

(2) 에너지원(열원)에 따른 분류

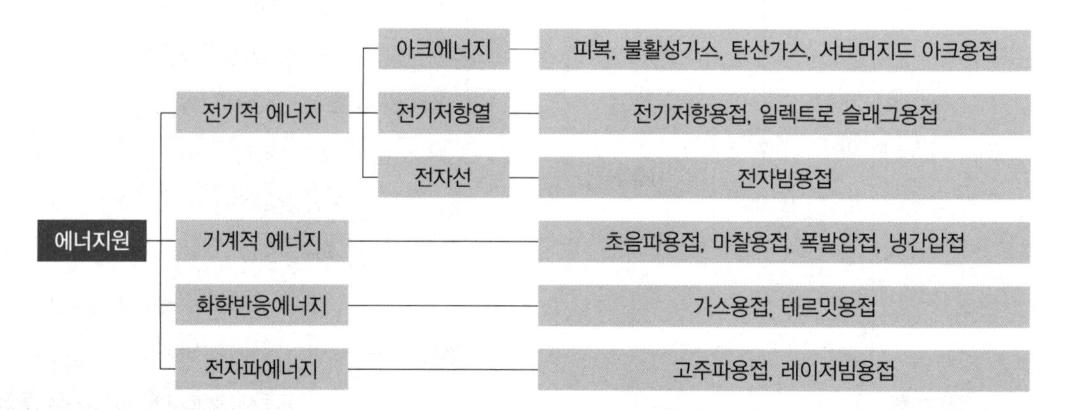

(3) 작업방법에 따른 분류

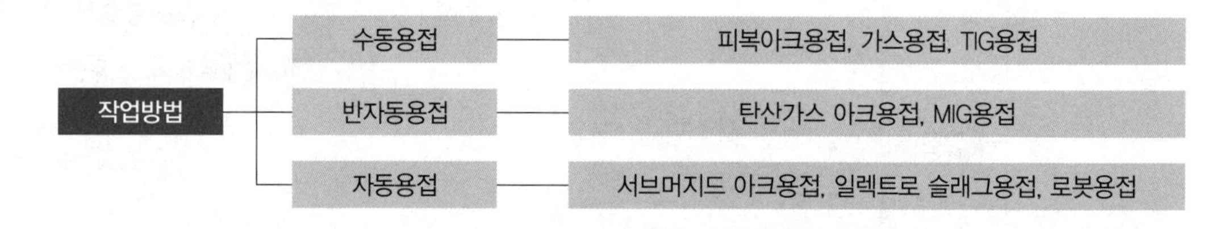

1-3 용접의 장단점

1 장점

① 재료가 절약되고 작업공정을 줄일 수 있다.
② 이음효율 및 제품의 성능과 수명이 향상된다.
③ 기밀성, 수밀성, 유밀성이 우수하며 이종재료도 접합할 수 있다.
④ 용접 준비 및 작업이 비교적 간단하며, 작업의 자동화가 용이하다.
⑤ 재료의 두께에 제한이 없다.

2 단점

① 용접할 때의 급열, 급랭에 따른 수축, 변형 및 잔류응력이 발생한다.
② 품질검사가 곤란하다.
③ 용접사의 기량에 따라 용접부의 품질이 좌우된다.
④ 유해광선 및 가스 폭발의 위험이 있다.

01 Chapter 출제 예상문제

O/X 문제

01 용접은 접합하고자 하는 재료의 접합 부분을 용융 또는 반용융 상태로 만들어 직접 접합하거나, 접합하고자 하는 두 물체 사이에 용가재를 첨가하여 접합시키는 작업을 말한다. (○/×)

02 금속원자 간 인력이 작용하여 스스로 접합할 수 있는 인력 범위는 1Å(=10^{-8}cm)이다. (○/×)

03 용접을 크게 3가지로 구분하면 융접, 역접, 납땜으로 구분할 수 있다. (○/×)

해설 용접은 융접(fusion welding), 압접(pressure welding), 납땜(soldering & brazing)의 3가지로 크게 구분된다.

04 납땜에서 연납과 경납의 구분온도는 450℃이다. (○/×)

05 접합 부분을 용융 또는 반용융 상태로 하고 용가재(용접봉, 와이어 등)를 첨가하여 접합하는 방법을 융접(fusion welding)이라 한다. (○/×)

06 야금적 접합법이란 금속과 금속을 충분히 접근시키면 금속원자 사이에 인력이 작용하는데 그 인력에 의해 금속이 영구 결합하는 것으로 대표적인 것이 용접(welding)이다. (○/×)

07 초음파용접은 용접법의 분류에서 용접으로 분류한다. (○/×)

해설
- 초음파용접은 압접(pressure welding)으로 분류한다.
- 압접의 종류: 전기저항용접, 유도가열용접, 초음파용접, 마찰용접

08 용접법 중 모재를 용융하지 않고 모재의 용융점보다 낮은 금속을 녹여 접합부에 넣어 표면장력으로 접합시키는 방법은 압접이다. (○/×)

해설 납땜: 모재를 용융시키지 않고 용가재(납)를 첨가하여 확산과 표면장력에 의해 접합하는 방법

09 용접법의 일반적인 장점은 재질의 변형 및 잔류응력이 존재한다는 것이다. (○/×)

해설 재질의 변형과 잔류응력이 발생한다는 것은 용접의 장점이 아닌 단점이다.

10 일렉트로 슬래그용접은 용접법의 분류에서 아크용접으로 분류한다. (○/×)

해설
- 일렉트로 슬래그용접(ESW): 용융 슬래그의 저항열을 이용하여 와이어와 모재를 용융시키면서 단층 수직 · 상진용접하는 방법으로, 아크를 이용한 용접은 아니다.
- 일렉트로 가스용접(EGW): 아크를 이용하는 용접으로, 아크용접에 속한다.

정답

01. ○ 02. ○ 03. × 04. ○ 05. ○ 06. ○ 07. × 08. × 09. × 10. ×

객관식 문제

01 금속과 금속을 충분히 접근시키면 그 사이에 원자 간의 인력이 작용하여 서로 결합한다. 이 결합을 이루기 위해 원자들을 몇 cm까지 접근시켜야 하는가?

① 10^{-6}cm ② 10^{-7}cm
③ 10^{-8}cm ④ 10^{-9}cm

02 용접의 열원 중에서 기계적 에너지를 사용하는 용접법은?

① 초음파 용접법 ② 고주파 용접법
③ 전자빔 용접법 ④ 레이저 용접법

해설 기계적 에너지(압력, 마찰, 진동)로 발생되는 열을 이용한 용접법: 초음파용접, 마찰용접, 냉간압접

03 용접의 열원으로서 제어가 매우 용이하고 에너지의 집중화를 예측할 수 있는 에너지원은?

① 기계적 에너지
② 화학반응에너지
③ 전자기적 에너지
④ 결정에너지

해설
- 전자기적 에너지를 이용하는 용접법: 아크용접, TIG용접, MIG용접, 전기저항용접
- 모재와 전극 사이에서 발생되는 아크열 또는 전기저항열을 이용하는 것으로, 제어가 용이하고 에너지 집중화를 예측할 수 있다.

04 금속재료를 접합하는 방법 중 용접은 무슨 용접법인가?

① 기계적 접합법 ② 자기적 접합법
③ 전자적 접합법 ④ 야금적 접합법

해설
- 기계적 접합법 : 볼트이음, 리벳이음, 접어잇기
- 야금적 접합법(=용접) : 융접, 압접, 납땜

05 다음 중 경납땜에 해당하지 않는 것은?

① 가스납땜 ② 저항납땜
③ 인두납땜 ④ 진공납땜

해설
- 연납땜: 인두납땜
- 경납땜: 가스납땜, 노 내 납땜, 저항납땜, 유도가열납땜

06 다음 중 모재를 녹이지 않고 접합하는 용접법은?

① 가스압접 ② 납땜
③ 용접법 ④ 저항용접

해설 납땜: 모재를 녹이지 않고 용가재(납)를 첨가하여 확산과 표면장력에 의해 접합하는 방법

07 접합 부분을 용융 또는 반용융 상태로 하고 여기에 용가재(용접봉)를 첨가하여 접합하는 방법은?

① 압접 ② 융접
③ 통접 ④ 납땜

해설
- 융접: 모재를 용융 또는 반용융 상태로 만든 다음, 용가재를 첨가하여 접합하는 방법
- 압접: 모재를 적당한 온도로 가열한 후, 기계적 에너지를 가하여 접합하는 방법

08 다음 중 용접이음의 장점이 아닌 것은?

① 기밀성이 우수하다.
② 작업의 자동화가 용이하다.
③ 용접재료의 내부에 잔류응력이 존재한다.
④ 구조가 간단하고 재료의 두께에 제한이 없다.

해설 용접 시 열에 의한 모재의 팽창과 수축으로 변형과 잔류응력이 발생되는 것은 용접의 큰 단점이다.

정답

01. ③ 02. ① 03. ③ 04. ④ 05. ③ 06. ② 07. ② 08. ③

09 용접법 중 압접에 해당하지 않는 것은?

① 프로젝션용접
② 플래시용접
③ 일렉트로 슬래그용접
④ 초음파용접

해설 일렉트로 슬래그용접은 융접(fusion welding)으로 분류한다.

10 용접을 기타 이음과 비교할 때 장점이 아닌 것은?

① 이음구조가 간단하다.
② 두께에 제한을 거의 받지 않는다.
③ 용접 모재의 재질에 대한 영향이 적다.
④ 기밀성과 수밀성을 얻을 수 있다.

해설 용접은 모재의 재질에 따라 용접방법, 용가재, 입열량 등이 많이 달라진다.

11 다음 용접법 중 융접에 속하는 것은?

① 프로젝션용접 ② 단접
③ 테르밋용접 ④ 저항용접

해설 테르밋용접(thermit welding): 알루미늄과 산화철 분말의 화학반응열을 이용하여 접합하는 용접법으로, 융접으로 분류한다.

12 용접법의 분류에서 융접에 속하지 않는 것은?

① 가스용접 ② 피복아크용접
③ 초음파용접 ④ 탄산가스 아크용접

해설 초음파용접은 압접(pressure welding)으로 분류한다.

13 용접을 크게 분류할 때, 압접에 해당하지 않는 것은?

① 전기저항용접 ② 초음파용접
③ 프로젝션용접 ④ 전자빔용접

해설 전자빔용접: 높은 에너지를 가진 전자빔을 고진공 속에서 모재 표면에 고속으로 조사할 때 발생하는 열을 이용하여 접합하는 용접방법으로, 융접으로 분류한다.

14 2개의 금속은 뉴턴(Newton)의 만유인력의 법칙에 따라 금속원자 간에 인력이 작용하여 결합하게 된다. 이 결합을 이루기 위하여 원자들은 보통 몇 cm까지 접근시켰을 때 원자 간에 결합하는가?

① 10^{-6}cm ② 10^{-8}cm
③ 10^{-10}cm ④ 10^{-12}cm

15 다음 중 아크용접이 아닌 것은?

① 서브머지드 아크용접
② 원자수소용접
③ 티크용접
④ 테르밋용접

해설 테르밋용접(thermit welding): 알루미늄과 산화철 분말의 화학반응열을 이용하여 접합하는 용접법

정답

09. ③ 10. ③ 11. ③ 12. ③ 13. ④ 14. ② 15. ④

CHAPTER

ISO International Welding 

02 피복아크용접

2-1 아크용접의 개요

1 아크용접의 원리

(1) 피복아크*용접의 원리

피복금속아크용접(Shield Metal Arc Welding, SMAW)이라고도 하며, 피복제를 입힌 용접봉과 모재 사이에 발생하는 아크열을 이용하여 모재와 용접봉을 녹여서 접합하는 용극식 용접법으로 보통 전기용접이라고 한다.

ONE POINT

아크(arc): 음극(−)과 양극(+)의 두 전극을 일정한 거리를 두고 전류를 통하면 두 전극 사이에 활 모양의 불꽃방전이 일어나는데, 이것을 **아크**라 한다.

(2) 용어의 정의

① 아크: 기체 중에서 일어나는 방전의 일종으로 피복아크용접에서의 온도는 약 5,000~6,000℃이다.

② 용융지(용융풀): 모재가 녹은 쇳물부분

③ 용적: 용접봉이 녹아 모재로 이행되는 쇳물방울(globule)

④ 용착: 용접봉이 녹아 용융지에 들어간 것

⑤ 용입: 모재가 녹은 깊이

⑥ 용락: 모재가 녹아 쇳물이 떨어져 흘러내려 구멍이 나는 것

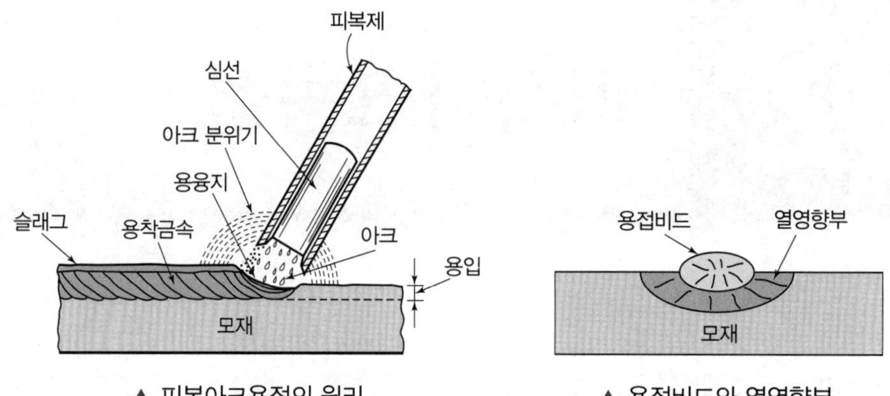

▲ 피복아크용접의 원리　▲ 용접비드와 열영향부

(3) 용접회로

① 용접기에서 발생한 전류가 전극 케이블을 지나서 다시 용접기로 되돌아오는 한 바퀴를 용접회로(welding cycle)라고 한다.

② 용접기(전원) → 전극 케이블 → 홀더 → 용접봉 → 아크 → 모재 → 접지 케이블 → 용접기

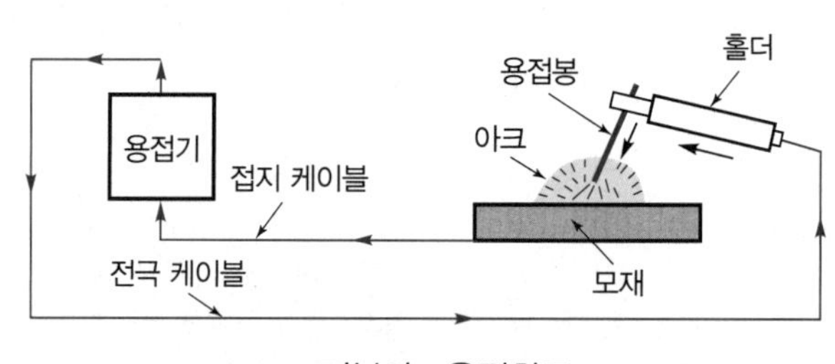

▲ 피복아크용접회로

2 피복아크용접의 특징(장단점)

① 가스용접에 비해 열효율이 높고, 열의 집중성이 좋아 효율적인 용접을 할 수 있다.

② 폭발의 위험이 없다.

③ 가스용접에 비해 용접변형이 적고 기계적 성질이 양호한 용접부를 얻을 수 있다.

④ 전격의 위험이 있다.

⑤ 유해광선의 발생이 많다.

2-2 아크의 성질

1 직류 아크 중의 전압 분포

아크전압=음극 전압강하+아크기둥 전압강하+양극 전압강하

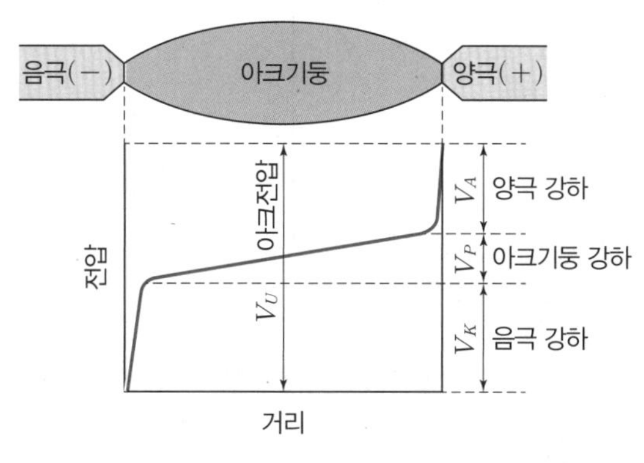

▲ 직류 아크 중의 전압 분포

2 아크의 특성

(1) **부저항 특성(부특성)**: 일반적인 전기회로에서 적용되는 옴의 법칙과는 다르게 전류가 작은 범위에서 전류가 증가하면 아크저항이 작아져 아크전압이 낮아지는 특성

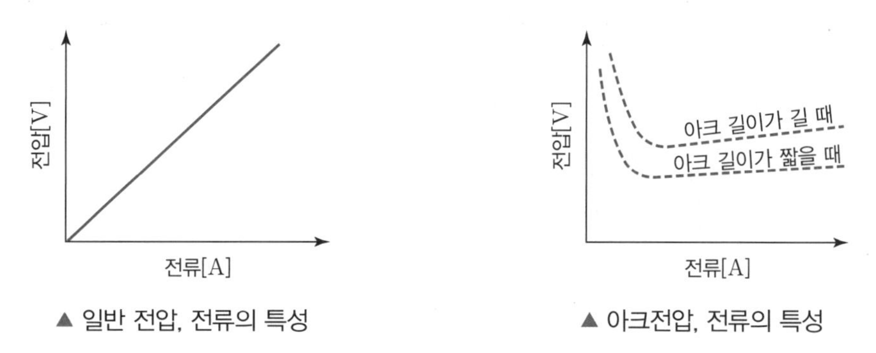

▲ 일반 전압, 전류의 특성 ▲ 아크전압, 전류의 특성

(2) **절연회복 특성**: 교류 아크에서는 1사이클에 두 번 전류 및 전압의 순간값이 0으로 되어 아크 발생이 중단되나, 아크기둥을 둘러싼 보호가스에 의해 순간적으로 꺼졌던 아크가 다시 일어나는 현상

(3) **전압회복 특성**: 아크가 발생되는 동안 아크전압은 낮으나 아크가 꺼진 후에는 용접봉과 모재 사이의 전압을 급속하게 상승시켜 아크의 재발생을 쉽게 만드는 특성

3 극성(polarity)

① 직류 아크용접기를 사용할 경우 반드시 고려해야 할 사항으로서 양극(+)에서 발열량이 70%, 음극(−)에서 30%의 발열량이 나온다.

② 직류정극성(DCSP)과 직류역극성(DCRP)이 있다.

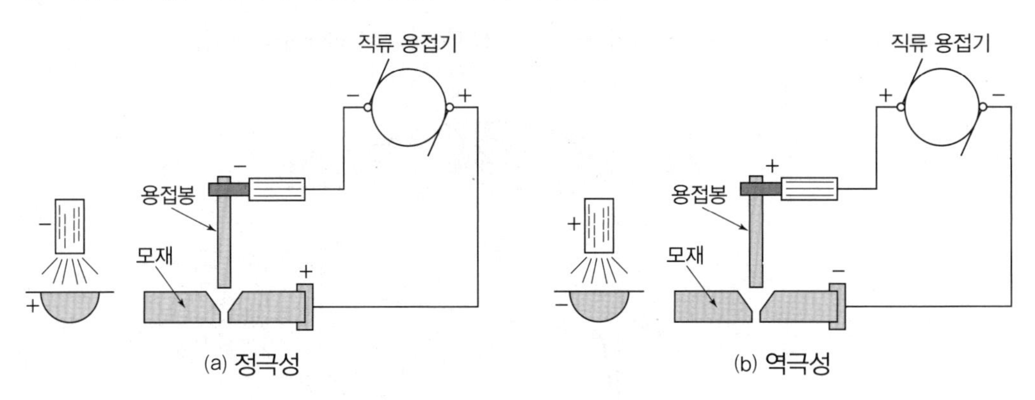

▲ 직류 아크용접의 정극성과 역극성의 결선 상태

▶ 극성에 따른 용접 특성

극성	용입 상태	열분배	특성
정극성 (DCSP)		• 용접봉(−): 30% • 모재(+): 70%	• 모재의 용입이 깊다. • 용접봉의 녹음이 느리다. • 비드 폭이 좁다. • 일반적으로 많이 쓰인다.
역극성 (DCRP)		• 모재(−): 30% • 용접봉(+): 70%	• 용입이 얕다. • 용접봉의 녹음이 빠르다. • 비드 폭이 넓다. • 박판, 주철, 고탄소강, 합금강, 비철금속의 용접에 쓰인다.
교류* (AC)		−	• 직류*정극성과 직류역극성의 중간 상태이다.

ONE POINT

① **직류(DC)**: 전기가 흐르는 방향이 항상 일정하게 흐르는 전원

② **교류(AC)**: 시간에 따라서 전기가 흐르는 방향이 변하는 전원

※ 교류 용접기에서는 양극과 음극이 수시로 바뀌는 관계로 극성에 따른 효과는 나타나지 않는다(아크가 불안정하다).

4 용접입열(weld heat input)

① 외부에서 용접부에 주어지는 열량으로 일반적으로 모재에 흡수되는 열량은 입열량의 75~85%이다.

② 양호한 용접이음을 위해서는 충분한 입열량이 필요하며, 충분하지 못한 경우에 용융불량·용입불량 등의 용접결함이 발생될 수 있고, 너무 많으면 변형이 발생된다.

③ 용접부의 단위길이 1cm당 발생하는 전기적 에너지(입열량)는 다음과 같다.

$$\text{용접 입열량}(H) = \frac{60EI}{V}\ [\text{J/cm}]$$

여기서, E: 아크전압[V], I: 아크전류[A], V: 용접속도[cm/min]

5 용융속도(melting rate)

① 용접봉의 용융속도는 단위시간당 소비되는 용접봉의 길이 또는 무게로 나타낸다.

② 용융속도는 아크전압 및 용접봉 심선의 지름과 관계없이 용접전류에만 비례한다.

용융속도 = 아크전류×용접봉 쪽 전압강하

6 용융금속의 이행 형태(용적이행)

- 용접봉에서 모재로 용융금속이 옮겨 가는 방식으로 단락형, 스프레이형, 글로뷸러형으로 구분된다.
- 용융금속의 이행 형태에 영향을 주는 요소는 용접전류, 전압, 보호가스 등이 있다.

(1) 단락형 이행(short circuit transfer)

① 용적이 용융지에 접촉하여 단락되고 표면장력의 작용으로 모재에 옮겨 가서 용착되는 방식이다.

② 주로 비피복용접봉 용접 시 나타난다.

(2) 스프레이형(spray transfer; 분무형 이행)

① 피복제의 일부가 가스화하여 가스를 뿜어냄으로써 미세한 용적이 스프레이와 같이 빠른 속도로 용접부에 옮겨 가는 방식이다.

② 주로 일미나이트계 용접봉을 비롯하여 피복아크용접봉 사용 시 나타나며, MIG용접 시에는 아르곤가스가 80% 이상일 때만 나타난다.

(3) 글로뷸러형(globular transfer; 핀치효과형*, 입상형)

① 비교적 큰 용적이 단락되지 않고 옮겨 가는 형식이다.

② 서브머지드 아크용접과 같은 대전류 사용 시 나타난다.

ONE POINT

핀치효과(pinch effect): 플라스마 속에서 흐르는 전류와 그것으로 생기는 자기장과의 상호작용으로 플라스마 자신이 가는 줄 모양으로 수축하는 현상으로, 전자기 핀치효과와 열 핀치효과의 2종류가 있다.

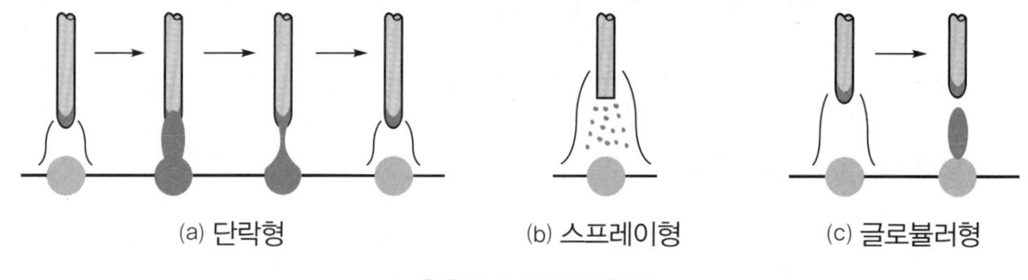

▲ 용융금속의 이행 형태

7 아크쏠림(= 아크 블로, 자기불림)

(1) 정의

용접전류에 의해 아크 주위에 발생된 자장이 용접봉에 대해 비대칭일 때 일어나는 현상으로, 아크가 한쪽으로 쏠리는 현상을 말한다.

(2) 방지대책

① 교류 용접기를 사용한다.

② 아크 길이를 가능한 한 짧게 한다.

③ 접지를 2개소로 하고, 용접부로부터 멀리한다.

④ 용접선이 길 때는 후퇴법으로 용접한다.

⑤ 용접부의 시작점과 끝점에 엔드탭을 설치한다.

⑥ 용접봉 끝을 아크쏠림 반대 방향으로 기울인다.

2-3 아크용접기

1 아크용접기의 분류

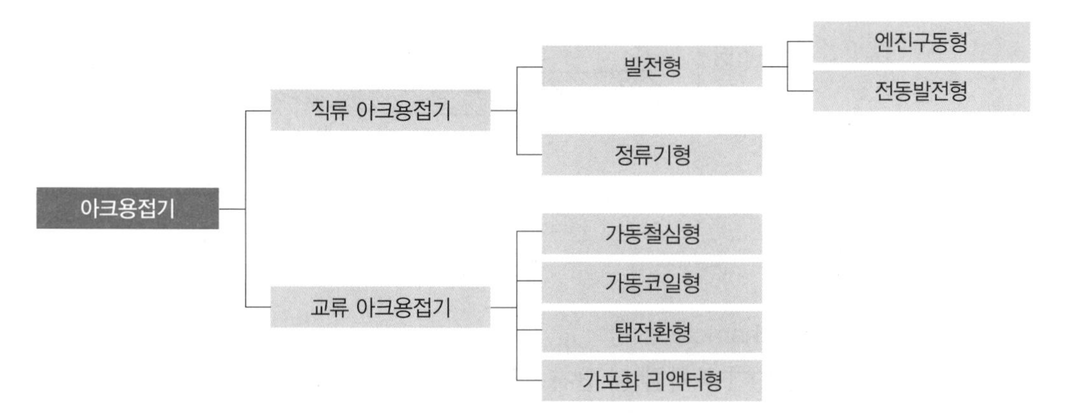

2 용접기의 필요 특성

(1) 수하 특성(drooping characteristic)

부하전류(용접전류)가 증가하면 단자전압이 저하하는 특성

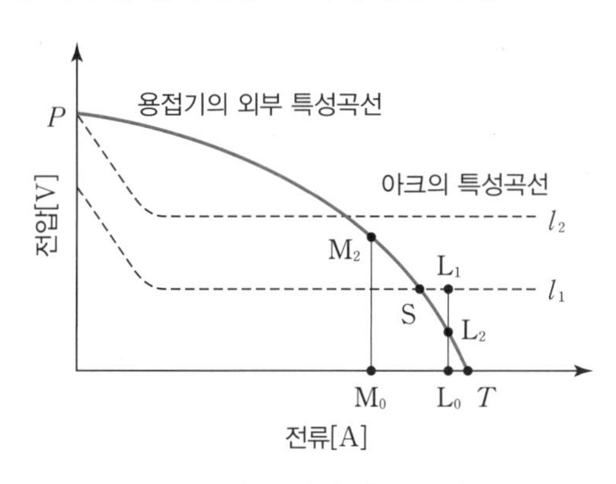

▲ 수하 특성과 아크 특성

(2) 정전류 특성(costant current characteristic)

아크 길이에 따라 전압이 변동하여도 아크전류는 거의 변하지 않는 특성

ONE POINT

피복아크용접, TIG용접 등 아크 길이를 일정하게 유지하기 어려운 수동 용접기는 수하 특성인 동시에 정전류 특성으로 설계되어 있다.

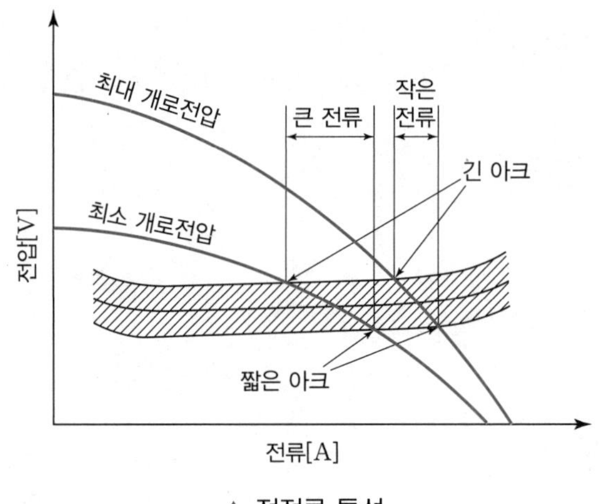

▲ 정전류 특성

(3) **상승 특성**(rising characteristic)

부하전류(아크전류)가 증가할 때 단자전압이 다소 높아지는 특성

(4) **정전압 특성**(costant voltage characteristic)

수하 특성과 반대의 성질을 가지는 것으로 부하전류가 변해도 단자전압이 거의 변하지 않는 특성으로 CP 특성이라고도 한다.

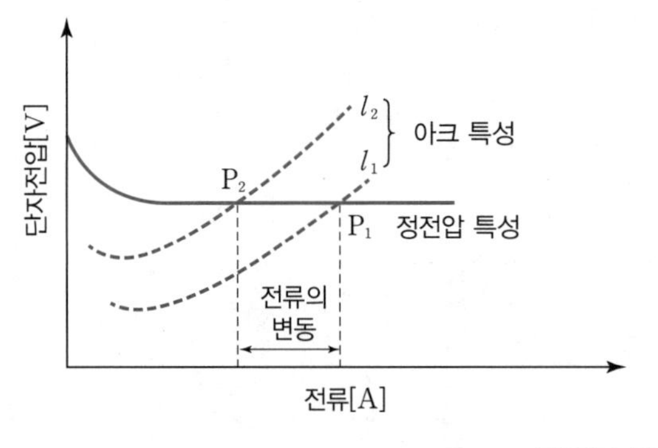

※ 아크 길이가 약간 변화하면 용접전류는 더 크게 변동한다.

▲ 정전압 특성

(5) **아크 길이 자기제어 특성**(arc length self-control characteristic)

① 아크전류가 일정할 때 아크전압이 높아지면 용접봉의 용융속도가 늦어지고, 아크전압이 낮아지면 용융속도를 빠르게 해서 아크 길이를 일정하게 유지하는 특성

② 어떤 원인으로 아크 길이가 짧아지면(부하전압은 일정하지만) 전류가 커지게 되므로 용접봉의 용융속도가 빨라져 정상적인 동작점으로 되돌아가면서 아크 길이가 일정하게 되며, 반대로 아크 길이가 길어지면(전압값은 일정하지만) 전류가 감소되어 용접봉의 용융속도가 느리게 되면서 아크의 적정 길이를 스스로 맞춰 주는 특성

ONE POINT

상승 특성, 정전압 특성, 아크 길이 자기제어 특성은 주로 반자동 및 자동 용접기에 적용되는 특성이다(MIG용접, 탄산가스 아크용접, 서브머지드 아크용접).

3 용접기의 구비조건

① 구조 및 취급이 간단해야 한다.
② 전류 조정이 용이하고 일정한 전류가 흘러야 한다.
③ 아크 발생이 잘되도록 무부하전압이 유지되어야 한다.
④ 아크 발생 및 유지가 용이하고 아크가 안정되어야 한다.
⑤ 사용 중 온도 상승이 적어야 한다.
⑥ 가격이 저렴하고 유지비가 적게 들어야 한다.
⑦ 역률과 효율이 좋아야 한다.

4 직류 아크용접기

(1) 발전형 직류 아크용접기

① 엔진구동형: 가솔린 엔진이나 디젤 엔진으로 발전기를 구동하여 발전하는 것으로, 전기가 없는 곳에서 사용이 가능하다(완전한 직류를 얻을 수 있다).
② 전동발전형: 3상 교류 전동기로 직류 발전기를 구동하여 발전하는 것으로, 교류전원이 없는 곳에서는 사용할 수 없고 현재는 거의 사용하지 않는다.

(2) 정류기형 직류 아크발전기

① 셀렌, 실리콘, 게르마늄 정류기를 사용하여 교류를 정류하여 직류를 얻는 용접기이다.
② 교류를 직류로 정류한 것이므로 완전한 직류를 얻지 못한다는 단점이 있고 셀렌 정류기는 80℃ 이상, 실리콘 정류기는 150℃ 이상에서 파손될 우려가 있다.
③ 발전형에 비해 구동 부분이 없기 때문에 고장이 적고 소음이 없으며, 취급이 간단하고 유지·보수가 용이하며 가격도 저렴하다.

ONE POINT

최근에는 인버터 방식을 이용한 용접기는 초소형·경량화되고 있으며, 안정된 아크를 얻을 수 있는 장점이 있다.

5 교류 아크용접기

(1) 가동철심형(moving core type)

① 가동철심으로 누설자속을 변동시켜 전류를 조정한다.

② 미세한 전류 조정이 가능하며, 현재 교류 용접기 중 가장 많이 사용된다.

(2) 가동코일형(moving coil type)

① 1차, 2차 코일 중 하나를 이동하여 누설자속을 변화시켜 전류를 조정한다.

② 가격이 비싸서 현재는 거의 사용하지 않는다.

③ 아크 안정도가 높고 소음이 없다.

(3) 탭전환형

① 코일의 감긴 수에 따라 전류를 조정한다.

② 미세한 전류 조정이 불가능하며 넓은 범위의 전류 조정도 어렵다.

③ 주로 소형으로 사용되나, 적은 전류 조정 시 무부하전압이 높아 감전의 위험이 있다.

④ 탭 전환부 소손이 심하다.

(4) 가포화 리액터형

① 가변저항의 변화로 용접전류를 조정한다.

② 전기적 전류 조정으로 소음이 없고 원격제어가 가능하다.

6 교류 아크용접기의 규격

① 용접기 용량은 전원 입력[kVA]이나 정격출력[kW]으로도 표시할 수 있다.

② 정격 2차 전류의 조정 범위는 정격 2차 전류값의 20~110%까지이다. 즉, AW-300의 경우 전류 조정 범위는 60~330A이다.

종류	정격 2차 전류[A]	정격사용률[%]	최고 2차 무부하전압[V]
AW-200	200	40	85V 이하
AW-300	300		
AW-400	400		
AW-500	500	60	95V 이하

※ AW-○○○에서 AW는 교류 용접기, ○○○는 정격 2차 전류값[A]을 나타낸다.

7 교류 용접기 사용 시 주의사항(용접기의 보수 및 점검사항)

① 정격사용률 이상으로 사용 시 과열되어 손상이 생긴다.
② 가동 부분, 냉각팬을 점검하고 주유한다.
③ 탭 전환은 아크 발생을 중지 후 실시한다.
④ 탭 전환의 전기적 접속부는 전기적으로 접촉이 원활하게 하기 위해 자주 샌드페이퍼 등으로 닦아 준다.
⑤ 2차측 단자의 한쪽과 용접기 케이스는 반드시 접지한다.
⑥ 옥외에 비바람이 부는 곳, 습한 장소, 직사광선이 드는 곳, 휘발성 기름이나 가스가 있는 곳, 유해성·부식성가스가 있는 장소에는 용접기를 설치해서는 안 된다.
⑦ −10℃ 이하, 40℃ 이상인 장소에는 용접기를 설치해서는 안 된다.
⑧ 용접기 및 케이블 등이 파손된 부분은 절연테이프로 보수한다.

ONE POINT

교류 용접기를 병렬로 설치했을 때의 장점

① 역률이 개선된다.
② 전원 입력이 적게 되어 전기요금이 적게 된다.
③ 전압 변동률이 적어진다.
④ 여러 개의 용접기를 접속할 수 있다.
⑤ 배선선의 굵기를 줄일 수 있다.

8 교류 아크용접기의 부속장치

(1) 전격방지장치

① 교류 용접기는 무부하전압이 70~80V로 높아 감전의 위험이 있어 용접사를 보호하기 위해 부착하는 장치이다.
② 용접을 하지 않을 때 용접기의 2차 무부하전압을 20~30V로 유지시켜 주는 장치이다.

(2) 원격제어장치

용접기에서 떨어져 작업할 때 작업 위치에서 전류를 조정할 수 있는 장치(가포화 리액터형과 전동기 조작형이 있다.)이다.

(3) 핫 스타트 장치(아크 부스터)

① 아크 발생 초기에는 용접봉과 모재가 냉각되어 있어 용접입열이 부족하여 아크가 불안정하기 때문에 아크 발생 초기에만 용접전류를 특별히 높게 해 주는 장치이다.
② 아크 발생을 쉽게 할 수 있으며, 기공(blow hole)을 방지하고 아크 발생 초기의 용입을 양호하게 한다.

(4) 고주파 발생장치(ACHF)

① 교류 용접기에서 안정된 아크를 얻기 위하여 사용 주파수의 아크전류에 고전압 (2,000~3,000V)의 고주파를 중첩시켜 주는 장치이다.

② 아크 손실이 적어 용접작업이 쉽도록 한다.

③ 아크 발생 시 용접봉을 모재에 접촉하지 않아도 아크가 발생되도록 한다.

④ 무부하전압을 낮게 할 수 있으며, 전격의 위험도 줄어들고 역률도 개선된다.

9 용접기의 사용률

① $(\text{정격})\text{사용률}[\%] = \dfrac{(\text{아크 발생시간})}{(\text{아크 발생시간} + \text{휴식시간})} \times 100$

② $\text{허용사용률}[\%] = \dfrac{(\text{정격 2차 전류})^2}{(\text{실제 용접전류})^2} \times \text{정격사용률}[\%]$

③ $\text{역률}[\%] = \dfrac{\text{소비전력}[\text{kW}]}{\text{전원 입력}[\text{kVA}]} \times 100 = \dfrac{(\text{아크출력} + \text{내부 손실})}{(\text{무부하전압} \times \text{정격 2차 전류})} \times 100$

④ $\text{효율}[\%] = \dfrac{\text{아크출력}[\text{kW}]}{\text{소비전력}[\text{kW}]} \times 100 = \dfrac{(\text{아크전압} \times \text{정격 2차 전류})}{(\text{아크출력} + \text{내부 손실})} \times 100$

ONE POINT

① 역률이 높을수록 효율이 나쁘고, 역률이 낮을수록 효율이 좋은 용접기이다. 즉, 효율이 좋다는 것은 내부 손실이 적다는 것이다.

② 일반적으로 직류 용접기의 효율은 50%, 교류 용접기의 효율은 80%이다.

예제 AW-200, 무부하전압 80V, 아크전압 30V인 교류 용접기를 사용할 때 역률과 효율은 각각 몇 %인가? (단, 내부 손실은 4kW이다.)

풀이 전원 입력 → 용접기 → 아크출력

V_1 → 용접기 → V_2

I_1 → 용접기 → I_2

여기서, V_1: 무부하전압 = 80V, V_2: 아크(출력)전압 = 30V, $I_1 = I_2$: 정격 2차 전류 = 200A,

내부 손실 4kW = 4,000W

① $\text{역률}[\%] = \dfrac{(\text{전체 출력})}{(\text{전원 입력})} = \dfrac{(V_2 \times I_2) + \text{내부 손실}}{(V_1 \times I_1)} \times 100 = \dfrac{(30 \times 200) + 4000}{(80 \times 200)} \times 100 = 62.5\%$

② $\text{효율}[\%] = \dfrac{(\text{아크출력})}{(\text{전체 출력})} \times 100 = \dfrac{(V_2 \times I_2)}{(V_2 \times I_2) + \text{내부 손실}} \times 100 = \dfrac{(30 \times 200)}{(30 \times 200) + 4000} \times 100 = 60\%$

10 직류 용접기와 교류 용접기의 비교

구분	직류 용접기	교류 용접기
아크 안정성	우수	떨어짐
극성 변화	가능	불가능
무부하전압	낮음(40~60V)	높음(70~80V)
전격의 위험	적다	높다
비피복용접봉 사용	가능	불가능
자기쏠림	많이 발생	거의 없다
구조	복잡	간단
유지, 보수	어렵다	쉽다
고장	회전기에 많다	적다
역률	매우 우수	불량(내부 손실이 많다)
소음	많다	없다
가격	비싸다	싸다

11 아크용접용 기구

(1) 용접홀더

① A형(안전홀더, 완전절연)

② B형(손잡이 부분만 절연)

(2) 용접케이블

① 1차측 케이블(전원－용접기 연결): 일반적인 전기 케이블을 사용

② 2차측 케이블(용접기－홀더 연결): 유연성이 좋은 캡타이어 전선을 사용

(3) 케이블 커넥터와 러그

(4) 접지 클램프

(5) 퓨즈

① 용접기의 1차측에 퓨즈를 붙인 안전스위치를 사용한다.

② 퓨즈는 규정값보다 크거나 구리선, 철선 등을 퓨즈 대용으로 사용하면 안 된다.

$$\text{퓨즈 용량} = \frac{\text{1차 입력[kVA]}}{\text{전원 전압[200V]}}$$

(6) 용접헬멧, 핸드실드

(7) 차광유리*

① 자외선과 적외선을 차단하여 눈을 보호한다.

② 차광 능력에 따라 번호를 붙이며, 번호가 높으면 빛의 차단량이 많아진다.
(납땜작업: 2~4번, 가스용접: 4~6번, 피복아크용접: 10~12번)

차광유리 앞에 보호유리를 끼우는 이유는 차광유리를 보호하기 위함이다.

(8) 용접장갑, 앞치마, 용접복, 팔덮개, 발덮개, 안전화

(9) 기타 공구

치핑해머, 와이어브러시, 용접게이지, 전류계 등이 있다.

2-4 피복아크용접봉

개요

- 아크용접에서 용접봉(welding rod)은 용가재(filler metal) 또는 전극봉(electrode)이라고도 하며, 용접할 모재 사이의 틈을 메워 주며 용접부의 품질을 좌우하는 주요 소재이다.
- 비피복용접봉은 자동 및 반자동 용접에 사용되며, 피복아크용접봉은 수동 아크용접에 사용된다.
- 연강용 피복아크용접봉 심선의 재질은 저탄소 림드강이다.
- KS규정에서 아크용접봉 심선의 화학성분: 탄소(C), 규소(Si), 망간(Mn), 인(P), 황(S), 구리(Cu)

(1) 용접부의 보호 방식에 따른 분류

① 가스 발생식: 고셀룰로오스계

② 슬래그 생성식: 저수소계, 일미나이트계 등

③ 반가스 발생식: 고산화티탄계

(2) 용융금속의 이행형식에 따른 분류

① 단락형

② 스프레이형

③ 글로뷸러형

(3) 용접재료의 재질에 따른 분류

① 연강용 용접봉

② 고장력강용 용접봉

③ 스테인리스강용 용접봉

④ 주철용 용접봉

2 피복제의 역할과 성분

(1) 피복제의 역할

① 아크를 안정시킨다.

② 산화 및 질화를 방지하여 용착금속을 보호한다.

③ 용적을 미세화하여 용착효율을 향상시킨다.

④ 용착금속의 급랭을 방지하고 취성을 방지한다.

⑤ 합금원소를 첨가한다.

⑥ 슬래그 박리성을 증대시킨다.

⑦ 용착금속의 유동성을 증가시킨다.

⑧ 전기절연작용을 한다.

⑨ 스패터(spatter) 발생을 적게 한다.

(2) 피복제의 종류

① 아크 안정제: 산화티탄[산화타이타늄(TiO_2)], 규산나트륨(Na_2SiO_3), 규산칼륨(K_2SiO_3)

② 가스 발생제: 셀룰로오스, 탄산바륨($BaCO_3$), 톱밥

③ 슬래그 생성제: 산화철, 산화티탄(TiO_2)

④ 탈산제: 페로망간(Fe−Mn), 페로티탄(Fe−Ti), 페로실리콘(Fe−Si), 알루미늄(Al)

⑤ 고착제: 규산나트륨, 규산칼륨

⑥ 합금 첨가제: 크롬(Cr), 니켈(Ni), 망간(Mn), 몰리브덴(Mo)

3 연강용 피복아크용접봉

(1) 연강용 피복아크용접봉의 규격

E 43 ○ △

① E: 전기용접봉(electrode)

② 43: 용착금속의 최저 인장강도[kgf/mm^2]

③ ○: 용접자세 (0,1: 전 자세, 2: 아래보기 · 수평필릿 자세, 3: 아래보기 자세, 4: 전 자세 또는 특정 자세)

④ △: 피복제 계통

(2) 연강용 피복아크용접봉의 종류와 특성

종류	피복제 계통	피복제 주성분	특징	용착금속 보호
E4301	일미나이트계	일미나이트 30% 이상	• X선 투시성이 우수하다.	슬래그 생성식
E4303	라임티탄계	산화티탄 30% 이상+석회석	• 비드가 곱다.	슬래그 생성식
E4311	고셀룰로오스계	셀룰로오스(유기물) 20~30%	• 환원성 분위기 • 비드가 거칠다. • 스패터가 많다. • 용입이 깊다. • 습기 흡수가 쉽다.	가스 발생식
E4313	고산화티탄계	산화티탄 35%	• 아크 안정 • 스패터가 적다. • 작업성이 가장 우수하다.	반가스 발생식
E4316	저수소계	석회석 또는 형석	• 염기성 분위기 • 수소함량 1/10 • 내균열성이 가장 우수하다. • 시작점에서 불량이 발생한다.	슬래그 생성식
E4324	철분-산화티탄계	고산화티탄계+철분 50%	• 작업성 양호, 용입이 얕다.	슬래그 생성식
E4326	철분-저수소계	저수소계+철분 30~50%	• 용착속도가 빠르고, 작업능률이 좋다.	슬래그 생성식
E4327	철분-산화철계	산화철계+철분	• 비드 표면이 곱고, 슬래그 박리성이 좋다.	슬래그 생성식
E4340	특수계	특별한 규정이 없음	-	슬래그 생성식

① 기계적 성질: E4316>E4311>E4301>E4313

② 작업성: E4313>E4301>E4311>E4316

③ 용접성: 내균열성의 정도, 용접 후에 변형이 생기는 정도, 내부 용접결함, 용착금속의 기계적 성질 등을 말한다.

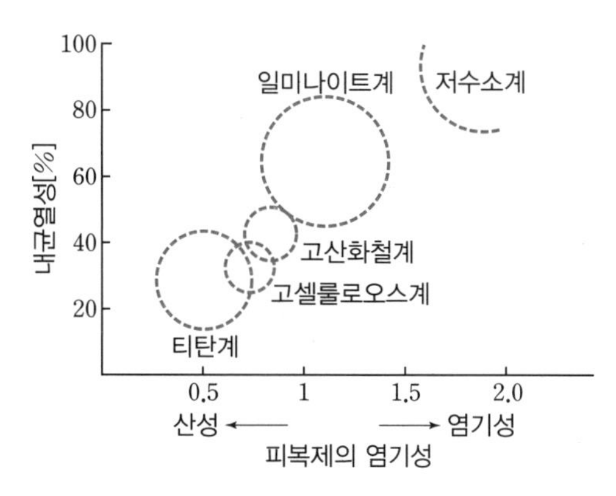

▲ 용접봉의 내균열성 비교

④ 피복제의 염기도가 높을수록 내균열성이 우수하나, 작업성은 떨어진다(저수소계). 그리고 산성도가 높을수록 내균열성은 작아지나 작업성은 좋아진다.

ONE POINT

보통 용접봉은 70~100℃에서 30~60분 건조, 저수소계 용접봉은 300~350℃에서 1~2시간 건조 후 사용한다.

(3) 용접봉의 편심률

① 편심률[%] = $\frac{D'-D}{D} \times 100$

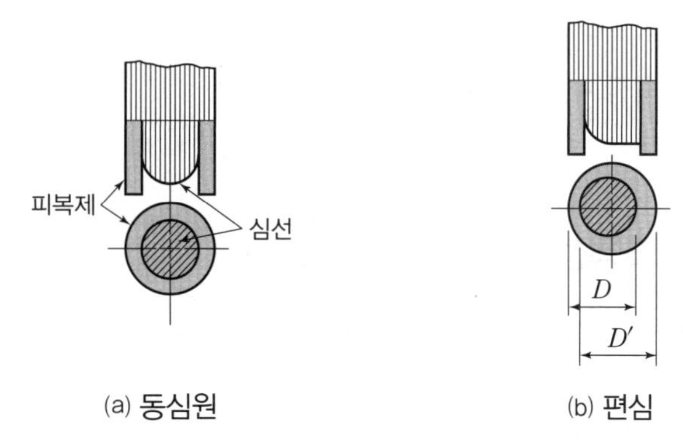

(a) 동심원 (b) 편심

▲ 용접봉의 편심

② KS규정에서는 3% 이내로 정하고 있다.

4 고장력용 피복아크용접봉

① 고장력강은 일반구조용 압연강재(SS-400)나 용접구조용 압연강재(SM-400)보다 높은 강도를 얻기 위해 망간(Mn), 크롬(Cr), 니켈(Ni) 등의 적당한 원소를 첨가한 저합금강이다.

② 보통 인장강도가 50kgf/mm^2(490N/mm^2) 이상인 것을 말한다.

③ 고장력 사용 시 장점
- 판의 두께를 줄일 수 있다.
- 구조물의 중량을 줄일 수 있다.
- 두께가 줄어드므로 재료 취급이 용이하고 가공이 쉽다.

④ 고장력강 저수소계 피복아크용접봉의 표시: D5016, D7016, D8016, ……

5 스테인리스강용 용접봉

(1) 티탄계

① 주성분은 루틸이다.

② 아크가 안정되고, 스패터도 적으며, 슬래그 제거도 용이하다.

③ 용입이 얕으므로 얇은 판의 용접에 사용된다.

④ 우리나라에서 생산되는 것의 대부분: E308, E308L, E309, E316, ……

(2) 라임계

① 주성분은 형석+석회석이다.

② 아크가 불안정하고 스패터가 큰 입자는 비산된다.

③ X선검사 성능이 양호하므로 고압용기 및 중구조물 용접에 사용된다.

6 주철용 피복아크용접봉

① 주로 주물제품의 결함을 보수, 수리할 때 사용된다.

② 니켈계 용접봉, 모넬메탈봉, 연강용 용접봉이 있다.

③ 연강 및 탄소강에 비해 용접이 어려우므로 전후처리와 서랭이 중요하다.

7 동 및 동합금 피복아크용접봉

① 주로 탈산구리 용접봉 또는 구리합금 용접봉이 사용된다.

② 연강에 비해 열전도도와 열팽창계수가 크기 때문에 용접하는 데 어려움이 있다.

2-5 피복아크용접법

1 용접자세의 표시

구분	KS (한국산업규격)	AWS (미국용접학회)	ISO (국제표준화기구)
아래보기	F	1G	PA
수평	H	2G	PC
수직(상진)	V	3G	PF
수직(하진)			PG
위보기	O	4G	PE
전 자세	AP	–	–
파이프 45° 경사 고정	–	6G	–
파이프 45° 경사 고정+장애링	–	6GR	–

2 용접봉의 각도

① 작업각: 용접봉과 이음 방향에 나란하게 세워진 수직평면과의 각도로 표시

② 진행각: 용접봉과 용접선이 이루는 각도

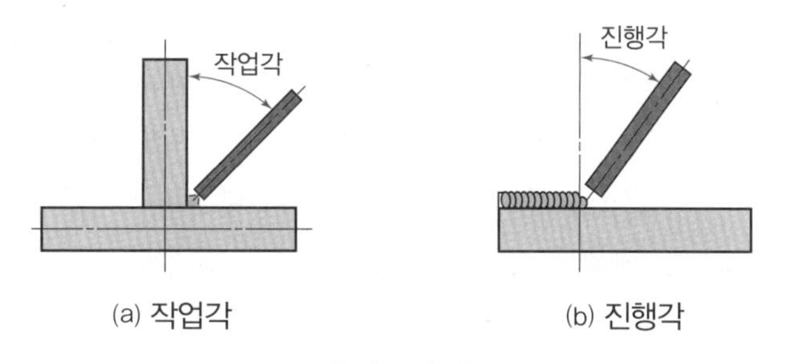

(a) 작업각 (b) 진행각

▲ 용접봉의 각도

3 용접전류

① 일반적으로 심선 단면적 $1mm^2$에 대하여 10~13A 정도로 한다.

② 전류가 적정치보다 높거나 낮으면 결함이 발생할 수 있다.

4 아크 길이

① 아크 길이는 용접봉 심선의 지름과 거의 같은 것이 좋으며, 일반적으로 3mm 정도이다.

② 아크 길이가 길어지면 전압은 비례하여 증가하며, 전류는 감소한다.

③ 양호한 용접을 하려면 되도록 짧은 아크를 사용하는 것이 유리하다.

④ 아크 길이가 너무 길면 아크가 불안정하고 용융금속이 산화 및 질화되기 쉬우며 용입 불량 및 스패터도 심하게 된다.

5 용접속도

① 모재에 대한 용접선 방향의 아크속도를 용접속도라 한다.

② 전류가 높으면 용접속도를 증가시킬 수 있다.

③ 용접속도에 영향을 주는 요소: 용접봉의 종류 및 전류값, 이음의 모양, 모재의 재질, 위빙의 유무

6 아크의 발생 및 소멸

① 아크 발생법으로 찍기법, 긁기법이 있다.

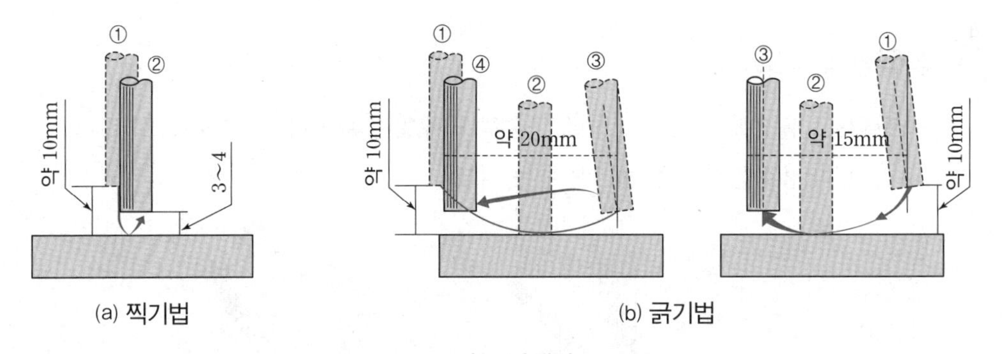

▲ 아크 발생법

② 아크를 소멸시킬 때에는 용접을 정지시키려는 곳에서 아크 길이를 짧게 하여 운봉을 정지시켜 크레이터*를 채운 후 재빨리 들어 준다.

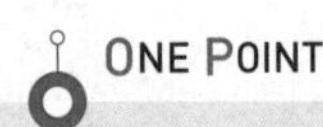

크레이터(crater)

① 용접 중에 아크를 중단시키면 중단된 부분에 생기는 오목하거나 납작하게 파진 모양의 표면을 말한다.

② 크레이터는 불순물과 편석이 남게 되고 냉각 중 균열이 발생될 우려가 있으므로 아크 중단 시 완전하게 메워 주는 것을 **크레이터 처리**라고 한다.

7 운봉법

① 용접봉을 여러 가지 방법으로 움직여 비드를 형성하는 것이다.

② 위빙(weaving): 용접봉을 좌우로 움직여 운봉을 하는 것으로, 위빙의 폭은 심선 지름의 2~3배로 한다.

8 용접결함의 종류

① 치수상 결함: 변형, 치수 불량, 형상 불량

② 성질상 결함: 기계적 성질(인장강도, 경도, 연성) 불량, 화학적 성질(내식성) 불량

③ 구조상 결함: 언더컷, 오버랩, 기공, 용입불량, 균열, 융합불량

▶ 용접결함과 대책

결함의 종류	결함의 모양	원인	방지대책
용입불량		① 이음설계의 결함 ② 용접속도가 너무 빠를 때 ③ 용접전류가 낮을 때 ④ 용접봉의 선택 불량	① 루트 간격 및 치수를 크게 한다. ② 용접속도를 빠르지 않게 한다. ③ 슬래그가 벗겨지지 않는 한도 내로 전류를 높인다. ④ 용접봉의 선택을 잘한다.
언더컷		① 전류가 너무 높을 때 ② 아크 길이가 너무 길 때 ③ 부적당한 용접봉을 사용했을 때 ④ 용접속도가 적당하지 않을 때 ⑤ 용접봉의 선택 불량	① 낮은 전류를 사용한다. ② 짧은 아크 길이를 유지한다. ③ 유지각도를 바꾼다. ④ 용접속도를 늦춘다. ⑤ 적정봉을 선택한다.
오버랩		① 용접전류가 너무 낮을 때 ② 운봉 및 봉의 유지각도 불량 ③ 용접봉의 선택 불량	① 적정 전류를 선택한다. ② 수평필릿의 경우는 봉의 각도를 잘 선택한다. ③ 적정봉을 선택한다.
선상조직		① 용착금속의 냉각속도가 빠를 때 ② 모재의 재질 불량	① 급랭을 피한다. ② 모재의 재질에 맞는 적정봉을 선택한다.
균열		① 이음의 강성이 큰 경우 ② 부적당한 용접봉을 사용 ③ 모재에 탄소, 망간 등 합금원소의 함량이 많을 때 ④ 과대 전류, 과대 속도 ⑤ 모재에 유황함량이 많을 때	① 예열, 피닝작업을 하거나 용접 비드 배치법의 변경, 비드 단면적을 넓힌다. ② 적정봉을 선택한다. ③ 예열, 후열을 한다. ④ 적절한 속도로 운봉한다. ⑤ 저수소계 용접봉을 쓴다.

결함의 종류	결함의 모양	원인	방지대책
기공		① 용접 분위기 가운데 수소 또는 일산화탄소의 과잉 ② 용접부의 급속한 응고 ③ 모재 가운데 유황함유량 과대 ④ 강재에 부착되어 있는 기름, 페인트, 녹 등 ⑤ 아크 길이, 전류 조작의 부적당 ⑥ 과대 전류의 사용 ⑦ 용접속도가 빠를 때	① 용접봉을 바꾼다. ② 위빙을 하여 열량을 늘리거나 예열을 한다. ③ 충분히 건조한 저수소계 용접봉을 사용한다. ④ 이음의 표면을 깨끗이 한다. ⑤ 정해진 범위 안의 전류로 좀 긴 아크를 사용하거나 용접법을 조절한다. ⑥ 적당한 전류로 조절한다. ⑦ 용접속도를 늦춘다.
슬래그 섞임		① 전 층의 슬래그 제거가 불완전 ② 전류 과소, 운봉 조작의 불완전 ③ 용접이음의 부적당 ④ 슬래그 유동성이 좋고 냉각하기 쉬울 때 ⑤ 봉의 각도가 부적당 ⑥ 운봉속도가 느릴 때	① 슬래그를 깨끗이 제거한다. ② 전류를 약간 세게, 운봉 조작을 적절히 한다. ③ 루트 간격이 넓은 설계로 한다. ④ 용접부 예열을 한다. ⑤ 봉의 유지각도가 용접 방향에 적절하게 한다. ⑥ 슬래그가 앞지르지 않도록 운봉 속도를 유지한다.
피트		① 모재 가운데 탄소, 망간 등의 합금원소가 많을 때 ② 습기가 많거나 기름, 녹, 페인트가 묻었을 때 ③ 후판 또는 급랭되는 용접의 경우 ④ 모재 가운데 황함유량이 많을 때	① 염기도가 높은 봉을 선택한다. ② 이음부를 청소한다. ③ 봉을 건조시킨다. ④ 예열을 한다. ⑤ 저수소계 용접봉을 사용한다.

02 Chapter 출제 예상문제

O/X 문제

01 아크는 기체 중에서 일어나는 방전의 일종으로 피복아크용접에서의 온도는 5,000~6,000℃이다. (O/×)

02 용접기 용량은 전원 입력[kVA] 또는 전원 출력[kW]으로 나타내기도 한다. (O/×)

03 피복아크용접에서 모재의 일부분이 녹은 쇳물 부분을 용입부라고 한다. (O/×)

해설
- 용융지: 모재가 녹은 쇳물 부분
- 용입: 모재가 녹은 깊이
- 용적: 용접봉이 녹아 모재로 옮겨 가는 쇳물방울
- 용착: 용접봉이 녹아 용융지에 들어가는 것
- 용착금속: 모재와 용접봉이 녹아서 혼합된 금속

04 피복아크용접에서 모재의 용입이 가장 깊어지는 전원의 극성은 직류역극성(DCRP)이다. (O/×)

해설 극성에 따른 용입의 깊이: 직류정극성(DCSP) > 교류(AC) > 직류역극성(DCRP)

05 직류 아크용접에서 맨(bare) 용접봉을 사용했을 때 아크가 한쪽으로 쏠리는 현상을 자기불림(magnetic blow)이라 한다. (O/×)

06 용융금속이 용접봉에서 모재로 옮겨 가는 용적이행 형태에는 단락형, 스프레이형, 글로뷸러형이 있다. (O/×)

07 교류 아크용접기에서 가변저항을 이용하여 전류의 원격조정이 가능한 용접기는 가동코일형이다. (O/×)

해설
- 가포화 리액터형: 가변저항의 변화로 전류를 조정하며, 전류의 원격조정이 가능한 교류 용접기
- 가동코일형: 1차, 2차 코일 중 하나를 이동하여 전류를 조정하는 교류 용접기

08 아크용접에서 부하전류가 증가하면 단자전압이 저하하는 특성을 수하 특성이라고 한다. (O/×)

09 용접결함 중 언더컷은 일반적으로 용접전류가 적정 전류보다 낮을 때 발생하는 결함이다. (O/×)

해설
- 언더컷: 용접전류가 높고, 용접속도가 빠를 때 발생
- 오버랩: 용접전류가 낮고, 용접속도가 느릴 때 발생
- 용입불량: 용접전류가 낮고, 용접속도가 빠를 때 발생

10 기공 또는 용융금속이 튀는 현상이 생겨 용접한 부분의 표면에 생긴 작고 오목한 구멍을 피트(pit)라고 한다. (O/×)

정답

01. ○ 02. ○ 03. × 04. × 05. ○ 06. ○ 07. × 08. ○ 09. × 10. ○

객관식 문제

01 KS규정에서 규정된 연강용 피복아크용접봉에 사용되는 용접봉 심선의 화학성분에 해당하지 않는 것은?

① 규소 ② 니켈
③ 황 ④ 구리

해설 연강용 피복아크용접봉 심선의 화학성분(KS D3508): 탄소(C), 규소(Si), 망간(Mn), 인(P), 황(S), 구리(Cu)

02 교류 아크용접기의 부속장치인 핫 스타트 장치에 대한 설명으로 틀린 것은?

① 아크 발생을 쉽게 한다.
② 기공 발생을 방지한다.
③ 비드 모양을 개선한다.
④ 아크 발생 초기에만 용접전류를 낮게 한다.

해설 핫 스타트 장치: 아크 발생 초기에만 용접전류를 특별히 높게 하여 아크 발생이 쉽도록 해 주는 장치

03 피복금속아크용접에서 아크쏠림(arc blow)이 발생할 때 그 방지법으로 가장 적합한 것은?

① 접지점을 될 수 있는 대로 용접부에서 가까이 할 것
② 용접봉 끝을 아크쏠림과 같은 방향으로 기울일 것
③ 교류 용접기로 용접할 것
④ 가급적이면 긴 아크를 사용할 것

해설 아크쏠림 방지대책
- 교류 용접기를 사용할 것
- 용접봉 끝을 아크쏠림의 반대 방향으로 기울일 것
- 접지점은 될 수 있는 대로 용접부에서 멀리할 것
- 가급적이면 짧은 아크를 사용할 것

04 저수소계 용접봉은 사용 전에 충분한 건조가 되어야 한다. 가장 알맞은 건조온도는?

① 150～200℃ ② 200～250℃
③ 300～350℃ ④ 400～450℃

해설 용접봉의 사용 전 건조온도 및 건조시간
- 저수소계: 300~350℃에서 1~2시간
- 일반 용접봉: 70~100℃에서 30분~1시간

05 다음 〈보기〉는 어떤 용접봉의 특성을 나타낸 것인가?

보기
- 주성분은 유기물을 약 30% 정도 포함한다.
- 가스실드계로 환원성가스 분위기에서 용접한다.
- 보관 중 습기에 유의한다.
- 비드 표면이 거칠고 스패터 발생이 많다.

① 일미나이트계 ② 라임티타니아계
③ 고셀룰로오스계 ④ 저수소계

해설 용접봉 중에서 가스실드계(가스 발생식)는 고셀룰로오스계(E4311)가 유일하며, 셀룰로오스(유기물)가 가스 발생제이다.

06 교류전원이 없는 옥외 장소에서 사용하기에 가장 적합한 직류 아크용접기는?

① 정류기형 ② 가동철심형
③ 엔진구동형 ④ 전동발전형

해설
- 옥외나 교류전원이 없는 장소에서 사용 가능한 용접기: 엔진구동형
- 전동발전형, 정류기형도 직류 발전기나 교류전원이 있어야 작동이 가능하다.

정답

01. ② 02. ④ 03. ③ 04. ③ 05. ③ 06. ③

07 피복아크용접작업에서 아크 길이 및 아크전압에 관한 설명으로 틀린 것은?

① 품질이 좋은 용접을 하려면 원칙적으로 짧은 아크를 사용해야 한다.
② 아크 길이가 너무 길면 아크가 불안정하고, 용융금속이 산화 및 질화되기 어렵다.
③ 적정한 아크 길이는 보통 용접봉 심선의 지름 정도 또는 3mm 정도가 적당하다.
④ 아크전압은 아크 길이에 비례한다.

해설 아크 길이가 길면 아크가 불안정하고, 용융금속이 산화 및 질화하기 쉽기 때문에 가급적 짧은 아크를 사용해야 한다.

08 일반적으로 용접기에 대한 사용률(duty cycle)을 계산하는 식으로 맞는 것은?

① $\frac{(\text{아크 발생시간})}{(\text{아크 발생시간}+\text{휴식시간})}\times 100$

② $\frac{(\text{아크 발생시간})}{(\text{아크 발생시간}-\text{휴식시간})}\times 100$

③ $\frac{(\text{아크 발생시간})}{(\text{아크 발생시간}\times\text{휴식시간})}\times 100$

④ $\frac{(\text{아크 발생시간})}{(\text{아크 발생시간}\div\text{휴식시간})}\times 100$

09 교류 아크용접기와 비교한 직류 아크용접기에 대한 설명으로 올바른 것은?

① 구조가 간단하다.
② 아크 안정감이 떨어진다.
③ 감전의 위험이 많다.
④ 극성의 변화가 가능하다.

해설 직류 아크용접기의 특성
- 아크 안정성이 높다.
- 무부하전압이 낮아 감전의 위험이 낮다.
- 극성의 변화가 가능하다(정극성, 역극성).
- 구조가 복잡하고, 소음 및 고장이 많다.
- 자기쏠림(아크쏠림)이 발생한다.

10 피복아크용접봉의 용융속도를 결정하는 식은?

① 용융속도=아크전류×용접봉 쪽 전압강하
② 용융속도=아크전류×모재 쪽 전압강하
③ 용융속도=아크전압×용접봉 쪽 전압강하
④ 용융속도=아크전압×모재 쪽 전압강하

해설
- 용접봉의 용융속도는 단위시간당 소비되는 용접봉의 길이 또는 무게로 표시하며, 아크전압과는 관계가 없고, 아크전류에 비례한다.
- 용접봉 용융속도=아크전류×용접봉 쪽 전압강하

11 연강용 피복아크용접봉 중 주성분이 산화철계에 철분을 첨가하여 만든 것으로 아크는 분무상이고 스패터가 적으며, 비드 표면이 곱고 슬래그 박리성이 좋아 아래보기 및 수평 필릿용접에 적합한 용접봉은?

① E4304　② E4311
③ E4316　④ E4327

해설
- E4327: 철분-산화철계
- 피복아크용접봉 표시 'E○○2○'에서 '2'는 용접자세를 의미하는 것으로, 아래보기 및 수평 필릿 자세용임을 의미한다.

12 자기불림 또는 아크쏠림의 방지대책이 아닌 것은?

① 큰 가접부를 향하여 용접할 것
② 긴 용접부는 후퇴법으로 용접할 것
③ 용접봉 끝을 아크쏠림 쪽으로 기울여 용접할 것
④ 접지점 2개를 연결하여 용접할 것

해설 아크쏠림 방지대책
- 교류 용접기를 사용할 것
- 용접봉의 끝을 아크쏠림의 반대 방향으로 기울일 것
- 접지점은 될 수 있는 대로 용접부에서 멀리할 것
- 가급적이면 짧은 아크를 사용할 것

정답

07. ②　08. ①　09. ④　10. ①　11. ④　12. ③

13 피복아크용접봉의 용접부 보호방식에 의한 분류에 속하지 않는 것은?

① 슬래그 생성식 ② 가스 발생식
③ 아크 발생식 ④ 반가스 발생식

해설 피복제의 용착금속 보호방식
- 가스 발생식: E4311 셀룰로오스계
- 반가스 발생식: E4313 고산화티탄계
- 슬래그 생성식: 상기 2종류 외

14 용접 시 기공 발생의 방지대책으로 가장 거리가 먼 것은?

① 위빙을 하여 열량을 늘리거나 예열을 한다.
② 충분히 건조한 저수소계 용접봉을 사용한다.
③ 정해진 범위 안에서 약간 높은 전류를 사용한다.
④ 피닝작업을 하거나 용접비드 배치법을 변경한다.

해설 기공 발생의 방지대책
- 용접봉은 건조 후에 사용한다.
- 모재를 예열하거나 후열한다.
- 저수소계 용접봉을 사용한다.
- 정해진 범위 안에서 약간 높은 전류를 사용한다.

※ 피닝(peening)은 둥근 해머를 이용하여 용접부를 두드려 주는 것으로 잔류응력의 완화, 변형 교정 및 균열 방지에 효과가 있지만 기공 발생의 방지대책과는 관련이 없다.

15 용접기의 자동 전격방지장치에서 아크를 발생시키지 않을 때는 보조변압기에 의해 용접기의 2차 무부하전압을 몇 V 이하로 유지하는 것이 적합한가?

① 25V ② 45V
③ 65V ④ 75V

해설 전격방지장치: 용접을 하지 않을 때 용접기 내 전압을 20~30V 이하로 유지함으로써 용접사를 전격의 위험으로부터 보호하기 위한 장치이다.

16 교류 아크용접기에 관한 설명 중 옳은 것은?

① 교류 아크용접기는 극성 변화가 가능하고 전격의 위험이 적다.
② 교류 아크용접기는 가동철심형, 탭전환형, 엔진구동형, 가포화 리액터형 등으로 분류된다.
③ AW-300은 교류 용접기의 정격 입력 전류가 300A가 흐를 수 있는 전류용량값을 표시하고 있다.
④ 교류 아크용접기의 부속장치에는 고주파 발생장치, 전격방지장치, 원격제어장치 등이 있다.

해설 교류 아크용접기의 특성
- 극성 변화가 불가능하고 무부하전압이 높아 전격의 위험이 높다.
- 종류는 가동철심형, 가동코일형, 탭전환형, 가포화 리액터형이 있다.
- AW-300에서 'AW'는 교류 용접기, '300'은 정격 2차 전류값이 300A임을 의미한다.

17 다음 중 용착효율(deposition efficiency)이 가장 낮은 용접은?

① MIG용접
② 피복아크용접
③ 서브머지드 아크용접
④ 플럭스코어드 아크용접

해설 용접방법별 용착효율
- 피복아크용접: 65%
- 플럭스코어드 아크용접: 75~85%
- MIG용접: 92%
- 서브머지드 아크용접: 100%

※ 용착효율: 용착금속의 중량에 대한 용접봉 사용 중량의 비를 의미하는 것으로 용접봉의 소요량을 산출하거나 용접작업 시간을 판단하는 데 사용된다.

$$\text{용착효율}[\%] = \frac{\text{용착금속의 중량}}{\text{용접봉 사용 중량}} \times 100\%$$

정답

13. ③ 14. ④ 15. ① 16. ④ 17. ②

18 용접부에 두꺼운 스케일이나 오물 등이 부착되었을 때, 용접홈이 좁을 때, 양쪽 모재의 두께 차이가 클 경우, 운봉속도가 일정하지 않을 때 생기는 용접결함은?

① 언더컷 ② 융합불량
③ 크랙 ④ 선상조직

해설 융합불량(lack of fusion): 모재 개선면의 용융이 제대로 되지 않을 때 발생되는 결함

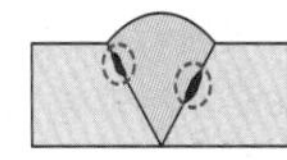

19 부하전류가 증가하면 단자전압이 저하하는 특성으로 피복아크용접에서 필요한 전원 특성은?

① 정전압 특성 ② 수하 특성
③ 부저항 특성 ④ 상승 특성

해설
- 수하 특성: 부하전류가 증가하면 단자전압이 낮아지는 특성
- 상승 특성: 부하전류가 증가하면 단자전압이 높아지는 특성
- 정전류 특성: 전류를 일정하게 유지하게 해 주는 특성
- 정전압 특성: 전압을 일정하게 유지하게 해 주는 특성

※ 수동 용접기: 수하 특성+정전류 특성
반자동 또는 자동 용접기: 상승 특성+정전압 특성

20 피복아크용접봉 중 염기성이면서 내균열성이 가장 우수한 것은?

① 저수소계
② 라임티타니아계
③ 일미나이트계
④ 고셀룰로오스계

해설 E4316(저수소계): 피복아크용접봉 중 기계적 강도 및 내균열성이 가장 우수하며, 작업성은 나쁘다.

21 교류 아크용접기와 직류 아크용접기와의 비교에 대한 설명 중 틀린 것은?

① 발전형 직류 아크용접기는 완전한 직류 전원을 얻을 수 있다.
② 발전형 직류 아크용접기는 회전부에 고장이 나기 쉽고, 소음이 많다.
③ 직류 아크용접기는 극성 변화가 불가능하다.
④ 무부하전압은 직류 용접기가 교류 용접기보다 약간 낮다.

해설
- 직류 아크용접기는 극성 변화가 가능하다(정극성, 역극성).
- 교류 아크용접기는 극성 변화가 불가능하며, 아크 안정성도 낮다.

22 피복아크용접봉 중 내균열성이 가장 우수한 것은?

① E4313 ② E4316
③ E4324 ④ E4237

해설 E4316(저수소계): 피복아크용접봉 중 기계적 강도 및 내균열성이 가장 우수하며, 작업성은 나쁘다.

23 피복아크용접봉의 피복제 중에 포함되어 있는 주요 성분은 용접에 있어 중요한 작용과 역할을 하는데 다음 중 관계가 없는 것은?

① 아크 안정제 ② 슬래그 생성제
③ 고착제 ④ 침탄제

해설 침탄제: 금속재료의 표면경화 시 사용한다.

24 피복아크용접봉의 피복제 중 탈산제가 아닌 것은?

① Fe−Cu ② Fe−Si
③ Fe−Mn ④ Fe−Ti

해설 탈산제: 규소철(Fe−Si), 망간철(Fe−Mn), 망간, 알루미늄, 구리 등이 사용된다.

정답

18. ② 19. ② 20. ① 21. ③ 22. ② 23. ④ 24. ①

25 용접결함이 오버랩일 경우 그 보수방법으로 가장 적절한 것은?

① 정지구멍을 뚫고 재용접한다.
② 일부분을 깎아 내고 재용접한다.
③ 가는 용접봉을 사용하여 재용접한다.
④ 결함 부분을 절단하여 재용접한다.

해설 용접결함별 보수방법
- 오버랩: 일부분을 깎아 내고 재용접한다.
- 균열: 정지구멍을 뚫고 재용접한다.
- 언더컷: 가는 용접봉을 사용하여 재용접한다.

26 교류 아크용접기의 종류 표시와 사용된 기호의 수치에 대한 설명 중 옳은 것은?

① AW−300으로 표시하며, 300의 수치는 정격 출력 전류이다.
② AW−300으로 표시하며, 300의 수치는 정격 1차 전류이다.
③ AC−300으로 표시하며, 300의 수치는 정격 출력 전류이다.
④ AC−300으로 표시하며, 300의 수치는 정격 1차 전류이다.

해설
- AW−300에서 'AW'는 교류 용접기, '300'은 정격 2차 전류값이 300A임을 의미한다.
- 정격 2차 전류=정격 출력 전류

27 일명 핀치효과형이라고도 하며 비교적 큰 용적이 단락되지 않고 옮겨 가는 이행형식은?

① 단락형 ② 글로뷸러형
③ 스프레이형 ④ 입자형

해설 용융금속의 이행 형태
- 단락형: 용적이 용융지에 접촉되어 단락되고, 표면장력에 의해 모재로 옮겨 가는 방식
- 스프레이형(분무형): 미세한 용적이 스프레이와 같이 빠른 속도로 모재로 옮겨 가는 방식
- 글로뷸러형(핀치효과형, 입상형): 비교적 큰 용적이 단락되지 않고 옮겨 가는 방식

28 피복아크용접봉의 피복제에 대한 설명 중 맞지 않는 것은?

① 저수소계를 제외한 다른 피복아크용접봉의 피복제는 아크 발생 시 탄산가스(CO_2)와 수증기(H_2O)가 많이 발생된다.
② 아크 안정제는 아크열에 의하여 이온화가 되어 아크전압을 강화시키고 이에 의하여 아크를 안정시킨다.
③ 가스 발생제는 중성 또는 환원성 가스를 발생시켜 용접부를 대기로부터 차단하여 용융금속의 산화 및 질화를 방지하는 역할을 한다.
④ 슬래그 생성제는 용융점이 낮은 슬래그를 만들어 용융금속의 표면을 덮어서 산화 및 질화를 방지하고 용착금속의 냉각속도를 느리게 한다.

해설
- 피복제는 대기 중의 산소와 질소의 침입을 방지하고 용융금속을 보호하는 역할을 한다.
- 피복제로 인해 용접 중에 탄산가스나 수증기가 많이 발생하는 것은 아니다.

29 다음 용접케이블에 대한 설명으로 틀린 것은?

① 2차측 케이블은 유연성이 좋은 캡타이어 전선을 사용한다.
② 전원에서 용접기를 연결하는 케이블을 2차측 케이블이라 한다.
③ 2차측 케이블은 저전압, 대전류를 사용한다.
④ 2차측 케이블에 비하여 1차측 케이블은 움직임이 별로 없다.

해설
- 외부 전원과 용접기를 연결하는 케이블은 1차측 케이블이고, 용접기와 홀더를 연결하는 케이블은 2차측 케이블이다.
- 1차측 케이블: 일반 전기선을 사용
- 2차측 케이블: 유연성이 좋은 캡타이어 전선을 사용(저전압, 고전류)

정답

25. ② 26. ① 27. ② 28. ① 29. ②

30 교류 아크용접기에서 용접하는 용접사를 보호하기 위해 사용하는 장치는?

① 전격방지기
② 핫 스타트 장치
③ 고주파 발생장치
④ 원격제어장치

해설 전격방지장치: 용접을 하지 않을 때 용접기 내 전압을 20~30V 이하로 유지함으로써 용접사를 전격의 위험으로부터 보호하기 위한 장치이다.

31 발전형(모터, 엔진형) 직류 아크용접기와 비교하여 정류기형 직류 아크용접기를 설명한 것 중 틀린 것은?

① 고장이 적고 유지·보수가 용이하다.
② 취급이 간단하고 가격이 싸다.
③ 초소형, 경량화 및 안정된 아크를 얻을 수 있다.
④ 완전한 직류를 얻을 수 있다.

해설
- 정류기형 직류 아크용접기는 교류를 직류로 정류하는 것이므로 완전한 직류를 얻을 수 없다.
- 완전한 직류를 얻을 수 있는 아크용접기는 엔진구동형이다.

32 피복아크용접에서 아크쏠림 방지대책 중 맞는 것은?

① 교류 아크용접기를 사용하지 말고 직류 용접기를 사용할 것
② 아크 길이를 다소 길게 할 것
③ 접지점은 1개만 설치할 것
④ 용접봉 끝을 아크쏠림 반대 방향으로 기울일 것

해설 아크쏠림 방지대책
- 교류 용접기를 사용할 것
- 용접봉 끝을 아크쏠림의 반대 방향으로 기울일 것
- 접지점은 될 수 있는 대로 용접부에서 멀리할 것
- 가급적이면 짧은 아크를 사용할 것

33 정격 2차 전류가 200A인 용접기로 용접전류 160A로 용접을 할 경우 이 용접기의 허용사용률은? (단, 용접기의 정격사용률은 40%임)

① 62.5% ② 72.5%
③ 80.5% ④ 90%

해설 $\text{허용사용률} = \dfrac{(\text{정격 2차 전류})^2}{(\text{실제 용접전류})^2} \times \text{정격사용률}[\%]$

$= \dfrac{200^2}{160^2} \times 40 = 62.5\%$

34 연강용 피복아크용접봉의 종류 중 철분산화철계에 해당되는 것은?

① E4324 ② E4326
③ E4340 ④ E4327

해설
- E4324: 철분-산화티탄계
- E4326: 철분-저수소계
- E4340: 특수계
- E4327: 철분-산화철계

35 용접봉의 습기가 원인이 되어 발생하는 결함으로 가장 적절한 것은?

① 선상조직 ② 기공
③ 용입불량 ④ 슬래그 섞임

해설 기공: 용접 분위기 중 각종 가스, 습기, 녹, 기름 등 불순물이 많을 때 발생되기 쉽다.

36 다음 용접결함 중 가장 치명적인 것으로 발생하면 그 양단에 드릴로 정지구멍을 뚫고 깎아낸 후에 규정의 홈으로 재가공 후 용접하는 것은?

① 균열(crack)
② 은점(fish eye)
③ 언더컷(under cut)
④ 기공(blow hole)

해설 균열(crack): 용접결함 중 가장 치명적인 결함이다.

정답

30. ① 31. ④ 32. ④ 33. ① 34. ④ 35. ② 36. ①

37 AW-500 교류 아크용접기의 최고 무부하전압은 몇 V 이하인가?

① 65V 이하 ② 75V 이하
③ 85V 이하 ④ 95V 이하

해설 교류 아크용접기 규격(KS C9602)

종류	정격사용률[%]	최고 무부하 전압[V]
AW-180, 240, 300	40	85 이하
AW-400	50	
AW-500	60	95 이하

38 아크전류가 200A, 아크전압 25V, 용접속도가 20cm/min인 경우 용접 단위길이 1cm당 발생하는 용접입열은 얼마인가?

① 12,000J/cm ② 15,000J/cm
③ 20,000J/cm ④ 30,000J/cm

해설 용접입열(H) $= \dfrac{60EI}{V}$[J/cm]

$= \dfrac{60 \times 25\text{V} \times 200\text{A}}{20\text{cm/min}}$

$= 15{,}000\text{J/cm}$

39 용접부에 생기는 결함의 종류 중 구조상 결함이 아닌 것은?

① 기공
② 용접금속부의 형상 부적당
③ 용입불량
④ 비금속 또는 슬래그 섞임

해설 용접결함의 분류
- 치수상 결함: 변형 및 치수 불량, 형상 불량
- 구조상 결함: 기공, 언더컷, 오버랩, 균열, 용입불량(부족), 융합불량, 슬래그 섞임 등
- 성질상 결함: 기계적 성질(인장강도 및 경도 등)의 불량, 화학적 성질(내식성 등)의 불량

40 직류 아크용접기의 극성 중 직류역극성(DCRP)의 특징이 아닌 것은?

① 모재의 용입이 깊다.
② 용접봉의 용융속도가 빠르다.
③ 비드 폭이 넓다.
④ 박판, 주철, 고탄소강, 합금강, 비철금속의 용접에 이용된다.

해설 직류역극성(DCRP): 모재에 음극(−), 용접봉에 양극(+)을 연결한 것으로, 용입이 얕고 비드 폭이 넓다.

41 피복아크용접봉에서 피복제의 가장 중요한 역할은?

① 변형 방지
② 인장력 증대
③ 모재의 강도 증가
④ 아크 안정

해설 피복제의 가장 중요한 역할은 아크 안정이다.

42 헬멧이나 핸드실드의 차광유리 앞에 보호유리를 끼우는 가장 타당한 이유는?

① 시력을 보호하기 위해
② 가시광선을 차단하기 위해
③ 적외선을 차단하기 위해
④ 차광유리를 보호하기 위해

43 V형 맞대기 피복아크용접 시 슬래그 섞임의 방지대책이 아닌 것은?

① 슬래그를 깨끗이 제거한다.
② 용접전류를 약간 세게 한다.
③ 용접이음부의 루트 간격을 좁게 한다.
④ 봉의 유지각도를 용접 방향에 적절하게 한다.

해설 슬래그 섞임을 방지하는 차원에서 루트 간격은 넓게 하는 것이 좋다.

정답

37. ④ 38. ② 39. ② 40. ① 41. ④ 42. ④ 43. ③

03 가스용접

3-1 가스용접의 개요

1 원리

① 가스용접은 가연성가스(아세틸렌, 수소, 액화석유가스)와 지연성가스*(산소, 공기)의 혼합으로 가스가 연소할 때 발생되는 열(약 3,000℃)을 이용하여 모재를 용융시키면서 용접봉을 공급하여 접합하는 용접법이다.

ONE POINT

① **지연성가스(조연성가스)**: 스스로의 연소는 불가능하나 다른 가스의 연소를 도와 주는 가스(산소)
② **가연성가스**: 스스로 연소가 가능한 가스로 아세틸렌(C_2H_2), 프로판(C_3H_8), 부탄(C_4H_{10}), 메탄(CH_4), 수소(H_2), LNG 등이 있다

② 종류: 산소–아세틸렌용접, 산소–프로판용접, 산소–수소용접, 공기–아세틸렌용접

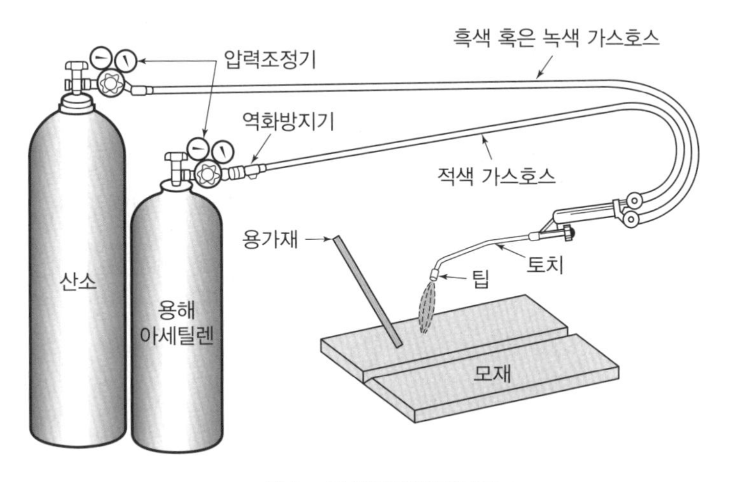

▲ 산소–아세틸렌용접장치

③ 가연성가스의 조건
- 불꽃온도가 높을 것
- 연소속도가 빠를 것
- 발열량이 클 것
- 용융금속과 화학반응을 일으키지 않을 것

④ 연소의 3요소: 가연물, 산소, 점화원

⑤ 연소의 종류: 표면연소, 분해연소, 증발연소, 자기연소

⑥ 인화점: 가연성 증기가 발생할 수 있는 최저온도 또는 외부의 직접적인 점화원에 의해 불이 붙을 수 있는 최저온도

⑦ 발화점: 외부의 직접적인 점화원이 없어도 스스로 가열된 열이 쌓여서 불이 붙을 수 있는 최저온도(착화점)

⑧ 연소점: 연소 상태가 중단되지 않고 계속될 수 있는 최저온도

2 특징

(1) 장점

① 응용 범위가 넓으며 운반이 편리하다.

② 가열할 때 열량 조절이 비교적 자유롭기 때문에 박판용접에 적합하다.

③ 전원설비가 없는 곳에서도 쉽게 설치할 수 있고 설비비용도 싸다.

④ 아크용접에 비해 유해광선의 발생이 적다.

(2) 단점

① 아크용접에 비해 불꽃온도가 낮다.

② 열집중성이 나빠서 효율적인 용접이 어렵다.

③ 폭발의 위험성이 크고 금속의 탄화 및 산화될 가능성이 높다.

④ 아크용접에 비해 가열 범위가 넓어 용접응력이 크고 가열시간이 오래 걸린다.

⑤ 용접변형이 크고 금속의 종류에 따라서 기계적 강도가 떨어진다.

⑥ 아크용접에 비해 신뢰성이 낮다.

3-2 용접용 가스 및 불꽃

1 용접용 가스의 종류

종류	화학식	비중	최적 혼합비 (가연성가스 : 산소)	최고 불꽃온도[℃]	발열량 [kcal/m³]
아세틸렌	C_2H_2	0.9056	1:1.7	3,430	12,690
수소	H_2	0.0696	1:0.5	2,900	2,420
프로판	C_3H_8	1.5223	1:4.5	2,820	20,780
메탄	CH_4	0.5543	1:2.1	2,700	8,080

(1) 산소(O_2)

① 산소의 순도는 높을수록 좋으며, KS규정에 의한 공업용 산소의 순도는 99.5% 이상으로 규정하고 있다.

② 35℃에서 150kgf/cm^2(약 15MPa)의 압력으로 충전한다.

③ 주요 특징

- 무미, 무색, 무취의 기체로 비중은 1.105(공기보다 무겁다.)이다.
- 자체는 타지 않으며, 다른 물질의 연소를 도와 주는 조연성가스이다.
- 액체산소는 보통 연한 청색을 띤다.

④ 산소의 제조

- 대기 중의 공기에서 채취하는 방법
- 물을 전기분해하는 방법

(2) 아세틸렌(C_2H_2)

① 가스용접용으로 가장 많이 사용되는 가스이며, 카바이드(CaC_2)에 물을 접촉시켜 제조한다(투입식, 침지식, 주수식).

② 순수한 카바이드 1kg당 약 348L의 아세틸렌가스가 발생된다.

③ 주요 특징

- 순수한 것은 무색무취의 기체이지만 일반적으로 인화수소(PH_3), 황화수소(H_2S), 암모니아(NH_3)와 같은 불순물을 포함하고 있어 악취가 난다.
- 15℃, 1기압에서 1L의 무게는 1.176kg이다(비중은 0.906).
- 여러 가지 액체에 잘 용해된다(단, 소금물에는 용해되지 않는다. 석유에 2배, 벤젠에 4배, 알코올에 6배, 아세톤에 25배).

- 산소와 적당히 혼합하여 연소시키면 높은 온도를 낸다(약 3,000~3,500℃).
- 완전연소 시 이론상 혼합비는 산소:아세틸렌 = 2.5:1, 실제로는 1:1(부족분은 공기 중에서 보충)이다.
- 수소(H_2)와 탄소(C)가 혼합된 매우 불안전한 기체이다.

④ 온도: 406~408℃에서 자연발화, 505~515℃에서 폭발, 780℃에서 산소가 없어도 폭발한다.

⑤ 압력: 15℃에서 1.5기압(1.5kgf/cm^2) 이상 압축하면 충격이나 가열에 의해 분해 폭발, 2.0기압 이상으로 압축 시 분해 폭발할 수 있다.

⑥ 혼합가스: 아세틸렌과 산소의 혼합비가 15%:85%일 때 폭발 위험이 가장 크다.

⑦ 외력: 가압된 상태에서 마찰, 진동, 충격이 가해지면 폭발할 위험이 있다.

⑧ 화합물 생성: 구리(Cu) 또는 구리합금(62% 이상 구리), 은(Ag), 수은(Hg) 등과 접촉하면 120℃ 부근에서 폭발성 화합물을 생성하므로 가스 연결구나 배관에 이러한 물질을 사용해서는 안 된다.

(3) 용해 아세틸렌

① 강철제 용기 내부에 규조토, 목탄 분말, 석면 등과 같은 다공성 물질을 채우고 여기에 아세톤을 흡수시킨 다음 아세틸렌가스를 15℃, 15.5기압으로 충전 용해시킨 것이다.

② 용해 아세틸렌 1kg이 기화되면 15℃, 1기압하에서 905L의 아세틸렌가스가 발생한다.

> 아세틸렌가스 발생량[L] = 905×(사용 전 용기 무게 − 사용 후 용기 무게)

③ 용해 아세틸렌의 장점
- 아세틸렌 발생기와 부속기구가 불필요하며 운반이 용이하다.
- 발생기를 사용하지 않으므로 폭발의 위험이 적고 안전성이 높다.
- 순도가 높으므로 불순물에 의해 용접부의 강도가 저하되는 일이 없다.

④ 용해 아세틸렌 취급 시 주의사항
- 저장 장소는 통풍이 잘되어야 한다.
- 저장 장소에는 화기를 가까이 하지 말아야 한다(5m 이상 이격).
- 저장실의 전기스위치, 전등 등은 방폭구조여야 한다.
- 용기는 반드시 세워서 보관 및 운반하여야 한다.
- 용기는 40℃ 이하에서 보관하고 반드시 캡을 씌워야 한다.
- 용기는 진동이나 충격을 가하지 말고, 신중히 취급해야 한다.
- 아세틸렌 충전구가 동결 시 35℃ 이하의 온수로 녹여야 한다.

- 밸브는 전용 핸들로 1/4~1/2 회전만 시키고 핸들은 밸브에 끼워 놓은 상태로 작업한다.
- 가스누설검사는 반드시 비눗물을 사용한다.
- 사용 후에는 반드시 약간의 잔압(0.1kgf/cm^2)을 남겨 두어야 한다.

(4) 수소(H_2)

① 물의 전기분해에 의해서 만들어지며 35℃, 150kgf/cm^2로 고압용기에 충전하여 공급한다.

② 산소-수소불꽃은 백심 구분이 어려워 육안으로 불꽃 조절이 힘들다.

③ 연소할 때 탄소가 나오지 않기 때문에 탄소의 존재를 피해야 하는 납(Pb)의 용접에 사용되며, 고압을 얻을 수 있으므로 수중절단용 연료가스로 사용된다.

④ 주요 특징

- 무색, 무취, 무미이며 인체에 해가 없다.
- 아세틸렌가스 다음으로 폭발성이 강한 가연성가스이며, 폭발 범위는 공기 중에서 4~75%, 산소 중에서 4~94%이다.
- 모든 가스 중에서 가장 가볍고 확산속도가 빨라 누설되기 쉬우며, 열전도도가 가장 크다.
- 고온·고압에서 수소취성이 일어난다.

(5) 액화석유가스(LPG)

① 일명 LPG가스라고 부르며, 석유나 천연가스를 적당한 방법으로 분류하여 제조한 것이다.

② 종류로는 프로판(C_3H_8), 부탄(C_4H_{10}), 프로필렌(C_3H_6), 부틸렌(C_4H_8), 에틸렌(C_2H_4) 등이 있다.

③ 공업용으로는 프로판이 대부분을 차지하며, 가스절단용으로 주로 사용되며 경제적이다.

④ 프로판의 성질

- 액화하기 쉽고, 용기에 넣어 수송이 편리하다.
- 상온에서는 기체 상태이고 무색, 투명하여 약간의 냄새가 난다.
- 온도 변화에 따른 팽창률이 크고 물에 잘 녹지 않는다.
- 쉽게 기화하여 발열량이 높다(열집중성은 아세틸렌보다 떨어진다).
- 폭발한계가 좁아 안전도가 높고, 관리가 쉽다.
- 연소할 때 필요한 산소의 양은 산소 : 프로판 = 4.5 : 1이다.

ONE POINT

LNG(액화천연가스)
① 유전지대에서 분출하는 가스로 약간의 차이는 있으나 메탄(CH_4)이 80~90%를 차지한다.
② 발열량이 높고 황성분이 거의 포함되지 않은 무독성이며 폭발 범위가 좁고 비중이 작아 쉽게 확산되기 때문에 위험성이 적은 특성이 있다.
③ 도시가스용으로 주로 사용된다.

2 산소-아세틸렌불꽃

(1) 불꽃의 구성

백심(불꽃심), 속불꽃, 겉불꽃으로 구성된다.

① 백심(flame core): 환원성 백색불꽃이다.
② 속불꽃(inner flame): 3,200~3,500℃의 높은 열을 발생하는 부분으로 무색에 가깝고 약간의 환원성을 띤다.
③ 겉불꽃(outer flame): 연소가스가 공기 중의 산소와 결합하여 완전연소되는 부분이다.

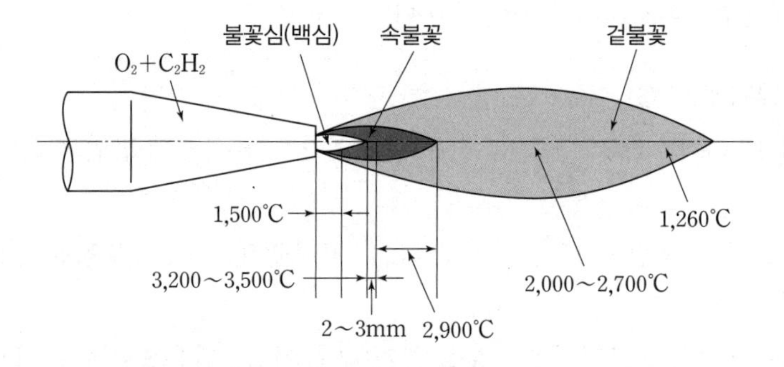

▲ 산소-아세틸렌불꽃의 구성

(2) 불꽃의 종류

공급되는 산소량에 따라 탄화불꽃, 중성불꽃, 산화불꽃으로 나눠진다.

① 탄화불꽃(= 아세틸렌 과잉불꽃, 환원불꽃)
- 속불꽃과 겉불꽃 사이에 백색의 제3불꽃인 아세틸렌 페더(feather)가 있다.
- 스테인리스, 스텔라이트, 모넬메탈 등의 용접에 사용된다.

② 중성불꽃(= 표준불꽃)
- 산소와 아세틸렌가스의 혼합비가 이론적으로 1:1 정도에서 발생되지만, 실제로는 1.1~1.2:1의 비율로 산소가 약간 많을 때 생긴다.
- 연강, 주철의 용접에 사용된다.

③ 산화불꽃(= 산소 과잉불꽃, 산성불꽃): 일반적으로 사용되지 않지만 구리, 황동 등의 용접에 사용된다.

3-3 가스용접 장치 및 기구

1 산소 용기

① 35℃, 150kgf/cm²의 고압으로 충전되어 있다.
② 용기는 인장강도 57kgf/cm² 이상, 연신율 18% 이상의 강재가 사용된다.
③ 산소 용기의 크기는 내용적에 따라 5,000L, 6,000L, 7,000L의 3종류가 있다.
④ 용기의 색은 공업용은 녹색, 의료용은 백색이다(호스는 녹색 또는 검정색).
⑤ 용기의 나사는 오른나사로 되어 있다.

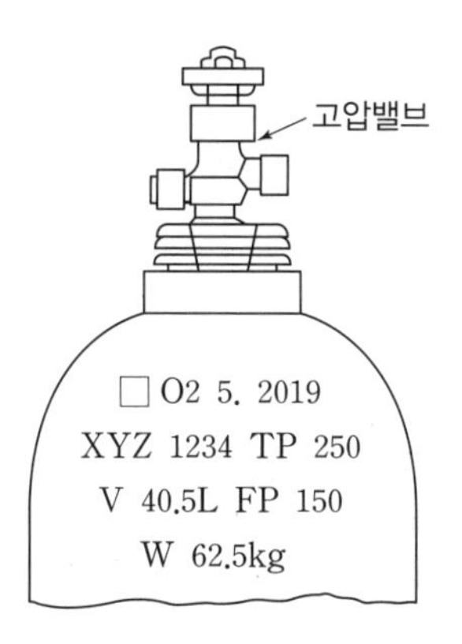

※ □: 용기 제작사명
O_2: 산소(충전가스 명칭 및 화학기호)
XYZ: 제조업자의 기호 및 제조번호
V: 내용적(실측) 40.5L
W: 용기 중량[kg]
5. 2019: 내압시험연월
TP: 내압시험압력[kgf/cm²]
FP: 최고 충전압력[kgf/cm²]

▲ 용기에 각인된 기호의 설명

⑥ 산소 용기 취급 시 주의사항
- 운반 시 밸브를 닫고 캡을 씌워 이동할 것
- 용기는 절대로 눕히거나 굴리는 등 충돌, 충격을 주지 말 것
- 운반 시 가능한 한 전용 운반기구를 사용하고 넘어지지 않게 주의할 것
- 기름이 묻은 손이나 장갑을 끼고 취급하지 말 것
- 사용 전에는 비눗물로 가스누설검사를 할 것
- 화기로부터 5m 이상 거리를 둘 것
- 통풍이 잘되고 직사광선이 없는 곳에 보관하며 항상 40℃ 이하로 유지할 것
- 산소 용기 내 총가스량[L] = 내용적[L] × 용기 내 압력[kgf/cm²]

- 사용할 수 있는 시간 = 산소 용기 내 총가스량 ÷ 시간당 소비량

ONE POINT

각종 충전가스 용기 및 호스

구분	용기 색상	충전압력 [kgf/cm²]	호스 색상	용기 내압시험압력 [kgf/cm²]	호스 내압시험압력 [kgf/cm²]
산소	녹색	150(35℃)	녹색 또는 검정색	250	90
아세틸렌	황색	15.5(15℃)	적색	46.5	10
탄산가스	청색	–	–	–	–
프로판, 아르곤	회색	140(아르곤)	–	–	–
수소	주황색	150	–	–	–

2 아세틸렌 용기

① 아세틸렌은 기체 상태로 압축하면 폭발할 위험이 있으므로 다공질 물질(목탄, 규조토)에 아세톤을 흡수시킨 다음, 아세틸렌을 용해시킨다(용해 아세틸렌).

② 용기는 황색, 호스는 적색을 사용한다.

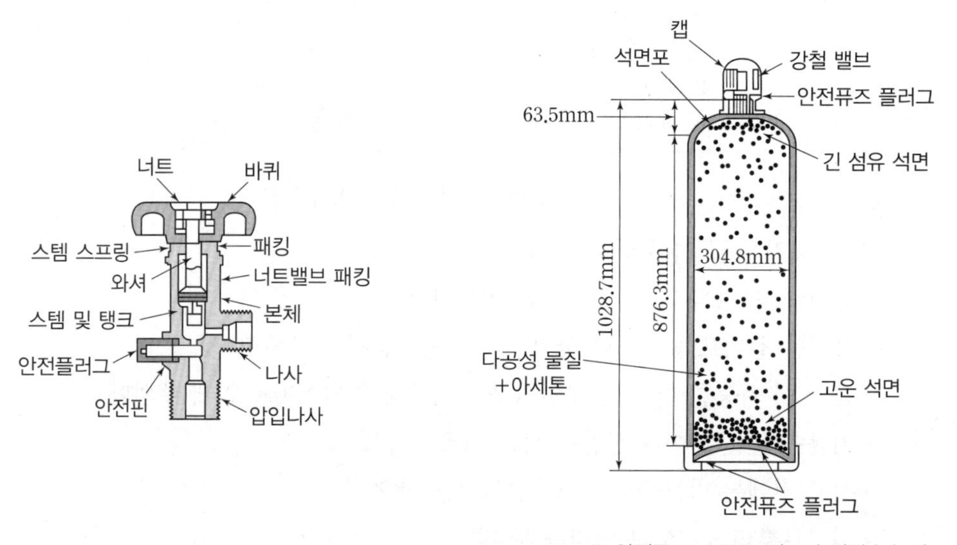

▲ 아세틸렌 용기의 구조

3 가스용접용 토치(torch)

(1) 원리

가스용접용 토치는 연소가스와 산소를 일정한 혼합가스로 만들고 이 혼합가스를 연소시켜 불꽃을 형성, 용접작업에 사용하는 기구이다.

(2) 구성

밸브, 혼합실, 팁으로 구성되어 있다.

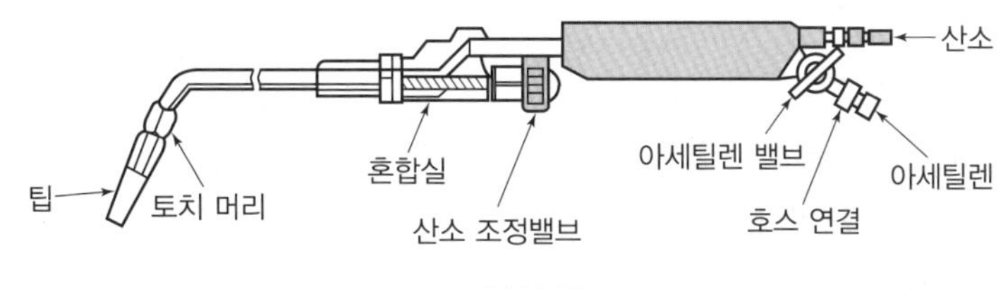

▲ 토치의 구조

(3) 토치 및 팁의 종류

① 사용되는 아세틸렌가스의 압력에 따른 토치 종류

- 저압식: 0.07kgf/cm^2 이하
- 중압식: 0.07~1.3kgf/cm^2
- 고압식: 1.3kgf/cm^2 이상

② 니들밸브의 유무에 따른 토치 종류

- 가변압식(프랑스식): 인젝터에 니들밸브가 있어 유량과 압력 조절이 가능하다. 그리고 팁이 작아 갈아 끼우기 편리하고 가벼워 작업이 쉽다.
- 불변압식(독일식): 1개의 팁에 1개의 인젝터가 있는 형식이다. 분출구멍의 크기가 일정하고 팁의 능력도 일정하기 때문에 불꽃의 능력을 변경할 수 없다. 또 팁의 구조가 복잡하고 무겁지만, 압력 변화가 적고 인화될 위험이 적다.

③ 크기에 따른 토치 종류

- 소형: 300~350mm
- 중형: 400~450mm
- 대형: 500mm 이상

4 팁(tip)의 종류

구분	특징	용량 표시
B형(가변압식, 프랑스식)	• 니들밸브가 있다. • 불꽃 조절이 용이하다.	표준불꽃으로 용접할 경우 1시간 동안 소비되는 아세틸렌 소비량[L]
A형(불변압식, 독일식)	• 니들밸브가 없다.	용접할 수 있는 강판의 두께

5 가스용접용 호스

① 천이 섞인 양질의 고무관을 사용한다.

② 산소용은 흑색 또는 검정색, 아세틸렌용은 적색이다.

③ 규정 길이는 5m이다.

④ 호스의 내압시험은 산소 90kgf/cm^2, 아세틸렌은 10kgf/cm^{2}에서 실시한다.

6 압력조정기(pressure regulator)

① 감압조정기라고도 하며, 산소나 아세틸렌 용기 내의 압력을 재료나 토치의 능력에 따라 작업에 필요한 압력으로 낮추어 주는 기구이다.

② 보통 작업할 때 산소의 압력은 3~4kgf/cm^2, 아세틸렌가스의 압력은 0.1~0.3kgf/cm^2 정도로 한다.

③ 작동 순서: 부르동관 → 켈리브레이팅 링크 → 섹터 기어 → 피니언 → 눈금판

7 안전기(safety device)

① 가스의 역류, 역화 시 불꽃과 가스의 흐름을 차단하여 발생기까지 미치지 못하게 하는 기구이다.

② 종류는 수봉식(저압식)과 스프링식(고압식)이 있다.

③ 수봉식 안전기에는 반드시 규정된 양의 물이 차 있어야 하며 유효수주는 25mm 이상을 유지해야 한다.

④ 토치 1개당 반드시 1개의 안전기를 설치해야 한다.

8 기타 기구

보안경(3.2mm 이하인 경우 4~5번), 점화 라이터, 팁클리너, 집게, 와이어브러시 등

3-4 가스용접의 재료

1 가스용접봉

(1) 가스용접봉 선택 시 고려사항

① 가능한 한 모재와 같은 재질이어야 하며, 모재에 충분한 강도를 줄 수 있을 것

② 기계적 성질에 나쁜 영향을 주지 않아야 하며, 용융온도가 모재와 동일할 것

③ 재질 중 불순물이 포함되지 않을 것

(2) 연강용 가스용접봉의 표시

① GA-46 SR(또는 NSR)

- G: 가스용접봉
- A: 용착금속의 연신율 구분
- 46: 용착금속의 최소 인장강도의 값[kgf/cm^2]
- SR: 625℃에서 1시간 동안 응력을 제거한 것
- NSR: 응력을 제거하지 않은 것

② 가스용접봉(D)의 지름을 결정하는 방법

$$D = \frac{T}{2} + 1$$

여기서, T: 용접하고자 하는 판의 두께[mm]

③ 연강용 가스용접봉의 표준치수는 지름 1.0, 1.6, 2.0, 2.6, 3.2, 4.0 등 8종류이며 길이는 1,000mm이다.

2 용제(flux)

가스용접 중 생기는 금속의 산화물 또는 비금속 개재물을 용해하여 용융온도가 낮은 슬래그를 만들고, 용융금속의 표면에 떠올라 용착금속의 성질을 양호하게 한다.

용접금속	사용 용제
연강	사용하지 않는다.
알루미늄	염화나트륨 30%+염화칼륨 45%+염화리튬 15%+플루오르화칼륨 7%+황산칼륨 3%
주철	탄산수소나트륨 70%+탄산나트륨 15%+붕사 15%
동합금	붕사 75%+염화나트륨 25%

3-5 가스용접작업

1 작업 준비 및 불꽃 조정

① 압력조정기 설치 전 용기의 밸브를 열어 먼지를 제거한 후 압력조정기를 가스 누설이 없도록 설치한다.

② 아세틸렌 압력은 0.1~0.3kgf/cm²로 조정하고, 산소 압력은 3~4kgf/cm²로 조정한다.

③ 그을음을 방지하기 위하여 아세틸렌 밸브를 연 후에 산소 밸브를 조금 열어 점호 라이터를 이용하여 점화한다.

④ 점화 후 산소 밸브 및 아세틸렌 밸브를 조절하여 사용하고자 하는 불꽃으로 조절한다.

2 용접작업

구분	전진법(좌진법)	후진법(우진법)
열이용률	나쁘다	좋다
용접속도	느리다	빠르다
비드 모양	좋다	나쁘다
용접변형	많다	적다
용착금속의 냉각	빠르다(급랭)	느리다(서랭)
용착금속의 산화	심하다	적다
용착금속의 조직	거칠다	미세하다
용접 가능한 두께	얇다(5mm까지)	두껍다

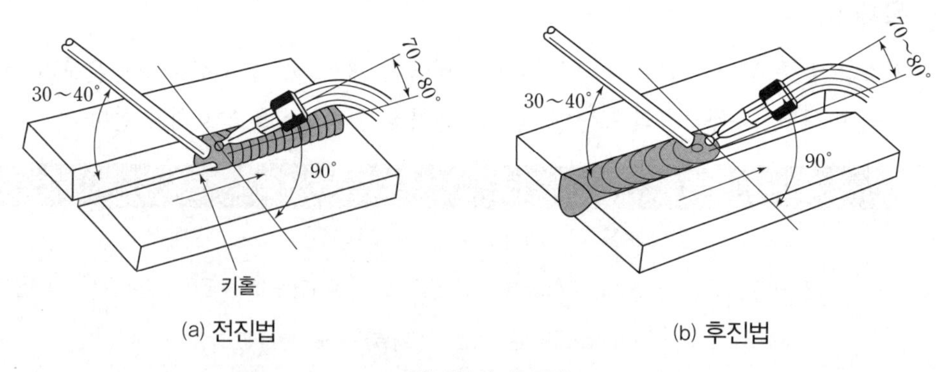

(a) 전진법 (b) 후진법

▲ 전진법과 후진법

3 역류, 역화, 인화

(1) 역류(contra flow)

토치 내부에 막힘이 생겨 고압의 산소가 밖으로 분출하지 못하고 상대적으로 압력이 낮은 아세틸렌 호스 쪽으로 흐르는 현상(발생 시 산소를 먼저 차단한 후 아세틸렌을 차단한다.)

(2) 역화(back fire)

팁 끝이 모재에 닿아 순간적으로 팁이 막히거나 팁의 과열, 가스 압력이 부적당할 때 팁 속에서 폭발음(굉음)이 나면서 불꽃이 꺼졌다 다시 나타나는 현상(발생 시 아세틸렌을 먼저 차단한다.)

(3) 인화(flash back)

역류, 역화에 비하여 매우 위험한 상황으로 팁이 순간적으로 막혀 가스 분출이 되지 못하고 불꽃이 토치의 가스 혼합실까지 들어오는 현상(발생 시 아세틸렌을 먼저 차단한다.)

03 Chapter 출제 예상문제

O/X 문제

01 가스용접 시 발생되는 열은 약 3,000℃이다. (O/×)

02 스스로 연소가 가능한 가스를 조연성가스라고 하며 대표적인 것이 산소(O_2)이다. (O/×)

해설
- 조연성(지연성)가스: 자신은 연소하지 않고 다른 물질의 연소를 돕는 가스(산소)
- 가연성가스: 스스로 연소 가능한 가스(아세틸렌, 부탄, 프로판, 메탄)

03 가스용접용 팁 중 프랑스식의 용량 표시는 용접할 수 있는 강판의 두께로 나타낸다. (O/×)

해설 가스용접용 토치 및 팁
- A형(불변압식, 독일식): 니들밸브가 없고, 용접할 수 있는 강판의 두께[mm]로 용량을 표시한다.
- B형(가변압식, 프랑스식): 니들밸브가 있고, 1시간에 표준불꽃으로 용접 시 소비되는 아세틸렌양(L)으로 용량을 표시한다.

04 연강용 가스봉의 표시에 'NSR'은 응력을 제거하지 않은 것임을 의미한다. (O/×)

해설 가스용접봉의 표시
- SR: 625±25℃에서 1시간 동안 응력을 제거한 것
- NSR: 응력을 제거하지 않은 것

05 연강을 가스용접을 할 때 주로 사용하는 용제는 탄산수소나트륨($NaHCO_3$), 탄산나트륨(Na_2CO_3)이다. (O/×)

해설 연강을 가스용접을 할 때는 용제(flux)는 사용하지 않는다.

06 가스용접 시 전진법은 후진법에 비해 비드 모양이 양호하지만, 용접속도가 느리고 열변형도 많이 발생한다. (O/×)

해설 전진법은 후진법에 비해 열이용률도 나쁘고 용접속도도 느리며 열변형도 많이 발생하지만, 용접 비드가 좋다는 장점이 있다(박판용접 시 사용).

07 가스용접 시 팁 끝이 모재에 닿아 순간적으로 팁이 막히거나 팁의 과열, 가스 압력이 부적당할 때 팁 속에서 폭발음(굉음)이 나면서 불꽃이 꺼졌다 다시 나타나는 현상을 역류라고 한다. (O/×)

해설
- 역류: 고압의 산소가 아세틸렌 호스 쪽으로 흐르는 현상
- 역화: 순간적으로 팁이 막히면서 폭발음과 함께 불꽃이 꺼졌다가 다시 나타나는 현상
- 인화: 순간적으로 팁이 막히면서 불꽃이 토치의 가스 혼합실까지 들어오는 현상

08 산소 용기는 녹색, 아세틸렌 용기는 황색, 탄산가스 용기는 청색이다. (O/×)

해설 용기의 색: 산소는 녹색, 아세틸렌은 황색, 탄산가스는 청색, 아르곤 및 LPG는 회색

09 가스용접용 가스 중 불꽃온도가 가장 높은 것은 아세틸렌이고, 발열량이 가장 높은 것은 프로판(C_3H_8)이다. (O/×)

10 순수한 카바이드 1kg당 약 348L의 아세틸렌 가스가 발생된다. (O/×)

정답

01. O 02. × 03. × 04. O 05. × 06. O 07. × 08. O 09. O 10. O

객관식 문제

01 아세틸렌에 관한 설명으로 틀린 것은?

① $1m^3$의 아세틸렌은 23,400kcal의 발열량을 낸다.
② 공기보다 가볍다.
③ 각종 액체에 잘 용해되며 아세톤에는 25배가 용해된다.
④ 카바이드와 물의 화학작용으로 발생한다.

해설
- 아세틸렌의 발열량: 12,690kcal/m^3
- 프로판의 발열량 : 20,780kcal/m^3

02 아세틸렌가스의 소비량이 1시간당 200L인 저압토치를 사용해서 용접할 때, 게이지 압력이 60kgf/cm^2인 산소병을 몇 시간 정도 사용할 수 있는가? (단, 병의 내용적은 40L, 산소는 아세틸렌가스의 1.2배 정도 소비하는 것으로 한다.)

① 2시간 ② 8시간
③ 10시간 ④ 12시간

해설 사용 가능시간 $= \frac{\text{용기 내 산소량[L]}}{\text{시간당 산소소비량[L]}}$

$= \frac{60\text{kgf/cm}^2 \times 40\text{L}}{200\text{L} \times 1.2} = 10\text{시간}$

03 가스용접에서 붕사 75%에 염화나트륨 25%가 혼합된 용제는 어떤 금속의 용접에 적합한가?

① 연강 ② 주철
③ 알루미늄 ④ 구리합금

해설 가스용접 시 용제
- 연강: 사용하지 않는다.
- 주철: 탄산수소나트륨+탄산나트륨+붕사
- 알루미늄: 염화나트륨+염화칼륨+염화리튬
- 구리합금: 붕사+염화나트륨

04 가스용접에서 공급 압력이 낮거나 팁이 과열되었을 때 산소가 아세틸렌 쪽으로 흡입되는 것을 무엇이라고 하는가?

① 역류 ② 역화
③ 인화 ④ 폭발

해설
- 역류: 고압의 산소가 아세틸렌 호스 쪽으로 흐르는 현상
- 역화: 순간적으로 팁이 막히면서 폭발음과 함께 불꽃이 꺼졌다가 다시 나타나는 현상
- 인화: 순간적으로 팁이 막히면서 불꽃이 토치의 가스 혼합실까지 들어오는 현상

05 청색의 겉불꽃에 둘러싸인 무광의 불꽃이므로 육안으로는 불꽃 조절이 어렵고, 납땜이나 수중절단의 예열불꽃으로 사용되는 것은?

① 산소-수소가스 불꽃
② 산소-아세틸렌가스 불꽃
③ 도시가스 불꽃
④ 천연가스 불꽃

06 가스용접작업에 관한 안전사항 중 틀린 것은?

① 아세틸렌병은 저압이므로 눕혀서 사용하여도 좋다.
② 가스누설 점검은 수시로 비눗물로 점검한다.
③ 산소병을 운반할 때는 캡(cap)을 씌워 이동한다.
④ 작업 종료 후에는 메인 밸브 및 콕을 완전히 잠근다.

해설 모든 가스 용기는 반드시 세워서 사용 및 운반한다.

정답

01. ① 02. ③ 03. ④ 04. ① 05. ① 06. ①

07 저압식 가스절단토치를 올바르게 설명한 것은?

① 아세틸렌가스의 압력이 보통 0.07kgf/cm^2 이하에서 사용한다.
② 산소가스의 압력이 보통 0.07kgf/cm^2 이하에서 사용한다.
③ 아세틸렌가스의 압력이 보통 0.07kgf/cm^2 이상에서 사용한다.
④ 산소가스의 압력이 보통 0.07~0.4kgf/cm^2 정도에서 사용한다.

해설
- 저압식 토치: 아세틸렌가스의 압력이 0.07kgf/cm^2 이하에서 사용
- 중압식 토치: 아세틸렌가스의 압력이 0.07~1.3kgf/cm^2에서 사용
- 고압식 토치: 아세틸렌가스의 압력이 1.3kgf/cm^2 이상에서 사용

08 아세틸렌은 각종 액체에 잘 용해된다. 그러면 1기압 아세톤 2L에는 몇 L의 아세틸렌이 용해되는가?

① 2　② 10
③ 25　④ 50

해설 아세틸렌은 아세톤에 25배 용해되므로,
2L × 25배 = 50L

09 아세틸렌가스의 성질 중 틀린 것은?

① 순수한 아세틸렌가스는 무색무취이다.
② 아세틸렌가스의 비중은 0.906으로 공기보다 가볍다.
③ 아세틸렌가스는 산소와 적당히 혼합하여 연소시키면 낮은 열을 낸다.
④ 아세틸렌가스는 아세톤에 25배가 용해된다.

해설 아세틸렌가스는 산소와 적당히 혼합 시 연소시키면 3,430℃의 높은 열을 낸다.

10 가스용접 및 가스절단작업 시 안전사항으로 가장 거리가 먼 것은?

① 작업 시 작업복은 깨끗하고 간편한 복장으로 갈아입고 작업자의 눈을 보호하기 위해 보안경을 착용한다.
② 납이나 아연합금 및 도금재료의 용접이나 절단 시 중독 우려가 있으므로 환기에 신경을 쓰며 방독마스크를 착용하고 작업을 한다.
③ 산소병은 고압으로 충전되어 있으므로 운반 시는 전용 운반장비를 이용하며, 나사 부분의 마모를 적게 하기 위하여 윤활유를 사용한다.
④ 밀폐된 용기를 용접하거나 절단할 때 내부의 잔여물질 성분이 팽창하여 폭발할 우려를 충분히 검토한 후 작업을 한다.

해설 용기의 밸브, 조정기, 도관, 취부구는 기름을 사용해서는 안 된다.

11 내용적 33.7L의 산소병에 150kgf/cm^2의 압력이 게이지에 표시되었다면 산소병에 들어 있는 산소량은 몇 L인가?

① 3,400　② 5,055
③ 4,700　④ 4,800

해설 용기 내 산소량[L] = 내용적[L] × 압력[kgf/cm^2]
= 33.7L × 150kgf/cm^2
= 5,055L

12 가스용접 시 모재의 두께가 3.2mm일 때 용접봉의 지름[mm]으로 가장 적당한 것은?

① 1.2　② 2.6
③ 3.5　④ 4.0

해설 가스용접봉의 지름[mm]

$$= \frac{\text{모재 두께[mm]}}{2} + 1 = \frac{3.2\text{mm}}{2} + 1$$

= 2.6mm

정답

07. ①　08. ④　09. ③　10. ③　11. ②　12. ②

13 가스용접에서 전진법과 비교한 후진법에 대한 설명으로 틀린 것은?

① 판 두께가 두꺼운 후판에 적합하다.
② 용접속도가 빠르다.
③ 용접변형이 작다.
④ 열이용률이 나쁘다.

해설 후진법은 전진법에 비해 열이용률도 좋고 용접속도도 빠르며 열변형도 적게 발생하지만, 용접비드가 나쁘다는 단점이 있다(후판용접 시 사용).

14 산소 및 아세틸렌 용기의 취급 시 주의사항으로 가장 거리가 먼 것은?

① 운반 시 충격을 금지한다.
② 직사광선을 피하고 50℃ 이하 온도에서 보관한다.
③ 가스누설검사는 비눗물을 사용한다.
④ 저장실의 전기스위치, 전등 등은 방폭 구조여야 한다.

해설 산소 및 아세틸렌 용기는 항상 40℃ 이하에서 보관한다.

15 다음 중 산소-프로판가스 용접 시 산소 : 프로판가스의 혼합비는?

① 1 : 1　　② 2 : 1
③ 2.5 : 1　　④ 4.5 : 1

16 연강용 가스용접봉의 종류 GA-43에서 43이 의미하는 것은?

① 용착금속의 연신율 구분
② 용착금속의 최소 인장강도
③ 용착금속의 탄소함유량
④ 가스용접봉

해설 가스용접봉의 표시 GA-43에서 43은 용착금속의 최저 인장강도[kgf/cm^2]를 나타낸다.

17 5,000L의 액체산소는 가스로 환산하면 6,000L의 산소병 몇 병을 충전할 수 있는가? (단, 1L의 액체산소는 35℃ 대기압에서 $0.9m^3$의 기체산소 가스로 환원된다.)

① 100병　　② 350병
③ 550병　　④ 750병

해설 충전 가능한 용기의 개수

$$= \frac{\text{산소가스의 양[L]}}{\text{용기의 용량[L]}}$$

$$= \frac{5000L \times 0.9m^3 \times 1000L}{6000L} = 750\text{병}$$

※ $1m^3 = 1,000L$

18 가스용접 시 가변압식 토치에 사용하는 팁 번호가 250번인 것을 중성불꽃으로 용접한다면 아세틸렌가스의 소비량은 매 시간당 몇 L가 소비되는가?

① 100　　② 150
③ 200　　④ 250

해설 가스용접용 토치 및 팁

- A형(불변압식, 독일식): 용접할 수 있는 강판의 두께[mm]로 용량을 표시한다.
- B형(가변압식, 프랑스식): 1시간에 표준불꽃으로 용접 시 소비되는 아세틸렌양[L]으로 용량을 표시한다.

19 용해 아세틸렌을 취급할 때 주의할 사항으로 틀린 것은?

① 저장 장소는 통풍이 잘되어야 한다.
② 용기가 넘어지는 것을 예방하기 위하여 용기는 눕혀서 사용한다.
③ 화기에 가깝거나 온도가 높은 장소에는 두지 않는다.
④ 용기 주변에 소화기를 설치해야 한다.

해설 모든 가스 용기는 반드시 세워서 사용 및 운반한다.

정답

13. ④　14. ②　15. ④　16. ②　17. ④　18. ④　19. ②

20 가스용접에서 전진법과 비교한 후진법의 특징에 대한 설명으로 옳은 것은?

① 용접속도가 느리다.
② 홈각도가 크다.
③ 용접 가능한 판 두께가 두껍다.
④ 용접변형이 크다.

해설 후진법은 전진법에 비해 열이용률도 좋고 용접속도도 빠르며 열변형도 적게 발생하지만, 용접비드가 나쁘다는 단점이 있다(후판용접 시 사용).

21 아세틸렌가스에 대한 설명으로 <u>틀린</u> 것은?

① 아세틸렌은 충격, 마찰, 진동 등에 의하여 폭발하는 일이 있다.
② 아세틸렌가스는 구리 또는 구리합금과 접촉하면 이들과 폭발성 화합물을 생성한다.
③ 아세틸렌은 공기 중에서 가열하여 406~408℃ 부근에 도달하면 자연발화를 한다.
④ 아세틸렌가스는 수소와 탄소가 화합된 매우 안전한 기체이다.

해설 아세틸렌가스는 수소와 탄소가 화합된 매우 불안전한 기체이다.

22 용해 아세틸렌을 충전하였을 때 용기 전체의 무게가 89.5kgf이었는데, B형 토치의 200번 팁으로 표준불꽃 상태에서 가스용접을 하고 빈 용기 무게가 85.5kgf이었다면 가스용접을 실시한 시간은 약 얼마인가?

① 약 12시간 ② 약 14시간
③ 약 16시간 ④ 약 18시간

해설 가스용접 시간

$$= \frac{\text{총 아세틸렌가스 발생량}}{\text{시간당 아세틸렌가스 사용량}}$$

$$= \frac{905\text{L} \times (89.5\text{kgf} - 85.8\text{kgf})}{200\text{L}} = 18.1\text{시간}$$

23 아세틸렌가스의 통로에 구리 또는 구리합금(62% 이상 구리)을 사용하면 안 되는 이유는?

① 아세틸렌의 과다한 공급을 초래하기 때문에
② 폭발성 화합물을 생성하기 때문에
③ 역화의 원인이 되기 때문에
④ 가스성분이 변하기 때문에

해설 아세틸렌가스는 구리 및 구리합금, 은, 수은과 접촉하면 폭발성 화합물을 생성하므로 접촉을 해서는 안 된다.

24 내용적이 40L인 산소 용기의 고압 게이지의 압력이 90kgf/cm²로 나타났다면 가변압식 토치 팁(tip) 300번으로 몇 시간을 사용할 수 있는가?

① 3.5 ② 7.5
③ 12 ④ 20

해설 용접 가능시간

$$= \frac{\text{총산소량[L]}}{\text{시간당 산소소비량[L]}} = \frac{40\text{L} \times 0.9\text{kgf/cm}^2}{300\text{L}}$$

= 12시간

25 프로판가스가 연소할 때 몇 배의 산소를 필요로 하는가?

① 2 ② 2.5
③ 3 ④ 4.5

해설 산소-프로판가스 용접 시 산소 : 프로판가스의 혼합비=4.5 : 1

26 아세틸렌가스의 자연발화온도는 몇 도인가?

① 306~308℃ ② 355~358℃
③ 406~408℃ ④ 455~458℃

해설 아세틸렌가스
- 자연발화온도: 406~408℃
- 외부 충격 시 폭발온도: 505~515℃
- 자연폭발온도: 780℃

정답

20. ③ 21. ④ 22. ④ 23. ② 24. ③ 25. ④ 26. ③

04 특수용접

4-1 특수용접의 분류

특수용접이라 함은 용접하는 기법이나 사용하는 장비가 일반적인 용접법과는 다소 다른 용접방법으로 피복아크용접, 가스용접, 전기저항용접을 제외한 나머지 용접법을 총칭하는 것이다.

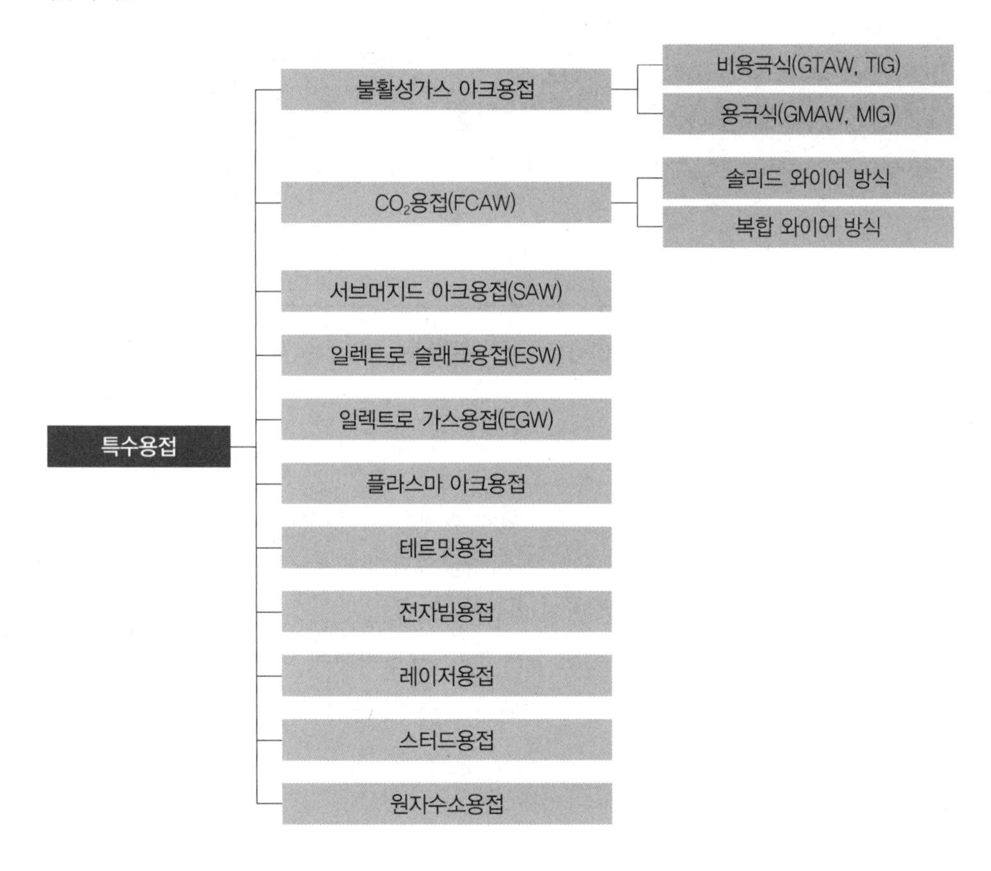

4-2 불활성가스 아크용접(TIG, MIG)

1 불활성가스 아크용접(inert gas arc welding)

(1) 원리

① 아르곤(Ar)이나 헬륨(He) 등 고온에서도 금속과 반응하지 않는 불활성가스의 분위기 속에서 텅스텐 전극봉 또는 금속전극 와이어와 모재 사이에 아크를 발생시켜 용접하는 방식이다.

구분	TIG	MIG
용극	비용극식, 비소모식	용극식, 소모식
상품명	헬륨-아크(helium-arc) 아르곤-아크(argon-arc)	에코메틱(Echo Matic) 시그마(sigma) 필러 아크(filler arc) 아르곤 노트(argon naut)
그림	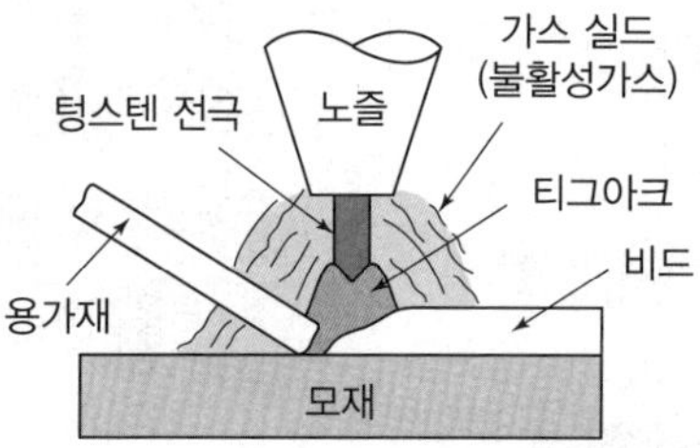 가스 실드 (불활성가스) 텅스텐 전극 노즐 티그아크 비드 용가재 모재	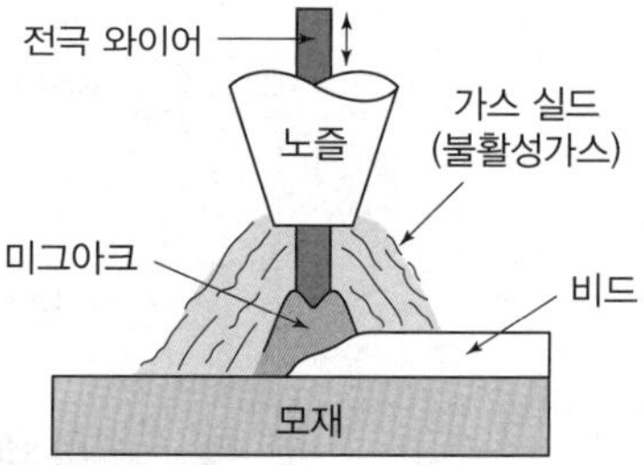 전극 와이어 노즐 가스 실드 (불활성가스) 미그아크 비드 모재

② 불활성가스의 종류: 아르곤(Ar), 헬륨(He), 네온(Ne), 크세논(Xe), 크립톤(Kr)

(2) 특징

① 장점

- 아크가 안정되어 스패터가 적고, 열집중성이 좋아 능률적이다.
- 피복제나 용제가 필요 없고, 철금속이나 비철금속까지 모든 금속의 용접이 가능하다.
- 용접 품질이 우수하고, 전 자세 용접이 가능하다.
- 낮은 전압에서 용입이 깊고 용접속도가 빠르며, 용접변형이 비교적 적다.
- 청정작용이 있어 산화막이 강한 금속(알루미늄 등)의 용접이 가능하다.

② 단점

- 설비비와 재료비(가스비 등)가 다소 비싸다.
- 옥외에서 사용하기 힘들다.
- 토치가 용접부에 접근하기 어려운 경우에는 용접하기 곤란하다.

(3) 보호가스

① 아르곤(Ar)가스

- 대기 중에 약 0.94% 정도가 포함되어 있고, 불활성가스 아크용접에서 가장 많이 사용되는 가스이다.
- 무색, 무취, 무미로 독성이 없다.
- 공기보다 약간 무거우며 헬륨보다 용접부의 보호 능력이 우수하다.
- 용기는 회색이며, 충전압력은 약 $140kgf/cm^2$이다.

② 헬륨(He)가스

- 현존하는 가스 중 수소(H_2) 다음으로 가벼운 가스이다.
- 무색, 무취, 무미로 독성이 없다.
- 너무 가벼워 용접부 보호 능력이 떨어지므로 아르곤보다 2배 정도의 유량이 필요하다.
- 아르곤과 혼합하여 사용하면 용접입열을 높일 수 있다.

▶ 아르곤가스와 헬륨가스의 비교

구분	아르곤	헬륨
아크전압	낮다	높다
아크 발생	쉽다	어렵다
아크 안정성	우수	불량
청정작용	우수(DCRP 또는 AC)	거의 없다
용입 깊이	얕다(박판에 사용)	깊다(후판에 사용)
열영향부	넓다	좁다
가스 소모량	적다	많다
사용 용접법	수동용접	자동용접
가격	저렴	비싸다
이종금속의 용접	좋다	나쁘다
적용 재질	강, 스테인리스	Al, Mg 등 비철금속

③ 혼합가스: 아르곤 : 헬륨을 25% : 75% 비율로 혼합하여 사용하면 용입이 깊고 기공의 발생이 적어진다. 여기에 산소를 1~5% 정도 혼합하면 깊은 용입과 안정된 아크를 얻을 수 있다.

2 불활성가스 텅스텐 아크용접(GTAW, TIG)

(1) 원리

① 텅스텐 전극을 사용하여 발생한 아크열로 모재와 용가재를 용융시켜 접합하는 방식이다.

② 텅스텐 전극이 녹거나 소모되지 않으므로 비용극식 또는 비소모식 용접이며 용접전원은 직류, 교류가 모두 쓰인다.

③ 보호가스로 아르곤(Ar), 헬륨(He) 등이 사용되며 주로 3mm 이하의 박판에 사용한다.

④ 상품명으로 헨리-아크용접, 아르곤-아크용접, 헬륨-아크용접 등으로 불린다.

⑤ 수하 특성의 용접기가 사용된다.

(2) 특징

① 장점

- 용접된 부분이 더 강해진다.
- 플럭스가 불필요하며 비철금속의 용접이 용이하다.
- 보호가스가 투명하여 용접사가 용접 상황을 잘 확인할 수 있다.
- 스패터 발생이 적고 전 자세 용접이 가능하다.
- 용접부 변형이 적다.

② 단점

- 소모성 용접을 쓰는 용접법보다 용접속도가 느리다.
- 텅스텐 전극이 오염될 경우 용접부가 단단하고 취성을 가질 수 있다.
- 가격이 고가이다(텅스텐 전극, 용접기).
- 후판에는 사용할 수 없다(주로 3mm 이하의 박판에 사용).

(3) 불활성가스 텅스텐 아크용접의 전원

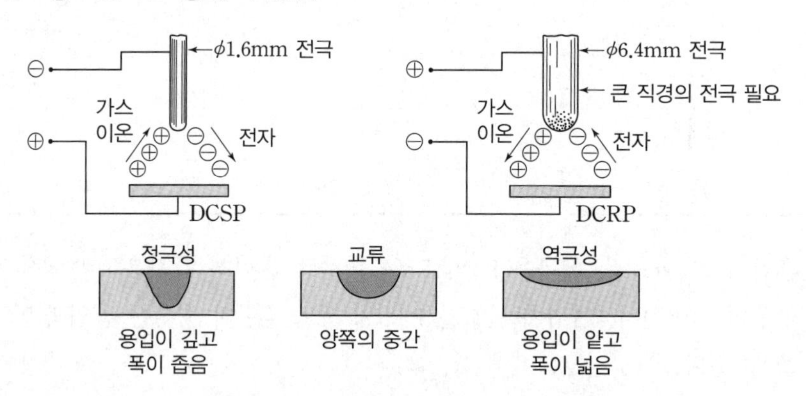

▲ 불활성가스 아크용접에서의 극성효과

① 직류정극성(모재 +, 전극봉 –): DCSP
- 비드 폭이 좁고, 깊은 용입을 얻을 수 있다.

② 직류역극성(모재 –, 전극봉 +): DCRP
- 비드 폭이 넓고 얕은 용입을 얻을 수 있다.
- 청정작용*이 있다.
- 주로 알루미늄(Al), 마그네슘(Mg) 등의 박판용접에 쓰인다.
- 전극이 과열되어 소모되기 쉬우므로 전극 지름이 4배 정도 큰 사이즈를 사용한다.

ONE POINT

청정작용

① 아르곤가스의 이온이 모재 표면의 산화막에 충돌하여 산화막을 파괴, 제거하는 작용
② 직류역극성+아르곤가스 사용 시 최대

③ 교류(AC)
- 아크가 불안정하고 용입과 비드 폭은 정극성과 역극성의 중간 정도
- 교류전원을 사용할 경우 전극 보호나 원활한 아크 발생을 위하여 고주파를 병용한 용접기가 사용된다[고주파교류: ACHF].
- 고주파교류를 더했을 때의 장점
  - 전극을 모재에 접촉시키지 않아도 아크가 발생된다.
  - 아크가 대단히 안정되고 아크 길이가 길어져도 끊어지지 않는다.
  - 전극을 모재에 접촉하지 않아도 되므로 전극 수명이 길어진다.
  - 일정 지름의 전극에 대하여 광범위한 전류의 사용이 가능하다.

(4) 불활성가스 텅스텐 아크용접장치

① 용접토치(welding torch): 200A 이상에서는 수랭식, 200A 이하의 낮은 전류에서는 공랭식이 사용된다.

② 가스 노즐(gas nozzle): 재질은 세라믹 또는 동 제품

③ 텅스텐 전극봉

종류	KS 기호	식별색(KS)	사용 전류	용도	특징
순 텅스텐	YWP	백색	ACHF	Al, Mg합금	낮은 전류에서 사용(저가)
지르코늄-텅스텐	–	–			–
1% 토륨-텅스텐	YWTh-1	황색	DCSP	강, 스테인리스	전류 전도성 우수, 수명이 길다.
2% 토륨-텅스텐	YWTh-2	적색			박판, 정밀용접에 사용

ONE POINT

① 전극봉의 가공
- 선단각도는 30~50° 정도이다.
- 강, 스테인리스의 용접 시에는 뾰족하게 가공한다.
- 알루미늄(Al)의 용접 시에는 둥글게 가공한다.

② 텅스텐 전극봉의 돌출 길이
- 맞대기용접에서는 3~5mm가 적당하다.
- 필릿용접에서는 6~9mm가 적당하다.

(5) 활성가스 텅스텐 아크용접의 작업

① 용접부에 기공이나 균열이 발생할 수 있으므로 용접 전에 이음부를 깨끗이 청소한다.

② 뒷받침(weld backing): 용접부의 뒷면이 대기 중의 공기에 의해 산화될 우려가 있으므로 금속재 뒷받침을 사용하여 산화를 방지하고 용락을 방지한다.

③ 퍼징(purging): 용접 중 대기 중의 산소(O_2), 질소(N)가 용접부의 이면비드에 접촉되어 산화, 질화되는 것을 막기 위해 실시한다.

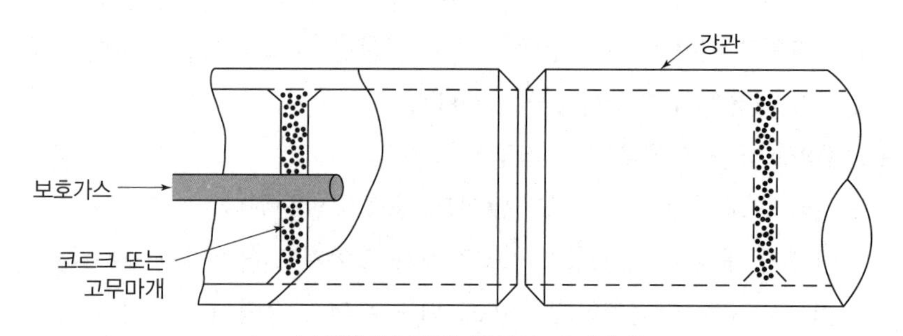

▲ 스테인리스강관 용접의 퍼징방법

④ 핫 와이어법: TIG용접에서 용착속도를 향상시키는 방법

3 불활성가스 금속 아크용접(MIG)

(1) 원리

① 용가재인 전극 와이어를 와이어 송급장치에 의해 연속적으로 공급하면서 아크를 발생시켜 용접하는 소모식 또는 용극식 용접

② 직류역극성을 이용한 정전압 특성의 직류 용접기를 사용한다.

③ 상품명으로 에코메틱(Echo Matic), 시그마, 필러 아크, 아르곤 노트 용접법으로 불린다.

④ 전류밀도가 TIG용접에 비해 2배, 일반 용접에 비해 4~6배가 높고, 용적이행은 스프레이형이다.

⑤ 전 자세 용접이 가능하며 보통 3mm 이상의 알루미늄(Al), 구리(Cu)합금, 스테인리스강, 연강의 용접에 사용된다.

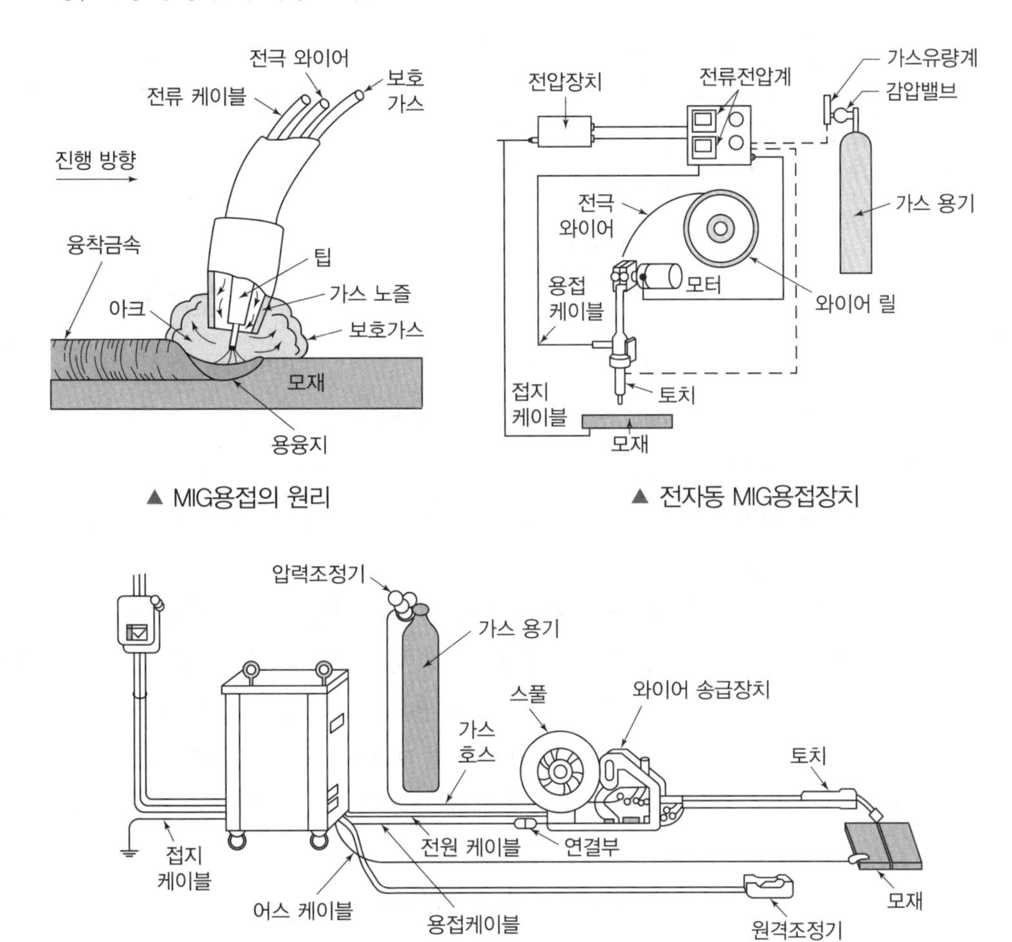

▲ MIG용접의 원리

▲ 전자동 MIG용접장치

▲ 반자동 MIG용접장치

(2) 특징

① 반자동 또는 전자동 용접으로 용접속도가 빠르다.

② 정전압 특성 또는 상승 특성의 직류 용접기를 사용한다.

③ 전류밀도가 높아 3mm 이상의 두꺼운 판의 용접에 능률적이다.

④ 아크 자기제어 특성이 있다.

⑤ 직류역극성 이용 시 청정작용에 의해 알루미늄, 마그네슘 등의 용접이 가능하다.

⑥ 용착효율이 좋다(약 95%). 수동 피복아크용접의 경우 약 60%이다.

⑦ CO_2용접에 비해 스패터 발생이 적다.

⑧ 바람의 영향을 받기 쉬워 방풍대책이 필요하다.

(3) 와이어 송급장치

송급 롤러의 형태는 롤렛형, 기어형, U형 등이 있다.

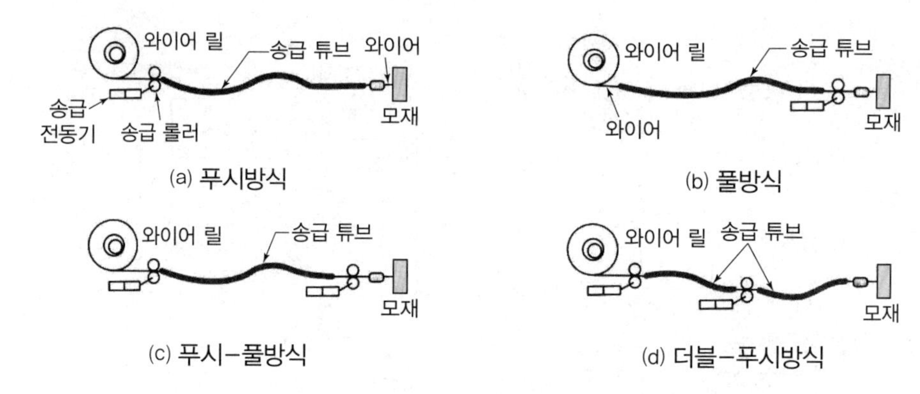

▲ 와이어 송급방식

(4) MIG용접기의 제어장치 기능

① 예비가스 유출시간: 아크가 처음 발생하기 전에 보호가스를 흐르게 하여 아크 안정 및 결함 발생을 방지하는 기능

② 스타트 시간: 아크가 발생되는 순간 용접 전류와 전압을 크게 하여 아크 발생을 돕는 핫 스타트(hot start) 기능과 아크가 발생하기 전에 와이어를 천천히 송급시켜 아크 발생 시 와이어가 튀는 것을 방지하는 슬로 다운(slow down) 기능이 있다.

③ 크레이터 충전시간: 크레이터 처리를 위해 용접이 끝나는 지점에서 토치의 스위치를 다시 누르면 용접 전류와 전압이 낮아져 쉽게 크레이터가 채워지면서 결함을 방지하는 기능

④ 번 백 시간(burn back time): 크레이터 처리 기능에 의해 낮아진 전류가 서서히 줄어들면서 아크가 끊어지는 기능

⑤ 가스 지연·유출시간: 용접이 끝난 후에도 5~25초 동안 가스가 계속 흘러나와 크레이터 부위의 산화를 방지하는 기능

(5) MIG용접작업

아크 길이는 6~8mm를 사용하며 일반적으로 진행각은 10~15°, 작업각은 30~35°로 한다.

ONE POINT

MAG용접: 가스를 2가지 이상 혼합하여 사용하는 방식을 말한다. 반면에 MIG용접은 보호가스로 아르곤(Ar)이나 헬륨(He)을 사용한다.

혼합가스	특성
Ar+He(25%)	• 용입이 깊고 아크 안정성이 우수, 후판용접에 사용된다. • 모재 두께가 두꺼울수록 헬륨함량을 증가시키면 된다.
Ar+CO_2	• 아크가 안정되고, 용융금속의 이행이 빨라져 스패터를 줄일 수 있다. • 연강, 저합금강, 스테인리스강의 용접에 사용된다.
Ar+He(90%)+CO_2	• 단락형 이행으로 주로 오스테나이트계 스테인리스강의 용접에 사용된다.
Ar+산소(1~5%)	• 언더컷을 방지할 수 있고, 주로 스테인리스강의 용접에 사용된다.

4-3 탄산가스 아크용접(CO_2용접, FCAW)

(1) 탄산가스(CO_2) 아크용접의 분류

가스의 유량은 낮은 전류에서는 10~15L/min, 높은 전류에서는 20~25L/min 정도가 필요하다.

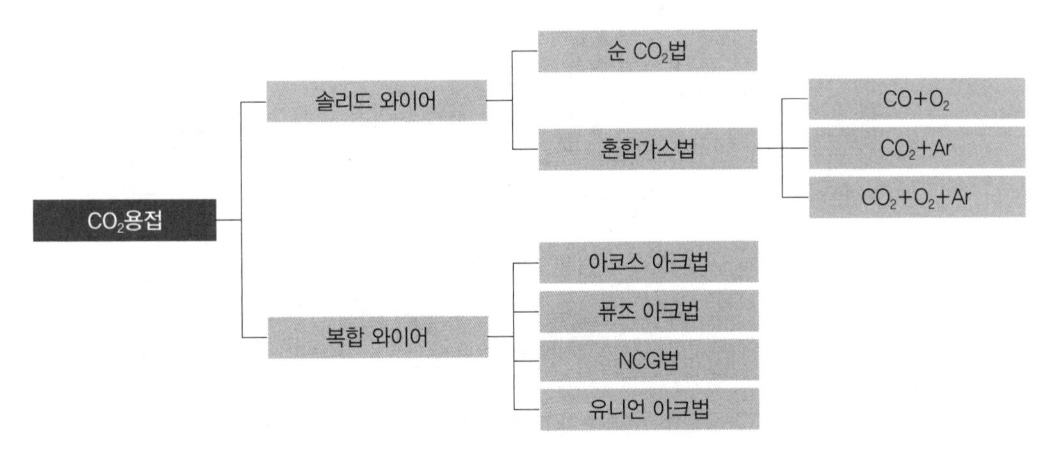

(2) 원리

① 용접와이어와 모재 사이에 아크를 발생시키고 토치 선단의 노즐에서 탄산가스 또는 혼합가스를 내보내 아크와 용융금속을 대기로부터 보호하면서 용접하는 방식이다.

② 불활성가스 아크용접에서 불활성가스 대신 탄산가스를 이용하는 용극식 방식으로, MIG용접과 같은 방식이다.
③ 보호가스로 탄산가스 이외에 산소 또는 아르곤 가스와의 혼합가스를 사용하기도 한다.
④ 전원은 직류 정전압 특성 또는 상승 특성의 용접기를 사용한다.

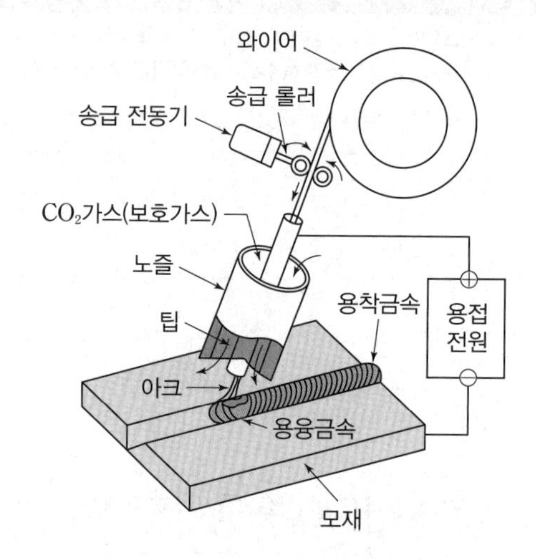

▲ 탄산가스 아크용접의 원리

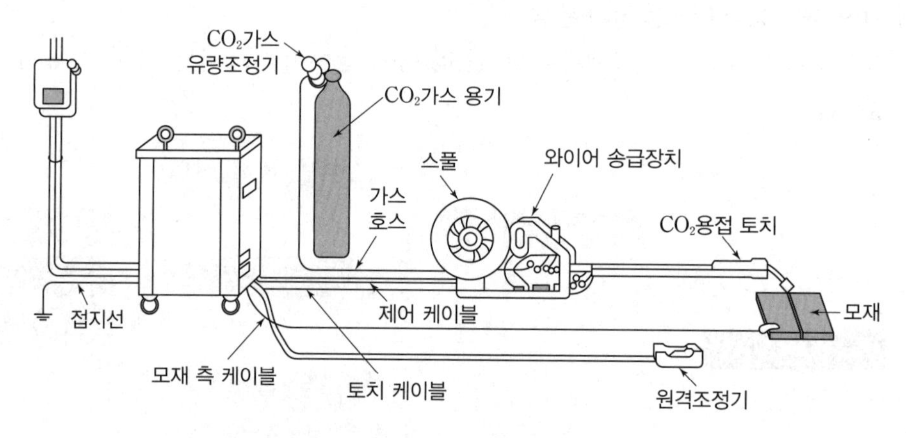

▲ 탄산가스 아크용접장치

(3) 특징

① 가는 와이어로 고속용접이 가능하며 수동용접에 비해 용접비용이 저렴하다.
② 가시광선이므로 시공이 편리하며 스패터도 적고 아크도 안정적이다.
③ 전 자세 용접이 기능하고 조작도 간단하다.
④ 용접전류 밀도가 크므로 용입이 깊고, 용접속도를 빠르게 할 수 있다.
⑤ 용제를 사용하지 않아 슬래그 혼입이 없고 용접 후 처리가 간단하다.
⑥ CO_2가스를 사용하므로 작업장 환기에 주의한다.

⑦ 비드 외관이 다른 용접에 비해 거칠다.

⑧ 고온 상태의 아크 중에는 산화성이 크고, 용착금속의 산화가 심해 기공 및 그 밖의 결함이 발생되기 쉽다.

⑨ 바람의 영향을 받으므로 풍속 2m/sec 이상에서는 방풍대책이 필요하다.

⑩ 적용되는 재질이 철 계통으로 한정된다.

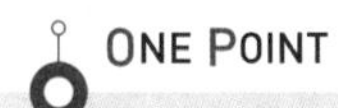

CO_2가스 농도에 따른 인체의 영향: 3~4%는 두통, 15% 이상은 위험하고, 30% 이상은 치명적이다.

(4) CO_2용접용 와이어

① 솔리드 와이어(soild wire)

- 실체(나체) 와이어라고도 하며 단면 전체가 균일한 강으로 되어 있다.
- 표면이 구리(Cu)로 도금되어 있어 통전효과를 높이고 녹 발생을 방지한다.
- 전류밀도가 높고 용착효율이 좋다.
- 스패터 발생이 많다.

② 복합 와이어(fluxed cored wire)

- 용제에 탈산제, 아크 안정제, 합금원소 등이 포함되어 있다.
- 아크가 안정되고 스패터 발생이 적으며 비드 외관이 좋다.

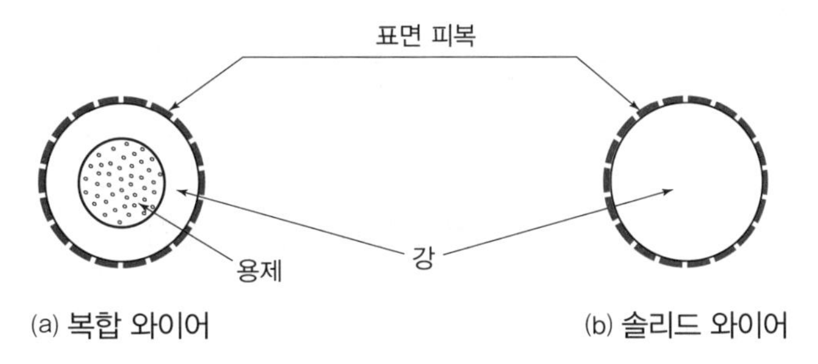

(a) 복합 와이어 (b) 솔리드 와이어

▲ 용접 와이어의 종류

(a) 아코스 와이어

(b) Y관상 와이어

(c) S관상 와이어

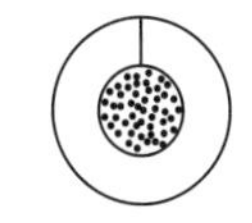

(d) NCG 와이어

▲ 복합 와이어의 종류

(5) 뒷땜재료(backing)

① 표면용접과 동시에 이면비드를 형성하여 이면 가우징 및 이면용접을 생략할 수 있다.

② 일반적으로 세라믹, 구리(Cu), 글라스테이프 등이 사용된다.

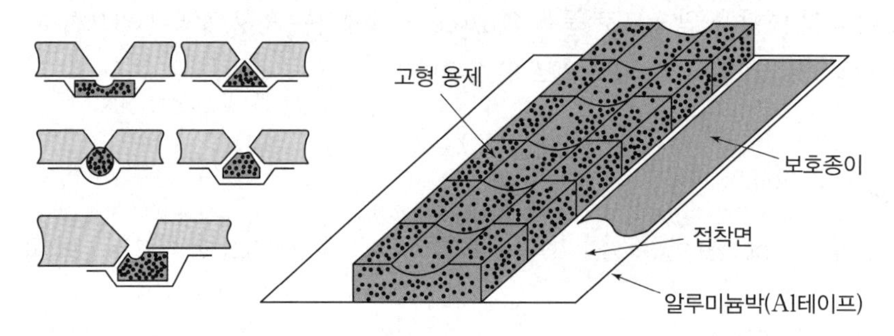

▲ 세라믹 뒷땜재의 모양

(6) CO_2 아크용접의 작업

① 이음부 및 와이어의 기름, 페인트, 수분, 녹 등의 이물질을 제거한 후 작업한다.

② 용제가 내장되어 있는 복합 와이어는 사용 전에 건조한 후 사용해야 한다.

③ 용접전류를 높게 하면 와이어의 녹는 속도가 빨라지고, 용착률 및 용입이 증가한다.

④ 동일한 전류에서 전압이 높아지면 용입이 낮아지고, 비드 폭은 넓어진다.

⑤ 동일한 조건에서 용접속도가 증가하면 용입이 감소한다.

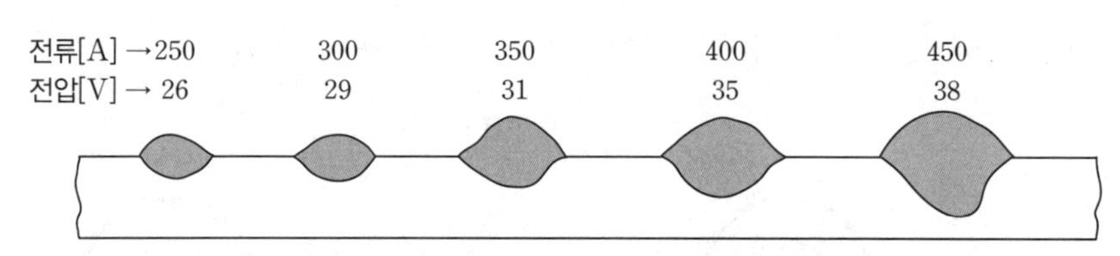

▲ 용접전류에 따른 비드 형상

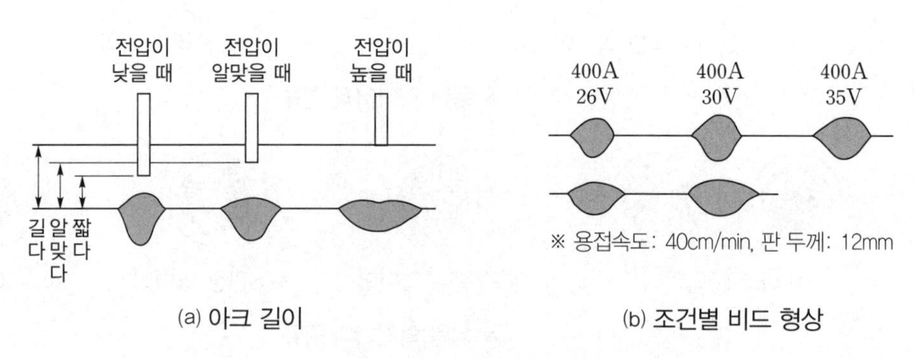

(a) 아크 길이

(b) 조건별 비드 형상

▲ 용접전압에 따른 비드 형상

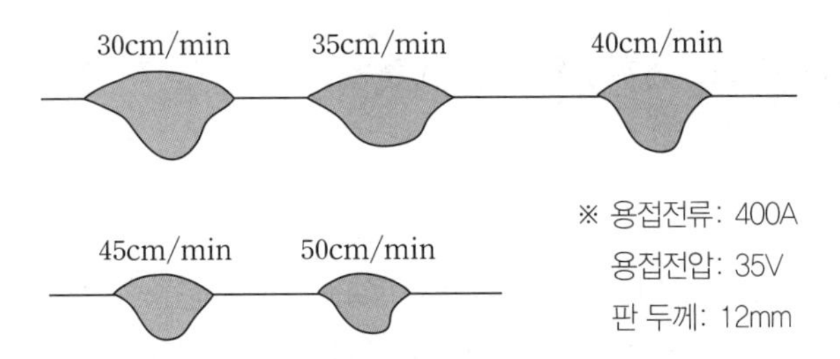

▲ 용접속도에 따른 비드 형상

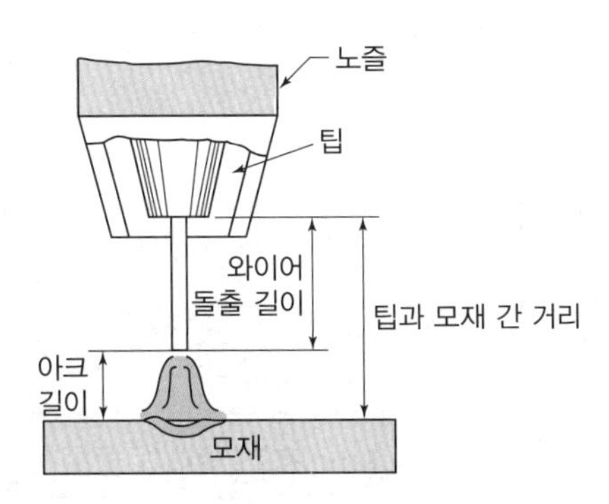

▲ 와이어의 돌출 길이

ONE POINT

전진법과 후진법의 비교

전진법	후진법
• 용접선이 잘 보이므로 운봉을 정확하게 할 수 있다.	• 용접선이 노즐에 가려 운봉을 정확하게 할 수 없다. • 비드 형상이 잘 보이기 때문에 비드 폭, 높이 등을 억제하기 쉽다.
• 비드 높이가 낮고 평탄한 비드가 형성된다.	• 비드 높이가 약간 높고 좁은 비드가 형성된다.
• 스패터 발생이 비교적 많다.	• 스패터 발생이 적다.
• 용입이 얕아진다.	• 용입이 깊어진다.

4-4 서브머지드 아크용접(SAW)

(1) 원리

① 용접부 표면에 입상의 플럭스를 공급 살포하고 그 플럭스 속에 연속적으로 전극 와이어를 송급하면서 와이어 선단과 모재 사이에 아크를 발생시켜 용접하는 방법이다.

② 아크가 보이지 않는 상태에서 용접이 진행된다고 해서 잠호용접이라고 한다.

③ 상품명으로 유니언멜트 용접법, 링컨 용접법으로 불린다.

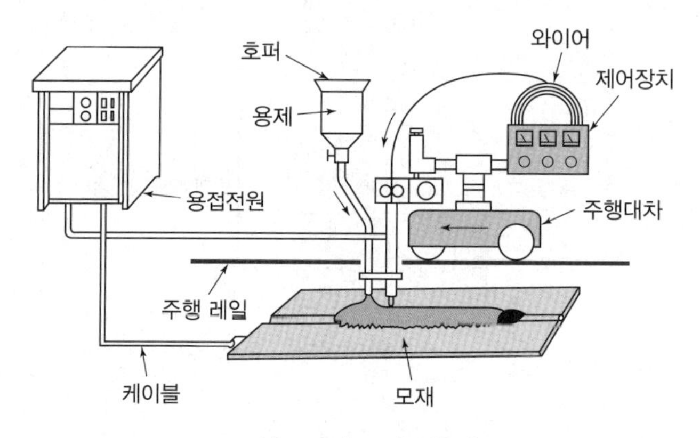

▲ 서브머지드 아크용접

(2) 특징

① 장점

- 고전류 사용이 가능하여 용착속도가 빠르고 용입이 깊다(용접속도가 수동용접의 10~20배, 용입은 2배).
- 기계적 성질과 품질이 우수하다.
- 유해광선이 적게 발생되어 작업환경이 깨끗하다.
- 비드 외관이 아름답다.
- 용접조건만 일치하면 용접사의 기량 차이에 의한 품질 영향이 적다.
- 용접홈의 크기가 작아도 되며 용접변형이 적다.
- 한 번의 용접으로 75mm까지 용접이 가능하다.

② 단점

- 장비 가격이 비싸다.
- 용접선이 짧거나 복잡한 경우 비능률적이다.
- 용접 상태를 육안으로 확인하기 어렵고, 결함이 발생하면 연속적으로 발생된다.
- 용접입열이 많아 변형 및 열영향부가 넓다.

- 용접자세가 제한적이다(대부분 아래보기 자세).
- 용접홈의 정밀도가 좋아야 한다(루트 간격: 0.8mm 이하, 루트면: 7~16mm, 홈의 각도 오차: 5°, 루트 오차: 1mm).
- 탄소강, 저합금강, 스테인리스강 등 한정된 재료의 용접에 사용된다.

(3) 서브머지드 아크용접용 용제(flux)

① 플럭스의 구비조건

- 아크 발생을 안정시켜 안정된 용접을 할 수 있을 것
- 적당한 합금성분을 첨가하여 탈산, 탈황 등의 정련작용을 할 것
- 적당한 입도를 가져 아크 보호성이 좋을 것
- 용접 후 슬래그 박리성이 좋을 것
- 양호한 비드를 형성할 것

② 플럭스의 종류 및 특징

종류	특성
용융형 (fusion type)	• 원료 광석을 적당한 비율로 혼합하여 1,300℃ 이상으로 용융, 응고, 분쇄하여 알맞은 입도로 만든 것 • 낮은 전류에서는 입도가 큰 것, 높은 전류에서는 입도가 작은 것을 사용한다. • 외관이 유리와 같은 광택이 난다. • 고속 용접성이 좋고 흡습성이 없으며, 반복 사용성이 좋다(합금성분 첨가가 어렵다).
소결형 (sintered type)	• 원료 광석, 합금성분, 점결제(규산나트륨)를 용융되지 않을 정도의 저온으로 소결하여 입도를 조정한 것 • 수소(H_2), 산소(O_2)의 흡수가 적고 합금원소의 첨가가 쉽다. • 소모량이 적어 경제적이나 흡습성이 강해 주의가 필요하다.
혼합형 (용융형+소결형)	• 분말상 원료에 고착제(물유리) 등을 가하여 비교적 저온(300~400℃)에서 건조하여 제조

(4) 다전극식 서브머지드 아크용접

종류	전극 배치	특징	용도
탠덤식	• 2개의 와이어를 각각 독립전원에 접속	• 비드 폭이 좁고 용입이 깊다. • 용접속도가 빠르다.	파이프 제작
횡병렬식	• 2개 이상의 와이어를 나란히 옆으로 배치	• 용입은 중간, 비드 폭이 넓어진다.	-
횡직렬식	• 2개의 와이어 중심이 한 곳에서 만나도록 배치	• 용입이 매우 깊다. • 자기불림이 생길 수 있다.	육성용접

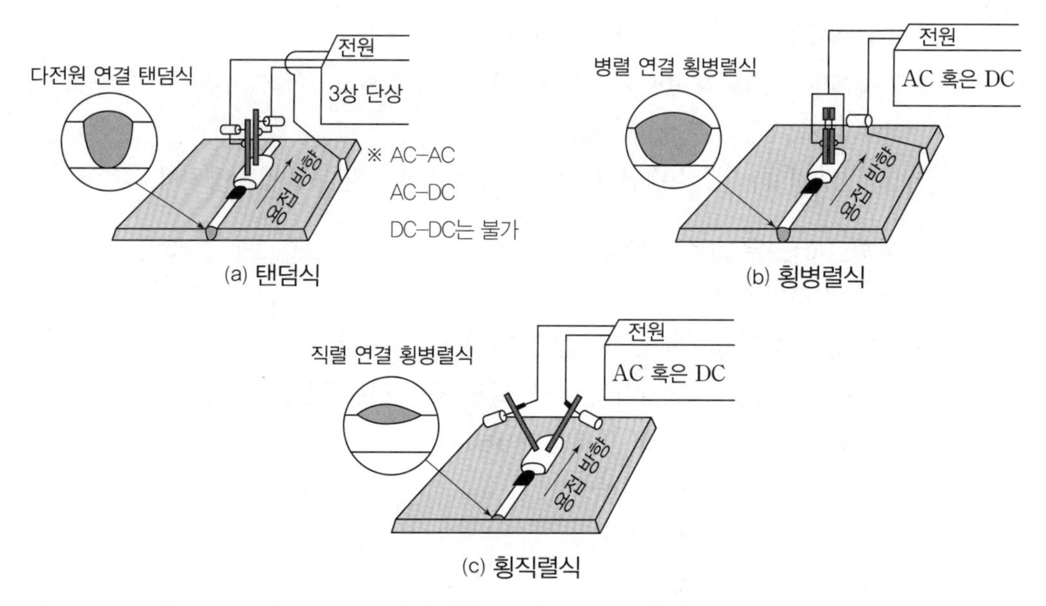

(a) 탠덤식 (b) 횡병렬식

(c) 횡직렬식

▲ 다전극식 서브머지드 아크용접

(5) 서브머지드 아크용접장치 및 용접방법

① 와이어 송급장치, 전압제어장치, 접속팁, 주행대차, 용제 호퍼 등

② 용접용 와이어

- 일반적으로 사용 전류의 범위는 (100~200)×(와이어 직경)
- 팁이나 콘택트 조의 전기 접촉을 양호하게 하고 녹 발생을 방지하기 위해 구리도금이 되어 있다.
- 지름은 1.2~12.7mm의 것이 있으나, 보통 2.4~7.9mm가 주로 사용된다.

③ 아크 점화방법에는 스틸울 사용, 탄소봉 점화, 전극봉 점화, 통전방식 점화, 용접금속에 의한 점화, 고주파 점화 등이 있다.

④ 받침(backing): 홈의 가공이 정밀하지 못하거나, 단층용접으로 뒷면까지 완전한 용입이 필요한 경우는 용락을 방지하기 위해 이면에 받침재를 사용한다(세라믹).

⑤ 가용접 및 엔드탭(end tap)

- 본용접 시 정확한 치수 유지 및 변형 방지를 위해 가용접(tack welding)을 한다.

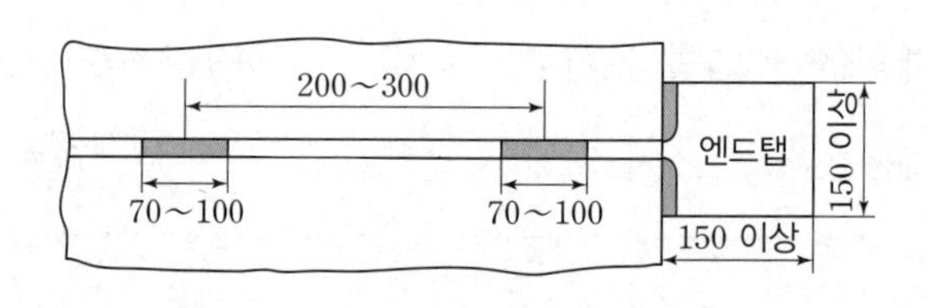

▲ 가용접의 예

• 용접의 시작점과 끝나는 부분에 용접결함을 방지하기 위해 모재와 홈의 형상이나 두께, 재질이 동일한 규격의 엔드탭을 부착한다.

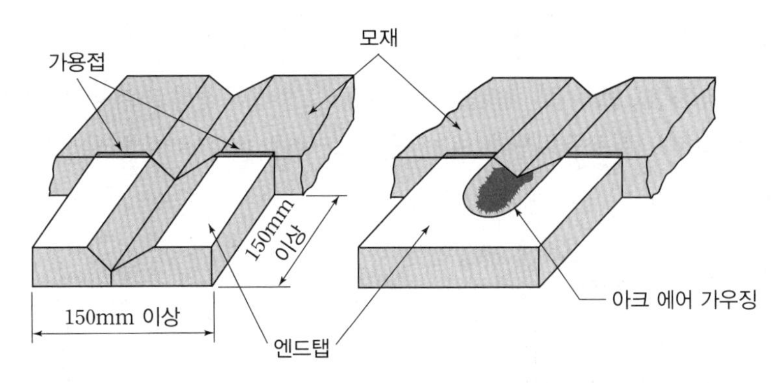

▲ 엔드탭 부착 예

(6) 서브머지드 아크용접에 영향을 주는 요소

① 전류가 증가하면 용입이 증가하고, 아크 길이가 길어지면 비드 폭이 증가한다.

② 와이어 지름이 증가하면 전류밀도가 낮아지므로 용입이 얕아진다.

③ 용접속도가 증가하면 비드 폭과 용입이 감소된다.

4-5 일렉트로 슬래그용접(ESW)

(1) 원리

단층수직 용접법으로 수랭 동판을 용접부의 양편에 부착하고 용융 슬래그 속에서 전극 와이어를 연속적으로 송급하면서 용융 슬래그 내에 흐르는 저항열에 의하여 모재를 용융, 접합하는 방법이다.

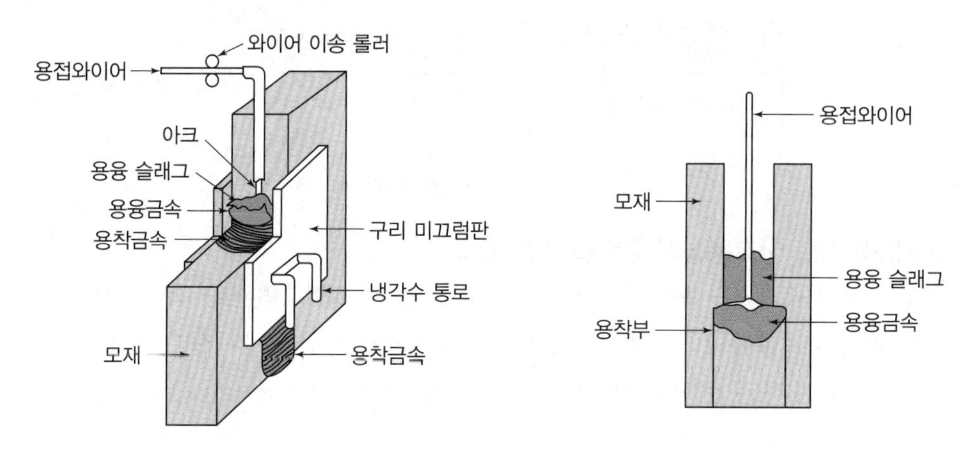

▲ 일렉트로 슬래그용접의 원리

(2) 특징

① 전기저항열($Q=0.24I^2RT$)을 이용한 용접이다(아크용접이 아니다).

② 두꺼운 판을 단층으로 용접이 가능하다.

③ 매우 능률적이고 변형이 적다.

④ 홈 모양은 I형이기 때문에 홈가공이 간단하다.

⑤ 아크가 보이지 않고 아크불꽃이 없다.

⑥ 기계적 성질이 나쁘다.

⑦ 냉각속도가 늦기 때문에 노치취성이 크다.

⑧ 가격이 고가이다.

⑨ 용접시간에 비해 준비시간이 길다.

4-6 일렉트로 가스용접(EGW)

(1) 원리

일렉트로 슬래그용접과 같이 모재 양편에 수랭 동판을 설치하고 탄산가스를 공급하여 용접와이어와 모재 사이에 아크를 발생시켜 용접하는 방법이다.

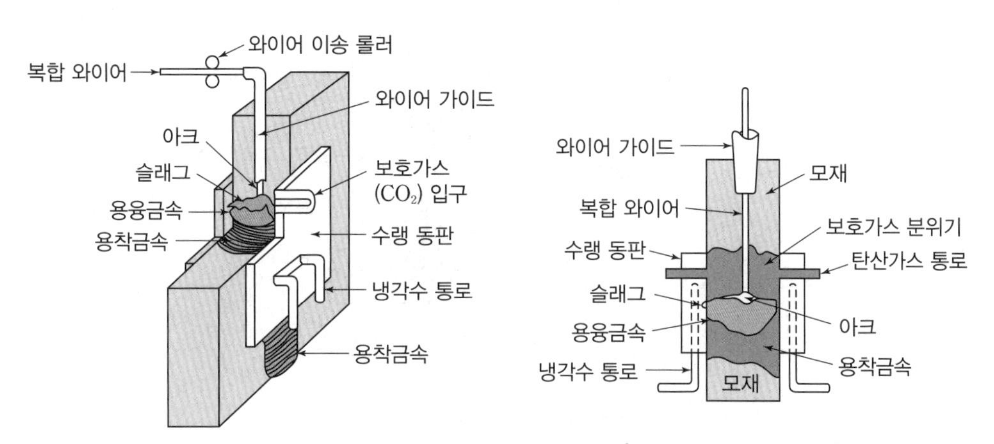

▲ 일렉트로 가스용접의 원리

(2) 특징

① 일렉트로 슬래그용접보다는 두께가 얇은 중후판(40~50mm)의 용접에 적당하다.

② 용접속도가 빠르고 용접홈은 가스절단한 그대로 사용이 가능하다.

③ 용접 후 수축, 변형, 비틀림 등의 결함이 없다.

④ 용접속도는 자동으로 조절된다.

⑤ 스패터 및 가스 발생이 많고 용접작업 시 바람의 영향을 많이 받는다.

⑥ 용접전원은 정전압 특성의 직류전원 또는 수하 특성의 교류전원이 사용된다.

4-7 플라스마 아크용접(PAW)

(1) 원리

① 아크의 열로 가스를 가열하여 플라스마* 상태로 토치의 노즐에서 분출시켜 용접하는 방법이다.

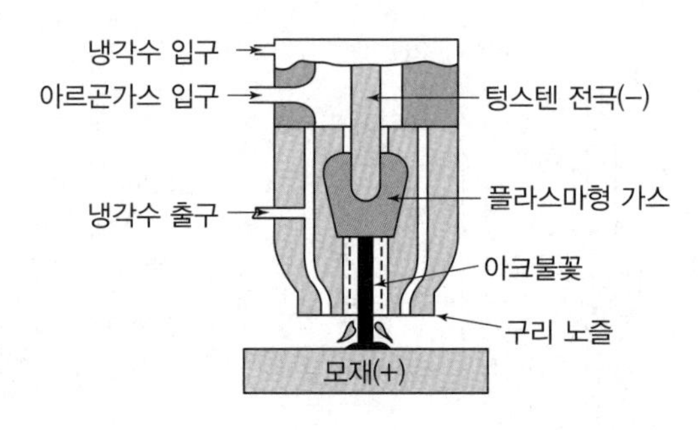

▲ 플라스마 발생 원리

ONE POINT

플라스마(plasma): 가스분자가 전기적 에너지에 의하여 양이온과 음이온으로 유리되어 전류가 통할 수 있는 고온(10,000~ 30,000℃) 상태를 플라스마 상태라고 한다.

② 일반적으로 아크용접에서도 아크기둥은 플라스마 상태이나, 플라스마 아크용접은 고속으로 분출되는 비이행형 아크(플라스마 제트)를 이용한 용접법으로 GTAW용접법의 특수한 형태라고 할 수 있다.

③ 플라스마용접과 GTAW용접의 가장 큰 차이는 텅스텐 전극의 위치가 다르다. 즉, 플라스마 아크용접은 텅스텐 전극이 수축 노즐 안에 있으나, TIG용접은 노즐 밖에 노출되어 있다.

ONE POINT

핀치효과(pinch effect)

① 열적 핀치효과: 냉각으로 인한 아크 단면의 수축으로 전류밀도가 증가하는 현상

② 자기적 핀치효과: 방전전류에 의하여 자장과 전류의 작용으로 아크 단면이 수축하여 전류밀도가 증가하는 현상

④ 스테인리스강, 탄소강, 티타늄(Ti), 니켈(Ni)합금, 구리(Cu) 등의 용접에 주로 사용된다.

⑤ 플라스마 아크용접장치의 구성: 용접토치, 제어장치, 가스공급장치 등

⑥ 전원은 일반적으로 직류전류를 사용한다.

(2) 특징

① 아크 형태가 원통이고 지향성이 좋아 아크 길이가 변해도 용접부는 거의 영향을 받지 않는다.

② 용입이 깊고 비드 폭이 좁으며 용접속도가 빠르다.

③ 전극봉이 토치 안쪽에 들어가 있으므로 모재에 부딪칠 염려가 없으므로 용접부에 텅스텐(W) 오염의 우려가 없다.

④ 작업이 쉽다.

⑤ 설비비가 고가이다.

⑥ 용접속도가 빨라 가스의 보호가 불충분할 수 있다.

⑦ 무부하전압이 높다.

(3) 사용가스

① 아르곤(Ar): 아크 안정성이 우수하지만, 기공과 언더컷 결함을 수반할 수 있다.

② 수소(H_2): 아르곤에 비해 열전도율이 크므로 열적 핀치효과를 촉진하고 가스 유출속도가 빠르다.

③ 모재에 따라 질소(N_2) 또는 공기도 사용 가능하다.

④ 일반적으로 플라스마가스로 아르곤가스를 사용하고, 보호가스로는 아르곤에 수소(2~5%)를 혼합해서 사용한다.

(4) 플라스마 아크용접의 종류

① 이행형(플라스마 아크용접): 텅스텐 전극에 음극(−), 모재에 양극(+)을 연결하는 직류정극성의 특징을 가지고 모재가 반드시 전기전도성을 가져야 하며, 깊은 용입을 얻을 수 있다.

② 비이행형(플라스마 제트용접): 수축 노즐에 양극(+)을 연결하여 이행형에 비해 열효율이 낮고 수축 노즐이 과열될 우려가 있으나, 비전도체·비금속의 용접이나 절단에 이용된다.

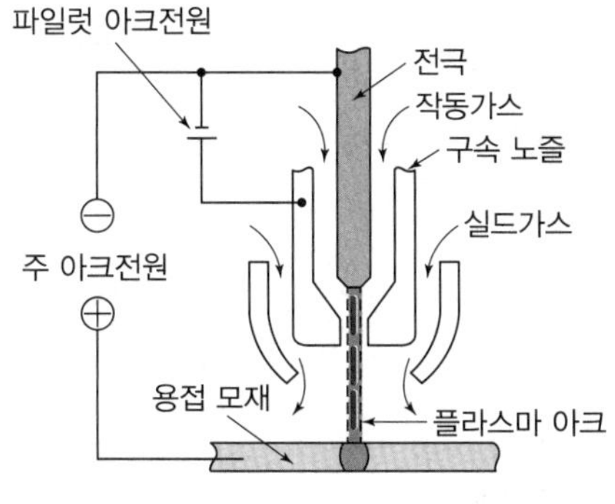

(a) 플라스마 아크방식(이행형)

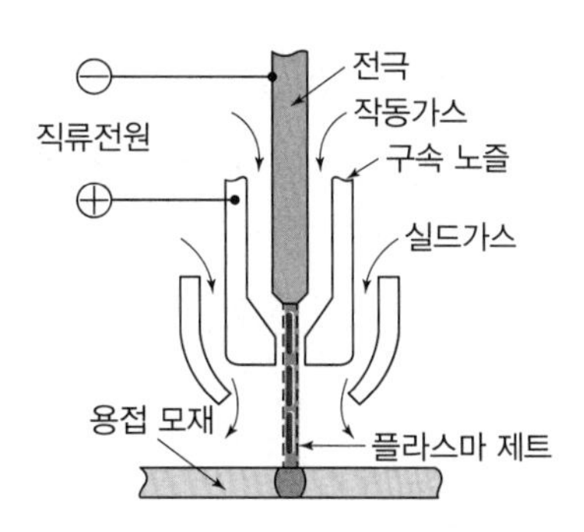

(b) 플라스마 제트방식(비이행형)

▲ 플라스마 발생방식

4-8 테르밋(thermit)용접

(1) 원리

알루미늄 분말과 산화철을 3~4 : 1로 혼합하고, 과산화바륨·마그네슘 등의 점화제를 넣어 점화했을 때 일어나는 반응열(약 2,800℃)을 이용하여 용접하는 방법이다.

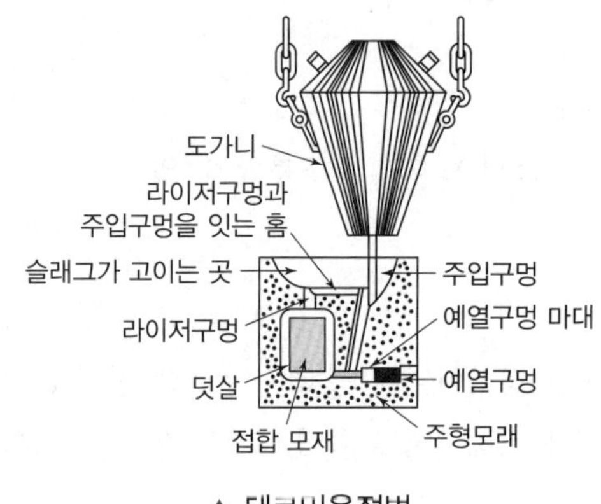

▲ 테르밋용접법

(2) 특징

① 전기가 필요하지 않으며, 용접작업이 단순하다.

② 용접시간이 짧고 용접 후 변형이 적다.

③ 용접용 기구가 간단하며, 설비비도 저렴하다.

④ 철도 레일, 차축 등의 큰 단면을 가진 모재의 맞대기용접에 이용된다.

(3) 종류

① 용융 테르밋용접

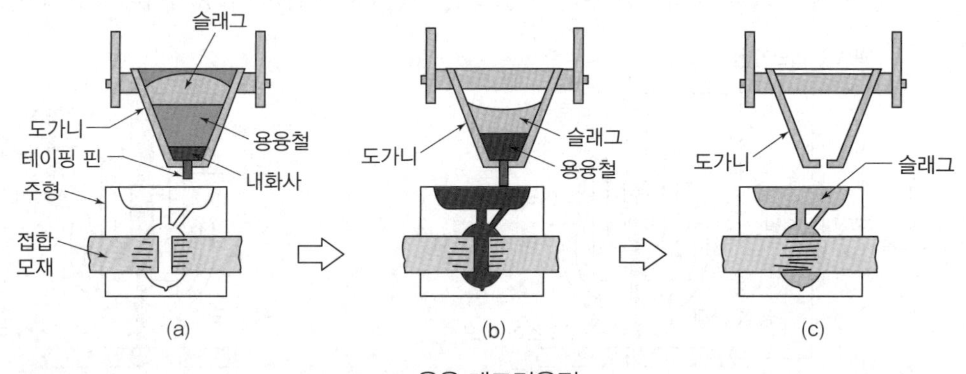

▲ 용융 테르밋용접

② 가압 테르밋용접: 모재와 주형의 내면을 슬래그로 채우고 급가열한 후 모재 양 끝에서 압력을 가해 용접하는 일종의 압접이다.

4-9 전자빔용접(EBW)

(1) 원리

10^{-4}mmHg 이상의 고진공 속에서 음극으로부터 방출되는 전자를 고전압으로 가속시켜 모재와 충돌시켜 그 에너지를 이용하여 용접하는 방법이다.

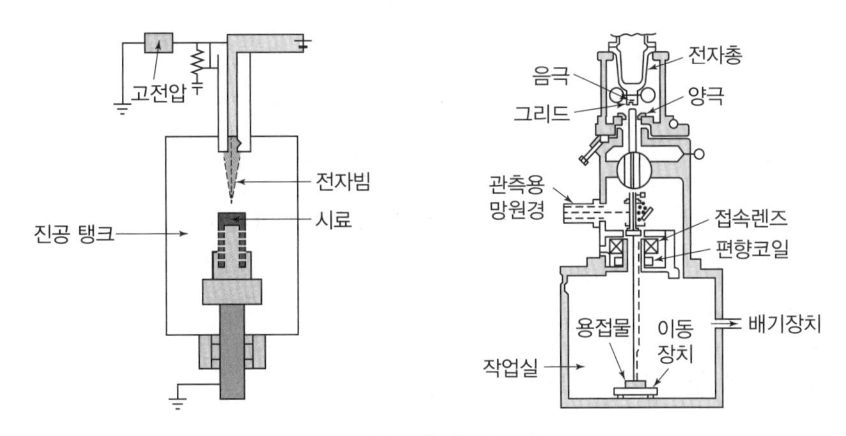

▲ 전자빔용접의 원리

(2) 특징

① 용접부가 좁고 용입이 깊다.

② 얇은 판에서 두꺼운 판까지 광범위한 용접이 가능하다.

③ 고용융점 재료 또는 열전도율이 다른 이종금속과의 용접이 용이하다.

④ 용접부에 대기의 유해한 원소가 차단되어 양호한 용접부를 얻을 수 있다.

⑤ 고속용접이 가능하고 열영향부가 적으며 완성치수 정밀도가 높다(정밀제품의 자동화에 유리하다).

⑥ 고진공형, 저진공형, 대기압형이 있다.

⑦ 피용접물의 크기에 제한을 받으며 장치가 고가이다.

⑧ 용접부의 경화현상이 일어나기 쉽다.

⑨ 배기장치 및 X선 방호가 필요하다.

4-10 레이저용접(LBW)

(1) 원리

고도의 에너지가 집적된 직진성이 강한 단색광선(레이저*)을 광학렌즈를 이용하여 원하는 지점에 쏘아 순간적인 에너지의 상승으로 모재를 용융시켜 용접하는 방법이다.

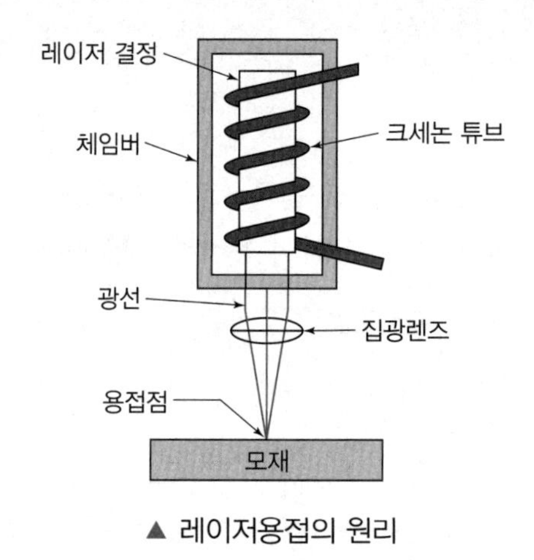

▲ 레이저용접의 원리

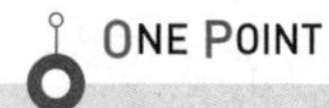

ONE POINT

레이저(laser): 유도방출에 의한 빛의 증폭이라는 뜻이다.

(2) 특징

① 용접장치는 고체금속형, 가스방전형, 반도체형이 있다.

② 아르곤(Ar), 질소(N), 헬륨(He)으로 냉각하여 레이저 효율을 높일 수 있다.

③ 원격조작이 가능하고 육안으로도 확인하면서 용접이 가능하다.

④ 에너지 밀도가 높고, 고용점을 가진 금속의 용접에 이용된다.

⑤ 정밀용접이 가능하다.

⑥ 비접촉식 용접방식으로 모재에 손상을 주지 않는다.

4-11 스터드(stud)용접

(1) 원리

스터드 선단에 페룰(ferrule)이라고 불리는 보조링을 끼우고 스터드를 모재에서 약간 떼어 놓아 아크를 발생시켜 적당히 용융되었을 때 스터드를 모재에 압력을 가하여 접합시키는 방법이다.

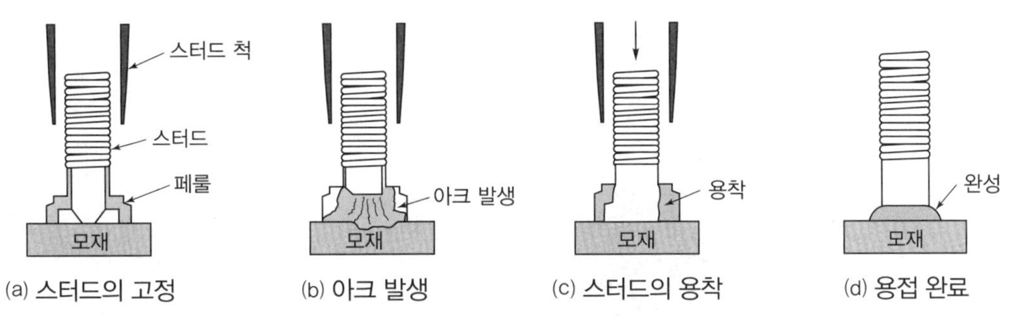

▲ 스터드용접의 원리

▲ 스터드 건

(2) 특징

① 볼트, 환봉, 핀 등의 용접에 이용된다.

② 짧은 시간에 용접되므로 변형이 극히 적다.

③ 철강재 이외에 비철금속에도 쓸 수 있다.

④ 아크를 보호하고 집중하기 위해 도기로 만든 페룰이 사용된다(페룰의 재질은 내열성 도기).

4-12 원자수소용접

(1) 원리

수소가스 분위기 중에서 2개의 텅스텐용접봉 사이에 아크를 발생시키면 수소분자는 아크의 고열을 흡수하여 원자 상태의 수소로 해리되며, 다시 모재 표면에서 냉각되어 분자 상태로 결합할 때 방출되는 열(3,000~4,000℃)을 이용하여 용접하는 방법이다.

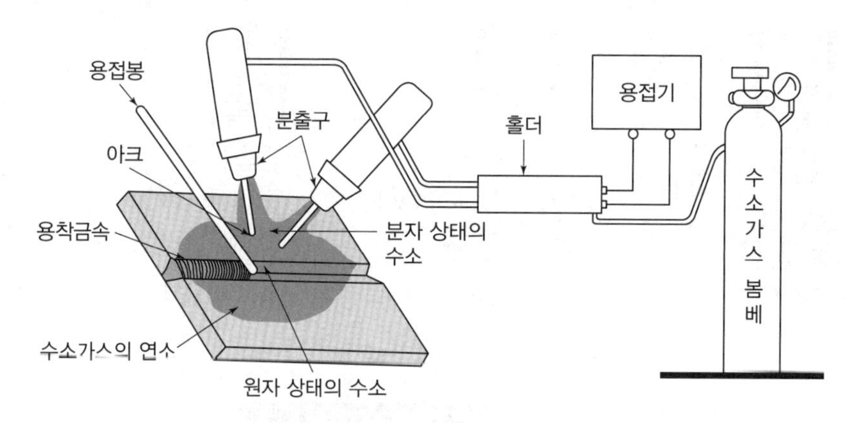

▲ 원자수소용접의 원리

(2) 특징

① 용접부의 산화나 질화가 없으므로 특수금속(스테인리스강, 크롬, 니켈, 몰리브덴)의 용접에 용이하다.

② 연성이 좋고 표면이 깨끗한 용접부를 얻을 수 있다.

③ 발열량이 많아 용접속도가 빠르고 변형이 적다.

④ 비용이 비싸 점점 응용 범위가 줄어들고 있다.

⑤ 고속도강, 바이트 등의 절삭공구의 제조에 사용된다.

4-13 기타 용접

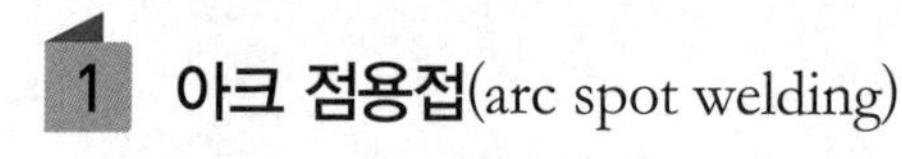

1 아크 점용접(arc spot welding)

아크의 높은 열과 집중성을 이용하여 접합부의 한쪽에서 0.5~3초 정도 아크를 발생시켜 용접하는 방법이다.

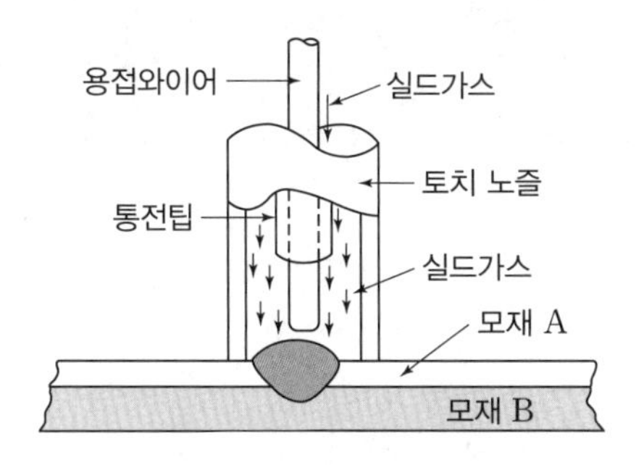

▲ 아크 점용접의 원리

2 단락이행용접(short arc welding)

① 불활성가스 금속 아크용접과 비슷하나, 1초 동안 100회 이상 단락시켜 아크 발생시간이 짧고 모재의 입열량도 적어진다.

② 0.8mm 정도의 박판용접에 이용된다.

③ 지름이 0.76mm, 0.89mm, 1.14mm인 매우 가는 와이어(마이크로 와이어)를 사용한다.

3 플라스틱용접

① 열기구용접, 마찰용접, 열풍용접, 고주파용접 등을 이용할 수 있으나 열풍용접이 주로 사용되고 있다.

② 열가소성만 용접이 가능하다.

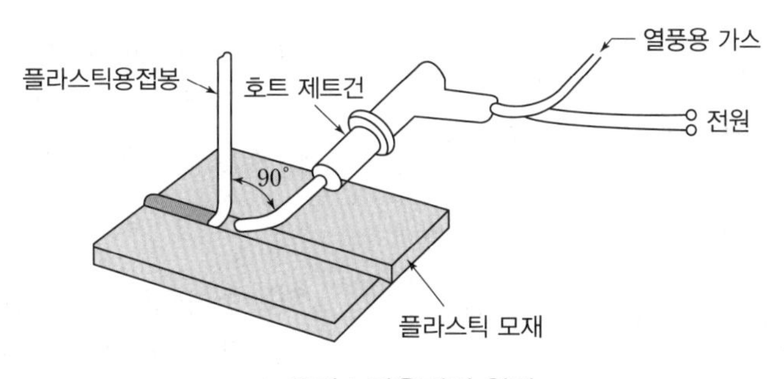

▲ 플라스틱용접의 원리

4 아크 이미지 용접

① 탄소 아크나 태양광선 등의 열을 렌즈로 모아 모재에 집중시켜 용접하는 방법이다.

② 주로 박판용접에 사용된다.

③ 특히, 우주공간에서 3,500~5,000℃의 열을 얻을 수 있다.

04 Chapter 출제 예상문제

O/X 문제

01 불활성가스 아크용접에 주로 사용되는 불활성 가스는 Ar, He가스이다. (○/×)

02 TIG용접에서 보호가스로 아르곤 : 헬륨을 25% : 75% 비율로 혼합하여 사용하면 용입이 깊고 기공의 발생이 적게 된다. (○/×)

해설 TIG용접에서 아르곤과 헬륨 혼합가스를 알루미늄과 동합금의 용접에 사용하면 용입이 깊고 기공이 적게 발생하게 된다.

03 TIG용접은 텅스텐 전극이 녹거나 소모되지 않으므로 비용극식 또는 비소모식 용접이며 용접전원은 직류만 쓰인다. (○/×)

해설 TIG용접에서 사용하는 전원은 직류정극성(DCSP), 직류역극성(DCRP), 고주파교류(ACHF)가 있다.

04 탄산가스 아크용접에서 전원은 직류 정전압 특성 또는 상승 특성의 용접기가 사용된다. (○/×)

해설 수동 용접기는 수하 특성 및 정전류 특성을 가지고, 반자동(MIG, CO_2, 서브머지드) 및 자동 용접기는 상승 특성 및 정전압 특성을 가진다.

05 서브머지드 아크용법의 상품명으로 유니언멜트 용접법, 링컨 용접법 등이 있다. (○/×)

06 MIG용접의 와이어 송급방식에는 푸시방식, 풀방식, 푸시-풀방식 등이 있다. (○/×)

07 서브머지드 아크용접에 사용되는 플럭스 중 고속 용접성이 좋고 흡습성이 없으며, 반복 사용성이 좋은 것은 소결형 플럭스이다. (○/×)

해설 서브머지드 아크용접의 용제(flux)
- 용융형: 고속 용접성이 양호하며, 흡습성이 없고 반복 사용성이 좋다.
- 소결형: 합금원소의 첨가가 쉬우나, 흡습성이 높다.
- 혼성형: 분말상 원료에 고착제를 가하여 비교적 저온에서 건조하여 제조한 것이다.

08 고진공 속에서 음극으로부터 방출되는 전자를 고전압으로 가속시켜 모재와 충돌시켜 그 에너지를 이용하여 용접하는 방법을 전자빔용접이라고 한다. (○/×)

09 CO_2용접에서 일반적으로 용접속도가 증가하면 용입도 증가한다. (○/×)

해설 일반적으로 용접속도가 증가하면 용입은 감소한다.

10 청정작용이란 아르곤가스의 이온이 모재 표면의 산화막에 충돌하여 산화막을 파괴 제거하는 작용을 말하며, 직류정극성으로 용접 시 최대로 발생된다. (○/×)

해설 TIG용접에서 직류역극성으로 아르곤(Ar) 보호가스를 사용할 때 청정작용이 최대가 된다.

정답

01. ○ 02. ○ 03. × 04. ○ 05. ○ 06. ○ 07. × 08. ○ 09. × 10. ×

객관식 문제

01 **불활성가스 텅스텐 아크용접에서 용착속도를 향상시키는 방법으로 옳은 것은?**

① 핫 가스법　　② 핫 와이어법
③ 콜드 가스법　　④ 콜드 와이어법

해설 TIG 핫 와이어법: 용접와이어를 미리 예열하여 공급함으로써 용접 및 용착 속도를 3~4배 높일 수 있는 방법

02 **불활성가스 아크용접에서 주로 사용되는 불활성가스는?**

① C_2H_2　　② Ar
③ H_2　　④ N_2

해설 불활성가스 아크용접에 주로 사용하는 불활성가스는 아르곤(Ar)과 헬륨(He)이다.

03 **CO_2 아크용접에서 기공 발생의 원인이 아닌 것은?**

① 노즐과 모재 사이의 거리가 15mm였다.
② CO_2가스에 공기가 혼입되어 있다.
③ 노즐에 스패터가 많이 부착되어 있다.
④ CO_2가스 순도가 불량하다.

해설 노즐과 모재 사이의 거리는 기공 발생과 거의 상관이 없다.

04 **용접장치의 기본형이 고체금속형, 가스방전형, 반도체형 등으로 구별되는 용접법은?**

① 레이저용접법
② 플라스마 아크용접법
③ 초음파용접법
④ 폭발압접법

해설 레이저 용접장치의 기본형: 고체금속형, 가스방전형, 반도체형

05 **다음 중 오버레이용접에 대한 설명으로 맞는 것은?**

① 연강과 고장력강의 맞대기용접을 말한다.
② 연강과 스테인리스강의 맞대기용접을 말한다.
③ 아크 길이 제어 특성과 관계없다.
④ 용접속도에 따라 달라진다.

해설 오버레이용접: 모재 표면에 약 1mm 이상의 내마모성, 내식성, 내열성이 우수한 용접금속을 입히는 용접법

06 **테르밋용접의 특징에 대한 설명 중 틀린 것은?**

① 용접작업이 단순하다.
② 용접시간이 길고 용접 후 변형이 크다.
③ 용접기구가 간단하고 작업 장소의 이동이 쉽다.
④ 전기가 필요 없다.

해설 테르밋용접(thermit welding)의 특징
- 전기가 필요 없고, 용접작업이 단순하다.
- 용접시간이 짧고, 변형도 적다.
- 용접기구가 간단하며, 설비비도 저렴하다.

07 **불활성가스 금속 아크용접의 특징이 아닌 것은?**

① 전자동 또는 반자동식 용접기로 용접속도가 빠르다.
② 전류밀도가 높아 3mm 이상의 두꺼운 판의 용접에 능률적이다.
③ 부저항 특성 또는 상승 특성이 있는 교류용접기가 사용된다.
④ 아크 자기제어 특성이 있다.

해설 MIG용접은 상승 특성 및 정전압 특성을 가지는 직류 용접기를 사용한다.

정답

01. ②　02. ②　03. ①　04. ①　05. ③　06. ②　07. ③

08 일렉트로 슬래그용접의 장점이 아닌 것은?

① 후판을 단일층으로 한 번에 용접할 수 있다.
② 최소한의 변형과 최단시간의 용접법이다.
③ 아크가 눈에 보이지 않고 아크불꽃이 없다.
④ 높은 입열로 인하여 기계적 성질이 향상된다.

해설 일렉트로 슬래그용접(Eletro Slag Welding, ESW)의 특징
- 후판을 단일층으로 한 번에 용접할 수 있다.
- 변형이 적고, 용접 품질이 우수하다.
- I형 용접홈을 그대로 사용 가능하므로 능률적이고 경제적이다.
- 장비 설치가 복잡하고 장비가 비싸다.
- 높은 입열로 인하여 수축과 팽창이 크다.

09 MIG용접의 특징으로 틀린 것은?

① 수동 피복아크용접에 비하여 능률적이다.
② 각종 금속의 용접에 다양하게 적용할 수 있다.
③ 박판(3mm 이하)의 용접에서는 적용이 곤란하다.
④ CO_2용접에 비해 스패터의 양이 많다.

해설 MIG용접은 CO_2용접에 비해 스패터 발생량이 적다.

10 티그(TIG)용접과 비교한 플라스마(plasma) 아크용접의 단점이 아닌 것은?

① 플라스마 아크 토치가 커서 필릿용접 등에 불리하다.
② 키홀용접 시 언더컷이 발생하기 쉽다.
③ 용입이 얕고 비드 폭이 넓으며, 용접속도가 느리다.
④ 키홀용접과 용융용접을 모두 사용해야 하는 다층용접 시 용접 변수의 변화가 크다.

해설 플라스마(plasma) 아크용접은 용입이 깊고 비드 폭이 좁으며, 용접속도도 빠르다.

11 두께가 3.2mm인 박판을 탄산가스 아크용접법으로 맞대기용접을 하고자 한다. 용접전류 100A를 사용할 때 이에 적합한 아크전압[V]의 조정 범위는 어느 정도인가?

① 10～13V ② 18～21V
③ 23～26V ④ 28～31V

해설 CO_2용접에서 아크전압 조정 범위
- 박판(6mm 이하)일 경우
  $V=(0.04\times\text{용접전류})+(15.5\pm1.5)$
- 후판(6mm 초과)일 경우
  $V=(0.04\times\text{용접전류})+(20\pm2.0)$

∴ 3.2mm 박판이므로
$V=(0.04\times\text{용접전류})+(15.5\pm1.5)$
$=(0.04\times100\text{A})+(15.5\pm1.5)=18\sim21\text{V}$

12 서브머지드 아크용접의 용접용 용제 중 합금제 및 탈산제의 손실이 거의 없기 때문에 용융금속의 탈산작용 및 조직의 미세화가 비교적 용이하지만 흡습의 단점을 가진 것은?

① 소결형 용제 ② 용융형 용제
③ 삼성형 용제 ④ 알칼리형 용제

해설 서브머지드 아크용접의 용제(flux)
- 용융형: 고속 용접성이 양호하며, 흡습성이 없고 반복 사용성이 좋다.
- 소결형: 합금원소의 첨가가 쉬우나, 흡습성이 높다.
- 혼성형: 분말상 원료에 고착제를 가하여 비교적 저온에서 건조하여 제조한 것이다.

13 플라스마 아크용접장치에서 아크 플라스마의 냉각가스로 쓰이는 것은?

① 아르곤과 수소의 혼합가스
② 아르곤과 산소의 혼합가스
③ 아르곤과 메탄의 혼합가스
④ 아르곤과 프로판의 혼합가스

해설 플라스마 아크용접에서는 아르곤과 수소의 혼합가스를 주로 사용한다.

정답

08. ④ 09. ④ 10. ③ 11. ② 12. ① 13. ①

14 플라스마 아크용접장치가 아닌 것은?

① 용접토치　　② 제어장치
③ 페룰　　④ 가스공급장치

해설 페룰(ferrule)은 스터드용접에 사용되는 장치이다.

15 서브머지드 아크용접의 시작점과 끝나는 부분에 결함이 발생되므로 이것을 효과적으로 방지하고 회전 변형의 발생을 막기 위해 용접선 양 끝에 무엇을 설치하는가?

① 컴퍼지션 백킹　　② 멜트 백킹
③ 동판　　④ 엔드탭

16 CO_2가스 아크용접에서 복합 와이어의 구조에 따른 종류가 아닌 것은?

① 아코스 와이어　　② Y관상 와이어
③ V관상 와이어　　④ NCG 와이어

해설 복합 와이어의 구조에 따른 분류

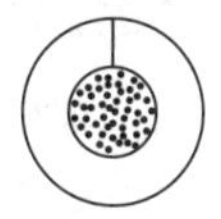

[NCG 와이어]

[아코스 와이어]

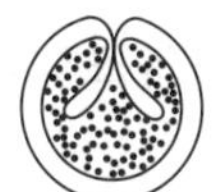

[Y관상 와이어]　　[S관상 와이어]

17 레이저용접(laser welding)의 장점에 대한 설명으로 틀린 것은?

① 좁고 깊은 용접부를 얻을 수 있다.
② 소입열용접이 가능하다.
③ 고속용접과 용접공정의 융통성을 부여할 수 있다.
④ 접합되어야 할 부품의 조건에 따라 한 방향의 용접으로는 접합이 불가능하다.

18 논가스 아크용접에 대한 설명으로 틀린 것은?

① 보호가스나 용제를 필요로 하지 않는다.
② 용접장치가 간단하며 운반이 편리하다.
③ 용접 길이가 긴 용접물에 아크를 중단하지 않고 연속용접을 할 수 있다.
④ 용접전원으로는 교류만 사용할 수 있고 위보기 자세의 용접은 불가능하다.

19 TIG용접에서 교류(AC), 직류정극성(DCSP), 직류역극성(DCRP)의 용입 깊이를 비교한 것 중 옳은 것은?

① DCSP < AC < DCRP
② AC < DCSP < DCRP
③ AC < DCRP < DCSP
④ DCRP < AC < DCSP

20 불활성가스 텅스텐 아크용접에서 사용되는 가스로서 무색, 무미, 무취로 특성이 없고 대기 중에는 약 0.94% 정도 포함되어 있으며 용접부 보호 능력이 우수한 가스는?

① 헬륨(He)　　② 수소(H_2)
③ 아르곤(Ar)　　④ 탄산가스(CO_2)

21 서브머지드 아크용접의 장단점에 대한 각각의 설명에서 틀린 것은?

① 장점: 용접속도가 피복아크용접에 비해 빠르므로 능률이 높다.
② 장점: 1회에 깊은 용입을 얻을 수 있어 용접이음의 신뢰도가 높다.
③ 단점: 아크가 보이지 않으므로 용접부의 적부를 확인해서 용접할 수 없다.
④ 단점: 와이어에 많은 전류를 흘려줄 수 없고, 용입이 얕다.

해설 서브머지드 아크용접: 고전류 사용이 가능하며 용착속도가 빠르고 용입이 깊다.

정답

14. ③　15. ④　16. ③　17. ④　18. ④　19. ④　20. ③　21. ④

22 테르밋용접(thermit welding)에서 테르밋제는 무엇의 미세한 분말 혼합인가?

① 규소와 납의 분말
② 붕사와 붕산의 분말
③ 알루미늄과 산화철의 분말
④ 알루미늄과 마그네슘의 분말

해설 테르밋용접(thermit welding): 알루미늄과 산화철 분말의 화학반응열을 이용하여 접합하는 용접법이다.

23 불활성가스 텅스텐 아크용접(TIG)에서 고주파 발생장치를 더하면 다음과 같은 이점이 있다. 설명 중 <u>틀린</u> 것은?

① 전극을 모재에 접촉시키지 않아도 아크가 발생된다.
② 아크가 안정되고 아크가 길어도 끊어지지 않는다.
③ 전극봉의 소모가 적어 수명이 길어진다.
④ 일정 지름의 전극에 대해서만 지정된 전압의 사용이 가능하다.

24 불활성가스 텅스텐 전극(GTAW) 아크용접에서 텅스텐 극성에 따른 용입 깊이를 가장 적절하게 표시한 것은?

① DCSP > AC > DCRP
② DCRP > AC > DCSP
③ DCRP > DCSP > AC
④ AC > DCSP > DCRP

25 불활성가스 금속 아크용접(MIG)에서 가장 많이 사용되는 것으로 용가재가 고속으로 용융되어 미립자의 용적으로 분사되어 모재로 옮겨 가는 이행방식은?

① 단락 이행　② 입상 이행
③ 펄스아크 이행　④ 스프레이 이행

26 용제가 들어 있는 와이어법은 복합 와이어의 구조에 따라 분류하는데, 다음 그림과 같은 와이어는?

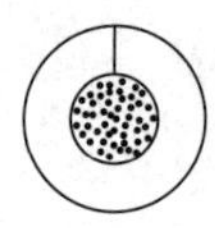

① 아코스 와이어　② Y관상 와이어
③ S관상 와이어　④ NCG 와이어

해설 복합 와이어의 구조에 따른 분류

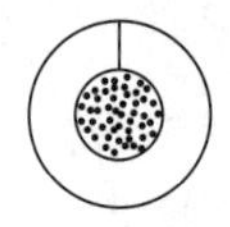

[NCG 와이어]

[아코스 와이어]

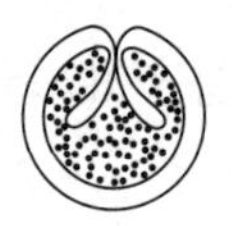

[Y관상 와이어]

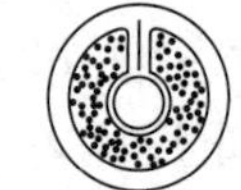

[S관상 와이어]

27 탭작업, 구멍뚫기 등의 작업이 없이 모재에 볼트나 환봉 등을 용접할 수 있는 용접법은?

① 심용접　② 스터드용접
③ 레이저용접　④ 테르밋용접

28 미그(MIG)용접에서 용융속도의 표시방법은?

① 모재의 두께
② 분당 보호가스의 유출량
③ 용접봉의 굵기
④ 분당 용융되는 와이어의 길이, 무게

29 CO_2용접에서 용접부 가스를 잘 분출시켜 양호한 실드(shield)작용을 하도록 하는 부품은?

① 토치 바디(torch body)
② 노즐(nozzle)
③ 가스분출기(gas diffuser)
④ 인슐레이터(insulator)

정답

22. ③　23. ④　24. ①　25. ④　26. ④　27. ②　28. ④　29. ②

30 기체를 가열하여 양이온과 음이온이 혼합된 도전성(導電性)을 띤 가스체를 적당한 방법으로 한 방향에 분출시켜 각종 금속의 접합에 이용하는 용접은?

① 서브머지드 아크용접
② MIG용접
③ 피복아크용접
④ 플라스마(plasma) 아크용접

31 각 아크용접법과 관계있는 내용을 연결한 것 중 틀린 것은?

① 탄산가스 아크용접 - 용극식
② TIG용접 - 소모전극식 가스 실드 아크 용접법
③ 서브머지드 아크용접 - 입상 플럭스
④ MAG용접 - Ar + CO_2 혼합가스

해설 TIG용접: 비소모전극식 불활성가스 실드 아크용접

32 탄산가스(CO_2) 아크용접작업 시 전진법의 특징으로 맞는 것은?

① 용접 스패터가 비교적 많으며 진행 방향 쪽으로 흩어진다.
② 용접선이 잘 안 보이므로 운봉을 정확하게 할 수 없다.
③ 용착금속의 용입이 깊어진다.
④ 비드 폭의 높이가 높아진다.

33 볼트나 환봉을 피스톤형의 홀더에 끼우고 모재와 볼트 사이에 순간적으로 아크를 발생시켜 용접하는 방법은?

① 서브머지드 아크용접
② 스터드용접
③ 테르밋용접
④ 불활성가스 아크용접

34 다음 그림은 탄산가스 아크용접(CO_2 gas arc welding)에서 용접토치의 팁과 모재 부분을 나타낸 것이다. (d)부분의 명칭을 올바르게 설명한 것은?

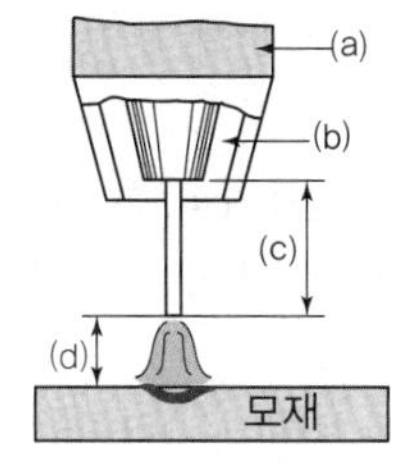

① 팁과 모재 간 거리
② 가스 노즐과 팁 간 거리
③ 와이어 돌출 길이
④ 아크 길이

35 서브머지드용접과 같이 대전류 영역에서 비교적 큰 용적이 단락되지 않고 옮겨 가는 용적 이행 방식은?

① 입상용적 이행(globular transfer)
② 단락 이행(short-circuiting transfer)
③ 분사식 이행(spray transfer)
④ 중간 이행(middle transfer)

해설 용융금속의 이행 형태
- 단락형: 용적이 용융지에 접촉되어 단락되고, 표면장력에 의해 모재로 옮겨 가는 방식
- 스프레이형(분무형): 미세한 용적이 스프레이와 같이 빠른 속도로 모재로 옮겨 가는 방식
- 글로뷸러형(핀치효과형, 입상형): 비교적 큰 용적이 단락되지 않고 옮겨 가는 방식

36 일렉트로 슬래그용접작업에서 주로 사용하는 홈의 형상은?

① I형 ② V형
③ J형 ④ U형

해설 일렉트로 슬래그용접에서는 I형 용접홈을 그대로 사용 가능하다.

정답

30. ④ 31. ② 32. ① 33. ② 34. ④ 35. ① 36. ①

37 서브머지드 아크용접의 장점에 해당하지 않는 것은?

① 용접속도가 수동용접보다 빠르고 능률이 높다.
② 개선각을 작게 하여 용접 패스 수를 줄일 수 있다.
③ 콘택트 팁에서 통전되므로 와이어 중에 저항열이 적게 발생되어 고전류 사용이 가능하다.
④ 용접 집행 상태의 좋고 나쁨을 육안으로 확인할 수 있다.

해설 서브머지드 아크용접은 용접 진행 상태를 육안으로 확인할 수 없다(잠호용접).

38 불활성가스 텅스텐 아크용접에 주로 사용되는 가스는?

① He, Ar ② Ne, Lo
③ Rn, Lu ④ Co, Xe

39 CO_2 가스용접에서 사용되는 복합 와이어의 구조가 아닌 것은?

① 아코스 와이어 ② Y관상 와이어
③ S관상 와이어 ④ U관상 와이어

40 이산화탄소 아크용접 시 솔리드 와이어와 복합 와이어를 비교한 사항으로 틀린 것은?

① 솔리드 와이어가 복합 와이어보다 용착 효율이 양호하다.
② 솔리드 와이어가 복합 와이어보다 전류 밀도가 높다.
③ 복합 와이어가 솔리드 와이어보다 스패터가 많다.
④ 복합 와이어가 솔리드 와이어보다 아크가 안정된다.

해설 복합 와이어가 솔리드 와이어보다 스패터 발생량이 적다.

41 TIG용접에 대한 설명으로 가장 거리가 먼 것은?

① TIG용접은 알루미늄합금과 스테인리스강을 비롯한 대부분의 금속을 접합할 수 있다.
② TIG용접은 용제(flux)를 사용하지 않으므로 슬래그 제거가 불필요하다.
③ TIG용접은 교류전원만을 용접에 사용하고 있다.
④ TIG용접에 사용하는 아르곤가스는 용착금속의 산화, 질화를 방지한다.

해설 TIG용접에서 사용하는 전원은 직류정극성(DCSP), 직류역극성(DCRP), 고주파교류(ACHF)가 있다.

42 TIG용접의 청정작용 효과가 가장 우수한 경우로 옳은 것은?

① 직류정극성, 사용가스는 He
② 직류역극성, 사용가스는 He
③ 직류정극성, 사용가스는 Ar
④ 직류역극성, 사용가스는 Ar

해설 TIG용접에서 직류역극성으로 아르곤(Ar) 보호가스를 사용할 때 청정작용이 최대가 된다.

43 서브머지드 아크용접에 사용되는 용융형 플럭스(fused flux)는 원료 광석을 몇 ℃로 가열, 용융시키는가?

① 1,300℃ 이상 ② 800～1,000℃
③ 500～600℃ ④ 150～300℃

44 MIG용접 시 송급 롤러의 형태가 아닌 것은?

① 롤렛형 ② 기어형
③ 지그재그형 ④ U형

해설 송급 롤러의 형태: 롤렛형, 기어형, U형이 있다.

정답

37. ④ 38. ① 39. ④ 40. ③ 41. ③ 42. ④ 43. ① 44. ③

45 다음 중 용착효율(deposition efficiency)이 가장 낮은 용접은?

① MIG용접
② 피복아크용접
③ 서브머지드 아크용접
④ 플럭스코어드 아크용접

해설 • 용접방법별 용착효율
- 피복아크용접: 65%
- 플럭스코어드 아크용접: 75~85%
- MIG용접: 92%
- 서브머지드 아크용접: 100%

• 용착효율: 용착금속의 중량에 대한 용접봉 사용 중량의 비를 의미하는 것으로 용접봉의 소요량을 산출하거나 용접작업 시간을 판단하는 데 사용된다.

• $용착효율[\%] = \frac{용착금속의\ 중량}{용접봉\ 사용\ 중량} \times 100\%$

46 잠호용접(SAW)의 특징에 대한 설명으로 틀린 것은?

① 용융속도 및 용착속도가 빠르다.
② 개선각을 작게 하여 용접 패스 수를 줄일 수 있다.
③ 용접 진행 상태의 양부를 육안으로 확인할 수 없다.
④ 적용 자세에 제약을 받지 않는다.

해설 서브머지드 아크용접은 용접자세가 제한적이다(대부분 아래보기 자세).

47 TIG용접 기법 중 용입이 얕고 청정효과가 있는 전극 특성은?

① 직류역극성(DCRP)
② 직류정극성(DCSP)
③ 교류역극성(ACRP)
④ 교류정극성(ACSP)

해설 TIG용접에서 직류역극성으로 아르곤(Ar) 보호가스를 사용할 때 청정작용이 최대가 된다.

48 서브머지드 아크용접용 용제의 종류 중 광물성 원료를 혼합하여 노(爐)에 넣어 1,300℃ 이상으로 가열해서 용해, 응고시킨 후 분쇄하여 알맞은 입도로 만든 것으로 유리 모양의 광택이 나며 흡습성이 적은 것이 특징인 것은?

① 용융형 용제 ② 소결형 용제
③ 혼성형 용제 ④ 분쇄형 용제

해설 서브머지드 아크용접의 용제(flux)
• 용융형: 고속 용접성이 양호하며, 흡습성이 없고 반복 사용성이 좋다.
• 소결형: 합금원소의 첨가가 쉬우나, 흡습성이 높다.
• 혼성형: 분말상 원료에 고착제를 가하여 비교적 저온에서 건조하여 제조한 것이다.

49 TIG용접 시 텅스텐 혼입이 일어나는 이유로 거리가 먼 것은?

① 전극의 길이가 짧고 노출이 적어 모재에 닿지 않을 때
② 전극과 용융지가 접촉하였을 때
③ 전극의 굵기보다 큰 전류를 사용하였을 때
④ 외부 바람의 영향으로 전극이 산화되었을 때

50 서브머지드 아크용접의 용접조건을 설명한 것 중 맞지 않는 것은?

① 용접전류를 크게 증가시키면 와이어의 용융량과 용입이 크게 증가한다.
② 아크전압이 증가하면 아크 길이가 길어지고 동시에 비드 폭이 넓어지면서 평평한 비드가 형성된다.
③ 용착량과 비드 폭은 용접속도의 증가에 거의 비례하여 증가하고 용입도 증가한다.
④ 와이어 돌출 길이를 길게 하면 와이어의 저항열이 많이 발생하게 된다.

해설 용접속도가 증가하면 용착량, 비드의 폭, 용입이 감소한다.

정답

45. ② 46. ④ 47. ① 48. ① 49. ② 50. ③

51 불활성가스 텅스텐 아크용접 시 혼합가스로 사용되지 않는 가스는?

① 아르곤　　② 헬륨
③ 산소　　④ 질소

52 CO_2 아크용접에서 가장 두꺼운 판에 사용되는 용접홈은?

① I형　　② V형
③ H형　　④ J형

정답

51. ④　52. ③

ISO International Welding

압접

5-1 압접(pressure welding)의 분류

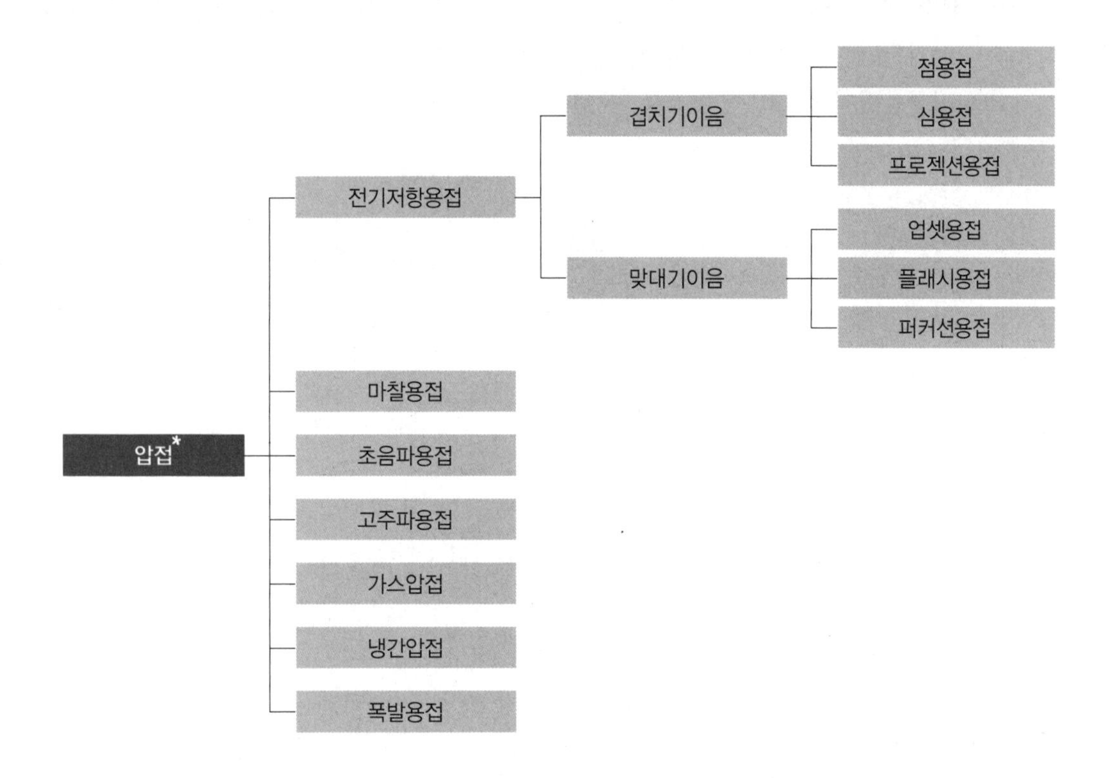

ONE POINT

압접(pressure welding): 접합 부분을 열간 또는 냉간 상태에서 압력(기계적 에너지)을 주어 접합하는 방법

5-2 전기저항용접

1 원리와 특징

(1) 원리

① 용접부에 대전류를 직접 흐르게 하고 이때 발생하는 줄열(Joule's heat)을 열원으로 하여 접합부를 가열하고 동시에 큰 압력을 주어 금속을 접합하는 방법이다.

② 발생하는 열량

$$Q = 0.24I^2RT$$

여기서, I: 전류[A], R: 저항[Ω], T: 통전시간[sec]

③ 저항용접의 3요소: 용접전류, 통전시간, 가압력

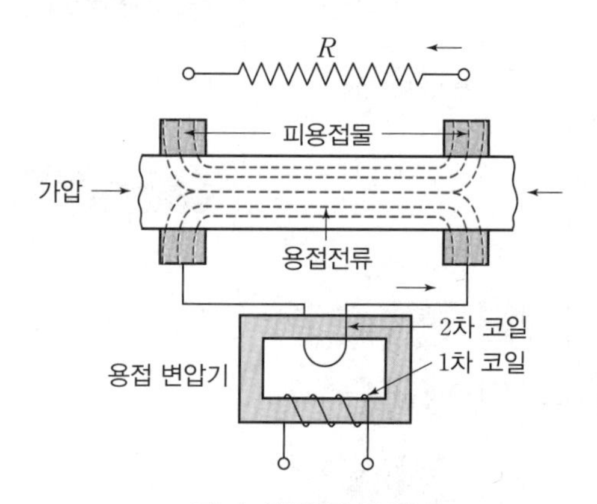

▲ 전기저항용접의 원리

(2) 특징

① 작업속도가 빠르고 대량생산에 적합하다.

② 열손실이 적고, 용접부에 집중적으로 열을 가할 수 있다.

③ 용접변형 및 잔류응력이 적다.

④ 산화 및 변식부가 적다.

⑤ 가압효과로 조직이 치밀해진다.

⑥ 용접봉, 용제 등이 불필요하다.

⑦ 작업자의 숙련이 필요 없다.

⑧ 설비가 복잡하고 가격이 비싸다(대전류가 필요).

⑨ 후열처리가 필요하다.

⑩ 다른 금속 간의 접합이 곤란하다.

2 점용접(spot welding)

(1) 원리

① 용접하고자 하는 재료를 2개의 전극 사이에 끼워 놓고 가압 상태에서 전류를 통하고 이때 발생하는 전기저항열을 이용하여 접합부를 가열, 용융 및 가압하여 용접하는 방식이다.

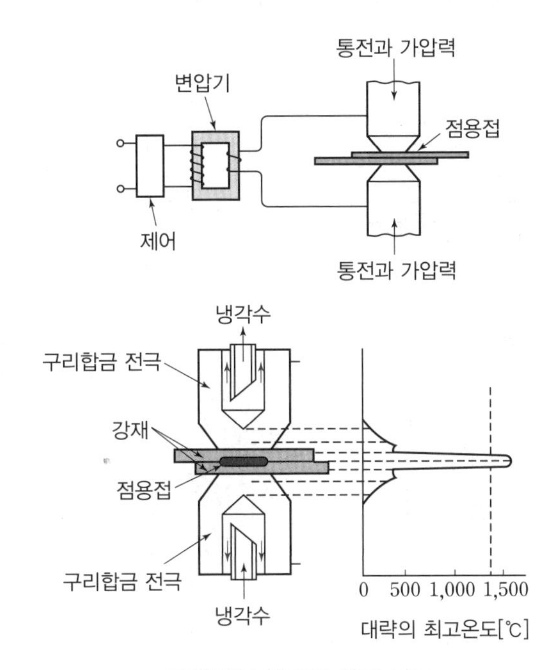

▲ 점용접의 원리와 온도 분포

② 전극재료는 철강재를 비롯한 경합금, 구리합금의 용접에는 순 구리가 쓰이고 구리의 용접에는 크롬(Cr), 티탄(Ti), 니켈(Ni) 등이 첨가된 구리합금이 많이 쓰인다.

③ 전극의 종류에는 R형, P형,C형, E형, F형 등이 있다.

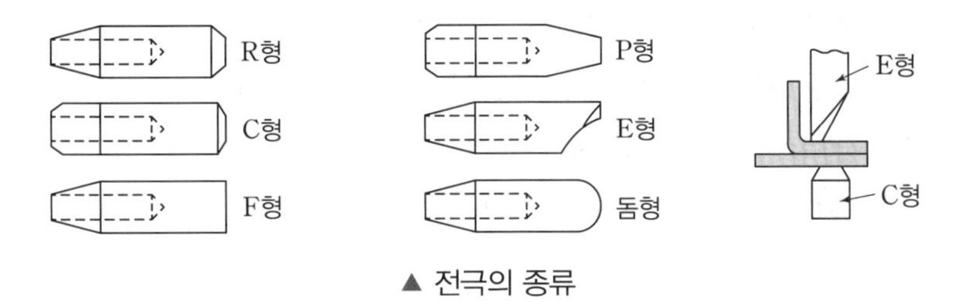

▲ 전극의 종류

(2) 종류

① 단극식: 점용접의 기본적인 방법으로 1쌍의 전극으로 1개의 용접부를 만드는 방법이다.

② 다전극식: 전극을 2개 이상으로 하여 2점 이상의 용접을 하며, 용접속도를 향상시키고 용접변형을 방지할 수 있다.

③ 직렬식: 1개의 전류회로에 2개 이상의 용접점을 만드는 방법이다. 전류손실이 많으며, 용접 표면이 불량해 질 수 있다.

④ 맥동식: 모재 두께가 다른 경우, 전극의 과열을 피하기 위해 몇 번이고 전류를 단속하여 용접하는 방법이다.

⑤ 인터랙식: 용접점의 부분에 직접 2개의 전극을 물리지 않고 용접전류가 피용접물의 일부를 통하여 다른 곳으로 전달되도록 하는 방법이다.

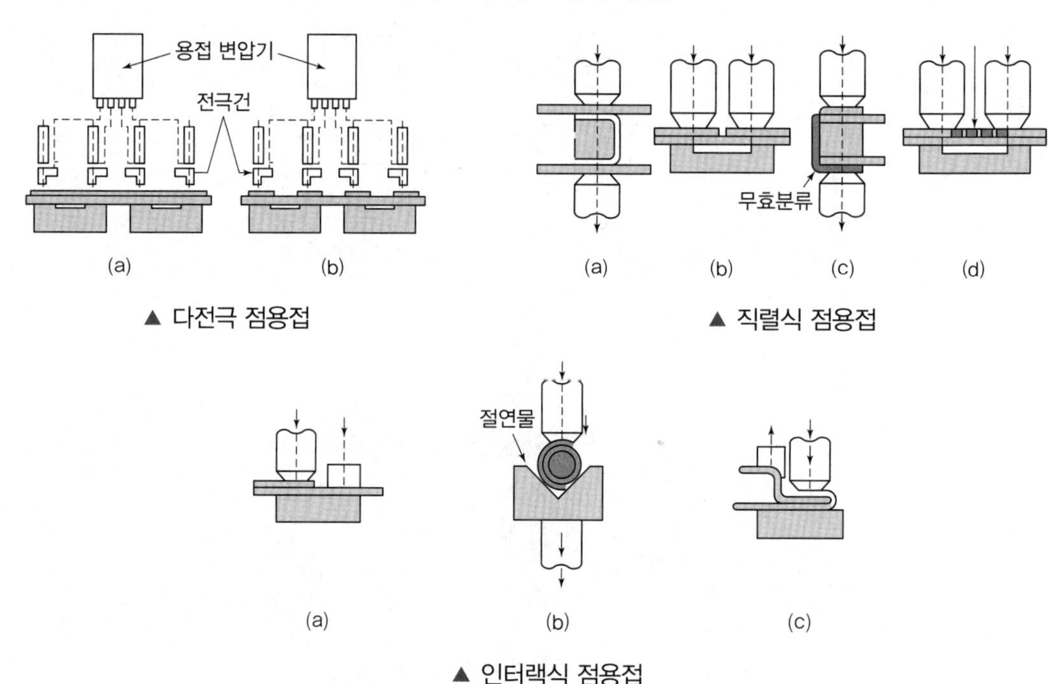

▲ 다전극 점용접

▲ 직렬식 점용접

▲ 인터랙식 점용접

3 심용접(seam welding)

① 원판상의 롤러 전극 사이에 용접할 2장의 판을 두고 가압, 통전하여 전극을 회전시키면서 연속적으로 점용접을 반복하는 방법이다.

② 주로 수밀성, 기밀성이 요구되는 용기 제작에 사용된다.

③ 통전방법에는 단속 통전법, 연속 통전법, 맥동식 통전법이 있다.

④ 용접방법에는 맞대기 심, 매시 심, 포일 심이 있다.

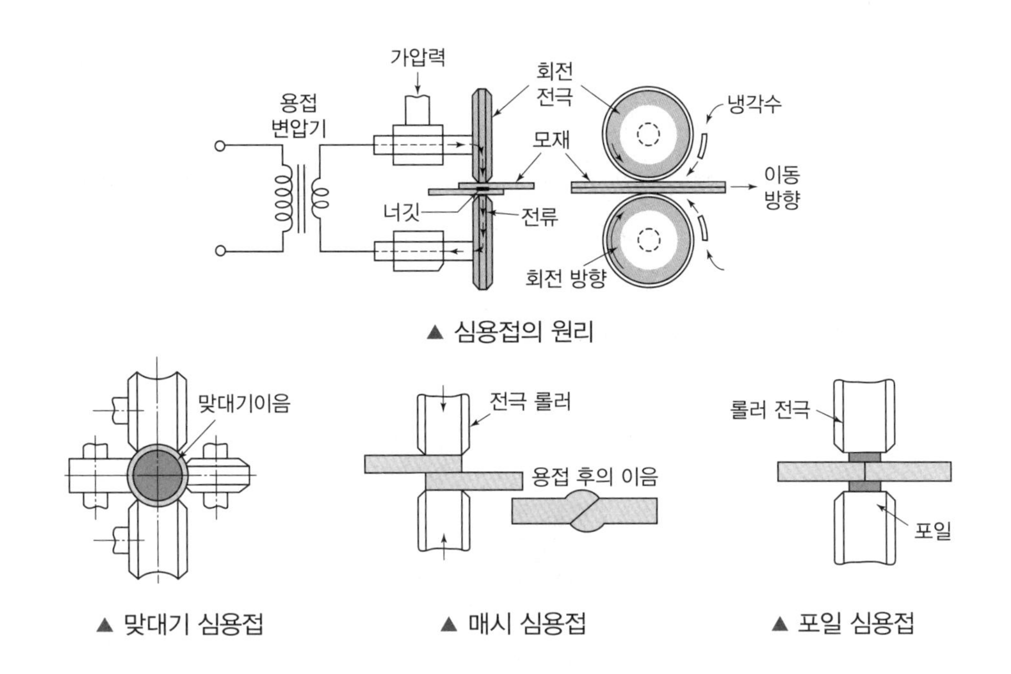

▲ 심용접의 원리

▲ 맞대기 심용접 ▲ 매시 심용접 ▲ 포일 심용접

4 프로젝션용접(projection welding)

① 제품의 한쪽 또는 양쪽에 돌기(projection)를 만들어 이 부분에 용접전류를 집중시켜 압접하는 방법이다.

② 이종금속의 판 두께가 다른 것의 용접이 가능하다.

③ 전극의 소모가 적고 수명이 길다.

④ 돌기의 정밀도가 높아야 한다.

⑤ 용접기 설비비가 비싸다.

⑥ 돌기는 내부 또는 두꺼운 판, 열전도도와 용융점이 높은 쪽에 만든다.

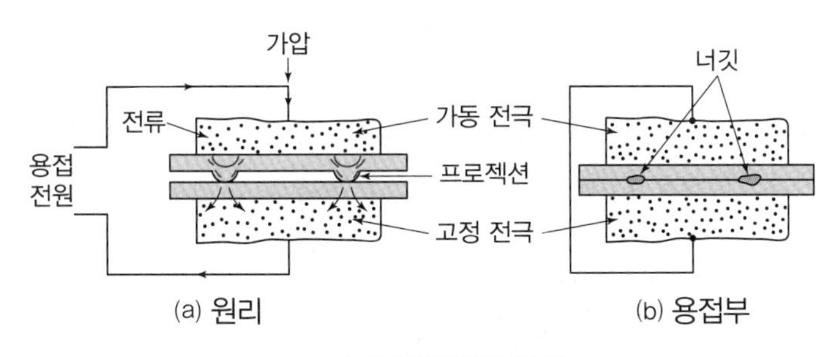

▲ 프로젝션용접의 원리

ONE POINT

너깃(nugget): 용접 중 접합면의 일부가 녹아 바둑알 모양의 단면으로 오목하게 들어간 부분

5 업셋용접(upset welding)

① 용접재를 강하게 맞대어 놓고 대전류를 통하여 이음부 부근에 발생하는 접촉 저항열에 의해 적당한 온도에 도달했을 때 축 방향으로 큰 압력을 주어 용접하는 방법이다.
② 가압력은 보통 0.5~0.8kgf/cm^2 정도이다.
③ 불꽃의 비산이 없고 접합강도는 우수하다.
④ 비대칭 단면, 박판 등은 용접이 곤란하다.

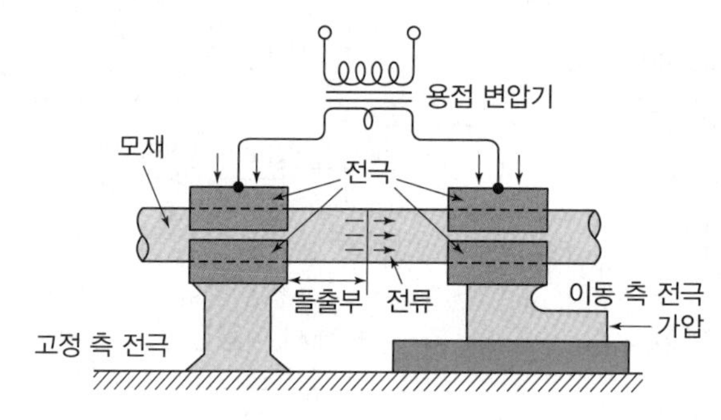

▲ 업셋버트용접의 원리

6 플래시용접(flash welding)

① 용접물을 간격을 두고 설치하고 전류를 통하여 발열 및 불꽃 비산을 지속시켜 접합면이 골고루 가열되었을 때 가압하여 접합하는 방법이다.
② 순서: 예열 → 플래시 → 업셋
③ 속도제어방식에 따라 수동식, 전기식, 공기 가압식, 유압식이 있다.
④ 강재, 니켈(Ni), 니켈합금 등의 용접에 적합하다.

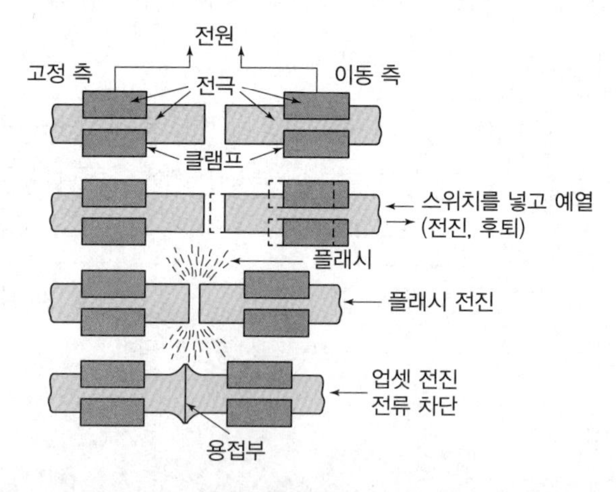

▲ 플래시버트용접의 원리

7 퍼커션용접(percussion welding; 방전충격용접)

① 피용접물을 두 전극 사이에 끼운 후 전류를 통하여 빠른 속도로 피용접물을 충돌시켜 용접하는 방식이다(일명 충돌용접).

② 극히 작은 지름의 용접물을 접합하는 데 사용되며, 전원은 축적된 직류를 사용한다.

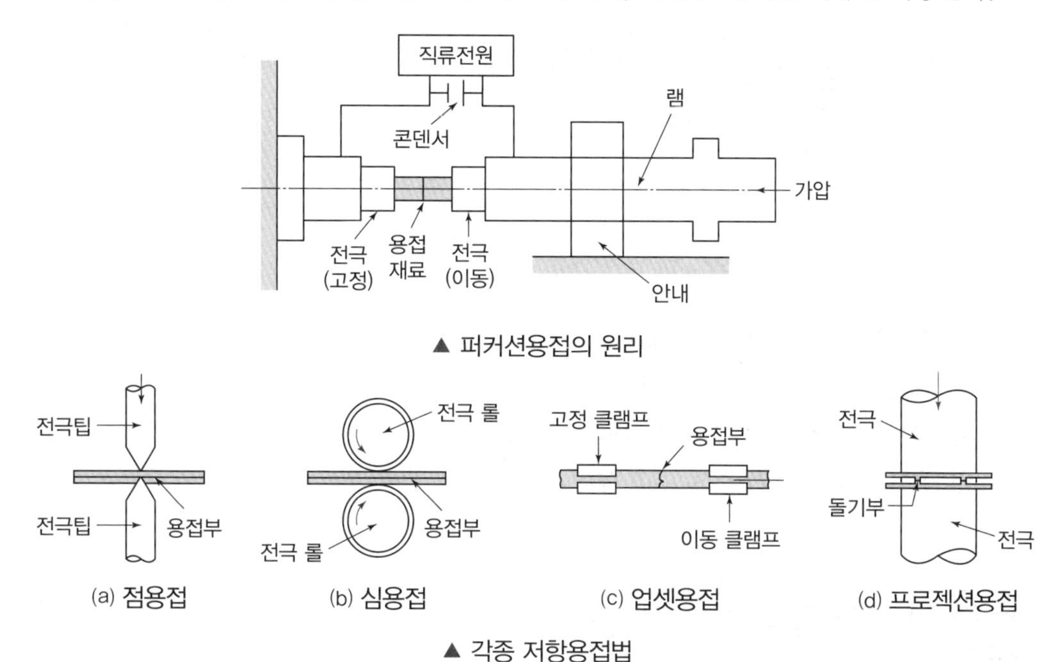

▲ 퍼커션용접의 원리

▲ 각종 저항용접법

5-3 가스압접

(1) 원리

① 접합할 부분을 가스불꽃으로 가열하여 접합 가능한 온도가 되었을 때 압력을 가하여 접합하는 방법이다.

② 가열 가스불꽃으로 산소-아세틸렌불꽃을 주로 사용하며 작업방식에 따라 밀착 맞대기방식, 개방 맞대기방식이 있다.

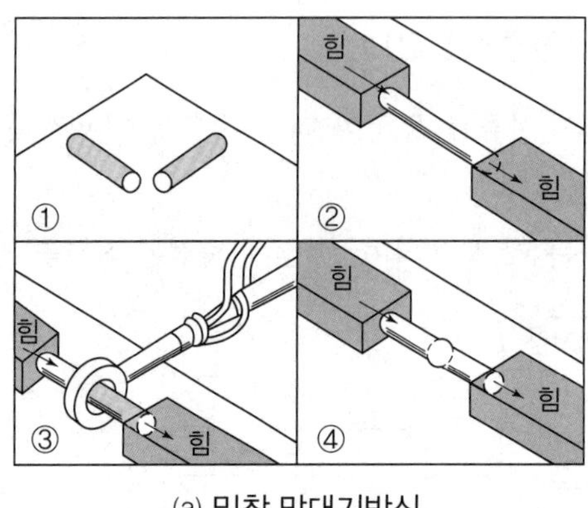

(a) 밀착 맞대기방식

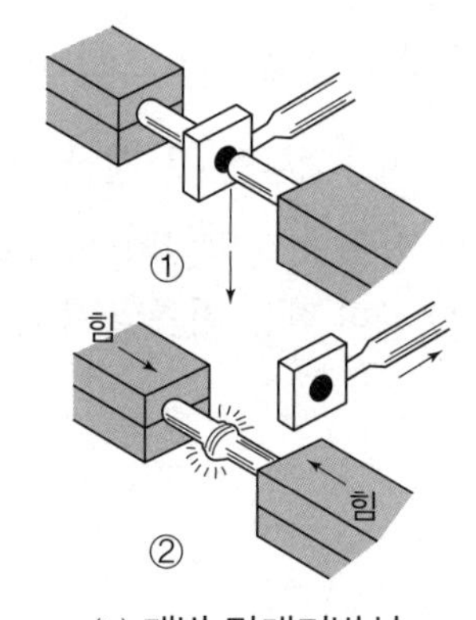

(b) 개방 맞대기방식

▲ 가스압접의 작업방식

(2) 특징

① 이음부의 탈탄층이 전혀 없다.

② 장치가 간단하고 설비비·보수비가 싸며, 전력이 불필요하다.

③ 작업이 거의 기계적이어서 용접사의 숙련이 불필요하다.

④ 용가재 및 용제가 필요 없고 용접시간이 빠르다.

5-4 초음파용접

(1) 원리

① 용접물을 겹쳐서 용접팁과 하부 앤빌 사이에 끼워 놓고 압력을 가하면서 초음파(18kHz 이상) 주파수로 횡진동을 주어 그 진동에너지에 의해 접합부의 원자가 확산되어 용접하는 방법이다.

② 용접장치는 초음파 발진기, 진동자, 진동 전달기구, 압접팁으로 구성된다.

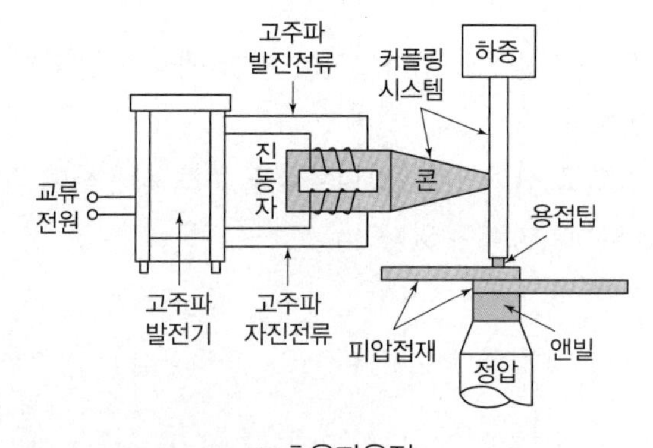

▲ 초음파용접

(2) 특징

① 주어지는 압력이 작으므로 용접물의 변형이 적다.

② 용접물의 표면 처리가 간단하고, 압연 상태 그대로 용접이 가능하다.

③ 얇은 판이나 필름의 용접도 가능하다.

④ 이종금속의 용접이 가능하며, 판 두께에 따라 용접강도가 현저하게 달라진다.

5-5 기타 압접

1 마찰압접(friction pressure welding)

(1) 원리

두 개의 모재에 압력을 가해 접촉시킨 후 접촉면에 압력을 주면서 상대운동을 시키면 마찰로 인한 열이 발생하게 되는데 이 마찰열을 이용하여 접합부의 산화물을 녹이면서 압력을 주어 접합하는 방법이다.

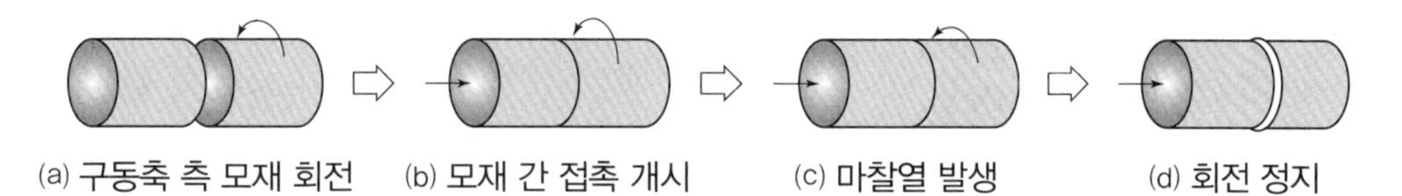

▲ 마찰용접의 과정

(2) 특징

① 취급과 조작이 간단하고 이종금속의 접합이 가능하다.

② 용접시간이 짧고 작업능률이 높으며 변형의 발생이 적다.

③ 국부가열이므로 열영향부가 좁고 이음 성능이 좋다.

④ 치수 정밀도가 높고 재료가 절약된다.

⑤ 피용접물의 형상 치수, 단면 모양, 길이, 무게 등의 제한을 받는다(접합재료의 단면은 원형으로 제한).

2 냉간압접(cold pressure welding)

(1) 원리

① 2개의 금속을 1Å(= 10^{-8}cm) 이상으로 밀착시켜 자유전자와 금속이온의 상호작용으로 금속원자를 결합시키는 방법이다.

② 상온에서 단순히 가압만으로 금속 상호 간의 확산을 일으켜 접합하는 방식이다.

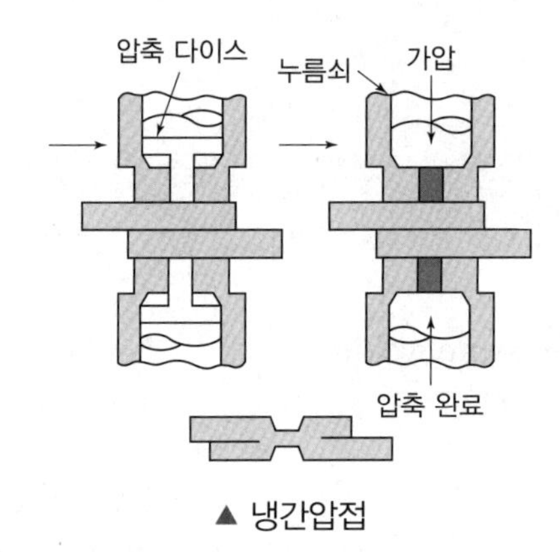

▲ 냉간압접

(2) 특징

① 접합부의 열영향이 없고 용접사의 숙련이 불필요하다.

② 압접에 필요한 공구가 간단하다.

③ 용접부가 가공경화된다.

3 고주파용접

고주파전류가 도체의 표면에 집중적으로 흐르는 성질인 표피효과와 전류의 방향이 반대인 경우에는 서로 근접해서 흐르는 근접효과를 이용하여 용접부를 가열, 용접하는 방법이다.

4 폭발압접

(1) 원리

2장의 금속판을 화약의 폭발에 의해 생기는 순간적인 큰 압력을 이용하여 접합한다.

(2) 특징

① 이종금속의 접합이 가능하다.

② 화약을 사용하므로 위험하다.

③ 압접 시 큰 폭발음이 발생한다.

출제 예상문제

O/X 문제

01 저항용접에서 업셋, 플래시, 퍼커션용접은 맞대기이음 방식이다. (○/×)

해설 저항용접에서 이음방식에 따른 분류
- 겹치기이음: 점(spot)용접, 심(seam)용접, 프로젝션(projetion; 돌기)용접
- 맞대기이음: 업셋(upset)용접, 플래시(flash)용접, 퍼커션(percussion; 방전충격)용접

02 대표적인 압접의 종류에는 저항용접, 마찰용접, 초음파용접, 스터드용접이 있다. (○/×)

해설 스터드(stud)용접은 아크용접으로 분류한다.

03 맥동식 점용접은 모재 두께가 다른 경우, 전극의 과열을 피하기 위해 몇 번이고 전류를 단속하여 용접하는 방법이다. (○/×)

04 저항용접의 3요소는 용접전류, 통전시간, 가압력이다. (○/×)

05 용접물을 겹쳐서 용접팁과 하부 앤빌 사이에 끼워 놓고 압력을 가하면서 초음파(18kHz 이상) 주파수로 횡진동을 주어 그 진동에너지에 의해 접합부의 원자가 확산되어 용접하는 방법을 초음파용접이라 한다. (○/×)

정답

01. ○ 02. × 03. ○ 04. ○ 05. ○

객관식 문제

01 저항 점용접(spot welding)에서 용접을 좌우하는 중요 인자가 아닌 것은?

① 용접전류 ② 통전시간
③ 용접전압 ④ 전극 가압력

해설 저항용접의 3요소: 용접전류, 통전시간, 가압력

02 전기저항용접의 3대 요소에 해당되는 것은?

① 도전율 ② 용접전압
③ 용접저항 ④ 가압력

03 용접의 열원에서 기계적 에너지를 사용하는 용접법은?

① 초음파용접 ② 고주파용접
③ 전자빔용접 ④ 레이저빔용접

해설 압접(기계적 에너지를 사용하는 용접법)의 종류: 저항용접, 유도가열용접, 초음파용접, 마찰용접 등

04 플래시 용접기를 속도제어방식에 따라 분류할 때 해당하지 않는 것은?

① 광학식 플래시 용접기
② 수동식 플래시 용접기
③ 공기 가압식 플래시 용접기
④ 유압식 플래시 용접기

해설 속도제어방식에 따른 플래시 용접기의 분류: 수동식, 유압식, 전기식, 공기 가압식

05 저항용접조건의 3대 요소로 적절한 것은?

① 용접전류, 통전시간, 전극 가압력
② 용접전류, 유지시간, 용접전압
③ 용접전류, 초기압시간, 전극 가압력
④ 용접전류, 정기시간, 전극 가압력

06 돌기(projection)용접의 장점에 대한 설명으로 틀린 것은?

① 여러 점을 동시에 용접할 수 있으므로 생산성이 높다.
② 좁은 공간에 많은 점을 용접할 수 있다.
③ 용접부의 외관이 깨끗하며 열변형이 적다.
④ 용접기의 용량이 적어 설비비가 저렴하다.

해설 프로젝션용접은 용접기의 설비비가 비싸다.

07 다음 중 전기저항 점용접법에 대한 설명으로 틀린 것은?

① 인터랙식 점용접이란 용접점의 부분에 직접 2개의 전극을 물리지 않고 용접전류가 피용접물의 일부를 통하여 다른 곳으로 전달하는 방식이다.
② 단극식 점용접이란 전극이 1쌍으로 1개의 점용접부를 만드는 것이다.
③ 맥동식 점용접은 사이클 단위를 몇 번이고 전류를 연속하여 통전하며 용접속도 향상 및 용접변형 방지에 좋다.
④ 직렬식 점용접이란 1개의 전류회로에 2개 이상의 용접점을 만드는 방법으로 전류손실이 많아 전류를 증가시켜야 한다.

해설 맥동식 점용접은 사이클 단위를 몇 번이고 전류를 단속하여 통전하는 방식이다.

08 플래시용접의 3단계로 옳은 것은?

① 예열 → 업셋 → 플래시
② 예열 → 플래시 → 업셋
③ 업셋 → 플래시 → 예열
④ 플래시 → 예열 → 업셋

해설 플래시용접의 3단계: 예열 → 플래시 → 업셋

정답

01. ③ 02. ④ 03. ① 04. ① 05. ① 06. ④ 07. ③ 08. ②

09 **제품의 한쪽 또는 양쪽에 돌기를 만들어 이 부분에 용접전류를 집중시켜 압접하는 방법은?**

① 전자빔용접 ② 점용접
③ 프로젝션용접 ④ 심용접

해설 프로젝션(projection)용접 = 돌기용접

10 **심용접법에서 용접전류의 통전방법이 아닌 것은?**

① 단속 통전법 ② 연속 통전법
③ 맥동식 통전법 ④ 직병렬 통전법

해설 심용접에서 용접전류의 통전방법: 단속 통전법, 연속 통전법, 맥동식 통전법

정답

09. ③ 10. ④

06 납땜

6-1 납땜의 원리 및 종류

(1) 원리

접합할 모재를 용융시키지 않고 모재보다 용융점이 낮은 금속을 용가재로 사용하여 두 모재 간의 모세관현상을 이용하여 금속을 접합시키는 방법

(2) 종류

① 연납땜(soldering)

- 융점이 450℃ 이하인 용가재(땜납)를 사용하여 납땜하는 방법이다.
- 용가재는 주로 주석(Sn)-납(Pb), 카드뮴(Cd)-아연(Zn) 등이 사용된다.

② 경납땜(brazing)

- 융점이 450℃ 이상인 용가재(은납, 황동납 등)를 사용하여 납땜하는 방법
- 용가재는 은납, 구리(Cu), 구리합금, 알루미늄합금 등이 사용된다.
- 작업방법에는 가스 경납땜, 노 내 경납땜, 유도가열 경납땜, 저항 경납땜, 담금 경납땜이 있다.
- 용제: 붕사, 붕산, 붕산염

ONE POINT

저융점 납땜: 주석-납합금에 비스무트(Bi)를 첨가한 것으로 100℃ 이하의 용융점을 가진 납땜을 의미한다.

구분	연납	경납
납땜의 종류	주석-납, 납-은납, 저융점 납땜, 카드뮴-아연납, 납-카드뮴납	은납, 황동납, 인동납, 양은납, 알루미늄납
용제	염산, 염화암모니아, 염화아연, 수지	붕사, 붕산, 붕산염

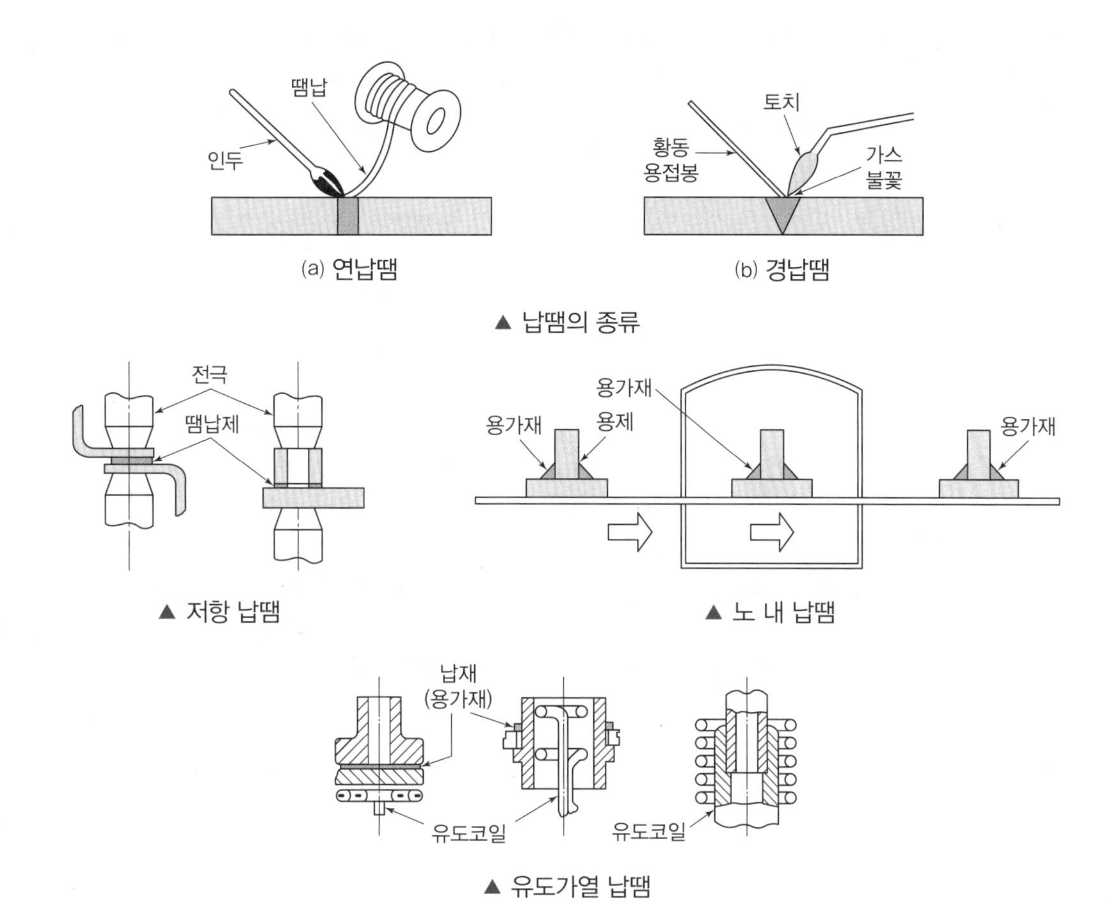

(3) 납땜재의 구비조건

① 모재보다 용융점이 낮아야 한다.

② 유동성이 좋고 금속과의 친화력이 좋아야 한다.

③ 표면장력이 작아서 모재 표면에 잘 퍼져야 한다.

④ 접합강도가 우수해야 한다.

(4) 용제의 구비조건

① 모재의 산화피막과 같은 불순물을 제거하고 유동성이 좋아야 한다.

② 모재와의 친화력이 좋아야 한다.

③ 납땜 후 슬래그 제거가 용이해야 한다.

④ 부식작용이 없거나 최소여야 한다.

⑤ 인체에 해가 없어야 한다.

06 Chapter 출제 예상문제

O/X 문제

01 납땜에서 연납과 경납의 구분온도는 450℃이다. (○/×)

02 접합할 모재를 용융시키지 않고 모재보다 용융점이 낮은 금속을 용가재로 사용하여 두 모재 간의 모세관현상을 이용하여 금속을 접합시키는 방법을 납땜이라 한다. (○/×)

03 주석(Sn)-납(Pb)땜은 대표적인 경납땜이다. (○/×)

해설 주석-납땜은 대표적인 연납땜이다.

04 경납용 용제에는 붕사, 붕산, 붕산염 등이 사용된다. (○/×)

해설 납땜 용제(flux)의 종류

- 연납용: 염산, 염화아연, 수지
- 경납용: 붕사, 붕산, 붕산염

05 저융점 납땜이란 주석-납합금에 비스무트를 첨가한 것으로, 100℃ 이하의 용융점을 가진 납땜을 의미한다. (○/×)

정답

01. ○ 02. ○ 03. × 04. ○ 05. ○

객관식 문제

01 납땜에 사용하는 용제가 갖추어야 할 조건 중 틀린 것은?

① 모재의 산화피막과 같은 불순물을 제거하고 유동성이 좋을 것
② 모재나 땜납에 대한 부식작용이 최대일 것
③ 납땜 후 슬래그 제거가 용이할 것
④ 인체에 해가 없어야 할 것

해설 모재나 땜납에 대한 부식작용이 최소여야 한다.

02 납땜재의 구비조건에 해당하지 않는 것은?

① 모재보다 용융점이 낮고, 접합강도가 우수해야 한다.
② 유동성이 좋고 금속과의 친화력이 없어야 한다.
③ 표면장력이 작아서 모재의 표면에 잘 퍼져야 한다.
④ 강인성, 내식성, 내마멸성, 화학적 성질 등이 사용 목적에 적합해야 한다.

해설 유동성이 좋고, 금속과의 친화력이 좋아야 한다.

03 연납용으로 사용되는 용제가 아닌 것은?

① 염산　② 붕산염
③ 염화아연　④ 염화암모니아

해설 납땜 용제(flux)의 종류
- 연납용: 염산, 염화아연, 수지
- 경납용: 붕사, 붕산, 붕산염

04 융점 450℃ 이상의 땜납재인 경납에 속하지 않는 것은?

① 주석－납　② 황동납
③ 인동납　④ 은납

해설 주석－납땜은 대표적인 연납땜이다.

05 다음 중 경납용 용제로 가장 적절한 것은?

① 염화아연($ZnCl_2$)
② 염산(HCl)
③ 붕산(H_3BO_3)
④ 인산(H_3PO_4)

정답

01. ②　02. ②　03. ②　04. ①　05. ③

07 자동화 및 로봇용접

7-1 용접 자동화의 개요

① 단순작업, 계속 반복되는 작업, 위험을 수반하는 작업 등을 자동화하면 생산성 향상 및 용접 품질의 향상이 기대된다.

② 용접 자동화 시스템은 로봇, 제어부, 아크발생장치(용접전원), 용접물 구동장치인 포지셔너(positioner), 로봇 이동장치, 작업자를 위한 안전장치, 용접물 고정장치(jig, fixture) 등으로 구성된다.

7-2 자동제어의 분류

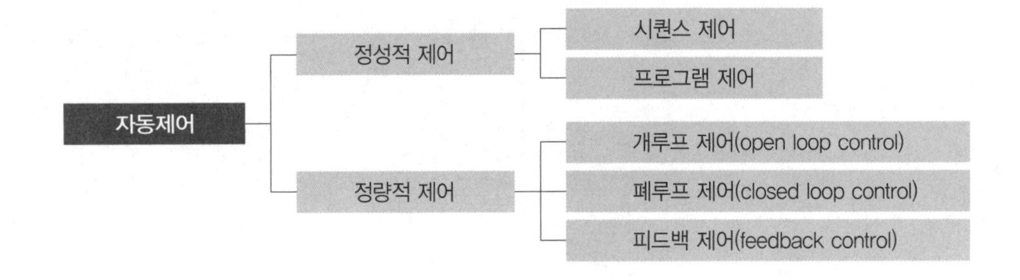

7-3 로봇의 종류

(1) 제어방법에 따른 분류

① 서보제어 로봇: 서보기구에 의해 제어되는 로봇

② 논서보제어 로봇: 서보기구 이외의 수단에 의해 제어되는 로봇

③ CP제어 로봇: 전체 궤도 또는 경로가 지정되어 있는 로봇

④ PTP제어 로봇: 경로상의 통과점이 몇 개씩 뛰어넘어서 지정되어 있는 로봇

(2) 동작기구에 따른 분류

구분	장점	단점
원통좌표형	• 2개의 선형축과 1개의 회전축 • 로봇 주위에 접근이 가능 • 밀봉이 용이한 회전축	• 장애물 주위에 접근이 불가 • 밀봉이 어려운 2개의 선형축
직각좌표형	• 3개의 선형축(직선운동) • 시각화가 용이	• 로봇 자체 앞에만 접근이 가능 • 큰 설치 공간이 필요
극좌표형	• 1개의 선형축과 2개의 회전축 • 긴 수평 접근	• 장애물 주위에 접근이 불가 • 짧은 수직 접근
다관절좌표형	• 3개의 회전축 • 장애물의 상하에 접근 가능 • 작은 설치 공간, 큰 작업영역	• 복잡한 머니퓰레이터

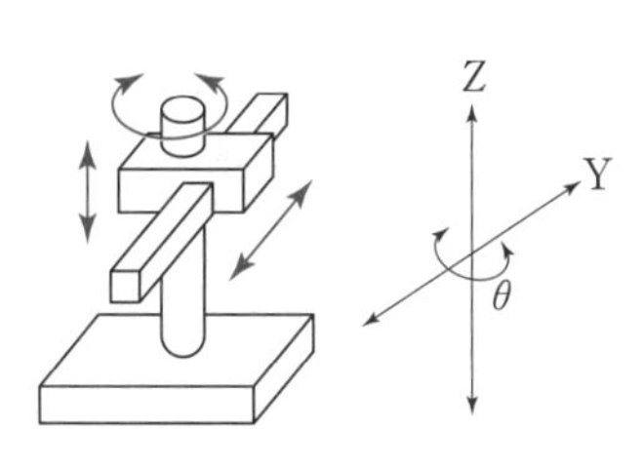

▲ 원통좌표형

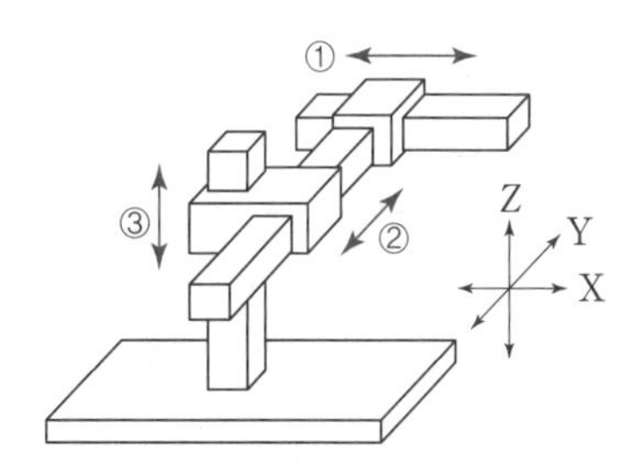

▲ 직각좌표형

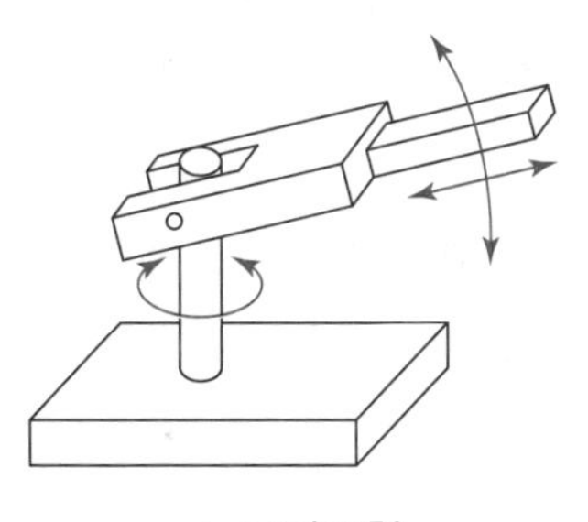

▲ 극좌표형

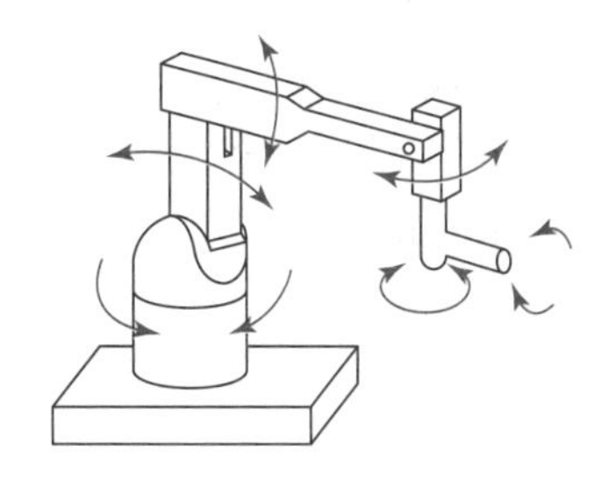

▲ 다관절좌표형

7-4 로봇의 구성

(1) 원리

① 구동부, 제어부, 검출부, 동력원으로 구성된다.

② 구동부와 제어부를 가동시키기 위한 에너지를 동력원, 에너지를 기계적인 움직임으로 변환하는 기기를 액추에이터(actuator)라고 한다.

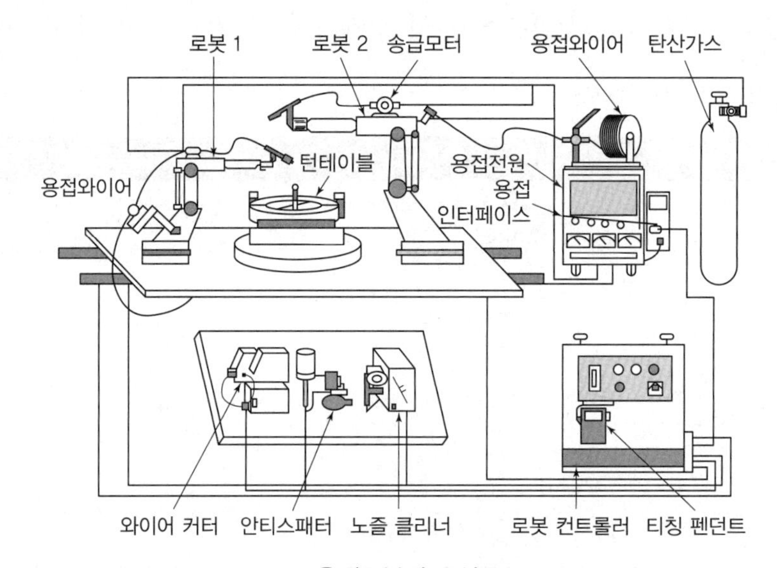

▲ 용접로봇의 구성도

(2) 로봇의 구성요소

① 머니퓰레이터(manipulator): 인간의 팔과 유사한 동작을 제공하는 기계적인 장치

② 동력원(power supply)

- 로봇이 조작되는 데 필요한 에너지를 공급하는 장치
- 기본적으로 전기, 유압, 공압이 있다.

③ 제어기(controller): 로봇의 운동과 시퀀스를 총괄하는 통신과 정보처리장치

④ 포지셔너(positioner): 용접물을 고정하여 용접토치의 사각을 없애고 작업영역을 확대해 주며, 용접 품질을 향상시킬 수 있다.

⑤ 액추에이터(actuator): 전기식, 공압식, 유압식, 전기기계식 액추에이터가 있다.

7-5 로봇 센서

(1) 원리

① 외부의 정보를 인식하여 컨트롤러에 전달하는 장치이다.

② 용접에서는 용접 시 고열에 의한 변형이 발생하여 용접선 추적이 상당히 어려우므로 센서에 의한 자동제어방식이 필수적이다.

(2) 센서의 종류

센서의 종류에는 접촉식 센서와 비접촉식 센서가 있다.

① Arc 센서: 비접촉식 센서로서 아크용접 도중 위빙할 때 용접 파라미터를 감지한다.

② 터치 센서: 접촉식 센서로서 탐침으로 가스 노즐과 핑거를 사용하며 탐침과 용접물 사이에 전기적 접촉을 감지한다.

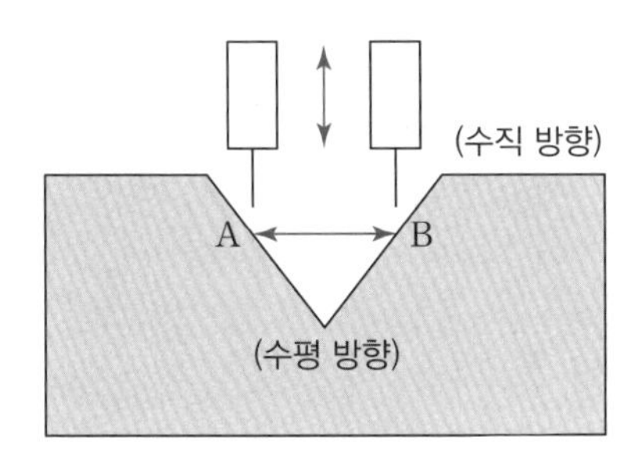

▲ Arc 센서

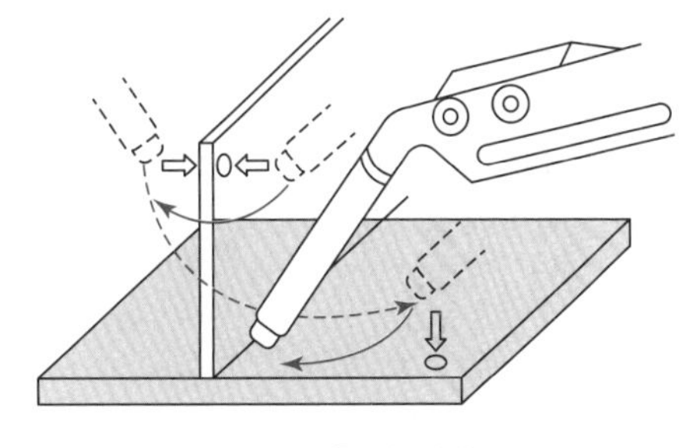

▲ 접촉식 센서

07 Chapter 출제 예상문제

O/X 문제

01 정량적 제어방법에는 시퀀스 제어와 프로그램 제어로 구분할 수 있다. (○/×)

해설
- 정량적 제어: 개루프 제어, 폐루프 제어, 피드백 제어
- 정성적 제어: 시퀀스 제어, 프로그램 제어

02 다관절 로봇은 2개의 회전축을 가지며, 장애물의 상하에서 접근이 가능하며 큰 설치 공간을 필요로 한다. (○/×)

해설 다관절 로봇은 3개의 회전축을 가지며, 작은 설치 공간을 필요로 한다.

03 제어방법에 따른 로봇의 종류에는 서보제어 로봇, 논서보제어 로봇, CP제어 로봇, PTP제어 로봇으로 구분할 수 있다. (○/×)

04 로봇의 구성요소 중 에너지를 기계적인 움직임으로 변환하는 기기를 액추에이터(actuator)라고 한다. (○/×)

05 로봇의 구성요소 중 외부의 정보를 인식하여 컨트롤러에 전달하는 장치를 로봇 센서라고 하며, 접촉식과 비접촉식이 있다. (○/×)

정답

01. × 02. × 03. ○ 04. ○ 05. ○

객관식 문제

01 관절좌표 로봇(articulated robot) 동작구의 장점에 대한 설명으로 틀린 것은?

① 3개의 회전축을 가진다.
② 장애물의 상하에 접근이 가능하다.
③ 큰 설치 공간에 작은 작업영역을 가진다.
④ 복잡한 머니퓰레이터 구조를 가진다.

해설 다관절 로봇은 3개의 회전축을 가지며, 작은 설치 공간을 필요로 한다.

02 비접촉식 용접선 추적 센서로서 아크용접 도중 위빙할 때 용접 파라미터를 감지하여 용접선을 추적하면서 용접을 진행하도록 하는 센서는?

① 전자기식 센서
② 아크 센서
③ 적응체적 제어 센서
④ 전방인식 광센서

03 산업용 용접로봇의 주요 작업 기능부가 아닌 것은?

① 구동부 ② 용접부
③ 검출부 ④ 제어부

해설 산업용 로봇의 주요 구성: 구동부, 제어부, 검출부, 동력원

04 다음 중 용접 포지셔너 사용 시 장점이 아닌 것은?

① 최적의 용접자세를 유지할 수 있다.
② 로봇 손목에 의해 제어되는 이송각도의 일종인 토치팁의 리드(lead)각과 프롬(from)각의 변화를 줄일 수 있다.
③ 용접토치가 접근하기 어려운 위치에 용접이 가능하도록 접근성을 부여한다.
④ 바닥에 고정되어 있는 로봇의 작업영역 한계를 축소시켜 준다.

해설 용접 포지셔너는 로봇의 작업영역의 한계를 확대시켜 준다.

정답

01. ③ 02. ② 03. ② 04. ④

CHAPTER 08 절단 및 가공

8-1 절단의 분류

8-2 가스절단

1 개요

① 소재의 절단 부분을 산소-아세틸렌가스 불꽃 등으로 약 800~900℃로 가열한 후 고압의 산소를 분출시켜 절단하는 방법이다.

② 주로 강 또는 저합금강의 절단에 널리 이용된다.

③ 원활한 절단의 조건

- 모재가 산화·연소하는 온도는 그 금속의 용융점보다 낮아야 한다.
- 생성된 산화물은 유동성이 우수하고 산소의 압력에 잘 밀려 나가야 한다.
- 생성된 산화물의 용융점은 모재의 용융점보다 낮아야 한다.
- 금속의 화합물에는 불연성 물질이 적어야 한다.

④ 알루미늄(Al) 및 스테인리스강의 절단이 곤란한 이유는 절단 중에 생기는 산화물, 즉 산화알루미늄과 산화크롬의 용융점이 모재보다 높기 때문이다.

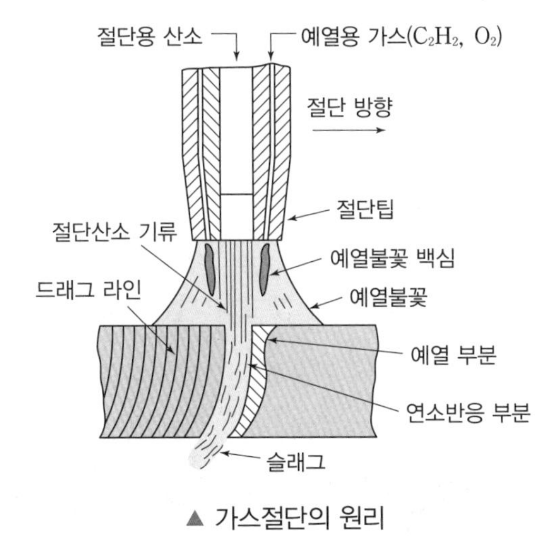

▲ 가스절단의 원리

2 절단에 영향을 주는 요소

① 팁의 모양과 크기

② 산소의 순도(99.5%)와 압력

③ 절단속도

④ 예열불꽃의 세기

⑤ 팁의 거리와 각도

⑥ 사용가스
⑦ 모재의 재질, 두께 및 표면 상태

3 절단용 산소

① 산소의 압력과 순도는 절단속도에 큰 영향을 미치게 되며 절단속도는 산소의 압력과 소비량에 따라 비례한다.
② 산소의 순도가 높으면 절단속도가 빠르고 절단면이 매우 양호하며, 순도가 낮으면 절단속도가 느리고 절단면도 거칠어진다.
③ 산소 중 불순물이 증가되면
- 절단면이 거칠어진다.
- 절단속도가 늦어진다(순도가 1% 저하되면 절단속도는 25% 저하).
- 산소의 소비량이 많아진다.
- 절단 개시시간이 길어진다.
- 슬래그 이탈성이 나빠진다.
- 절단 홈의 폭이 넓어진다.

4 예열불꽃

① 예열용 가스로는 주로 아세틸렌가스가 가장 많이 사용된다.
② 프로판가스는 발열량이 높고 값이 싸므로 가스절단에 주로 사용된다.
③ 수소가스는 고압에서도 액화되지 않고 완전연소하므로 수중절단용 예열가스로 사용된다.

▶ 아세틸렌가스와 프로판가스의 절단 비교

아세틸렌가스	프로판가스
점화하기 쉽다.	절단 상부 기슭이 녹는 것이 적다.
중성불꽃을 만들기 쉽다.	절단면이 미세하고 깨끗하다.
절단 개시시간이 빠르다.	슬래그 제거가 쉽다.
표면 영향이 적다.	포갬 절단속도가 아세틸렌보다 빠르다.
박판의 절단이 빠르다.	후판의 절단 시 아세틸렌보다 빠르다.

※ 프로판가스 사용 시 산소가 4.5배 더 필요하다.

5 절단속도

① 모재의 온도가 높을수록 고속절단이 가능하며, 절단산소의 압력이 높고 산소의 소비량이 많을수록 절단속도도 증가한다.

② 다이버전트 노즐은 고속분출을 얻는 데 가장 적합하고 보통 팁에 비해 산소량이 같을 때 절단속도를 20~25% 증가시킬 수 있다.

6 절단팁

팁 끝에서 모재 표면까지의 간격, 즉 팁 거리는 예열불꽃의 백심 끝이 모재 표면에서 약 1.5~2.0mm 위에 있을 정도이면 좋으나, 팁 거리가 너무 가까우면 절단면의 위쪽 모서리가 용융되고 또 그 부분이 심하게 타는 현상이 일어난다.

7 드래그(drag)

① 드래그 라인: 절단면에 일정한 간격의 곡선이 진행 방향으로 나타나는 것

② 드래그(길이)

- 하나의 드래그 라인의 시작점에서 끝점까지의 수평거리를 드래그 또는 드래그 길이라 한다.
- 보통 판 두께의 20%가 표준이다.

$$\text{드래그}[\%] = \frac{\text{드래그 길이}[\text{mm}]}{\text{판 두께}[\text{mm}]} \times 100$$

8 가스절단의 적합 판정

① 드래그는 가능한 한 짧을 것

② 절단 모재의 표면각이 예리할 것

③ 절단면이 평활할 것

④ 슬래그 박리성이 우수할 것

⑤ 경제적인 절단이 이루어질 것

9 가스절단장치

(1) 수동가스절단기

① 토치의 구조는 산소와 아세틸렌을 혼합하여 예열용 가스로 만드는 부분과 고압의 산소만을 분출시키는 부분으로 구성된다.

② 팁의 모양에 따른 절단토치의 종류

- 프랑스식(동심형): 전후좌우 직선 및 곡선 절단이 가능하다.
- 독일식(이심형): 직선절단에 주로 사용, 절단면이 매우 곱다.

③ 아세틸렌가스의 압력에 따른 절단토치의 종류

- 저압식: 아세틸렌가스의 압력이 $0.07kgf/cm^2$ 이하에서 사용
- 중압식: 아세틸렌가스의 압력이 $0.07 \sim 1.3kgf/cm^2$에서 사용

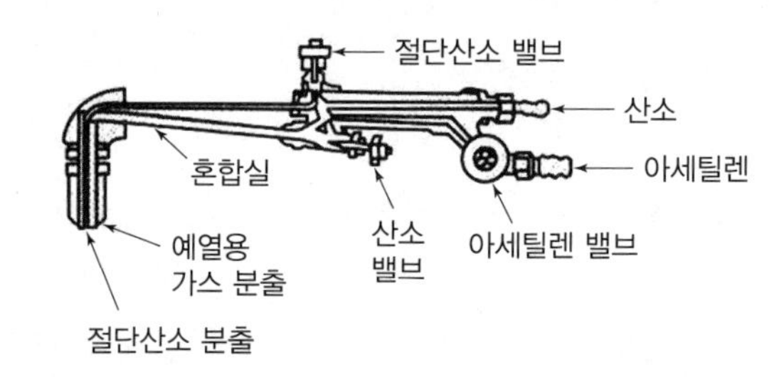

▲ 절단토치의 모양

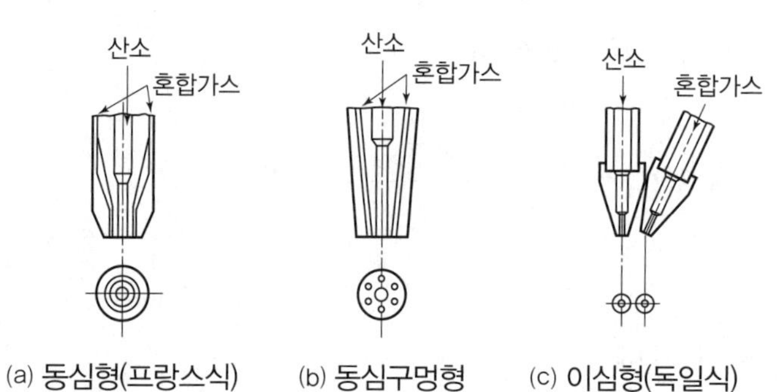

▲ 절단팁의 모양

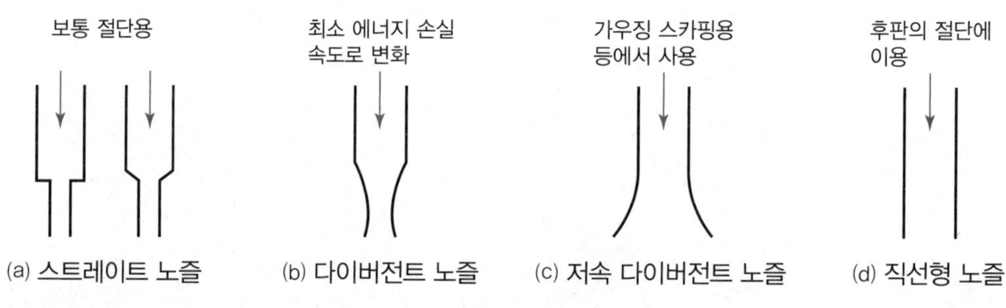

▲ 절단팁의 노즐 형태

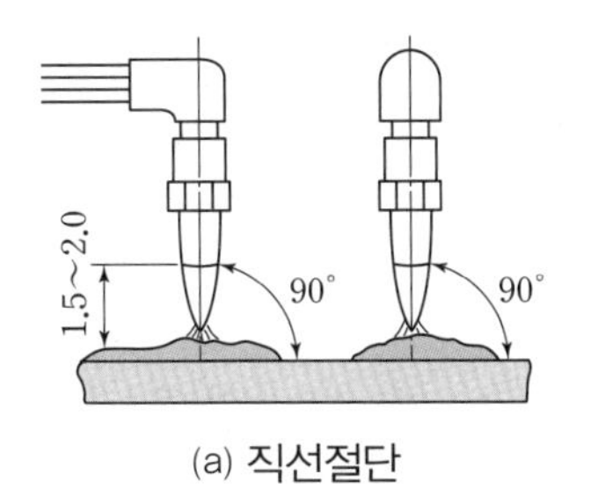

(a) 직선절단

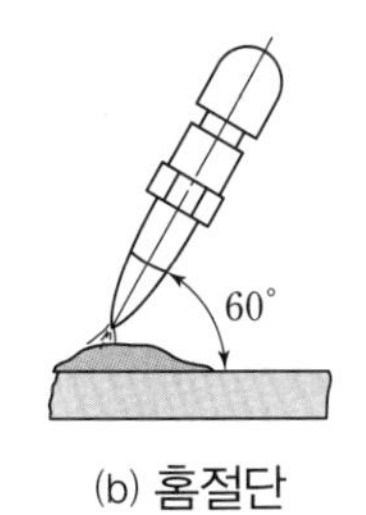

(b) 홈절단

▲ 팁의 각도와 거리

(2) 자동가스절단기

① 절단토치를 자동으로 이동시키는 주행대차에 설치한 것

② 종류

- 소형 자동가스절단기
- 반자동 가스절단기
- 평형 자동가스절단기
- 광전식형 가스절단기

10 가스절단 방법

① 산소 및 아세틸렌 밸브를 열고 조정기 압력을 조정한다.

② 절단토치의 아세틸렌 밸브를 약간 열고, 산소 밸브를 약간 열어 점화한다.

③ 탄화불꽃의 상태에서 산소를 서서히 증가시켜 중성불꽃을 만든다.

④ 절단산소를 분출시켜 약간의 탄화불꽃으로 변하는 경우 산소를 증가시킨다.

⑤ 예열불꽃의 세기는 절단이 가능한 범위에서 최소의 세기로 하는 것이 좋다.

⑥ 매끄러운 절단면은 산소 $3kgf/cm^2$ 이하에서 얻어지며 그 이상에서는 절단면이 거칠어진다.

⑦ 예열불꽃의 세기가 너무 세면 절단면 모서리가 용융, 둥글게 되고 절단면이 거칠어지며 반대로 너무 약하면 드래그 길이가 증가하고 절단속도도 늦어진다.

8-3 아크절단

1 개요

① 전극과 모재 사이에 아크를 발생시켜 그 열로 모재를 용융, 절단하는 방법이다.
② 절단의 온도가 높고 가스절단보다 비용이 저렴하나 절단면은 거칠다.
③ 정밀도는 가스절단보다 떨어지나 가스절단이 곤란한 재료에 사용된다.
④ 압축공기, 산소 기류와 함께 쓰면 능률적이다.
⑤ 주로 주철, 망간강, 비철금속 등에 적용된다.

2 종류

(1) 탄소 아크절단(carbon arc cutting)

① 탄소 또는 흑연 전극봉과 금속 사이에 아크를 발생시켜 절단하는 방법이다.
② 주로 직류정극성(DCSP)이 사용된다.
③ 주로 전기저항이 적은 흑연 전극봉이 사용되며, 가스절단에 비해 절단면이 매우 거칠고 절단속도도 느리다.

(2) 금속 아크절단(metal arc cutting)

① 탄소 전극봉 대신에 절단 전용의 특수 피복을 입힌 전극봉을 사용하여 절단하는 방법이다.
② 주로 직류정극성이 사용되며 교류도 사용 가능하다.
③ 장비는 피복아크용접 장비와 동일하다.

(3) 산소 아크절단(oxygen arc cutting)

① 속이 빈 피복용접봉과 모재 사이에 아크를 발생시키고 그 중심부를 통해 산소를 분출시켜 절단하는 방법이다.
② 가스절단에 비해 절단면이 거칠지만 절단속도가 빠르다.
③ 고크롬강, 스테인리스강, 고합금강, 비철금속 등의 절단에 사용된다.
④ 보통 직류정극성이 사용되나 교류도 가능하다.

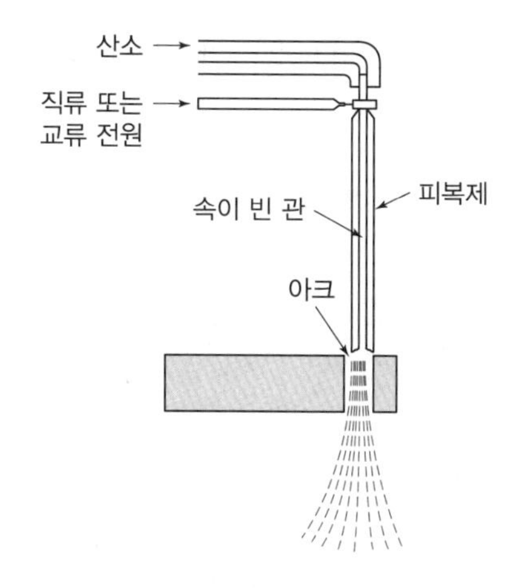

▲ 산소 아크절단

(4) 티그(TIG)절단

① TIG용접과 같이 텅스텐 전극과 모재 사이에 아크를 발생시켜 모재를 용융하여 절단하는 방법이다.

② 플라스마 제트와 같이 아크를 냉각하고 주로 열적 핀치효과에 의한 고온·고속의 제트상의 아크 플라스마를 발생시켜 절단하는 방법이다.

③ 전원은 직류정극성을 사용한다.

④ 아크 냉각용 가스에는 주로 아르곤과 수소 혼합가스를 사용한다.

⑤ 알루미늄(Al), 마그네슘(Mg), 구리(Cu) 및 구리합금, 스테인리스강 등의 절단에 사용한다.

⑥ 절단면이 매끈하고 열효율이 좋으며 능률이 대단히 높다.

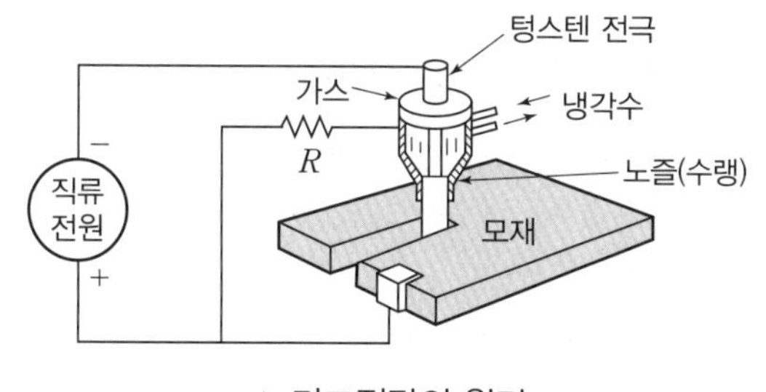

▲ 티그절단의 원리

(5) 미그(MIG)절단

① 모재의 절단부를 불활성가스로 보호하고 금속 와이어에 대전류를 흐르게 하여 절단하는 방법이다.

② 주로 알루미늄과 같은 산화성이 강한 금속의 절단에 이용되며, 모든 금속의 절단이 가능하다.

③ 사용되는 전원은 직류역극성(DCRP)이 사용되고, 보호가스로는 아르곤+산소(10~15%)의 혼합가스를 사용한다.

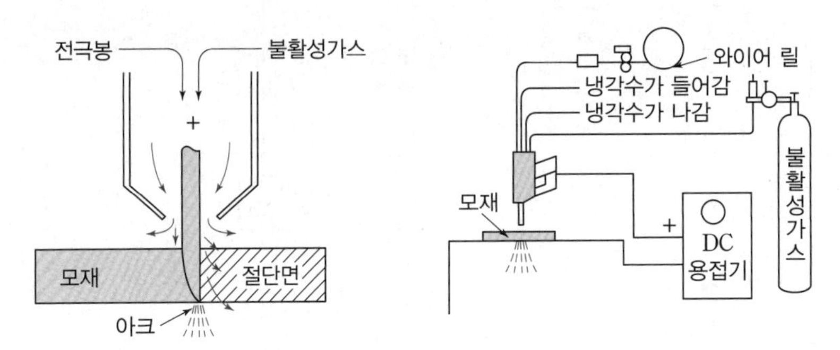

▲ 미그절단의 원리 및 절단장치

(6) 플라스마절단

① 아크 플라스마의 바깥 둘레를 강제로 냉각하여 발생하는 고온·고속의 플라스마를 이용하는 방법이다.

② 무부하전압이 높은 직류정극성(DCSP)을 이용한다.

③ 고온의 아크 플라스마(10,000~30,000℃)를 이용하여 절단한다.

④ 작동가스는 알루미늄(Al) 등의 경금속에는 아르곤+수소, 스테인리스강에서는 질소+수소가스가 일반적으로 사용된다(수소를 사용하면 열적 핀치효과를 증대하고, 절단속도를 높일 수 있다).

⑤ 플라스마절단의 종류

- 이행형 아크절단: 텅스텐 전극과 모재 사이에 아크 플라스마를 발생
- 비이행형 아크절단: 텅스텐 전극과 수랭 노즐과의 사이에 아크를 발생, 절단하려는 재료에 전기적 접촉을 하지 않고 절단하는 것으로, 금속재료는 물론 비철금속의 절단에도 이용된다.

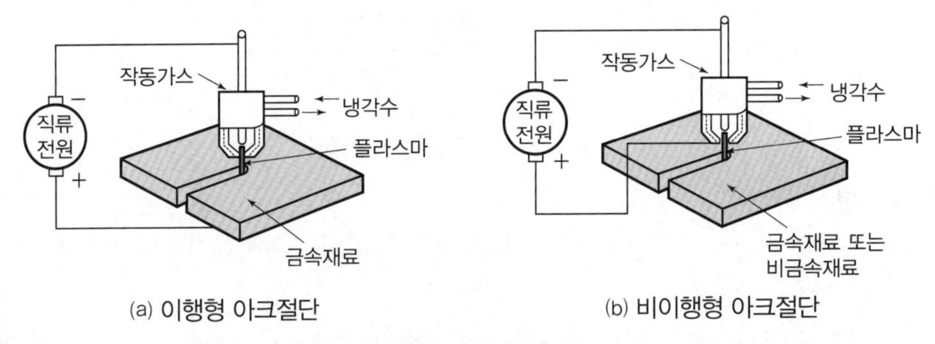

▲ 플라스마절단 방식

(7) 아크 에어 가우징(arc air gouging)

① 산소 아크절단에 압축공기를 병용하여 전극 홀더의 구멍에서 탄소 전극봉에 나란히 분출하는 고속의 공기를 분출시켜 용융금속을 불어 내어 홈을 파거나, 결함을 제거하는 방법이다.

② 그라인딩이나 치핑 또는 가스 가우징보다 작업능률이 2~3배 좋다.

③ 소음이 적고 조작이 간단하다.

④ 주로 직류역극성(DCRP)의 전원에 정전류 특성의 용접기를 사용한다.

⑤ 아크전압 35V, 전류 200~500A, 압축공기는 5~7kgf/cm^{2}가 적당하다(가우징속도는 900mm/min).

⑥ 가우징 토치: 일반 피복아크용접봉 홀더와 비슷하나, 부수적으로 압축공기를 내보내는 공기 통로와 분출구가 있다.

⑦ 가우징 봉: 탄소와 흑연의 혼합물인 탄소화 흑연으로 만들어지며 표면에 구리도금이 된 것이 사용된다.

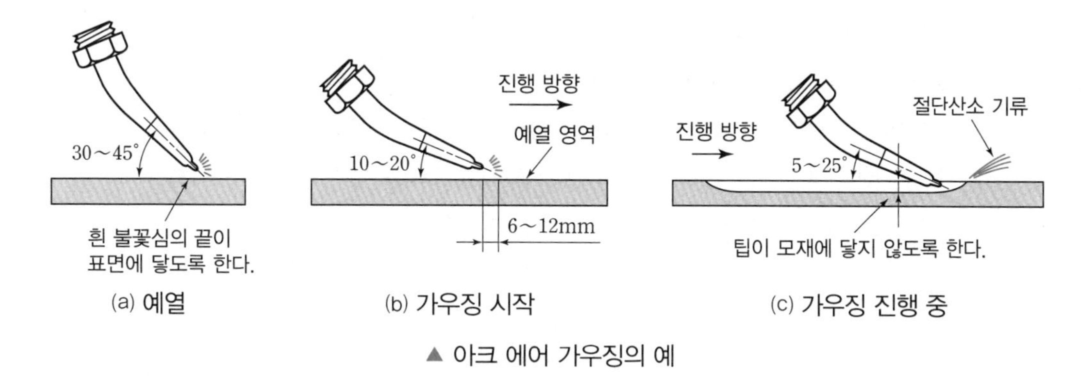

▲ 아크 에어 가우징의 예

8-4 특수절단 및 가스가공

(1) 분말절단(powder cutting)

① 절단 부위에 철분이나 용제의 미세한 분말을 압축공기 또는 압축질소와 같이 연속적으로 팁을 통해 분출시키고 예열불꽃으로 절단 부위를 고온으로 만들어 그 산화열 또는 용제의 화학작용을 이용하여 절단한다.

② 절단면은 가스절단에 비해 거칠다.

③ 종류

- 철분절단: 철분+알루미늄 분말을 배합하여 절단한다. 주로 주철, 구리, 청동의 절단에 사용한다.
- 용제절단: 융점이 높은 크롬산화물을 제거하는 약품을 절단산소와 함께 공급하면서 절단하는 방법이다. 주로 스테인리스강의 절단에 사용한다.

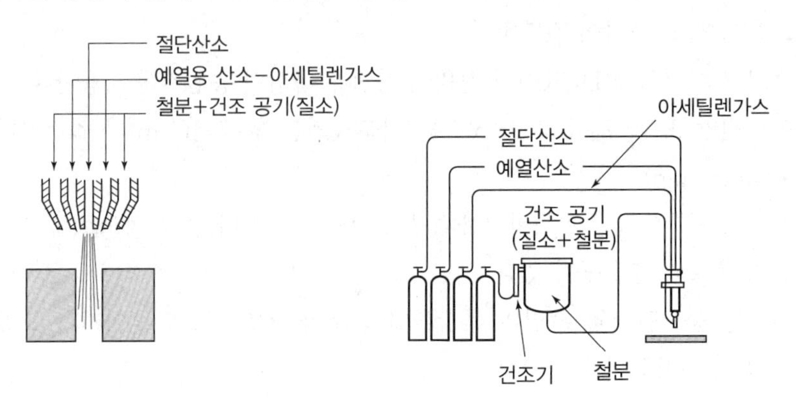

▲ 분말절단

(2) 산소창절단(oxygen lance cutting)

① 토치팁 대신에 안지름 3.2~6mm, 길이 1.5~3m 정도의 강관(pipe)에 산소를 공급하여 그 강관이 산화·연소할 때의 반응열로 금속을 절단하는 방법이다.

② 두꺼운 강판, 주철, 강괴 등의 절단에 사용한다.

③ 산소창에 철분 분말을 공급하면 콘크리트, 암석의 천공도 가능하다.

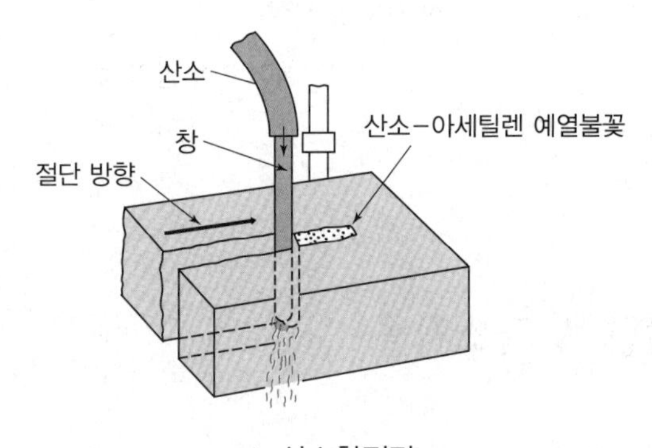

▲ 산소창절단

(3) 수중절단(under water cutting)

① 침몰선의 해체, 교량의 개조, 항만 방파제 공사 등에 사용한다.

② 수중에서는 점화할 수 없기 때문에 토치를 물속에 넣기 전에 점화용 보조팁에 점화하며 연료가스로는 수소가 주로 사용된다.

③ 예열가스의 양은 공기 중에서의 4~8배, 산소의 압력은 1.5~2배로 한다.

④ 일반적인 수중절단은 수심 45m까지 가능하다.

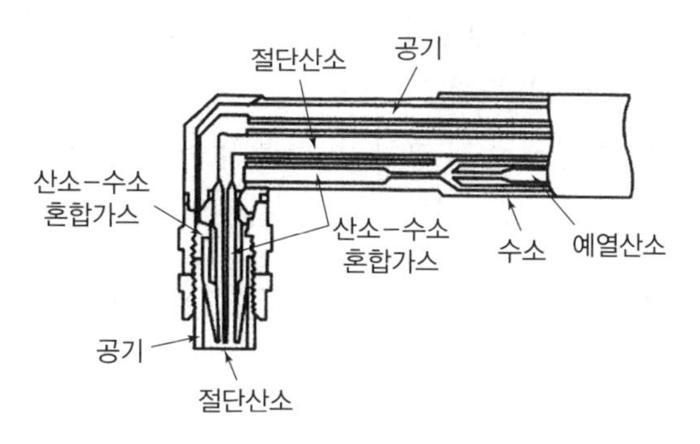

▲ 수중절단용 토치

(4) 가스 가우징(gas gouging)

① 용접 뒷면 따내기, 용접홈을 가공하기 위한 가공법이다.

② 홈의 깊이와 폭의 비는 1 : 2~3 정도이다.

③ 가우징 토치는 비교적 저압으로 대용량의 산소를 방출할 수 있도록 슬로 다이버전트(slow divergent)로 설계되어 있다.

④ 토치의 예열각도는 30~40°를 유지한다.

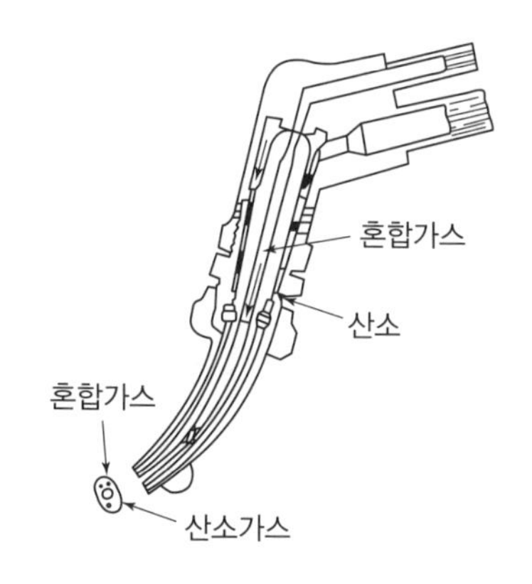

▲ 가스 가우징용 토치

(5) 스카핑(scarfing)

① 강재 표면의 흠이나 개재물, 탈탄층 등을 제거하기 위해 얇은 타원형 모양으로 표면을 깎아 내는 작업방식이다.

② 작업방법은 스카핑 토치를 75° 경사지게 하고 예열불꽃의 끝이 표면에 접촉되도록 한다.

(6) 워터제트절단(water jet cutting)

① 물의 압력을 초고압(3,500~4,000bar) 이상으로 압축하여 0.75mm의 미세한 노즐을 통해 음속 이상의 속도로 집중적으로 분사하여 소재를 정밀절단하는 방법이다.

② 모든 소재의 절단이 가능하다.

③ 절단의 정밀성이 대단히 높고 오차 및 변형 없이 절단할 수 있다.

(7) CNC 자동절단

모든 제어를 컴퓨터로 지시하는 절단기로서 절단에 필요한 정보를 수치로 입력하여 처리하는 방식이다.

(8) 레이저절단

① 에너지 밀도가 높고 정밀절단이 가능하다.

② 광 전송부, 가공 테이블, 레이저 발진기 등으로 구성되어 있다.

08 Chapter 출제 예상문제

○/× 문제

01 소재의 절단 부분을 산소-아세틸렌가스 불꽃 등으로 약 800~900℃로 가열한 후 고압의 산소를 분출시켜 절단하는 방법을 가스절단이라고 한다. (○/×)

02 원활한 절단작업을 위해서는 생성된 산화물의 용융점이 모재의 용융점보다 높고, 유동성도 좋아야 한다. (○/×)

해설 절단작업 시 생성되는 산화물의 용융점은 모재의 용융점보다 낮아야 한다.

03 절단작업 시 산소의 압력이 절단 품질을 결정하는 중요한 요소이며, 산소의 순도는 상관이 없다. (○/×)

해설 절단작업 시 산소의 압력 및 순도는 절단의 품질을 좌우하는 중요한 요소이다.

04 모재의 온도가 높을수록 고속절단이 가능하며 절단산소의 압력이 높고 산소의 소비량이 많을수록 절단속도도 증가한다. (○/×)

05 절단작업 시 절단면에 일정한 간격의 곡선이 진행 방향으로 나타나는 것을 드래그 라인(drag line)이라 한다. (○/×)

06 절단용 토치의 종류 중 전후좌우 직선 및 곡선 절단이 가능한 토치는 독일형(이심형)이다. (○/×)

해설
- 프랑스식(동심형): 전후좌우 직선 및 곡선 절단이 가능하다.
- 독일식(이심형): 직선절단에 주로 사용하며, 절단면이 매우 곱다.

07 산소 아크절단은 속이 빈 피복용접봉과 모재 사이에 아크를 발생시키고 그 중심부를 통해 산소를 분출시켜 절단하는 방법이다. (○/×)

08 강재 표면의 흠이나 개재물, 탈탄층 등을 제거하기 위해 얇은 타원형 모양으로 표면을 깎아 내는 작업을 가스 가우징(gas gouging)이라 한다. (○/×)

해설
- 스카핑(scarfing): 강재 표면의 흠이나 개재물, 탈탄층 등을 제거하기 위해 얇은 타원형 모양으로 표면을 깎아 내는 작업
- 가스 가우징(gas gouging): 용접 뒷면의 따내기, 용접홈을 가공하기 위한 작업

정답

01. ○ 02. × 03. × 04. ○ 05. ○ 06. × 07. ○ 08. ×

객관식 문제

01 저압식 가스절단토치를 올바르게 설명한 것은?

① 아세틸렌가스의 압력이 보통 0.07kgf/cm^2 이하에서 사용한다.
② 산소가스의 압력이 보통 0.07kgf/cm^2 이하에서 사용한다.
③ 아세틸렌가스의 압력이 보통 0.07kgf/cm^2 이상에서 사용한다.
④ 산소가스의 압력이 보통 0.07~0.4kgf/cm^2 정도에서 사용한다.

해설
- 저압식 토치: 아세틸렌가스의 압력이 0.07kgf/cm^2 이하에서 사용
- 중압식 토치: 아세틸렌가스의 압력이 0.07~1.3kgf/cm^2에서 사용
- 고압식 토치: 아세틸렌가스의 압력이 1.3kgf/cm^2 이상에서 사용

02 플라스마절단 방법에 대한 설명으로 틀린 것은?

① 텅스텐 전극과 모재 사이에서 아크 플라스마를 발생시키는 것을 이행형 아크절단이라 한다.
② 플라스마절단 방식은 이행형 아크절단과 비이행형 아크절단으로 분류된다.
③ 플라스마 제트 절단법을 이용하여 알루미늄, 구리, 스테인리스강 및 내화물재료를 절단할 수 있다.
④ 이행형 아크절단은 특수한 TIG 절단토치를 사용하여 만들어지는 아크와 고속의 가스 기류에서 얻어지는 플라스마 제트를 이용한 절단으로서 교류전원을 사용한다.

해설 플라스마절단에서 전원은 직류를 사용한다.

03 가스용접 및 가스절단작업 시 안전사항으로 가장 거리가 먼 것은?

① 작업 시 작업복은 깨끗하고 간편한 복장으로 갈아입고 작업자의 눈을 보호하기 위해 보안경을 착용한다.
② 납이나 아연합금 및 도금재료의 용접이나 절단 시 중독의 우려가 있으므로 환기에 신경을 쓰며 방독마스크를 착용하고 작업을 한다.
③ 산소병은 고압으로 충전되어 있으므로 운반 시는 전용 운반장비를 이용하며, 나사 부분의 마모를 적게 하기 위하여 윤활유를 사용한다.
④ 밀폐된 용기를 용접하거나 절단할 때 내부의 잔여물질 성분이 팽창하여 폭발할 우려를 충분히 검토 후 작업을 한다.

해설 용기의 밸브, 조정기, 도관, 취부구는 기름을 사용해서는 안 된다.

04 가스절단에 쓰이는 예열용 가스로 불꽃의 온도가 가장 높은 것은?

① 수소 ② 아세틸렌
③ 프로판 ④ 메탄

해설 불꽃온도가 가장 높은 것은 아세틸렌가스, 발열량이 가장 많은 것은 프로판가스이다.

05 가스절단용 산소 중의 불순물이 증가될 때 나타나는 현상으로 올바른 것은?

① 절단면이 깨끗해진다.
② 절단속도가 빨라진다.
③ 산소의 소비량이 많아진다.
④ 슬래그의 이탈성이 좋아진다.

정답

01. ① 02. ④ 03. ③ 04. ② 05. ③

06 가스절단기 중 비교적 가볍고 2가지의 가스를 이중으로 된 동심형의 구멍으로부터 분출하는 토치의 종류는?

① 프랑스식 ② 덴마크식
③ 독일식 ④ 스웨덴식

해설
- 프랑스식(동심형): 전후좌우 직선 및 곡선 절단이 가능하다.
- 독일식(이심형): 직선절단에 주로 사용하며, 절단면이 매우 곱다.

07 교량의 개조나 침몰선의 해체, 항만의 방파제 공사 등에 가장 많이 사용되는 것은?

① 산소창절단 ② 수중절단
③ 분말절단 ④ 플라스마절단

해설 수중절단에서는 수소와 산소의 혼합가스를 사용한다.

08 산소, 아세틸렌 용기의 취급 시 주의사항으로 가장 거리가 먼 것은?

① 운반 시 충격을 금지한다.
② 직사광선을 피하고 50℃ 이하 온도에서 보관한다.
③ 가스누설검사는 비눗물을 사용한다.
④ 저장실의 전기스위치, 전등 등은 방폭 구조여야 한다.

해설 산소 및 아세틸렌 용기는 반드시 세워서 취급하고 40℃ 이하에서 보관한다.

09 수동가스절단기 토치의 종류 중 작은 곡선 등의 절단은 어려우나, 직선절단에 있어서는 능률적이고 절단면이 깨끗한 절단토치의 팁 모양은?

① 동심(同心)형
② 동심(同心)구멍형
③ 이심(異心)타원형
④ 이심(異心)형

10 산소-아세틸렌가스로 두께가 25mm 이하인 연강판을 산소절단할 때 차광번호로 가장 적합한 것은?

① 10~12 ② 7~8
③ 3~4 ④ 12~14

11 산소-아세틸렌가스를 사용한 수동절단 시 팁 끝과 연강판 사이의 거리는 백심에서 약 몇 mm 정도가 가장 적당한가?

① 0.5~1.0 ② 2.5~3.5
③ 1.5~2.0 ④ 3.4~4.5

12 강괴, 강편, 슬래그, 기타 표면의 홈이나 주름, 주조 결함, 탈탄층 등을 제거하는 방법으로 가장 적합한 가공법은?

① 가스 가우징(gas gouging)
② 스카핑(scarfing)
③ 분말절단(powder cutting)
④ 아크 에어 가우징(arc air gouging)

해설
- 스카핑(scarfing): 강괴, 강편, 슬래그, 기타 표면의 홈이나 주름, 주조 결함, 탈탄층 등을 제거하는 방법

13 가스절단에서 드래그에 관한 설명 중 틀린 것은?

① 절단면에 일정한 간격의 곡선이 진행 방향으로 나타난 것을 드래그 라인이라 한다.
② 표준 드래그의 길이는 보통 판 두께의 40% 정도이다.
③ 절단면 말단부가 남지 않을 정도의 드래그를 표준 드래그 길이라고 한다.
④ 하나의 드래그 라인의 시작점에서 끝점까지의 수평거리를 드래그라 한다.

해설 표준 드래그의 길이는 판 두께의 20% 정도이다.

정답

06. ① 07. ② 08. ② 09. ④ 10. ③ 11. ③ 12. ② 13. ②

14 다음 중 아크절단법의 종류에 해당하지 않는 것은?

① TIG절단　② 분말절단
③ MIG절단　④ 플라스마절단

해설 분말절단(powder cutting): 철분 또는 용재를 고압산소와 함께 공급하면서 발생되는 산화열 또는 용제의 화학작용을 이용하여 절단하는 방법

15 가스 가우징 작업에서 홈의 깊이와 폭의 일반적인 비율로 가장 적절한 것은?

① 1：2~1：3　② 1：4~1：5
③ 1：6~1：7　④ 1：1

16 가스절단작업 시 주의사항으로 맞지 않는 것은?

① 절단 진행 중에 시선은 절단면보다 가스 용기에 집중시켜야 한다.
② 호수가 꼬여 있는지, 혹은 막혀 있는지를 확인한다.
③ 호스가 용융금속이나 산화물의 비산으로 손상되지 않도록 한다.
④ 토치의 불꽃 방향은 안전한 쪽을 향하도록 해야 하며 조심스럽게 다루어야 한다.

해설 절단 진행 중에 시선은 항상 절단면에 집중한다.

17 절단부에 철분 등을 압축공기로 팁을 통해 분출시키며 예열불꽃 중에서 연소반응에 따른 고온을 이용한 절단법으로 맞는 것은?

① 산소창절단　② 탄소 아크절단
③ 분말절단　④ 미그절단

18 레이저 절단기의 구성요소가 아닌 것은?

① 광 전송부　② 가공 테이블
③ 광파 측정부　④ 레이저 발진기

19 다음은 여러 가지 절단법에 대하여 설명한 것이다. 틀린 것은?

① 산소창절단법의 용도는 스테인리스강이나 구리, 알루미늄 및 그 합금을 절단하는 데 주로 사용한다.
② 아크 에어 가우징은 탄소 아크절단에 압축공기를 같이 사용하는 방법으로 용접부의 홈파기, 결함부 제거 등에 사용된다.
③ 수중절단에 사용되는 연료가스로는 수소, 아세틸렌, LPG 등이 쓰인다.
④ 레이저절단은 다른 절단법에 비해 에너지 밀도가 높고 정밀절단이 가능하다.

해설
- 산소창절단은 주로 표면의 슬래그 제거, 강 천공, 후판절단 등에 사용된다.
- 주로 스테인리스 및 구리, 알루미늄합금의 절단에 사용되는 절단법은 TIG절단이다.

20 가스절단면을 보면 거의 일정 간격의 평행곡선이 진행 방향으로 나타나 있는데 이 곡선을 무엇이라 하는가?

① 비드 길이　② 트랙
③ 드래그 라인　④ 다리 길이

21 아크 에어 가우징 시 압축공기의 압력으로 적당한 것은?

① $1\sim3kgf/cm^2$　② $5\sim7kgf/cm^2$
③ $8\sim10kgf/cm^2$　④ $11\sim13kgf/cm^2$

22 보통 가스절단 시 판 두께 12.7mm의 표준 드래그 길이는 몇 mm인가?

① 2.5　② 5.2
③ 5.6　④ 6.4

해설 표준 드래그 길이
= 판 두께 × 20%
= 12.7mm × 0.2 = 2.54mm

정답

14. ②　15. ①　16. ①　17. ③　18. ③　19. ①　20. ③　21. ②　22. ①

23 아크 에어 가우징에 대한 설명으로 틀린 것은?

① 그라인딩, 치핑, 가스 가우징보다 작업 능률이 2~3배 높다.
② 가우징 토치는 일반 피복아크용접봉 토치와 비슷하나 부수적으로 압축공기를 보내는 공기 통로와 분출구가 마련되어 있다.
③ 용융 범위가 넓어 비철금속(스테인리스강, 알루미늄, 동합금 등)에도 적용된다.
④ 가열 범위가 넓어 가스 가우징보다 변형이나 균열이 많이 발생한다.

해설 아크 에어 가우징: 탄소 아크절단에 압축공기를 병용하는 방법으로, 가스 가우징에 비해 작업능률이 2~3배 높으며, 주로 강판·주물 등에 사용된다.

24 아크 에어 가우징의 작업능률은 치핑이나 그라인딩 또는 가스 가우징보다 몇 배 정도 높은가?

① 10~12배　② 8~9배
③ 5~6배　④ 2~3배

25 가스절단작업 시 유의할 사항으로 틀린 것은?

① 호스가 꼬여 있는지 확인한다.
② 가스절단에 알맞은 보호구를 착용한다.
③ 절단부가 예리하고 날카로우므로 상처를 입지 않도록 주의한다.
④ 절단 진행 중에 시선은 절단면을 떠나도 된다.

해설 절단 진행 중에 시선은 항상 절단면에 집중한다.

26 가스절단에서 절단용 산소 중에 불순물이 증가하면 나타나는 결과가 아닌 것은?

① 절단면이 거칠어진다.
② 절단속도가 늦어진다.
③ 슬래그의 이탈성이 나빠진다.
④ 산소의 소비량이 적어진다.

27 특수절단 및 가스가공 방법이 아닌 것은?

① 수중절단　② 스카핑
③ 치핑　④ 가스 가우징

해설 치핑: 둥근 해머를 이용하여 용접 부위를 두드려 잔류응력을 경감시키는 방법

정답

23. ③　24. ④　25. ④　26. ④　27. ③

09 각종 금속의 용접

9-1 철강의 용접

1 탄소강의 용접

(1) 탄소강의 개요

① 순철은 너무 연하기 때문에 소량의 규소(Si), 망간(Mn), 인(P), 황(S) 등을 첨가하여 강도를 높여 일반구조용 강으로 만든 것을 탄소강(carbon steel)이라 한다.

② 탄소함유량에 따른 분류

- 저탄소강: 탄소함유량이 0.3% 이하
- 중탄소강: 탄소함유량이 0.3~0.5%
- 고탄소강: 탄소함유량이 0.5~1.3%

(2) 저탄소강의 용접

① 용접균열의 발생 위험이 적기 때문에 용접이 비교적 쉽고, 용접법의 적용에도 제한이 없다.

② 일반적으로 판 두께 25mm까지는 예열이 필요 없다.

(3) 중탄소강의 용접

① 탄소량이 증가함에 따라 용접부에서 저온균열이 발생될 위험성이 커지기 때문에 100~200℃로 예열을 실시할 필요가 있다.

② 탄소량이 0.4% 이상인 경우는 후열처리도 고려해야 한다.

(4) 고탄소강의 용접

① 탄소함유량의 증가로 급랭경화, 균열이 발생될 위험성이 매우 높고 용접도 어렵다.

② 예열과 후열이 필수적이며 200℃ 이상의 예열과 용접 직후 650℃ 이상으로 후열처리가 바람직하다.

③ 일반적으로 저수소계 용접봉을 사용한다(300~350℃에서 1~2시간 건조).

④ 균열을 방지하기 위하여 전류를 낮게 하고 용접속도를 느리게 하며, 용접 후 풀림처리를 한다.

⑤ 용접할 때는 층간온도를 반드시 지킨다.

⑥ 고탄소강용접 시 예열을 하지 않으면 열영향부가 담금질조직이 되어 경도가 높아져 취성이 생길 우려가 많다.

2 주철(cast iron)의 용접

(1) 주철의 개요

① 공정반응을 나타내는 철(Fe)과 탄소(C)의 합금으로 실용주철의 경우 탄소함유량이 2.5~4.5%, 규소(Si)가 0.5~3.0% 정도이다.

② 강에 비해 용융점이(1,150℃)이 낮고 유동성이 좋으며, 가격이 싸기 때문에 각종 주물 제작에 사용된다.

(2) 주철의 종류(탄소의 형태에 따라)

① 백주철: 보통 백선이라고 하며, 흑연의 석출이 없고 탄화물(Fe_3C)의 형식으로 함유되어 있으며 파면이 은백색이다.

② 반주철: 백주철 중에서 탄화물의 일부가 흑연화되어 파면이 부분적으로 흑색을 보이는 것

③ 회주철: 흑연이 비교적 다량으로 석출되어 파면이 회색이며 흑연은 보통 편상으로 존재한다.

④ 구상흑연주철: 회주철의 흑연이 편상으로 존재하면 이것이 예리한 노치가 되어 많은 취성을 갖게 되므로 마그네슘(Mg), 세슘(Cs) 등을 소량 첨가하여 구상흑연으로 바꿔서 연성을 부여한 것으로 인장강도가 매우 크다. 불스아이(bull's eye) 조직이라고도 하며 연성주철, 노듈러 주철이라고도 불린다.

⑤ 가단주철: 칼슘(Ca)이나 규소(Si)를 첨가하여 흑연화를 촉진시켜 미세한 흑연을 균일하게 분포시키거나 백주철을 열처리하여 연신율을 향상시킨 주철이다.

(3) 주철의 용접

① 수축이 크고 균열이 발생하기 쉽기 때문에 용접이 곤란하다.

② 급랭에 의한 백선화로 기계가공이 곤란하다.

③ 일산화탄소가 발생하여 용착금속에 기공이 생기기 쉽다.

④ 장기간 가열로 흑연이 조대화된 경우나 주철 속에 흙·모래 등이 있는 경우에는 용착이 불량하거나, 모재와의 친화력이 나쁘다.

⑤ 모재 전체를 500~600℃의 고온에서 예열 및 후열 처리를 한다.

(4) 주철의 보수용접

① 보수용접을 행하는 경우 본바닥이 나타날 때까지 잘 깎아 낸 후 용접한다.

② 균열의 보수는 균열의 성장을 방지하기 위해 균열의 끝에 정지구멍을 뚫는다.

③ 용접전류는 필요 이상으로 높이지 말고 직선비드를 배치하며, 지나치게 용입을 깊게 하지 않는다.

④ 용접봉은 될 수 있는 대로 가는 용접봉을 사용한다.

⑤ 비드의 배치는 가능한 한 짧게 해서 여러 번 조작으로 완료한다.

⑥ 가열되어 있을 때 피닝*작업을 하여 변형을 줄이는 것이 좋다.

⑦ 큰 제품이나 두께가 다른 것, 모양이 복잡한 형상은 예열과 후열 후 서랭되도록 한다.

⑧ 가스용접에 사용되는 불꽃은 중성불꽃 또는 약간의 탄화불꽃을 사용하고 용제(flux)를 충분히 사용하며, 용접부를 필요 이상 크게 하지 않는다(용제는 탄산수소나트륨 70%+붕사 15%+탄산나트륨 15%).

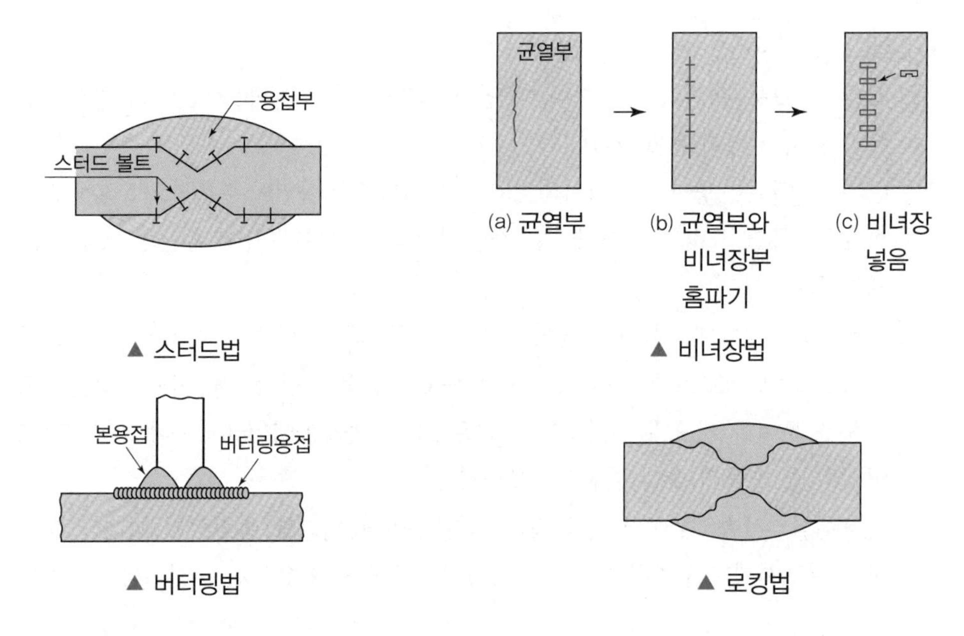

▲ 스터드법 ▲ 비녀장법

▲ 버터링법 ▲ 로킹법

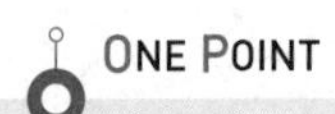

ONE POINT

① **피닝(peening)**: 모재의 용접 잔류응력을 감소시키기 위해 비드 또는 근처를 **둥근 해머**로 두드리는 것

② **쇼트피닝(shot peening)**: **미세한 강구**를 모재의 표면에 **고속으로 분사**하여 표면을 다듬질하거나 기계적 성질을 향상시키는 가공법이다.

3 고장력강의 용접

(1) 고장력강의 개요

① 연강의 강도를 높이기 위해 적당한 합금원소를 소량 첨가한 저합금, 고장력으로 보통 하이텐실(High Tensil, HT)이라고 한다.

② 인장강도가 50kgf/mm^{2}인 일반 고장력강과 70kgf/mm^{2}인 초고장력강이 있다.

(2) 일반 고장력강의 용접

① 인장강도 50~60kgf/mm^{2}로 연강에 망간(Mn), 규소(Si)를 첨가하여 강도를 높인 것

② 합금성분이 포함되어 담금질성이 크고 열영향부의 연성 저하로 용접균열이 발생될 우려가 높다.

③ 용접방법

- 용접봉은 저수소계를 사용(300~350℃에서 1~2시간 건조)한다.
- 용접 개시 전에 이음부 내부 또는 용접부를 깨끗이 청소해야 한다.
- 아크 길이는 가능한 한 짧게 유지한다.
- 위빙 폭은 크게 하지 않는다(용접봉 지름의 3배 이하).
- 엔드탭을 사용하거나 시작점 20~30mm 앞에서 아크를 발생시켜 예열하고 시작점으로 후퇴하여 시작점부터 용접한다.

(3) 조질 고장력강의 용접

① 일반 고장력강보다 높은 항복점, 인장강도를 얻기 위해 저탄소강에 담금질, 뜨임 등을 행하여 노치인성을 저하시키지 않고 높은 인장강도를 가지는 강이다.

② 70kgf/mm^{2}급 이상에서는 열영향부의 취성과 용접균열을 막기 위해 용접입열을 최소한으로 줄여야 하며, 다층용접에서는 150~200℃의 예열을 하는 것이 좋다.

4 스테인리스강의 용접

(1) 스테인리스강의 종류

① 마텐자이트계: 12~13% 크롬(Cr)을 함유한 저탄소합금강이다(예열온도 200~400℃).

② 페라이트계: 16% 이상의 크롬을 함유(예열온도 200℃), 주로 쓰이는 것은 18Cr강 및 25Cr강이다.

③ 오스테나이트계: 18Cr-8Ni강으로 18:8 스테인리스강으로 부른다.

구분	성분[%]			담금질성	내식성	가공성	용접성	자성
	Cr	Ni	C					
마텐자이트계	11~15	–	1.2 이하	자경화	가능	가능	불가	있음
페라이트계	16~27	–	0.3 이하	없음	양호	약간	약간	있음
오스테나이트계	16 이상	7 이상	0.25 이하	없음	우수	우수	우수	없음

(2) 스테인리스강의 용접

① 일반적으로 가장 큰 문제는 열영향·산화·질화·탄소의 혼입 등이며, 모재 표면에 용융점이 높은 산화크롬의 생성을 피해야 한다.

② 특히, 오스테나이트계는 탄화물이 석출하여 입계부식을 일으키기 쉬우므로 냉각속도를 빠르게 하든지, 용접 후 약 1,050~1,100℃에서 용체화처리*를 하는 것이 중요하다.

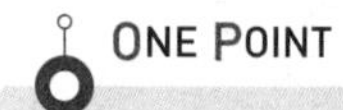

ONE POINT

용체화처리: 강의 합금성분을 고용체로 용해하는 온도 이상으로 가열하고 충분한 시간 동안 유지한 후 급랭하는 조작으로 합금성분의 석출을 방지함으로써 상온에서 고용체조직을 얻는 조작이다.

(3) 오스테나이트계 스테인리스강의 용접

① 예열은 하지 않는다.

② 층간온도가 320℃ 이상을 넘어서는 안 된다.

③ 짧은 아크를 유지한다.

④ 아크를 중단하기 전에 크레이터 처리를 한다.

⑤ 용접봉은 모재와 재질이 동일한 것을 사용하며, 될 수 있는 한 가는 용접봉을 사용한다.

⑥ 낮은 전류값으로 용접하여 용접입열을 억제한다.

⑦ 오스테나이트계 스테인리스강의 용접 시 냉각되면서 고온균열이 발생하는 이유

- 아크 길이가 너무 길 때
- 크레이터 처리를 하지 않았을 때
- 모재가 오염되었을 때
- 구속력이 가해진 상태에서 용접했을 때

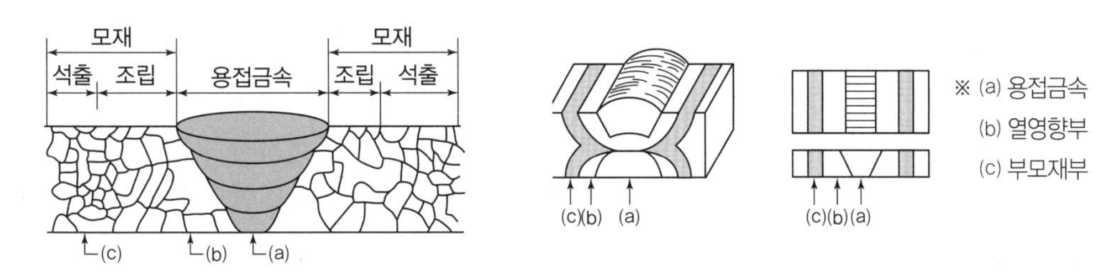

▲ 스테인리스강의 열영향부

9-2 비철금속의 용접

1 알루미늄 및 그 합금의 용접

(1) 알루미늄의 개요

① 가볍고(비중 2.7) 내식성과 가공성이 우수하다.

② 전기전도도와 열전도도가 높고, 표면의 색이 아름답다.

(2) 알루미늄합금의 종류

① 실루민(Al−Si계)

- 주조용 알루미늄합금으로 사형, 금형, 다이캐스팅 등 모든 주물에 사용
- 선박, 철도, 차량의 부품이나 자동차 피스톤에 사용

② Y합금(Al−Cu−Ni−Mg)

- 내열 알루미늄합금
- 초두랄루민에 니켈(Ni)을 첨가하여 내열성을 개선한 합금
- 내열성이 요구되는 엔진부품에 사용

③ 로엑스합금(Al−Si−Ni−Cu−Mg)

- 열팽창계수가 적고 내마모성이 양호하며, 고온강도가 크다.
- 피스톤용으로 널리 쓰이며 시효경화성을 가지고 있다.

④ 하이드로날륨(Al−Mg)

- 알루미늄(Al)에 약 10%의 마그네슘(Mg)을 첨가
- 내식성·강도·연신율이 좋고, 절삭성이 양호한 합금

(3) 알루미늄과 그 합금의 용접

① 열전도도가 커서 단시간에 용접온도를 높이는 데 높은 온도의 열원이 필요하다.

② 팽창계수가 커서 용접 후 변형이 크며 균열이 생기기 쉽다.
③ 산화알루미늄의 용융온도가 알루미늄(Al)의 용융온도보다 매우 높기 때문에 용접성이 나쁘다.
④ 산화알루미늄의 비중이 알루미늄보다 크므로 용융금속의 표면으로 떠오르지 않고 용착금속에 남는다.
⑤ 색채에 따라 가열온도의 판정이 곤란하여 지나치게 용융이 되기 쉽다.
⑥ 용융응고 시 수소가스를 흡수하여 기공이 발생되기 쉽다.
⑦ 용융점이 낮은 관계로 용접속도를 빠르게 진행하는 것이 좋다.
⑧ 티그용접 시 직류역극성(DCRP)을 사용하면 청정작용이 있으며, 고주파를 병용한 고주파교류(ACHF)를 사용하면 청정작용도 있고 용접도 우수하다.
⑨ 가스용접을 할 경우 아세틸렌 과잉불꽃을 사용하고 200~400℃로 예열한다.
⑩ 용접 후 2%의 질산 또는 10%의 더운 황산으로 세척한 후 물로 씻어 낸다.

2 구리 및 그 합금의 용접

① 용접성에 영향을 주는 것은 열전도도, 열팽창계수, 용융온도, 재결정온도 등이다.
② 열전도도가 커서 국부적인 가열이 곤란하므로 예열을 통하여 충분한 용입을 얻을 수 있다.
③ 열팽창계수가 커서 용접 후 응고수축이 생길 수 있다.
④ 가접은 가능한 한 많이 하여 변형을 방지한다. 용접홈의 각도는 60~90°로 넓게 한다.
⑤ 황동용접의 경우 아연(Zn) 증발로 인해 용접사가 아연중독을 일으킬 수 있다.
⑥ 가스용접은 산소-아세틸렌가스가 가장 많이 쓰이며, 용접 전에 예열작업이 선행되어야 하며 용접 중 발생되는 기공은 피닝작업으로 없앤다.
⑦ TIG용접은 판 두께 6mm 이하에 많이 사용하며, 전극은 토륨(Th)이 들어 있는 텅스텐 전극봉을 사용한다. 500℃ 정도로 예열하고 직류정극성(DCSP)을 사용하며, 용가재는 탈산된 구리봉을 사용한다.
⑧ MIG용접은 판 두께 6mm 이상에서 효과가 있다. 300~500℃ 정도로 예열한다.

3 니켈 및 그 합금의 용접

① 니켈(Ni)과 니켈합금의 용접은 피복아크용접으로 쉽게 용접할 수 있다.
② 모재와 동일한 재질의 용접봉을 사용한다.
③ 용접부의 청정이 중요하다.

4 티탄 및 그 합금의 용접

① 비강도가 매우 크고 무게가 가벼운 금속으로 초전도재료, 항공기 부품 등에 사용된다.
② 융점(1,670℃)이 매우 높고 고온에서 산화성이 강하기 때문에 열간가공이나 용접이 어려운 금속이다.
③ 주로 불활성가스용접이나 플라스마 아크용접, 전자빔용접 등이 이용된다.
④ 내식성이 우수하고 600℃ 이상에서 산화·질화가 빨라 TIG용접 시 특수 실드장치가 추가로 필요하다.

ONE POINT

주요 금속의 비중: 마그네슘(Mg) 1.74, 알루미늄(Al) 2.7, 티탄(Ti) 4.5, 강 7.85, 니켈(Ni) 8.9, 구리(Cu) 8.96

09 Chapter 출제 예상문제

O/X 문제

01 저탄소강용접 시 일반적으로 판 두께 25mm까지는 예열이 필요 없다. (○/×)

02 고탄소강용접 시 200℃ 이상의 예열과 용접 직후 650℃ 이상으로 후열처리가 바람직하다. (○/×)

03 고탄소강용접 시 균열을 방지하기 위하여 전류를 높게 하고, 용접속도를 빠르게 하며, 용접 후 풀림처리를 한다. (○/×)

해설 고탄소강용접 시 균열을 방지하기 위해서는 낮은 전류로 용접속도를 느리게 하고, 용접 후 풀림처리를 한다.

04 주철은 수축이 작고 균열이 발생하기 어렵기 때문에 용접이 용이하다. (○/×)

해설 주철은 수축이 크고 균열이 많이 발생하기 쉽기 때문에 용접이 어렵다.

05 주철의 보수용접은 비드의 배치는 가능한 한 길게 해서 한 번의 조작으로 완료한다. (○/×)

해설 주철의 보수용접은 비드의 배치는 가능한 한 짧게 해서 여러 번의 조작으로 완료한다.

06 고장력강은 인장강도가 50kgf/mm^{2}인 일반 고장력강과 70kgf/mm^{2}인 초고장력강으로 구분한다. (○/×)

07 스테인리스강의 종류에는 마텐자이트계, 페라이트계, 오스테나이트계 등이 있다. (○/×)

08 오스테나이트계 스테인리스강은 200℃ 이상으로 예열을 실시한 후 용접작업을 해야 한다. (○/×)

해설 오스테나이트계 스테인리스강은 용접 시 예열을 하지 않는다.

09 티그용접 시 직류역극성을 사용하면 청정작용이 있으며, 고주파를 병용한 고주파교류(ACHF)를 사용하면 청정작용도 있고 용접도 우수하다. (○/×)

10 황동용접의 경우 아연 증발로 인해 용접사가 아연중독을 일으킬 수 있으므로 주의가 필요하다. (○/×)

정답

01. ○ 02. ○ 03. × 04. × 05. × 06. ○ 07. ○ 08. × 09. ○ 10. ○

객관식 문제

01 주철용접 시 예열 및 후열 온도의 범위는 몇 ℃ 정도가 가장 적당한가?

① 500~600℃ ② 700~800℃
③ 300~350℃ ④ 400~450℃

02 일반 고장력강의 용접 시 주의사항이 아닌 것은?

① 용접봉은 저수소계를 사용한다.
② 아크 길이는 가능한 한 짧게 유지한다.
③ 위빙 폭은 용접봉 지름의 3배 이상이 되게 한다.
④ 용접봉은 300~350℃ 정도에서 1~2시간 건조 후 사용한다.

해설 일반 고장력강의 용접 시 위빙 폭은 용접봉 지름의 3배 이하로 한다.

03 스테인리스강의 용접 시 열영향부 부근의 부식저항이 감소되어 입계부식 저항이 일어나기 쉬운데 이러한 현상의 주된 원인은?

① 탄화물의 석출로 크롬함유량 감소
② 산화물의 석출로 니켈함유량 감소
③ 수소의 침투로 니켈함유량 감소
④ 유황의 편석으로 크롬함유량 감소

04 오스테나이트계 스테인리스강의 용접 시 입계부식 방지를 위하여 탄화물을 분해하는 가열온도로 가장 적당한 것은?

① 480~600℃ ② 650~750℃
③ 800~950℃ ④ 1,000~1,100℃

해설 오스테나이트계 스테인리스강의 용접 시 입계부식 방지를 위해 용접 후 1,050~1,100℃에서 용체화처리를 한다.

05 다음 탄소강의 용접에 대한 설명으로 틀린 것은?

① 노치인성이 요구되는 경우 저수소계 계통의 용접봉이 사용된다.
② 중탄소강의 용접에는 650℃ 이상의 예열이 필요하다.
③ 저탄소강의 경우 일반적으로 판 두께 25mm까지는 예열이 필요 없다.
④ 고탄소강의 경우는 용접부의 경화가 현저하여 용접균열이 발생될 위험이 있다.

해설 중탄소강의 용접 시 150~250℃ 정도로 예열을 한다.

06 알루미늄이나 그 합금은 용접성이 대체로 불량한데, 그 이유에 해당하지 않는 것은?

① 비열과 열전도도가 대단히 커서 단시간 내에 용융온도까지 이르기가 힘들기 때문이다.
② 용접 후의 변형이 크며 균열이 생기기 쉽기 때문이다.
③ 용융점은 660℃로서 낮은 편이고, 색채에 따라 가열온도의 판정이 곤란하여 지나치게 용융되기 쉽기 때문이다.
④ 용융응고 시에 수소가스를 배출하여 기공이 발생하기 어렵기 때문이다.

해설 알루미늄 및 그 합금은 용접 시 기공이 많이 발생되기 때문에 주의가 필요하다.

07 강이나 주철제의 작은 볼을 고속분사하는 방식으로 표면층을 가공경화시키는 것은?

① 금속침투법 ② 쇼트피닝
③ 하드 페이싱 ④ 질화법

정답

01. ① 02. ③ 03. ① 04. ④ 05. ② 06. ④ 07. ②

08 오스테나이트계 스테인리스강은 용접 시 냉각되면서 고온균열이 발생하기 쉬운데 그 원인이 아닌 것은?

① 아크 길이가 너무 길 때
② 크레이터 처리를 하지 않았을 때
③ 모재가 오염되어 있을 때
④ 모재를 구속하지 않은 상태에서 용접할 때

09 구리의 용접에 관한 설명으로 가장 관계가 먼 것은?

① 불활성가스 텅스텐 아크용접은 판 두께 6mm 이하에 대하여 많이 사용된다.
② 구리의 용접은 불활성가스 텅스텐 아크 용접법과 가스용접이 많이 사용된다.
③ 용접용 구리재료로는 전해구리를 사용하고, 용접봉은 전해구리용접봉을 사용해야 한다.
④ 구리는 용융될 때 심한 산화를 일으키며, 가스를 흡수하기 쉽다.

해설 용접용 구리재료로는 탈산구리를 사용하고, 용접봉도 탈산구리용접봉을 사용한다.

10 마텐자이트계 스테인리스강의 피복아크용접 시 발생하는 잔류응력의 과대 및 균열 발생을 방지하기 위해 예열을 실시하는데 이때 가장 적절한 예열온도의 범위는?

① 100~200℃　② 200~400℃
③ 400~600℃　④ 600~700℃

11 다음 중 스테인리스강의 분류에 해당하지 않는 것은?

① 페라이트계　② 마텐자이트계
③ 스텔라이트계　④ 오스테나이트계

해설 스테인리스강의 분류: 오스테나이트계, 페라이트계, 마텐자이트계, 석출경화형

12 오스테나이트계 스테인리스강의 용접 시 유의해야 할 사항 중 틀린 것은?

① 예열을 해야 한다.
② 아크를 중단하기 전에 크레이터 처리를 한다.
③ 짧은 아크 길이를 유지한다.
④ 용접봉은 모재의 재질과 동일한 것을 사용한다.

해설 오스테나이트계 스테인리스강은 용접 시 예열을 하지 않는다.

13 주철의 용접이 곤란하고 어려운 이유를 설명한 것은?

① 주철은 연강에 비해 수축이 적어 균열이 생기기 어렵기 때문이다.
② 일산화탄소가 발생하여 용착금속에 기공이 생기기 쉽기 때문이다.
③ 장시간 가열로 흑연이 조대화된 경우 모재와의 친화력이 좋기 때문이다.
④ 주철은 연강에 비하여 경하고 급랭에 의한 흑선화로 기계가공이 쉽기 때문이다.

14 일반적인 주강의 특징에 대한 설명으로 틀린 것은?

① 주철에 비하여 기계적 성질이 월등하게 좋다.
② 용접에 의한 보수가 용이하다.
③ 주철에 비하여 용융점이 1,600℃ 전후의 고온이며, 수축률도 작기 때문에 주조하는 데 어려움이 없다.
④ 주강품은 압연재나 단조품과 같은 수준의 기계적 성질을 가지고 있다.

해설 주강은 주철에 비하여 용융점이 1,600℃ 전후의 고온이며, 수축률이 크기 때문에 주조하는 데 어려움이 있으나, 용접에 의한 보수는 주철에 비해 용이하다.

정답

08. ④　09. ③　10. ②　11. ③　12. ①　13. ②　14. ③

CHAPTER

ISO International Welding 

10 용접작업의 안전

10-1 일반 안전

(1) 안전모

머리 상부와 안전모 내부의 상단과의 간격은 25mm 이상

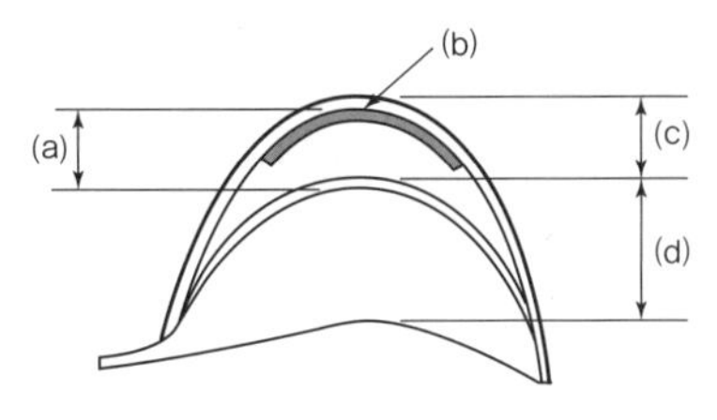

※ (a) 내부 수직거리, (b) 충격 흡수재
(c) 외부 수직거리, (d) 착용 높이

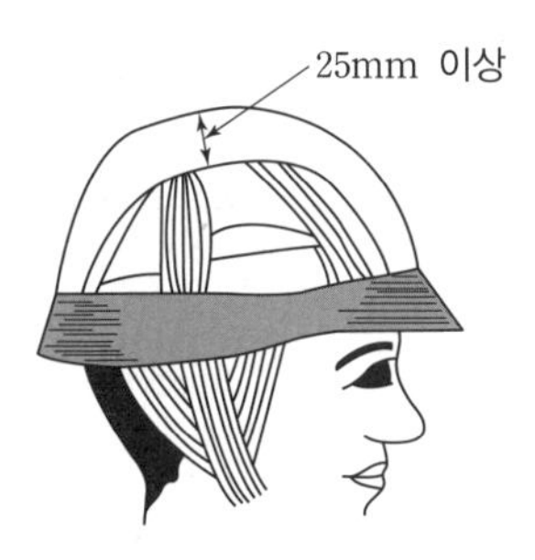

▲ 안전모의 착용원칙

(2) 방진마스크

먼지가 많은 장소나 해로운 가스가 발생하는 작업에 사용하며, 산소 농도가 16% 이하일 때는 산소마스크를 착용해야 한다.

(3) 조도기준

옥내의 최저조도는 30~50lux 정도를 유지해야 한다.

공장		사무실	
장소	조도[lux]	장소	조도[lux]
초정밀작업	700~1,500	정밀 사무	700~1,500
정밀작업	300~700	일반 사무	300~700
거친 작업	70~150	응접실, 서재	50~130

(4) 소음

허용한계값은 85~95dB 정도이며, 이 수준에서 하루 5시간 이상 폭로 시 청각장애를 초래할 수 있다.

(5) 통행과 운반

① 통행로 위의 높이 2m 이하에는 장애물이 없을 것
② 기계와 다른 시설물과의 사이의 통행로 폭은 80cm 이상일 것
③ 통행로에 설치된 계단이 높이 3m를 초과할 때에는 높이 3m마다 계단실을 설치할 것

(6) 안전표지 색채

색채	용도	색채	용도
빨강	방화, 금지, 정지, 고도의 위험	노란색	주의(충돌, 장애물, 추락)
녹색	안전, 피난, 안내, 위생 및 구호	자주색	방사능
청색	지시, 주의, 수리 중	흰색	통로, 정리 정돈
주황색	위험, 항해, 항공 보안시설	검정색	위험 표시문자, 유도 화살표

10-2 화재 및 폭발

(1) 화재의 분류

구분	형태
A급화재(일반화재)	종이, 목재, 석탄
B급화재(유류화재)	휘발유, 벤젠
C급화재(전기화재)	전기시설
D급화재(금속화재)	금속 칼륨, 금속 나트륨, 유황
E급화재(가스화재)	가연성가스

(2) 소화기의 종류 및 적용

구분	A급(일반)화재	B급(유류)화재	C급(전기)화재
포말소화기	적합	적합	부적합
분말소화기	양호	적합	양호
CO_2소화기	양호	양호	적합

ONE POINT

① **연소의 3요소**: 가연성 물질, 산소공급원, 점화원
② **연소의 종류**: 표면연소, 분해연소, 증발연소, 자기연소
③ **인화점**: 가연성 증기를 발생할 수 있는 최저온도 또는 외부의 직접적인 점화원에 의해 불이 붙을 수 있는 최저온도
④ **발화점**: 외부의 직접적인 점화원이 없어도 스스로 가열된 열이 쌓여서 불이 붙을 수 있는 최저온도(착화점)
⑤ **연소점**: 연소 상태가 중단되지 않고 계속될 수 있는 최저온도

(3) 폭발한계

폭발이 일어날 수 있는 가장 낮은 공기 중의 농도를 폭발하한이라 하며, 폭발할 수 있는 가장 높은 공기 중의 농도를 폭발상한이라 한다.

가스 종류	폭발하한계	폭발상한계
수소	4.0	74.5
프로판	2.1	9.5
아세틸렌	2.5	81
부탄	1.8	8.4

ONE POINT

하한계값이 낮을수록, 상한계값이 높을수록, 하한-상한계값의 차이가 클수록 위험하다.

10-3 용접작업 시 안전

1 아크광선에 의한 재해

① 아크광선에서는 다량의 자외선과 소량의 적외선이 발생되며 직간접적으로 눈에 들어오면 전광성 안염 또는 일반적으로 전안염이라고 하는 눈병이 생긴다.

적외선	가시광선	자외선
파장이 길다.	–	파장이 매우 짧다.
만성, 열성 백내장 유발	눈의 피로 유발	각막, 결막의 급성염증 유발

② 반드시 용도에 맞는 작업복과 차광도가 적합한 차광렌즈를 부착한 헬멧이나 핸드실드를 사용한다(피복아크용접 10~11번, CO_2용접 및 MIG용접 시에는 12~13번을 주로 사용한다).

③ 안염 발생 시 냉수로 얼굴을 닦은 후 냉습포를 얹거나 병원 치료를 받는다.

2 전격에 의한 재해

(1) 전류가 인체에 미치는 영향

전류[mA]	인체 증상
8~15	고통을 동반한 쇼크를 느낀다(근육운동은 자유롭다).
15~20	고통을 느끼고 근육이 저려서 움직이지 않는다(근육수축 및 행동 불능).
20~50	강한 근육수축과 호흡이 곤란하다.
50~100	순간적으로 사망할 위험이 있다.
100~200	순간적으로 확실히 사망한다(치명적이다).

(2) 전격의 방지대책

① 용접기의 내부는 함부로 손을 대지 않는다.

② 절연 홀더의 절연 부분이 노출, 파손되면 즉시 보수하거나 교체한다.

③ 홀더나 용접봉은 절대로 맨손으로 만지지 않는다.

④ 용접작업이 끝났거나 작업을 중단할 경우 반드시 스위치를 차단한다.

⑤ 땀, 물 등의 습기가 찬 작업복, 장갑, 안전화 등를 착용하지 않는다.

⑥ 감전되었을 경우, 즉시 전원을 차단하고 재해자를 감전부에서 이탈시킨다.

3 가스중독에 의한 재해

① 용접 시 열에 의해 증발된 피복제(용제) 등의 물질이 냉각되어 생기는 미세한 소립자를 용접흄(fume)이라 한다.

② 방지대책
- 국소 배기장치, 전체 환기장치를 설치한다.
- 방진마스크 또는 송기마스크를 착용한다.

4 가스용접 및 가스절단작업 시 안전

(1) 가스설비 취급 시 주의사항

① 산소 밸브는 기름이 묻지 않도록 한다.

② 검사를 받은 압력조정기를 설치하고 가스호스의 길이는 최소 3m 이상으로 한다.

③ 가스 집합장치는 화기로부터 5m 이상 떨어진 장소에 설치한다.

④ 토치와 호스 연결부 사이에 역화 방지를 위한 안전장치가 설치된 것을 사용한다.

⑤ 탱크 내부에서 용접작업 시 산소 농도가 18% 이상이 되도록 유지하고 공기호흡기 또는 호흡용 보호구를 착용한다.

⑥ 불꽃의 방향은 안전한 쪽으로 향하고 절단 중 시선은 절단면을 떠나지 않는다.

⑦ 작업 종료 시 메인 밸브 및 콕은 완전히 잠근다.

(2) 산소와 아세틸렌 용기 취급 시 주의사항

① 용기 밸브, 조정기, 도관, 취부구는 기름이 묻은 천으로 닦아서는 안 된다.

② 용기는 운반 시 충격을 주어서는 안 된다.

③ 용기는 40℃ 이하에서 보관하고 직사광선을 피한다.

④ 용기를 운반 시에는 반드시 캡(cap)을 씌워 이동한다.

⑤ 용기는 반드시 세워서 보관, 운반, 사용한다.

⑥ 가스누설검사는 수시로 하며 반드시 비눗물로 한다.

⑦ 아세틸렌 용기의 내압시험압력은 최고 충전압력의 3배로 한다(최고 충전압력 15.5kgf/cm^2 ×3배 = 46.5kgf/cm^2).

⑧ 산소병의 시험압력은 250kgf/cm^2(24.5MPa)로 한다.

⑨ 성능검사의 유효기간은 압력용기는 1년, 아세틸렌 장치는 3년이다.

10 Chapter 출제 예상문제

O/X 문제

01 안전표지의 색채 중 방화, 금지, 정지 등을 나타내는 색채는 빨간색이다. (○/×)

02 안전표지의 색채 중 안전, 피난, 위생 및 구호 등을 나타내는 색채는 노란색이다. (○/×)

해설 안전, 안내, 피난, 위생 및 구호 등을 나타내는 색채는 녹색이다.

03 용접 안전장구를 잘 챙기고 조심만 하면 반바지를 입고 작업을 해도 무방하다. (○/×)

04 안전모의 내부 상단과 머리 상부 사이의 간격은 최소 25mm 이상을 유지해야 한다. (○/×)

해설 안전모의 내부 수직거리는 25mm 이상 50mm 미만일 것

05 용접 시 열에 의해 증발된 피복제(용제) 등의 물질이 냉각되어 생기는 미세한 소립자를 용접흄(fume)이라 한다. (○/×)

06 연소의 3요소는 점화원, 가연물, 산소공급원이다. (○/×)

07 화재의 종류를 구분할 때, 일반화재는 A급, 유류화재는 B급, 금속화재는 C급, 전기화재는 D급으로 구분한다. (○/×)

해설
- A급화재: 일반화재
- B급화재: 유류화재
- C급화재: 전기화재
- D급화재: 금속화재

08 아세틸렌 용기의 내압시험압력은 최고 충전압력의 3배로 한다. (○/×)

09 인체에 전류가 50mA 이상 흐르면 순간적으로 사망할 위험이 있다. (○/×)

10 산소 및 아세틸렌 용기는 안전을 위해 50℃ 이하에서 보관하고 직사광선을 피한다. (○/×)

해설 산소 및 아세틸렌 용기는 반드시 세워서 취급하고 40℃ 이하에서 보관한다.

정답

01. ○ 02. × 03. × 04. ○ 05. ○ 06. ○ 07. × 08. ○ 09. ○ 10. ×

객관식 문제

01 공정 변경에 의한 용접 매연 및 유독 성분의 발생 감소방안에 대한 설명 중 틀린 것은?

① 용접 매연 발생량이 적은 용접공정의 선택
② 스패터를 최소화할 수 있는 용접조건의 설정
③ 작업이 가능한 최소한의 용접전류 및 아크전압 선택
④ 주위 환경에 최대의 산소를 보장할 수 있는 플럭스의 선택

02 산소, 아세틸렌 용기의 취급 시 주의사항으로 가장 거리가 먼 것은?

① 운반 시 충격을 금지한다.
② 직사광선을 피하고 50℃ 이하 온도에서 보관한다.
③ 가스누설검사는 비눗물을 사용한다.
④ 저장실의 전기스위치, 전등 등은 방폭 구조여야 한다.

해설 산소, 아세틸렌 용기는 반드시 세워서 취급하고 40℃ 이하에서 보관한다.

03 안전보건 표시의 색채에서 녹색의 용도는?

① 금지 ② 지시
③ 안내 ④ 경고

해설 안전, 안내, 피난, 위생 및 구호 등을 나타내는 색채는 녹색이다.

04 아세틸렌가스와 접촉하여도 폭발의 위험성이 가장 적은 재료는?

① 수은(Hg) ② 은(Ag)
③ 동(Cu) ④ 크롬(Cr)

05 산업안전보건기준에 관한 규칙에서 근로자가 상시 작업하는 장소의 작업면의 조도 중 정밀작업 시 조도의 기준으로 맞는 것은? (단, 갱내 및 감광재료를 취급하는 작업장은 제외한다.)

① 300럭스 이상 ② 750럭스 이상
③ 150럭스 이상 ④ 75럭스 이상

해설 정밀작업 시 조도: 300~700lux

06 안전모의 내부 수직거리로 가장 적당한 것은?

① 25mm 이상 50mm 미만일 것
② 15mm 이상 40mm 미만일 것
③ 10mm 미만일 것
④ 25mm 미만일 것

07 가스절단작업 시 안전사항으로 맞지 않는 것은?

① 절단 진행 중에 시선은 절단면보다 가스 용기에 집중시켜야 한다.
② 호수가 꼬여 있는지, 혹은 막혀 있는지를 확인한다.
③ 호스가 용융금속이나 산화물의 비산으로 손상되지 않도록 한다.
④ 토치의 불꽃 방향은 안전한 쪽을 향하도록 해야 하며 조심스럽게 다루어야 한다.

해설 절단 진행 중에 시선은 항상 절단면에 집중한다.

08 아크용접의 재해라 볼 수 없는 것은?

① 아크광선에 의한 전안염
② 스패터 비산으로 인한 화상
③ 역화로 인한 화재
④ 전격에 의한 감전

해설 역화로 인한 재해는 가스용접의 재해에 속한다.

정답

01. ④ 02. ② 03. ③ 04 .④ 05. ① 06. ① 07. ① 08. ③

09 아크용접작업의 안전 중 전격에 의한 재해예방법으로 틀린 것은?

① 좁은 장소의 용접 작업자는 열기에 의하여 땀을 많이 흘리게 되므로 몸이 노출되지 않게 항상 주의하여야 한다.
② 전격을 받은 사람을 발견했을 때에는 즉시 스위치를 꺼야 한다.
③ 무부하전압이 90V 이상 높은 용접기를 사용한다.
④ 자동 전격방지기를 사용한다.

해설 전격에 의한 재해를 방지하기 위해서 무부하전압이 낮은 용접기를 사용한다.

10 아크광선에 대한 설명으로 옳은 것은?

① 아크광선은 적외선으로만 구성되어 있다.
② 아크빛이 반사하여 눈에 들어오면 전광성 안염은 발생하지 않는다.
③ 아크광선 중 자외선은 화학선이라고도 하며 가시광선보다 파장이 짧다.
④ 아크광선 중 적외선은 전자기파 중의 하나로 가시광선보다 파장이 짧다.

해설 파장 길이: 적외선 > 가시광선 > 자외선

11 가스용접작업에 관한 안전사항 중 틀린 것은?

① 아세틸렌 용기는 저압이므로 눕혀서 사용하여도 좋다.
② 가스누설 점검은 수시로 비눗물로 점검한다.
③ 산소 용기를 운반할 때는 캡(cap)을 씌워 이동한다.
④ 작업 종료 후에는 메인 밸브 및 콕을 완전히 잠근다.

해설 산소, 아세틸렌 용기는 반드시 세워서 취급하고 40℃ 이하에서 보관한다.

12 전류가 인체에 미치는 영향 중 순간적으로 사망할 위험이 있는 전류량은 몇 mA 이상인가?

① 10 ② 20 ③ 30 ④ 50

해설
- 20~50mA: 강한 근육수축과 호흡이 곤란하다.
- 50~100mA: 순간적으로 사망할 위험이 있다.
- 100mA 이상: 순간적으로 확실히 사망한다.

13 전격의 방지대책에 대한 설명 중 틀린 것은?

① 땅, 물 등에 의해 습기가 찬 작업복, 장갑, 구두 등을 착용해도 된다.
② 홀더나 용접봉은 절대로 맨손으로 취급하지 않는다.
③ 용접기의 내부에 함부로 손을 대지 않는다.
④ 절연 홀더의 절연 부분이 노출, 파손되면 곧 보수하거나 교체한다.

14 용해 아세틸렌을 취급할 때 주의할 사항으로 틀린 것은?

① 저장 장소는 통풍이 잘되어야 한다.
② 용기가 넘어지는 것을 예방하기 위하여 용기는 눕혀서 사용한다.
③ 화기에 가깝거나 온도가 높은 장소에는 두지 않는다.
④ 용기 주변에 소화기를 설치해야 한다.

15 아크용접작업 중 허용전류가 20~50mA일 때 인체에 미치는 영향으로 맞는 것은?

① 고통을 느끼고 가까운 근육이 저려서 움직이지 않는다.
② 고통을 느끼고 강한 근육수축이 일어나며 호흡이 곤란하다.
③ 고통을 수반한 쇼크를 느낀다.
④ 순간적으로 사망할 위험이 있다.

해설
- 20~50mA: 강한 근육수축과 호흡이 곤란하다.
- 50~100mA: 순간적으로 사망할 위험이 있다.
- 100mA 이상: 순간적으로 확실히 사망한다.

정답

09. ③ 10. ③ 11. ① 12. ④ 13. ① 14. ② 15. ②

PART Ⅱ

ISO INTERNATIONAL WELDING >>>

용접재료(용접야금)

01 기계재료의 분류

1-1 기계재료의 재질적 분류

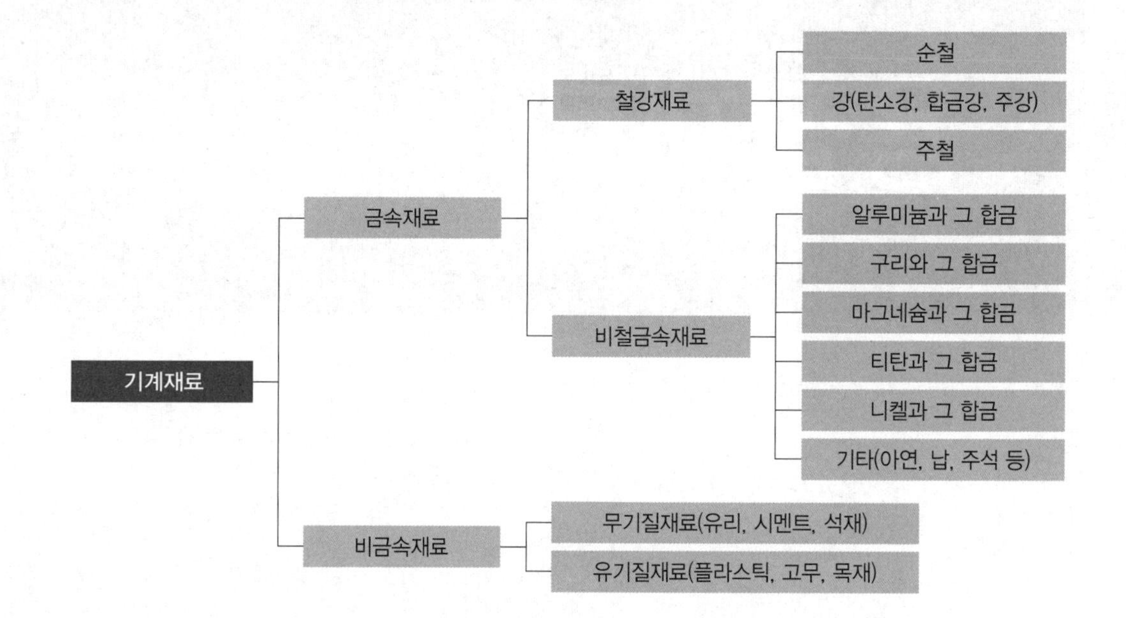

1-2 기계재료의 필요 성질

① 주조성, 소성, 절삭성 등이 양호해야 한다.

② 열처리성이 우수하고 표면처리성이 좋아야 한다.

③ 기계적 성질, 화학적 성질이 우수하고 경량화가 가능해야 한다.

④ 재료의 보급과 대량생산이 가능하며 경제성이 있어야 한다.

CHAPTER

ISO International welding  

02 용접야금

2-1 금속과 그 합금

(1) 금속의 공통 성질

① 실온에서 고체이며, 결정체이다(단, 수은은 제외).

② 빛을 반사하고 고유의 광택이 있다.

③ 가공이 용이하고 전성·연성이 크다.

④ 열·전기의 양도체이다.

⑤ 비중이 크고 경도 및 용융점이 높다.

(2) 주요 원소기호 및 비중, 용융점

명칭	기호	비중	용융점	명칭	기호	비중	용융점
알루미늄	Al	2.7	650	마그네슘	Mg	1.74	650
리튬	Li	0.53	179	철	Fe	7.85	1,530
구리	Cu	8.93	1,085	망간	Mn	7.43	1,246
티탄	Ti	4.5	1,668	주석	Sn	7.31	232
납	Pb	11.3	328	텅스텐	W	19.35	3,400
은	Ag	10.5	962	니켈	Ni	8.9	1,453
금	Au	19.3	1,064	크롬	Cr	7.2	1,907

(3) 합금(alloy)

① 금속의 성질을 개선하기 위하여 단일금속에 한 가지 이상의 금속이나 비금속원소를 첨가한 것을 말한다.

② 단일금속에서는 볼 수 없는 특수한 성질을 가지며 원소의 개소에 따라 이원합금, 삼원합금이 있다.

③ 종류로는 철합금, 구리합금, 경합금, 원자로합금, 기타 합금 등이 있다.

(4) 합금의 상(phase)

① 금속은 온도에 따라 고체 상태에서 결정구조가 다른 상태로 존재하는데 이와 같이 각 물질의 상태를 상(phase)이라 한다.

② 합금에서 하나의 상으로만 되는 것을 단상합금, 2가지의 것을 이상합금, 3가지의 것을 삼상합금, 상이 많은 것을 다상합금이라 한다.

③ 단상합금에는 고용체와 금속간화합물이 있다.

(5) 합금의 일반적인 성질

① 성분을 이루는 금속보다 우수한 성질을 나타내는 경우가 많다.

② 성분금속보다 강도 및 경도가 증가한다.

③ 용융점이 낮아지고 주조성이 좋아진다.

④ 전성·연성은 떨어진다.

⑤ 성분금속의 비율에 따라 색이 변한다.

2-2 재료의 성질

(1) 물리적 성질

① 비중

- 비중이 크다는 것은 무겁다는 것이다.
- 금속 중에서 가장 가벼운 것은 리튬(Li, 비중 0.53)이다.
- 금속 중에서 가장 무거운 것은 이리듐(Ir, 비중 22.5)이다.

② 용융점

③ 전기전도율

- 순서: 은(Ag)>구리(Cu)>알루미늄(Al)>마그네슘(Mg)
- 열전도율은 전기전도율과 순서가 비슷하다.
- 금속 중에서 전기전도율과 열전도율이 가장 좋은 것은 은(Ag)이다.

④ 자기적 성질: 금속을 자석에 접근시킬 때 강하게 잡아당기는 물질을 강자성체*, 약간 잡아당기면 상자성체*, 서로 잡아당기지 않으면 반자성체*라 한다.

ONE POINT

① **강자성체**: 철, 니켈, 코발트 등
② **상자성체**: 탄소, 망간, 백금, 알루미늄 등
③ **반자성체**: 금, 은, 구리, 비스무트, 안티몬

(2) 화학적 성질

금속의 화학적 성질 중 실용적으로 문제가 되는 것은 부식과 내식성이다.

① 부식: 습부식(전기화학적 부식)과 건부식(화학적 부식)이 있다.

ONE POINT

금속의 부식은 습기가 많은 대기 중일수록 부식되기 쉽고 대부분 전기화학적 부식이다.

② 내식성: 금속이 부식에 대해 견디는 성질로 크롬(Cr), 니켈(Ni) 등이 우수한 성질을 보인다.

- 산에 견디는 성질: 내산성
- 염기에 견디는 성질: 내염기성

(3) 기계적 성질

① 연성·전성: 가늘고 길게, 얇고 넓게 변형되는 성질

- 연성: 금(Au) > 은(Ag) > 알루미늄(Al) > 구리(Cu) > 백금(Pt)
- 전성: 금(Au) > 은(Ag) > 백금(Pt) > 알루미늄(Al) > 구리(Cu)

② 강도: 단위면적당 견디는 힘

③ 경도

- 무르고 굳은 정도를 나타내는 것이다.
- 일반적으로 금속재료는 온도의 상승과 더불어 강도가 감소하고 연신율은 커지는 것이 보통이다. 단, 연강의 경우 200~300℃ 부근에서 청열취성이 발생하여 오히려 상온에서보다 충격값이 감소하여 깨지는 성질이 있다.

④ 소성: 금속재료에 외력을 가한 뒤 제거해도 변형된 상태가 그대로 유지되는 성질

⑤ 탄성: 외력을 제거하면 원래대로 돌아오는 성질

⑥ 인성: 굽힘, 비틀림에 견디는 성질

⑦ 재결정: 가공에 의해 생긴 응력이 적당한 온도로 가열하면 일정 온도에서 응력이 없는 새로운 결정이 생기는 것

(4) 가공에 따른 성질

① 주조성: 금속을 녹여 기계부품인 주물을 만들 수 있는 성질

② 소성가공성

- 재료에 외력을 가해 원하는 모양으로 만드는 작업
- 압연, 인발, 단조, 전조, 프레스 가공 등

③ 접합성: 재료의 용융성을 이용하여 두 부분을 접합하는 성질

④ 절삭성: 절삭공구에 의해 재료가 절삭되는 성질

2-3 금속의 결정과 합금조직

(1) 금속의 결정

결정체인 금속이나 합금을 용융 상태에서 냉각하면 고체 상태로 변하는데, 이와 같이 같은 물체의 상태가 다른 상태로 변하는 것을 변태라고 한다.

① 결정의 순서: 핵 발생 → 결정 성장 → 결정경계 형성 → 결정체

② 결정의 크기: 냉각속도가 빠르면 핵 발생이 증가하며 결정입자가 미세해진다.

③ 주상정: 금속주형에서 표면의 빠른 냉각으로 중심부를 향하여 방사상으로 만들어지는 결정

④ 수지상 결정: 용융금속이 냉각될 때 금속 내부에서 핵이 생겨 나뭇가지와 같은 모양을 이루는 결정

⑤ 편석: 금속의 처음 응고부와 나중 응고부의 농도 차이가 있는 것으로 불순물이 주요 원인이다.

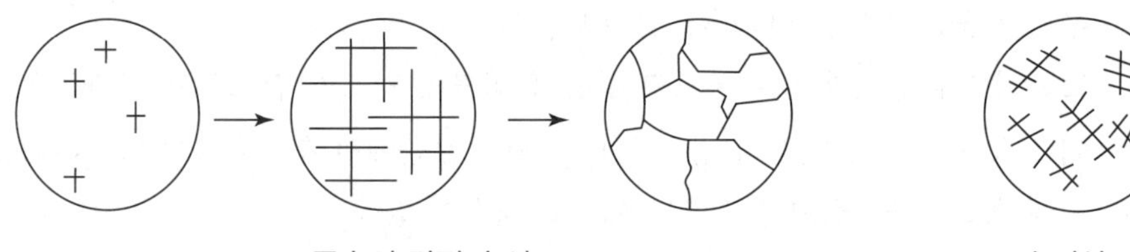

▲ 금속의 결정 순서 ▲ 수지상 결정

(2) 금속의 결정격자

① 결정입자: 금속 또는 합금의 응고는 전체가 동시에 발생하는 것이 아니라, 결정핵을 중심으로 여기에 원자들이 차례로 결합되면서 이루어진다. 이때, 같은 결정핵으로부터 성장한 고체 부분은 어떤 곳에서나 같은 원자 배열을 가지게 되는데 이를 결정입자라고 한다.

② 금속의 응고 중 결정핵이 하나밖에 존재하지 않았다면 이 금속은 1개의 결정만으로 이루어지게 되고 이를 단결정이라 한다(실리콘).

③ 대부분의 금속은 작은 결정들이 모여서 무질서한 집합체를 이루게 되며, 이와 같은 결정의 집합체를 다결정체라 한다.

④ 결정입자의 원자들은 각각 그 금속 특유의 결정형을 가지고 있으며, 그 배열이 입체적이고 규칙적으로 되어 있다. 이 원자들의 중심점을 연결해 보면 입체적인 격자가 되는데 이 격자를 공간격자 또는 결정격자라 한다.

▶ 결정격자의 종류

결정격자	단위격자 내 원자 수	원자 충전율	배위 수	해당 금속	특징
체심입방구조 (BCC)	2	68%	8	Cr, Mo, W, α−Fe, δ−Fe	강도가 크고 전성·연성은 떨어짐
면심입방구조 (FCC)	4	74%	12	Ag, Al, Au, Cu, Ni, Pb, γ−Fe	전성·연성이 풍부하고 가공성이 우수
조밀육방구조 (HCP)	4	−	12	Ti, Mg, Zn, Co	전성·연성이 불량

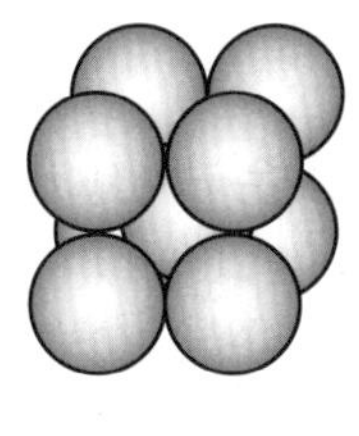
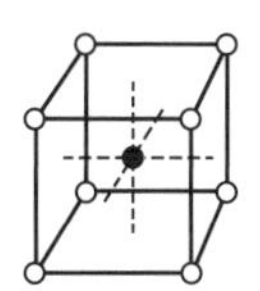

(a) 체심입방구조(BCC)

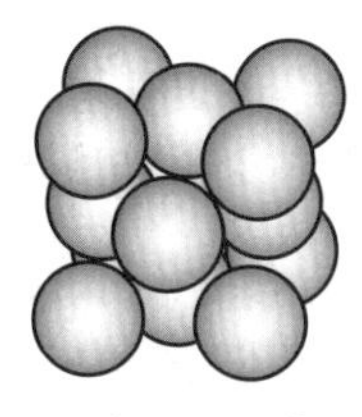
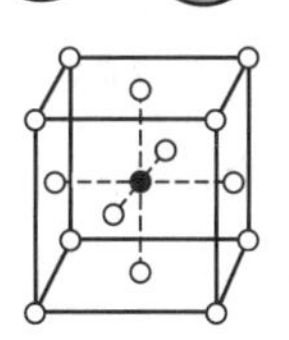

(b) 면심입방구조(FCC)

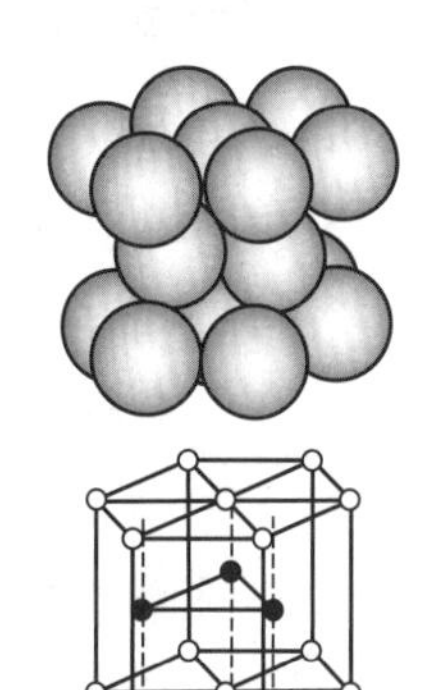

(c) 조밀육방구조(HCP)

▲ 금속의 결정격자

(3) 금속의 소성변형

① 슬립(slip): 금속의 결정형이 원자 간격이 가장 작은 방향으로 층상 이동하는 변형으로, 원자밀도가 최대인 격자면에서 발생한다.

② 트윈(쌍정): 변형 전과 변형 후 위치가 어떤 경계면을 경계로 대칭이 되는 변형으로, 연강을 매우 낮은 온도에서 변형시켰을 때 관찰된다.

③ 전위: 불안정하거나 결함이 있는 곳으로부터 원자 이동이 일어나는 변형

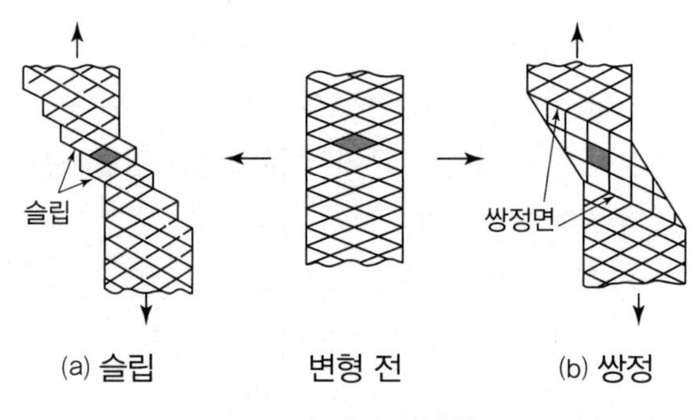

▲ 금속의 소성변형

④ 경화
- 가공경화: 금속을 소성가공하면 변형이 증가함에 따라 단단해지는 성질로, 일반적으로 금속을 냉간가공하면 경도 및 강도가 증가한다.
- 시효경화: 시간이 지남에 따라 단단해지는 성질을 말한다.
- 인공시효: 인위적으로 단단하게 만드는 것

⑤ 회복: 재결정 이전의 상태
- 냉간가공을 계속하면 가공경화가 일어나 더 이상 냉간가공이 불가능해지는데 이것을 일정 온도로 가열하면 어느 온도에서 급격하게 강도와 경도가 저하되고 연성이 급격히 회복되어 다시 냉간가공이 쉬운 상태로 되는 것을 말한다.
- 순서: 내부응력 제거 → 연화 → 재결정 → 결정입자의 성장

⑥ 재결정: 가공에 의해 생긴 응력이 적당한 온도로 가열하면 일정 온도에서 응력이 없는 새로운 결정 상태로 되는 것
- 금속의 재결정온도: 철(Fe)은 350~450℃, 구리(Cu) 150~240℃, 알루미늄(Al) 150℃, 납(Pb) −3℃, 주석(Sn)은 상온
- 재결정은 냉간가공도가 낮을수록 높은 온도에서 일어난다.
- 재결정입자의 크기는 주로 가공도에 의해 달라지고 가공도가 낮을수록 커진다.

⑦ 입자의 성장
- 재결정에 의하여 생긴 새로운 결정입자가 온도 상승, 시간의 경과와 더불어 근처에 있는 작은 결정입자를 잠식하여 점차 그 크기가 증가되는 현상을 말한다.
- 결정입자의 성장은 고온에서 오랜 시간 가열함으로써 이루어지고 온도가 상승할수록 급격히 이루어진다.

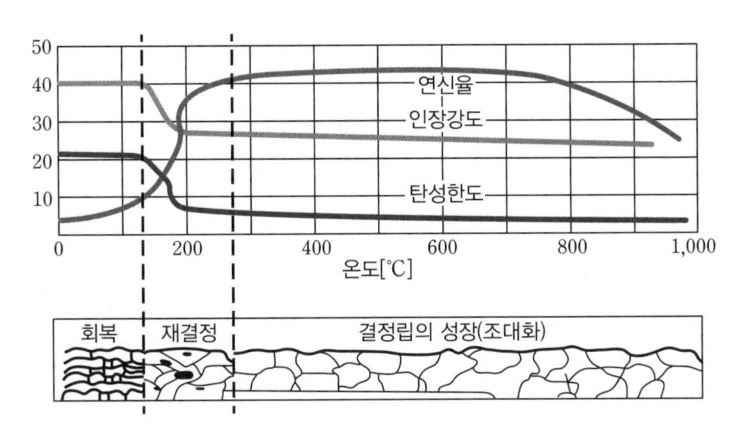

▲ 회복, 재결정 및 결정립의 성장

⑧ 냉간가공과 열간가공

- 냉간가공: 금속의 재결정온도보다 낮은 온도에서 가공(상온가공)
- 열간가공: 금속의 재결정온도보다 높은 온도에서 가공(고온가공)

(4) 금속의 변태

① 동소변태: 고체 내에서 원자의 배열이 변하는 것

- α−Fe(체심), γ−Fe(면심), δ−Fe(체심)
- 동소변태 금속: 철(Fe, 912℃, 1,400℃), 코발트(Co, 477℃), 티탄(Ti, 830℃), 주석(Sn, 18℃)

② 자기변태: 원자배열은 변하지 않고 자성만 변하는 것

- 철(Fe, 768℃), 니켈(Ni, 358℃), 코발트(Co, 1,160℃)
- 철의 변태점: 순철은 A_2, A_3, A_4 3가지 변태가 있다.

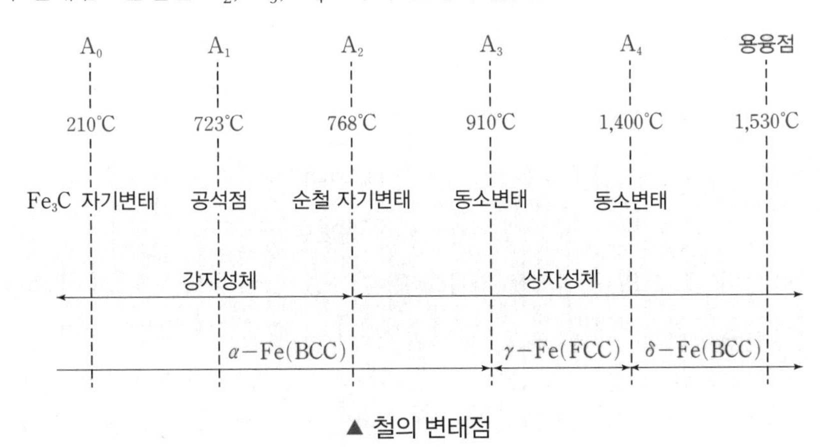

▲ 철의 변태점

③ 변태점의 측정방법: 열분석법, 열팽창법, 전기저항법, 자기분석법 등이 있다.

ONE POINT

열전대의 종류 및 최고온도: 백금-로듐 1,600℃, 크로멜-알루멜 1,200℃, 철-콘스탄탄 900℃, 구리-콘스탄탄 600℃

(5) 합금의 조직

① 상: 물질의 상태는 기체·액체·고체의 3가지가 있으며, 금속은 온도에 따라 고체 상태에서 결정구조가 다른 상태로 존재하는데 이와 같은 물질의 상태를 상(phase)이라 한다.

② 상률: 어떤 상태에서 온도가 자유로이 변할 수 있는가를 나타냄, 즉 여러 개의 상으로 이루어진 물질의 상 사이에 열적 평형 상태를 나타내는 법칙

자유도(F) = $n+2-P$

여기서, n: 성분의 수, P: 상의 수

③ 평형상태도

- 공존하고 있는 것의 상태를 온도와 성분의 변화에 따라 나타낸 것
- 합금이나 화합물의 물질계가 열역학적으로 안정 상태에 있을 때 조성된다.
- 온도, 압력과 존재하는 상의 관계를 나타낸 것

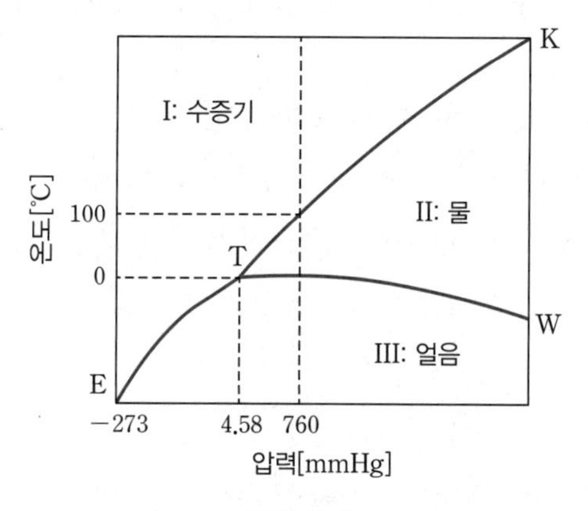

▲ 평형상태도

- 각각 Ⅰ, Ⅱ, Ⅲ의 구역에서 자유도(F)=1+2−1=2이다. 즉, 물·얼음·수증기인 1상이 존재하기 위해서는 온도·압력 2가지가 다 변해도 존재할 수 있다.
- T점(삼중점)에서 자유도(F)=1+2−3=0이다. 즉, 불변계로서 완전히 고정된다는 의미이며, 온도·압력 중 어느 하나라도 변하면 존재할 수 없다는 것을 의미한다.

2-4 합금의 상

(1) 고용체

순금속 A(용매)와 그중에 들어간 용질 B가 일정하게 분포되어 고용된 결정체로, 용융 상태나 고체 상태에서도 기계적인 방법으로 각 성분금속을 구분할 수 없는 것을 말한다.

고체 A + 고체 B ↔ 고체 C

① 침입형 고용체: 철원자보다 작은 원자가 고용하는 경우로 보통 금속 상호 간에는 일어나지 않으며 금속에 탄소(C), 수소(H), 질소(N) 등 비금속원소가 소량 함유되는 경우에 일어난다.

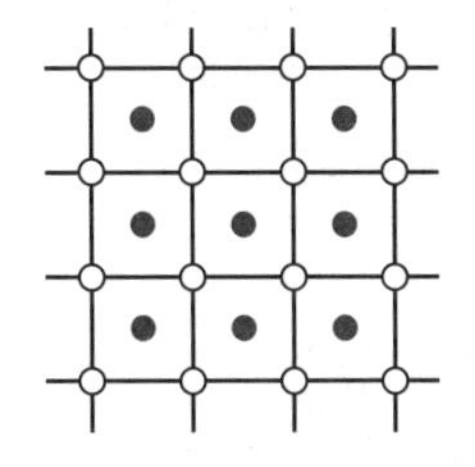
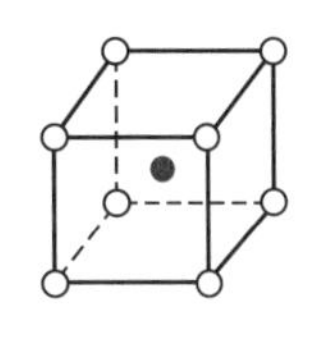

▲ 침입형 고용체

② 치환형 고용체: 철원자의 격자 위치에 니켈(Ni) 등의 원자가 들어가 서로 바꾸는 것(Ag-Cu합금, Cu-Zn합금). 일반적으로 금속 사이에서의 고용체는 치환형이 많다.

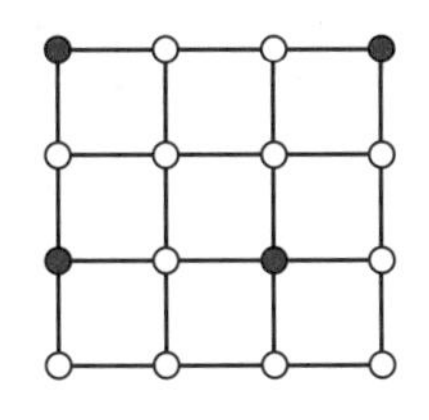
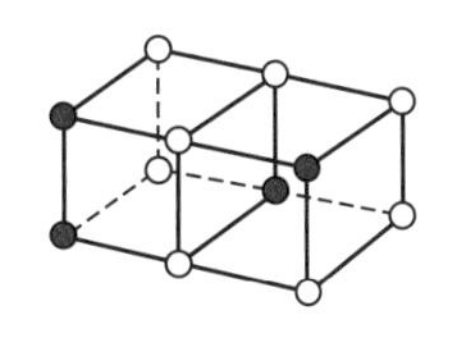

▲ 치환형 고용체

③ 규칙격자형 고용체: 고용체 내에서 원자가 어떤 규칙성을 가지고 배열되는 경우

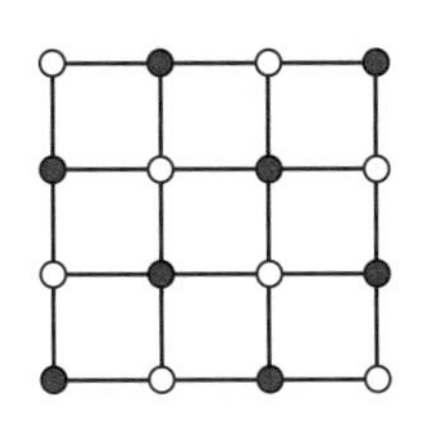
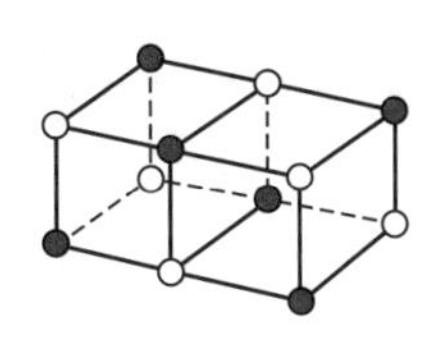

▲ 규칙격자형 고용체

(2) 금속간화합물

① 친화력이 큰 성분금속이 화학적으로 결합되면 각 성분금속과는 성질이 완전히 다른 독립된 화합물이 생성되는데 이것을 금속간화합물이라고 한다(Fe_3C).

② 금속간화합물은 일반적으로 경도가 높기 때문에 여러 가지 공구재료를 만드는 데 이용된다.

2-5 성분계 상태도

(1) 전율고용체

두 성분이 서로 어떤 비율인 경우에도 상관없이 이것이 용해하여 하나의 상이 될 때 전율고용체라고 한다.

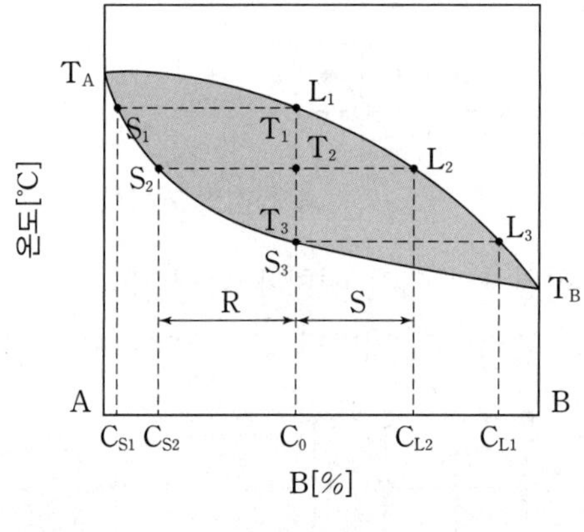

▲ 전율고용체

(2) 공정반응

두 개의 성분금속이 용융 상태에서 균일한 액체를 형성하나, 응고 후에 성분금속이 각각 결정으로 분리, 기계적으로 혼합된 형태로 되는 것

> 액체 ↔ 고체 A + 고체 B

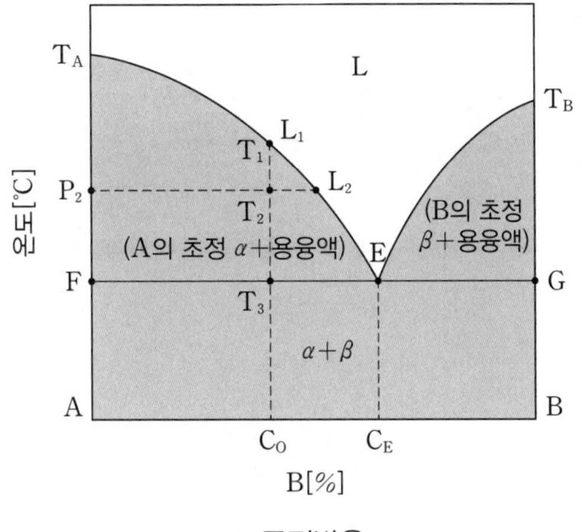

▲ 공정반응

(3) 포정반응

A, B 양 성분금속이 용융 상태에서는 완전히 융합되나 고체 상태에서는 서로 일부만이 고용되는 경우, 고용체가 액체와 반응하여 별개의 고용체를 만드는 반응

> 고용체 A + 액체 ↔ 고용체 B

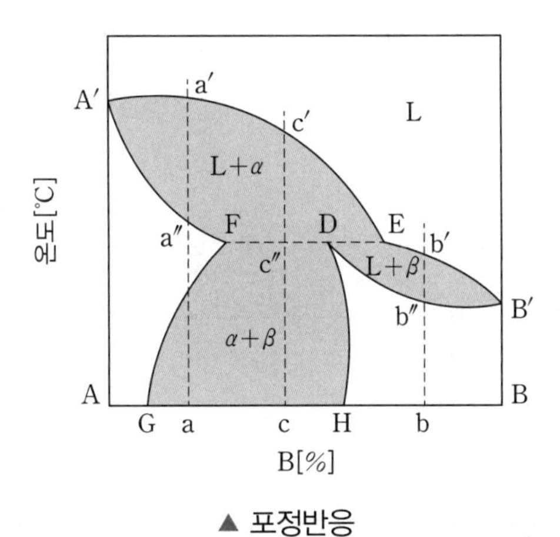

▲ 포정반응

(4) 편정반응

> 액체 A + 고체 ↔ 액체 B

03 철강재료

3-1 철강재료의 분류

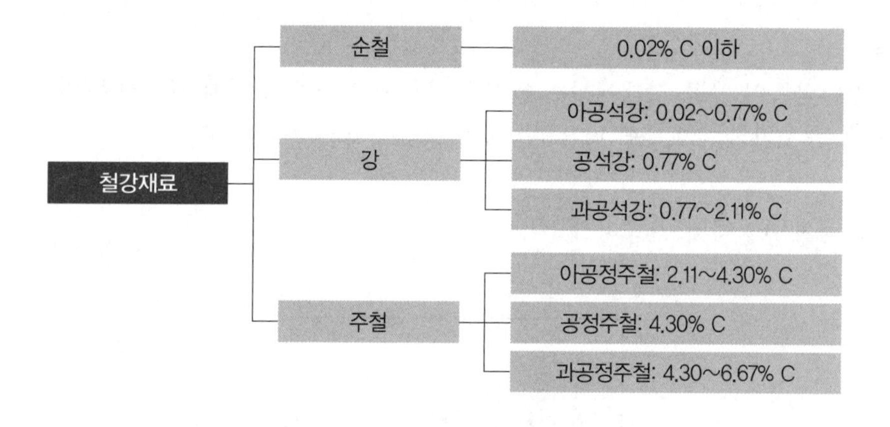

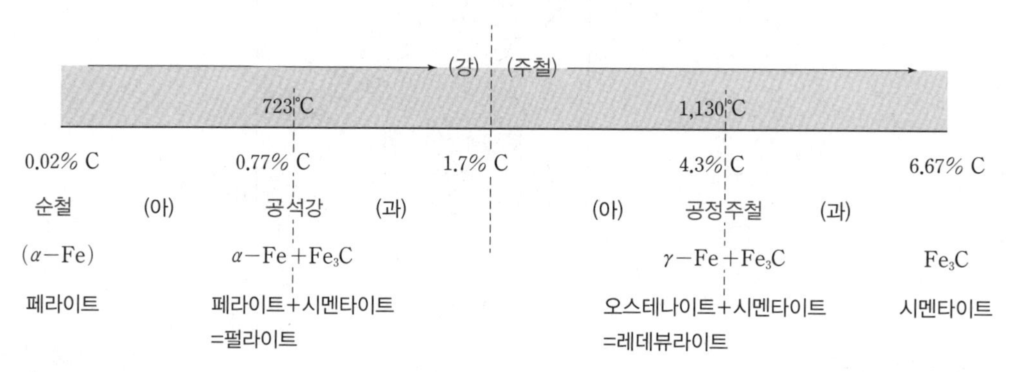

▲ 탄소강의 분류

3-2 제철법

(1) 철의 제조과정

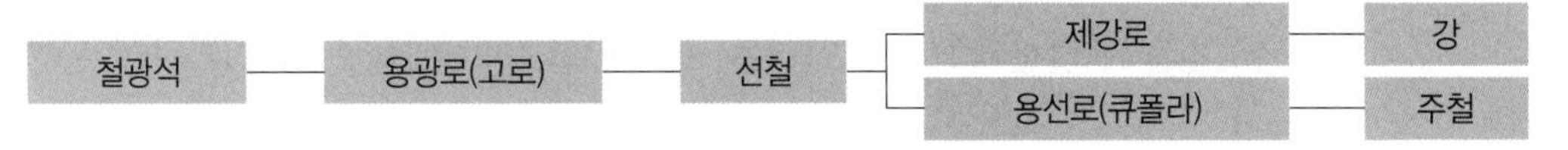

① 철광석: 40% 이상의 철분을 함유한 것(자철광, 적철광, 갈철광, 능철광)

② 용광로(고로)

- 철광석을 녹여 선철로 만드는 노
- 용량: 1일 선철의 생산량을 톤[t]으로 표시
- 열 및 환원제(연료)로 코크스를 사용
- 용제는 석회석과 형석을 사용
- 탈산제로 망간(Mn) 등을 사용

③ 선철: 철광석을 용광로에서 분리한 것

④ 용선로(큐폴라)

- 주철을 제조하기 위한 노
- 용량: 매 시간당 용해할 수 있는 무게를 톤으로 표시

⑤ 제강로

- 강을 제조하기 위한 노
- 용광로에서 생산된 선철은 불순물과 탄소량이 많아 기계재료로 사용할 수 없으므로 선철과 고철을 전로*, 전기로* 또는 평로* 등의 제강로에서 가열, 용해하여 산화제와 용제를 첨가하여 불순물을 제거하고 탄소량을 알맞게 감소시키는 데 사용하는 노

ONE POINT

① **전로**: 내화물의 종류에 따라 산성법(베서머법), 염기성법(토머스법)으로 나뉜다.
② **평로(반사로)**: 1회 생산되는 용강의 무게로 용량 표시
③ **전기로**: 1회 생산되는 용강의 무게로 용량 표시
④ **도가니로**: 1회 용해할 수 있는 구리의 무게를 kg으로 용량 표시

(2) 강괴의 제조

① 평로, 전로, 전기로 등에서 정련이 끝난 용강을 탈산제를 넣고 탈산시킨 다음 일정한 형태의 주형에 주입하고 그 안에서 응고시킨 것을 강괴라고 한다.

② 사용 용도에 따라 슬래브(slab), 빌릿(billet), 잉곳(ingot) 등으로 불린다.

③ 탈산 정도에 따른 강괴의 종류

- 림드강: 페로망간을 첨가하여 가볍게 탈산시킨 것
- 세미킬드강: 탈산의 정도가 림드강과 킬드강의 중간 정도인 것
- 킬드강: 강력한 탈산제인 페로실리콘, 페로망간, 알루미늄 등을 첨가하여 완전 탈산시킨 것

ONE POINT

캡드강: 페로망간으로 가볍게 탈산시킨 다음 용강을 주형에 주입한 다음 다시 탈산제를 투입하거나 주형의 뚜껑을 덮고 비등 교반운동을 조기에 강제적으로 끝마치게 한 것(내부의 편석과 수축공이 적은 상태로 만든 강)

3-3 철강의 성질

(1) 순철(지철)의 특징

① 탄소함유량이 0.02% 이하, 강자성체이다.

② 지철 = α−Fe = 페라이트

③ 탄소량이 적어서 기계재료로서는 부적당하지만 투자율이 높아 변압기, 발전기용 철심 재료 등으로 사용된다.

(2) 탄소강의 특징과 조직

① 탄소강의 특징

- 대량생산이 가능하고 저렴하며 기계적 성질이 우수하다.
- 상온 및 고온에서 가공성이 우수하고 소성가공이 용이하다.
- 탄소함유량에 따라 현저한 성질의 변화가 있으며, 열처리가 용이하다.
- 탄소함유량이 증가할수록 강도·경도는 증가하고, 연신율·충격값·열전도도·용접성은 나빠진다.

② 탄소강의 기본 조직: 강조직을 A_3 또는 A_{cm} 이상 30~60℃ 온도 범위인 γ고용체 상태로 가열하여 오스테나이트 조직으로 만든 후 공기 중에서 천천히 냉각시키면 상온에서 강의 표준조직을 얻을 수 있다.

- 오스테나이트(austenite, γ−Fe): γ고용체로 탄소가 최대 2.11% 고용된 것으로 723℃ 이상에서 안정된 조직으로, 실온에서는 존재하기 어렵고 인성이 크며 상자성체이다.
- 페라이트(ferrite, α−Fe): 일명 지철이라고 하며 순철에 가까운 조직으로, 매우 연하고 상온에서 강자성체이며 체심입방격자 조직이다.
- 시멘타이트(cementite, Fe_3C): 탄소가 6.67% 화합된 금속간화합물이다. 현미경으로 보면 흰색의 침상조직으로 나타나는 조직으로, 경도가 높고 취성이 많으며 상온에서는 강자성체이다.
- 펄라이트(pearlite, α−Fe+Fe_3C의 공석조직): 726℃에서 오스테나이트가 페라이트와 시멘타이트의 층상으로 공석조직으로 변태한 것으로 인성이 매우 높다.
- 레데뷰라이트(ledeburite, γ−Fe+Fe_3C의 공정조직): 4.3% C의 용융철이 1,148℃ 이하로 냉각될 때 오스테나이트와 시멘타이트로 정출되어 생긴 공정조직이다.

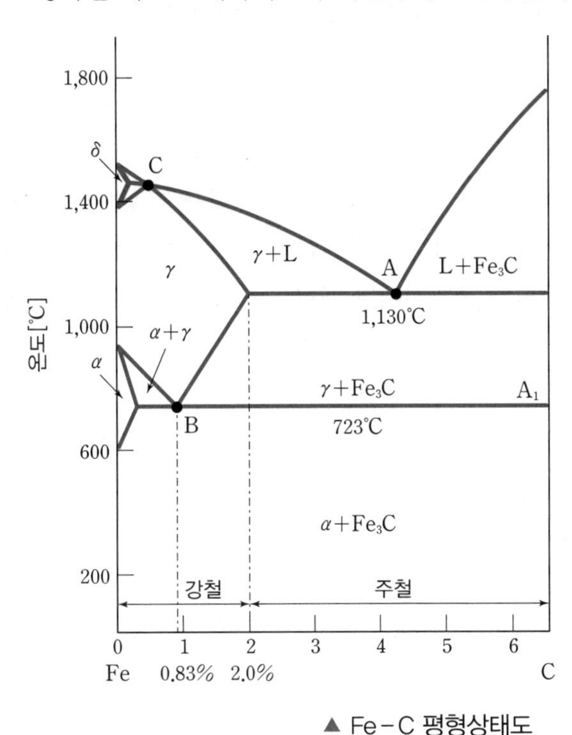

※ A: 1,130℃, 공정점
B: 723℃, 공석점
C: 1,492℃, 포정점

▲ Fe−C 평형상태도

(3) 탄소강에서 생기는 취성(메짐)

① 청열취성(blue brittleness)

- 강이 200~300℃로 가열되면 경도·강도가 최대로 되고, 연신율과 단면수축률이 줄어들게 되어 메지게 되는 현상
- 청색의 산화피막이 형성된다.
- 주요 원인은 인(P)이다.

② 적열취성(hot brittleness)
- 900℃ 이상의 고온에서 빨갛게 되어 메지게 되는 현상(고온취성)
- 주요 원인은 황(S)이며, 방지 원소는 망간(Mn)이다.

③ 상온취성
- 상온에서 충격, 피로 등에 의해 깨지는 성질(냉간취성)
- 주요 원인은 인(P)이다.

④ 저온취성(cold brittleness): 상온보다 낮은 온도에서 인장강도·경도 등은 점차 증가되나, 연신율은 감소되어 여리고 약해지는 성질

(4) 탄소강의 함유성분과 영향

① 망간(Mn): 강 중에 0.2~0.8% 존재하나 황과 결합하여 황화망간(MnS)으로 존재한다. 연신율을 감소시키지 않고 강도를 증가시키며 고온에서 결정립 성장의 억제, 소성의 증가, 주조성을 좋게 한다.

② 규소(Si): 강 중에 0.1~0.35% 정도 포함되어 경도·탄성한도·인장강도를 높이며, 연신율·충격치는 감소, 조직을 거칠게 하고, 단접성이 나빠진다.

③ 황(S): 0.02% 정도만 있어도 인장강도·연신율·충격치를 감소시키고, 적열취성(메짐)의 원인이 된다.

④ 인(P): 경도·인장강도를 다소 증가시키나, 연신율을 감소시킨다. 상온취성·청열취성의 원인이 되며, 압연 시 편석이고 고스트 라인(ghost line)이 되어 강재 파괴의 원인이 된다.

⑤ 수소(H_2): 강을 여리게 하고, 산이나 알칼리에 약하게 하며, 백점이나 은점·헤어크랙(hair crack)의 원인이 된다.

(5) 합금강(특수강)

① 합금강은 탄소강에 다른 원소를 첨가하여 강의 기계적 성질을 개선한 것이다.

② 특징
- 기계적 성질이 개선된다.
- 내식성, 내열성이 좋아진다.
- 담금질성이 개선된다.
- 용접성이 좋아진다.

③ 합금강의 종류 및 특징

구분	명칭	성분 원소	특징
구조용 합금강	강인강	Ni강(1.5~5%)	• 질량효과가 적고 자경성이 있다.
		Cr강(1~2%)	• 자경성, 내마모성 및 내식성이 증가한다.
	Mn강	저망간강(1~2%)	• 듀콜강(펄라이트 조직)
		고망간강(10~14%)	• 하드필드강(조직은 오스테나이트) • 경도가 커서 광산기계, 칠드롤러에 사용
	쾌삭강	S, Pb 첨가	• 절삭성이 개선된다.
공구용 합금강	합금공구강(STS)		• 탄소공구강에 Cr, Ni, W, Mo을 첨가
	고속도강(SKH)		• 일명 하이스(HSS) • 18W-4Cr-1V 합금
	주조경질합금		• 스텔라이트(Co-Cr-W) • 주조한 상태로 연삭하여 사용한다.
	소결경질합금		• 초경합금 WC-TiC-TaC-Co를 첨가
	비금속초경합금		• 세라믹(Al_2O_3)
	시효경화합금		• Fe-W-Co
특수 용도 합금강	스테인리스강(STS)		• 페라이트계(18% Cr) • 마텐자이트계(13% Cr) • 오스테나이트계(18Cr-8Ni)
	내열강(HRS)		• 고온에서 강도 및 내식성이 향상된다.
	불변강	인바	• 길이가 불변(표준자, 시계추)한다.
		엘린바	• 탄성이 불변(지진계)한다.
		플래티나이트	• 열팽창계수가 불변(백금 대용)한다.
		코엘린바	• 고강도, 고탄성(시계 태엽)
		슈퍼인바	• 인바보다 팽창률이 더 작다.

3-4 주강(cast steel)

① 주철에 비해 수축률이 2배 정도 크다.

② 주철에 비해 용융점이 높고 주조성이 나쁘다.

③ 주철에 비해 기계적 성질은 우수하며, 주철로써 강도가 부족할 경우에 사용된다.

④ 탄소함유량이 0.4~0.5%

⑤ 주강품은 주조 상태로는 조직이 취약하기 때문에 주조 후 반드시 풀림처리를 하여 조직을 미세화시킴과 동시에 주조 시 생긴 응력을 제거한 후 사용한다.

⑥ 주강품을 담금질한 다음에는 내부응력 제거와 인성을 부여하기 위해 뜨임처리를 한다.
주조 → 풀림 → 담금질 → 뜨임

⑦ 합금주강의 종류에는 니켈주강, 크롬주강, 니켈-크롬주강, 망간주강 등이 있다.

3-5 주철(cast iron)

(1) 일반적인 성질

① 탄소함유량이 1.7~6.67%이다.

② 주강보다 용융점이 낮고 유동성이 좋아 주조성이 우수하다.

③ 압축강도가 인장강도에 비해 3~4배 높다.

④ 담금질, 뜨임은 안되고 주조응력의 제거 목적으로 풀림처리(500~600℃, 6~10시간)는 가능하다.

⑤ 자연시효: 주조 후 장시간(1년 이상) 방치하면 주조응력이 제거되는 현상

(2) 주철의 조직

① 바탕조직(펄라이트, 시멘타이트, 페라이트)과 흑연(탄소)의 혼합조직

② 주철의 전 탄소량 = 유리탄소(흑연) + 화합탄소(Fe_3C)

- 유리탄소(흑연): 규소(Si)가 많고 냉각속도가 느릴 때 생성(회주철)
- 화합탄소(Fe_3C): 망간(Mn)이 많고 냉각속도가 빠를 때 생성(백주철)

③ 주철의 흑연화: 화합탄소(Fe_3C)가 안정 상태인 3Fe과 C(탄소)로 분리되는 현상으로 용융점을 낮게 하고 강도를 떨어뜨린다.

④ 주철의 구상화

- 편상의 흑연을 구상화하면 흑연이 철(Fe) 중에 미세한 알갱이 상태로 존재하게 되어 주철이 탄소강과 유사한 강인한 조직을 만들 수 있다.
- 구상화 촉진 원소: 마그네슘(Mg), 세슘(Ce)

⑤ 마우러(Maurer) 조직도: 탄소(C), 규소(Si)의 성분에 따라 주철의 조직 변화 관계를 나타낸 조직도이다.

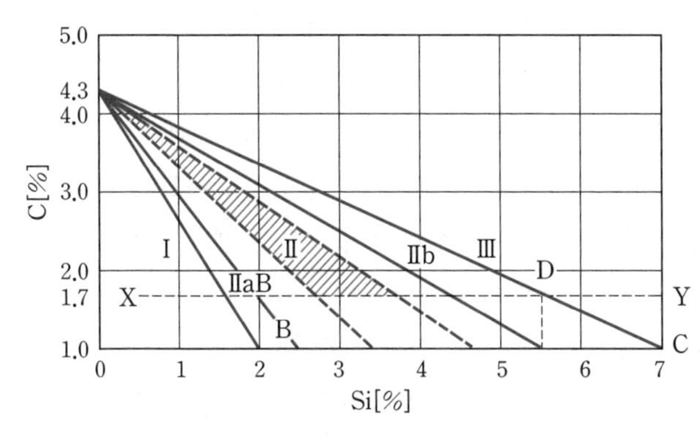

※ Ⅰ(백주철): 펄라이트+시멘타이트
Ⅱa(반주철): 펄라이트+시멘타이트+흑연
Ⅱ(펄라이트 주철): 펄라이트+흑연
Ⅱb(보통 주철): 펄라이트+페라이트+흑연 → 회주철
Ⅲ(극연주철): 페라이트+흑연 → 페라이트 주철

▲ 마우러 조직도

(3) 주철의 성장

고온(650~950℃)에서 장시간 유지 또는 가열, 냉각을 반복하면 주철의 부피가 팽창하여 변형 및 균열이 발생하는 현상

① 주철 성장의 주요 원인

- 시멘타이트(Fe_3C)의 흑연화에 의한 성장
- A_1 변태에 따른 체적 팽창
- 규소의 산화에 의한 팽창
- 불균일한 가열로 생기는 균열의 팽창

② 주철 성장의 방지법

- 흑연을 미세화 또는 구상화(조직을 치밀하게 한다.)
- 흑연화 방지제(탄화물 안정제) 첨가: 망간(Mn), 몰리브덴(Mo), 크롬(Cr), 바나듐(V), 황(S)
- 주철 흑연화 촉진 원소: 알루미늄(Al), 규소(Si), 니켈(Ni), 티탄(Ti)
- 규소의 함유량 감소

(4) 주철의 종류

① 보통 주철(회주철: GC 1~3종)

- 인장강도 10~20kgf/mm^2

- 조직: 페라이트+흑연

② 고급주철(회주철: GC 4~6종)

- 인장강도 25kgf/mm^2 이상
- 바탕조직은 펄라이트+미세한 구상화의 흑연
- 기계구조용 주물로 널리 이용된다.
- 강력주철 또는 펄라이트 주철이라고도 한다.
- 일반적으로 고강도를 위해 탄소(C), 규소(Si)의 양을 적게 한다.

③ 특수주철

- 미하나이트 주철: 저탄소, 저규소 선철에 다량의 고철을 배합, 용해하여 규소철(Fe-Si), 규소칼슘(Ca-Si)을 접종시켜 제조한다. 조직은 미세한 펄라이트 조직이다.
- 칠드 주철(냉경주철): 용융 상태에서 금형에 주입하여 표면을 백주철로 만든 것이다. 내마모성 향상으로 각종 롤러, 기차 바퀴 등에 사용한다.
- 구상흑연주철(노듈러 주철, 덕타일 주철, 연성주철): 흑연을 구상화시켜 균열 발생이 어렵고 강도와 연성을 높인 주철로, 펄라이트와 페라이트로 구성된 조직으로 불스아이(bull's eye) 조직이라고도 한다.
- 가단주철: 백주철을 풀림처리하여 탈탄과 시멘타이트(Fe_3C)의 흑연화에 의해 연성(또는 가단성)을 크게 한 주철이다. 종류로는 백심가단주철(WMC), 흑심가단주철(BMC), 펄라이트 가단주철이 있다.

CHAPTER

ISO International Welding

04 열처리 및 표면경화

4-1 열처리의 개요

금속재료에 가열과 냉각을 통해 원하는 특별한 성질을 얻는 방법이다.

(1) 열처리의 목적

① 조직을 미세화하고 기계적 특성을 향상시킨다.

② 내부응력을 감소시키거나 강을 연화시킨다.

③ 기계적 성질(강도, 경도, 내마모성, 내피로성, 내충력성)을 향상시킨다.

④ 표면을 경화시키고 성질을 변화시킨다.

⑤ 강의 전기적 성질을 향상시킨다.

(2) 열처리의 종류

① 일반 열처리: 담금질, 풀림, 불림, 뜨임

② 항온 열처리: 오스어닐링, 오스템퍼링, 마템퍼링, 마퀜칭, 항온 풀림

③ 계단 열처리

④ 연속냉각 열처리

⑤ 표면경화 열처리: 침탄법, 질화법, 시안화법, 화염경화법, 고주파경화법

4-2 담금질(quenching)

(1) 개요

① 강을 A_1 또는 A_3 변태점 이상 30~50℃의 온도로 가열하여 오스테나이트* 조직으로 만든 후 급랭(수랭, 유랭)하여 마텐자이트 조직으로 만드는 열처리

ONE POINT

① **오스테나이트(austenite)**: 일반 탄소강의 경우 상온에서는 나타나지 않지만 특수강에서 나타날 수 있으며, 불안정하기 때문에 열 또는 과랭에 의해 마텐자이트로 변태한다.

② **펄라이트(pearlite)**: 강을 서랭했을 때 나타나는 조직으로, 페라이트와 시멘타이트의 공석조직이며 연성이 크고 절삭 및 상온가공성이 좋다(기본 조직이지 열처리조직은 아니다).

② 목적: 재질의 강화, 경화

③ 담금질 후에는 뜨임처리가 반드시 필요하다.

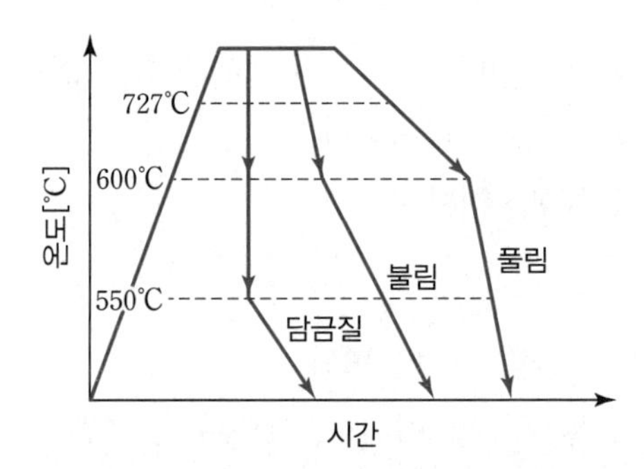

▲ 열처리방법의 비교: 담금질, 불림, 풀림

(2) 담금질조직

① 마텐자이트(martensite): 강을 수랭한 침상조직으로, 강도는 크나 취성이 있다.

② 트루스타이트(troostite): 강을 유랭한 조직으로, 페라이트와 시멘타이트의 미세한 혼합물의 구상조직이며 경도는 마텐자이트보다 작으나 인성은 크다.

③ 소르바이트(sorbite): 강을 공랭한 조직으로, 페라이트와 시멘타이트의 혼합조직이다.

④ 오스테나이트(austenite): 일반 탄소강의 경우 상온에서는 나타나지 않지만 특수강에서 나타날 수 있으며, 불안정하기 때문에 열 또는 과랭에 의해 마텐자이트로 변태한다.

ONE POINT

① **각 조직의 경도 순서**: M > T > S > P > A > F
② **냉각속도**: M(수랭) > T(유랭) > S(공랭) > P(서랭)
③ **임계냉각속도**: 마텐자이트 변태가 일어나지 않는 냉각속도, 즉 마텐자이트 변태는 어느 한도 이상의 냉각속도가 아니면 일어나지 않는다.

(3) 경화능

① 강을 담금질할 때 경화하기 쉬운 정도, 즉 담금질이 잘 되느냐 하는 성질
② 탄소함유량에 의해 좌우된다.
③ 경화능 시험방법: 조미니 시험
④ 담금질 최고경도: $H_{RC} = 30 + 50 \times (C\%)$
⑤ 담금질 임계경도: $H_{RC} = 24 + 40 \times (C\%)$

(4) 질량효과

① 재료의 크기에 따라 내·외부의 냉각속도가 달라져 경도 차이가 나는 것
② 질량효과가 크다는 것은 담금질이 잘 안된다는 것이며, 질량효과가 작다는 것은 담금질이 잘된다는 것이다.
③ 보통 탄소강은 질량효과가 크며 니켈(Ni), 크롬(Cr), 몰리브덴(Mo), 망간(Mn) 등을 함유한 특수강은 임계냉각속도가 늦어져 질량효과가 적다(담금질이 잘된다).

(5) 서브제로 처리(심랭처리)

① 담금질 직후 잔류 오스테나이트를 마텐자이트화하여 없애기 위해 0℃ 이하로 냉각하는 것으로 치수의 정확도를 요하는 게이지 등을 만들 때 사용된다.
② 담금질 직후 드라이아이스(−80℃), 액화질소(−196℃)로 실시하며 곧 뜨임처리가 필요하다.

(6) 담금질 균열의 방지책

① 급격한 냉각을 피한다.
② 가능한 한 수랭을 피하고 유랭을 한다.
③ 설계 시 부품의 직각 부분을 적게 하고 라운드를 준다.
④ 부분적인 온도 차를 줄이기 위해 부분 단면을 작게 한다.

4-3 뜨임(tempering)

(1) 개요

① 담금질된 강을 A_1 변태점 이하로 가열 후 냉각시켜 담금질로 인한 취성을 제거하고 강인성을 증가시키기 위한 열처리

② 목적: 담금질 시 발생한 잔류응력 제거로 균열 방지, 강도와 인성 유지

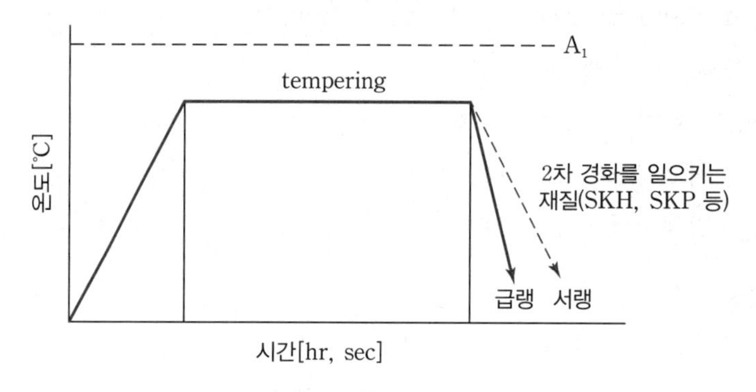

▲ 보통 뜨임

(2) 종류

① 저온뜨임(150℃): 내부응력만 제거하고 경도 유지

② 고온뜨임(500~600℃): 소르바이트 조직으로 만들어 강인성 유지

(3) 뜨임취성의 종류

① 저온 뜨임취성: 300~350℃ 정도에서 충격치가 저하되는 현상

② 고온 시효취성: 500℃ 정도에서 시간이 경과함에 따라 충격치가 저하되는 현상으로 몰리브덴(Mo)을 첨가하면 방지가 가능하다.

③ 뜨임 서랭취성 : 550~650℃ 정도에서 수랭 및 유랭한 것보다도 서랭하면 취성이 커지는 현상으로 저망간강, Ni–Cr강 등에서 많이 발생된다.

ONE POINT

오스몬다이트: 뜨임조직 중에서 400℃에서 뜨임한 것은 부식이 되기 쉬운데 이 조직을 오스몬다이트라고 하며, 트루스타이트의 일종이다.

4-4 풀림(annealing)

(1) 개요

① A_3~A_1 변태점 이상 30~50℃로 가열 후 서랭하는 열처리

② 목적: 재질의 연화 및 응력 제거

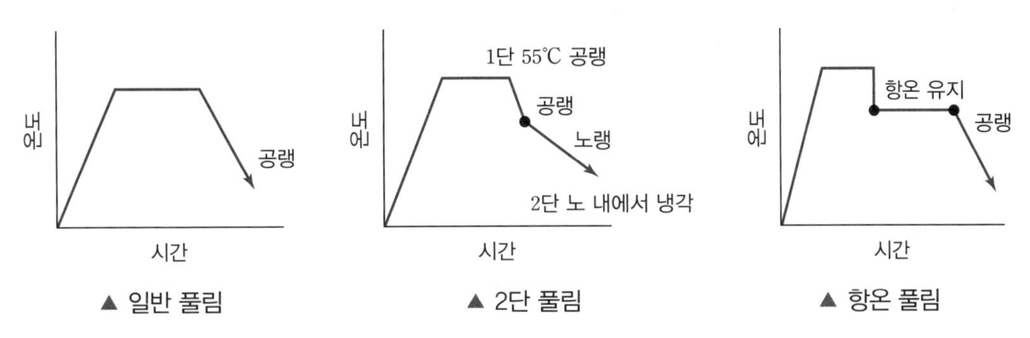

▲ 일반 풀림 ▲ 2단 풀림 ▲ 항온 풀림

(2) 종류

① 완전 풀림: A_3 변태점 이상 30~50℃의 정도로 가열 후 일정 온도를 유지한 후에 노 안에서 서랭하는 풀림방법이며, 거칠고 큰 결정입자가 미세한 결정입자로 되고 내부응력도 제거되어 연화된다.

② 확산 풀림: 1,050~1,300℃로 가열한 후 장시간 유지하면 결정립 내에 짙어진 탄소(C), 황(S), 인(P) 등의 원소가 확산되면서 농도 차를 작아지게 하는 처리(편석 제거)

③ 항온 풀림: A_1 변태점 바로 위의 온도로 가열하여 일정 시간을 유지한 후, A1 변태점 바로 밑의 온도(S곡선의 코)에서 항온처리한다.

④ 응력제거 풀림: A_1 변태점 이하의 온도(600~650℃)에서 주조, 단조, 압연, 용접 및 열처리에 의해 생긴 잔류응력을 제거하는 열처리

⑤ 구상화 풀림: A_1 변태점 부근에서 일정 시간을 유지한 후, 서랭하여 망상의 시멘타이트를 구상화하여 가공성을 개선하고 담금질이 균일하게 된다.

⑥ 중간 풀림(연화 풀림): 가공 도중 재료를 연화시키는 열처리

⑦ 재결정 풀림: 재결정온도보다 약간 높은 600℃에서 일정 시간을 유지하여 풀림하는 처리

ONE POINT

① **고온 풀림**: 완전 풀림, 확산 풀림, 항온 풀림

② **저온 풀림**: 응력제거 풀림, 구상화 풀림, 중간 풀림(연화 풀림), 재결정 풀림

4-5 불림(normalizing)

① A_3 변태점 이상 30~50℃로 가열 유지 후 공랭하는 열처리

② 목적: 조직의 표준화

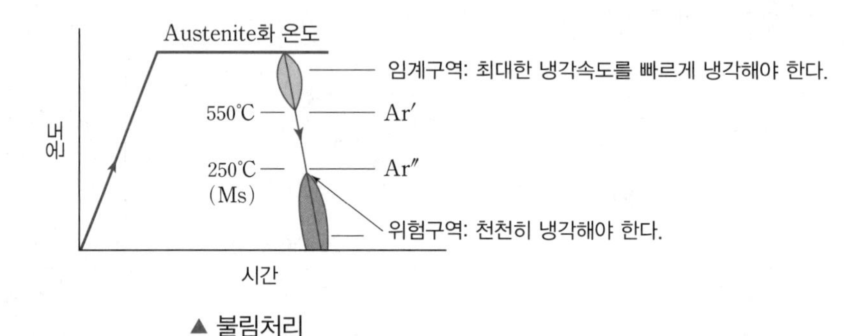

▲ 불림처리

4-6 항온 열처리

(1) 항온 열처리의 개요

① A_1 변태점 이상으로 가열한 후 변태점 이하의 일정한 온도로 유지된 항온 담금질욕 중에 넣어 일정 시간 동안 항온 유지 후 냉각하는 열처리

② 계단 열처리보다 균열 및 변형이 적고 경도와 인성을 크게 할 수 있다.

③ TTT곡선: S곡선, C곡선이라고도 하며 A_1 변태점 온도 이상으로 가열, 유지하여 오스테나이트화한 후에 A_1 변태점 온도 이하로 항온 유지한 후 냉각시켰을 때 얻어지는 온도(temperature), 시간(time), 변태(transform) 관계를 나타낸 곡선이다.

④ 코(nose): 550℃ 부근의 온도에서 곡선이 왼쪽으로 돌출되어 있는데 이것은 변태가 이 온도에서 가장 먼저 시작된다는 것을 의미한다.

- Ms: 마텐자이트 변태 시작점
- Mf: 마텐자이트 변태 종료점

⑤ 베이나이트 조직: 항온 열처리에서 얻어지는 마텐자이트와 트루스타이트의 중간조직으로, 약 350℃ 정도를 기준으로 상부 베이나이트와 하부 베이나이트 조직으로 구분된다.

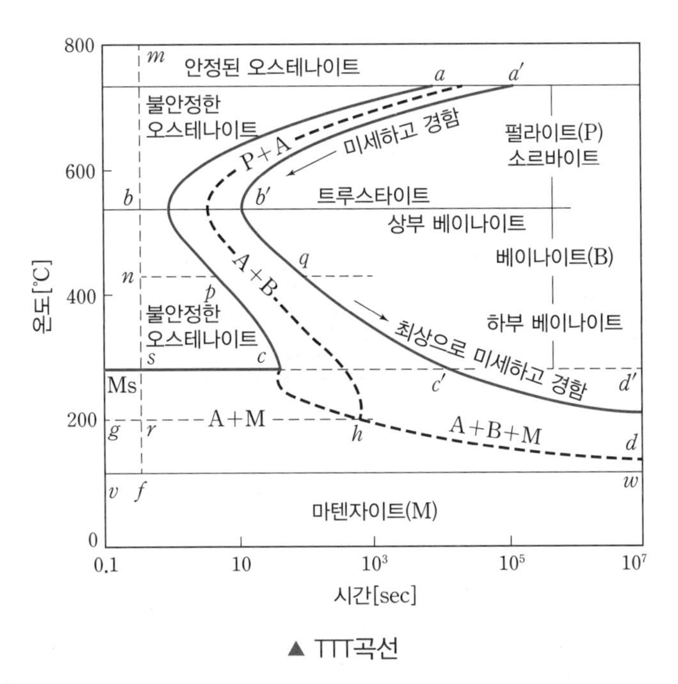

▲ TTT곡선

(2) 항온 열처리의 종류

① 항온 풀림: S곡선의 코 또는 그 이상의 온도(600~700℃)에서 짧은 시간에 실시하는 항온처리

② 오스템퍼링(austempering)

- 하부 베이나이트 담금질이라고 하며, Ms점 상부의 과랭 오스테나이트에서 변태 완료하기까지 항온 유지하고 공랭하는 처리
- 강인성이 크고 변형, 균열이 방지되는 베이나이트 조직을 얻을 수 있다.
- 뜨임처리가 필요 없다.

③ 마퀜칭(marquenching)

- Ms점 직상에서 담금질한 후 재료의 내부·외부가 동일한 온도가 될 때까지 항온 유지한 후 공랭
- 마텐자이트와 베이나이트의 혼합조직으로 충격치가 높아진다.

④ 마템퍼링(martempering)

- Ms점 이하, Mf점 이상에서 열욕 담금질하여 항온변태 후 공랭하는 열처리
- 균열 방지, 강도 유지, 강인성 증가의 목적이 있다.

⑤ 패턴팅(patenting)

- 오스테나이트 가열온도에서 약 500~550℃의 열욕 담금질하여 항온변태를 완료시킨 후 공랭하는 열처리

• 오스템퍼링 처리온도의 상한에서 조작하여 미세한 소르바이트상의 펄라이트 조직을 얻는 것

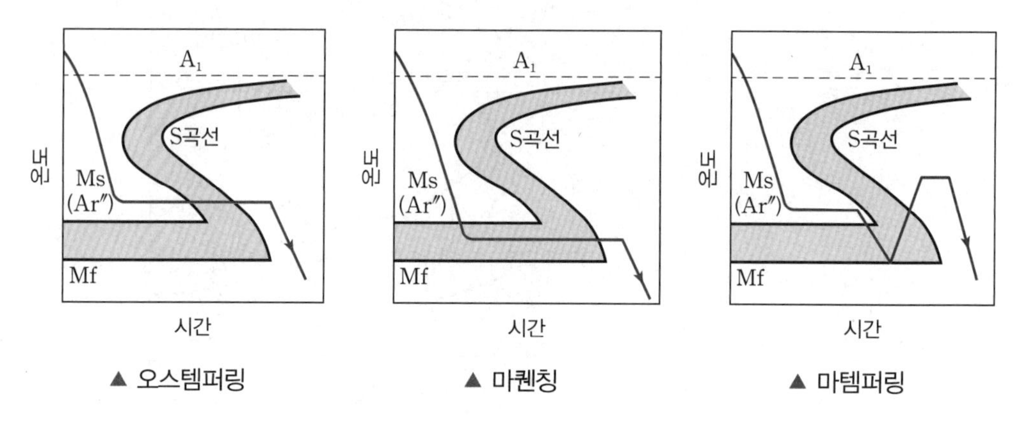

▲ 오스템퍼링 ▲ 마퀜칭 ▲ 마템퍼링

4-7 표면경화법

(1) 개요

① 표면에 탄소(C), 질소(N) 등을 침투시킨 후에 담금질하여 표면경도를 높이는 방법이다.

② 침탄이 필요 없는 부분은 구리도금을 한다.

(2) 종류

① 고체침탄법: 침탄상자 내에 부품과 침탄제인 목탄, 코크스 등을 넣고 900~950℃에서 3~4시간 가열하여 표면에 0.5~2mm 정도의 침탄층이 생기게 하는 표면경화법이다.

② 액체침탄법(청화법, 시안화법, 침탄질화법): 시안화칼륨(KCN), 시안화나트륨(NaCN) 등의 침탄제와 침탄 촉진제를 혼합한 용탕 속에 부품을 넣고 750~900℃에서 30분~1시간 가열하여 탄소와 질소를 동시에 소재의 표면에 침투시키는 처리방법이다.

③ 가스침탄법: 부품을 천연가스나 석탄가스 등으로 가열하여 침탄층을 얻는 방법으로 작은 부품에 적당하다.

④ 질화법: 재료를 500~550℃의 암모니아(NH_3) 기류 중에서 50~100시간 가열하면 알루미늄(Al), 크롬(Cr), 몰리브덴(Mo) 등이 질소를 흡수하여 질화층이 형성된다.

• 질화가 불필요한 부분은 니켈(Ni) 또는 주석(Sn) 도금을 한다.

• 질화층이 얇고, 경도는 침탄한 것보다 크며, 마모 및 부식 저항이 크다.

- 담금질할 필요가 없으며, 변형도 적다.
- 600℃ 이하의 온도에서는 경도가 감소되지 않으며, 산화도 잘 안된다.

ONE POINT

침탄법과 질화법의 비교

구분	침탄법	질화법
경도	작다	크다
처리 후 담금질	필요	불필요
변형 정도	크다	적다
수정 가능성	가능	불가능
처리시간	짧다	길다
침탄층	깊다	얕다
처리온도	600~950℃	500~550℃

⑤ 화염경화법

- 산소-아세틸렌불꽃으로 부품 표면을 가열한 후 수랭시키는 방법이다.
- 경화층의 깊이는 불꽃온도, 가열시간, 불꽃 이동속도로 조절한다.
- 대형 구조물에 많이 사용한다.
- 화염경화법에 의한 담금질 경도(H_{RC})$=15+100\times$(C%)
- 화염경화법에 적당한 탄소강의 탄소함유량은 0.4% 전후이다.

⑥ 고주파경화법

- 부품의 내부·외부에 코일을 설치하고 고주파전류를 통하여 표면을 가열한 후 수랭하는 표면경화법이다.
- 가열시간이 단축되어 산화·탈탄의 염려가 적으며, 소요시간이 짧고 경제적이다.
- 응력을 최소한으로 억제할 수 있고, 복잡한 형상에도 이용 가능하다.
- 급열·급랭으로 인해 변형과 담금질 균열이 발생될 수 있다.

⑦ 하드 페이싱: 소재의 표면에 스텔라이트나 경합금 등을 융접 또는 압접으로 용착시키는 방법이다.

⑧ 쇼트피닝: 소재 표면에 강이나 주철로 된 작은 입자들을 고속으로 분사시켜 가공경화에 의하여 표면의 경도를 높이는 방법으로, 휨과 비틀림의 반복하중에 대한 피로한도가 매우 증가한다.

⑨ 금속침투법

- 세라다이징(sheradizing) : 아연(Zn) 침투
- 칼로라이징(calorizing) : 알루미늄(Al) 침투
- 실리코나이징(siliconizing) : 규소(Si) 침투
- 크로마이징(chromizing) : 크롬(Cr) 침투
- 보로나이징(boronizing) : 붕소(B) 침투

CHAPTER

ISO International Welding 

05 비철금속 및 그 합금

5-1 구리와 그 합금

(1) 구리의 성질

① 비중 8.96, 용융점 1,083℃, 변태점은 없다.

② 전기전도율 및 열전도율이 좋다.

③ 부식이 잘 안되나 해수에서 부식되며 아연(Zn), 주석(Sn), 니켈(Ni)과 합금이 쉽다.

④ 전성·연성과 가공성이 좋다.

⑤ 경화 정도에 따라 경질(H)과 연질(O)로 구분된다.

(2) 구리의 종류

① 거친 구리(조동): 적동광 또는 황동광(구리광석) → 용광로 → 전로에서 산화정련하여 얻은 순도 98~99.5%의 구리이다.

② 전기구리

- 거친 구리(Cu)를 전기분해한 것이다.
- 순도 99.9% 이상으로 높으나, 메짐성이 있어 가공이 곤란하므로 다시 정련하여 사용하고 있다.

③ 정련구리

- 전기구리를 산화 및 환원 용해시켜 불순물을 제거하고, 산소량을 0.02~0.04% 이하로 줄인 것이다.
- 용접재료로 부적당하며 전기재료로 사용된다.

④ 탈산구리(인탈산동)

- 정련구리를 용해할 때 산소와 친화력이 강한 물질(P, Si, Mn)을 첨가하여 산소량을 0.01% 이하로 줄인 것이다.
- 용접봉, 가스관, 열교환기, 증기기관용으로 사용된다.

⑤ 무산소구리
- 산소와 탈산제를 포함하지 않은 고순도의 구리(Cu)로, 산소량이 0.001~0.002% 정도이다.
- 수소 메짐성을 완전하게 방지한 구리이다.
- 전기전도율이 가장 좋으며 용접성, 내식성, 전성, 연성이 우수하다.
- 내피로성과 유리와의 밀착성이 좋아 유리 봉입선, 진공관, 전자기재료로 사용된다.

(3) 황동(brass)의 특성

① 구리와 아연(Zn)의 합금으로 아연함유량에 따라 색이 변하며, 전기전도도가 저하된다.
② 실용합금으로 45% Zn 이하가 많이 사용된다.
③ Zn 30%(7 : 3황동) 부근에서 연신율이 최대이며, Zn 40%(6 : 4황동) 부근에서 인장강도가 최대이다.
④ 6 : 4황동은 고온가공성이 좋으나, 7 : 3황동은 고온가공에 부적합하다.
- 탈아연 부식: 불순물, 부식성 물질이 녹아 있는 수용액 속에서 아연이 용해되어 빠져나오는 현상으로 7 : 3황동보다 6 : 4황동에서 많이 발생된다. 아연이 구리보다 이온화 경향이 크기 때문에 발생되며, 탈아연된 부분은 다공질로 되어 강도를 급격하게 감소시킨다.
- 수소병: 산화구리를 환원성 분위기에서 가열할 때 수소가 동 중에 확산 침투하여 균열이 발생하는 현상
- 고온 탈아연: 고온에서 아연이 증발하여 빠져나오는 현상
- 자연균열: 암모니아(NH_3)가스 중에서 가공용 황동이 잔류응력에 의해 균열이 발생하는 현상으로, 방지법으로 200~300℃ 저온 풀림 또는 아연도금을 한다.
- 경년변화: 황동 가공재를 상온에서 방치할 경우, 시간의 경과에 따라 여러 성질이 약해지는 현상

ONE POINT

실용황동의 종류 및 용도

종류 및 명칭	성분	특징
톰백	Cu+5~20% Zn	장식품, 금박 대용
길딩메탈	Cu+5% Zn	화폐, 메달
문쯔메탈(6 : 4황동)	Cu 60%+Zn 40%	α+β조직, 인장강도 최대
카트리지 브라스(7 : 3황동)	Cu 70%+Zn 30%	연신율 최대

종류 및 명칭	성분	특징
연황동(lead brass)	6 : 4황동+Pb	절삭성 개선(쾌삭황동)
네이벌 황동	6 : 4황동+1% Sn	내식성 강화(용접봉, 파이프, 선박기계용)
애드미럴티 황동	7 : 3황동+1% Sn	내식성, 내해수성 강화(열교환기, 증발기)
철황동(delta metal)	6 : 4황동+1~2% Fe	강도, 내식성 강화(광산, 선박기계)
양은(양백)	7 : 3황동+15~20% Ni	부식저항이 크고 은 대용품

(4) 청동(bronze)의 특성

① 구리(Cu)와 주석(Sn)의 합금이다.

② 황동보다 주조성이 좋고 내식성과 내마멸성이 우수하다.

③ 대부분 주물용으로 사용된다.

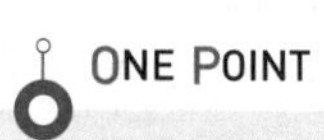

① 실용청동의 종류 및 용도

종류 및 명칭	성분	특징
포금(gun metal)	Cu+8~12% Sn+1~2% Zn	• 단조성이 좋고 강인하며 마모 부식에 강하다.
알루미늄청동	Cu+12% Al	• 기계적 성질 우수 • 내마모성, 내식성, 내피로성 우수
인청동	청동+P	• 내마멸성 우수
연청동	청동+Pb	• 윤활성이 우수하여 베어링, 패킹재료
규소청동	Cu+4.7% Si	• 내식성 우수(화학장치용)

② **켈밋**: 구리에 30~40% 납을 첨가한 베어링합금

③ **오일리스 베어링**: 구리·주석·흑연 분말을 가압·성형·소결시킨 후 기름을 흡수시킨 합금으로, 주유가 곤란한 곳에 사용

④ **콘스탄탄**: 구리+45% 니켈합금으로 열전대용으로 사용되며 전기저항성이 우수하다.

5-2 알루미늄과 그 합금

(1) 알루미늄의 성질

① 비중 2.7, 용융점 660℃, 변태점이 없으며, 은백색이다.

② 대기 중에 쉽게 산화되지만 표면에 산화알루미늄(Al_2O_3)의 얇은 보호피막으로 내부의 산화를 방지한다.

③ 황산, 묽은 질산, 인산에 침식되며 특히 염산에는 침식이 대단히 빠르게 진행된다.

④ 전성·연성이 풍부하며 400~500℃에서 연신율이 최대이다.

(2) 알루미늄합금의 종류 및 특징

구분	대표 명칭	성분	특징
주물용	알코아	Al-Cu합금	• 담금질과 시효에 의해 강도가 증가 • 내열성, 절삭성이 우수 • 고온취성이 크고 수축 균열이 발생
	실루민	Al-Si합금	• 내열성이 우수(피스톤)
	라우탈	Al-Cu-Si합금	• 주조성이 양호
내열용	Y합금	Al-Cu-Mg-Ni	• 내연기관 실린더
	하이드로날륨	Al-Mg(10~20%)	• 내식성, 고온강도, 절삭성, 연신율이 우수
	두랄루민	Al-Cu-Mg-Mn	• 대기 중에서 내식성이 우수 • 해수에 약하고 부식 균열 발생
가공용	A1000계	순수 Al 99% 이상	-
	A2000계	Al-Cu계 합금	-
	A3000계	Al-Mn계 합금	-
	A4000계	Al-Si계 합금	-
	A5000계	Al-Mg계 합금	• A5083: 조선 및 LNG 탱크
	A6000계	Al-Mg-Si계 합금	-
	A7000계	Al-Zn계 합금	-
	A8000계	기타	-

5-3 니켈과 그 합금

(1) 니켈의 성질

① 비중 8.9, 용융점 1,455℃, 은백색이다.

② 상온에서 강자성체이나 360℃에서 자기변태로 자성을 잃는다.

③ 황산·염산에는 부식이 되지만, 유기화합물이나 알칼리에는 잘 견딘다.

(2) 니켈합금의 종류 및 특징

구분	대표 명칭	성분	특징
Ni-Cu계	콘스탄탄	40~45% Ni	• 온도측정용 열전쌍, 표준 전기저항선으로 사용
	어드밴스	44% Ni	• 전기저항선용
	모넬메탈	65~70% Ni	• 내열성, 내식성이 우수 • R모넬, K모넬, KR모넬, H모넬
Ni-Fe계	인바	36% Ni	• 열팽창계수가 불변(표준자, 바이메탈용)
	엘린바	36% Ni+12% Cr	• 탄성계수가 불변(스프링용)
	슈퍼인바	30~32% Ni+Co	• 팽창계수가 불변
	플래티나이트	42~48% Ni	• 열팽창계수가 적고 백금 대용으로 사용
	퍼멀로이	70~90% Ni	• 투과율이 높아 전류계판, 해저전선용
Ni-Cr계	인코넬	-	• 내식용, 내열용
	니크롬	-	• 절연선
	알루멜	-	• 고온측정용 열전대
	크로멜	-	-

5-4 마그네슘과 그 합금

(1) 마그네슘의 성질

① 실용금속 중에서 가장 가볍고(비중 1.74), 용융점은 650℃이다.
② 산·염류에는 부식되나 대기 중 또는 알칼리에는 내식성이 있다.
③ 냉간가공성이 나빠 350~450℃에서 열간가공을 해야 한다.
④ 열팽창계수가 철의 2배 이상으로 대단히 크다(고온에서 쉽게 발화한다).

(2) 마그네슘합금의 종류

구분	대표 명칭	성분
주물용	도우메탈(dow metal)	Mg-Al합금
	일렉트론	Mg-Al-Zn합금
가공용	-	Mg-Mn합금
		Mg-Zn-Cu합금

5-5 티탄과 그 합금

(1) 티탄의 성질

① 고융점(1,800℃)이며, 비중은 4.5이다.
② 열팽창계수 및 탄성계수가 작고, 전기저항성이 크다.
③ 450℃까지의 온도에서 비강도(강도/중량비)가 높고 내식성이 좋아 항공기 엔진부품, 화학용기 분야에 주로 사용된다.
④ 600℃ 이상에서는 산화·질화가 빨라 TIG용접 시 특수 실드가스 장치가 필요하다.

(2) 티탄의 종류

① 저융점합금: 가융합금(fusible alloy)이라고도 하며, 일반적으로 주석(Sn)의 용융점(232℃)보다 낮은 융점을 가진 합금이다.
② 고융점금속: 융점이 2,000~3,000℃ 정도로 높은 금속으로 텅스텐(W), 몰리브덴(Mo), 크롬(Cr), 바나듐(V) 등이 있다.

5-6 기타 비철금속

(1) 베어링용 합금의 종류

구분	성분	특징
주석계 화이트메탈 (배빗메탈)	75~90% Sn 3~15% Sb 3~10% Cu	충격·진동에 강하고, 고속도·고하중의 큰 베어링용으로 사용
납계 화이트메탈	Pb-Sb-Sn	-
구리계 베어링합금 (켈밋)	Cu-Sn	-
오일리스 베어링 (함유 베어링)	-	다공질재료에 윤활유를 함유시켜 급유가 필요 없다.

출제 예상문제

O/X 문제

01 알루미늄(Al)의 비중은 2.7이고 녹는점은 650℃이다. (○/×)

02 구리(Cu)와 아연(Zn)의 합금을 청동이라 한다. (○/×)

해설
- 구리와 아연의 합금은 황동
- 구리와 주석(Sn)의 합금은 청동

03 금색에 가까워 금박 대용으로 사용되며, 화폐·메달 등에 많이 사용되는 황동을 톰백(tombac)이라 한다. (○/×)

04 라우탈(lautal)은 주조용 알루미늄합금으로 Al-Si계의 대표적인 합금이다. (○/×)

해설
- 라우탈: Al-Cu-Si계 합금
- 실루민: Al-Si계 합금
- 두랄루민: Al-Cu-Mg-Mn계 합금

05 비행기의 몸체로 주로 사용하기 위해 개발된 두랄루민(duralumin)의 주요 합금성분은 Al+Cu+Mg+Mn이다. (○/×)

06 저용점합금이란 용융점이 주석(Sn)의 용융점보다 낮은 합금을 말한다. (○/×)

07 회백색금속으로 윤활성이 좋고 내식성이 우수하며, X선이나 라듐 등의 방사선 차폐용으로 쓰는 것은 납(Pb)이다. (○/×)

08 일반적으로 보통 주철은 회주철 형태이며, 인장강도가 25kgf/mm^2 이상인 것을 말한다. (○/×)

해설
- 보통 주철의 인장강도는 10~20kgf/mm^2
- 고급주철의 인장강도는 25kgf/mm^2 이상

09 주철의 전 탄소량은 화합탄소와 유리탄소를 합한 것을 의미한다. (○/×)

10 탄소강에서 황(S)에 의한 적열취성을 방지하기 위해 첨가하는 원소는 망간(Mn)이다. (○/×)

정답

01. ○ 02. × 03. ○ 04. × 05. ○ 06. ○ 07. ○ 08. × 09. ○ 10. ○

객관식 문제

01 마그네슘과 그 합금 중 Mg-Al-Zn계 합금의 대표적인 것은?

① 도우메탈 ② 일렉트론
③ 하이드로날륨 ④ 라우탈

해설
- 도우메탈: Mg-Al계 합금
- 일렉트론: Mg-Al-Zn계 합금
- 하이드로날륨: Al-Mg계 합금
- 라우탈: Al-Cu-Si계 합금

02 용융금속이 그 주위로부터 냉각되기 시작하면서 결정이 냉각면에 수직하게 가늘고 긴 형상으로 생기는 조직은?

① 주조조직 ② 편석조직
③ 종빙형조직 ④ 주상조직

03 주철용접 시 예열 및 후열 온도의 범위는 몇 ℃ 정도가 가장 적당한가?

① 500~600℃ ② 700~800℃
③ 300~350℃ ④ 400~450℃

04 알루미늄이나 그 합금은 용접성이 대체로 불량한데, 그 이유에 해당하지 않는 것은?

① 비열과 열전도도가 대단히 커서 단시간 내에 용융온도까지 이르기가 힘들기 때문이다.
② 용접 후의 변형이 크며 균열이 생기기 쉽기 때문이다.
③ 용융점이 660℃로서 낮은 편이고, 색채에 따라 가열온도의 판정이 곤란하여 지나치게 용융되기 쉽기 때문이다.
④ 용융응고 시에 수소가스를 배출하여 기공이 발생되기 어렵기 때문이다.

05 주석계 화이트메탈(white metal)의 주성분으로 맞는 것은?

① 주석, 알루미늄, 인
② 구리, 니켈, 주석
③ 납, 알루미늄, 주석
④ 구리, 안티몬, 주석

해설 주석계 화이트메탈은 대표적인 베어링용으로 배빗메탈이라고도 하며, 주석(Sn)-안티몬(Sb)-구리(Cu)계 합금이다.

06 담금질 시효에 의하여 강도가 증가하며 내열성, 연신율, 절삭성이 좋으나 고온취성이 크고 수축에 의한 균열 등의 결점을 가지고 있는 합금은?

① Al-Cu계 합금
② Al-Si계 합금
③ Al-Cu-Si계 합금
④ Al- Si-Ni계 합금

해설 Al-Cu계 합금: A2000계 알루미늄합금으로 두랄루민(2017), 초두랄루민(2024)이 이에 속한다.

07 다음 탄소강의 용접에 대한 설명으로 틀린 것은?

① 노치인성이 요구되는 경우 저수소계 계통의 용접봉이 사용된다.
② 중탄소강의 용접에는 650℃ 이상의 예열이 필요하다.
③ 저탄소강의 경우 일반적으로 판 두께 25mm까지는 예열이 필요 없다.
④ 고탄소강의 경우는 용접부의 경화가 현저하여 용접균열이 발생될 위험이 있다.

해설 중탄소강용접 시 150~250℃ 정도로 예열을 한다.

정답

01. ② 02. ④ 03. ① 04. ④ 05. ④ 06. ① 07. ②

08 **주철은 고온으로 가열과 냉각을 반복하면 차례로 팽창하면서 치수가 변하게 된다. 주철의 성장에 대한 대책으로 틀린 것은?**

① C와 결합하기 쉬운 Cr 등의 원소를 첨가한다.
② 구상흑연 또는 국화무늬 모양의 흑연을 발생시킨다.
③ Si의 양을 많게 한다.
④ Ni을 첨가하여 준다.

해설 주철의 성장 방지법
- 흑연의 미세화(조직의 치밀화)
- 흑연화 방지제 첨가
- 탄화물 안정제 첨가(Mn, Cr, Mo, V 등 첨가로 Fe_3C의 분해 방지)
- 규소(Si)의 함유량 감소

09 **고급주철인 미하나이트 주철은 저탄소, 저규소 주철에 어떤 접종제를 사용하는가?**

① 규소철, Ca-Si　② 규소철, Fe-Mn
③ 칼슘, Fe-Si　④ 칼슘, Fe-Mg

10 **두랄루민(duralumin)의 성분재료로 맞는 것은?**

① Al, Cu, Mg, Mn
② Al, Cu, Fe, Si
③ Al, Fe, Si, Mg
④ Al, Cu, Mn, Pb

해설 두랄루민은 Al-Cu-Mg-Mn계 합금

11 **주철의 흑연화를 촉진시키는 원소가 아닌 것은?**

① Si　② Al
③ Mn　④ Ti

해설 • 주철의 흑연화 촉진 원소: Al, Cu, C, P, Ti, Si
• 주철의 흑연화 방해 원소: S, Mn, Cr, Mo, W

12 **주철의 용접이 곤란하고 어려운 이유를 설명한 것은?**

① 주철은 연강에 비해 수축이 적어 균열이 생기기 어렵기 때문이다.
② 일산화탄소가 발생하여 용착금속에 기공이 생기기 쉽기 때문이다.
③ 장시간 가열로 흑연이 조대화된 경우 모재와의 친화력이 좋기 때문이다.
④ 주철은 연강에 비하여 경하고 급랭에 의한 흑선화로 기계가공이 쉽기 때문이다.

해설 주철은 연강에 비해 여리며 급랭에 의한 백선화로 수축이 커서 균열이 발생되기 쉽고 일산화탄소가 발생하여 용착금속에 기공이 발생되기 쉽기 때문에 용접이 어렵다.

13 **알루미늄청동에 대한 설명 중 틀린 것은?**

① 알루미늄청동은 알루미늄의 함유량과 그 열처리에 따라 기계적 성질이 변한다.
② 알루미늄을 12% 이상 포함한 것으로 주조, 단조, 용접 등이 용이하다.
③ 황동이나 청동에 비하여 기계적 성질, 내식성, 내열성, 내마멸성이 우수하다.
④ 알루미늄청동은 선박용 펌프, 용접기 부품, 기어, 자동차용 엔진밸브 등으로 쓰인다.

해설 알루미늄청동: 알루미늄을 8~12% 함유한 청동이며 황동이나 청동에 비해 기계적 성질, 내열성, 내식성이 우수하지만 주조성, 가공성, 용접성이 나빠 많이 사용되지 않는다.

14 **Cu와 Zn의 합금 및 이것에 다른 원소를 첨가한 합금으로 판, 봉, 관, 선 등의 가공재 또는 주물로 사용되는 것은?**

① 주철　② 합금강
③ 황동　④ 연강

해설 Cu+Zn합금 = 황동, Cu+Sn합금 = 청동

정답

08. ③　09. ③　10. ①　11. ③　12. ②　13. ②　14. ③

15 일반 고장력강의 용접 시 주의사항이 아닌 것은?

① 용접봉은 저수소계를 사용한다.
② 아크 길이는 가능한 한 짧게 유지한다.
③ 위빙 폭은 용접봉 지름의 3배 이상이 되게 한다.
④ 용접봉은 300~350℃ 정도에서 1~2시간 건조 후 사용한다.

16 스테인리스강의 용접 시 열영향부 부근의 부식저항이 감소되어 입계부식 저항이 일어나기 쉬운데 이러한 현상의 주된 원인은?

① 탄화물의 석출로 크롬함유량 감소
② 산화물의 석출로 니켈함유량 감소
③ 수소의 침투로 니켈함유량 감소
④ 유황의 편석으로 크롬함유량 감소

17 기본 열처리방법의 목적을 설명한 것으로 틀린 것은?

① 담금질 – 급랭시켜 재질을 경화시킨다.
② 풀림 – 재질을 연하고 균일화하게 한다.
③ 뜨임 – 담금질된 것에 취성을 부여한다.
④ 불림 – 소재를 일정 온도에서 가열한 후 공랭시켜 표준화한다.

해설
- 뜨임: 담금질된 것에 인성을 부여한다.
- 저온 뜨임: 150℃ 부근에서 뜨임하는 방법
- 고온 뜨임: 500~600℃에서 뜨임하는 방법

18 철강의 풀림 중에서 고온 풀림의 종류가 아닌 것은?

① 완전 풀림 ② 응력제거 풀림
③ 확산 풀림 ④ 항온 풀림

해설
- 고온 풀림: 완전 풀림, 확산 풀림, 항온 풀림
- 저온 풀림: 응력제거 풀림, 구상화 풀림, 중간 풀림

19 Al–Cu–Si계의 합금으로서 Si에 의해 주조성을 개선하고 Cu에 의해 피삭성을 좋게 한 주조용 알루미늄합금은?

① Y합금 ② 배빗메탈
③ 라우탈 ④ 두랄루민

해설
- Y합금: Al–Cu–Mg–Ni계 합금
- 배빗메탈: Sn–Sb–Cu계 합금
- 라우탈: Al–Cu–Si계 합금
- 두랄루민: Al–Cu–Mg–Mn계 합금

20 방식법 중 15~25% 황산액에서 산화물계의 피막을 형성하는 방법은?

① 알루마이트법
② 알루미나이트법
③ 크롬산염법
④ 하이드로날륨법

해설 알루미늄 방식법
- 수산법(alumite process; 알루마이트법): 알루미늄(Al)제품을 2% 수용액에 넣고 전류를 송전하여 산화피막을 형성하는 방법
- 황산법(alumilite process; 알루미나이트법): 15~20% 황산액을 사용하며 산화피막을 형성하는 방법
- 크롬산염법: 3.0%의 산화크롬 수용액을 사용하여 산화피막을 형성하는 방법

21 강의 표면경화 방법이 아닌 것은?

① 침탄법 ② 질화법
③ 토머스법 ④ 화염경화법

해설 토머스법: 전로제강법에서 염기성 전로를 이용하여 선철을 만드는 방법을 말한다.

22 열전대 중 가장 높은 온도를 측정할 수 있는 것은?

① 백금–로듐 ② 철–콘스탄탄
③ 크로멜–알루멜 ④ 구리

정답

15. ③ 16. ① 17. ③ 18. ② 19. ③ 20. ② 21. ③ 22. ①

23 Fe−C상태도에서 γ고용체와 Fe_3C의 조직으로 옳은 것은?

① 페라이트(ferrite)
② 펄라이트(pearlite)
③ 레데뷰라이트(ledeburite)
④ 오스테나이트(austenite)

해설 레데뷰라이트(ledeburite): γ고용체와 Fe_3C의 공정조직

24 오스테나이트계 스테인리스강은 용접 시 냉각되면서 고온균열이 발생하기 쉬운데 그 원인이 아닌 것은?

① 아크 길이가 너무 길 때
② 크레이터 처리를 하지 않았을 때
③ 모재가 오염되어 있을 때
④ 모재를 구속하지 않은 상태에서 용접할 때

25 Ni−Cr계 합금의 특성으로 맞지 않는 것은?

① 전기저항이 대단히 크다.
② 내열성이 크고 고온에서 경도 및 강도의 저하가 작다.
③ 내식성 및 산화도가 크다.
④ 산이나 알칼리에 침식되지 않는다.

해설 Ni−Cr계 합금의 대표적인 것은 니크롬·인코넬·크로멜 등이 있으며, 내식성·내열성이 우수하고 산화도가 적다.

26 표면경화 열처리법 중에서 가열시간이 짧기 때문에 산화·탈탄·결정입자의 최대화는 일어나지 않지만, 급열·급랭으로 인한 변형과 마텐자이트 생성에 따른 담금질 균열의 발생이 우려되는 것은?

① 화염경화법 ② 가스침탄법
③ 액체침탄법 ④ 고주파경화법

해설 고주파경화법: 급열, 급랭으로 인해 담금질 균열이 발생되기 쉽다.

27 담금질할 때 생긴 내부응력을 제거하며 인성을 증가시키고 안정된 조직으로 변화시키는 열처리는?

① 뜨임 ② 표면경화
③ 불림 ④ 담금질

해설 뜨임: 담금질 후 재료에 인성을 부여하는 열처리 방법

28 6 : 4황동에 관한 설명으로 옳지 않은 것은?

① 상온에서 7 : 3황동에 비하여 전성·연성이 낮고, 인장강도가 크다.
② 내식성이 높고, 탈아연 부식을 일으키지 않는다.
③ 아연함유량이 많아 황동 중에서 값이 싸서 기계재료로 많이 사용된다.
④ 일반적으로 판재, 선재, 볼트, 너트, 파이프, 밸브 등의 재료로 쓰인다.

해설 6 : 4황동은 7 : 3황동에 비해 탈아연 부식을 일으킬 우려가 높다.

29 재료의 선팽창계수나 탄성률 등의 특성이 변하지 않는 불변강에 해당하지 않는 것은?

① 인바(invar)
② 코엘린바(co−elinvar)
③ 슈퍼인바(super invar)
④ 슈퍼엘린바(super elinvar)

30 특수강의 제조 목적이 아닌 것은?

① 고온에서 기계적 성질 저하의 방지
② 담금질효과의 증대
③ 결정입도의 조대화 증대
④ 기계적 성질의 증대

정답

23. ③ 24. ④ 25. ③ 26. ④ 27. ① 28. ② 29. ④ 30. ③

31 불스아이 조직(bull's eye structure)이 나타나는 주철로 맞는 것은?

① 칠드 주철 ② 미하나이트 주철
③ 백심가단주철 ④ 구상흑연주철

해설 • 칠드 주철(냉경주철): 표면을 백주철화를 시킨 것
• 미하나이트 주철: 규소철, 규소칼슘을 접종하여 제조한 것
• 백심가단주철(WMC): 백주철을 풀림처리하여 연성을 크게 한 것
• 구상흑연주철(노듈러 주철, 연성주철): 흑연을 구상화시킨 것으로 불스아이 조직이 나타난다.

32 마텐자이트계 스테인리스강의 피복아크용접 시 발생하는 잔류응력의 과대 및 균열 발생을 방지하기 위해 예열을 실시하는데 이때 가장 적절한 예열온도 범위는?

① 100~200℃ ② 200~400℃
③ 400~600℃ ④ 600~700℃

해설 마텐자이트계 스테인리스강의 예열온도는 200~400℃이며, 오스테나이트계 스테인리스강은 예열을 하지 않는다.

33 450℃까지의 온도에서 강도, 중량비가 높고 내식성이 좋아 항공기 엔진부품, 화학용기 분야에 주로 사용되는 합금은?

① 망간합금 ② 텅스텐합금
③ 구리합금 ④ 티탄합금

34 탄소강에 함유된 원소 중 망간(Mn)의 영향으로 옳은 것은?

① 적열취성을 방지한다.
② 뜨임취성을 방지한다.
③ 전자기적 성질을 개선시킨다.
④ Cr과 함께 사용되어 고온 강도와 경도를 증가시킨다.

35 구리의 용접에 관한 설명으로 가장 관계가 먼 것은?

① 불활성가스 텅스텐 아크용접은 판 두께 6mm 이하에 대하여 많이 사용된다.
② 구리의 용접은 불활성가스 텅스텐 아크 용접법과 가스용접이 많이 사용된다.
③ 용접용 구리재료로는 전해구리를 사용하고, 용접봉은 전해구리용접봉을 사용해야 한다.
④ 구리는 용융될 때 심한 산화를 일으키며, 가스를 흡수하기 쉽다.

해설 용접용 구리재료로는 탈산구리를 사용하고, 용접봉도 탈산구리용접봉을 사용한다.

36 내마모성의 표면처리법으로 시안화소다, 시안화칼륨을 주성분으로 한 염(salt)을 사용하여 침탄온도 750~900℃에서 30분~1시간 침탄시키는 방법은?

① 액체침탄법 ② 고체침탄법
③ 가스침탄법 ④ 기체침탄법

37 담금질 균열의 방지책이 아닌 것은?

① 급격한 냉각을 위하여 빠른 속도로 냉각한다.
② 가능한 한 수랭을 피하고 유랭을 한다.
③ 설계 시 부품의 직각 부분을 적게 한다.
④ 부분적인 온도 차를 줄이기 위해 부분 단면을 적게 한다.

38 응고에서 상온까지 냉각할 때 순철에 발생하는 변태가 아닌 것은?

① A_1 변태점 ② A_2 변태점
③ A_3 변태점 ④ A_4 변태점

해설 A_1(723℃): 공석점으로, 순철의 변태점에 해당되지 않는다.

정답

31. ④ 32. ② 33. ④ 34. ① 35. ③ 36. ① 37. ① 38. ①

39 철강 표면에 Zn을 확산, 침투시키는 방법으로 청분이라고 하는 300mesh 정도의 Zn분말 속에 제품을 넣고, 300~420℃로 1~5시간 가열하여 경화층을 얻는 금속침투법은?

① 칼로라이징(calorizing)
② 세라다이징(sheradizing)
③ 크로마이징(chromizing)
④ 실리코나이징(siliconizing)

해설 • 칼로라이징: 알루미늄(Al) 침투
• 세라다이징: 아연(Zn) 침투
• 크로마이징: 크롬(Cr) 침투
• 실리코나이징: 규소(Si) 침투

40 동소변태를 일으키는 순철의 A_3 변태점은?

① 910℃ ② 1,112℃
③ 1,394℃ ④ 1,494℃

해설 • A_0(210℃): 시멘타이트 자기변태점
• A_1(723℃): 공석점
• A_2(768℃): 순철의 자기변태점
• A_3(910℃): 순철의 동소변태점
• A_4(1,400℃): 순철의 동소변태점

41 기어·크랭크축 등 기계요소용 재료의 열처리법으로 사용되고, 표면은 내마모성을 가지고 중심은 강인성을 요구하는 재료의 열처리법이 아닌 것은?

① 화염경화법 ② 침탄법
③ 질화법 ④ 소성가공법

해설 소성가공법: 재료에 외력을 가해 원하는 형상의 제품을 얻는 가공방법(단조, 압연, 인발, 압출 등)

42 합금강에서 Cr원소의 첨가효과 중 틀린 것은?

① 내열성 증가 ② 내마모성 증가
③ 내식성 증가 ④ 인성 증가

43 황동의 탈아연 부식에 대한 설명으로 틀린 것은?

① 탈아연 부식은 6:4황동보다 7:3황동에서 많이 발생한다.
② 탈아연된 부분은 다공질로 되어 강도가 감소하는 경향이 있다.
③ 아연이 구리에 비하여 전기화학적으로 이온화 경향이 크기 때문에 발생한다.
④ 불순물에 부식성 물질이 공존할 때 수용액의 작용에 의하여 생긴다.

해설 6:4황동은 7:3황동에 비해 탈아연 부식을 일으킬 우려가 높다.

44 열처리를 하지 않아도 충분한 경도를 가지며 코발트를 주성분으로 한 것으로 단련이 불가능하므로 금형 주조에 의해서 소정의 모양으로 만들어 사용하는 합금은?

① 고속도강 ② 스텔라이트
③ 화이트메탈 ④ 합금공구강

해설 • 고속도강(SKH): 고탄소강에 Mo, Cr, W, V 등을 첨가한 강을 담금질 후 뜨임처리한 것으로 고속절삭에 사용되며, 표준형으로 18W-4Cr-1V강이 있다.
• 스텔라이트: 코발트(Co)를 주성분으로 한 Co-Cr-W-C의 합금으로 대표적인 주조경질합금이다. 단조나 절삭이 안되므로 주조 후 연마나 성형해서 사용한다.
• 화이트메탈: 대표적인 베어링용으로 배빗메탈이라고도 하며, Sn-Sb-Cu계 합금이다.

45 스테인리스강의 분류에 속하지 않는 것은?

① 펄라이트계 ② 마르텐자이트계
③ 오스테나이트계 ④ 페라이트계

해설 스테인리스강의 분류: 오스테나이트계, 페라이트계, 마텐자이트계, 석출경화형

정답

39. ② 40. ① 41. ④ 42. ④ 43. ① 44. ② 45. ①

46 **오스템퍼 처리온도의 상한에서 조작하여 미세한 소르바이트상의 펄라이트 조직을 얻기 위해 실시하는 것으로, 오스테나이트 가열온도에서 대략 500~550℃의 용융 염욕 속에 담금질하여 항온변태를 완료시킨 다음 공랭하는 열처리법은?**

① 템퍼링(tempering)
② 노멀라이징(normalizing)
③ 패턴팅(patenting)
④ 어닐링(annealing)

47 **구리 및 구리합금의 용접에서 판 두께 6mm 이하에서 많이 사용되며, 용접부의 기계적 성질이 우수하여 가장 널리 쓰이는 용접법은?**

① 불활성가스 텅스텐 아크용접
② 테르밋용접
③ 일렉트로 슬래그용접
④ CO_2 아크용접

48 **화염경화법의 담금질 경도(H_{RC})를 구하는 식은? (단, C는 탄소함유량이다.)**

① $24+40\times C\%$　② $C\%\times 100+15$
③ $600/(\text{경화 깊이})^2$　④ $550-350\times C\%$

49 **탄소강을 질화처리한 것으로 그 특징이 아닌 것은?**

① 경화층은 얇고, 경도는 침탄한 것보다 크다.
② 마모 및 부식에 대한 저항이 크다.
③ 침탄강은 침탄 후 담금질하나, 질화강은 담금질할 필요가 없다.
④ 600℃ 이하의 온도에서는 경도가 감소되고, 산화가 잘된다.

해설 질화처리한 강은 600℃ 이하의 온도에서 경도가 감소되지 않으며, 산화도 잘 안된다.

50 **탄소공구강 및 일반 공구재료의 구비조건 중 틀린 것은?**

① 상온 및 고온 경도가 클 것
② 내마모성이 클 것
③ 강인성 및 내충격성이 작을 것
④ 가공성 및 열처리성이 양호할 것

해설 탄소공구강 및 일반 공구재료의 강인성 및 내충격성은 높아야 한다.

51 **Ni 35~36%, Mn 0.4%, C 0.1~0.3%의 Fe의 합금으로 길이 표준용 기구나 시계의 추 등에 쓰이는 불변강은?**

① 플래티나이트(platinite)
② 코엘린바(co-elinvar)
③ 인바(invar)
④ 스텔라이트(stellite)

해설
- 플래티나이트: Ni 42~48%, 열팽창계수가 작다(전구 및 진공관의 도선용).
- 인바: Ni 36%, 온도에 따른 길이가 불변(표준자, 시계추)

52 **강철재료에서 탄소량이 증가될 때 용접성에 미치는 영향으로 옳은 것은?**

① 용접부의 경도가 증가된다.
② 용접부의 강도가 낮아진다.
③ 용착금속의 유동성이 나쁘다.
④ 용접성이 우수해진다.

해설 탄소량이 증가될수록 용접성은 나빠진다.

53 **티탄합금을 용접할 때, 용접이 가장 잘되는 것은?**

① 피복아크용접
② 불활성가스 아크용접
③ 산소-아세틸렌가스용접
④ 서브머지드 아크용접

정답

46. ③　47. ①　48. ②　49. ④　50. ③　51. ③　52. ①　53. ②

54 오스테나이트계 스테인리스강의 용접 시 유의해야 할 사항 중 틀린 것은?

① 예열을 해야 한다.
② 아크를 중단하기 전에 크레이터 처리를 한다.
③ 짧은 아크 길이를 유지한다.
④ 용접봉은 모재의 재질과 동일한 것을 사용한다.

해설 오스테나이트계 스테인리스강은 용접 시 예열을 하지 않는다.

55 Fe-C 평형상태도에서 나타나는 반응이 아닌 것은?

① 공석반응 ② 공정반응
③ 포정반응 ④ 포석반응

해설 Fe-C 평행상태도에서 나타나는 반응
- 공석반응: 723℃/0.83% C
- 공정반응: 1,130℃/4.3% C
- 포정반응: 1,492℃

56 황동의 종류 중 톰백(tombac)이란 무엇을 말하는가?

① 0.3~0.8% Zn의 황동
② 1.2~3.7% Zn의 황동
③ 5~20% Zn의 황동
④ 30~40% Zn의 황동

해설 톰백: Cu+5~20% Zn의 황동

57 용접부의 국부가열 응력 제거방법에서 용접구조용 압연강재의 응력 제거 시 유지온도와 유지시간으로 적합한 것은?

① 625±25℃ 판 두께 25mm에 대해 1시간
② 725±25℃ 판 두께 25mm에 대해 1시간
③ 625±25℃ 판 두께 25mm에 대해 2시간
④ 725±25℃ 판 두께 25mm에 대해 2시간

58 Fe-C계 평형상태도상에서 탄소를 2.0~6.67% 정도 함유하는 금속재료는?

① 구리 ② 티탄
③ 주철 ④ 니켈

59 Co를 주성분으로 한 Co-Cr-W-C계의 합금으로서 주조경질합금의 대표적인 것은?

① 위디아(widia)
② 트리디아(tridia)
③ 스텔라이트(stellite)
④ 텅갈로이(tungalloy)

해설 스텔라이트
- 코발트(Co)를 주성분으로 한 Co-Cr-W-C의 합금으로 대표적인 주조경질합금이다.
- 단조나 절삭이 안되므로 주조 후 연마나 성형해서 사용한다.

60 오스테나이트계 스테인리스강의 용접 시 입계부식 방지를 위하여 탄화물을 분해하는 가열온도로 가장 적당한 것은?

① 480~600℃ ② 650~750℃
③ 800~950℃ ④ 1,000~1,100℃

해설 오스테나이트계 스테인리스강의 용접시 입계부식 방지를 위해 용접 후 1,050~1,100℃에서 용체화처리를 한다.

61 다음 중 70~90% Ni, 10~30% Fe을 함유한 합금으로 니켈-철계 합금은?

① 어드밴스(advance)
② 큐프로니켈(cupro-nickel)
③ 퍼멀로이(permalloy)
④ 콘스탄탄(constantan)

해설
- 어드밴스: 44% Ni
- 큐프로니켈: 10~30% Ni(백동)
- 퍼멀로이: 70~90% Ni
- 콘스탄탄: 40~45% Ni

정답

54. ① 55. ④ 56. ③ 57. ① 58. ③ 59. ③ 60. ④ 61. ③

62 구리와 구리합금이 다른 금속에 비하여 우수한 점이 아닌 것은?

① 전기전도율 및 열전도율이 높다.
② 연하고 전성·연성이 좋아 가공하기 쉽다.
③ 철강보다 비중이 낮아 가볍다.
④ 철강에 비해 내식성이 좋다.

해설 구리의 비중은 8.96으로 철강(7.85)보다 무겁다.

63 풀림의 목적으로 틀린 것은?

① 냉간가공 시 재료가 경화됨
② 가스 및 분출물의 방출과 확산을 일으키고 내부응력이 저하됨
③ 금속합금의 성질을 변화시켜 연화됨
④ 일정한 조직이 균일화됨

해설 풀림의 목적: 내부응력 제거 및 재질의 연화, 균일화

64 스테인리스강을 조직상으로 분류한 것 중 틀린 것은?

① 시멘트타이트계　② 페라이트계
③ 마텐자이트계　④ 오스테나이트계

65 마그네슘의 성질을 틀리게 설명한 것은?

① 비중 1.74로서 실용금속재료 중 가장 가볍다.
② 고온에서 쉽게 발화한다.
③ 알칼리에는 부식되나 산에는 거의 부식이 안된다.
④ 열전도도 및 전기전도도가 구리, 알루미늄보다 낮다.

해설 마그네슘: 대기 중 또는 알칼리에는 부식이 되지 않으며, 산에는 부식이 된다.

66 주철 중 기계구조용 주물로서 우수하여 널리 사용되는 것으로 강력주철(고급주철)이라고도 하는 것은?

① 백주철　② 펄라이트 주철
③ 얼룩주철　④ 페라이트 주철

해설 강력주철(회주철, 고급주철): 펄라이트 주철, 인장강도 25kgf/mm^2 이상

67 알루미늄합금의 종류 중 내열성·연신율·절삭성이 좋으나, 고온취성이 크고 수축에 의한 균열 등의 결점이 있는 합금은?

① Al–Co계 합금
② Al–Cu계 합금
③ Al–Zn계 합금
④ Al–Pb계 합금

해설 Al–Cu계 합금: A2000계 알루미늄합금으로 두랄루민(2017), 초두랄루민(2024)이 이에 속한다.

68 순철이 1,539℃ 용융 상태에서 상온까지 냉각하는 동안에 1,400℃ 부근에서 나타나는 동소변태의 기호는?

① A_1　② A_2
③ A_3　④ A_4

해설 A_4(1,400℃): 순철의 동소변태점(BCC → FCC)

69 고망간강과 가장 밀접한 특성은?

① 내마멸성　② 연성
③ 전성　④ 내부식성

해설 고망간강(하드필드강): 내마멸성 및 경도가 높아 광산기계, 칠드롤러용으로 사용된다.

정답

62. ③　63. ①　64. ①　65. ③　66. ②　67. ②　68. ④　69. ①

ISO INTERNATIONAL WELDING

PART III

ISO INTERNATIONAL WELDING >>>

용접설계, 시공, 검사

01 용접설계

1-1 용접 설계자가 갖추어야 할 지식

① 용접재료에 대한 물리적 성질
② 용접 구조물의 변형
③ 열응력에 의한 잔류응력의 발생
④ 용접 구조물이 받는 하중의 종류
⑤ 정확한 용접비용의 산출

1-2 용접이음의 특징

(1) 장점

① 다른 이음방법에 비해 이음효율이 대단히 높다(리벳이음의 효율은 80%, 용접이음의 효율은 100%).
② 용접이음은 수밀성, 기밀성을 얻기 쉽다.
③ 주강품이나 단조품보다 가볍게 할 수 있다.
④ 작업공정을 줄일 수 있고 설비도 단조품보다 간단하므로 빠르고 싸게 제품을 생산할 수 있다.
⑤ 작업 소음의 발생이 적고 자동화가 용이하다.

(2) 단점

① 용접할 때 급열, 급랭에 의한 수축, 변형 및 잔류응력이 발생한다.
② 모재가 열영향을 받아서 취성이 생기기 쉽다.
③ 노치부 등에 균열이 발생되기 쉽다.

1-3 용접이음 설계 시 주의사항

① 아래보기 용접을 많이 하도록 할 것
② 용접작업에 지장을 주지 않도록 간격을 둘 것
③ 필릿용접은 되도록 피하고 맞대기용접을 하도록 할 것
④ 판 두께가 다른 재료의 이음 시 구배를 줄 것
⑤ 용접이음부가 한 곳에 집중되지 않도록 할 것
⑥ 용접 길이는 될 수 있는 한 짧게, 용착금속량도 강도가 필요한 최소한으로 할 것
⑦ 구조상 노치부는 피할 것
⑧ 후판의 용접 시 용입이 깊은 용접법으로 층수를 최소화할 것
⑨ 용접선은 가능한 한 교차되지 않게 하고, 만일 교차할 경우 스캘럽을 시공할 것

1-4 용접이음의 종류

(1) 용접이음의 종류

① 맞대기이음(butt joint)

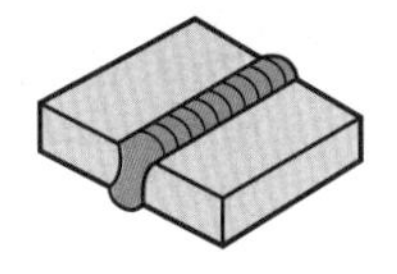

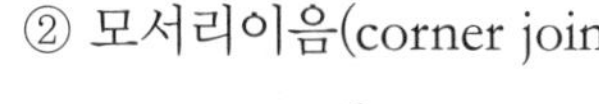

② 모서리이음(corner joint)

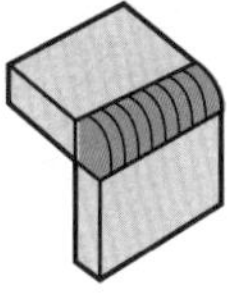

③ 변두리이음(edge joint)

④ 겹치기이음(lap joint)

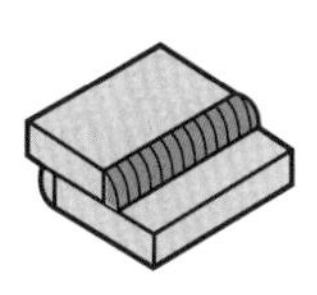

⑤ T이음(tee joint)

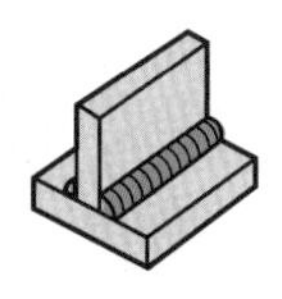

⑥ 십자이음(cruciform joint)

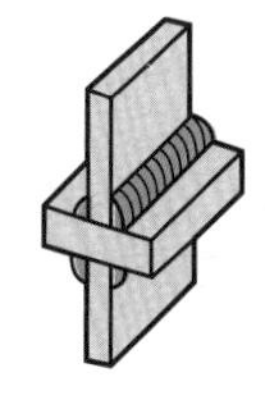

⑦ 전면필릿이음 (front fillet joint)

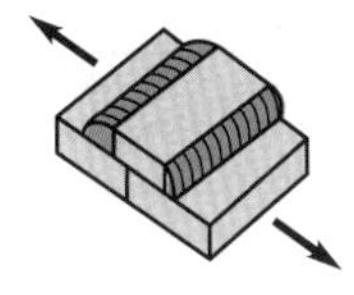

⑧ 측면필릿이음 (side fillet joint)

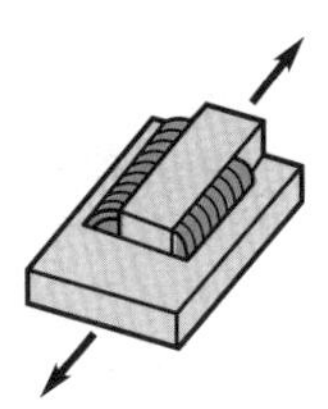

⑨ 양면 덮개판이음 (double strap joint)

(2) 맞대기용접부의 홈 형상

① I형 ② V형 ③ ⊬형 ④ U형 ⑤ J형

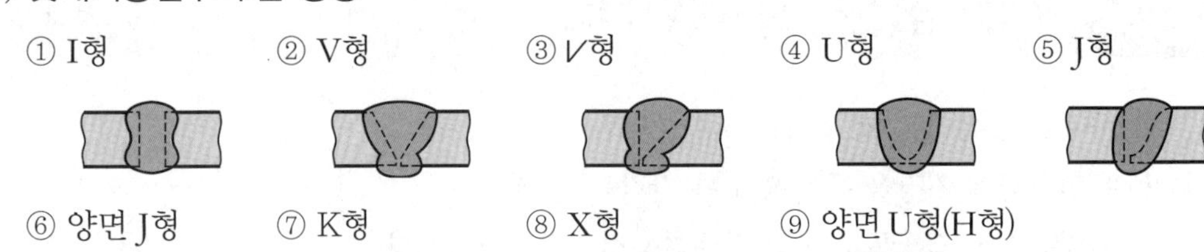

⑥ 양면 J형 ⑦ K형 ⑧ X형 ⑨ 양면 U형(H형)

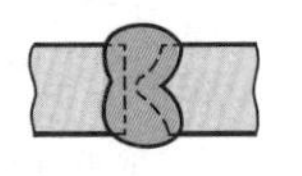
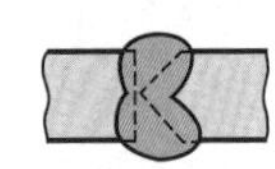
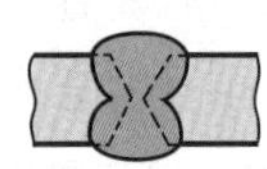
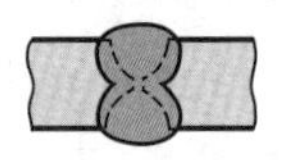

ONE POINT

판 두께에 따른 용접 홈의 형상

구분	I	V	X	J	K	U	H
판 두께	6mm 이하	20mm 이하	15~40mm	6~20mm	12mm 이상	16~50mm	50mm 이상

※ V형 홈의 표준각도는 대략 54~70° 정도이다.

(3) 용접부의 형상에 따른 필릿용접의 종류

① 연속필릿 ② 단속필릿 ③ 단속 지그재그 필릿

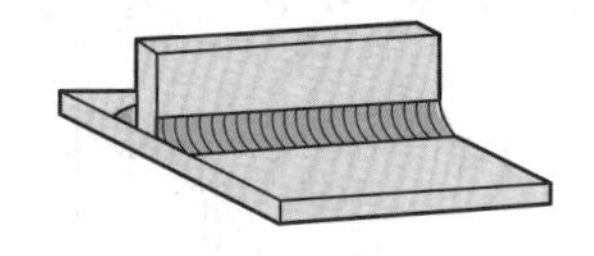
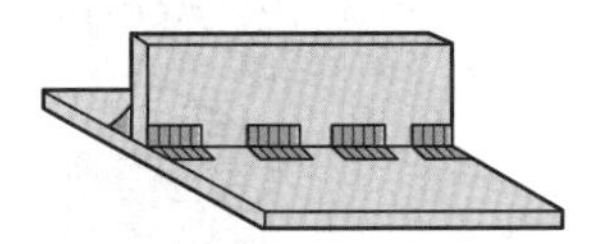
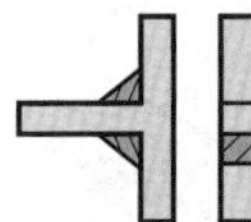
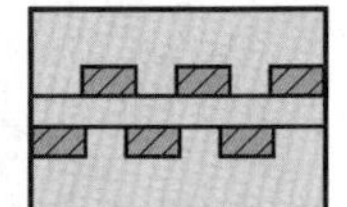

(4) 용착부의 모양에 따른 용접의 종류

① 플러그용접 ② 슬롯용접 ③ 비드용접

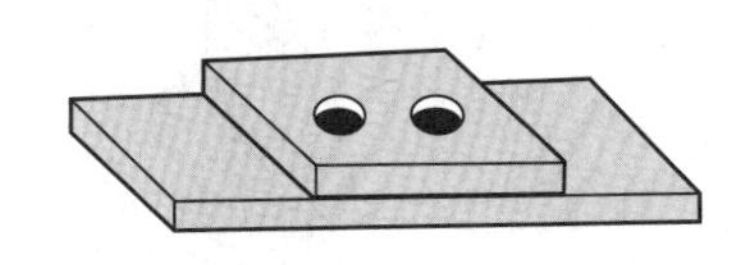
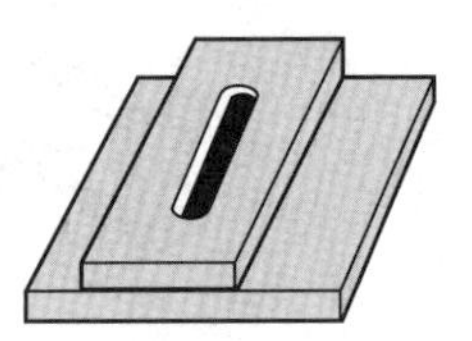
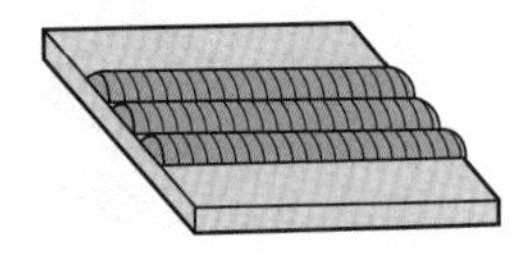

(5) 하중 방향에 따른 필릿용접의 종류

① 전면필릿 ② 측면필릿 ③ 경사필릿

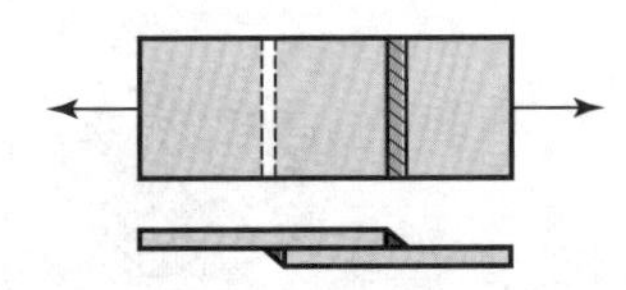
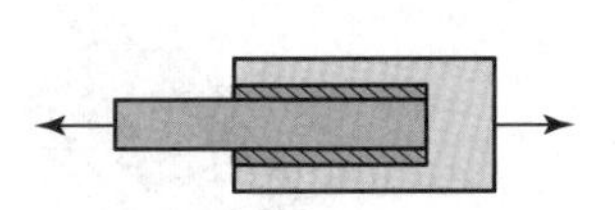
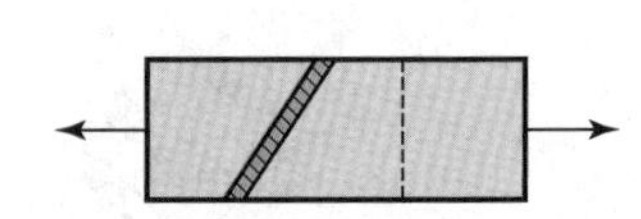

(6) 용접홈의 명칭

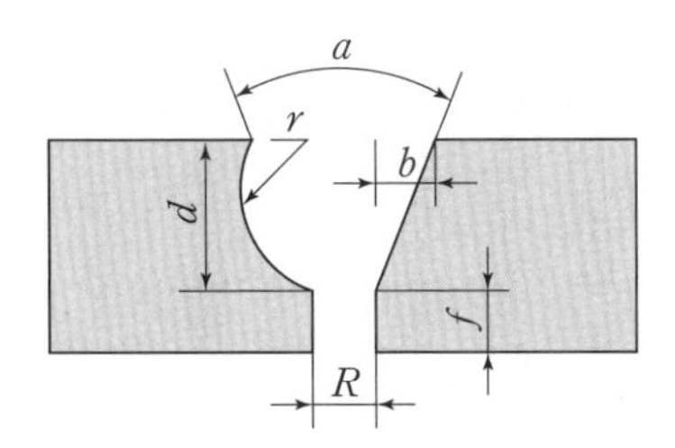

※ a: 홈의 각도
b: 베벨각
d: 홈의 깊이
R: 루트 간격
r: 루트 반경
f: 루트면

(7) 필릿 이음부의 치수

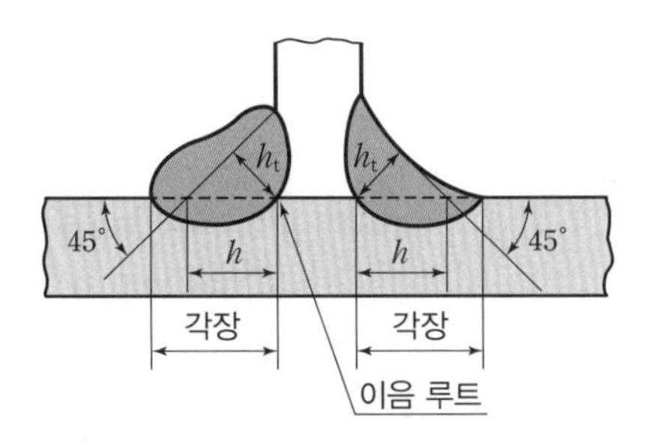

※ h_t: 이론 목 두께$=0.707t$

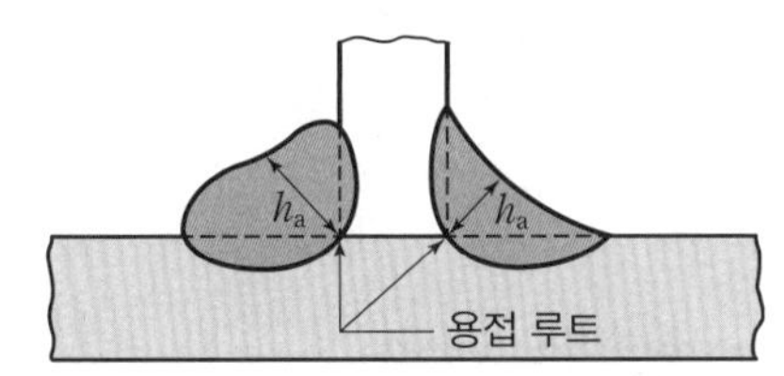

※ h_a: 실제 목 두께

1-5 용접이음의 강도

(1) 용접이음의 효율

$$\text{용접이음의 효율}[\%] = \frac{\text{용착금속 강도}}{\text{모재 인장강도}} \times 100\%$$

(2) 안전율

$$안전율 = \frac{인장강도(또는\ 극한강도)}{허용응력}$$

(3) 인장강도(인장 허용응력, 인장응력)

① 인장하중[kgf] : 시험편이 견딜 수 있는 최대하중

② 인장응력(강도): 시험편에 하중을 가하여 시험편이 파단되었을 때의 하중을 시험편의 원 단면적으로 나눈 값[kgf/mm²]

$$인장강도 = \frac{인장하중[kgf]}{용접부\ 단면적[mm^2]}$$

(4) 용착효율

$$용착효율 = \frac{용착금속의\ 중량}{용접봉\ 사용\ 중량} \times 100\%$$

(5) 맞대기이음의 강도 계산

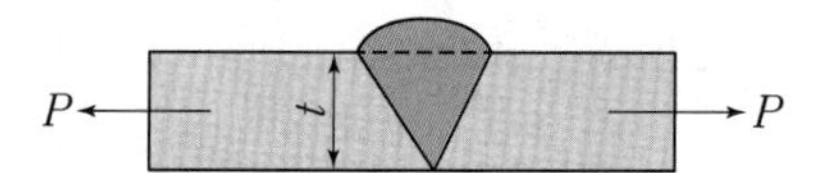

$$용접부의\ 인장강도 = \frac{인장하중(P)}{용접부\ 단면적(t \times L)}\ [kgf/mm^2]$$

여기서, t: 모재 두께, L: 용접 길이

(6) 필릿이음의 강도 계산

① 전면필릿이음

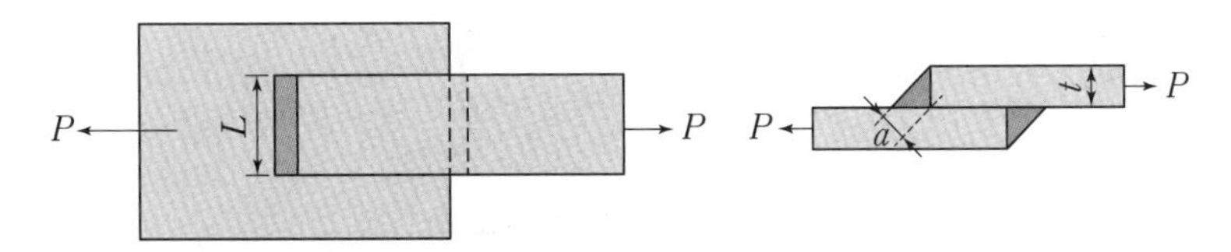

$$\text{용접부의 인장강도} = \frac{\text{인장하중}(P)}{\text{용접부 단면적}(0.707t \times L \times 2)} = \frac{(0.707 \times P)}{(t \times L)} \ [\text{kgf/mm}^2]$$

여기서, t: 모재 두께, L: 용접 길이, a: 목 두께($0.707t$)

② 측면필릿이음

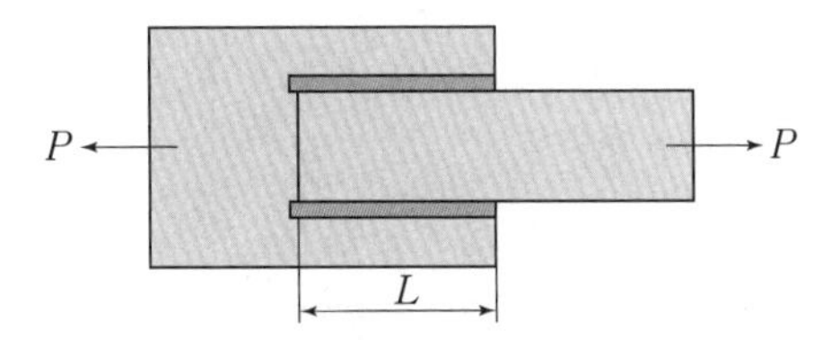

$$\text{용접부의 전단강도} = \frac{\text{인장하중}(P)}{\text{용접부 단면적}(0.707t \times L \times 2)} = \frac{(0.707 \times P)}{(t \times L)} \ [\text{kgf/mm}^2]$$

여기서, t: 모재 두께, L: 용접 길이, a: 목 두께($0.707t$)

(7) T형 필릿이음의 강도 계산

① 완전용입

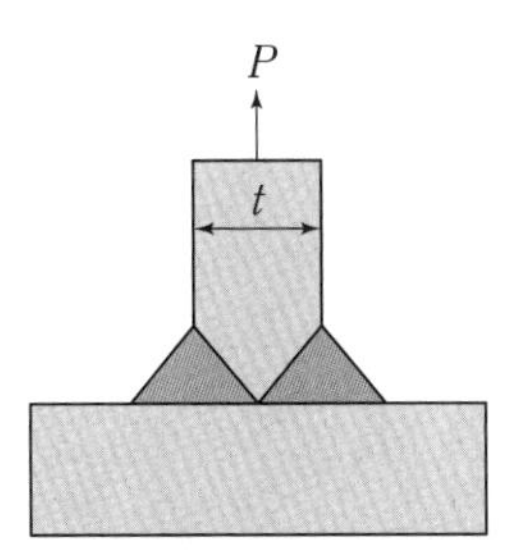

$$\text{용접부의 인장강도} = \frac{\text{인장하중}(P)}{\text{용접부 단면적}(t \times L)} \ [\text{kgf/mm}^2]$$

여기서, L: 용접 길이

② 부분용입

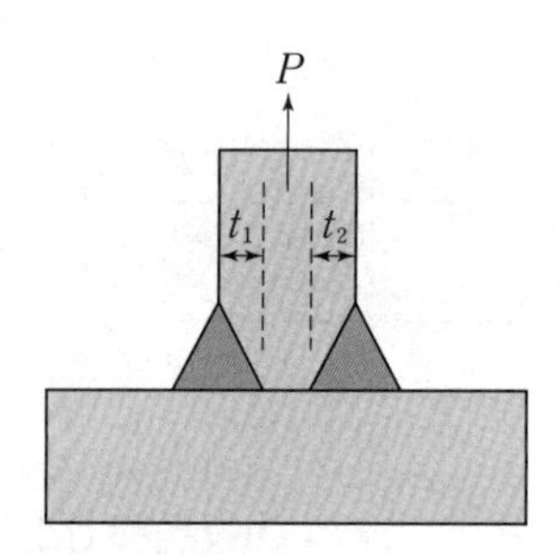

$$용접부의\ 인장강도 = \frac{인장하중(P)}{용접부\ 단면적[(t_1 \times t_2) \times L]}\ [kgf/mm^2]$$

여기서, L: 용접 길이

③ T형 필릿이음

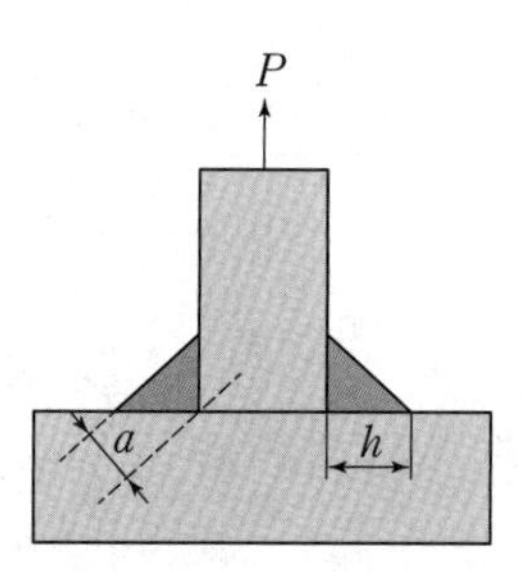

$$용접부의\ 전단강도 = \frac{인장하중(P)}{용접부\ 단면적(a \times L \times 2)} = \frac{(P)}{(0.707 \times h \times L \times 2)}\ [kgf/mm^2]$$

여기서, h: 각장, L: 용접 길이, a: 목 두께(0.707t)

02 용접시공

2-1 용접 준비

(1) 일반 준비

모재 재질의 확인, 용접기 및 용접봉의 선택, 지그 결정, 치공구 선정, 용접사 선임 등

(2) 이음 준비

① 홈의 가공

- 용입이 허용하는 한 홈의 각도는 작은 것이 좋다(일반적으로 피복아크용접에서 홈의 각도는 54~70°).
- 용접균열의 관점에서 루트 간격은 좁을수록 좋으며, 루트 반지름은 되도록 크게 한다.
- 홈의 가공은 일반적으로 가스절단법으로 하는데 정밀한 것은 기계가공, 비철금속은 플라스마절단에 의한 가공을 한다.

② 맞대기용접의 경우 홈의 보수

- 6mm 이하: 한쪽 또는 양쪽을 덧살올림용접을 하여 깎아 내고 규정 간격으로 홈을 만들어 용접한다.
- 6~16mm: 두께 6mm 정도의 뒷판을 대서 용접한다.
- 16mm 이상: 판의 전부 또는 일부(길이 약 300mm)를 대체하여 용접한다.

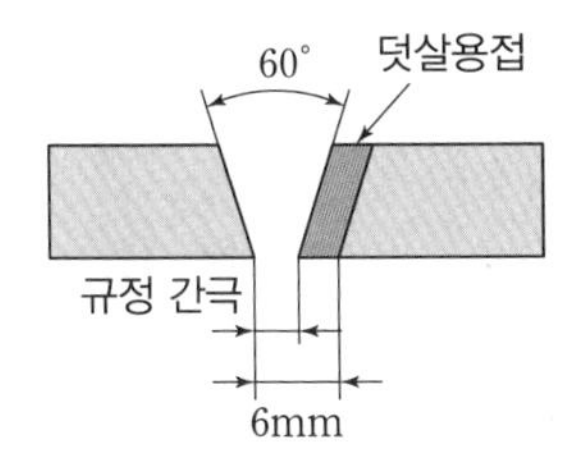

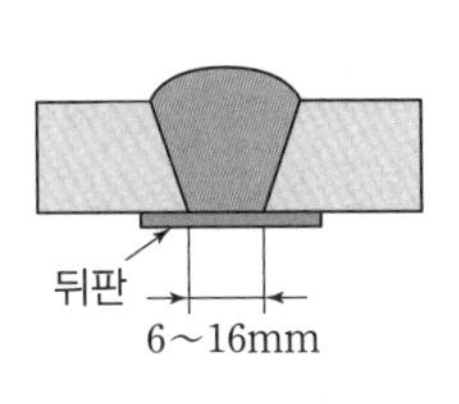

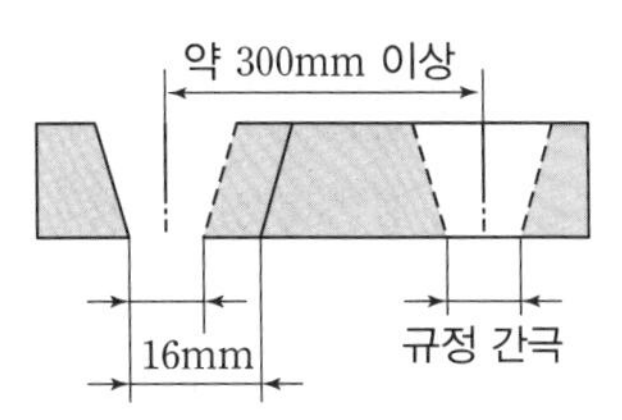

▲ 맞대기이음 홈의 보수

③ 필릿용접의 경우 홈의 보수

- 1.5mm 이하: 규정된 각장대로 용접한다.
- 1.5~4.5mm: 그대로 용접해도 되나 각장을 증가시킬 필요가 있다.
- 4.5mm 이상: 라이너를 넣든지 부족한 판을 약 300mm 이상 잘라 내어 대체한다.

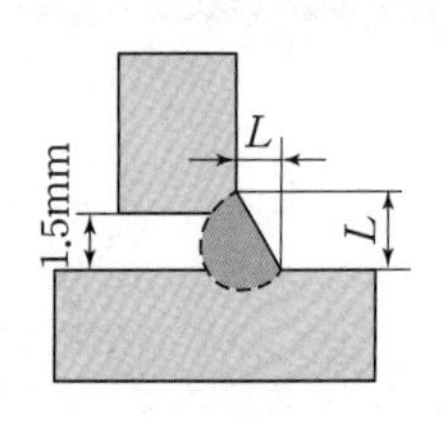

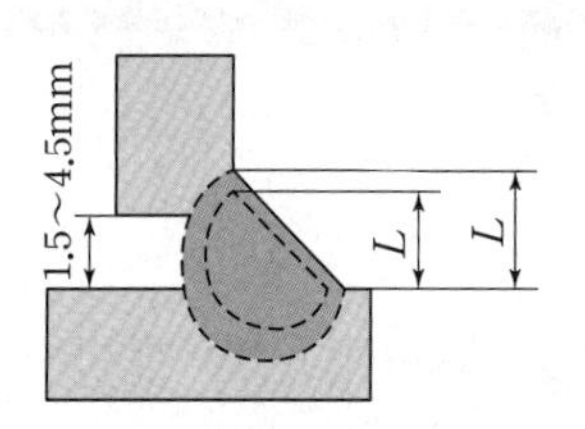

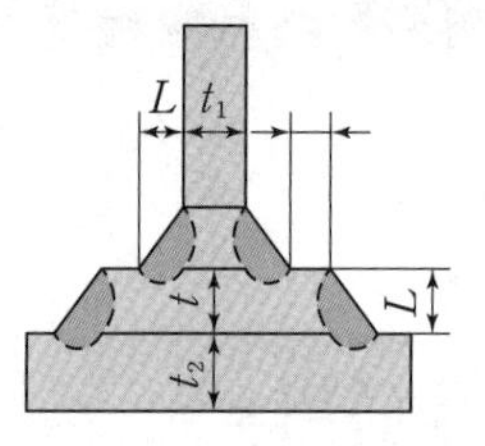

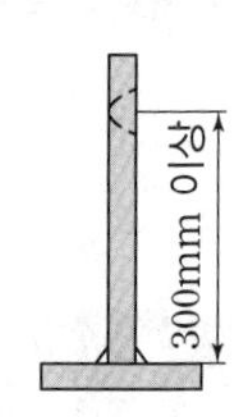

▲ 필릿이음의 홈의 보수

④ 가접(tack welding)

- 홈 안에 가접은 피하고 불가피한 경우 본용접 전에 갈아 낸다.
- 응력이 집중되는 곳은 피한다.
- 전류는 본용접보다 높게 하며, 용접봉은 지름이 가는 것을 사용한다.
- 시작점과 끝점에 앤드탭을 설치한다.
- 가접사도 본 용접사에 비해 기량이 떨어져서는 안 된다.
- 가접용 지그 등을 이용하여 부재의 형상을 유지한다.

(3) 용접용 지그(jig)

① 용접용 지그의 종류

- 포지셔너(positioner): 용접물을 용접하기 쉬운 상태로 놓기 위한 지그
- 회전 롤러, 회전 테이블, 머니퓰레이터, 정반
- 스트롱백(strong back): 변형을 억제하기 위한 고정구

② 지그 사용 시 장점

- 동일 제품을 다량 생산할 수 있다.
- 제품의 정밀도와 용접부의 신뢰성을 높일 수 있다.
- 작업을 용이하게 하고 용접의 능률을 높일 수 있다.
- 용접변형을 억제하고 정밀도를 높일 수 있다.

③ 지그 사용 시 주의사항

- 구속력이 너무 크면 잔류응력이나 용접균열이 발생할 수 있다.
- 제작비가 저렴하고 사용법이 간단한 구조이어야 한다.
- 부품의 고정과 이완이 신속하게 이루어져야 한다.

(4) 이음부의 청소

이음부의 녹, 수분, 스케일, 기름, 먼지, 슬래그 등은 기공이나 균열의 원인이 되므로 와이어브러시, 그라인더, 쇼트 블라스트, 화학약품 등으로 제거한다.

(5) 예열

① 용접 전에 피용접물의 전체 또는 이음부 부근의 온도를 올리는 것을 예열이라 한다.

② 예열의 목적
- 용접부와 인접된 모재의 수축응력을 감소시켜 균열 발생을 억제한다.
- 냉각속도를 느리게 하여 모재의 취성을 방지한다.
- 용착금속의 수소성분이 나갈 수 있는 여유를 주어 비드 밑 균열을 방지한다.
- 작업성을 개선한다.

③ 예열의 방법
- 두께 25mm 이상의 연강이나 합금강: 50~350℃ 정도로 홈을 예열
- 0℃ 이하에서 연강의 용접 시: 홈의 양 끝을 100mm 나비로 40~70℃로 예열
- 알루미늄합금, 구리합금 등: 200~400℃로 예열
- 주철: 500~550℃로 예열

④ 저수소계 용접봉을 사용하면 예열온도를 낮출 수 있다.

⑤ 탄소당량이 커지거나 판 두께가 두꺼울수록 예열온도를 높일 필요가 있다.

⑥ 주물에서 두께 차가 클 경우 냉각속도가 균일하도록 예열한다.

⑦ 예열 시 온도 측정: 표면온도 측정용 열전대, 온도측정용 초크(chalk)

ONE POINT

열전대의 종류와 최고 사용온도

① 백금-로듐 1,600℃ ② 크로멜-알루멜 1,200℃
③ 철-콘스탄탄 900℃ ④ 구리-콘스탄탄 600℃

2-2 용접작업

(1) 조립 시 주의사항

① 수축이 큰 맞대기이음을 먼저 용접하고 다음에 필릿용접을 한다.

② 큰 구조물은 구조물의 중앙에서 바깥으로 향하여 용접한다.

③ 용접선에 대하여 수축력의 합이 0이 되도록 한다.

④ 리벳과 용접을 같이 쓸 때에는 용접을 먼저 한다.

⑤ 용접이 불가능한 곳이 없도록 한다.

⑥ 중심에 대하여 대칭으로 용접한다.

⑦ 가능한 한 구속용접을 피한다.

⑧ 동일 평면 내에서 많은 이음이 있을 때는 수축을 가능한 한 자유단으로 보낸다.

(2) 용착법

① 전진법: 용접이음이 짧고, 변형 및 잔류응력이 크게 문제가 되지 않을 때 사용

② 후진법: 수축과 잔류응력을 줄일 필요가 있을 때(작업능률이 떨어진다.)

③ 대칭법: 수축에 의한 변형이 서로 대칭이 되게 하는 경우

④ 스킵법(skip; 비석법): 변형 및 잔류응력이 적게 발생하도록 하는 용착법

⑤ 교호법 = 스킵 블록법

⑥ 덧살올림법[빌드업(build-up)]: 가장 일반적인 다층 용착법으로 각층마다 전체 길이를 용접하여 쌓아 올리는 방법

⑦ 캐스케이드법: 한 부분의 몇 층을 용접하다가 이것을 다음 부분의 층으로 연속시켜 전체가 계단 형태의 단계를 이루도록 용착시켜 나가는 다층 용착법(변형과 잔류응력을 감소시키는 방법)

⑧ 전진블록법: 홈의 한 부분씩 여러 층으로 쌓아 올린 다음 다른 부분으로 진행하는 다층 용착법. 첫 층에서 균열 발생의 우려가 있는 곳에 사용된다.

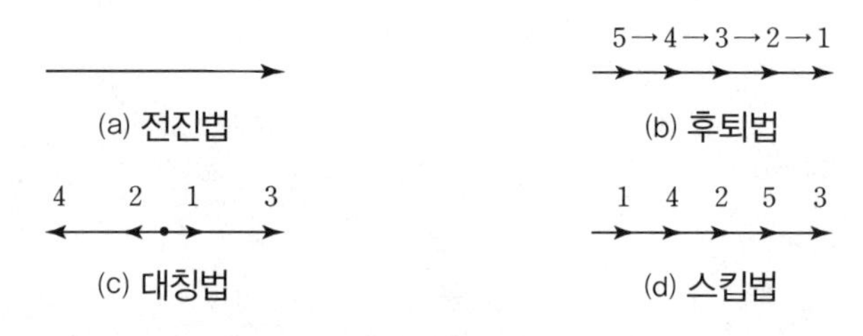

▲ 각종 용착법

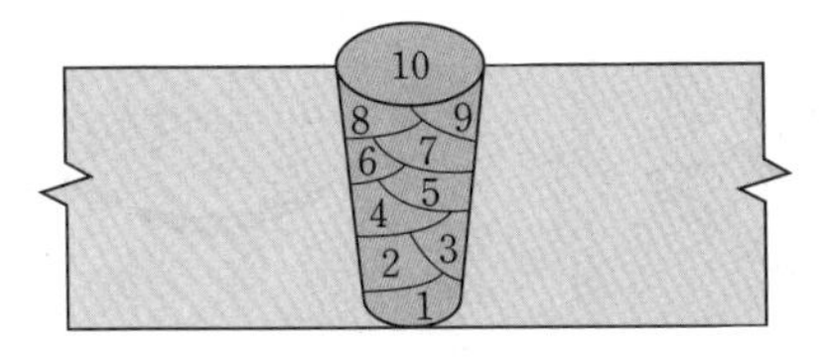

(a) 덧살올림법

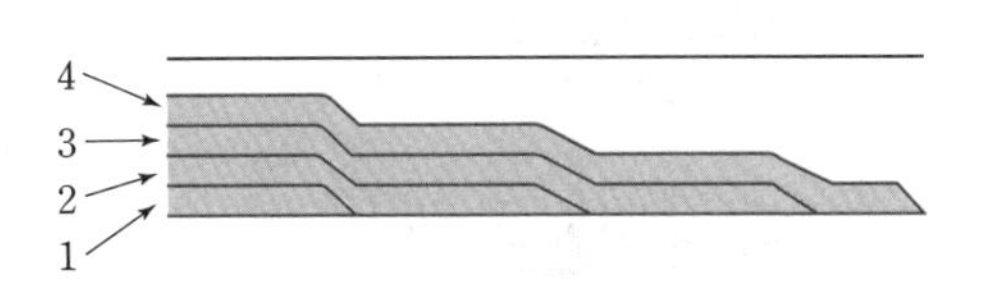

(b) 캐스케이드법(용접 중심선 단면도)

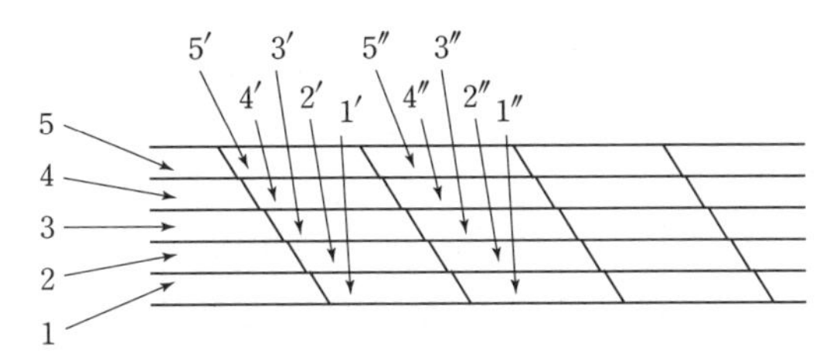

(c) 전진블록법(용접 중심선 단면도)

▲ 다층비드 용착법

(3) 용접 시 온도 분포

① 냉각속도는 같은 열량을 주었다 하더라도 열이 확산하는 방향이 많을수록 빨라진다.

② 얇은 판보다는 두꺼운 판, 맞대기이음보다는 T형 필릿이음의 경우에 냉각속도가 빨라진다.

③ 열전도율이 클수록 냉각속도는 빨라진다.

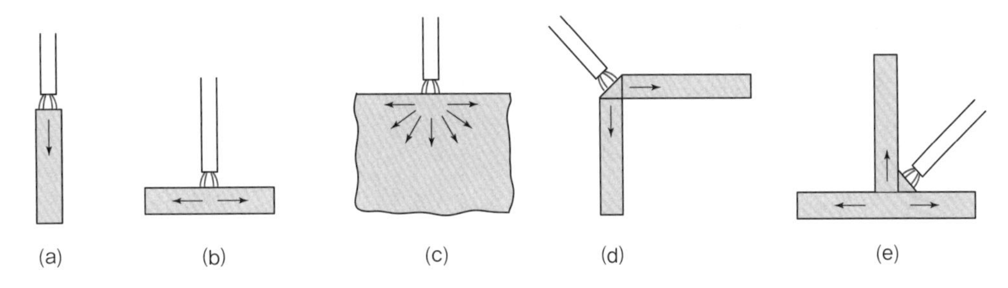

▲ 이음의 종류에 따른 열의 확산

(4) 수축과 변형의 종류

① 면 내의 수축변형: 가로수축, 세로수축, 회전수축

② 면 외의 수축변형: 굽힘변형, 좌굴변형, 비틀림변형

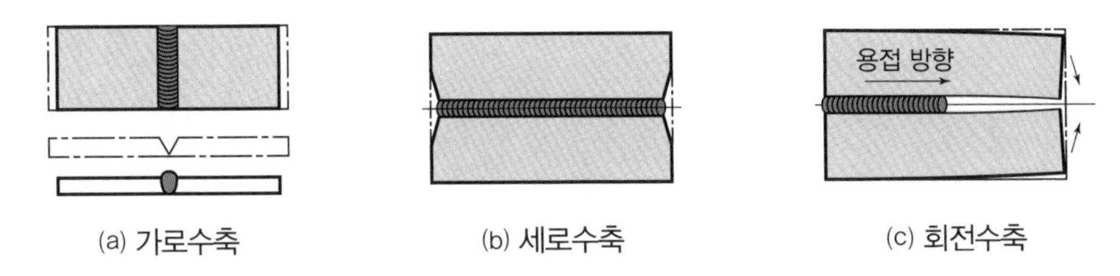

(a) 가로수축　(b) 세로수축　(c) 회전수축

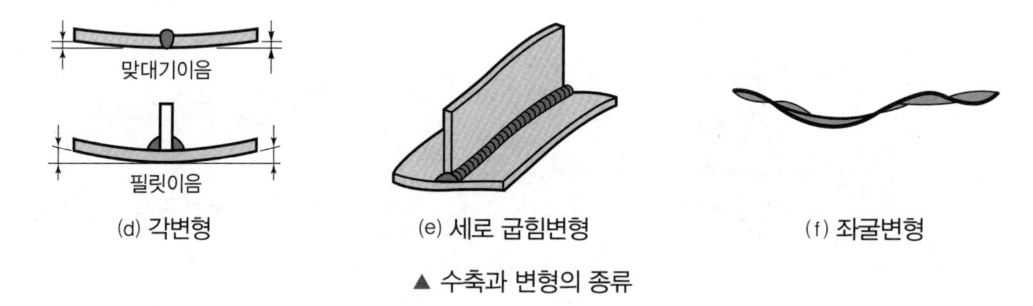

(d) 각변형 (e) 세로 굽힘변형 (f) 좌굴변형

▲ 수축과 변형의 종류

(5) 용접 전 변형방지법

① 억제법: 모재를 가접 또는 구속 지그를 사용하여 변형을 억제하는 방법

② 역변형법: 용접 전에 변형의 크기 및 방향을 예측하여 미리 반대로 변형시키는 방법

③ 도열법: 용접부 주위에 물을 적신 석면, 동판을 대어 열을 흡수하는 방법

(6) 용접시공 중 변형방지법

① 대칭법, 후진법, 스킵법 등으로 용접

② 피닝법

(7) 잔류응력을 줄이는 방법

① 용착금속량을 최대한 감소시킨다.

② 홈의 각도를 최대한 작게 하고 루트 간격을 좁힌다.

③ 예열과 후열을 실시한다.

④ 적당한 용착법과 용접 순서를 선택한다.

2-3 용접 후 처리

(1) 잔류응력 제거법

① 노 내 풀림법

- 제품 전체를 가열로 안에 넣고 적당한 온도에서 일정 시간을 유지한 후 서랭하는 방법
- 일반 압연강재, 탄소강의 경우 판 두께 25mm에 대해 625℃, 유지시간은 1시간이다.

$$\text{가열속도} \le 200 \times \frac{25}{T}\ [℃/h]$$

여기서, T: 용접부 최대 두께[mm]

② 국부 풀림법: 용접선의 좌우 양측을 각각 약 250mm 또는 판 두께의 12배 이상의 범위로 가열한 후 서랭(유도가열장치를 이용)하는 방법

③ 기계적 응력완화법: 용접부에 하중을 주어 약간의 소성변형을 주는 방법

④ 저온 응력완화법: 용접선의 좌우 양측을 가스불꽃으로 약 150mm의 나비로 가열 후 수랭하는 방법

⑤ 피닝법: 끝이 둥근 특수 해머로 용접부를 연속적으로 타격하여 용접부 표면에 소성변형을 주는 방법

ONE POINT

첫 층 용접의 균열 방지의 목적으로 700℃ 정도에서 열간 피닝을 한다.

(2) 변형교정법

① 박판에 대한 점수축법: 가열온도 500~600℃, 가열시간 30초, 가열부 지름 20~30mm를 가열 후 즉시 수랭한다.

② 형재에 대한 직선수축법

③ 가열 후 해머링하는 방법

④ 후판에 대해 가열 후 압력을 가하고 수랭하는 방법

⑤ 롤러에 거는 방법

⑥ 피닝법

⑦ 절단에 의하여 성형하고 재용접하는 방법

(3) 용접변형(수축)에 영향을 미치는 인자

용접속도, 용접전류, 용접 층수, 구속도, 홈의 형상, 운봉법, 루트 간격 등이 있다.

① 용접속도가 빠를수록 변형이 적어진다(입열량 감소).

② 용접봉이 가늘수록 변형이 많아진다(용접 층수가 증가).

③ 루트 간격이 클수록 변형이 많아진다.

④ V형 홈이 X형 홈보다 변형이 적어진다.

(4) 균열의 원인

① 용접부의 급랭에 의한 균열

② 수소에 의한 균열

③ 내외적인 힘에 의한 균열

④ 노치에 의한 균열

⑤ 변태에 의한 균열

⑥ 용착금속의 화학성분에 의한 균열

(5) 균열의 종류

발생하는 시기에 따라 고온균열, 저온균열로 구분한다.

① 고온균열: 용접부가 고온으로 있을 때 발생하는 것으로, 용접부 중앙이나 주상조직 사이에서 발생하는 균열이다.

- 가로(횡)균열
- 세로(종)균열
- 크레이터 균열
- 설퍼 균열(sulfur crack): 모재 중에 황(S)이 층상으로 존재할 때 발생

② 저온균열(지연균열): 200~300℃ 이하에서 발생하는 균열로서 용접 후 2~3시간 내지 며칠이 경과한 후에 발생하는 경우도 많다.

- 비드 밑 균열: 수소가 다량으로 발생되는 용접봉 사용 시
- 토균열: 언더컷에 의한 응력집중이 원인
- 힐균열: 열 팽창과 수축에 의한 비틀림이 주요 원인
- 루트 균열
- 라미네이션 균열(층상균열): 모재 재질상의 결함이 원인

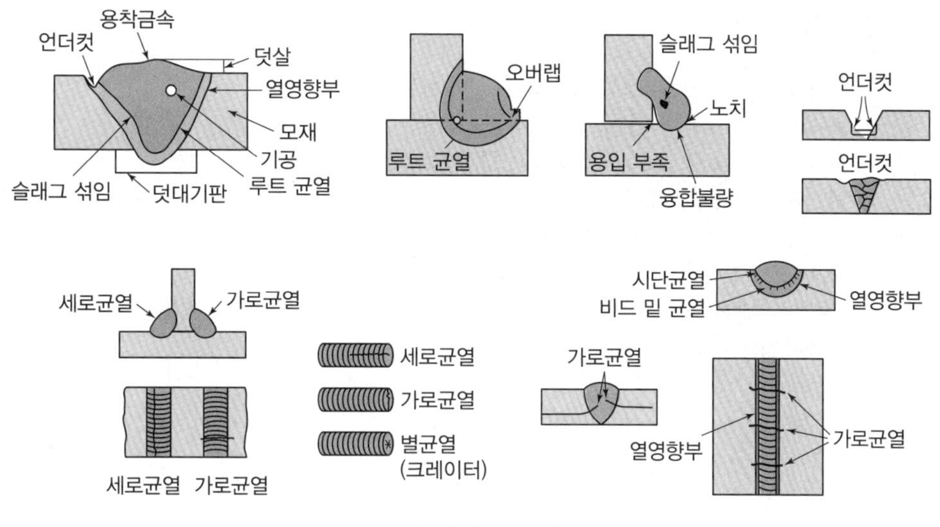

▲ 용접균열의 종류

(6) 결함의 보수

① 기공 또는 슬래그 섞임: 그 부분을 깎아 내고 재용접한다.

② 언더컷: 가는 용접봉으로 재용접한다.

③ 오버랩: 덮인 부분을 깎아 내고 재용접한다.

④ 균열: 균열 끝에 정지구멍을 뚫고 균열부를 깎아 낸 후 홈을 만들어 재용접한다.

(7) 후열처리의 목적

① 용접 후 급랭에 의한 균열 방지 및 잔류응력의 완화

② 용착금속의 수소량 감소

③ 용접부의 변형 방지

④ 용접부의 연성 및 피로 인성 증가

(8) 보수용접

① 마모된 기계부품 등을 내마멸성을 가진 용접봉을 사용하여 덧살올림용접으로 재생 수리하는 것이다.

② 용접봉을 사용하지 않고 용융금속을 고속기류에 의해 붙이는 용사용접도 사용되고 있다.

(9) 용접 후 가공

① 용접 후 기계가공을 실시할 경우 응력 제거처리를 한 후에 실시한다.

② 굽힘가공을 할 경우 균열 발생의 우려가 있으므로 노 내 풀림처리를 한다.

③ 용접부의 천이온도*는 400~600℃이며, 이 영역에서 조직의 변화는 없으나 기계적 성질이 매우 나쁜 영역이다.

ONE POINT

① **천이온도**: 재료가 연성파괴에서 취성파괴로 변하는 온도

② WPS와 PQR

- WPS(Wedling Procedure Specification; 용접절차사양서)
  용접작업을 수행하기 전에 용접작업 후 품질과 사용상의 성능을 충분히 확보하기 위해 재료의 특성에 따라 용접방법을 기술한 작업기준서
- PQR(Procedure Qualification Record; 용접사양서 인증기록)
  용접사양서를 작성하고 작성된 내용이 요구되는 결과치를 만족하는지를 시험한 결과서(WPS 1개당 적어도 1개 이상의 PQR이 필요하다.)

CHAPTER

ISO International Welding  

03 용접부 시험 및 검사

3-1 용접검사 및 시험방법의 분류

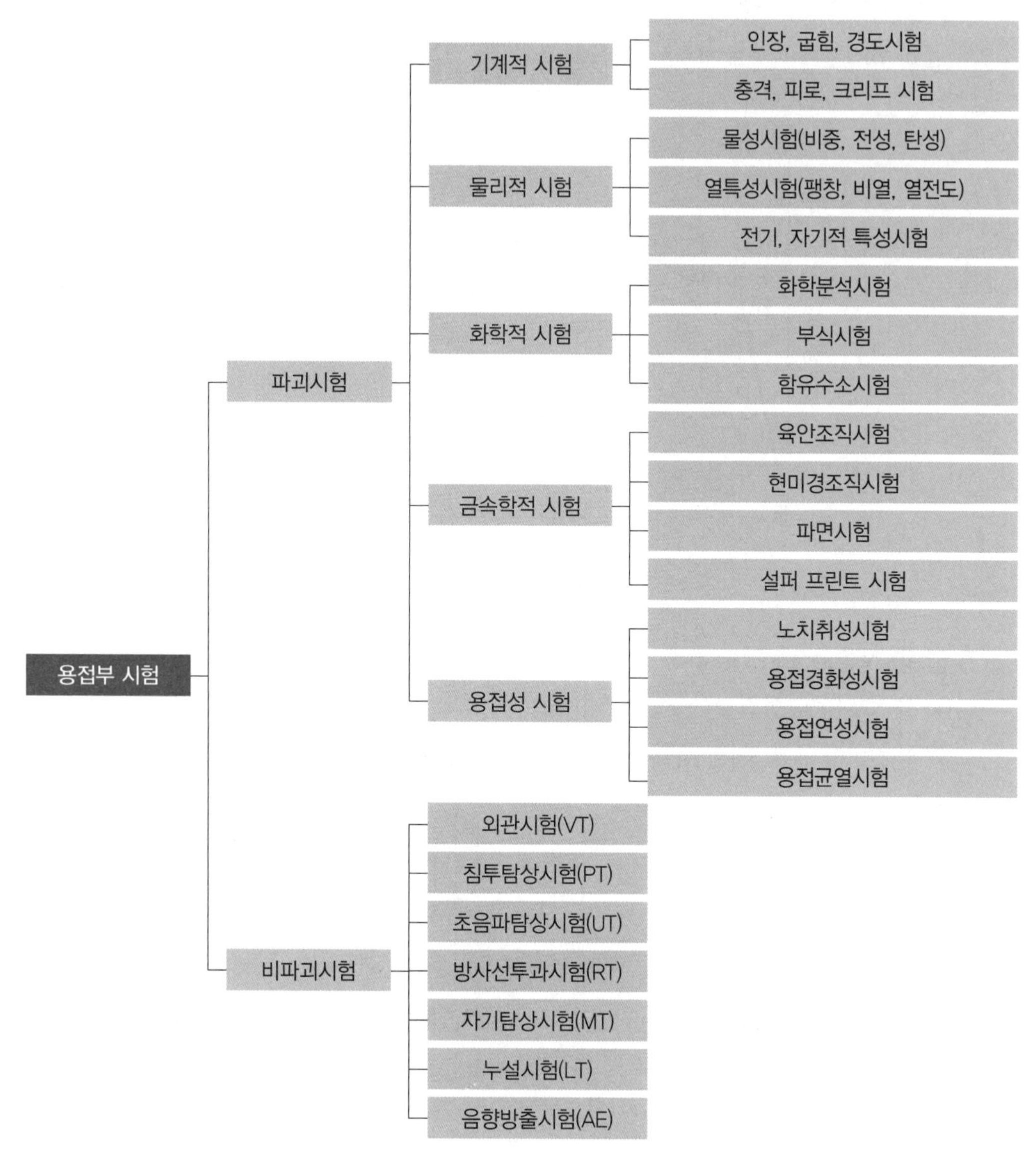

3-2 용접재료의 시험법

1 기계적 시험

(1) 인장시험(tensile test)

① 항복점(내력), 인장강도, 연신율, 단면수축률 등을 측정한다.

② 인장강도(응력) = 최대하중(P) / 시험편의 단면적(A) [kgf/mm²]

③ 연신율[%] = (시험 후 표점거리－시험 전 표점거리) / 시험 전 표점거리 × 100%

④ 단면수축률[%] = (시험 전 단면적－시험 후 단면적) / 시험 전 단면적 × 100%

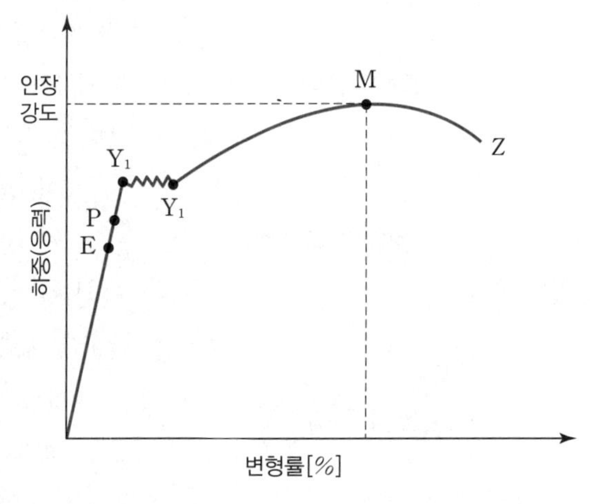

※ E: 비례한도
Y: 항복점
M: 인장강도
Z: 파단점

▲ 응력과 변형률 선도

(2) 굽힘시험(bending test)

① 용접부의 연성결함을 조사하기 위한 시험

② 표면굽힘시험, 이면굽힘시험, 측면굽힘시험이 있다.

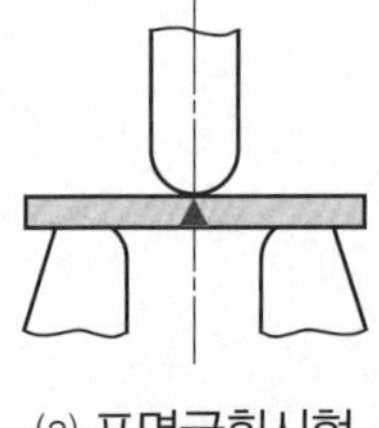

(a) 표면굽힘시험

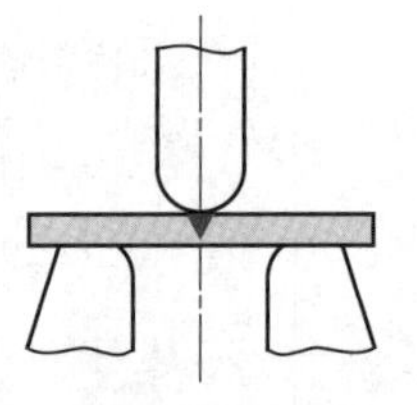

(b) 이면굽힘시험

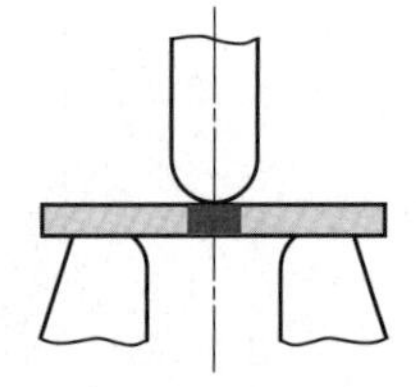

(c) 측면굽힘시험

▲ 굽힘시험 방법

(3) 경도시험(hardeness test)

단단함의 정도를 조사하기 위한 시험이다.

① 브리넬경도(H_B): 일정한 지름의 강철볼을 일정한 하중으로 시험편의 표면에 압입한 후 오목한 자국의 표면적을 측정하는 방법

$$H_B = \frac{\text{하중}[\text{kgf}]}{\text{오목한 자국의 표면적}[\text{mm}^2]} = \frac{P}{\pi \times Dt}$$

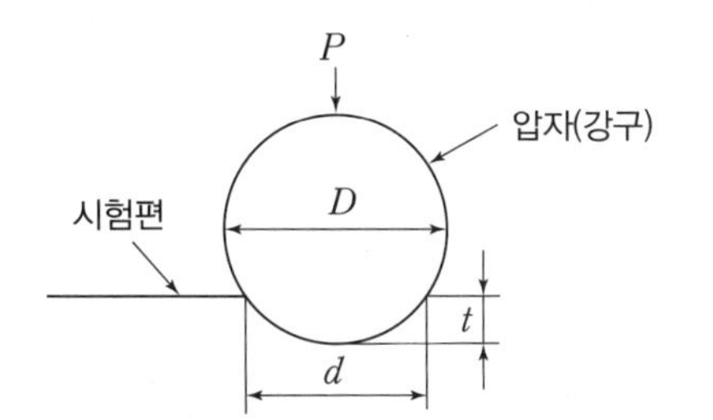

※ P: 하중[kgf]
D: 강구의 지름
d: 눌린 부분의 지름[mm]
t: 눌린 부분의 깊이

▲ 브리넬경도 시험용 압입자

② 로크웰경도(H_{RB}, H_{RC}): 강구 압입자(B스케일)나 꼭짓점이 120°인 원뿔형(C스케일)의 다이아몬드 압입자를 사용하여 하중을 가한 후 오목한 자국의 깊이를 측정하는 방법

$$H_{RB} = 130 - 500t,\ H_{RC} = 100 - 500t$$

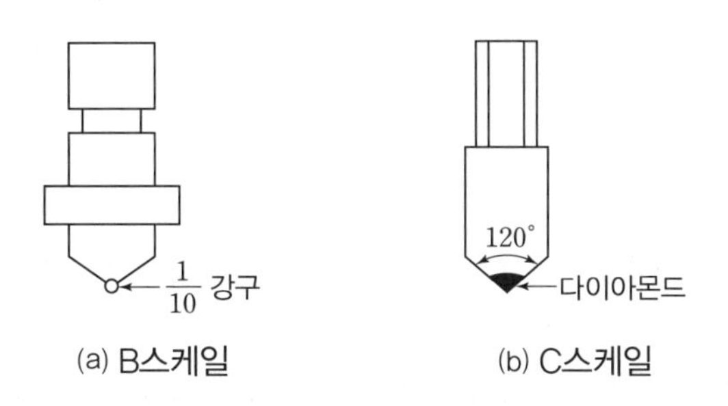

▲ 로크웰경도 시험용 압입자

③ 비커스경도(H_V): 대면각이 136°인 다이아몬드 4각추 압입자를 시험편 표면에 압입하여 생긴 오목한 자국의 표면적을 측정

$$H_V = \frac{\text{하중}[\text{kgf}]}{\text{오목한 자국의 표면적}[\text{mm}^2]} = \frac{1.8544P}{D^2}$$

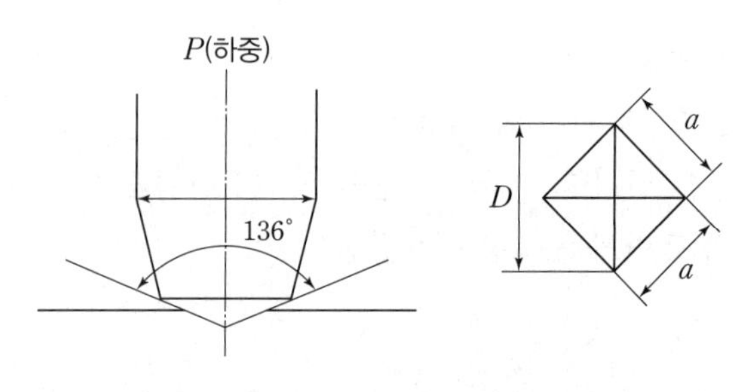

▲ 비커스경도 시험

④ 쇼어경도(H_S): 일정한 높이에서 특수한 추를 낙하시켜 튀어 오르는 높이를 측정

$$H_S = \frac{10000}{65} \times \frac{\text{낙하 추의 튀어 오른 높이}}{\text{낙하 추의 높이}}$$

(4) 충격시험

① 시험편에 V형 또는 U형 노치를 만들고 충격하중을 주어 시험편을 파괴시키는 시험

② 샤르피(charphy) 시험과 아이조드(izod) 시험이 있다.

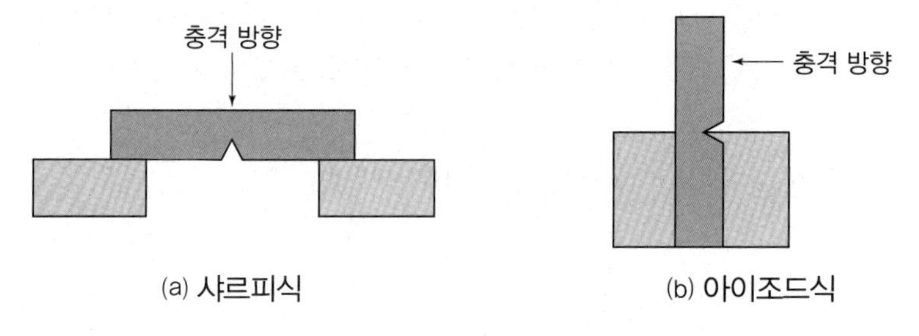

▲ 충격시험의 방법

(5) 피로시험

① 재료에 규정된 반복횟수(10^6~10^7)만큼의 반복하중을 가하여 피로한도를 구하는 방법 (S-N곡선)

② 피로한도: 안정된 하중 상태에서도 작은 힘을 계속 반복적으로 작용하면 파단을 일으키는 것

(6) 크리프 시험

고온에서 재료의 인장강도보다 작은 일정한 하중을 오랜 시간 가한 상태에서 시간의 경과와 더불어 변형을 측정하는 방법이다.

2 화학적 시험

(1) 화학분석시험

모재 또는 용착금속 중에 포착된 각 성분을 알아 보기 위한 시험이다.

(2) 부식시험

① 습부식시험: 바닷물, 유기산, 무기산 등에 접촉되어 부식되는 정도를 측정

② 건부식(고온부식)시험: 고온의 증기, 가스 등과 반응하여 부식되는 정도를 측정

③ 응력부식시험: 어느 응력하에서 부식되는 정도를 측정

(3) 수소시험

① 용접부 내 수소는 기공, 비드 밑 균열, 은점, 선상조직 등 결함의 원인이 된다.

② 용접부에 용해한 수소량을 측정하는 시험이다.

③ 글리세린 치환법, 진공가열법, 확산성수소 측정법, 수은에 의한 법 등이 있다.

3 금속학적 시험(야금적 시험법)

(1) 파면시험(fracture test)

용접부를 해머 또는 프레스로 굽힘 파단하여 그 파단면의 용입 부족, 균열, 슬래그 섞임, 기공 등을 육안으로 검사하는 방법이다.

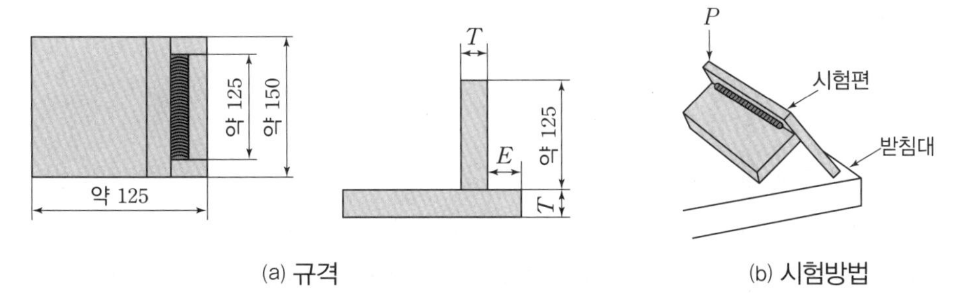

(a) 규격 (b) 시험방법

▲ 필릿용접의 파면시험 방법

(2) 육안조직시험[= 매크로(macro) 조직시험]

① 용접부 단면을 연삭 또는 샌드페이퍼로 연마하고 적당한 매크로 에칭을 해서 육안 또는 저배율의 확대경으로 용입의 양부 및 열영향부를 검사하는 방법이다.

② 시험 순서: 시험편 채취 → 마운팅 → 연마 → 부식 → 검사

③ 에칭액: 염산+물, 염산+황산+물, 초산+물

(3) 현미경조직시험(= 마이크로 조직시험)

① 시험편을 충분히 연마하여 광택을 낸 다음 고배율의 광학현미경 또는 전자현미경으로 조직이나 미소 결함을 관찰한다.

② 현미경 조직 시험용 부식액

- 철강: 피크린산, 알코올액
- 스테인리스강: 왕수, 알코올액
- 구리합금: 염화철액, 염화암모늄
- 알루미늄: 플루오린화 수소액, 수산화나트륨

③ 순서: 시료 채취 → 성형 → 연마(광연마) → 물 세척 및 건조 → 부식 → 알코올 세척 및 건조 → 현미경 검사

(4) 설퍼 프린트법(sulfer test)

① 재료 내부에 황의 분포 상태를 알아 보기 위한 시험이다.

② 연마한 시험편의 단면에 2% 희석 황산액에 적신 사진용 브로마이드 인화지를 붙여 적당한 시간이 경과한 후 떼어 내면 편석부에 해당하는 부분이 갈색으로 변한다.

4 용접성 시험

금속의 피용접 성능이나, 용접으로 만든 구조물이 사용 성능을 어느 정도 만족시키는가를 나타내는 척도이다.

(1) 노치취성시험

① 샤르피 충격시험

② 슈나트(Schnadt) 시험

③ 토퍼(Topper) 시험: V형 노치를 만들고 인장 파단시킨다.

④ 칸티어(Kahn tear) 시험: 시험편을 핀구멍에 삽입하고 잡아당겨서 파단시킨다.

⑤ 로버트슨 시험

⑥ 반 데르 빈 시험

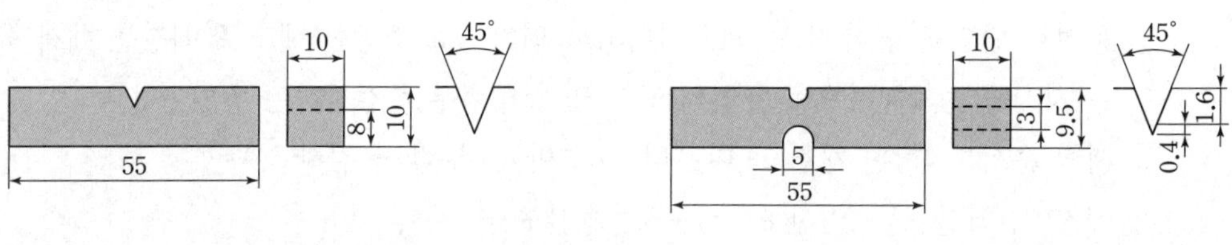

▲ 샤르피 충격시험편　　▲ 슈나트 시험편

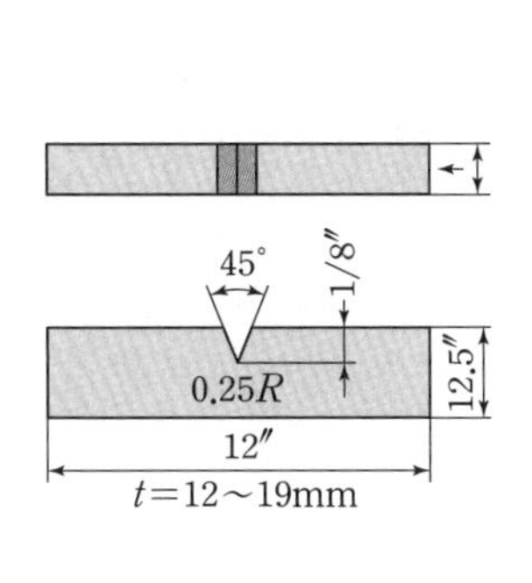

▲ 토퍼 시험편

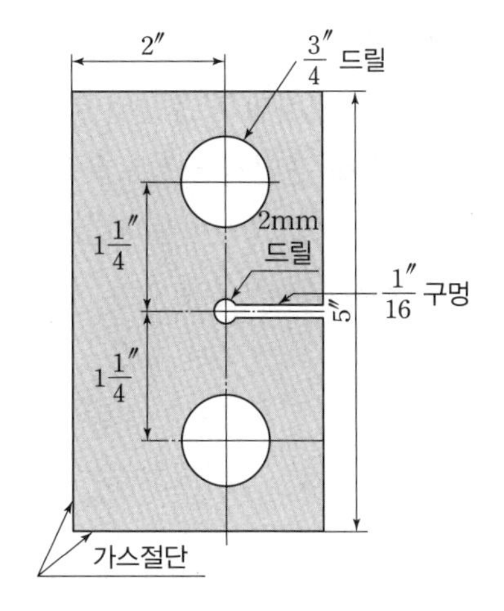

▲ 칸티어 시험편

(2) 용접연성시험

① 코머렐(Kommerell) 시험: 시험 표면에 반원형 홈을 파고 용접한 후 지그를 이용하여 구부린다.

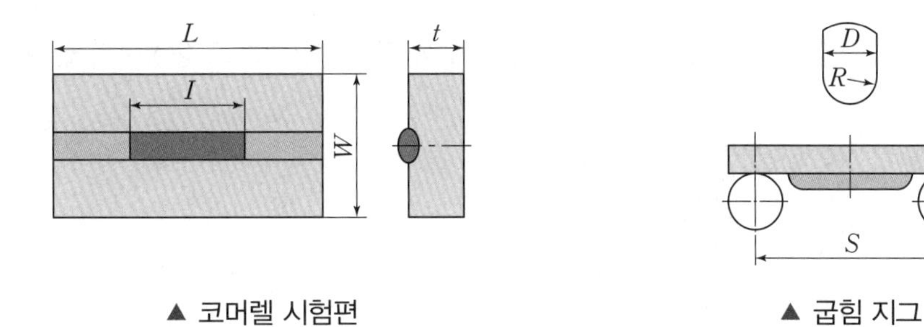

▲ 코머렐 시험편

▲ 굽힘 지그

② 킨젤(Kinzel) 시험: 표면비드 용접을 하여 직각으로 V노치를 만든 후 구부린다.

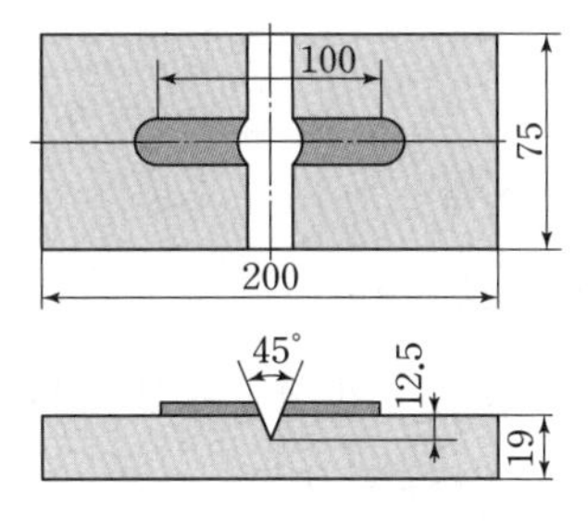

▲ 킨젤 시험편

(3) 용접균열시험

① 리하이형 균열시험(저온균열시험)

- 맞대기용접 균열시험으로 용접 후 48시간 이상 경과한 후에 용접부의 표면, 이면, 측면에서 균열을 조사하는 시험
- 주로 용접봉의 시험에 이용

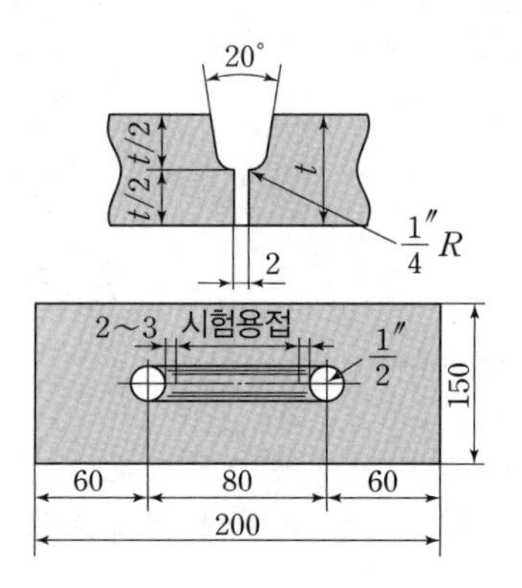

▲ 리하이형 균열시험편

② 피스코 균열시험(고온균열시험): 맞대기 구속 균열시험법으로 용접봉의 균열시험에 이용

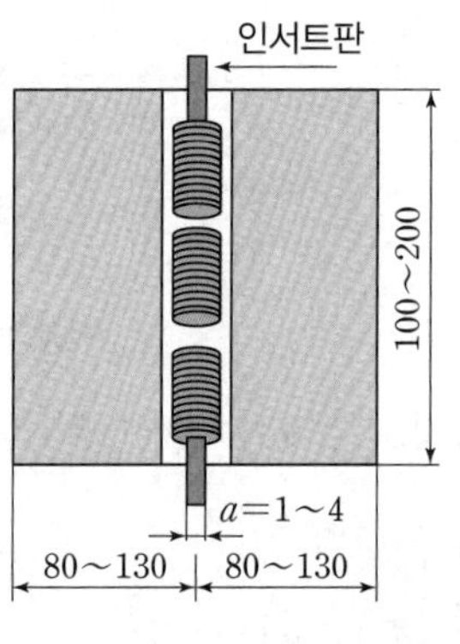

▲ 피스코 균열시험편

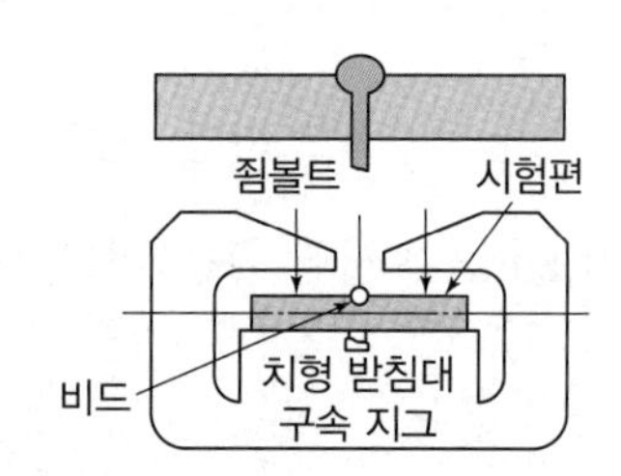

▲ 피스코 균열시험용 지그

③ CTS 균열시험(열적 구속도 균열시험)

④ T형 필릿용접 균열시험: 용접봉의 고온균열 조사에 이용

⑤ 철연식 균열시험: Y자형 시험편을 이용

(4) 용접부 경화능시험(열영향부 경도시험 = IIW 최고경도시험)

① 모재에 표면비드 용접을 하여 직각 단면 본드(bond)부의 최고경도를 측정하는 시험이다.

② 비커스경도를 측정한다.

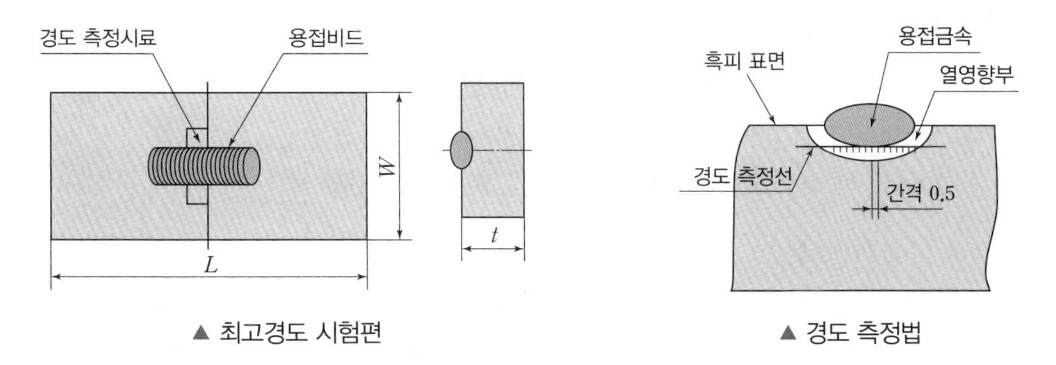

▲ 최고경도 시험편

▲ 경도 측정법

5 비파괴검사(NDT)

(1) 외관검사(VT)

비드의 외관, 폭, 높이, 용입불량, 언더컷, 오버랩 등을 검사한다.

(2) 누설검사(LT)

① 기밀성, 수밀성, 유밀성 및 일정한 압력을 요하는 제품의 검사에 이용한다.

② 주로 수압, 공기압으로 실시하나 할로겐가스, 헬륨가스 등을 사용하기도 한다.

(3) 침투탐상검사(PT)

① 표면에 미세한 균열, 피트 등의 결함을 검사하는 방법이다.

② 결함에 침투액을 표면장력의 힘으로 침투시켜 세척한 후 현상액을 발라 결함을 검출하는 방법이다.

③ 형광침투검사와 염료침투검사가 있다.

④ 시험 순서: 침투 → 수세척 → 용제 세척 → 현상 → 관찰

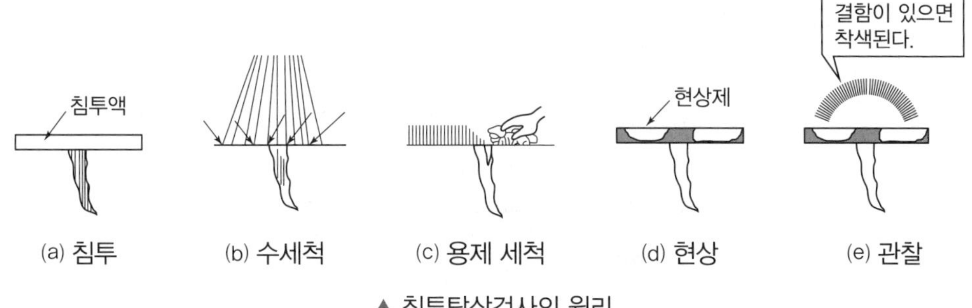

▲ 침투탐상검사의 원리

(4) 자분탐상검사(MT)

① 강자성체인 시험체를 자화시켜 결함이 있는 부분에서 자속이 흩어지는 것을 관찰하는 방법이다.

② 종류: 축 통전법, 직각 통전법, 관통법, 코일법, 극간법 등

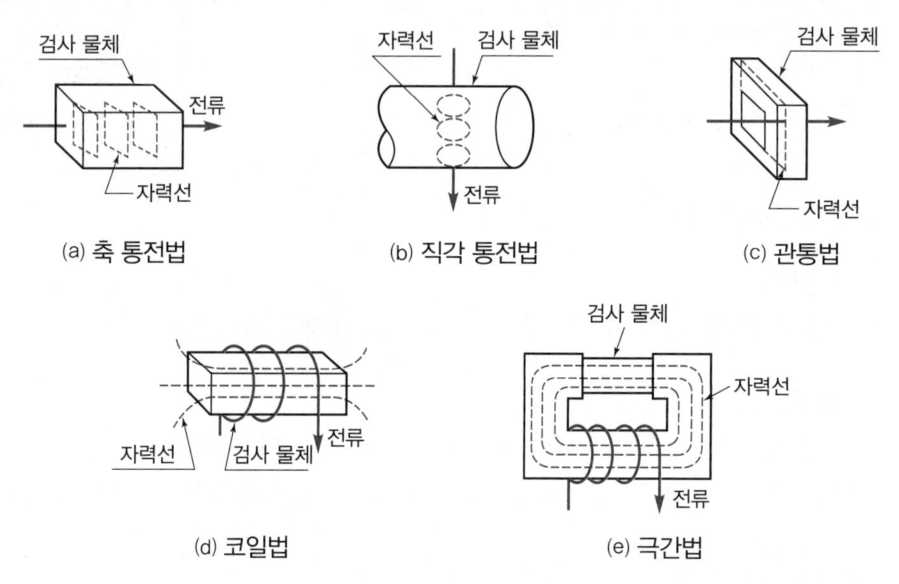

▲ 자분탐상법과 자화방법

③ 강자성체 재료에 한정되고 내부결함의 검출은 불가능하다.

④ 표면균열의 검사에 적합하고 검사 후 탈자가 요구된다.

(5) 초음파탐상시험(UT)

① 0.5~15MHz의 초음파를 검사물 내부에 침투시켜 내부결함 또는 불균일층의 존재를 검사하는 방법이다.

② 종류: 투과법, 펄스반사법, 공진법

③ 접촉방식에 따라 직접 접촉법(수직탐상, 경사각탐상), 수침법으로 나눌 수 있다.

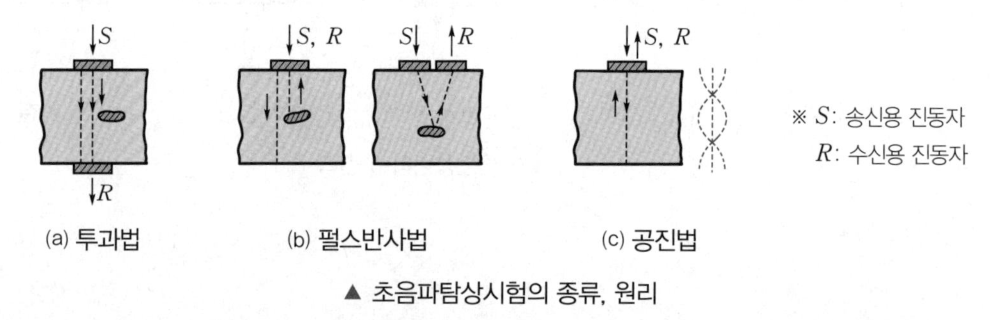

▲ 초음파탐상시험의 종류, 원리

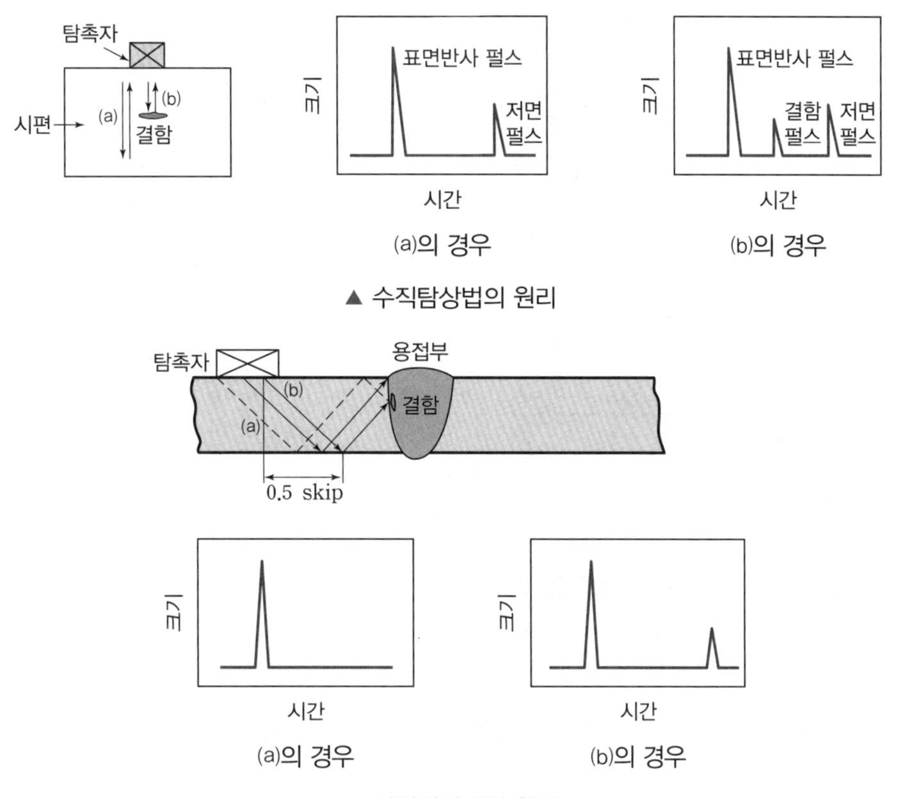

▲ 수직탐상법의 원리

▲ 사각탐상법의 원리

(6) 방사선투과검사(RT)

① X선, Y선 등의 방사선을 조사하여 시험체의 두께와 밀도 차이에 의해 방사선 흡수량의 차이에 의해 투과사진 또는 스크린상에 나타나는 결함이나 내부 구조를 관찰하는 방법이다.

- 투과도계(penetrameter): 방사선 투과사진상의 질을 나타내는 척도
- 계조계(strp wedge)

② 결함의 판정은 제1~4종으로 한다.

③ Y선원으로는 라듐(Ra), 코발트(Co^{60}), 토륨(Th^{170}), 이리듐(Ir^{92}) 등이 사용된다.

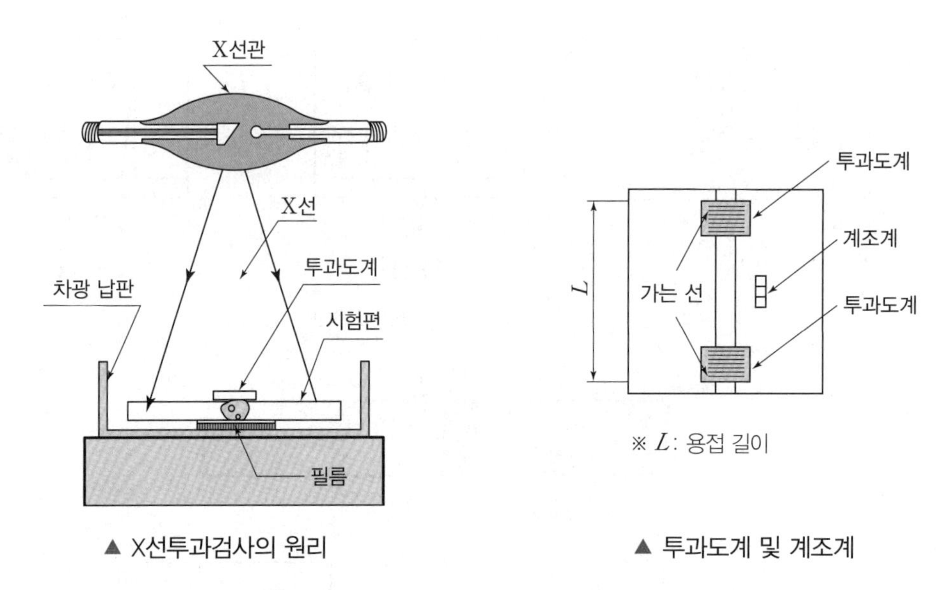

▲ X선투과검사의 원리

▲ 투과도계 및 계조계

(7) 와류탐상검사(=ET; 맴돌이검사)

① 금속 내 유기되는 맴돌이전류를 발생시켜 그 와류전류의 변화를 측정하여 결함의 유무 및 크기를 추정하는 방법이다.

② 자기탐상으로 할 수 없는 비자성체 금속재료에 적용된다.

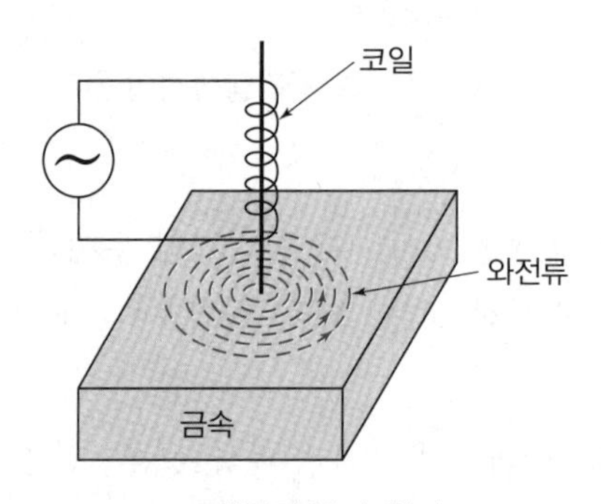

▲ 와류탐상의 원리

(8) 음향방출시험(AE)

하중을 받고 있는 물체에서 균열 또는 국부적인 파단이 일어날 때 방출되는 응력파를 분석하여 결함부의 유무 판정 및 재료의 특성 평가에 이용하는 방법이다.

출제 예상문제

○/× 문제

01 용접지그(jig)를 사용하여 용접할 경우 수평 자세로 용접하는 것이 가장 유리하다. (○/×)

해설 용접지그를 사용할 경우 아래보기 자세로 용접하는 것이 유리하다.

02 용착법 중 용접이음의 전 길이에 걸쳐서 건너뛰어서 비드를 놓는 방법으로 변형 및 잔류응력이 가장 적게 되며 용접선이 긴 경우에 적합한 용착법은 비석법(skip method)이다. (○/×)

03 저온균열이 일어나기 쉬운 재료에 용접 전에 균열을 방지할 목적으로 온도를 올리는 것을 유도가열이라 한다. (○/×)

해설 용접 전에 균열을 방지할 목적으로 재료의 온도를 높여 주는 것을 예열이라고 한다.

04 정지구멍(stop hole)을 뚫어 결함 부분을 깎아내고 재용접해야 할 결함은 균열(crack)이다. (○/×)

05 용접부의 결함검사법에서 초음파탐상법의 종류에는 투과법, 펄스반사법, 코일법이 있다. (○/×)

해설 초음파탐상법(UT)의 종류: 펄스반사법, 투과법, 공진법

06 용접부의 잔류응력을 경감시키기 위해서 가스불꽃으로 용접선 나비의 60~130mm에 걸쳐서 150~200℃ 정도로 가열 후 수랭시키는 잔류응력 경감법을 국부 풀림법이라고 한다. (○/×)

해설
- 고온균열: 가로(횡)균열, 세로(종)균열, 크레이터 균열
- 저온균열: 비드 밑 균열, 토균열, 힐균열, 루트 균열

07 용접부의 균열은 발생 시기에 따라 고온균열과 저온균열로 구분하며, 비드 밑 균열, 토균열, 힐균열은 대표적인 저온균열에 해당한다. (○/×)

정답

01. × 02. ○ 03. × 04. ○ 05. × 06. ○ 07. ○

객관식 문제

01 예열을 하는 목적에 대한 다음 설명 중 틀린 것은?

① 용접부와 인접된 모재의 수축응력을 감소시키기 위하여
② 임계온도 도달 후 냉각속도를 느리게 하여 경화를 방지하기 위하여
③ 약 200℃ 범위의 통과시간을 지연시켜 비드 및 균열 방지를 위하여
④ 후판에서 30~50℃로 용접홈을 예열하여 냉각속도를 높이기 위하여

해설 냉각속도를 늦추어 내부응력 감소 및 균열 방지를 위해서 예열을 한다.

02 용접 순서를 결정하는 기준이 잘못 설명된 것은?

① 용접 구조물이 조립되어감에 따라 용접 작업이 불가능한 곳이 발생하지 않도록 한다.
② 용접물 중심에 대하여 항상 대칭적으로 용접한다.
③ 수축이 작은 이음을 먼저 용접한 후 수축이 큰 이음을 뒤에 한다.
④ 용접 구조물의 중립축에 대한 수축 모멘트의 합이 0이 되도록 한다.

해설 수축이 큰 이음부터 용접을 한다.

03 용접부에 두꺼운 스케일이나 오물 등이 부착되었을 때, 용접홈이 좁을 때, 양 모재의 두께 차이가 클 경우, 운봉속도가 일정하지 않을 때 생기는 용접결함은?

① 언더컷 ② 융합불량
③ 크랙(crack) ④ 선상조직

04 다음 중 용접 포지셔너 사용 시 장점이 아닌 것은?

① 최적의 용접자세를 유지할 수 있다.
② 로봇 손목에 의해 제어되는 이송각도의 일종인 토치팁의 리드(lead)각과 프롬(from)각의 변화를 줄일 수 있다.
③ 용접토치가 접근하기 어려운 위치를 용접이 가능하도록 접근성을 부여한다.
④ 바닥에 고정되어 있는 로봇의 작업영역 한계를 축소시켜 준다.

해설 용접 포지셔너를 사용하면 로봇의 작업영역을 확장시켜 준다.

05 용접변형 교정방법 중 맞대기용접이음이나 필릿용접이음의 각변형을 교정하기 위하여 이용하는 방법으로 이면 담금질법이라고도 하는 것은?

① 점가열법 ② 선상가열법
③ 가열 후 해머링 ④ 피닝법

해설 선상가열법: 표면을 가스불꽃을 이용하여 직선으로 가열하고, 이때 생기는 굴곡효과를 이용하여 변형을 교정하는 방법

06 용접부에 생기는 결함의 종류 중 구조상의 결함이 아닌 것은?

① 기공(blow hole)
② 용접금속부 형상의 부적당
③ 용입불량
④ 비금속 또는 슬래그 섞임

해설
- 치수상 결함: 변형, 치수 불량, 형상 불량
- 구조상 결함: 기공, 슬래그 섞임, 용입불량, 융합불량, 언더컷, 균열, 오버랩 등
- 성질상 결함: 강도 및 경도 부족, 내식성 부족 등

정답

01. ④ 02. ③ 03. ② 04. ④ 05. ② 06. ②

07 용접부에 대한 비파괴시험 방법 중 침투탐상 시험법을 나타낸 기호는?

① RT ② UT
③ MT ④ PT

해설 • RT: 방사선투과시험
• UT: 초음파탐상시험
• MT: 자기탐상시험
• PT: 침투탐상시험

08 CO_2 아크용접에서 기공의 발생 원인이 아닌 것은?

① 노즐과 모재 사이의 거리가 15mm이었다.
② CO_2가스에 공기가 혼입되어 있다.
③ 노즐에 스패터가 많이 부착되어 있다.
④ CO_2가스 순도가 불량하다.

09 용접부에 생기는 잔류응력의 제거법이 아닌 것은?

① 노 내 풀림법
② 국부 풀림법
③ 기계적 응력완화법
④ 역변형 풀림법

해설 용접부 잔류응력 제거법
• 응력제거 열처리: 노 내 풀림법, 국부 풀림법
• 기계적 응력완화법
• 저온 응력완화법
• 피닝(peening)법

10 용접부의 국부가열 응력 제거방법에서 용접구조용 압연강재의 응력 제거 시 유지온도와 유지시간으로 적합한 것은?

① 625±25℃ 판 두께 25mm에 대해 1시간
② 725±25℃ 판 두께 25mm에 대해 1시간
③ 625±25℃ 판 두께 25mm에 대해 2시간
④ 725±25℃ 판 두께 25mm에 대해 2시간

11 주철의 용접 시 예열 및 후열 온도의 범위는 몇 ℃ 정도가 가장 적당한가?

① 500~600℃ ② 700~800℃
③ 300~350℃ ④ 400~450℃

12 압력용기를 회전하면서 아래보기 자세로 용접하기에 가장 적합하지 않은 용접설비는?

① 스트롱백(strong back)
② 포지셔너(positioner)
③ 머니퓰레이터(manipulator)
④ 터닝롤러(turning roller)

해설 스트롱백(strong back): 용접 시 판의 변형을 방지하기 위해 모재 뒤편에 붙여 주는 고정재를 말한다.

13 용접구조 설계상의 주의사항으로 틀린 것은?

① 용접 치수는 강도상 필요한 이상으로 크게 하지 말 것
② 리벳과 용접의 혼용 시에는 충분한 주의를 할 것
③ 용접성, 노치인성이 우수한 재료를 선택하여 시공하기 쉽게 설계할 것
④ 후판을 용접할 경우는 용입이 얕은 용접법을 이용하여 층수를 늘릴 것

해설 후판을 용접할 경우 용입을 깊은 용접법을 이용하여 층수를 줄여야 한다.

14 용접이음의 안전율을 계산하는 식으로 맞는 것은?

① 안전율=허용응력÷인장강도
② 안전율=인장강도÷허용응력
③ 안전율=피로강도÷변형률
④ 안전율=파괴강도÷연신율

해설 $안전율 = \frac{인장강도}{허용응력}$

정답

07. ④ 08. ① 09. ④ 10. ① 11. ① 12. ① 13. ④ 14. ②

15 지그나 고정구의 설계 시 유의사항으로 틀린 것은?

① 구조가 간단하고 효과적인 결과를 가져와야 한다.
② 부품 간의 거리 측정이 필요해야 한다.
③ 부품의 고정과 이완은 신속히 이루어져야 한다.
④ 모든 부품의 조립은 쉽고 눈으로 볼 수 있어야 한다.

16 용접 잔류응력을 경감하기 위한 방법 중 맞지 않는 것은?

① 용착금속의 양을 될 수 있는 대로 적게 한다.
② 예열을 이용한다.
③ 적당한 용착법과 용접 순서를 선택한다.
④ 용접 전에 억제법, 역변형법 등을 이용한다.

해설 용접 전에 억제법, 역변형법 등을 이용하는 것은 변형 방지를 위한 조치이다.

17 V형 맞대기 피복아크용접 시 슬래그 섞임의 방지대책이 아닌 것은?

① 슬래그를 깨끗이 제거한다.
② 용접전류를 약간 세게 한다.
③ 용접이음부의 루트 간격을 좁게 한다.
④ 봉의 유지각도를 용접 방향에 적절하게 한다.

해설 슬래그 섞임의 방지 차원에서는 용접이음부의 루트 간격은 넓게 하는 것이 좋다.

18 용접봉의 습기가 원인이 되어 발생하는 결함으로 가장 적절한 것은?

① 선상조직　　② 기공
③ 용입불량　　④ 슬래그 섞임

19 연강재료의 인장시험편이 시험 전의 표점거리가 60mm이고 시험 후의 표점거리가 78mm일 때 연신율은 몇 %인가?

① 77%　　② 130%
③ 30%　　④ 18%

해설 연신율

$$= \frac{\text{시험 후 표점거리} - \text{시험 전 표점거리}}{\text{시험 전 표점거리}} \times 100\%$$

$$= \frac{78-60}{60} \times 100\% = 30\%$$

20 용접부의 단면을 연삭기나 샌드페이퍼 등으로 연마하고 적당한 부식을 해서 육안이나 저배율의 확대경으로 관찰하여 용입의 상태, 열영향부의 범위, 결함의 유무 등을 알아 보는 시험은?

① 응력부식시험　　② 현미경시험
③ 파면시험　　④ 매크로 조직시험

21 용접 시 기공 발생의 방지대책으로 틀린 것은?

① 위빙을 하여 열량을 늘리거나 예열을 한다.
② 충분히 건조한 저수소계 용접봉을 사용한다.
③ 정해진 범위 안의 전류로 좀 긴 아크를 사용하거나 용접법을 조절한다.
④ 피닝작업을 하거나 용접비드 배치법을 변경한다.

해설 피닝작업이나 용접비드 배치법을 변경하는 것은 잔류응력 제거 및 변형 방지를 위한 방법이다.

22 연강재의 용접이음부에 대한 충격하중이 작용할 때 안전율은?

① 3　　② 5
③ 8　　④ 12

정답

15. ②　16. ④　17. ③　18. ②　19. ③　20. ④　21. ④　22. ④

23 용접할 경우 일어나는 균열결함 현상 중 저온 균열에서 볼 수 없는 것은?

① 토균열(toe crack)
② 비드 밑 균열(under bead crack)
③ 루트 균열(root crack)
④ 크레이터 균열(crater crack)

해설 • 고온균열: 가로(횡)균열, 세로(종)균열, 크레이터 균열
• 저온균열: 비드 밑 균열, 토균열, 힐균열, 루트 균열

24 다음 중 용접 후 열처리의 목적으로 관계가 먼 것은?

① 용접 잔류응력의 완화
② 용접 후 변형 방지
③ 용접부 균열 방지
④ 연성 증가, 파괴인성의 감소

해설 ④ 연성 및 파괴인성의 증가

25 지그(jig)의 사용 목적으로 틀린 것은?

① 소량생산을 위해 사용된다.
② 용접작업을 쉽게 한다.
③ 제품의 정밀도와 용접부의 신뢰성을 높인다.
④ 공정 수를 절약하므로 능률을 좋게 한다.

26 용접 수축량에 미치는 용접시공 조건의 영향으로 맞는 것은?

① 용접속도가 빠를수록 각변형이 커진다.
② 용접봉 직경이 큰 것이 수축이 크다.
③ 용접 밑면의 루트 간격이 클수록 수축이 크다.
④ 용접홈의 형상에서 V형 홈이 X형 홈보다 수축이 적다.

27 한 부분의 몇 층을 용접하다가 이것을 다음 부분의 층으로 연속시켜 전체가 단계를 이루도록 용착시켜 나가는 것으로 변형 및 잔류응력을 줄이기 위해 용접하는 방법으로 맞는 것은?

① 덧붙이법　② 블록법
③ 스킵법　④ 캐스케이드법

28 다음 용접변형에 영향을 미치는 인자 중에서 용접열에 관계되는 인자와 거리가 가장 먼 것은?

① 용접속도　② 용접 층수
③ 용접전류　④ 부재치수

29 일반적인 각변형의 방지대책으로 틀린 것은?

① 구속 지그를 활용한다.
② 용접속도가 빠른 용접법을 이용한다.
③ 판 두께가 얇을수록 첫 패스 측의 개선 깊이를 크게 한다.
④ 개선각도는 작업에 지장이 없는 한도 내에서 크게 한다.

해설 개선각도는 변형 방지 차원에서 작업에 지장이 없는 한 작게 하는 것이 좋다.

30 결함 중 가장 치명적인 것으로 발생되면 그 양단에 드릴로 정지구멍을 뚫고 깎아 내어 규정의 홈으로 다듬질하는 것은?

① 균열(crack)
② 은점(fish eye)
③ 언더컷(under cut)
④ 기공(blow hole)

31 용접 길이를 짧게 나누어 간격을 두면서 용접하는 것으로 잔류응력이 적게 발생하도록 하는 용착법은?

① 빌드업법　② 후진법
③ 전진법　④ 스킵법

정답

23. ④ 24. ④ 25. ① 26. ③ 27. ④ 28. ④ 29. ④ 30. ① 31. ④

32 다음 그림에서 강판의 두께 20mm, 인장하중 8,000N을 작용시키고자 하는 겹치기용접이음을 하고자 한다. 용접부의 허용응력을 5N/mm² 라 할 때 필요한 용접 길이는 약 얼마인가?

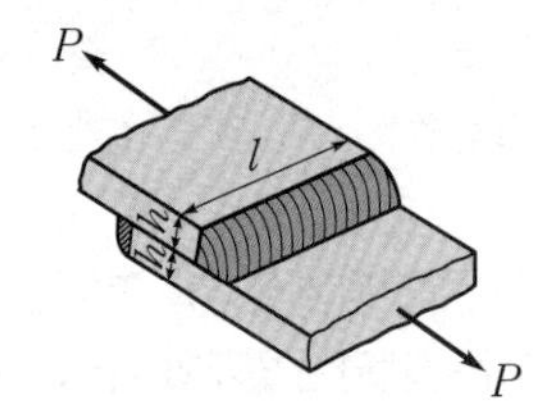

① 36.6mm ② 46.5mm
③ 56.6mm ④ 66.5mm

해설 용접부 허용응력 $= \dfrac{\text{인장하중}}{\text{용접부 단면적}}$ 에서,
용접부 단면적
=(용접부 목 두께×용접 길이×2)
=(강판 두께×0.707×용접 길이×2)이므로,
$5\text{N/mm}^2 = \dfrac{8000\text{N}}{20\text{mm}\times0.707\times(\text{용접 길이}\times2)}$ 에서,
용접 길이=56.577mm
※ 용접 길이에 2를 곱해 주는 이유는 용접부가 앞면과 뒷면 2곳이기 때문이다.

33 19mm 두께의 알루미늄판을 양면으로 TIG용접을 하고자 할 때 이용할 수 있는 이음방식은?

① I형 맞대기이음
② V형 맞대기이음
③ X형 맞대기이음
④ 겹치기이음

34 용접선이 응력의 방향과 대략 직각인 필릿용접은?

① 전면 필릿용접 ② 측면 필릿용접
③ 경사 필릿용접 ④ 뒷면 필릿용접

해설 • 용접선이 응력의 방향과 수직: 전면 필릿용접
• 용접선이 응력의 방향과 평행: 측면 필릿용접

35 용접부의 결함검사법에서 초음파탐상법의 종류에 해당하지 않는 것은?

① 스테레오법 ② 투과법
③ 펄스반사법 ④ 공진법

해설 초음파탐상법(UT)의 종류: 펄스반사법, 투과법, 공진법

36 다음 그림과 같이 길이가 긴 T형 필릿용접을 할 경우에 일어나는 용접변형의 명칭은?

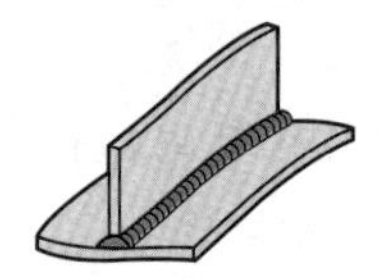

① 회전변형 ② 세로 굽힘변형
③ 좌굴변형 ④ 가로 굽힘변형

37 용접 전에 용접부의 예열을 시키는 목적으로 틀린 것은?

① 열영향부와 용착금속의 경화를 촉진하고 인성을 증가시킨다.
② 수소의 방출을 용이하게 하여 저온균열을 방지한다.
③ 용접부의 기계적 성질을 향상시키고 경화조직의 석출을 방지시킨다.
④ 온도 분포가 완만하게 되어 열응력의 감소로 변형과 잔류응력의 발생을 적게 한다.

해설 열영향부와 용착금속의 경화를 방지하고 인성을 증가시킨다.

38 용접부의 시험에서 파괴시험이 아닌 것은?

① 형광침투시험 ② 육안조직시험
③ 충격시험 ④ 피로시험

해설 형광침투시험은 침투탐상시험(PT)의 한 종류로 비파괴시험에 속한다.

정답
32. ③ 33. ③ 34. ① 35. ① 36. ② 37. ① 38. ①

39 용접 순서를 결정짓는 설명으로 가장 거리가 먼 것은?

① 동일 평면 내에 이음부가 많을 경우 수축은 가능한 한 자유단으로 내보내어 외적 구속에 의한 잔류응력을 적게 한다.
② 중심선에 대한 대칭을 벗어나면 수축이 발생하여 변형하거나, 굽혀지거나, 뒤틀리는 경우가 있으므로 가능한 한 물품의 중심에 대하여 대칭적으로 용접한다.
③ 가능한 한 수축이 적은 이음용접을 먼저 하여 변형을 최소한으로 줄이고, 수축이 큰 이음용접을 나중에 하여 각 부품의 조립의 정밀도를 높일 수 있도록 한다.
④ 용접선의 직각 단면 중립축에 대하여 용접 수축력의 총합이 0이 되도록 하여 용접 방향에 대한 굽힘을 줄인다.

해설 수축이 큰 이음부터 용접을 한다.

40 용접균열에서 저온균열은 일반적으로 몇 ℃ 이하에서 발생하는 균열을 말하는가?

① 200~300℃ 이하
② 300~400℃ 이하
③ 400~500℃ 이하
④ 500~600℃ 이하

41 다음 그림에서 루트 간격을 표시하는 것은?

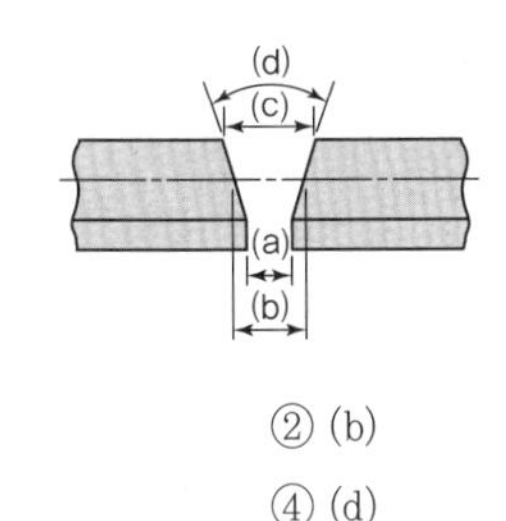

① (a) ② (b)
③ (c) ④ (d)

해설 (a): 루트 간격, (d): 개선각도

42 금속현미경 조직시험의 진행과정의 순서로 맞는 것은?

① 시편 채취 → 성형 → 연삭 → 광연마 → 물 세척, 건조 → 부식 → 알코올 세척, 건조 → 현미경검사
② 시편 채취 → 광연마 → 연삭 → 성형 → 물 세척, 건조 → 부식 → 알코올 세척, 건조 → 현미경검사
③ 시편 채취 → 성형 → 물 세척, 건조 → 광연마 → 연삭 → 부식 → 알코올 세척, 건조 → 현미경검사
④ 시편 채취 → 알코올 세척, 건조 → 성형 → 광연마 → 물 세척, 건조 → 연삭 → 부식 → 현미경검사

43 꼭지각이 136°인 다이아몬드 사각추의 압입자를 시험하중으로 시험편에 후에 생긴 오목자국의 대각선을 측정해서 환산표에 의해 경도를 표시하는 것은?

① 비커스경도 ② 마이어경도
③ 브리넬경도 ④ 로크웰경도

해설
- 비커스경도: 꼭지각이 136°인 사각뿔 압입자를 사용
- 마이어경도: 압입된 지름을 측정하여 그 투영면적을 구하고, 투영면적에 대한 평균압력을 경도값으로 한다.
- 브리넬경도: 일정한 지름의 강철볼을 압입자로 사용
- 로크웰경도: 강구 압입자(B스케일) 또는 꼭지각이 120°인 원뿔형 압입자(C스케일)를 사용

44 용접결함이 오버랩일 경우 그 보수방법으로 가장 적당한 것은?

① 정지구멍을 뚫고 재용접한다.
② 일부분을 깎아 내고 재용접한다.
③ 가는 용접봉을 사용하여 재용접한다.
④ 결함 부분을 절단하여 재용접한다.

정답

39. ③ 40. ① 41. ① 42. ① 43. ① 44. ②

45 자분탐상시험에서 자화방법의 종류가 아닌 것은?

① 축 통전법 ② 전류 관통법
③ 원통 통전법 ④ 코일법

해설 자분탐상시험에서 자화방법: 축 통전법, 전류 관통법, 직각 통전법, 코일법, 극간법

46 필릿용접 이음부의 루트 부분에 생기는 저온균열로 모재의 열 팽창 및 수축에 의한 비틀림이 주원인이 되는 균열의 명칭은?

① 비드 밑 균열 ② 루트 균열
③ 힐균열 ④ 수소균열

정답

45. ③ 46. ③

PART IV

ISO INTERNATIONAL WELDING >>>

기계제도

CHAPTER

01 제도의 기본

1-1 제도의 기본

1 국가 및 국제기구의 규격 및 기호

구분	규격기호	구분	규격기호
국제표준화기구	ISO	미국용접학회	AWS
한국산업규격	KS	미국석유협회	API
영국표준규격	BS	미국기계협회	ASME
독일공업규격	DIN	미국재료시험협회	ASTM
미국표준협회	ANSI	미국선급협회	ABS
일본공업규격	JIS	영국선급협회	LR

2 한국산업규격(KS) 부문별 분류기호

분류	기본	기계	전기	금속	조선
기호	A	B	C	D	V

3 도면의 분류

① 용도(목적)에 따른 종류: 계획도, 제작도, 주문도, 견적도, 승인도, 설명도
② 내용에 따른 종류: 부품도, 조립도, 배치도, 장치도, 상세도, 공정도, 배관도
③ 표현의 형식에 따른 종류: 외관도, 전개도, 선도(계통도, 구조선도)
④ 도면의 성격에 따른 종류: 원도, 복사도, 트레이스도

4 도면의 크기

① 제도용지의 세로 : 가로 = 1 : $\sqrt{2}$

② 큰 도면을 접을 때는 표제란이 아래쪽에 오도록 하고 A4 크기로 접는 것이 원칙이다.

분류	A0	A1	A2	A3	A4
크기	841×1189	594×841	420×594	297×420	210×297

5 도면의 양식

① 도면에 반드시 설정해야 되는 양식: 윤곽선, 표제란, 중심선

- 윤곽선: 0.5mm 이상의 실선
- 표제란: 도면 번호, 도면 명칭, 작성일, 작성자, 척도, 투상법 등을 표시
- 중심선: 촬영 또는 복사할 때 도면의 위치를 알아 보기 쉽도록 표시하는 선 0.5mm 굵기의 실선으로 상하좌우 중앙의 4개소에 표시

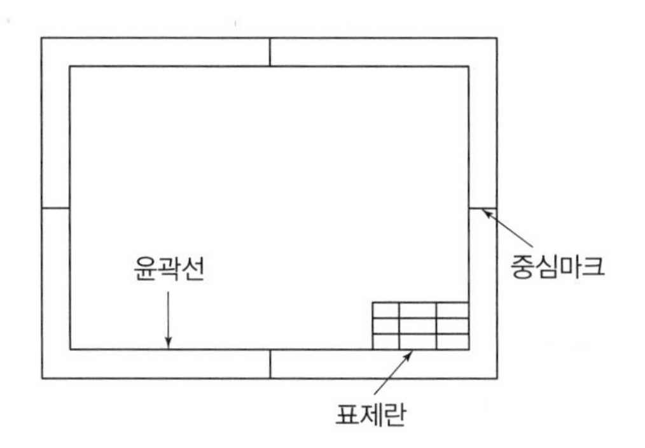

▲ 도면의 표시사항

② 기타: 비교눈금, 도면의 구역 표시, 재단마크

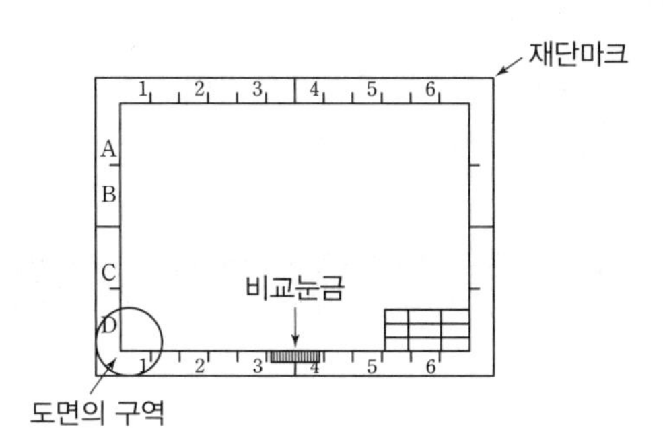

▲ 기타 표시사항

6 도면의 척도

척도의 종류	척도값의 예
축척	(1 : 2), (1 : 5), (1 : 10), (1 : 100)
현척(실척)	(1 : 1)
배척	(2 : 1), (5 : 1), (10 : 1), (100 : 1)

① (A : B) = (도면상의 치수 : 실물의 치수)

② NS(None Scale): 비례척이 아님을 표시

7 문자

① 도면에 사용하는 문자는 한글·숫자·로마자 등이 있으나 될 수 있는 한 문자는 적게 쓰고, 기호로 나타낸다.

② 문자는 되도록 간결하게 쓰고 가로쓰기를 원칙으로 한다.

8 선

(1) 선의 종류

① 모양에 따른 분류

- 실　선: ────────
- 파　선: - - - - - - - - - - -
- 1점쇄선: ── - ── - ──
- 2점쇄선: ── - - ── - - ──

② 굵기에 따른 분류

- 가는 선: 0.18~0.35mm
- 굵은 선: 가는 선의 2배 정도(0.35~1.0mm)
- 아주 굵은 선: 가는 선의 4배 정도(0.7~2.0mm)

③ 용도에 따른 분류

명칭	선의 종류	용도
외형선	굵은 선	• 물체의 보이는 부분을 표시
치수선, 치수보조선	가는 실선	• 치수를 기입하기 위한 선
중심선	가는 실선 또는 가는 1점쇄선	• 물체의 중심을 표시
(숨)은선	가는 파선 또는 굵은 파선	• 물체의 보이지 않는 부분을 표시

명칭	선의 종류	용도
가상선	가는 2점쇄선	• 인접한 부분을 참고로 표시 • 가동 부분의 이동 궤적을 표시
무게중심선	가는 2점쇄선	• 단면의 무게중심을 표시
파단선	불규칙한 파형의 가는 실선	• 물체의 일부분을 파단한 경계 또는 일부를 떼어 낸 경계를 표시
절단선	가는 1점쇄선(끝부분을 굵게)	• 단면도 또는 절단부를 표시
해칭선	가는 실선으로 규칙적으로 선을 늘어놓은 것	• 도형의 한정된 특정 부분을 다른 부분과 구별할 때
특수용도선	아주 굵은 실선	• 얇은 부분의 단면을 표시

(2) 선의 기본 원칙

① 도면에서 2종류 이상의 선이 겹칠 때 우선순위: 외형선 > 숨은선 > 절단선 > 중심선 > 무게중심선 > 치수보조선

② 선의 접속

- 파선이 외형선인 곳에서 끝날 때는 이어지도록 한다.
- 파선과 파선이 접속하는 부분은 서로 이어지도록 한다.
- 외형선의 끝에 파선이 접속할 때는 서로 잇지 않는다.
- 두 파선이 인접할 때는 파선이 서로 어긋나게 긋는다.

바름 (○)	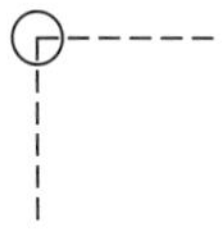	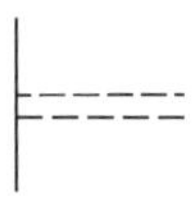	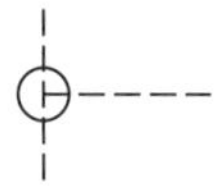	
틀림 (×)		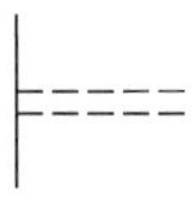		
설명	파선과 파선이 접속되는 부분은 서로 이어지도록 한다.	파선과 외형선이 만나는 곳은 연결되도록 하고 두 파선이 인접할 때는 파선이 서로 어긋나게 긋는다.	파선과 파선이 만나는 곳은 서로 이어지도록 한다.	파선과 파선이 이어지는 부분은 서로 이어지도록 한다.

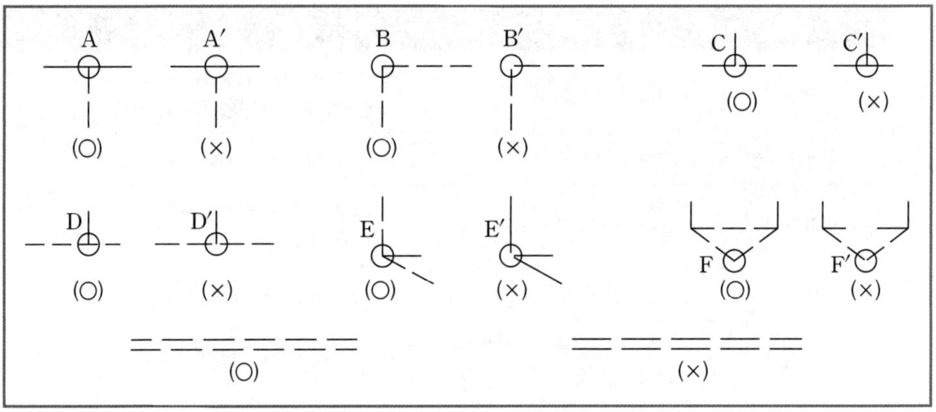

A (O) A′ (×) B (O) B′ (×) C (O) C′ (×)
D (O) D′ (×) E (O) E′ (×) F (O) F′ (×)
(O) (×)

▲ 선의 접속 원칙

02 기초 제도

2-1 투상법 및 도형의 표시방법

(1) 정투상도

① 투상선이 투상면에 대하여 수직으로 투상되는 것

② 정면도, 평면도, 우측면도, 좌측면도, 저면도, 배면도

③ 제3각법: 눈 → 투상면 → 물체

제1각법: 눈 → 물체 → 투상면

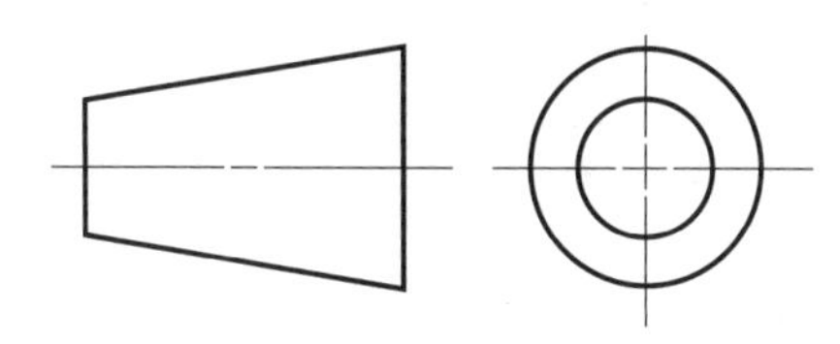

(a) 제1각법의 그림기호

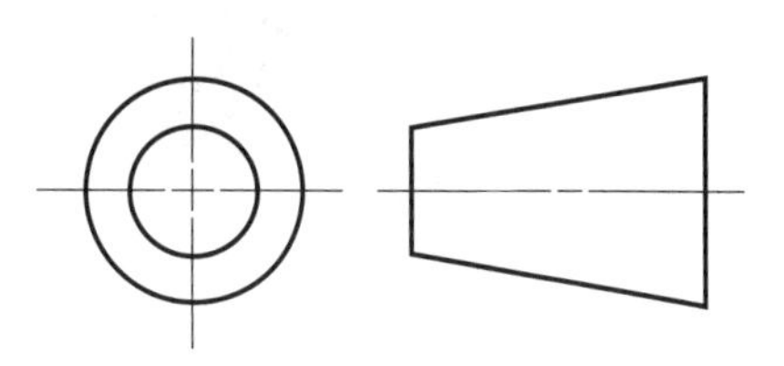

(b) 제3각법의 그림기호

▲ 각법을 표시하는 기호

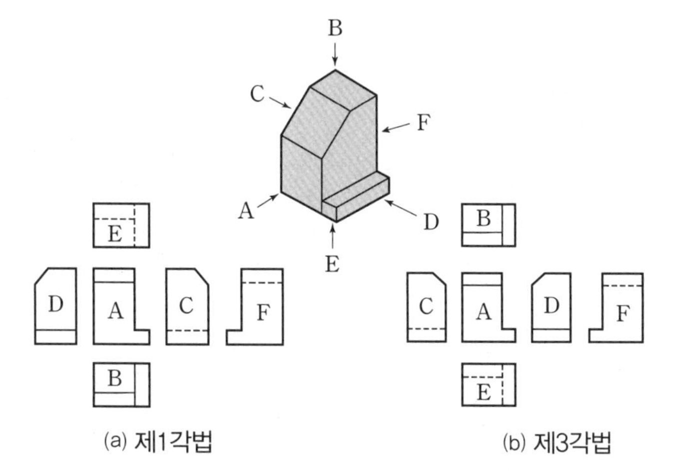

(a) 제1각법

(b) 제3각법

※ A: 정면도
B: 평면도
C: 좌측면도
D: 우측면도
E: 저면도
F: 배면도

▲ 제1각법과 제3각법의 도면 배치 위치

(2) 보조 투상도

경사부가 있는 물체의 경우에 그 경사면의 실제 모양을 표시할 필요가 있는데 경사 부분의 전체 또는 일부를 도시한다.

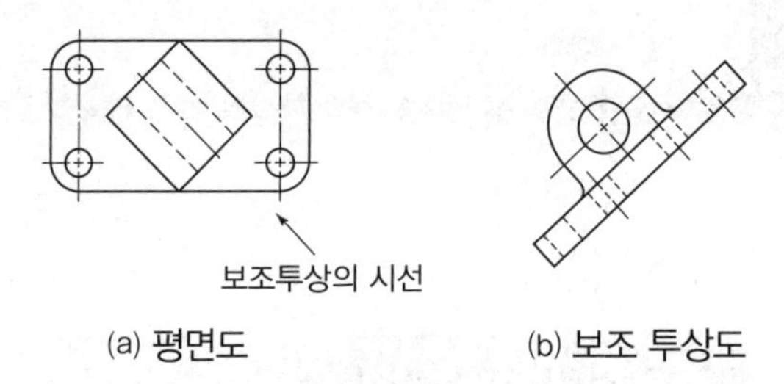

▲ 보조 투상도의 도시

(3) 부분 투상도

물체의 일부분만 도시하는 것으로도 충분한 경우에 필요한 부분만 투상하여 도시한다.

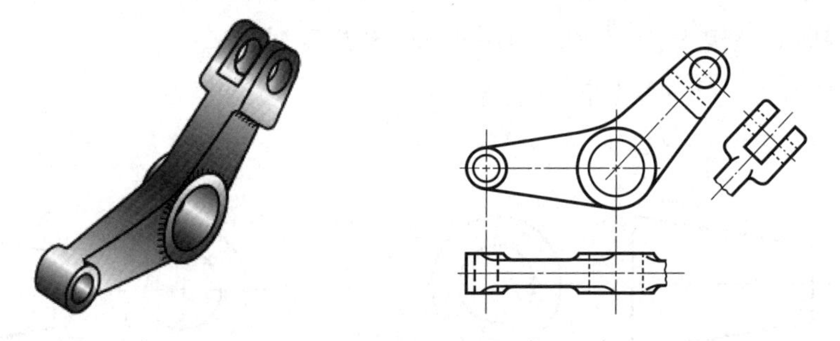

▲ 부분 투상도의 도시

(4) 국부 투상도

대상물의 구멍, 홈 등과 같이 한 부분의 모양을 도시하는 것으로 충분한 경우에 그 필요한 부분만 도시한다.

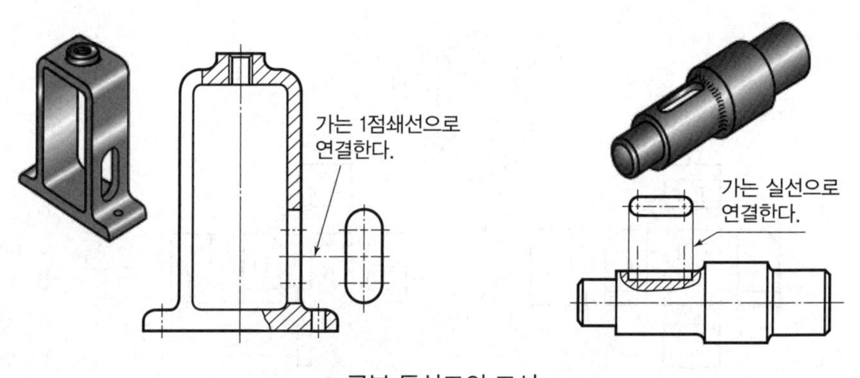

▲ 국부 투상도의 도시

(5) 회전 투상도

대상물의 일부가 어느 각도를 가지고 있기 때문에 그 실제 모양을 나타내기 위해 그 부분을 회전해서 실제 모양을 도시한다.

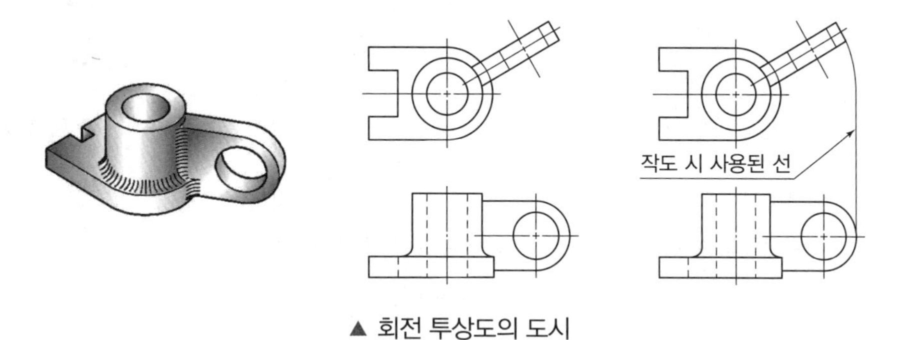

▲ 회전 투상도의 도시

(6) 부분 확대도

특정한 부분의 도형이 작아서 그 부분을 자세하게 나타낼 수 없거나 치수 기입을 할 수 없을 때 적당한 위치에 배척으로 확대하여 도시한다.

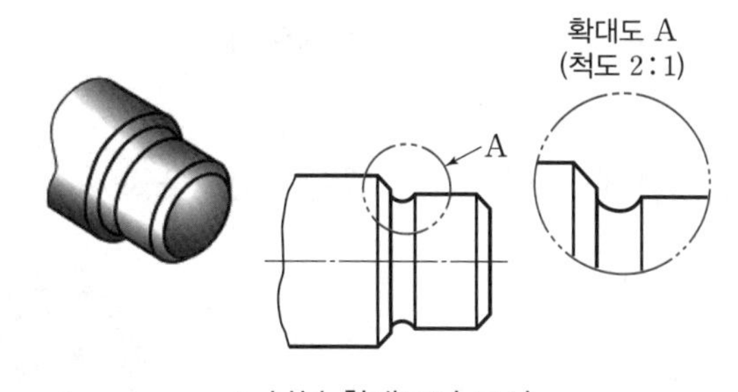

▲ 부분 확대도의 도시

(7) 단면도

① 단면도의 도시방법

- 보이지 않는 물체의 내부를 절단하여 내부의 모양을 나타낸 것이다.
- 절단면은 중심선에 대하여 45° 경사지게 일정한 간격으로 빗금을 긋는다.
- 절단면 표시는 해칭 또는 스머징을 사용한다.
- 절단선의 끝부분과 꺾이는 부분은 굵은 실선, 나머지는 1점쇄선을 사용한다.
- 절단면의 뒤에 나타나는 숨은선, 중심선 등은 표시하지 않는 것이 원칙이나 부득이한 경우 표시할 수 있다.
- 축·핀·볼트 등 길이 방향으로 단면해도 의미가 없거나, 이해를 방해하는 부품은 원칙적으로 길이 방향으로 단면을 하지 않는다.

- 절단 뒷면에 나타나는 내부의 모양은 원통면의 한계와 끝을 투상선으로 나타내야 한다.

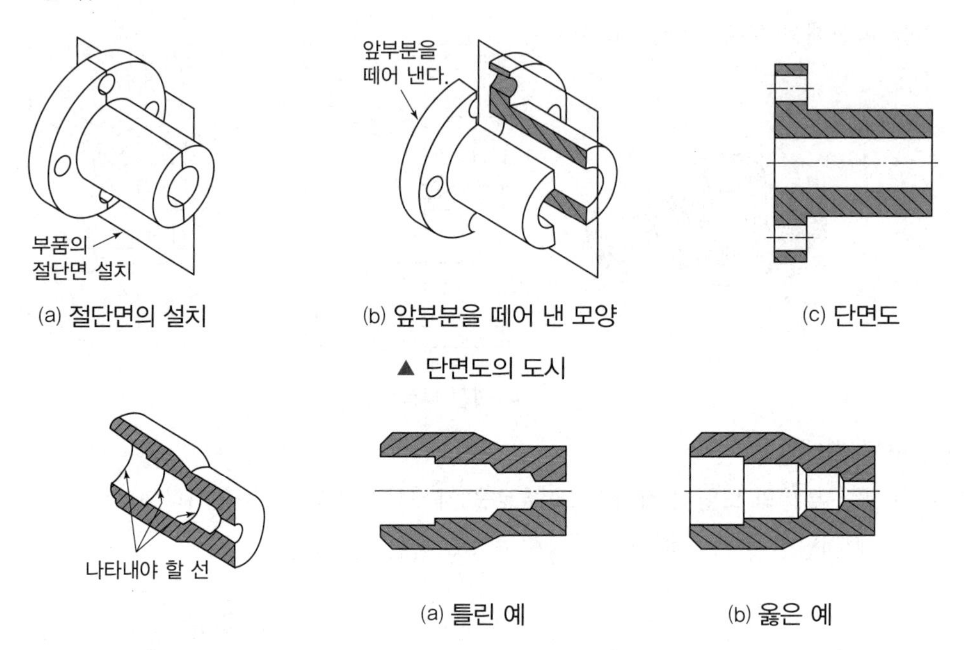

(a) 절단면의 설치 (b) 앞부분을 떼어 낸 모양 (c) 단면도

▲ 단면도의 도시

(a) 틀린 예 (b) 옳은 예

② 단면도의 종류

- 온단면도: 물체의 중심에서 1/2로 절단한 단면을 표시

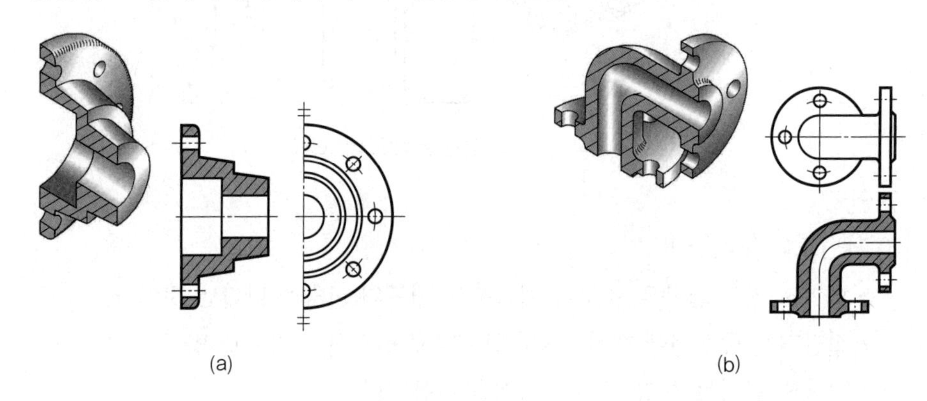

(a) (b)

▲ 온단면도의 도시

- 한쪽 단면도(반단면도): 물체의 상하좌우가 대칭인 경우에 물체의 1/4을 절단한 단면을 표시

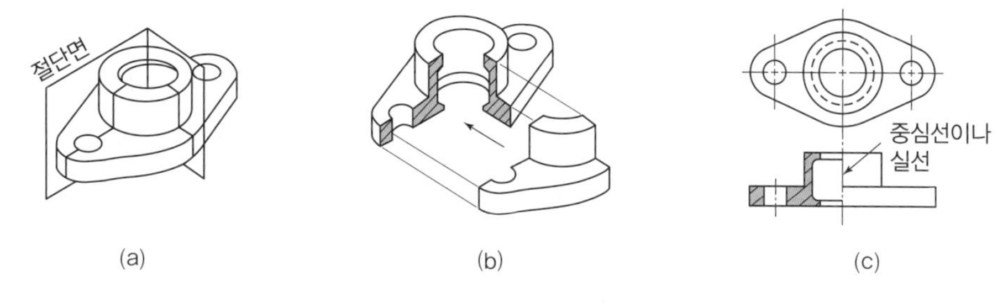

▲ 한쪽 단면도(반단면도)의 도시

- 부분 단면도: 물체의 일부분을 잘라 내고 필요한 내부 모양을 표시(파단선을 그어 단면 부분의 경계를 표시한다.)

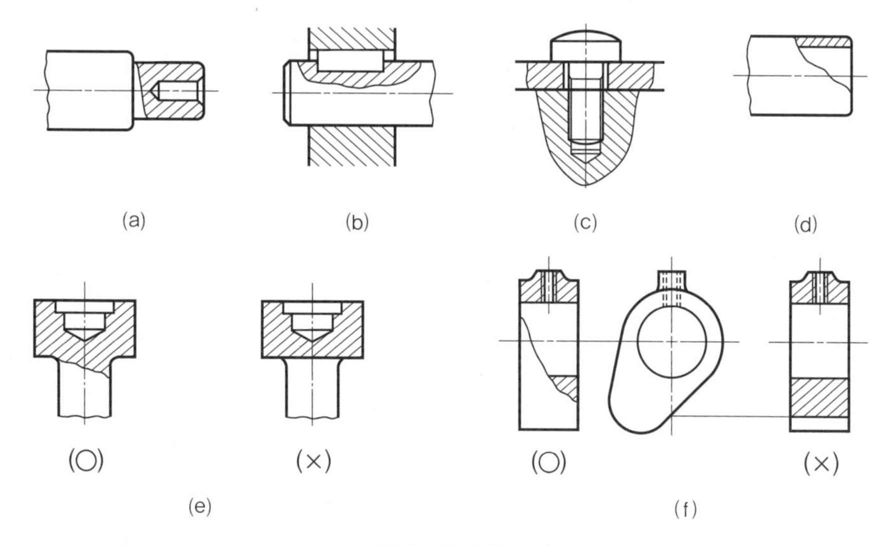

▲ 부분 단면도의 도시

- 회전 단면도: 핸들, 축, 형강 등과 같은 물체의 절단한 단면의 모양을 90° 회전하여 내부 또는 외부를 표시

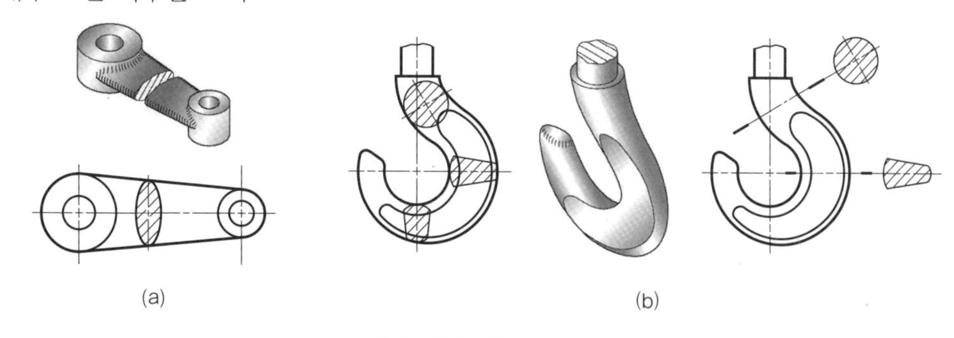

▲ 회전 단면도의 도시

- 계단 단면도: 절단면이 투상면에 평행 또는 수직하게 계단 형태로 절단된 것을 표시

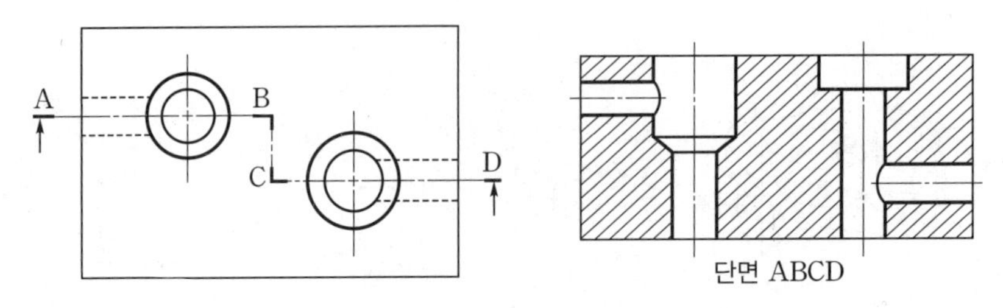

▲ 계단 단면도의 도시

- 얇은 부분의 단면도: 패킹, 얇은 판 등과 같이 단면이 얇은 경우에 굵은 실선으로 단면을 표시

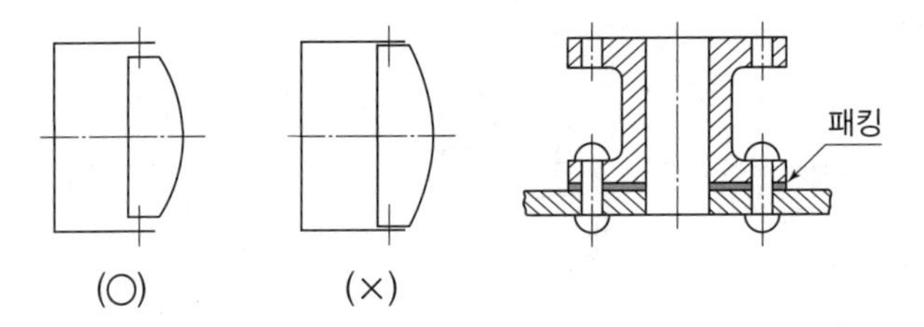

▲ 얇은 부분의 단면도의 도시

(8) 도면의 생략

① 도형의 모양이 대칭인 경우에 대칭기호를 사용하여 대칭 중심선의 한쪽을 생략할 수 있다.

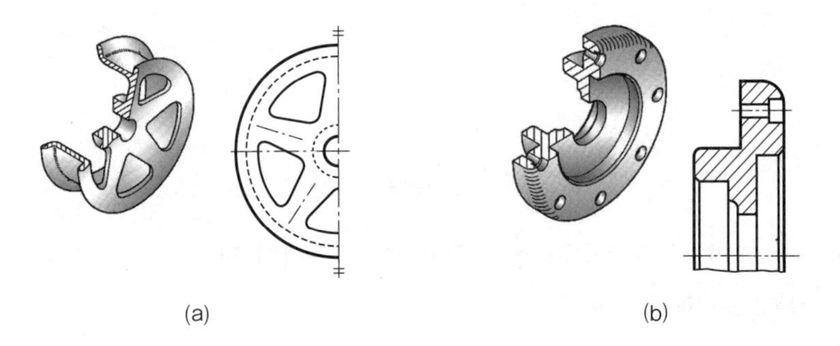

▲ 대칭 도형의 생략

② 축, 봉, 관, 테이퍼축 등의 동일 단면형의 부분이 긴 경우에 중간 부분을 잘라 내고 단축시켜 그린다.

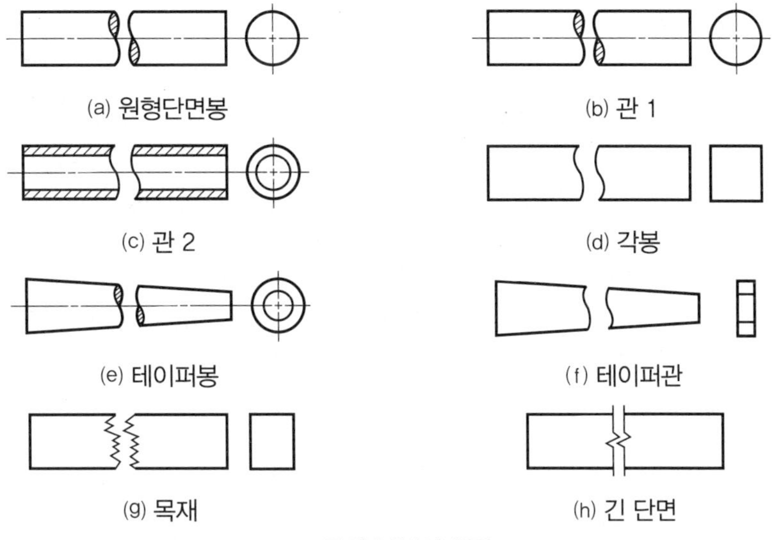

▲ 중간 부분의 생략

③ 같은 종류의 리벳 구멍, 볼트 구멍 등과 같이 같은 모양이 연속되어 있는 경우에 그 양 끝부분 또는 필요 부분만 표시한다.

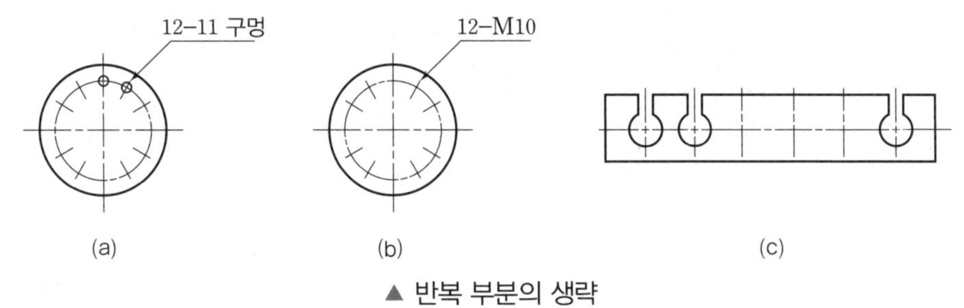

▲ 반복 부분의 생략

(9) 특수가공 부분의 표시

물체의 일부분에 특수가공을 하는 경우에 그 범위를 외형선과 평행하게 약간 떼어서 굵은 1점쇄선으로 표시한다.

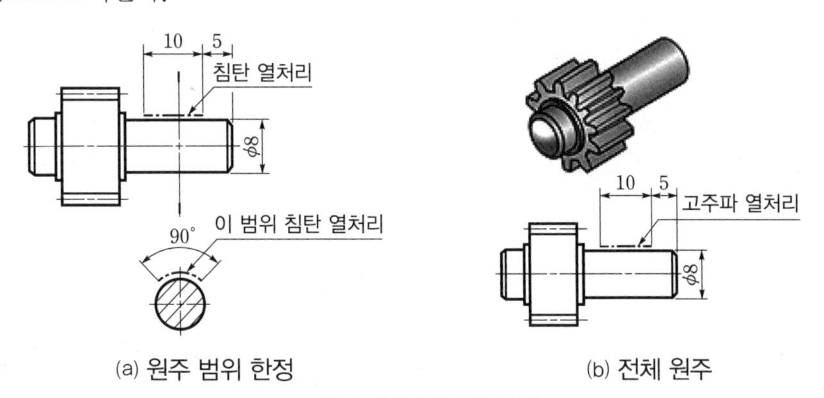

▲ 특수가공 부분의 표시

(10) 특수 투상도

① 등각투상도

- 물체의 전면·평면·측면을 하나의 투상도에 볼 수 있도록 그린 입체도이며, 물체의 모양과 특징을 가장 잘 나타낼 수 있다.
- 3개의 축이 120°의 등각이 되도록 입체도로 투상한 것이다.

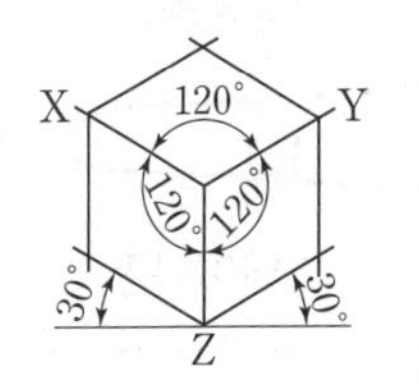

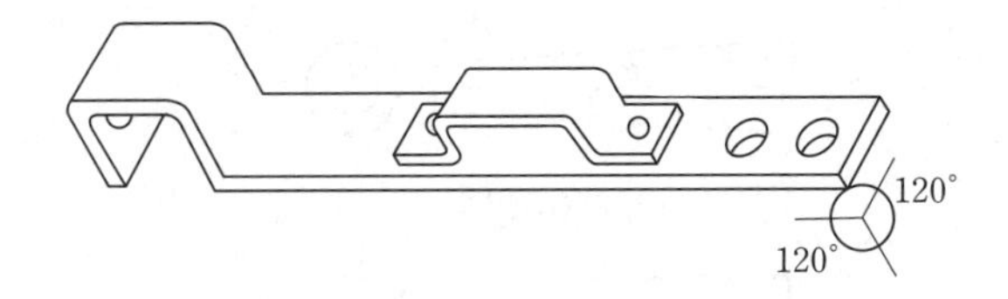

▲ 등각투상도의 도시

② 사투상도

- 물체를 투상면에 대하여 한쪽으로 경사지게 투상하여 입체로 나타낸 것이다.
- 45°의 경사축으로 그린 카발리에도와 60°의 경사축으로 그린 캐비닛도가 있다.

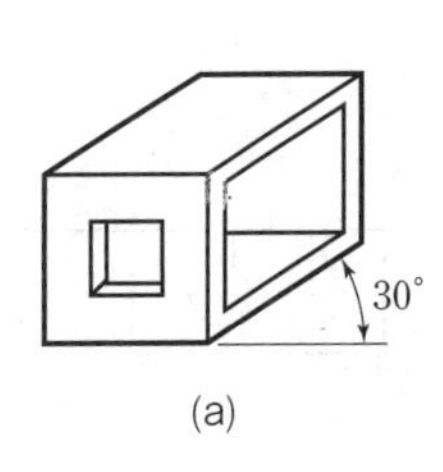

(a)

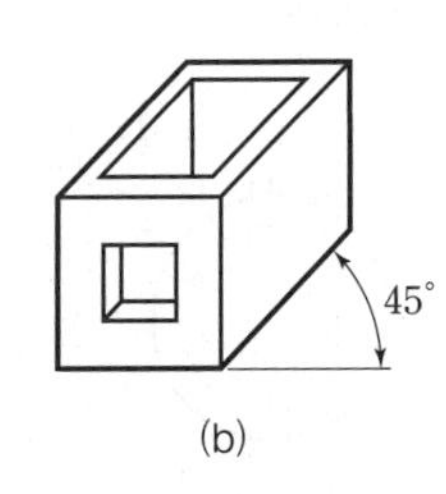

(b)

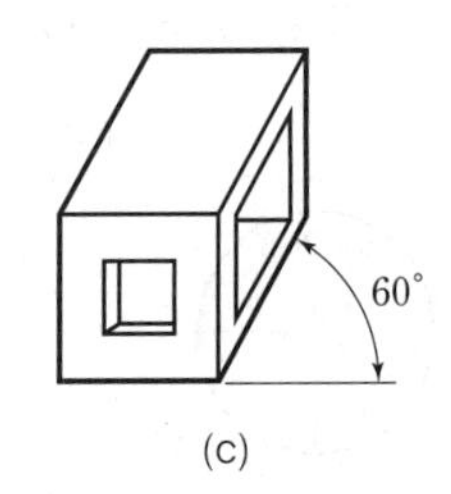

(c)

▲ 사투상도의 도시

③ 부등각 투상도: 3개의 축선이 서로 만나서 이루어지는 3개의 각 중에서 2개의 각은 같게, 나머지 한 각은 다르게 그린 투상도

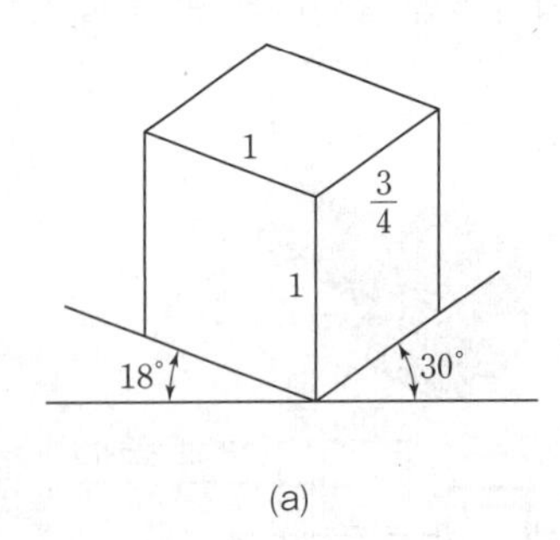

(a)

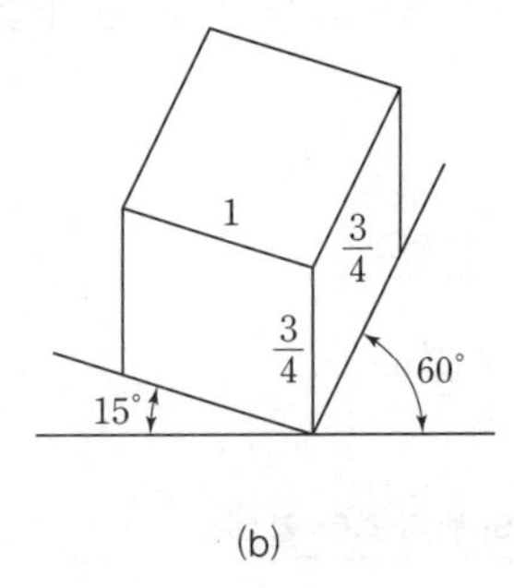

(b)

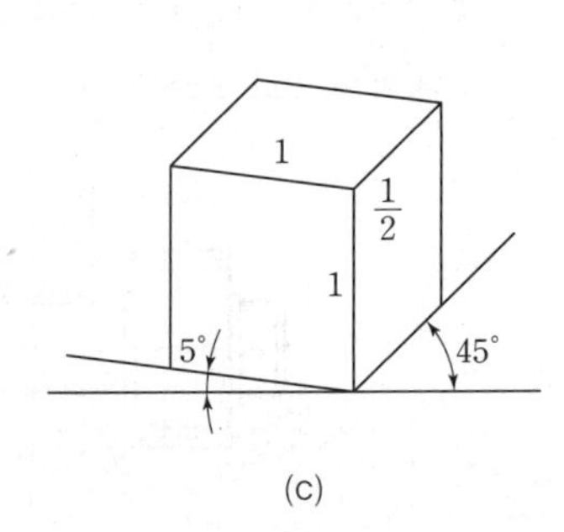

(c)

▲ 부등각 투상도의 도시

④ 투시 투상도: 물체의 멀고 가까운 거리감(원근감)을 느낄 수 있도록 하나의 시점과 물체의 각 점을 방사선으로 이어서 그린 투상도(건축물, 교량의 조감도)

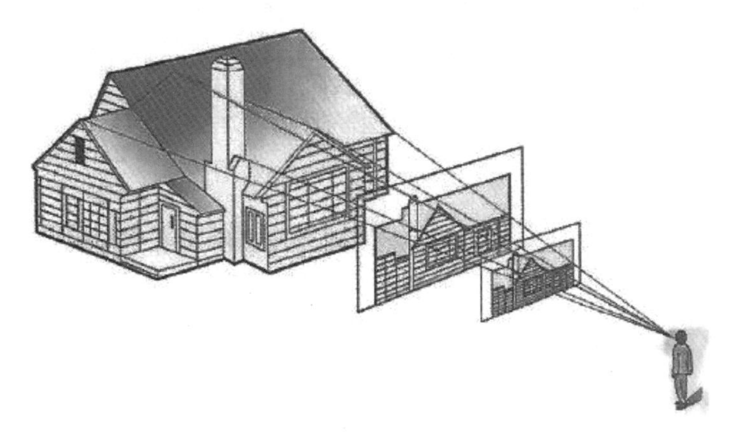

▲ 투시 투상도

2-2 치수의 기입방법

(1) 치수 기입의 기본

① 도면에는 완성된 제품의 치수를 기입한다.

② 길이는 원칙적으로 mm 단위로 기입하고, 단위기호[mm]는 붙이지 않는다.

③ 치수는 주로 정면도에 집중하여 표시하고, 부분적 특징에 따라 평면도·측면도 등에도 표시할 수 있다.

④ 치수의 중복 기입은 피한다.

⑤ 치수숫자 세 자리를 끊는 표시인 콤마(,)는 사용하지 않는다.

⑥ 치수는 계산할 필요가 없도록 기입한다.

⑦ 관련된 치수는 한 곳에 모아서 기입한다.

⑧ 외형의 전체 길이는 반드시 기입한다.

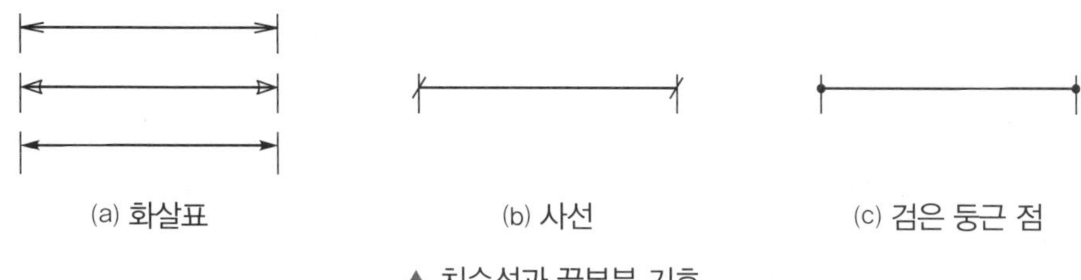

▲ 치수선과 끝부분 기호

(2) 치수 보조기호

구분	기호	사용 예
지름	ϕ	ϕ20
반지름	R	R10
구의 지름	$S\phi$	$S\phi$10
구의 반지름	SR	SR5
정사각형의 변	□	□10
판의 두께	t	t15
원호의 길이	⌒	$\overset{\frown}{30}$
45° 모따기	C	C20
이론적으로 정확한 치수	□	15 (테두리)
참고치수	( )	(20)

(3) 치수 배치법

① 직렬치수의 기입

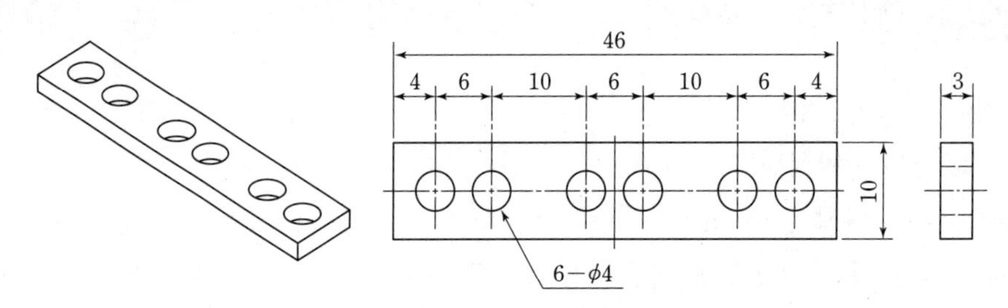

▲ 직렬치수의 기입방법

② 병렬치수의 기입

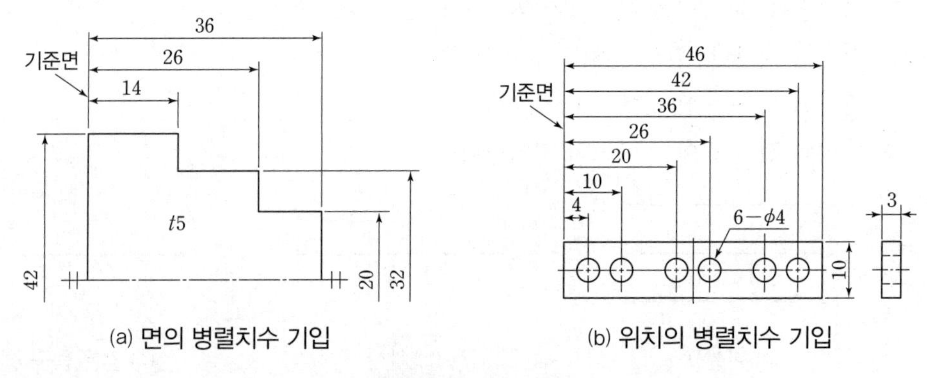

(a) 면의 병렬치수 기입 (b) 위치의 병렬치수 기입

▲ 병렬치수의 기입방법

③ 누진치수의 기입

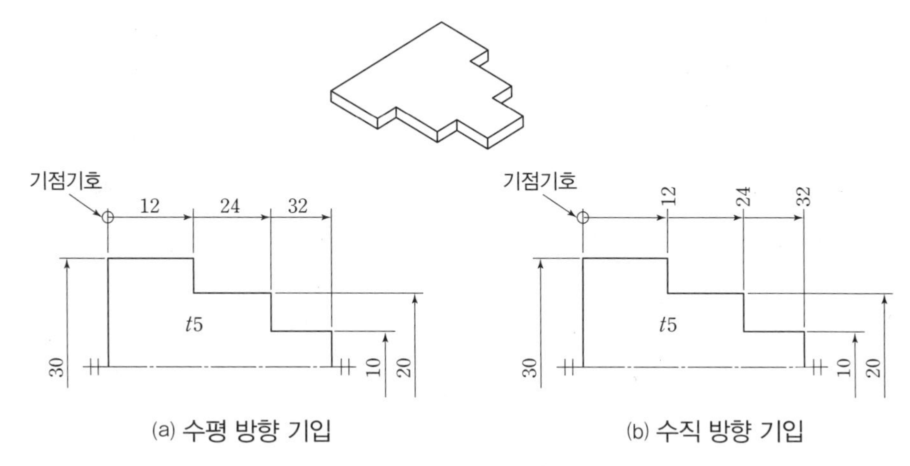

(a) 수평 방향 기입　　(b) 수직 방향 기입

▲ 누진치수의 기입방법

④ 좌표치수의 기입

구분	X	Y	ϕ
A	20	20	14
B	140	20	14
C	200	20	14
D	60	60	14
E	100	90	6
F	180	90	26
G	20	160	16

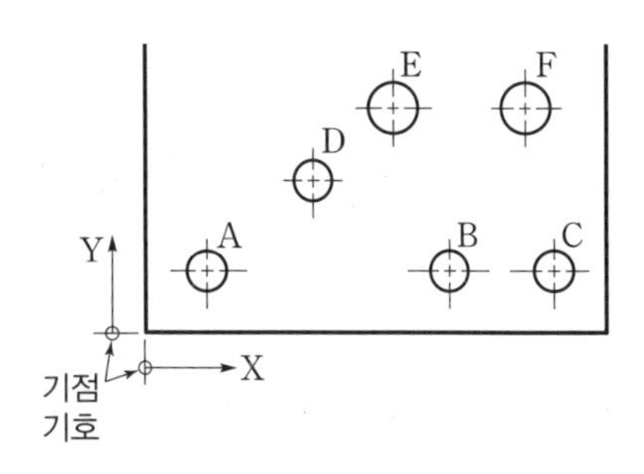

(4) 치수의 기입방법

① 반지름 치수의 기입: 치수선의 화살표를 원호 쪽에만 붙이고 중심 방향으로 치수선을 긋고 화살표를 붙인다.

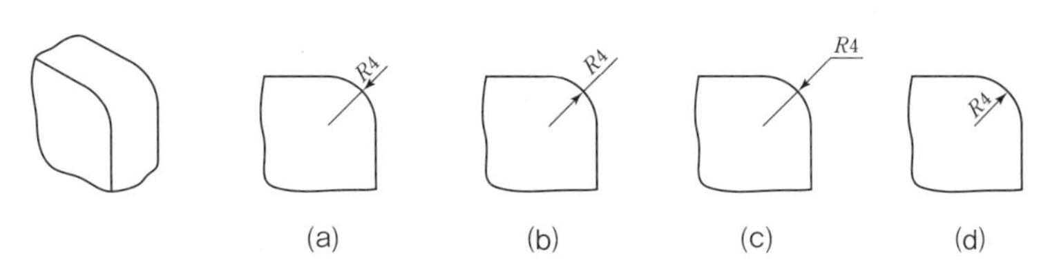

(a)　(b)　(c)　(d)

▲ 반지름 치수의 기입

② 현, 원호, 각도의 치수 기입

▲ 현의 치수　▲ 원호의 치수　▲ 각도 표시

③ 같은 간격의 구멍 치수 기입

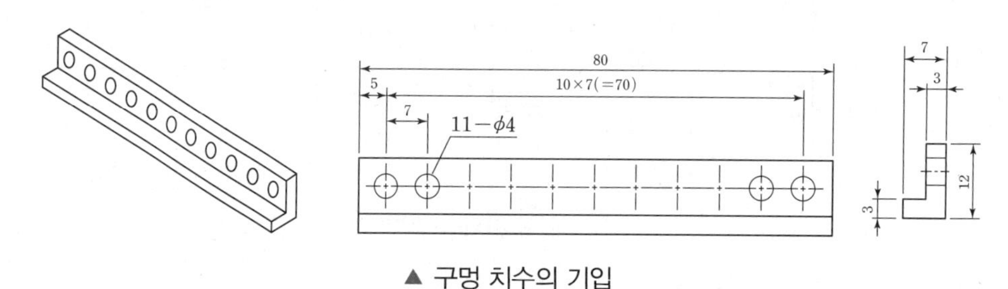

▲ 구멍 치수의 기입

④ 테이퍼 치수의 기입

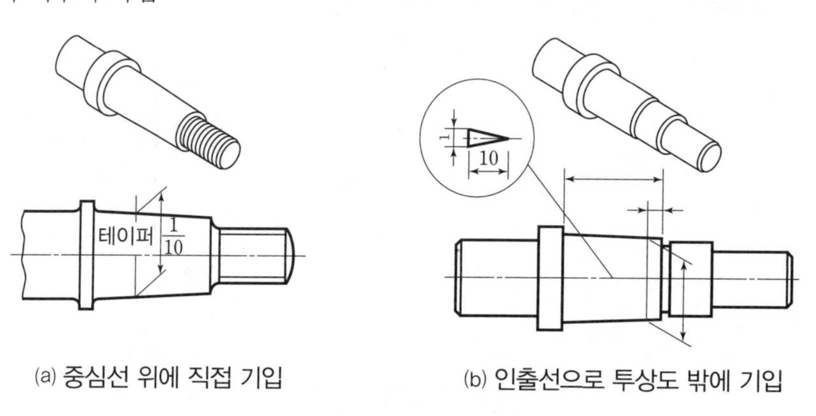

(a) 중심선 위에 직접 기입　(b) 인출선으로 투상도 밖에 기입

▲ 테이퍼 치수의 기입

⑤ 기울기 치수의 기입

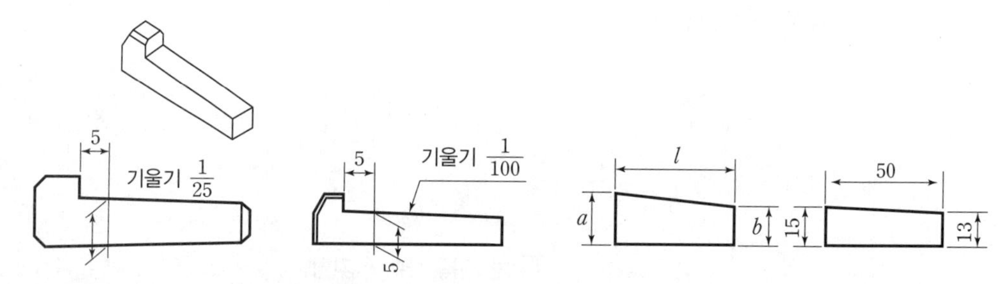

(a) 면 위에 직접 기입　(b) 화살표와 지시선 사용 기입　(c) 대상면에 지시기호 사용 기입

▲ 기울기 치수의 기입

⑥ 모따기(각도가 45°일 때) 치수의 기입

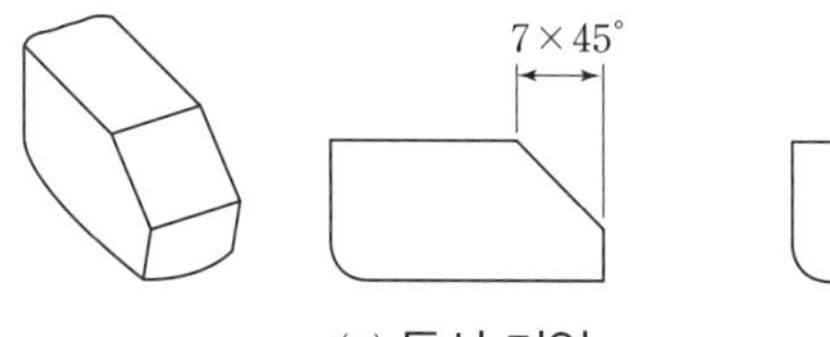

(a) 동시 기입

7

45°

(b) 분리 기입

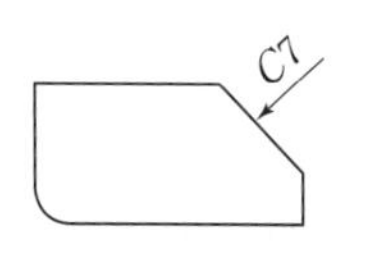

(c) 기호 사용 기입

▲ 모따기 치수의 기입

⑦ 형강, 강관, 각강 등의 표시방법

	모양	나비	두께	−	길이
• 등변 ㄱ형강 :	ㄴ	A	t	−	L
• 부등변 ㄱ형강 :	ㄴ	A	t	−	L
• H형강 :	H	H	t_1, t_2	−	L

종류	단면 모양	표시방법	종류	단면 모양	표시방법
등변 ㄱ형강	A, t, B	ㄴ $A \times t - L$	경 Z형강	A, t, H, B	Z $H \times A \times B \times t - L$
부등변 ㄱ형강	A, t, B	ㄴ $A \times B \times t - L$	립 ㄷ형강	A, t, C, H	ㄷ $H \times A \times C \times t - L$
부등변 부등 두께 ㄱ형강	A, t_1, t_2, B	ㄴ $A \times B \times t_1 \times t_2 - L$	립 Z형강	A, t, C, H, B	Z $H \times A \times C \times t - L$

※ L은 길이를 나타낸다.

2-3 전개도법

1 개요

① 입체의 표면을 하나의 평면 위에 펼쳐 놓은 도면을 전개도라 한다.

② 상관체: 2개 이상의 입체가 서로 관통하여 하나의 입체가 된 것

③ 상관선: 상관체가 나타난 각 입체의 경계선

④ 전개도법에는 평행선, 방사선, 삼각형 전개도법 3가지가 있다.

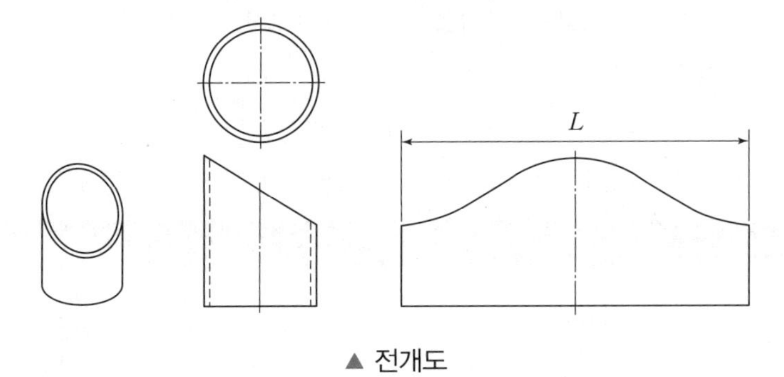

▲ 전개도

2 종류

① 평행선 전개도법: 각기둥, 원기둥 및 경사지게 절단된 원기둥, 각기둥의 전개

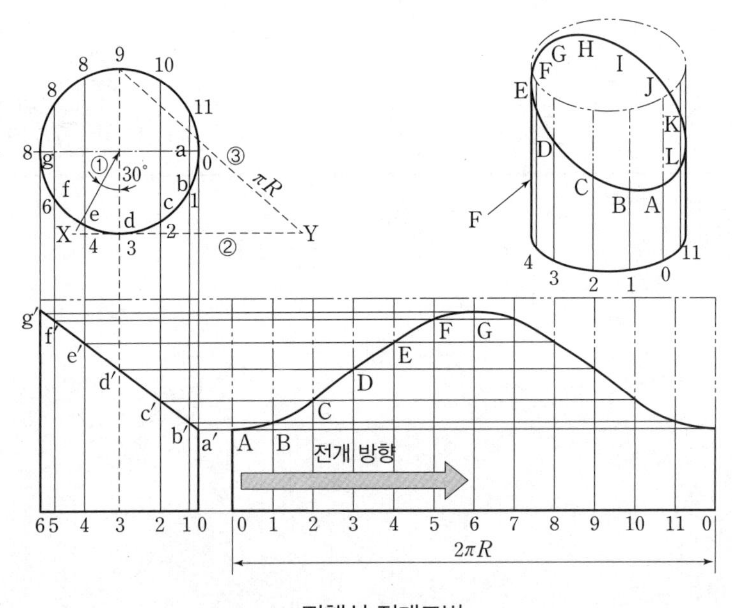

▲ 평행선 전개도법

② 방사선 전개도법: 각뿔이나 원뿔의 전개

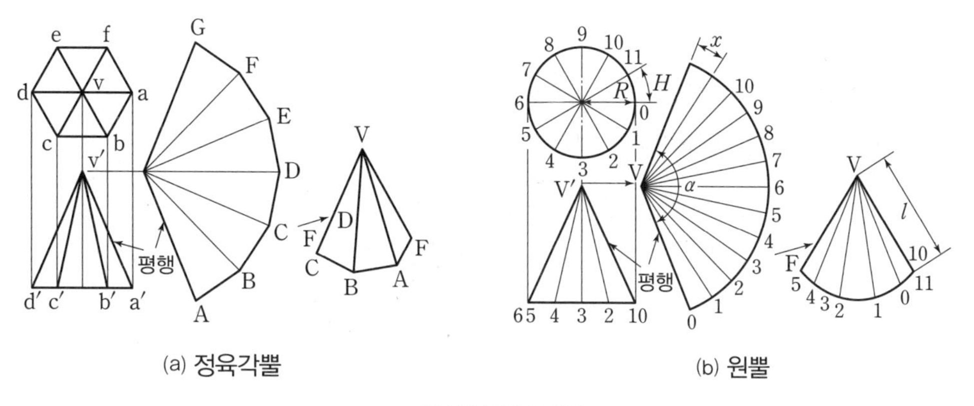

(a) 정육각뿔

(b) 원뿔

▲ 방사선 전개도법

$$\alpha = 360^\circ \times \frac{\text{밑면의 반지름}(R)}{\text{면소의 실제 길이}(l)}$$

③ 삼각형 전개도법: 꼭짓점이 먼 원뿔이나 각뿔을 전개

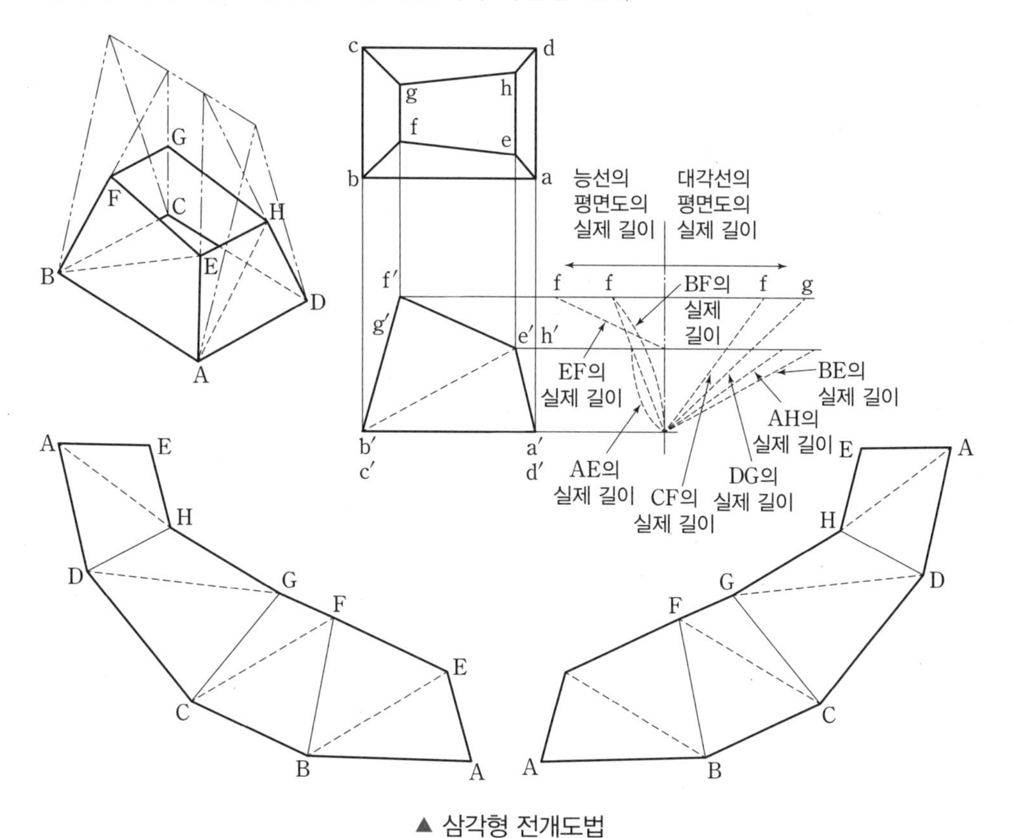

▲ 삼각형 전개도법

3 판 두께를 고려한 전개도법

① 원통 굽힘 시 판의 길이 계산

- 외경치수로 표시된 경우: $L=(\text{외경}-\text{두께})\times\pi$
- 내경치수로 표시된 경우: $L=(\text{내경}+\text{두께})\times\pi$

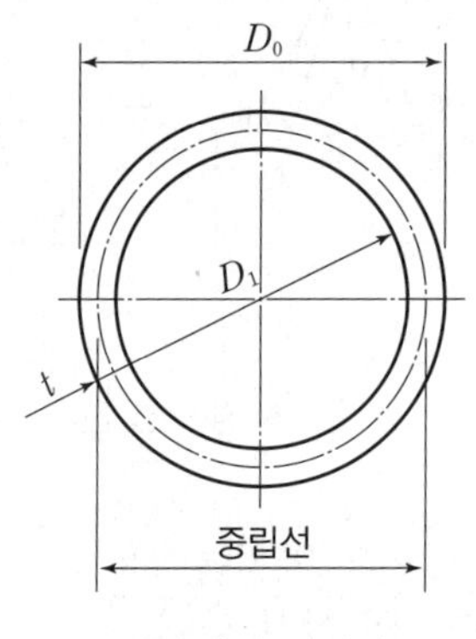

▲ 평행선 전개법

② 90° 원통 굽힘 시 판의 길이 계산

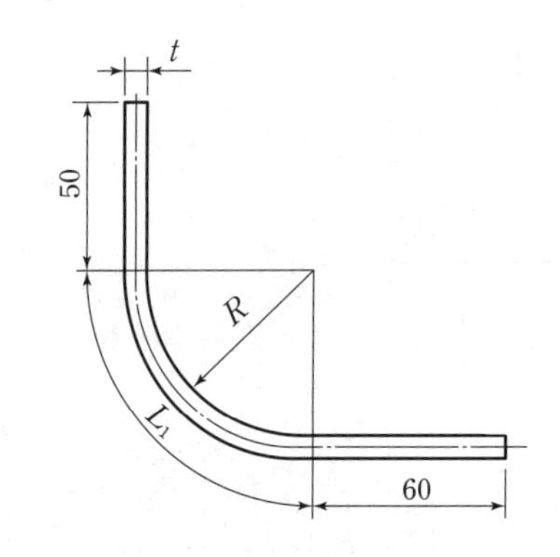

$$\text{판 전체 길이}(L)=L_1+50+60$$

$$L_1=\frac{(2R+t)\times\pi}{4}$$

③ 90° 이외 굽힘 시 판의 길이 계산

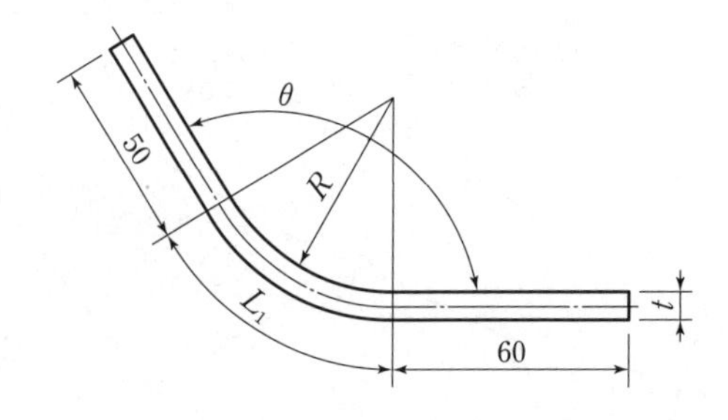

$$\text{판 전체 길이}(L)=L_1+50+60$$

$$L_1=\text{원주}\times\frac{(180-\theta)}{360}$$

$$=(2R+t)\pi\times\frac{(180-\theta)}{360}$$

2-4 기계재료의 표시방법

① SS－400: 일반구조용 압연강재(최저 인장강도 = $400N/mm^2$)
② SM－45C: 기계구조용 탄소강재 (탄소함유량 0.40~0.50%의 중간값)
③ SM－275C: 용접구조용 압연강재(최저 인장강도 = $275N/mm^2$)
④ SF－340A: 탄소강 단조품(최저 인장강도 = $340N/mm^2$)
⑤ SPH－C/D/E: 열간 압연강판(C: 일반용, D: 드로잉용, E: 딥드로잉용)
⑥ SPC－C/D/E: 냉간 압연강판(C: 일반용, D: 드로잉용, E: 딥드로잉용)

2-5 스케치법

① 프리핸드법
② 프린트법
③ 본뜨기법
④ 사진촬영법

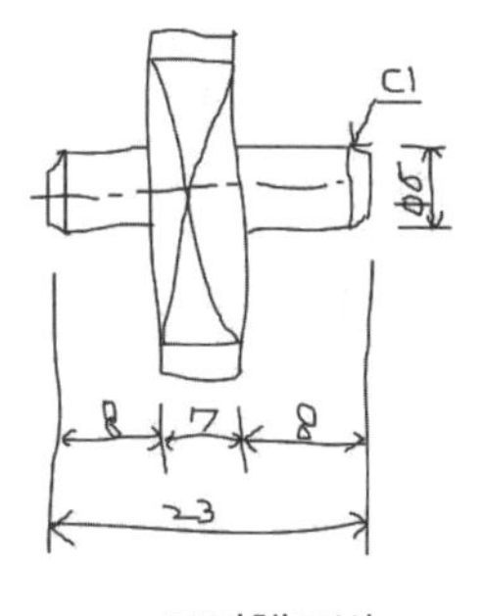

▲ 프리핸드법

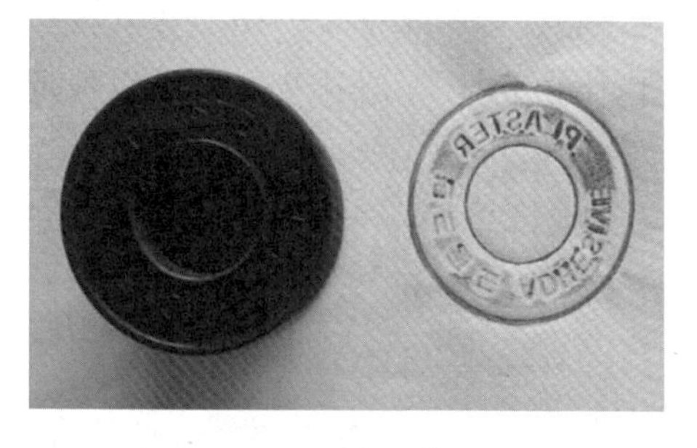

▲ 프린트법

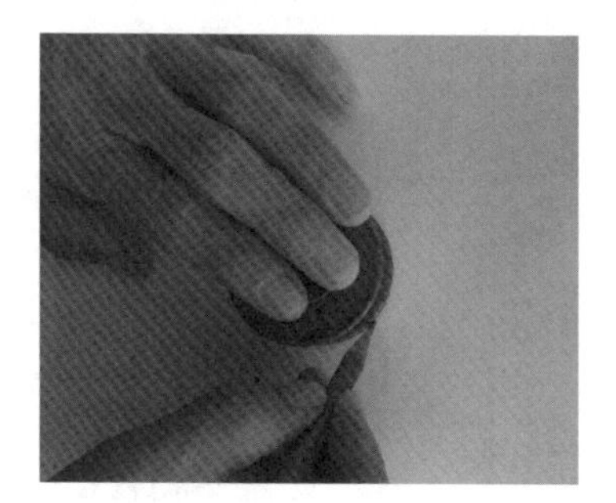

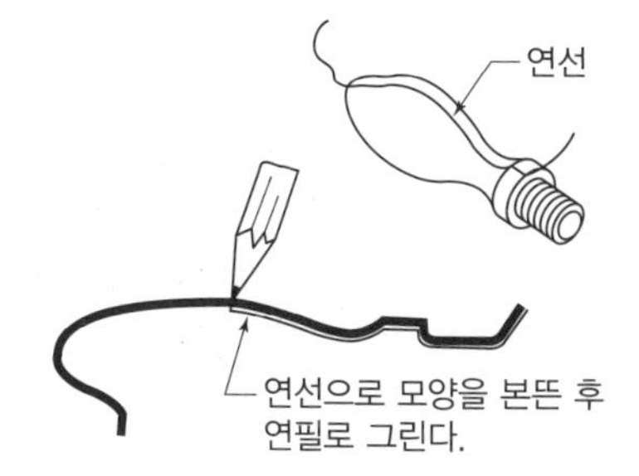

▲ 본뜨기법

CHAPTER

ISO International Welding  

03 기계요소의 제도

3-1 나사의 제도 및 표시방법

(1) 나사의 종류

① 미터나사: 표준적으로 가장 많이 쓰이며, M 호칭지름으로 표기

② 유니파이나사(ABC나사)

- 유니파이 보통 나사(UNC): 림용으로 사용
- 유니파이 가는 나사(UNF): 정밀기계, 진동 부분 등에 사용

③ 관용나사

- 관용 테이퍼나사: PT, PS
- 관용 평행나사: PF

④ 사각나사: 축 방향의 하중을 받아 운동을 전달하는 데 적합하도록 나사산을 사각으로 만든 나사

⑤ 사다리꼴나사: 접촉이 정확해서 선반의 리드스크루 등에 사용

- 사다리꼴 미터나사: TM
- 사다리꼴 인치나사: TW

⑥ 톱니나사: 추력이 한 방향으로 작용할 때 사용

⑦ 둥근나사: 전구나 소켓 등에 사용

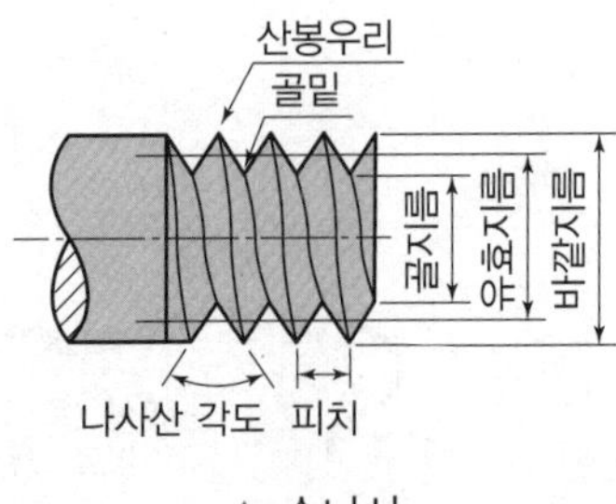

▲ 수나사

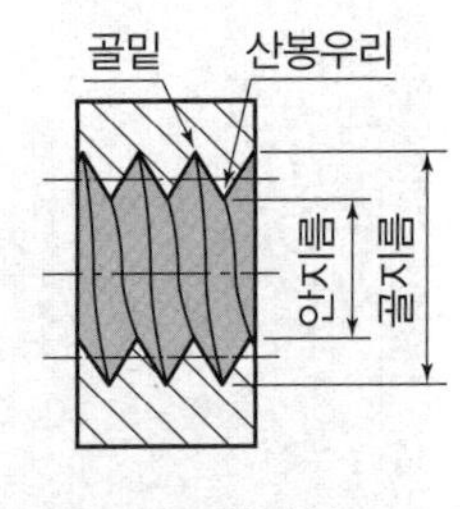

▲ 암나사

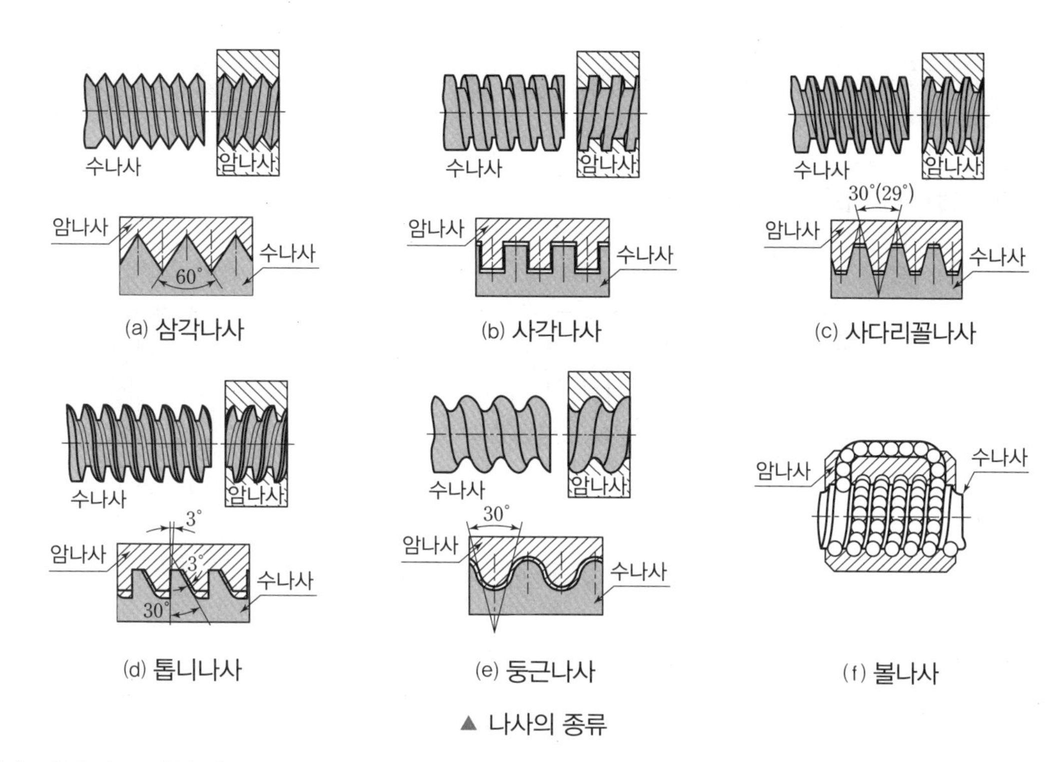

▲ 나사의 종류

(2) 나사의 표시방법

나사의 잠긴 방향 | 나사산의 줄 수 | 나사의 호칭 | 나사의 등급

예 좌 2줄 M183-2: 왼나사, 2줄, 미터, 가는 나사 2급

(3) 나사의 종류를 표시하는 기호

종류	기호	표시방법의 예시
미터 보통나사	M	M8
미터 가는나사		M8×1
유니파이 보통나사	UNC	3/8-16UNC
유니파이 가는나사	UNF	No.8-36UNF
관용 테이퍼나사(수나사)	R	R3/4
관용 테이퍼나사(암나사)	RC	RC3/4
관용 평행나사	G	G1/2
30° 사다리꼴나사	TM	TM18
29° 사다리꼴나사	TW	TW18
전구나사	E	E10

3-2 볼트, 너트의 제도 및 표시방법

1 볼트와 너트의 제도

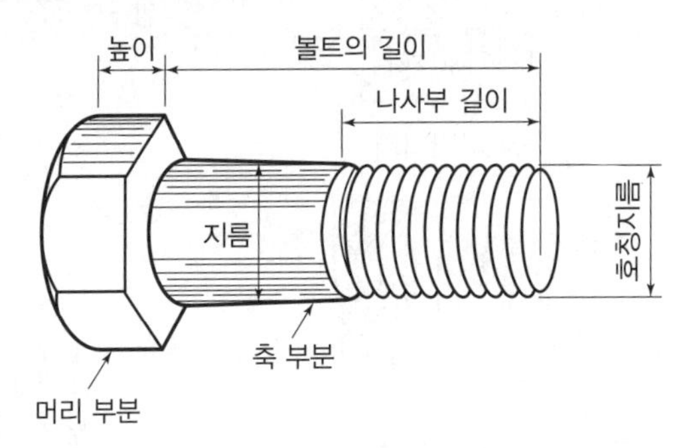

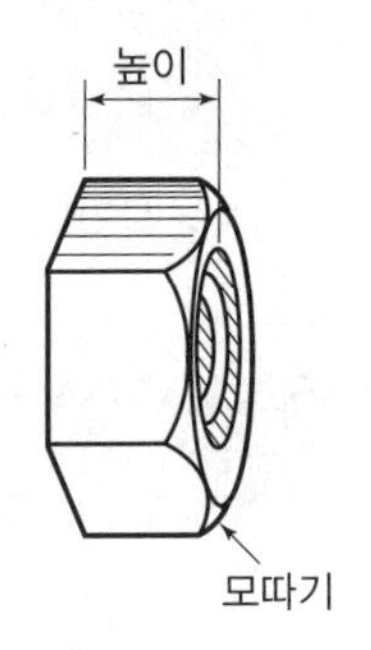

▲ 볼트와 너트의 각부 명칭

2 볼트와 너트의 종류

(1) 볼트의 종류

① 육각볼트

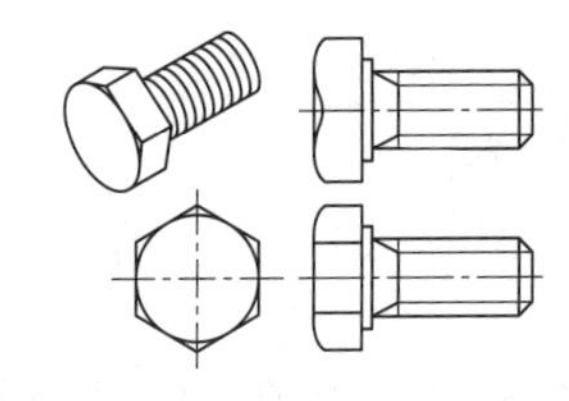

② 육각 구멍붙이 볼트

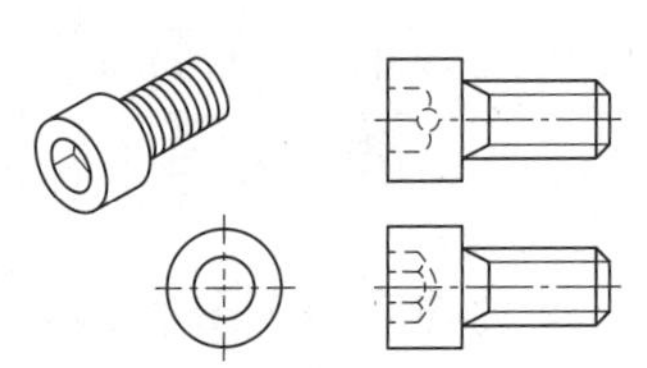

③ 나비볼트

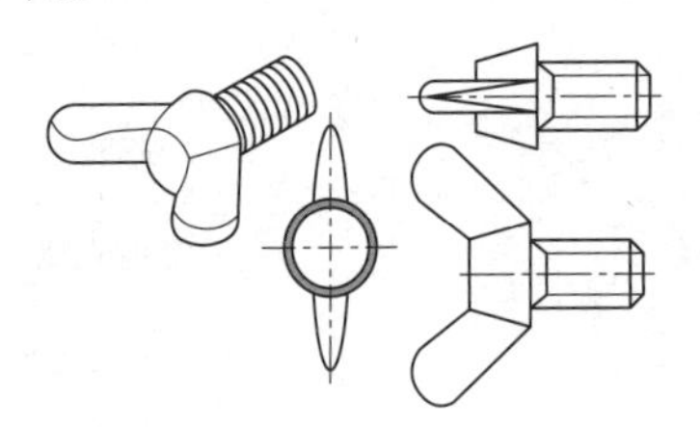

④ 기초 볼트

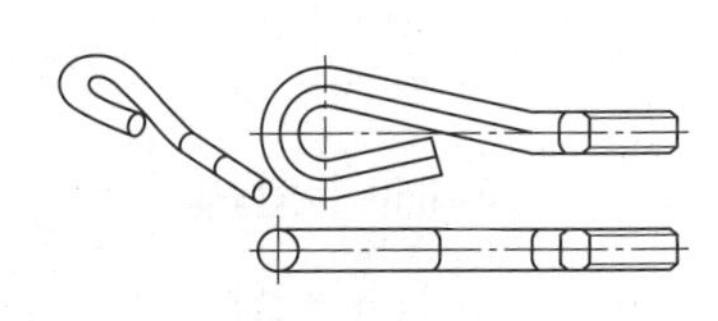

⑤ 접시머리볼트

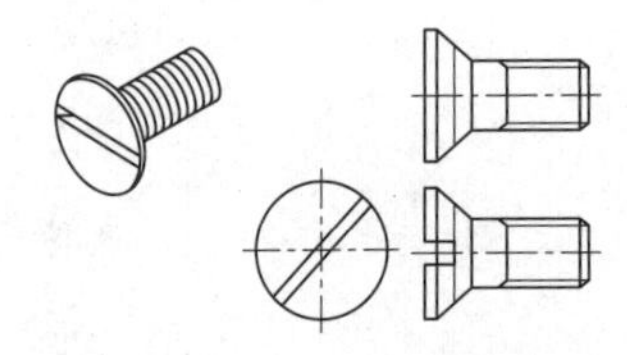

⑥ 아이볼트

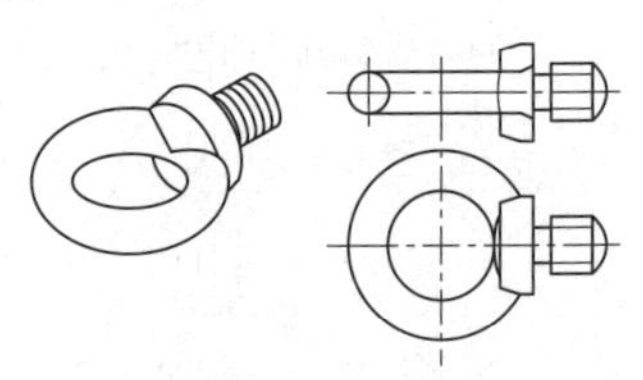

(2) 너트의 종류

① 육각너트

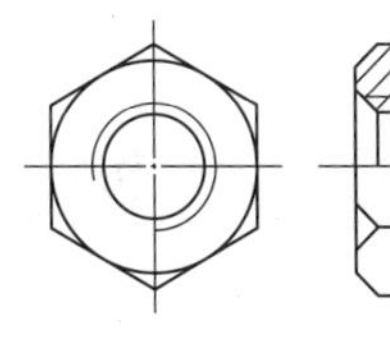

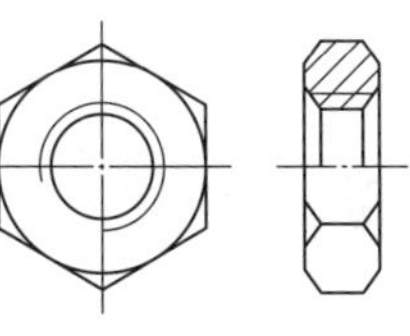

② 사각너트

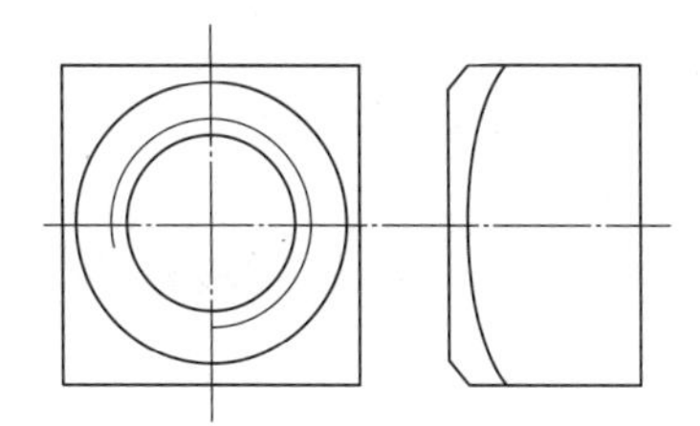

③ 둥근너트

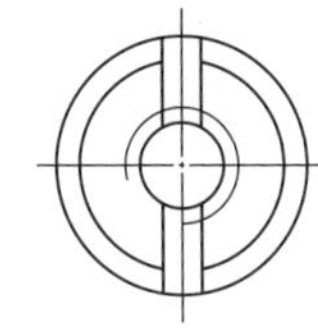
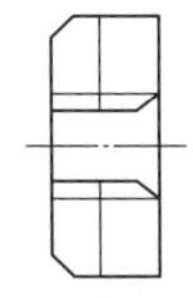

(a) 홈붙이 둥근너트

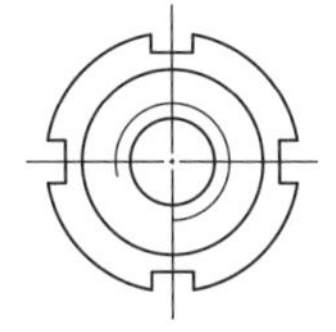
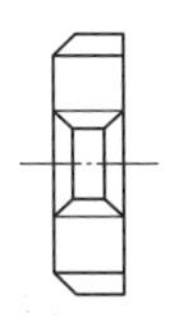

(b) 측면 홈붙이 둥근너트

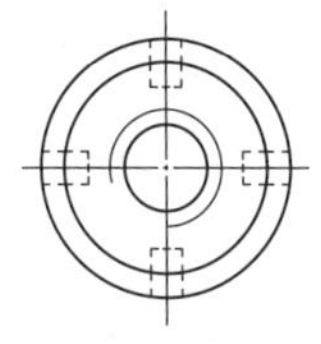
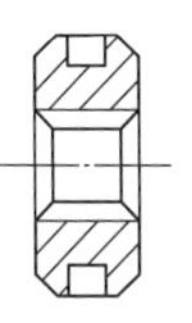

(c) 구멍붙이 둥근너트

④ 와셔붙이너트

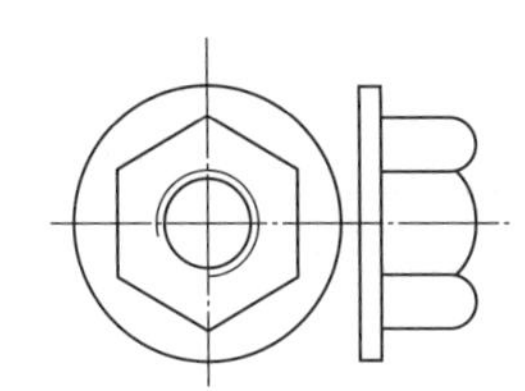

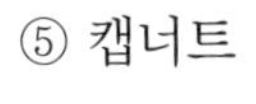

⑤ 캡너트

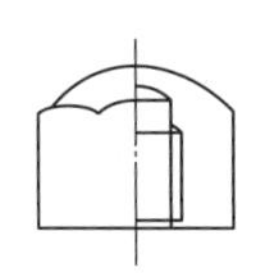

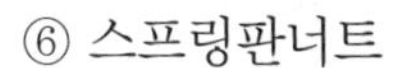

⑥ 스프링판너트

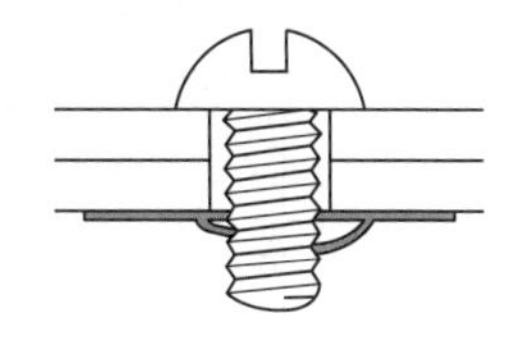

3 볼트, 너트의 표시방법

규격번호	종류	부품 종류	나사의 호칭(d)	–	강도 구분	재료	지정사항

예 볼트 M42 – 2 SM20C 둥근 끝, 너트 M42 – 1 SM20C H = 42

3-3 리벳의 제도 및 표시방법

1 리벳의 종류

종류 · 형상	종별	재료
둥근머리 (0.7d, 1.7d, d)	열간	SV330 SV440
	보일러용	SV400
	냉간	MSWR 12, 15, 17
	소형 열간	BSW
납작머리 (0.7d, 1.7d, d)	열간	SV330 SV400
냄비머리 (0.55d, 2d, d, 0.5d, 3.5d)	냉간	MSWR 12, 15, 17 BSW 1~3 CUW

종류 · 형상	종별	재료
둥근접시머리 (θ, D, d, $\theta = 75°, 60°, 45°$)	열간	SV330 SV400
	보일러용	SV400
	냉간	SV330
접시머리 (90°, 2d, d)	열간	SV330
	냉간	SV400
얇은납작머리 ($\frac{1}{3}d$, 2d, d)	냉간	MSWR 12, 15, 17 BSW 1~3 CUW

2 리벳이음의 종류

① 겹치기이음

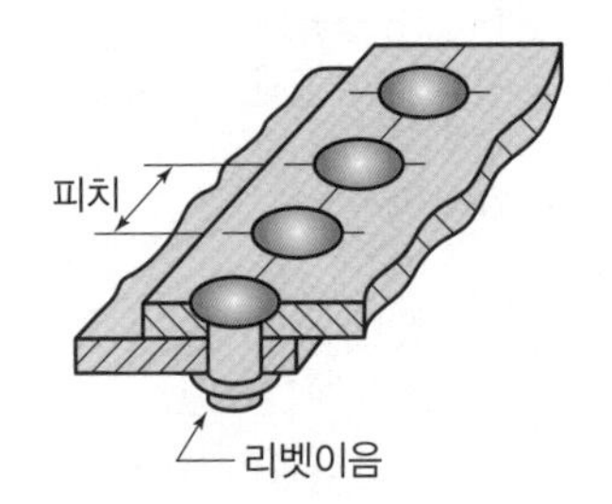

② 맞대기이음

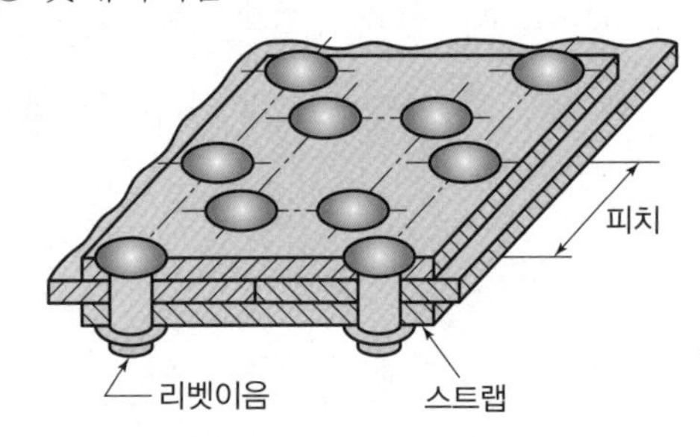

③ 1줄 겹치기 리벳이음

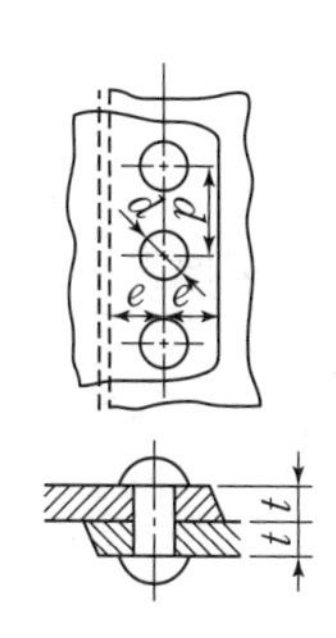

④ 2줄 겹치기 리벳이음

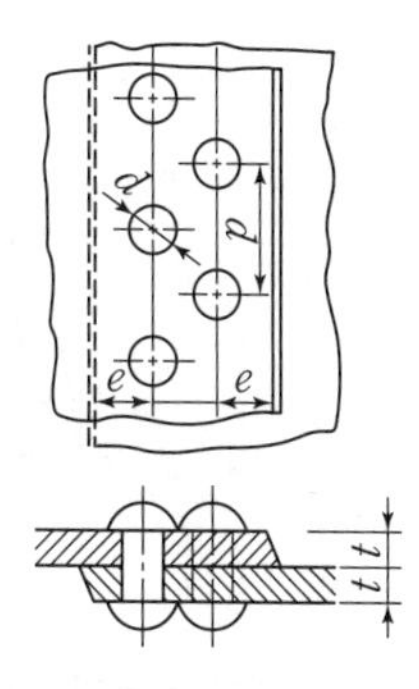

⑤ 3줄 겹치기 리벳이음

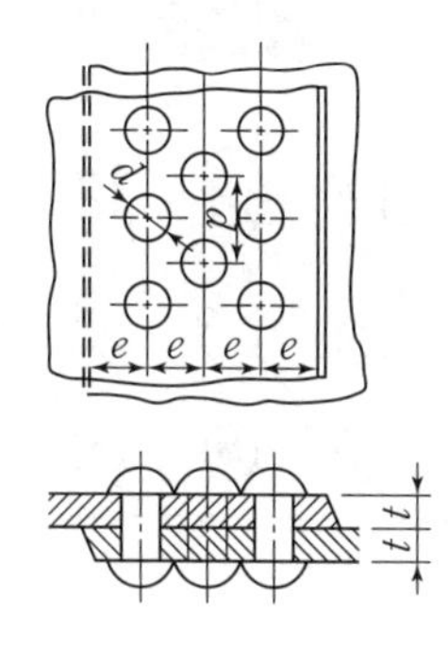

⑥ 1줄 맞대기 리벳이음

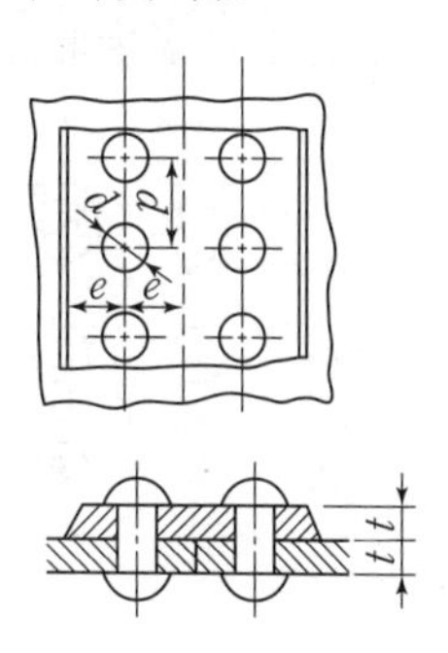

3 리벳의 표시방법

규격번호	종류	지름	재료

예 KS B 1102 둥근머리 리벳 2536 SV400

4 리벳의 제도

① 리벳은 절단하여 표시하지 않는다.

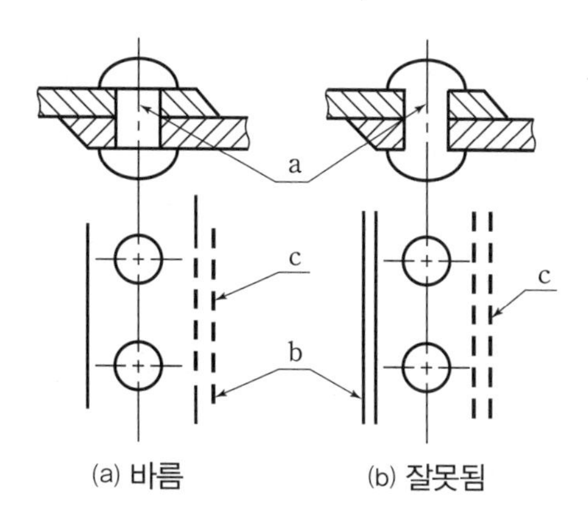

(a) 바름 (b) 잘못됨

② 리벳의 위치만을 표시할 때는 중심선만 그린다.

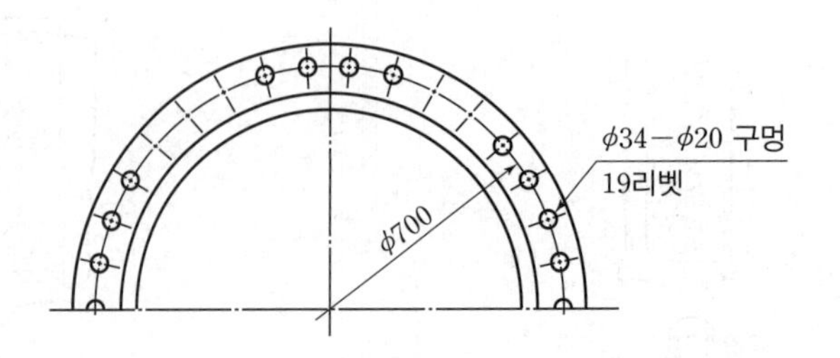

③ 리벳 기호

구분		둥근머리	접시머리					납작머리			둥근접시머리		
그림													
약도	공장리벳												
	현장리벳												

04 배관제도

4-1 개요

관은 원칙적으로 1줄의 실선으로 표시한다.

1 관의 높이 표시

① EL: 기준면(선)을 표시. 예 EL 500, EL −500
② BOP: 관의 외경 아래면을 기준으로 표시. 예 BOP 1000, BOP −1000
③ TOP: 관의 외경 윗면을 기준으로 표시. 예 TOP 1000, TOP −1000
④ GL: 지표면을 기준으로 표시. 예 GL 500, GL −500
⑤ FL: 건물의 바닥면을 기준으로 표시. 예 FL 1000, FL −1000

ONE POINT

① GL EL 1500: EL에서 관의 중심까지 높이가 1,500
② GL EL −1500: EL에서 관의 중심까지 높이가 −1,500
③ TOP EL 1500: EL에서 관의 외경 윗면까지 높이가 1,500
④ BOP FL 2000: FL에서 관의 외경 아랫면까지 높이가 2,000

2 유체의 종류 표시

유체의 종류	표시	유체의 종류	표시
공기	A	증기	S
가스	G	물	W
기름	O	냉수	CH

3 관의 접속, 결합 상태의 표시방법

관의 접속 상태		도시방법	종류	그림기호
접속하고 있지 않을 때		또는	일반	
접속하고 있을 때	교차		용접식	
	분기		플랜지식	
※ 접속하고 있지 않는 것을 표시하는 선의 끊긴 자리, 접속하고 있는 것을 표시하는 검은 동그라미는 도면을 복사 또는 축소했을 때에도 명백하도록 그려야 한다.			턱걸이식	
			유니언식	

4 관의 이음쇠와 관 끝의 표시방법

관이음의 종류			그림기호	관이음의 종류		그림기호
고정식	엘보 및 벤드		또는	가동식	팽창이음쇠	
	티				플렉시블이음쇠	
	크로스				막힌 플랜지	
	리듀서	동심			나사 박음식 캡 및 나사 박음식 플러그	
		편심			용접식 캡	
	하프 커플링					

5 관의 신축이음 표시방법

이음 종류	연결방법	그림기호
신축이음	루프형	
	벨로즈형	
	슬리브형	
	스위블형	

6 밸브의 표시방법

밸브 · 콕의 종류	그림기호	밸브 · 콕의 종류	그림기호
밸브 일반		앵글 밸브	
슬루스 밸브		3방향 밸브	
글로브 밸브		안전 밸브	또는
체크 밸브	또는		
볼 밸브		콕 일반	
나비 밸브	또는		

7 계기의 표시방법

① 압력지시계

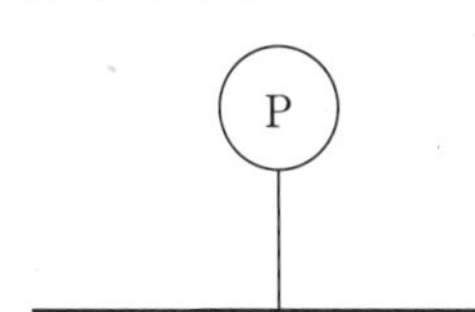

② 온도지시계

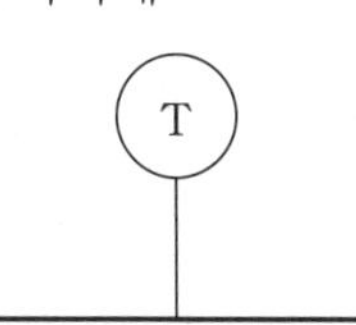

③ 유량지시계

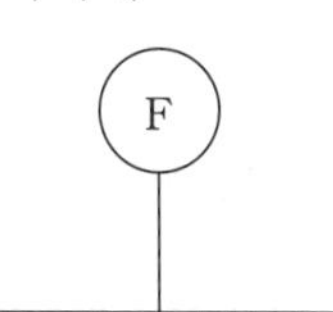

8 배관 라인의 정투상법

구분	정투영도	등각도
관 A가 위쪽으로 비스듬히 일어서 있는 경우		
관 A가 아래쪽으로 비스듬히 내려가 있는 경우		
관 A가 수평 방향에서 바로 앞쪽으로 비스듬히 구부러져 있는 경우		

구분	정투영도	등각도
관 A가 수평 방향으로 화면에 비스듬히 반대쪽의 위쪽 방향으로 일어서 있는 경우	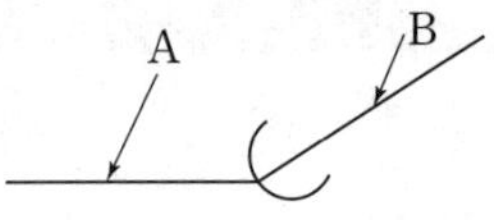 A B	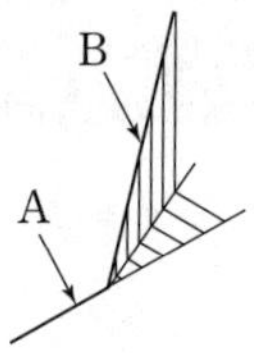 B A
관 A가 수평 방향으로 화면에 비스듬히 바로 앞쪽의 위쪽 방향으로 일어서 있는 경우	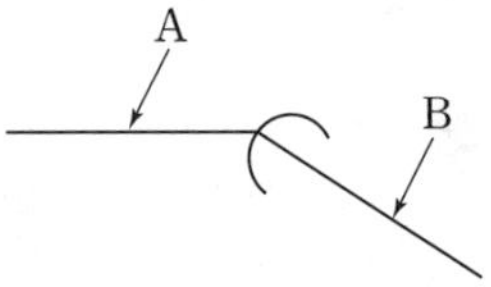 A B	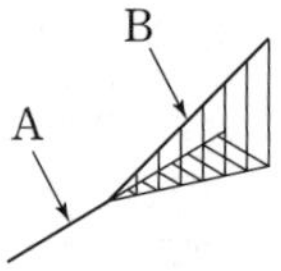 B A

9 배관 용도의 표기

① SPP : 배관용 탄소강관(사용압력이 10kg/cm^2 이하에서 사용)
② SPPS : 압력배관용 탄소강관(사용압력이 10kg/cm^2 이상, 100kg/cm^2 미만에서 사용)
③ SPPH : 고압배관용 탄소강관(사용압력이 100kg/cm^2 이상에서 사용)
④ SPHT : 고온배관용 탄소강관(사용온도가 350℃ 이상에서 사용)
⑤ SPLT : 저온배관용 탄소강관(사용온도가 0℃ 이하에서 사용)
⑥ STK : 일반구조용 탄소강관

05 용접제도

5-1 용접이음의 종류

① 맞대기이음

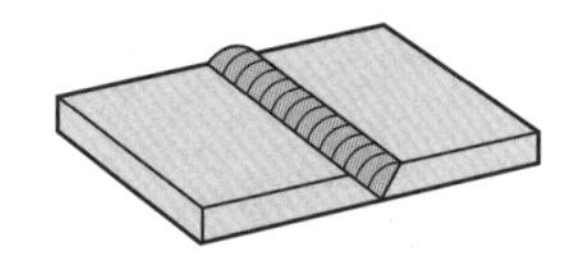

② 겹치기이음

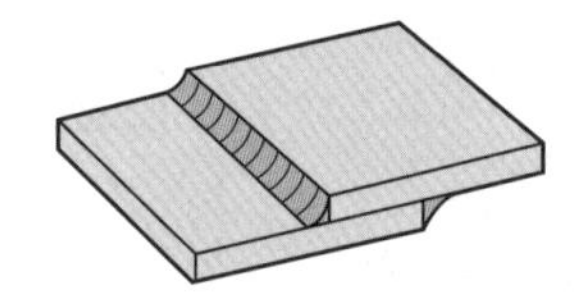

③ 모서리이음

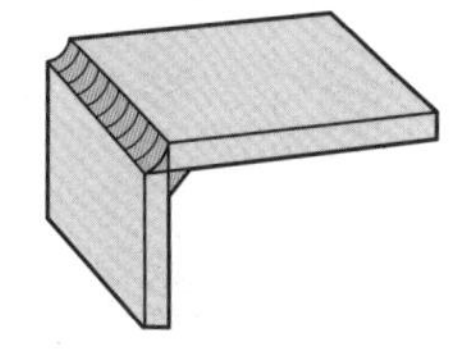

④ T이음

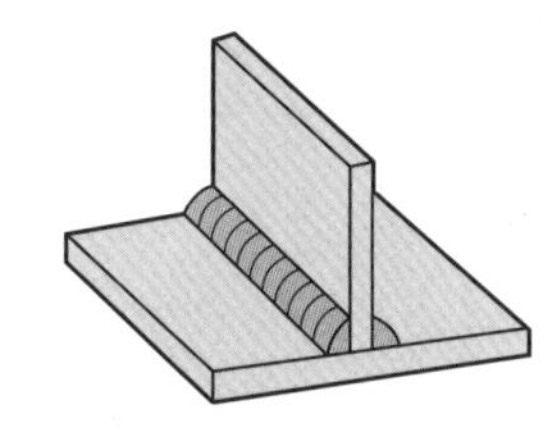

⑤ 끝단이음

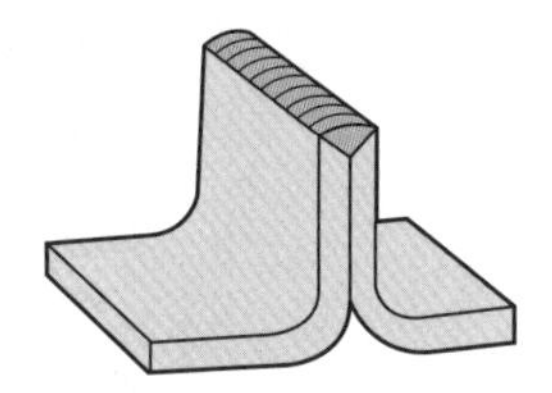

⑥ 양면 덮개판이음

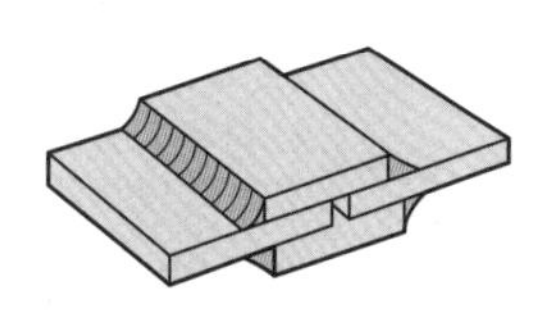

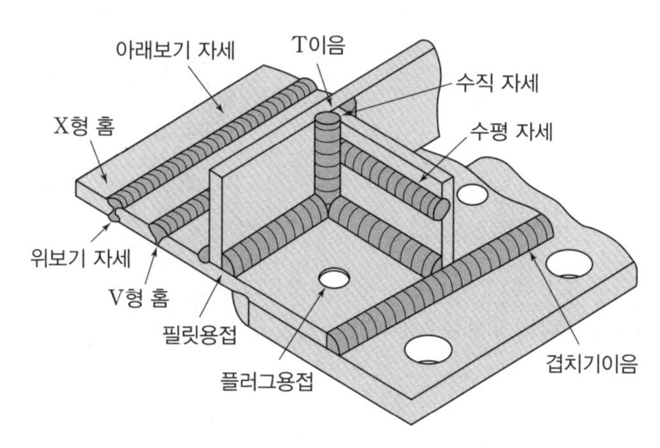

▲ 용접자세 및 용접이음

5-2 용접기호의 표시방법

1 기본 기호

번호	명칭	도시	기호
1	양면 플랜지형 맞대기이음 용접	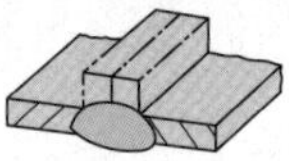	
2	평면형 평행 맞대기이음 용접	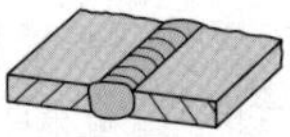	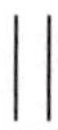
3	한쪽면 V형 홈 맞대기이음 용접	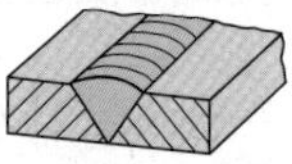	
4	한쪽면 K형 맞대기이음 용접	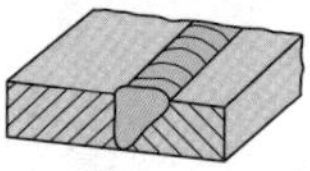	
5	부분용입 한쪽면 V형 맞대기이음 용접	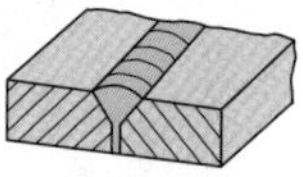	
6	부분용입 한쪽면 K형 맞대기이음 용접	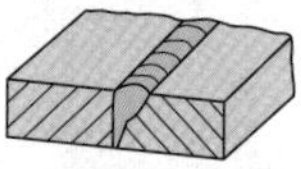	
7	한쪽면 U형 홈 맞대기이음 용접 (평행면 또는 경사면)	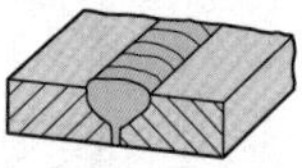	
8	한쪽면 J형 홈 맞대기이음 용접	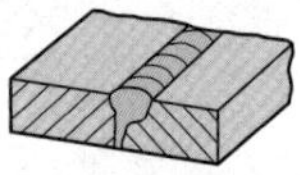	
9	뒷면용접	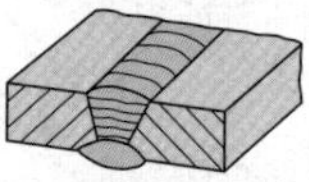	
10	필릿용접	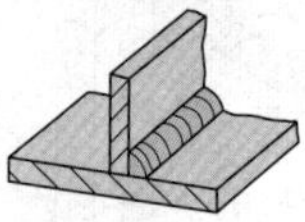	
11	플러그용접: 플러그 또는 슬롯 용접	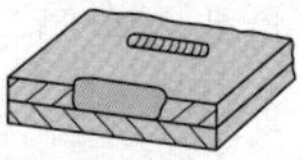	
12	스폿용접	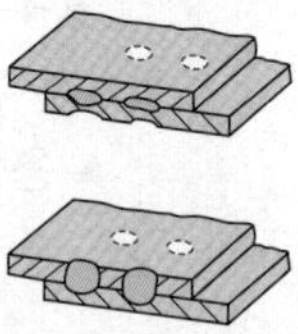	

번호	명칭	도시	기호
13	심용접	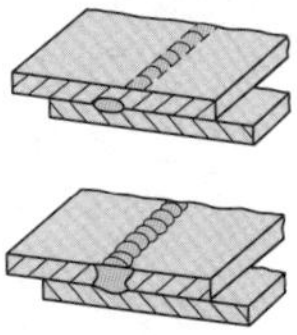	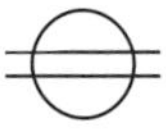
14	급경사면(스팁 플랭크) 한쪽면 V형 홈 맞대기이음 용접	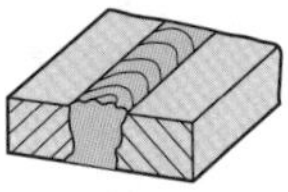	
15	급경사면 한쪽면 K형 맞대기이음 용접	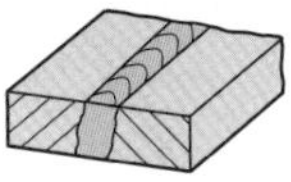	
16	가장자리용접		
17	서페이싱	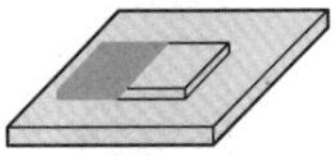	
18	서페이싱이음	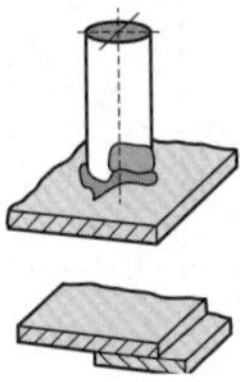	
19	경사이음	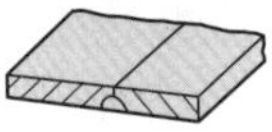	
20	겹침이음		

2 보조기호, 지시

용접부 및 용접부 표면의 형상	기호
평면(동일 평면으로 다듬질)	
凸형	
凹형	
끝단부를 매끄럽게 함	
영구적인 덮개판을 사용	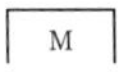 M
제거 가능한 덮개판을 사용	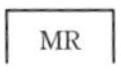 MR

3 기준선에 따른 기호의 위치

① 양면대칭용접

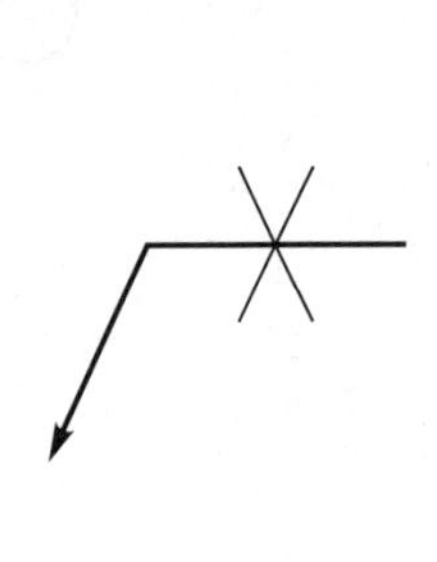

② 화살표 쪽의 용접

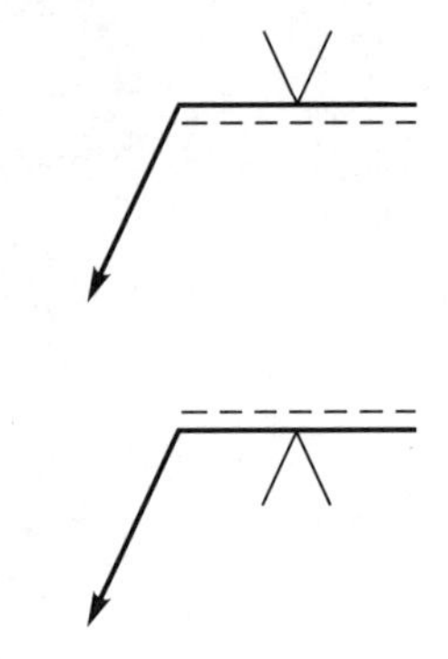

③ 화살표 반대쪽의 용접

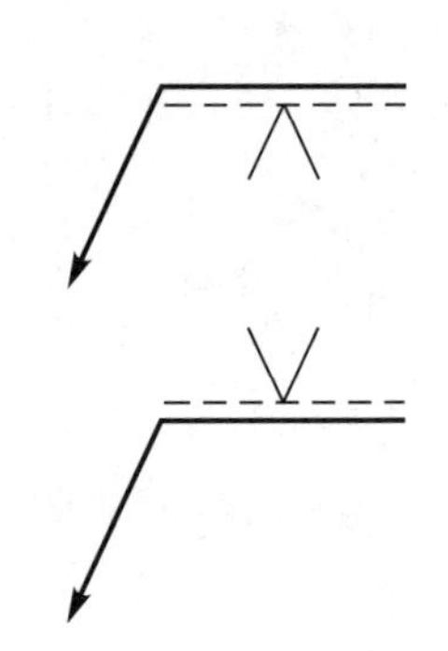

4 필릿용접의 치수 표시방법

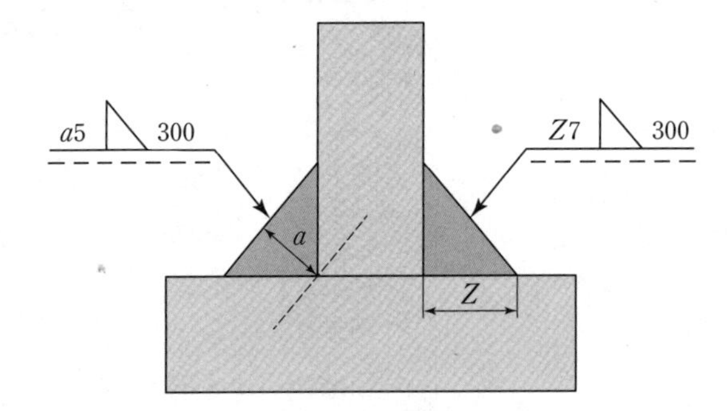

※ a: 목 두께
Z: 목 길이 $= a\sqrt{2}$

5 주요 치수의 표시방법

번호	용접부 명칭	도시	기호 표시
1	맞대기 용접부	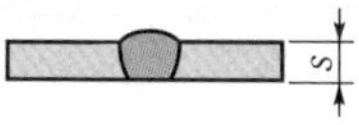 s: 판 두께보다 크지 않고 용접부 표면으로부터 용입 바닥까지의 최소거리	V
		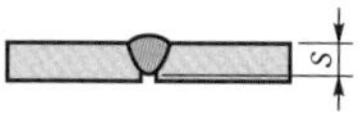 s: 판 두께보다 크지 않고 용접부 표면으로부터 용입 바닥까지의 최소거리	s‖
		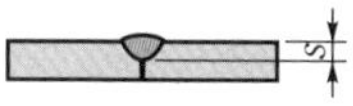 s: 판 두께보다 크지 않고 용접부 표면으로부터 용입 바닥까지의 최소거리	sY
2	플랜지형 맞대기 용접부	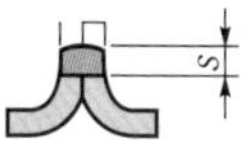 s: 용접부의 바깥면으로부터 용입 바닥까지의 최소 거리	s‖
3	연속 필릿 용접부	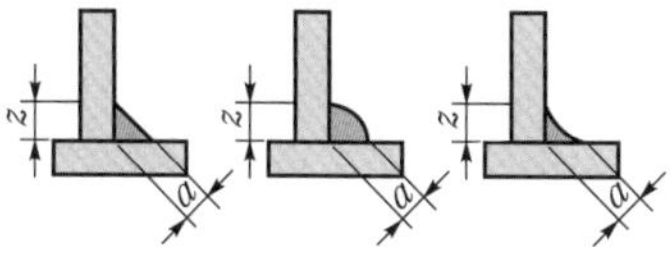 a: 절단면에 내접하는 최대 이등변삼각형의 높이 z: 절단면에 내접하는 최대 이등변삼각형의 변	 a◺ z◺
4	단속 필릿 용접부	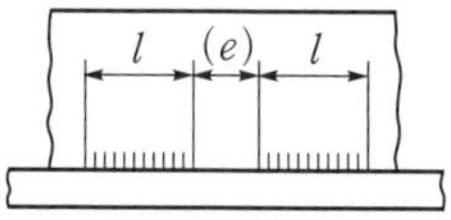 l: 용접부 길이(크레이터부 제외) (e): 인접한 용접부 간의 거리(피치) n: 용접부의 개수(용접 수) a: 번호 3 참조, z: 번호 3 참조	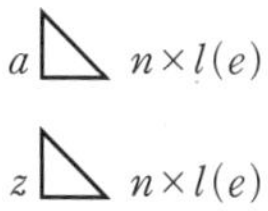 a◺ $n \times l(e)$ z◺ $n \times l(e)$
5	지그재그 단속 필릿 용접부	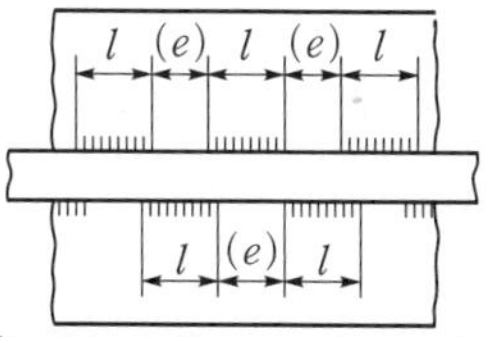 t: 번호 4 참조, (e): 번호 4 참조, n: 번호 4 참조, a: 번호 3 참조, z: 번호 3 참조	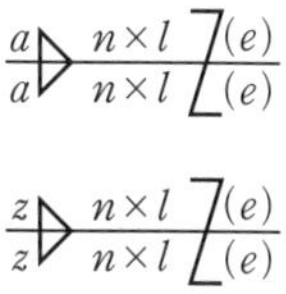 a $n \times l$ (e) / a $n \times l$ (e) z $n \times l$ (e) / z $n \times l$ (e)

번호	명칭	도시	기호
6	플러그 또는 스폿 용접부	l: 번호 4 참조, (e): 번호 4 참조, n: 번호 4 참조, c: 스폿부의 폭	c ⊓ $n \times l(e)$
7	심용접부	l: 번호 4 참조, (e): 번호 4 참조, n: 번호 4 참조, c: 스폿부의 폭	c ⊖ $n \times l(e)$
8	플러그 용접부	(e): 간격, d: 구멍의 지름, n: 번호 4 참조	d ⊓ $n(e)$
9	스폿 용접부	n: 번호 4 참조, (e): 간격, d: 스폿부의 지름	d ○ $n(e)$

6 보조지시

① 일주, 원주용접

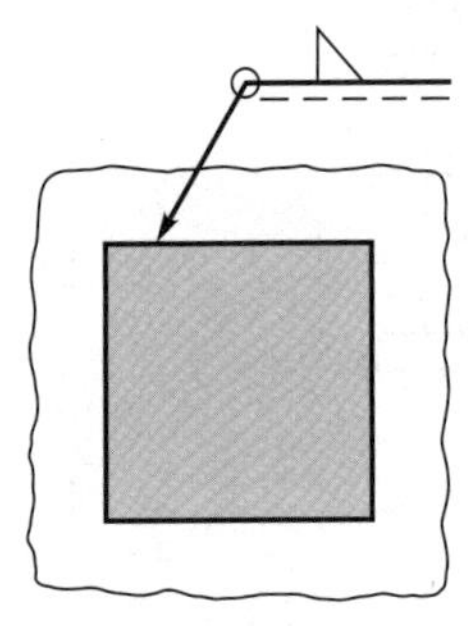

② 현장용접

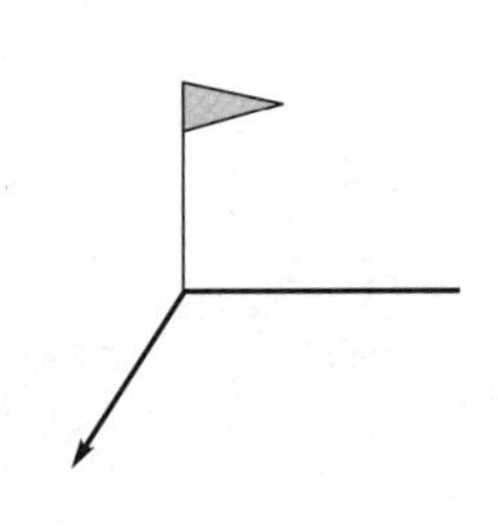

③ 용접방법의 표시

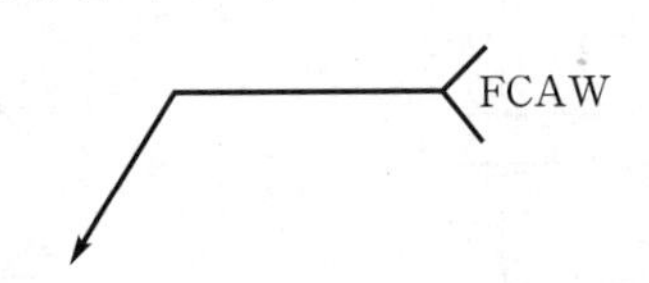

④ 참고 표시

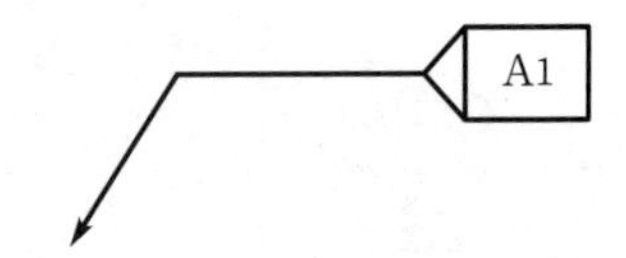

7 ISO 규정에 따른 용접기호의 표시방법

① 용접방법(ISO 4063): 피복아크용접 111

② 허용 수준(ISO 5817, ISO 10042): D

③ 작업자세(ISO 6947): PA(아래보기)

④ 용가재(ISO 0544, ISO 0560, ISO 3581): E512 RR2

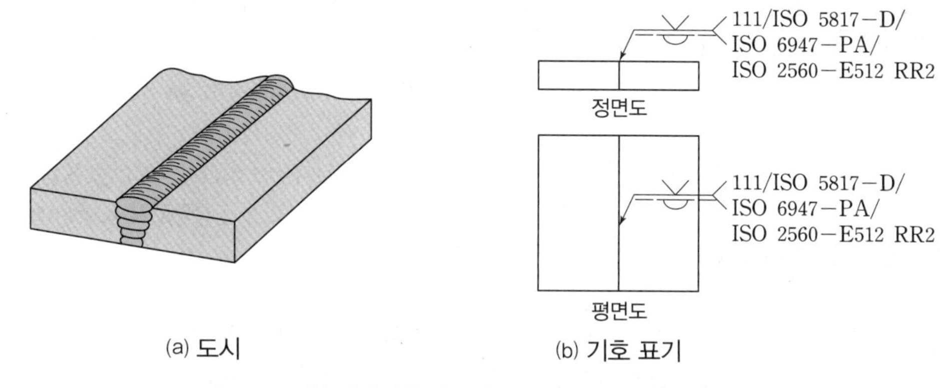

▲ V형 맞대기용접의 용접 및 다듬질 표시방법

IV Part 출제 예상 문제

O/X 문제

01 도면의 종류 중 계통도는 물, 기름, 가스 등의 배관 접속과 유동 상태를 나타내는 도면이다. (○/×)

02 큰 도면을 접을 때는 A3 크기로 접는 것이 원칙이다. (○/×)

해설 도면을 접을 때는 A4 크기로 접는 것이 원칙이다.

03 도면에서 표제란은 도면의 마이크로 사진 촬영, 복사 등의 작업을 편리하게 하기 위해 표시하는 것이다. (○/×)

해설
- 중심선(마크): 도면을 마이크로필름으로 촬영하거나 복사할 때 기준이 되는 것
- 표제란: 도면번호, 도명, 척도, 공사명, 작성자, 검도자 등을 기입한 것

04 도면에서 척도 표시로 'NS'라고 표시된 것은 '비례척이 아님'을 표시한다. (○/×)

05 도면에서 대상물의 보이지 않는 부분의 모양을 표시할 때 사용하는 선은 1점쇄선이다. (○/×)

해설 도면에서 대상물의 보이지 않는 부분을 표시할 때는 파선(은선)을 사용한다.

06 치수 보조기호 중 'SR'은 구의 지름을 표시하는 보조기호이다. (○/×)

해설 *SR*: 구의 반지름, $S\phi$: 구의 지름

07 재료기호에서 SM-400C는 용접구조용 압연 강재로 최소 인장강도가 400N/mm^{2}인 재료를 표시한다. (○/×)

08 물체의 필요한 곳을 임의의 일부분에서 파단하여 부분적으로 내부의 모양을 표시한 단면도를 국부 단면도라 한다. (○/×)

해설 물체의 필요한 곳을 임의의 일부분에서 파단하여 부분적으로 표시한 단면도는 부분 단면도

09 일반적인 전개도법의 종류에는 평행선법, 방사선법, 사각형법이 있다. (○/×)

해설 전개도법에는 평행선, 방사선, 삼각형 전개법이 있다.

10 나사의 종류 기호 중 'UNF'는 유니파이 가는 나사임을 표시한다. (○/×)

정답

01. ○ 02. × 03. × 04. ○ 05. × 06. × 07. ○ 08. × 09. × 10. ○

객관식 문제

01 다음 용접기호는 무슨 용접법인가?

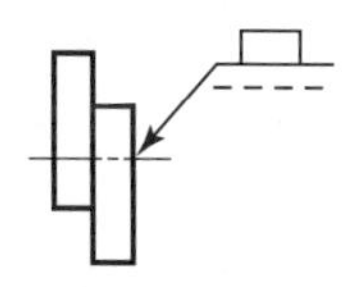

① 스폿용접 ② 심용접
③ 필릿용접 ④ 플러그용접

02 그림과 같은 KS 용접기호의 해독으로 <u>틀린</u> 것은?

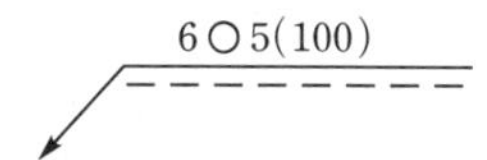

① 화살표 반대쪽 점용접
② 점용접부의 지름 6mm
③ 용접부의 개수(용접 수) 5개
④ 점용접한 간격은 100mm

03 치수 기입법에서 지름, 반지름, 구의 지름 및 반지름, 모따기, 두께 등을 표시할 때 사용하는 보조기호 표시가 <u>잘못된</u> 것은?

① 두께: $D6$ ② 반지름: $R3$
③ 모따기: $C3$ ④ 구의 지름: $S\phi6$

해설 두께: t

04 다음 중 대상물을 한쪽 단면도로 올바르게 나타낸 것은?

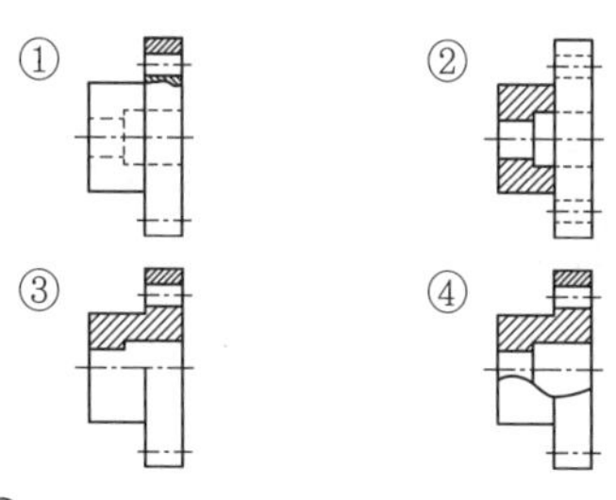

05 다음 중 현의 치수 기입을 올바르게 나타낸 것은?

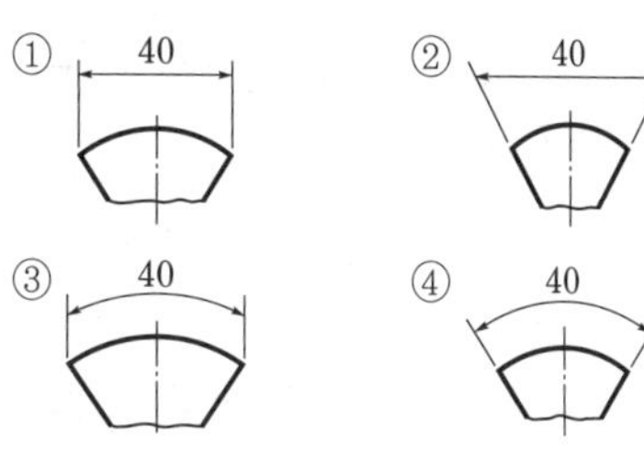

해설 ①은 현의 치수, ③은 원호의 치수, ④는 각도 표시

06 KS 재료기호 중 기계구조용 탄소강재의 기호는?

① SM−35C ② SS−490B
③ SF−340A ④ STKM−20A

07 도면에서 표제란과 부품란으로 구분할 때 다음 중 일반적으로 표제란에만 기입하는 것은?

① 부품번호 ② 부품기호
③ 수량 ④ 척도

해설 표제란: 도면번호, 도명, 척도, 공사명, 작성자, 검도자 등을 기입한 것

08 그림과 같은 정면도와 우측면도에 가장 적합한 평면도는?

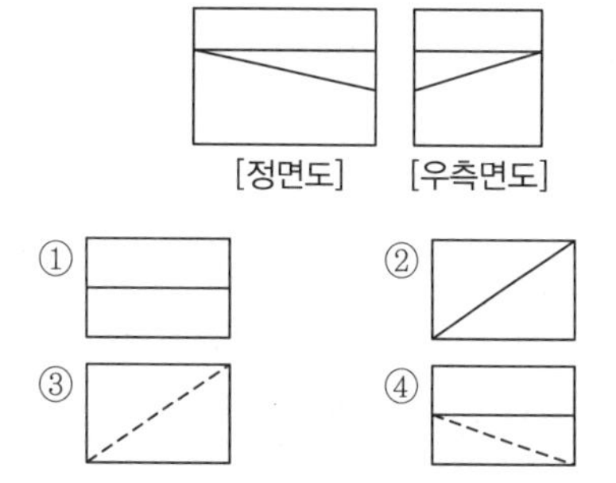

정답

01. ④ 02. ① 03. ① 04. ③ 05. ① 06. ① 07. ④ 08. ③

09 좌우상하 대칭인 그림과 같은 형상을 도면화하려고 할 때 이에 관한 설명으로 틀린 것은? (단, 물체에 뚫린 구멍의 크기는 같고 간격은 6mm로 일정하다.)

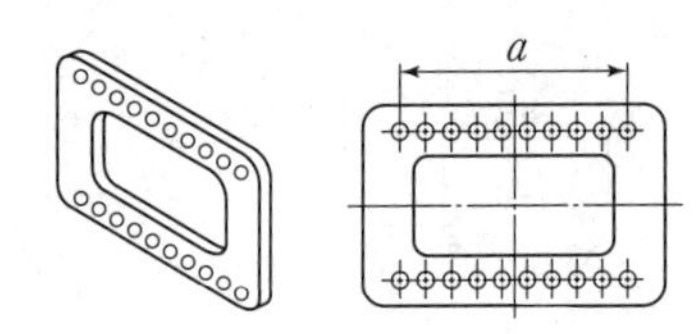

① 치수 a는 9×6(=54)으로 기입할 수 있다.
② 대칭기호를 사용하여 도형을 1/2로 나타낼 수 있다.
③ 구멍은 동일 형상일 경우 대표 형상을 제외한 나머지 구멍은 생략할 수 있다.
④ 구멍은 크기가 동일하더라도 각각의 치수를 모두 나타내어야 한다.

해설 구멍의 크기가 동일한 경우 각각의 치수를 모두 나타낼 필요는 없다.

10 배관도의 계기 표시방법 중에서 압력계를 나타내는 기호는?

① (T) ② (P)
③ (F) ④ (V)

해설 P: 압력계, T: 온도계, F: 유량계

11 다음 배관 도면에 포함되어 있는 요소로 볼 수 없는 것은?

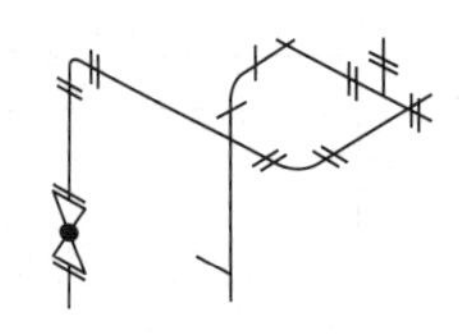

① 엘보 ② 티
③ 플랜지 이음 ④ 체크 밸브

해설 도면에 있는 밸브 표시는 글로브 밸브이다.

12 그림과 같이 제3각법으로 정면도와 우측면도를 작도할 때 누락된 평면도로 적합한 것은?

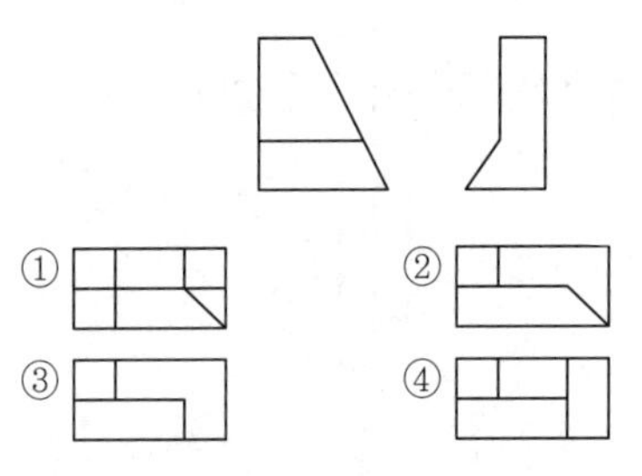

13 기계제작 부품 도면에서 도면의 윤곽선 오른쪽 아래 구석에 위치하는 표제란을 가장 올바르게 설명한 것은?

① 품번, 품명, 재질, 수량 등을 기재한다.
② 제작에 필요한 기술적인 사항을 기재한다.
③ 제조 공정별 처리방법, 사용 공구 등을 기재한다.
④ 도번, 도명, 제도 및 검도 등 관련자 서명, 척도 등을 기재한다.

해설 표제란: 도면번호, 도명, 척도, 공사명, 작성자, 검도자 등을 기입한 것

14 전개도는 대상물을 구성하는 면을 평면 위에 전개한 그림을 의미하는데, 원기둥이나 각기둥의 전개에 가장 적합한 전개도법은?

① 평행선 전개도법 ② 방사선 전개도법
③ 삼각형 전개도법 ④ 사각형 전개도법

해설
- 평행선 전개도법: 원기둥, 각기둥
- 방사선 전개도법: 원뿔, 각뿔
- 삼각형 전개도법: 방사선 전개도법이 어려운 원뿔, 편심원뿔, 각뿔

15 도면의 척도값 중 실제 형상을 확대하여 그리는 것은?

① 2 : 1 ② 1 : $\sqrt{2}$
③ 1 : 1 ④ 1 : 2

정답

09. ④ 10. ② 11. ④ 12. ② 13. ④ 14. ① 15. ①

16 다음 도면에서 지시한 용접법으로 바르게 짝지어진 것은?

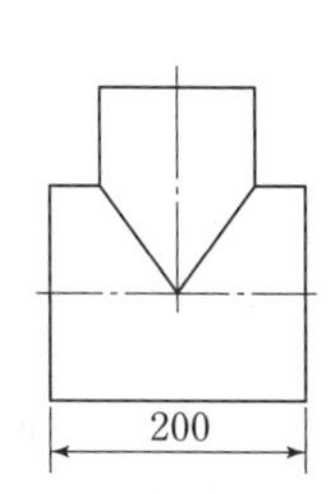

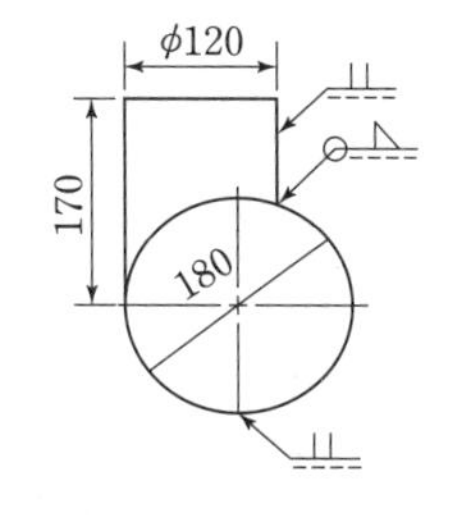

① 이면용접, 필릿용접
② 겹치기용접, 플러그용접
③ 평판 맞대기용접, 필릿용접
④ 심용접, 겹치기용접

17 다음 그림과 같이 파단선을 경계로 필요한 요소의 일부만을 단면으로 표시하는 단면도는?

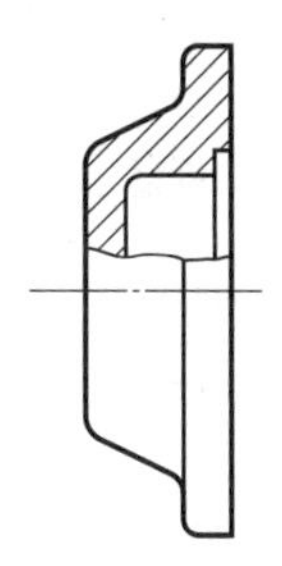

① 온단면도 ② 부분 단면도
③ 한쪽 단면도 ④ 전 도시단면도

18 그림과 같이 원통을 경사지게 절단한 제품을 제작할 때, 다음 중 어떤 전개법이 가장 적합한가?

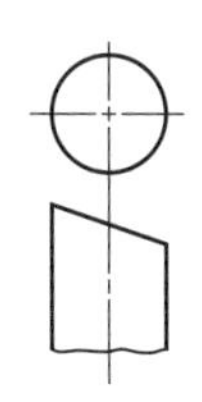

① 사각형법 ② 평행선법
③ 삼각형법 ④ 방사선법

19 다음 그림은 투상법의 기호이다. 몇 각법을 나타내는 기호인가?

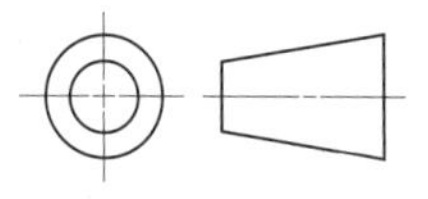

① 제1각법 ② 제2각법
③ 제3각법 ④ 제4각법

20 그림의 도면에서 X의 거리는?

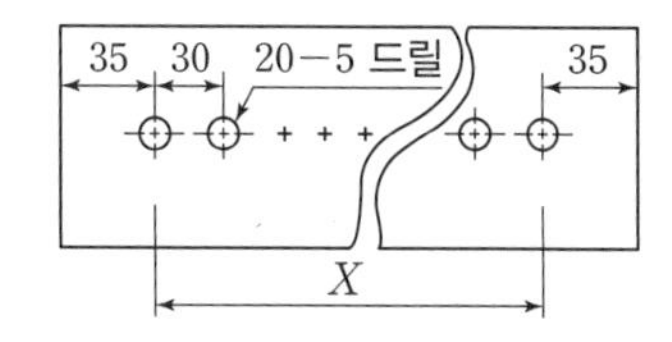

① 510mm ② 570mm
③ 600mm ④ 630mm

해설 20−5 드릴: 구멍 개수 20개, 구멍 지름 5mm를 뜻한다.
$\therefore X=$ 구멍 간격 × (구멍 개수 − 1)
$= 30\times(20-1)=570$mm

21 그림과 같은 도시기호가 나타내는 것은?

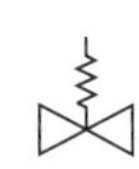

① 안전 밸브 ② 전동 밸브
③ 스톱 밸브 ④ 슬루스 밸브

22 그림과 같은 용접기호의 설명으로 옳은 것은?

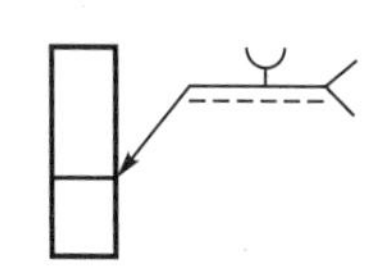

① U형 맞대기용접, 화살표 쪽 용접
② V형 맞대기용접, 화살표 쪽 용접
③ U형 맞대기용접, 화살표 반대쪽 용접
④ V형 맞대기용접, 화살표 반대쪽 용접

정답

16. ③ 17. ② 18. ② 19. ③ 20. ② 21. ① 22. ①

23 다음 치수 중 참고치수를 나타내는 것은?

① (50) ② □50
③ [50] ④ <u>50</u>

해설 ①은 참고치수, ②는 정사각형의 변, ③은 이론적으로 정확한 치수

24 그림과 같은 제3각법 정투상도에서 누락된 우측면도를 가장 적합하게 투상한 것은?

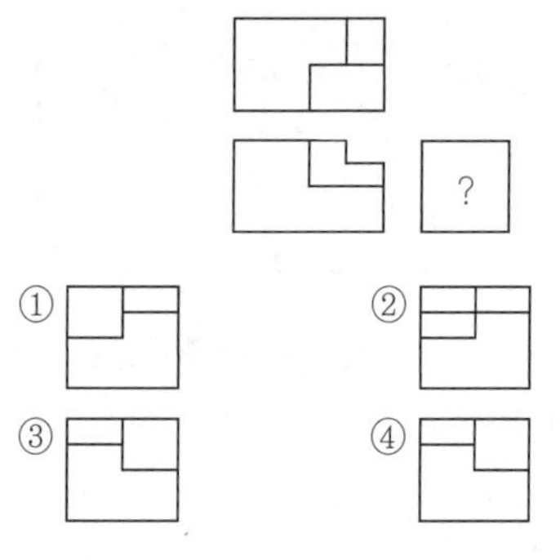

25 그림과 같은 입체도에서 화살표 방향이 정면일 때 3각법으로 올바르게 투상한 것은?

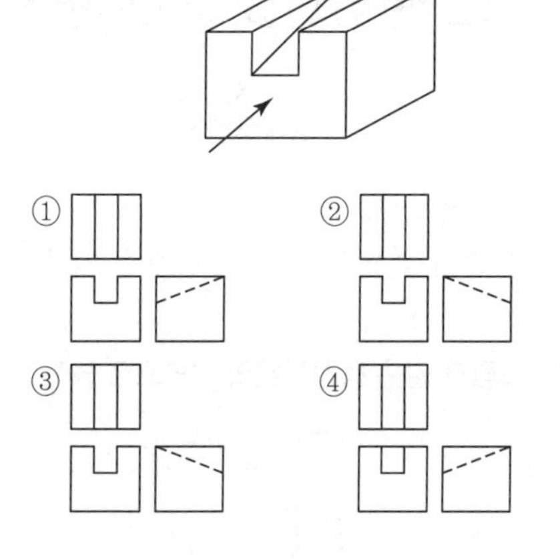

26 인접 부분을 참고로 표시하는 데 사용하는 것은?

① 숨은선 ② 가상선
③ 외형선 ④ 피치선

27 배관의 간략 도시방법에서 파이프의 영구 결합부(용접 또는 다른 공법에 의한다.) 상태를 나타내는 것은?

① ②
③ ④

28 그림과 같은 배관의 등각투상도(isometric drawing)를 평면도로 나타낸 것으로 맞는 것은?

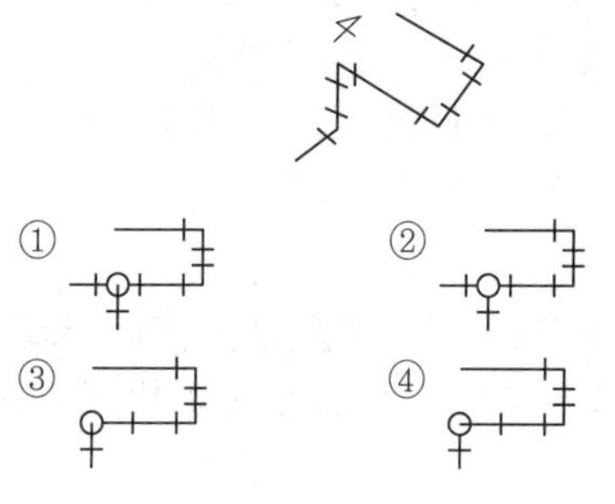

29 다음 관의 구배를 표시하는 방법 중 <u>틀린</u> 것은?

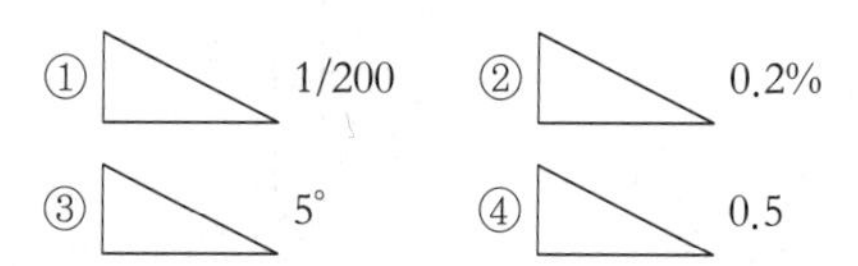

30 다음 중 한쪽 단면도를 올바르게 도시한 것은?

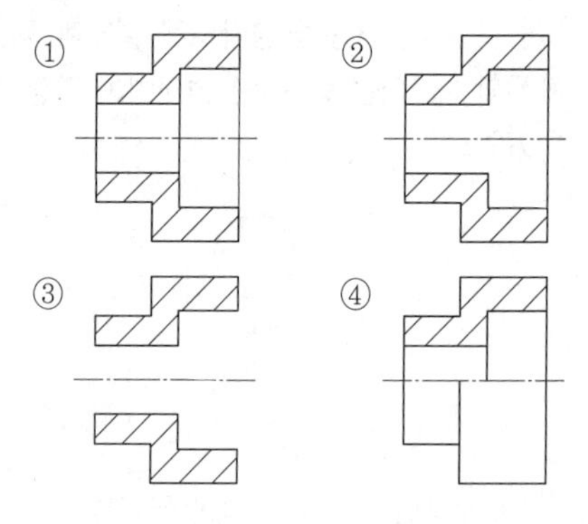

정답

23. ① 24. ① 25. ④ 26. ② 27. ③ 28. ④ 29. ④ 30. ④

31 배관도에 사용된 밸브 표시가 올바른 것은?

① 밸브 일반:
② 게이트 밸브:
③ 나비 밸브:
④ 체크 밸브:

32 용접 보조기호 중 현장용접을 나타내는 기호는?

① 
② 
③ 
④

33 다음 용접기호에서 '3'의 의미로 올바른 것은?

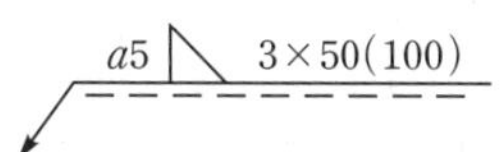

① 용접부 수 ② 용접부 간격
③ 용접의 길이 ④ 필릿용접의 목 두께

해설 $a5$: 목 두께 5mm, 3×50(100): 용접부 수 3개, 용접부 길이: 50mm, 용접부 간격: 100mm

34 다음 중 저온배관용 탄소강관의 기호는?

① SPPS ② SPLT
③ SPHT ④ SPA

해설
- SPPS(STPG): 압력배관용 탄소강관
- SPLT: 저온배관용 탄소강관
- SPHT: 고온배관용 탄소강관

35 용접 기본기호 중 이면용접의 기호로 맞는 것은?

① ②
③ ④

36 다음 그림의 입체도를 제3각법으로 올바르게 투상한 투상도는?

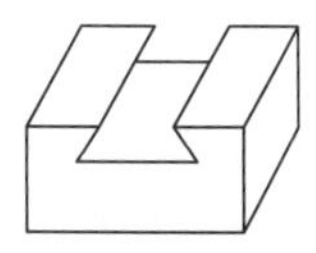

① 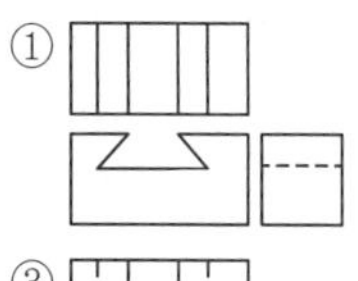
② 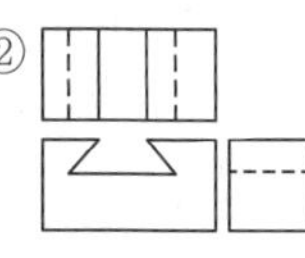
③ 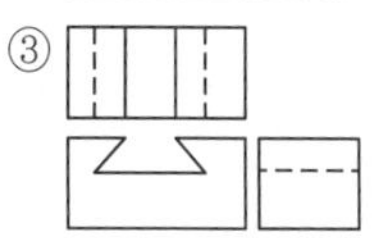
④ 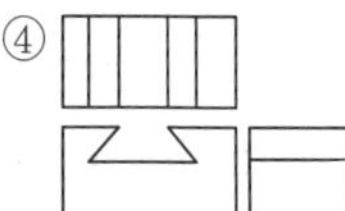

37 다음 그림과 같은 원뿔을 전개하였을 경우 나타난 부채꼴의 전개각(전개된 물체의 꼭지각)이 150°가 되려면 L의 치수는?

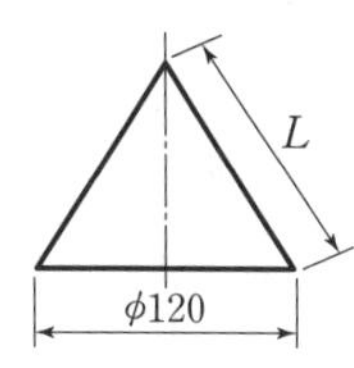

① 100 ② 122
③ 144 ④ 150

해설 $\frac{\text{꼭지각}}{360} = \frac{\text{밑면의 반지름}(R)}{\text{면의 실제 길이}(L)}$이므로,

$L = R \times \frac{360}{\text{꼭지각}} = 60 \times \frac{360}{150} = 144\text{mm}$

38 다음 그림과 같은 제3각법 정투상도의 3면도를 기초로 한 입체도로 가장 적합한 것은?

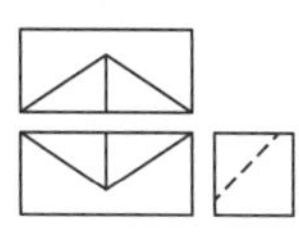

① 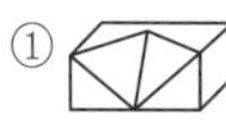
② 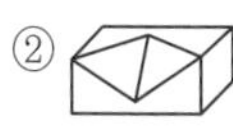
③ 
④ 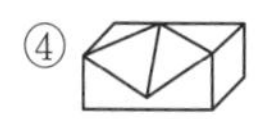

정답

31. ④ 32. ① 33. ① 34. ② 35. ③ 36. ③ 37. ③ 38. ②

39 다음 중 일반구조용 탄소강관의 KS 재료기호는?

① SPP ② SPS
③ SKH ④ STK

해설
- SPP: 배관용 탄소강관
- SPPS(STPG): 압력배관용 탄소강관
- SKH: 고속도강
- STK: 일반구조용 탄소강관

40 다음 그림과 같은 입체도의 화살표 방향 투시도로 가장 적합한 것은?

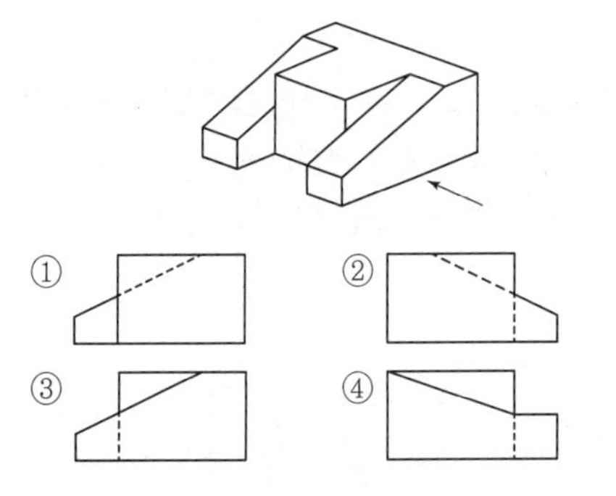

41 다음 그림과 같은 배관 도면에서 도시기호 S는 어떤 유체를 나타내는 것인가?

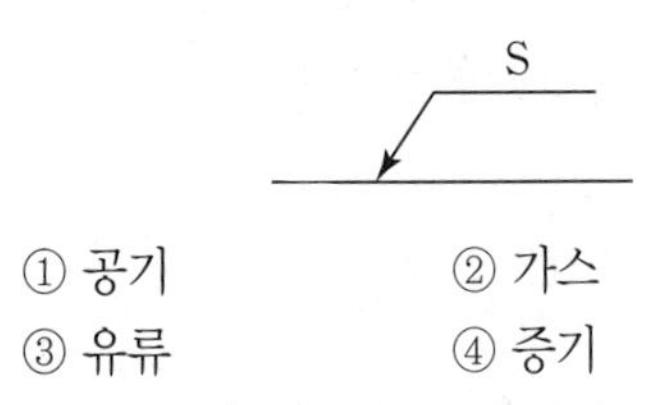

① 공기 ② 가스
③ 유류 ④ 증기

해설 공기: A, 가스: G, 유류: O, 증기: S

42 일반적으로 치수선을 표시할 때 치수선 양 끝에 치수가 끝나는 부분임을 나타내는 형상으로 사용하는 것이 아닌 것은?

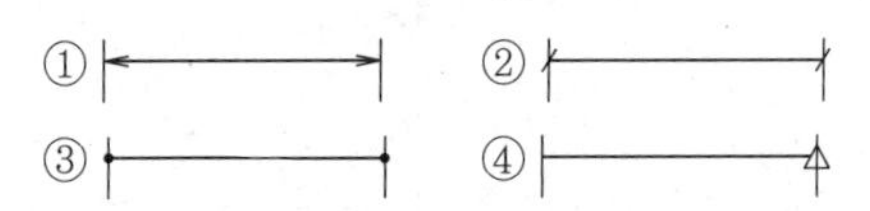

43 다음 그림은 경유 서비스 탱크 지지철물의 정면도와 측면도이다. 모두 동일한 ㄱ형강일 경우 중량은 약 몇 kgf인가? [단, ㄱ형강(L−50×50×6)의 단위 m당 중량은 4.43kgf/m이고, 정면도와 측면도에서 좌우대칭이다.]

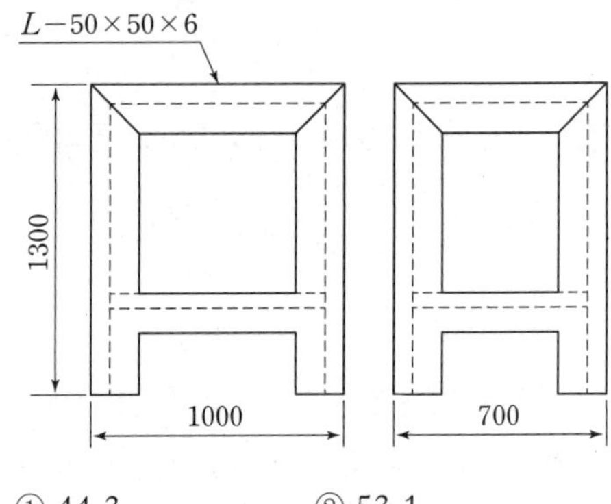

① 44.3 ② 53.1
③ 55.4 ④ 76.1

해설 사용된 총 ㄱ형강의 길이
= (1300mm × 4개) + (1000mm × 4개) + (700mm × 4개)
= 5200mm + 4000mm + 2800mm = 12m
∴ ㄱ형강의 총중량 = 12m × 4.43kgf/m
= 53.16kgf

정답

39. ④ 40. ③ 41. ④ 42. ④ 43. ②

Memo

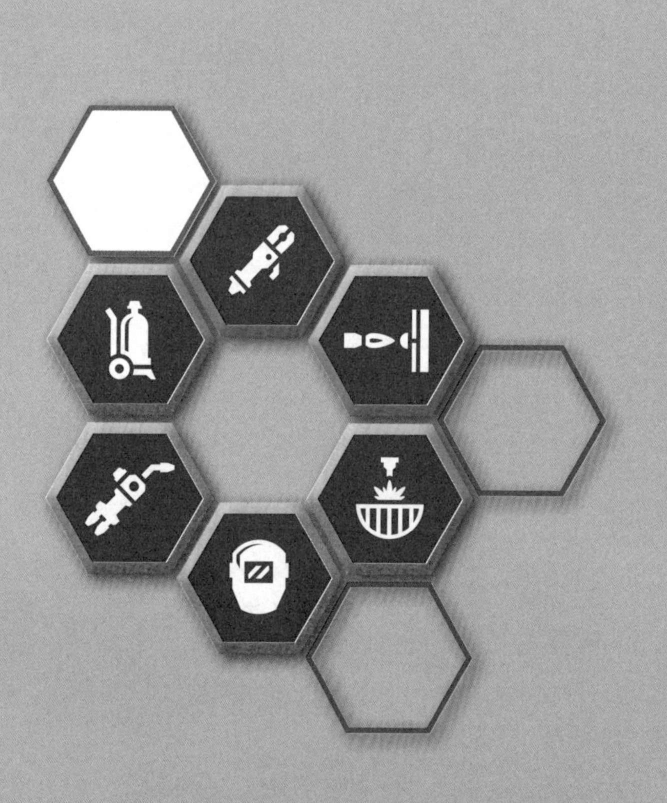

[실습편]

ISO INTERNATIONAL WELDING >>>

ISO INTERNATIONAL WELDING

PART I

ISO INTERNATIONAL WELDING >>>

SMAW 실습

01 2G Butt-Joint Plate-Bead 실습

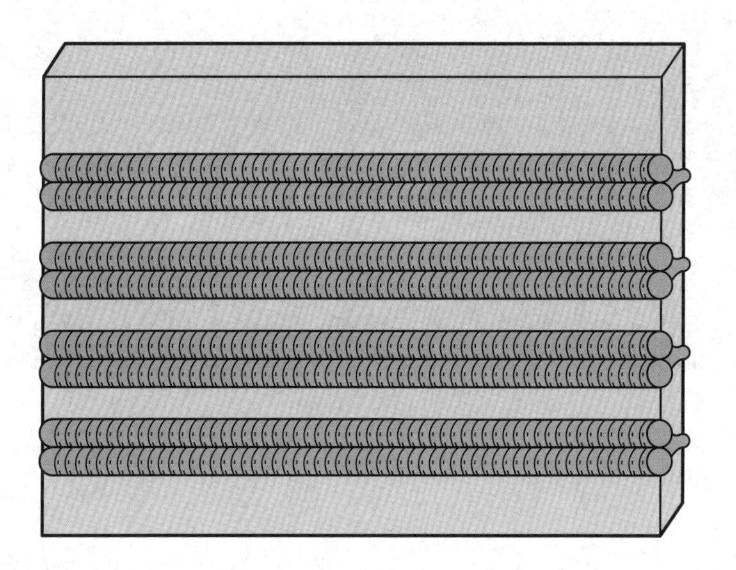

▲ 수평 I형(또는 V형) 맞대기 피복아크용접

안전 및 유의 사항

① 모재가공 시 모재를 바이스에 단단히 고정하여야 된다.
② 아크를 끊은 후 전기용접봉이 작업복이나 피부에 닿지 않도록 주의한다.
③ 전기용접봉은 규정된 온도와 시간만큼 건조시켜 사용한다.
④ 슬래그 제거 시 보안경을 착용한다.
⑤ 습기가 있는 곳에서는 작업을 피한다.
⑥ 환기장치의 작동 상태를 수시로 점검한다.

작업순서

1 작업 준비를 한다.

① 필요한 공구와 재료를 준비한다.

② 용접기의 각부 절연 상태 및 이상 유무를 점검한다.

③ 전기용접봉을 300~350℃로 1시간 정도 용접봉 건조로에서 건조한다.

2 모재를 가공한다.

① I형 용접용 두 모재의 측면을 90°로 가공하여 서로 맞대었을 때 틈이 없도록 한다.[그림 1-1 참조]

② V형 용접용 연강판 t9(6)×35×150(베벨각 30°) 2장을 베벨각 30~35° 정도를 주고, 루트면은 전체가 1.5~2.5mm 정도가 되게 균일하게 줄로 가공한다.[그림 1-1 참조]

3 전류를 조절한다.

ϕ3.2 전기용접봉을 홀더에 물리고 전류를 90~110A로 맞춘다.

4 가접한 후 역변형을 준다.

① 가공된 두 모재를 작업대 위 가접틀에 수평으로 놓고 한쪽의 루트 간격을 2.5~3mm 정도 벌린 후 가접한다.

② 다른 쪽의 루트 간격을 3~3.5mm 정도 벌리고 엇갈림이 생기지 않도록 가접한다.[그림 1-2 참조]

③ 가접한 상태가 [그림 1-3]의 (a), (b), (c)와 같이 되어서는 안 된다.

④ 용접 방향의 반대쪽으로 2~3° 정도 역변형을 준다.[그림 1-4 참조]

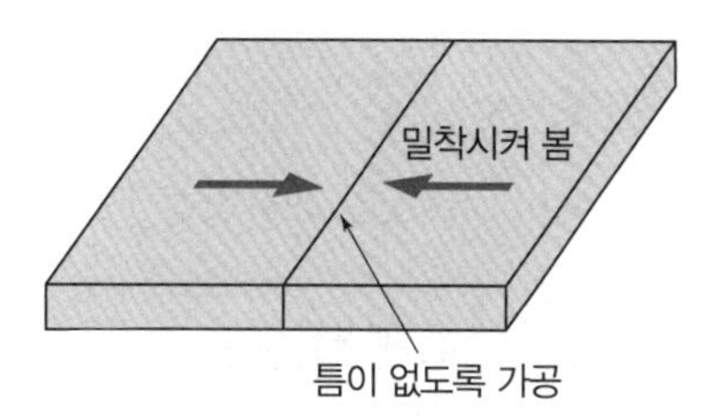

(a) I형 모재가공 상태

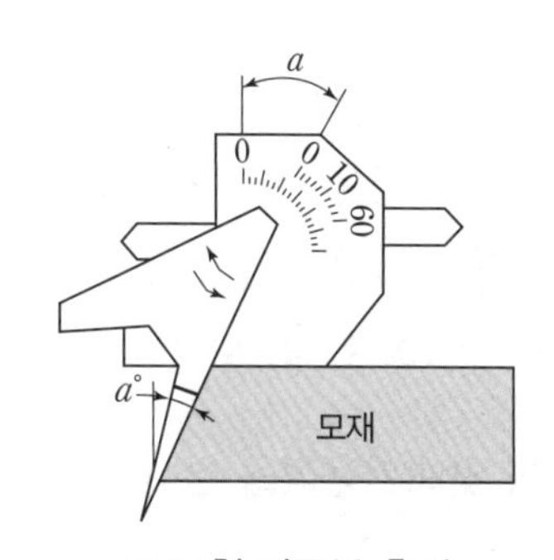

(b) V형 가공부 측정

[그림 1-1] 모재가공

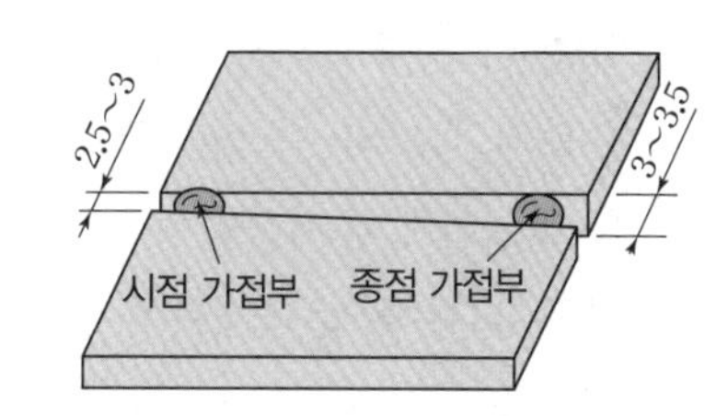

[그림 1-2] 가접 위치와 루트 간격

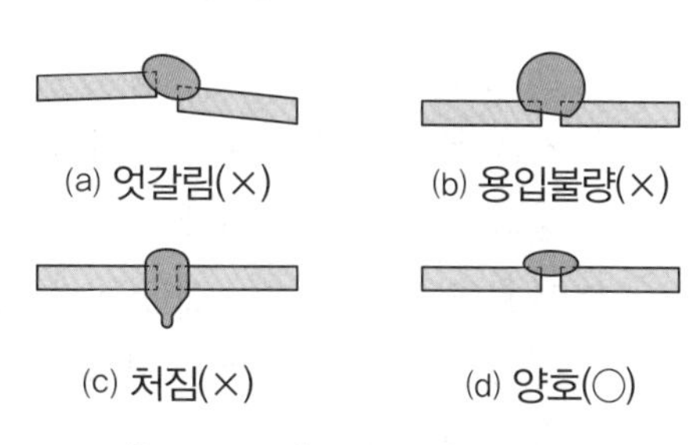

[그림 1-3] 가접 상태의 양부

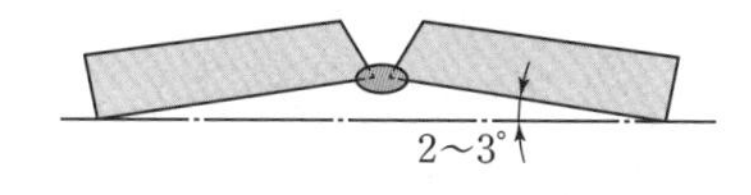

[그림 1-4] 역변형

5 모재를 고정한다.

① 가접된 모재의 용접선이 수평이 되게 잡는다.

② 지그에 넣어 고정하고 높이를 가슴과 목 사이의 높이로 조절한다.[그림 1-5 참조]

[그림 1-5] 모재를 수평으로 고정

6 자세를 바르게 잡는다.

① 모재의 용접선이 수평이 되도록 지그에 고정한다.

② 편하게 앉아 홀더를 가볍게 잡는다.

③ 팔에 힘을 빼고 어깨와 팔은 수평을 유지하며 상반신은 약간 앞으로 구부린다.

④ 시선은 전기용접봉의 끝을 주시한다.

7 I형 맞대기용접을 한다.

(1) 1층 비드를 놓는다.

① 전류를 90~120A(E4316-ϕ3.2의 경우)로 맞춘 다음 아크를 발생한다.

② 운봉의 각도와 속도를 조절하여 키홀 크기를 일정하게 유지하면서 1층 비드를 놓는다.

③ 키홀이 한쪽으로 쏠리지 않도록 운봉각도 조절을 잘한다.[그림 1-6 참조]

④ 전기용접봉이 짧아졌거나 끊을 필요가 있을 경우 키홀을 조금 크게 뚫고 끊는다.

⑤ 키홀 부분을 정이나 그라인더로 약 10mm 정도 경사지게 따 낸다.

⑥ 키홀 옆 용접부 10~20mm 위치에서 아크를 발생시켜 키홀까지 예열하며 진행하고 키홀 부분에서 충분히 가열시켜 키홀을 만든다.

⑦ 1층 비드는 표면보다 1~1.5mm 정도 낮게 한다.

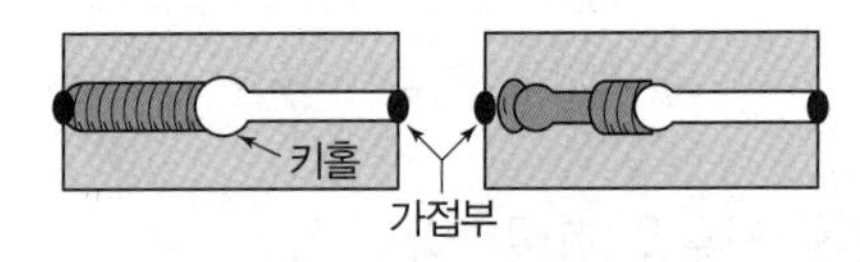

(a) 적당 (b) 일부 형성

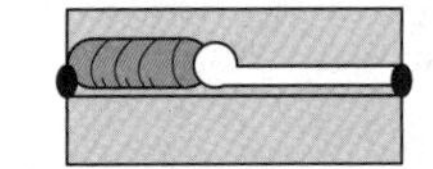

(c) 한쪽만 형성

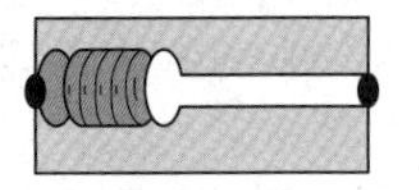

(d) 과대 형성

[그림 1-6] 키홀 상태의 양부

(2) 2층(표면) 비드를 놓는다.

① 1층 비드를 깨끗이 청소한다.

② 전기용접봉은 ϕ3.2, 전류는 100~140A로 조절한다.

③ 두 줄의 줄(좁은)비드를 [그림 1-7]과 같이 겹쳐 놓는다.

(3) 크레이터 처리를 한다.

8 V형 맞대기용접을 한다.

(1) 1층(이면) 비드를 놓는다.

① 자세를 바르게 한 후 ϕ3.2 전기용접봉을 홀더에 물리고 전류를 80~120A로 조절한다.

② 아크 발생 위치에 전기용접봉을 [그림 1-8]과 같이 모재에 댄다.

③ 전기용접봉을 서서히 앞으로 당기며 끝이 닿으면 아크를 발생시킨다.

④ 시작점에서 아크가 발생되면 제자리에서 잠시 머물러 모재를 가열하여 용융지를 만든다.

⑤ 키홀이 형성되고 아크불꽃이 뒤로 빠져나가면 전기용접봉의 각도를 [그림 1-9]와 같이 유지하며 용접을 진행한다.

⑥ 전기용접봉은 미는 기분으로 키홀을 균일하게 형성해야 하며 아주 미세한(약 1~2mm 내외) 운봉을 하여 일직선으로 용접한다.

⑦ 키홀을 루트 간격과 비슷하거나 약간(약 1~2mm 정도) 크게 형성한다.

⑧ 아크를 끊을 시는 전기용접봉을 밀면서 키홀을 조금 크게 형성한다.

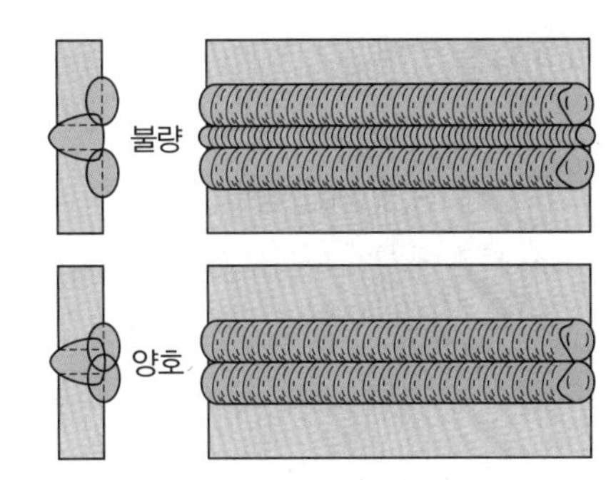

[그림 1-7] 표면비드 놓기

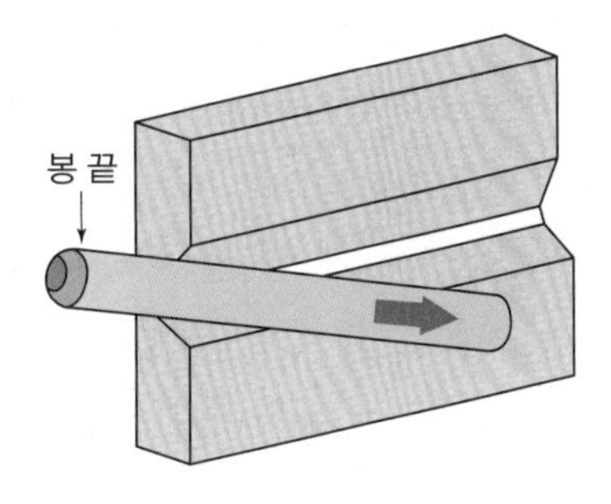

[그림 1-8] 아크 발생 준비

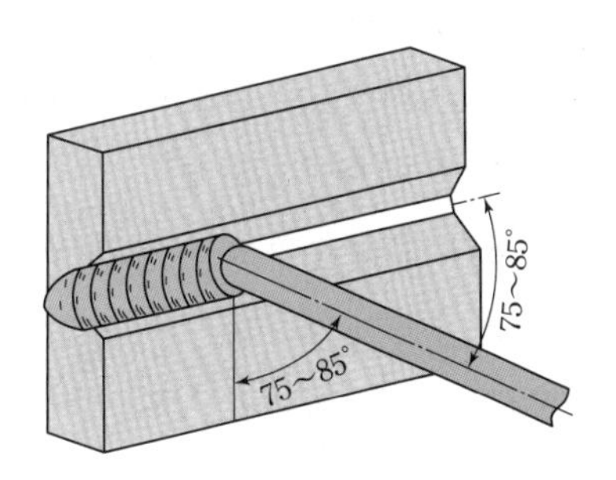

[그림 1-9] 수평 자세의 전기용접봉 각도

(2) 비드를 잇는다.

① 이음부는 정이나 그라인더로 10mm 정도 경사지게 가공한다.

② 키홀에서 15mm 정도 후퇴한 지점에서부터 용접부를 용융시키면서 키홀 끝부분에서 아크를 짧게 하여 동일한 키홀을 형성한다.[그림 1-10 참조]

③ 슬래그를 제거하고 이음부의 볼록한 부분을 정이나 그라인더로 평탄하게 가공한다.

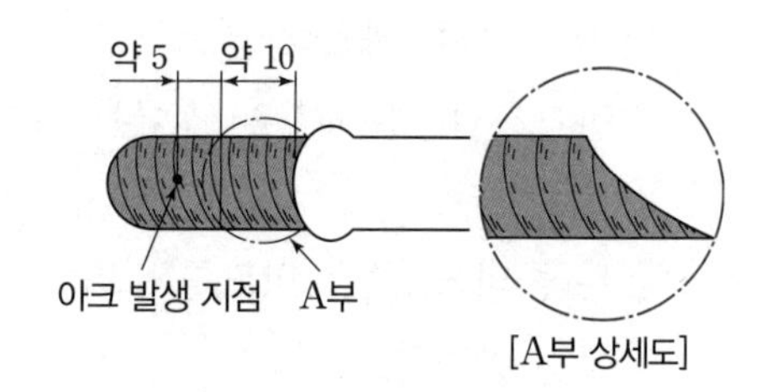

[그림 1-10] 비드 이음부 작업

(3) 2층 비드를 놓는다.

① 전기용접봉은 ϕ3.2, 용접전류를 100~120A로 조절한다(ϕ4.0 전기용접봉의 전류는 130~160A).

② 1패스는 작업각을 아래판에 대하여 95~110°로 하며 진행방향각은 1층과 같이 75~85°로 유지하여 용접한다.[그림 1-11의 (a) 참조]

③ 전기용접봉은 아래판 용접홈의 끝부분 1~1.5mm 정도 안에서 용융시키며 직선으로 용접한다.

④ 2패스는 작업각을 85~90°로 하며 진행각은 1패스와 동일하게 유지하여 용접한다.[그림 1-11의 (b) 참조]

⑤ 크레이터는 아크를 짧게 하여 용착금속으로 충분히 채운다.

⑥ 슬래그와 스패터를 제거하고 깨끗이 청소한다.

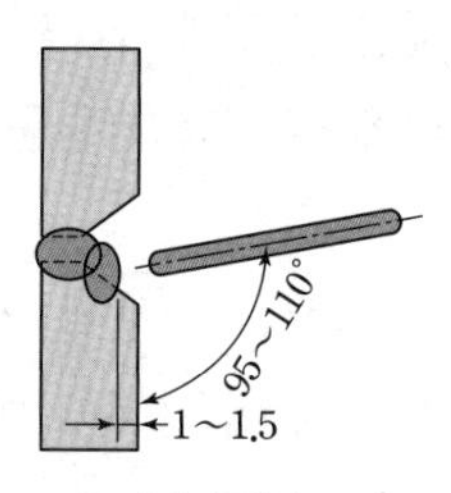

(a) 1패스

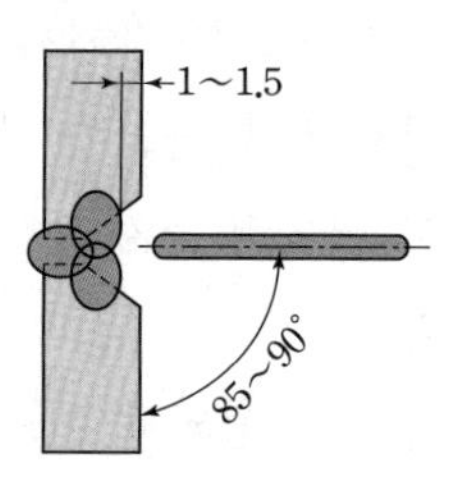

(b) 2패스

[그림 1-11] 2층 전기용접봉의 각도

(4) 표면(3층)비드를 놓는다.

① 전기용접봉은 ϕ3.2, 전류는 2층 때보다 5~10A 정도 내린다(ϕ4.0 전기용접봉의 경우 ϕ3.2보다 약간 높은 전류로 조절).

② 1패스는 아래판 하진 자세에 적합한 전기 용접봉을 선택하여 홀더에 끼운다(E4303, E4313, E4323).

③ 2패스는 용접홈 중심을 용융시키면서 작업각을 85~90°로 하고 1패스의 비드를 1/3 정도 겹쳐 직선으로 용접하며 용접속도를 천천히 하여 조금 볼록한 비드를 형성한다. [그림 1-12의 (b) 참조]

④ 3패스는 작업각을 75~85°로 유지하고 진행각은 동일하며 2패스의 비드를 1/3 정도 겹쳐 위판 용접홈의 끝부분을 용융시키면서 직선으로 용접한다.[그림 1-12의 (c) 참조]

⑤ 크레이터는 각 패스마다 처리한다.

9 용접부를 깨끗이 청소한 후 검사하며, 반복작업 후 정리 정돈한다.

(1) 외관검사를 한다.

(2) 굽힘시험을 한다.

① 용융금속 내에 슬래그 혼입 및 기공, 기타 결함이 있는가를 검사한다.[그림 1-13 참조]

② 용접부에서 균열 상태를 검사한다.

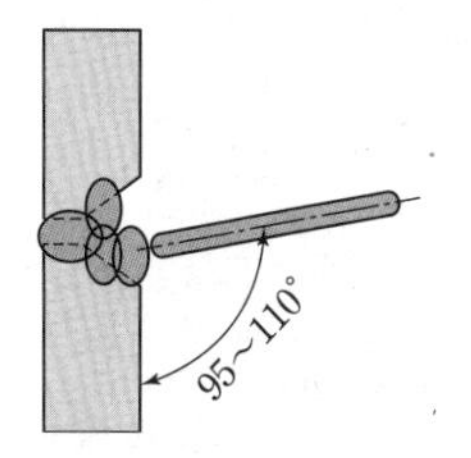

(a) 1패스

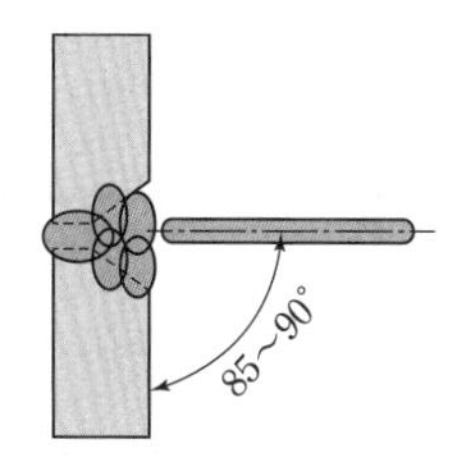

(b) 2패스

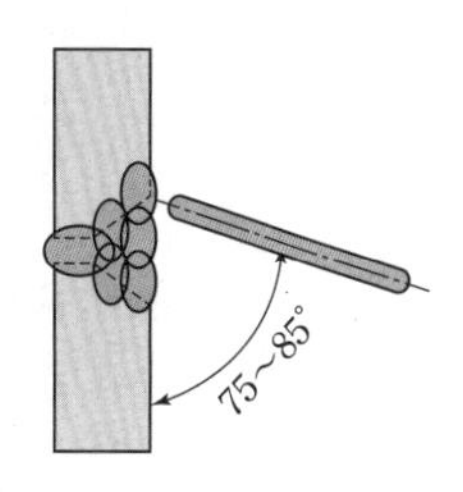

(c) 3패스

[그림 1-12] 3층 전기용접봉의 각도

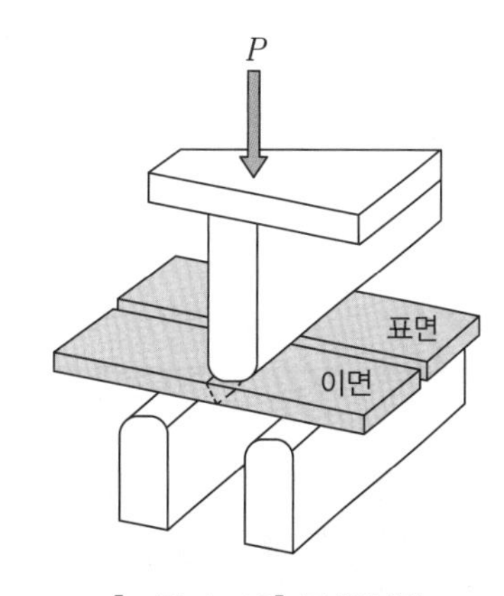

[그림 1-13] 굽힘시험

CHAPTER

02 3G Butt-Joint Plate-Bead 실습

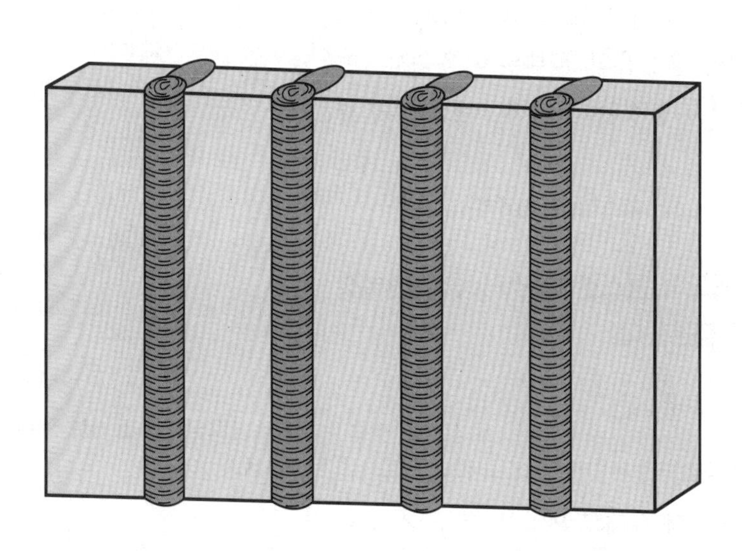

▲ 수평 I형(또는 V형) 맞대기 피복아크용접

안전 및 유의 사항

① 발생되는 유해가스를 충분히 배출할 수 있는 환기시설을 갖춘다.
② 용접작업 중에는 피부 노출을 금한다.
③ 맨손으로 전기용접봉을 교체하지 않는다.
④ 항상 주위에 위험요소가 없는지 살핀다.
⑤ 비산하는 스패터에 의한 화상, 화재에 주의한다.

작업순서

1 작업 준비를 한다.

① 용접기의 이상 유무를 점검하고 보호구를 정확히 착용한다.

② 도면을 보고 형상, 크기, 자세 등을 확인한다.

③ 저수소계 전기용접봉은 300~350℃로 1시간 정도 건조한다.

2 모재를 가공한다.

(1) I형 맞대기용 모재의 측면을 90°로 가공하여 서로 맞대었을 때 틈이 없도록 한다.

(2) V형 맞대기용 모재를 가공한다.

① 지급된 재료의 변형을 바로잡는다.

② 용접홈을 60~70°가 되게 가공한 후 표면과 이면비드 폭보다 넓게 산화피막을 제거한다.

3 전류를 조절한다.

ϕ3.2 전기용접봉을 홀더에 물리고 전류를 80~110A로 맞춘다.[표 2-1 참조]

4 가접한 후 역변형을 준다.

(1) I형 맞대기용 모재를 수평으로 놓고 [그림 2-1]과 같이 모재의 양 끝을 가접한다.

(2) V형 맞대기 모재를 가접한 후 역변형을 준다.

① 2개의 모재가 하나의 평면이 되게 홈의 면이 밑으로 가도록 작업대 위에 놓는다.

② 루트 간격을 시작 2.5~3.2mm 정도, 끝 부분은 3.0~3.5mm 정도 되게 띄워 놓는다.[그림 2-2 참조]

[표 2-1] 시험용 지그 규격 (단위: mm)

형틀의 모양	A_1형	A_2형	A_3형
R	7	13	19
S	38	68	98
A	100	140	170
B	14	26	38
C	60	85	110
D	50	50	50
E	52	94	136
R′	12	21	30
사용 시험편	1호	2호	3호

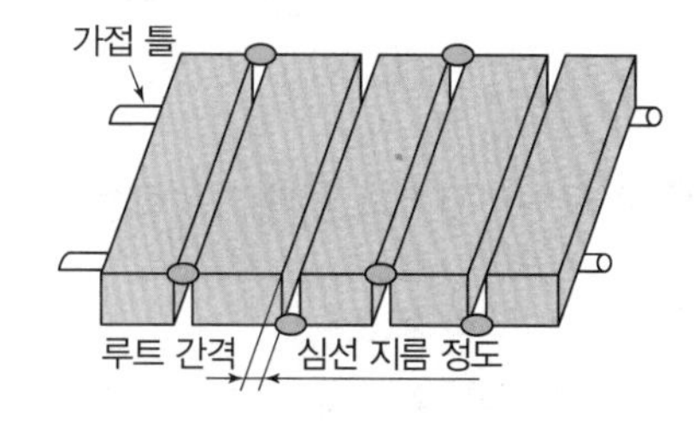

[그림 2-1] 모재 가접법

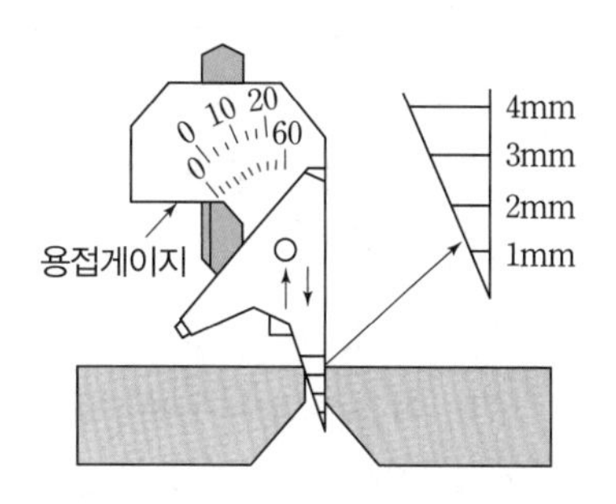

[그림 2-2] 루트 간격의 측정

③ 가접은 본용접에 방해가 되지 않도록 용접 면 이면 양 끝에 5~10mm로 용접한다.
④ 기공, 슬래그 혼입 등이 없도록 올바르게 가접한다.
⑤ 가접부의 슬래그, 스패터 등을 제거한다.
⑥ 용접 후 변형을 방지하기 위하여 2~3°의 역변형을 준다.[그림 2-3 참조]

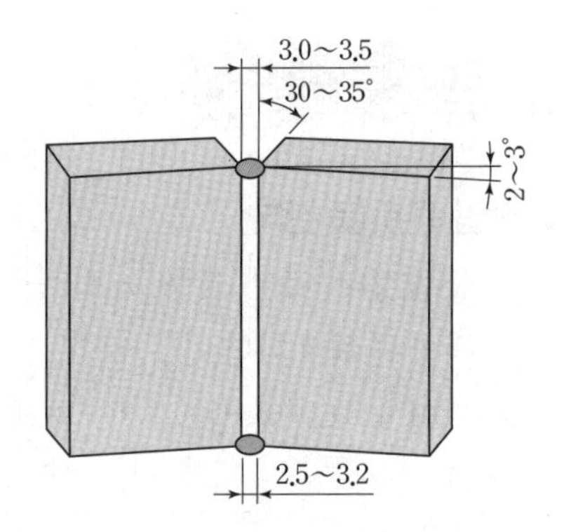

[그림 2-3] 가접방법과 역변형 주기

5 모재를 고정한다.

모재의 용접선이 수직이 되게, 그리고 견고하게 지그에 고정하고[그림 2-4 참조], 작업하기 편한 높이로 맞춘다.

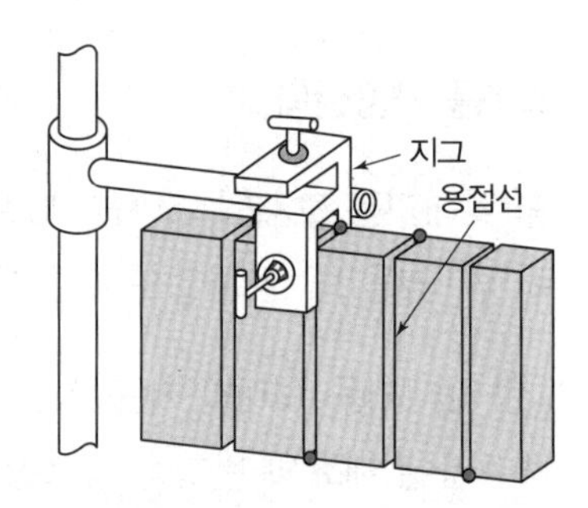

[그림 2-4] 지그에 모재 고정

6 자세를 바르게 잡는다.

① 모재 앞에서 작업하기 편한 자세를 잡는다.
② 몸을 모재와 30~40° 우측으로 틀어 의자에 편하게 앉아 홀더를 잡는다.
③ 이때 팔과 옆구리의 각도는 15~20° 정도를 유지한다.[그림 2-5 참조]

[그림 2-5] 팔과 옆구리의 유지각도

7 수직·상진 I형 맞대기용접을 한다.

(1) 1층 비드를 놓는다.

① 보조판 위에서 아크를 발생시켜 상진하거나 시점 위치보다 10~20mm 위에서 아크를 발생시켜 시점으로 내려온다.
② 시점에서 잠시 머물러 아크를 안정시킨다.
③ 두 모재의 루트면을 녹여 키홀을 형성하고 크기를 일정하게 유지하며, 키홀이 한쪽으로 쏠리지 않도록 각도를 조절하여 상진한다.[그림 2-6 참조]
④ 비드 이음부의 경우는 깨끗이 청소한 후 키홀 아래의 10~20mm 지점에서 아크를 발생시켜 키홀까지 돌아와 키홀을 뚫으면서

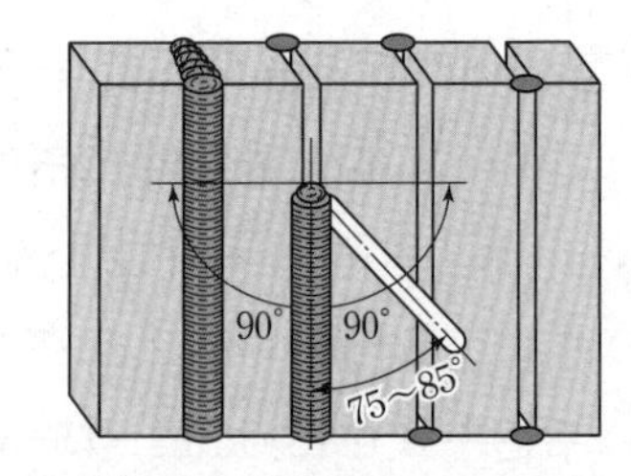

[그림 2-6] 전기용접봉의 운봉각도(상진)

상진한다.[그림 2-7 참조]

⑤ 키홀이 너무 커지면 아크 길이를 짧게 하여 진행속도를 빨리 하거나, 아크를 끊고 전류를 낮춘다.

⑥ 1층 비드는 표면보다 0.5~1mm 정도 낮게 한다.

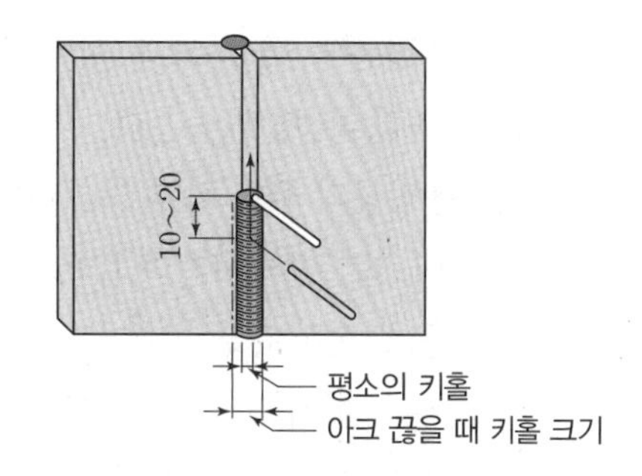

[그림 2-7] 비드를 잇는 법

(2) 2층(표면) 비드를 놓는다.

① 1층 비드 부분의 슬래그 및 스패터를 정과 슬래그 해머를 사용하여 깨끗이 제거한다.

② ϕ4.0 전기용접봉을 홀더에 135°로 물리고 전류를 120~160A로 맞춘다.

③ 아크를 발생시켜 전기용접봉 중심이 1층 비드 폭의 끝과 같이 되도록 좌우로 위빙하며 상진한다.

④ 팔 전체를 사용하여 위빙하며 언더컷과 오버랩이 발생하지 않도록 주의한다.[그림 2-8 참조]

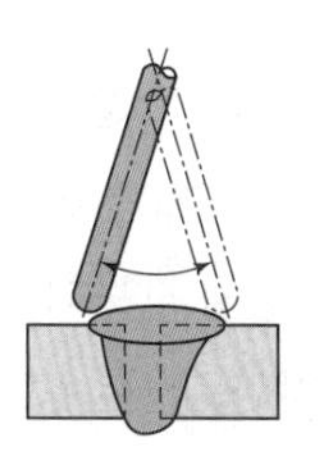

(a) 손목만으로 운봉(×)

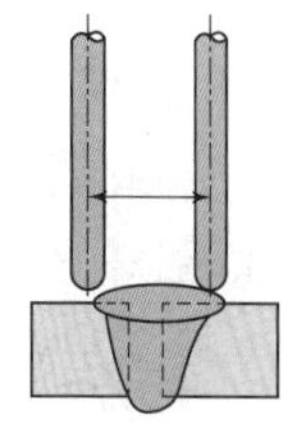

(b) 팔 전체로 운봉(○)

[그림 2-8] 운봉방법

(3) 크레이터 처리를 한다.

① 용접이 끝나기 직전에 아크 길이를 짧게 하여 빨리 아크를 끊었다가 재발생시켜 용착금속을 채운다.

② 오목한 부분이 채워질 때까지 반복한다.[그림 2-9 참조]

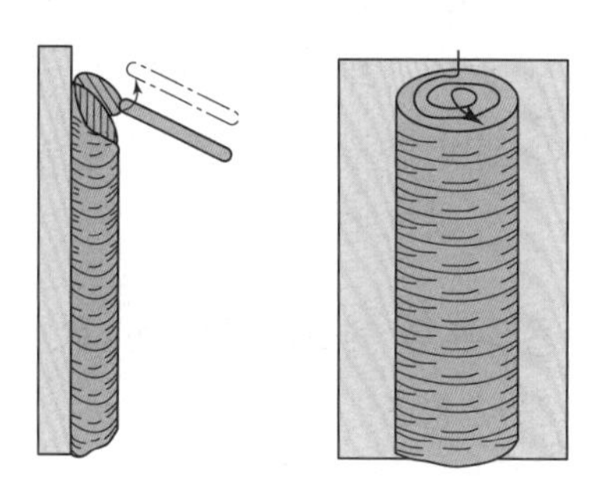

[그림 2-9] 크레이터 처리

8 수직·하진 I형 맞대기용접을 한다.

(1) 1층 비드를 놓는다.

① 용접선이 지그에 수직이 되게 가접된 모재를 고정한다.

② ϕ3.2 전기용접봉(E4313, E4316)을 홀더의 135° 홈에 물리고 전류를 100~140A로 조절한다.[표 2-2 참조]

[표 2-2] 수직 자세 V형 맞대기용접의 전류 조건

층수 / 전기용접봉	1층	2층	3층
ϕ3.2	82~110A	120~140A	100~120A
ϕ4.0	100~120A	130~150A	110~130A

③ 전기용접봉의 끝을 모재 상부의 모서리 부분에 옮긴 후 헬멧을 쓴다.

④ 전기용접봉의 끝을 상부 모서리에 살짝 접촉시켜 아크를 발생시킨다.[그림 2-11 참조]

⑤ 아크를 안정시키고 상부 모서리를 용융시켜 키홀을 형성시킨다.

⑥ 작업각을 90°, 진행방향각은 상진 자세보다 작게 60~70°로 유지하며 작은 반달 위빙으로 하진한다.[그림 2-11 참조]

⑦ 슬래그가 용융지보다 앞서기 쉬우므로 운봉의 각도와 속도, 아크 길이를 조절한다.

⑧ 혹시 슬래그가 용융지보다 앞서더라도 운봉속도는 용융지와 같은 속도로 운봉한다.

⑨ 1층 용접이 끝나면 깨끗이 청소한다.

(2) 2층(표면) 비드를 놓는다.

① 용접방법은 1층 비드 놓기와 거의 같으나 전류를 5~10A로 낮추고 위빙 폭을 모재의 양 모서리 사이로 잡는다.

② 위빙 양 끝에서 충분하게 멈추어 주며 중심은 빠르게 운봉한다.

(3) 용접부를 깨끗이 청소한 후 검사한다.[그림 2-12 참조]

9 V형 맞대기용접을 한다.

(1) 1층 비드를 놓는다.

① 헬멧을 쓰고 전기용접봉 끝부분을 용접 시점에 옮긴 후 아크를 발생시켜 전기용접봉과 모재의 각도를 [그림 2-13]과 같이 유지한다.

② 전기용접봉의 끝부분에 아크가 쉽게 발생될 수 있는 촉진제가 묻어 있으므로 처음

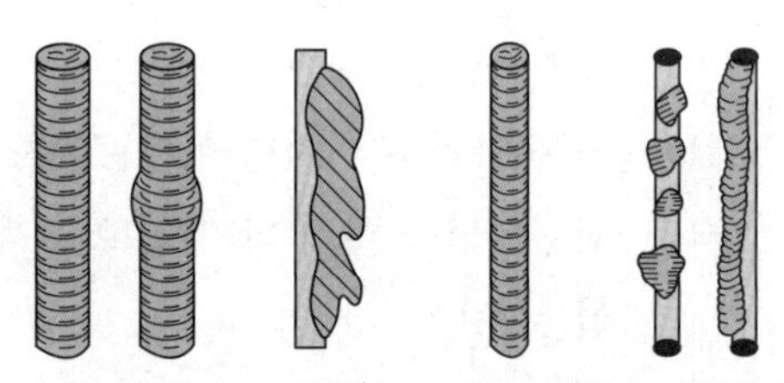

(a) 표면 양호 (b) 불량 (c) 이면 양호 (d) 불량

[그림 2-10] 표면과 이면비드의 양부

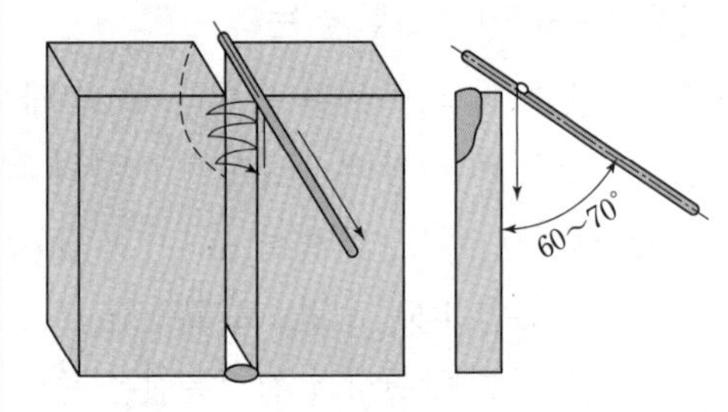

[그림 2-11] 아크 발생법과 1층 비드 운봉법

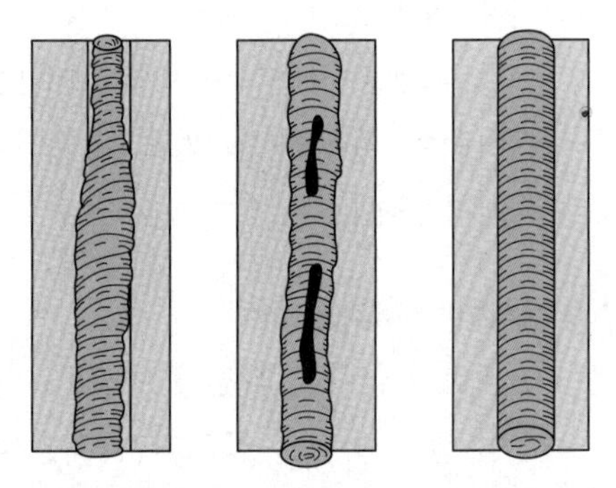

(a) 운봉불량 (b) 슬래그 혼입 (c) 양호한 비드

[그림 2-12] 하진용접 시 일어나는 결함

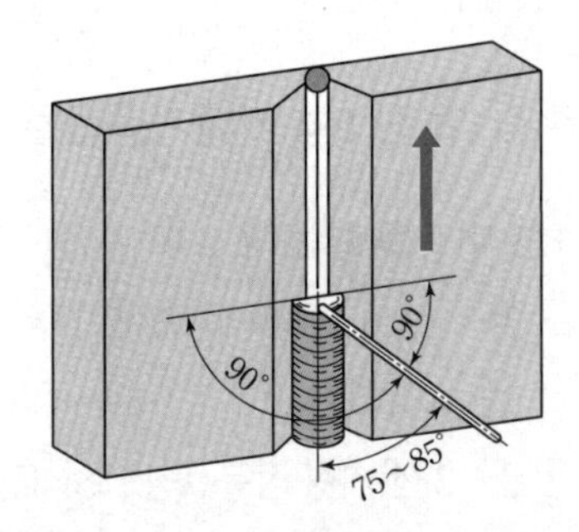

[그림 2-13] 전기용접봉과 모재의 표준각도

아크가 발생할 때 정확하게 아크가 발생되도록 한다.[그림 2-14 참조]

③ 용접 시점부는 아크 길이를 길게 하여, 예열 후에는 아크 길이를 짧게 하여 루트면 끝부분을 녹여서 전기용접봉의 운봉 피치가 2~3mm 정도가 되도록 용접한다.

④ 키홀을 루트 간격보다 약간(1~2mm 정도) 크게, 일정한 크기로 유지한다.

⑤ 비드 형상이 볼록한 경우에는 2층 용접 시 구석부까지 용융이 잘 안되어 슬래그 혼입이나 용융불량의 원인이 되므로 운봉 시 양 끝은 약간씩 머물러 주어 평평하거나 오목한 상태의 비드가 형성되도록 한다.

⑥ 이음부에서는 아크를 끊기 직전에 전기용접봉을 살짝 밀어 키홀을 다소 크게 한 후 아크를 끊는다.

⑦ 이음부의 용접은 정이나 그라인더로 10mm 정도 경사지게 따 내어 이음부 하단 10~20mm 지점에서 아크를 발생시켜 이음부로 진행하고 키홀 끝부분에서는 비드 이음을 하기 전과 같은 크기의 키홀을 형성한다.[그림 2-15 참조]

⑧ 크레이터 처리는 2~3회 반복하여 용착금속을 비드 높이만큼 채운다.

(2) 2층(표면) 비드를 놓는다.

① 전기용접봉을 ϕ4.0으로 갈아 끼우고, 전류를 110~130A로 조절한다.

② 전기용접봉의 각도는 1층 용접과 동일하며 비드 양 끝은 다소 머물러 주면서 용접한다.

③ 2층 용접은 [그림 2-16]과 같이 용접홈 끝부분의 1~1.5mm 정도 안에서 지그재그로

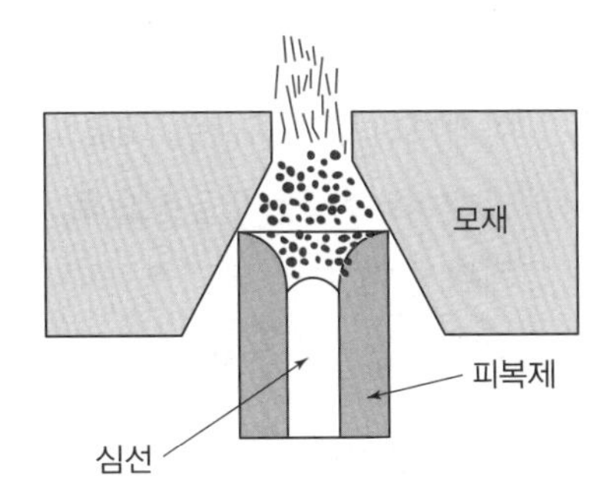

[그림 2-14] 이면용접 시 전기용접봉 끝부분

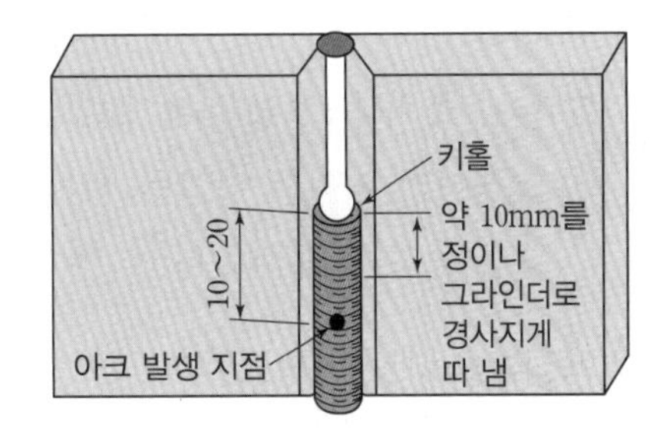

[그림 2-15] 1층 비드를 잇는 법

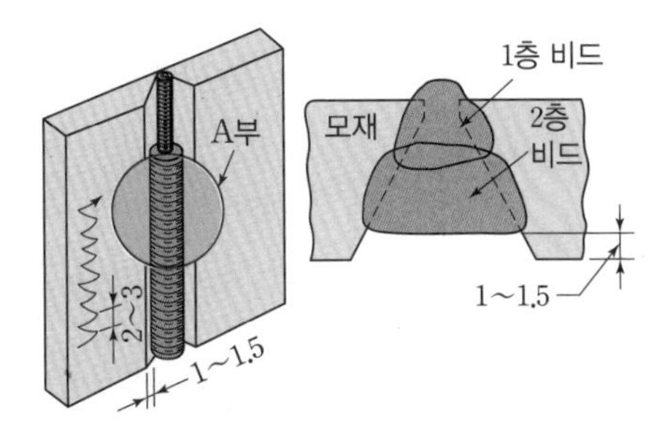

[그림 2-16] 2층 비드를 쌓는 법

운봉하며 모재의 표면보다 1~1.5mm 정도 아래까지 용착금속을 채운다.

④ 크레이터는 용착금속으로 비드 높이만큼 채워 준다.

⑤ 슬래그를 제거하고 깨끗이 청소한다.

(3) 표면비드를 놓는다.

① 전기용접봉은 ϕ4.0으로, 전류는 2층 용접보다 10A 정도 내려 용접한다.

② 운봉 시 개선면 위 모서리에서 모서리까지 움직이며 비드 양 끝은 머물러 주고 중앙은 다소 빠르게 지나며 운봉 피치는 2~3mm, 표면비드 높이는 $t/4 \sim t/5$ 정도가 되도록 한다.

③ 비드 잇기는 [그림 2-17]과 같이한다.

④ 크레이터 처리는 아크를 짧게 하여 용착금속을 충분히 채워 준다.

(4) 용접부를 깨끗이 청소한다.

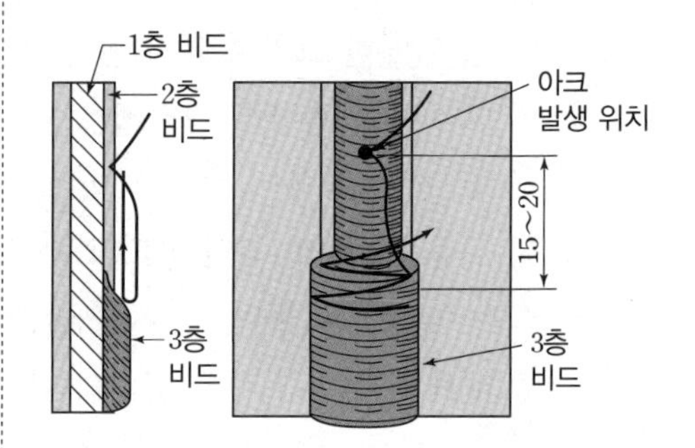

[그림 2-17] 3층 비드 잇기

10 검사 및 반복작업 후 정리 정돈한다.

① 외관검사를 한다.

② 굽힘시험 규격 시험편으로 가공한다.

③ 하나는 이면을, 하나는 표면으로 굽힘한다.

④ 채점기준에 의해 채점한다.

03 4G Butt-Joint Plate-Bead 실습

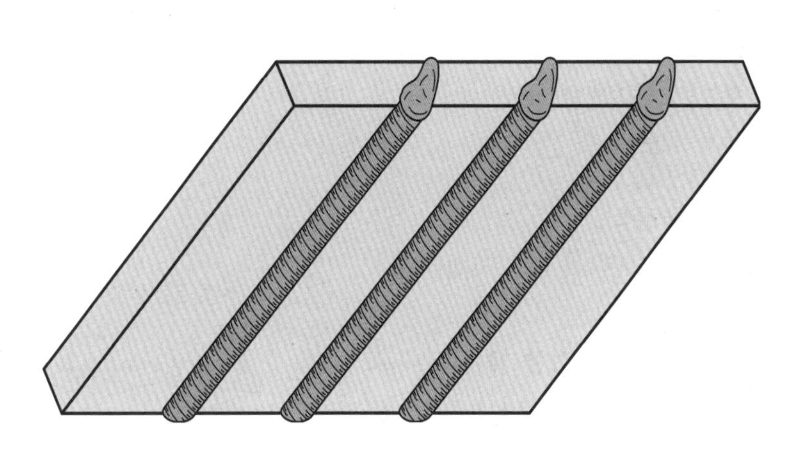

▲ 위보기 I(V)형 맞대기 피복아크용접

안전 및 유의 사항

① 작업장 주위의 인화물질을 제거한다.
② 용접기의 결선 상태 및 작동 상태의 이상 유무를 점검한다.
③ 작업장의 환기 상태를 수시로 점검한다.
④ 뜨거운 공작물의 취급 및 슬래그 제거 시에 용접집게와 헬멧이나 핸드실드를 사용하여 화상을 입지 않도록 한다.

작업순서

1 작업 준비를 한다.

① 도면을 확인하고 작업계획을 세운다.

② 재료와 공구를 준비하여 정돈한다.

③ 보호구를 착용한다.

2 모재를 가공한다.

① 모재의 변형을 교정하고 표면을 청소한다.

② 준비된 재료를 치수에 맞게 다듬질한다.

3 전류를 조절한다.

ϕ3.2 전기용접봉을 홀더에 90° 홈에 물리고 전류를 85~105A로 맞춘다.

4 가접한 후 역변형을 준다.

① 모재를 [그림 3-1]과 같이 놓고 가접한다.

② 이때 루트 간격은 종점은 더 넓게 벌려 주어야 되며 여러 장을 가접할 때는 교대로 방향을 바꾸어 루트 간격을 더 벌려 주면 좋다.

③ 최소로 용접할 부분을 정하고 그 부분의 반대 방향으로 2~3°의 역변형을 준다.

④ 다음 홈은 최초 용접 반대편에서 최소 용접 방향 쪽으로 역변형을 준다.[그림 3-2 참조]

5 모재를 고정한다.

① 용접선과 모재가 수평이 되게 지그에 고정한다.

② 모재의 높이를 앉아 있는 작업자의 머리보다 10~15cm 높게 설치한다.[그림 3-3 참조]

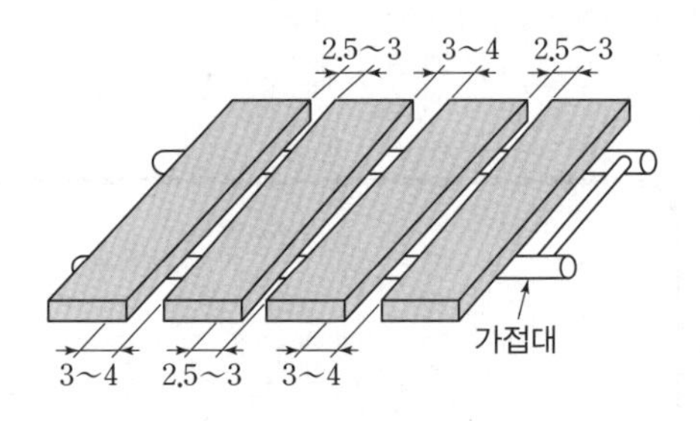

[그림 3-1] 가접방법

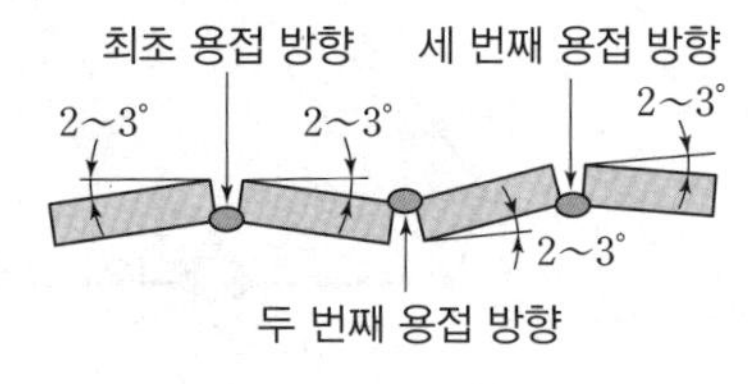

[그림 3-2] 역변형 방법과 각도

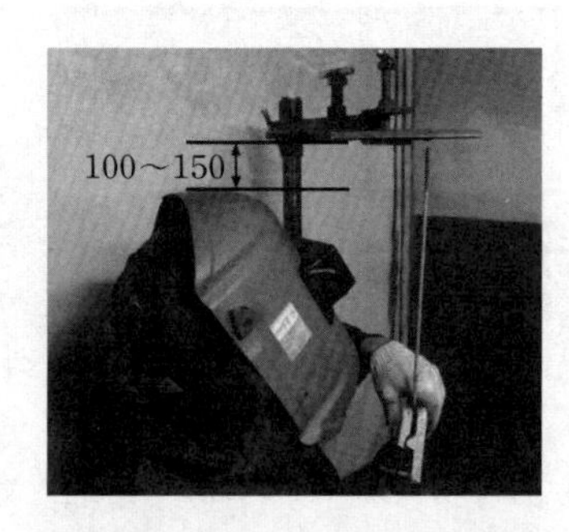

[그림 3-3] 모재의 고정 상태

6 자세를 바르게 잡는다.

(1) ϕ3.2 전기용접봉을 홀더의 180° 홈에 물린다.

(2) 편한 자세에서 홀더를 잡는다.

(3) 전기용접봉의 끝을 용접 시점 가까이 옮긴다.

7 I형 맞대기용접을 한다.

(1) 1층(이면) 비드를 놓는다.

① 모재의 두께가 4.5mm일 경우는 양면 I형 용접으로 완성한다.

② 전기용접봉을 모재의 끝부분에 대고 살짝 끝을 당기면서 아크를 발생시킨다.

③ 발생된 아크를 안정시키며 모재 끝을 용융시켜 약 10~20mm 진행 시까지는 좌우로 움직이지 말고 서서히 진행한다.

④ 루트면을 용융시켜 키홀이 형성되면 아주 작은 폭으로 운봉하며 진행한다.[그림 3-4 참조]

⑤ 전기용접봉의 운봉각을 [그림 3-5]와 같이 유지한다.

⑥ 전기용접봉을 가능한 한 모재 홈에 깊이 넣는다.

(2) 비드를 잇는다.

① 잇는 부분을 정이나 그라인더로 경사지게 가공한다.[그림 3-6 참조]

② 이음부 후방 10~20mm 부분에서 아크를 발생시켜 이음부까지 아크 길이를 길게 하여 진행하며 예열한다.

③ 이음부가 용입되면 정상적인 방법으로 비드를 놓는다.

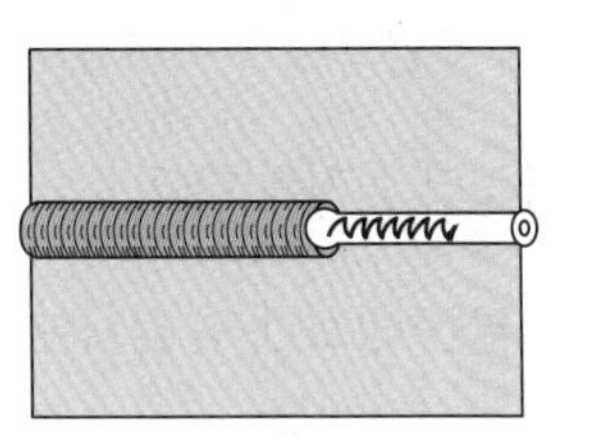

[그림 3-4] 1층 비드 운봉법

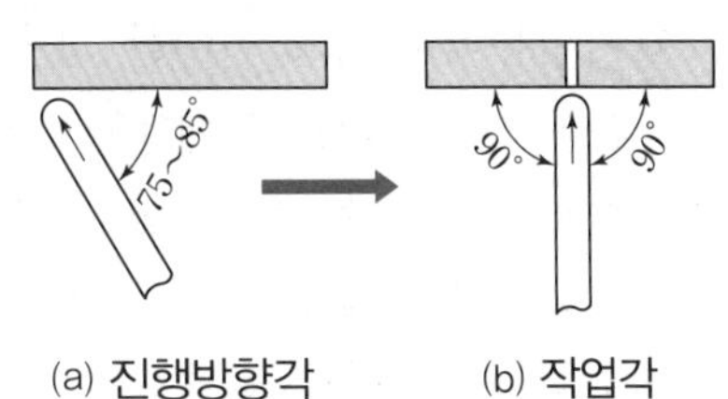

(a) 진행방향각 (b) 작업각

[그림 3-5] 위보기 자세의 운봉각

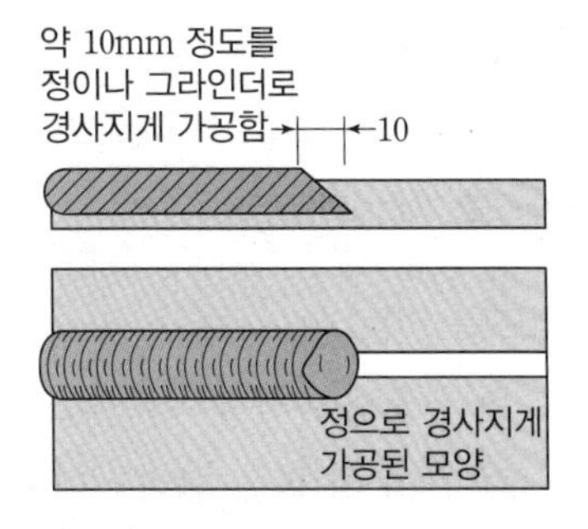

[그림 3-6] 이음부를 가공하는 방법

(3) 2층(표면) 비드를 놓는다.

① 1층 비드 놓기에서 생긴 슬래그를 완전히 제거 후 필요하면 가우징한다.

② 1층 비드 놓기와 같은 방법으로 운봉하되 1층 비드 폭의 끝과 끝 사이를 위빙하며 모재 표면보다 2~3mm 높게 쌓는다.

(4) 크레이터 처리를 한다.

(5) 용접부를 청소한 후 검사한다.[그림 3-7 참조]

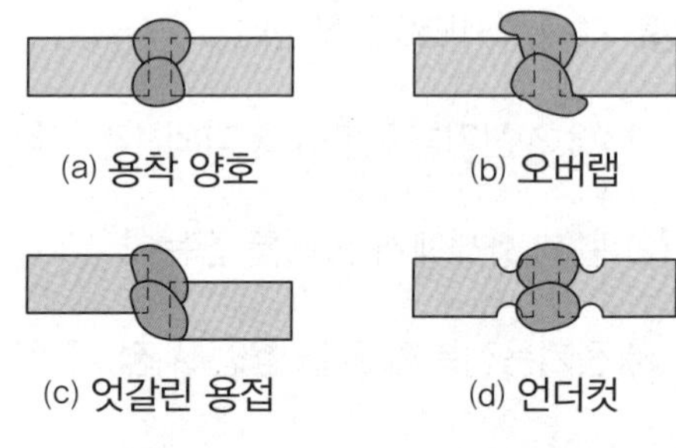

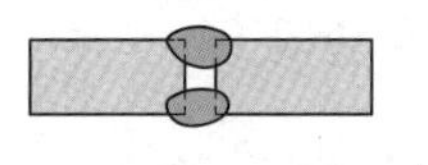

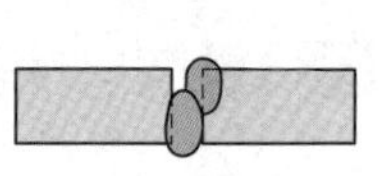

[그림 3-7] 용접결함의 종류

8 V형 맞대기용접을 한다.

(1) 1층(이면) 비드를 놓는다.

① 시점부에서 [그림 3-8]과 같이 아크를 발생시킨다.

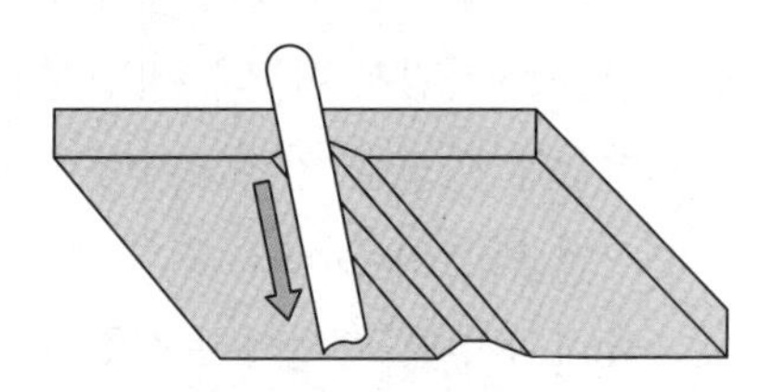

[그림 3-8] 아크 발생 시 전기용접봉의 접촉 요령

② 가접부에서 아크 길이를 길게 하여 예열하고, 아크 길이를 짧게 해서 연결점으로 진입하여 키홀을 유지하면서 진행한다. 전기용접봉의 운봉각도는 [그림 3-9]와 같이 작업각 90°, 진행방향각 75~85°로 유지한다.

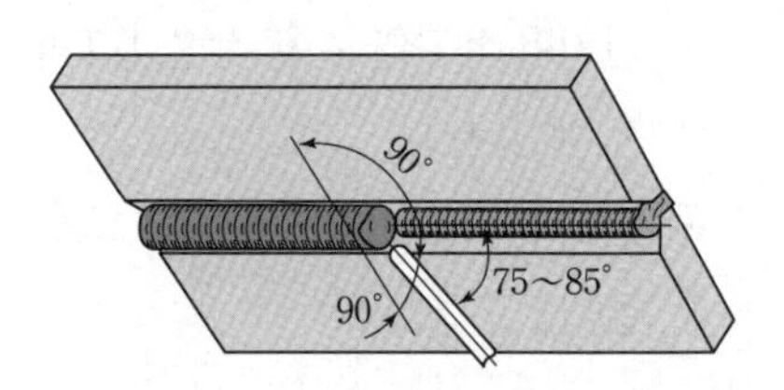

[그림 3-9] 전기용접봉의 유지각도

③ 전기용접봉의 피복제가 루트면 끝부분에 밀착되어 루트면 양쪽을 녹이면서 당기는 식 또는 미는 식으로 진행한다.

(2) 아크를 끊는다.

아크를 끊기 직전 키홀을 조금 크게 만들면서 아크를 끊는다.

(3) 비드를 잇는다.

① 중간에 끊은 1층 이면비드를 [그림 3-10]과 같이 정 또는 그라인더로 가공한다.

② 개선면 앞 지점에서 아크를 일으켜 짧은 길이로 진입하며 키홀을 용융시켜 진행한다.

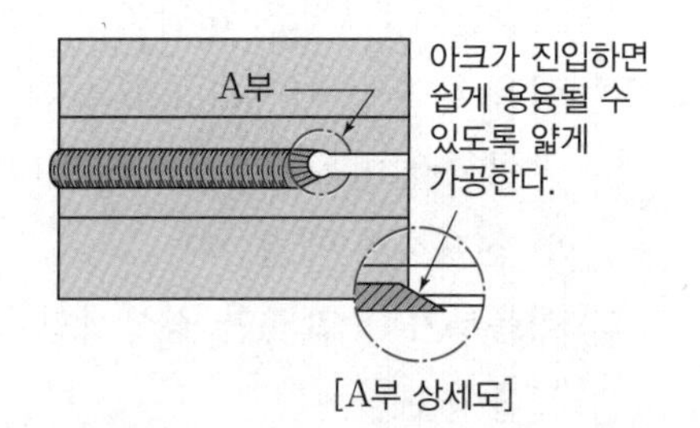

[그림 3-10] 끊은 비드 이음부의 가공

③ 종점 가접부로 진행하여 키홀과 연결이 잘되도록 전기용접봉을 밀어 올리는 느낌으로 운봉하여 크레이터가 생기지 않도록 처리한다.

④ 슬래그를 제거하고 비드 연결부에 생긴 오버랩된 용착금속을 정이나 디스크 그라인더로 평평하게 가공한다.

(4) 2층 비드를 놓는다.

① 1층 용접부의 슬래그 및 스패터를 제거하고 와이어브러시로 깨끗이 청소한다.

② 전기용접봉 ϕ4.0, 전류 130~160A로 2층 비드를 놓는다.

③ 3층 용접으로 끝날 경우에는 2층 비드를 1~1.5mm 아래까지 채운다.

④ 전기용접봉의 각도는 1층과 동일하며 용접 홈의 끝부분 1~1.5mm 안에서 지그재그식으로 운봉하며 비드 양 끝은 약간씩 머물러 준다.

⑤ 비드를 이을 때는 [그림 3-11]과 같이 크레이터부를 경사지게 가공한 후 10~20mm 뒤에서 아크를 길게 발생시켜 키홀 부분까지 예열한 후 키홀 부분에서 아크 길이를 짧게 하여 키홀을 형성시킨 후 정상 속도로 진행한다.

⑥ 크레이터 처리는 아크를 짧게 2~3회 반복하여 용착금속을 채운다.

⑦ 이음부의 덧살은 평평하게 가공한다.[그림 3-12 참조]

(5) 3층(표면) 비드를 놓는다.

① 2층 용접부의 슬래그 및 스패터를 깨끗이 청소한다.

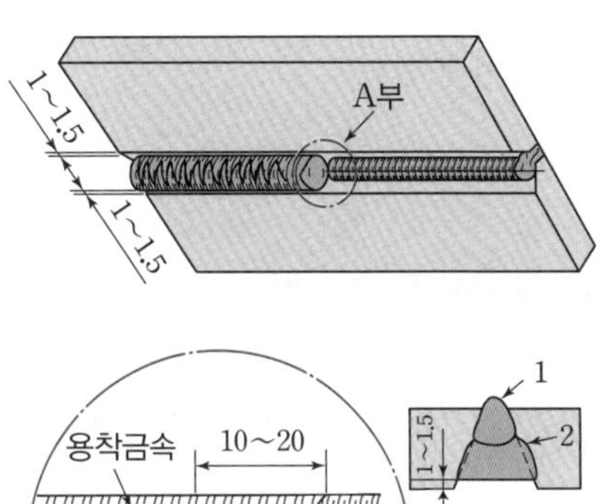

[그림 3-11] 2층 비드의 이음 요령

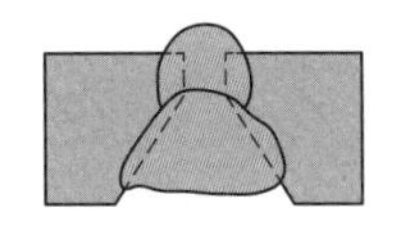

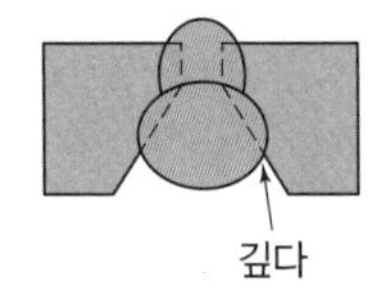

(a) 양호 (b) 불량

[그림 3-12] 2층 비드의 적당한 상태

② 홈의 각 끝부분에 전기용접봉의 중심을 두며 운봉 피치 2~3mm, 운봉 폭 8~10mm(사용하는 전기용접봉의 심선 지름의 2~3배), 비드 높이 $t/4 \sim t/5$ 정도로 유지되도록 운봉한다.[그림 3-13 참조]

③ 운봉 폭의 양 끝은 조금씩 머물러 주고 중앙은 조금 빨리 운봉한다.

④ 운봉은 팔목만으로 하지 말고 팔 전체로 운봉한다.

(6) 크레이터 처리를 한다.

9 용접부를 청소한 후 외관검사와 굽힘시험을 한다.

① [그림 3-14]와 같이 V형 맞대기한 시험편을 38±2mm 폭으로 가스절단한다.

② 2장의 시험편의 용접부를 모재 두께와 같이 평평하게 가공하고 모서리를 1.5mm 정도 라운딩한다.

③ 표면과 이면 굽힘을 하여 굴곡시험 평가 기준에 따라 평가한다.[그림 3-15 참조]

10 반복작업 후 전원을 끄고 정리 정돈한다.

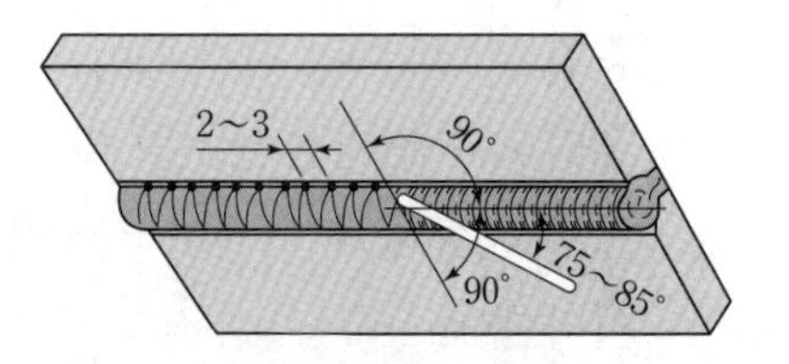

[그림 3-13] 3층 비드의 운봉 요령 및 운봉각도

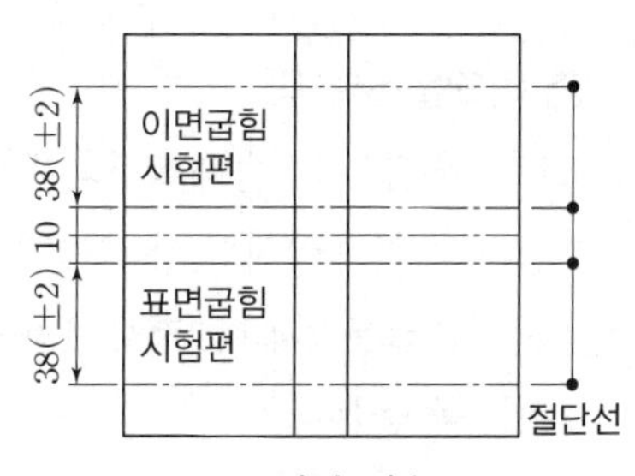

(a) 절단 치수

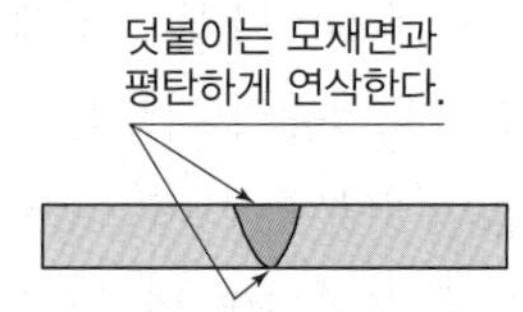

(b) 비드의 평탄 가공 및 모서리 가공

[그림 3-14] 굽힘 시험편의 규격과 가공 상태

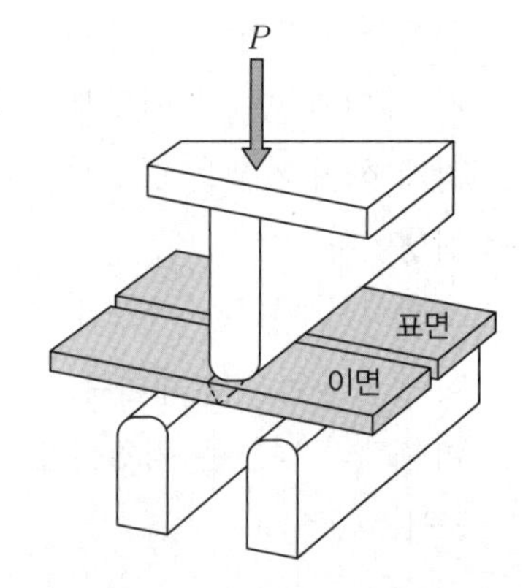

[그림 3-15] 굽힘시험의 준비

CHAPTER

04 강관 전 자세 V형 맞대기용접 실습

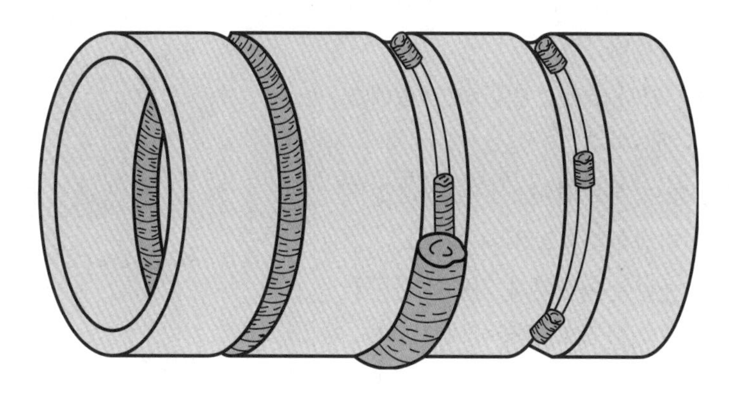

▲ 강관 전 자세 V형 맞대기 피복아크용접

안전 및 유의 사항

① 용접 장소에 칸막이를 설치하여 아크광선의 해를 입지 않도록 주의한다.
② 복장은 피부 노출이 없도록 착용하여 화상을 방지한다.
③ 차광유리는 규정된 번호(No. 10~11)를 사용한다.
④ 스패터 부착으로 앞이 보이지 않는 보호유리는 확인하여 교체한다.

작업순서

1 작업 준비를 한다.

① 용접작업에 필요한 공구와 재료를 준비한 후 보호구를 착용한다.

② 전기용접봉을 전기용접봉 건조로에 건조시킨다.[그림 4-1 참조]

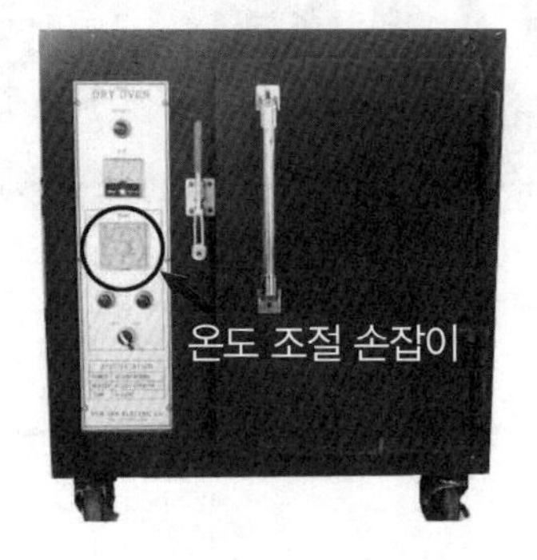

[그림 4-1] 전기용접봉 건조로

2 강관을 절단, 홈을 가공한다.

① 강관을 작업대 위에 놓고 절단 위치를 표시한다.

② 한쪽면이 반듯한 마분지로 강관 둘레를 감아 절단선을 긋는다.

③ 절단면을 35° 경사각으로 절단하고 슬래그 및 산화막을 제거한다.

④ 평줄을 사용하여 루트면이 1.5~2mm 정도 되도록 홈을 가공한다.[그림 4-2 참조]

⑤ 강관 둘레를 균일한 이음부가 되도록 가공하고 기름, 녹 등 이물질도 깨끗이 제거한다.

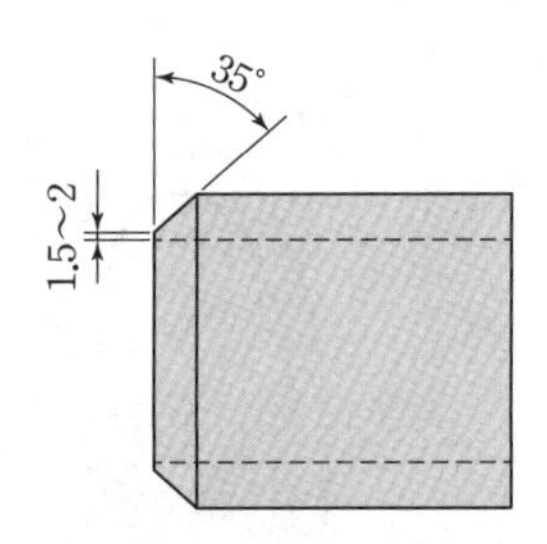

[그림 4-2] 강관 V형 가공

3 전류를 조절한다.

용접전류 85~100A(ϕ3.2 경우)로 조절한다.

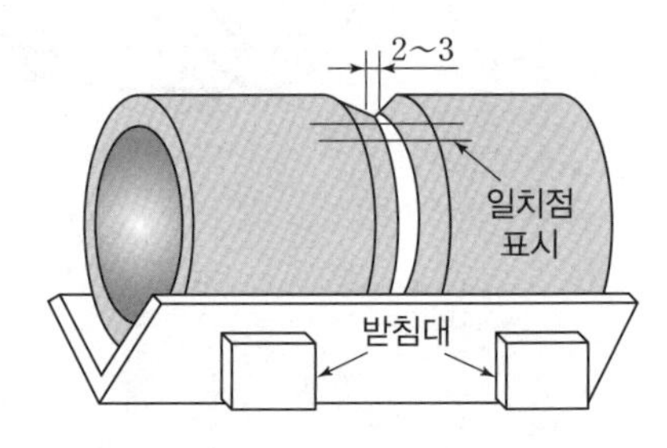

[그림 4-3] 모재의 고정 상태

4 가접한다.

① 가공된 이음부가 가접용 지그 위에 일직선이 되도록 놓는다.

② 2개의 강관이 엇갈림이 없도록 맞춘다.

③ 루트 간격을 2~3mm 띄워 고정시킨다.[그림 4-3 참조]

④ 강관의 4군데를 90°로 분할하여 가접한다. 이때 용접선 길이는 10mm 이내가 되도록 가접한다.[그림 4-4 참조]

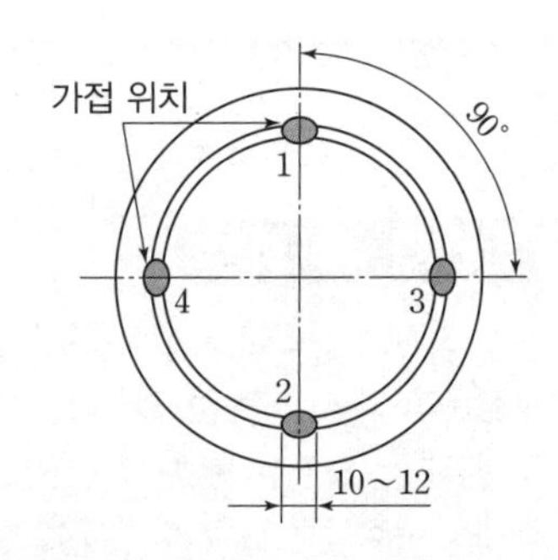

[그림 4-4] 가접 위치와 순서

⑤ 가접된 부분을 줄 또는 그라인더로 가공하여 가접부가 본용접 시 쉽게 용융되도록 한다.

5 모재를 고정한다.

가접된 강관 밑부분이 작업자의 머리보다 10~15cm 높게 고정시킨다. 이때의 가접부 위치는 시계의 2, 4, 8, 10시 부분이 되게 한다.[그림 4-5 참조]

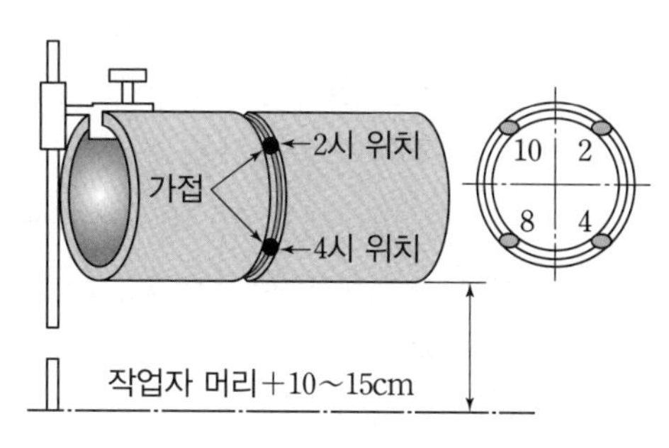

[그림 4-5] 강관 고정 위치

6 1층(이면) 비드를 놓는다.

① 용접전류를 85~100A로 조절한다.

② 1층 용접의 시작은 가접된 부분을 피하여 6시 반(또는 5시 반) 부근에서 아크를 발생시킨다.

③ 발생한 아크 길이를 봉 지름의 2배 정도로 유지하면서 V형 홈을 따라 앞뒤로 5~6mm 정도 고르게 움직여 루트면을 예열한다.

④ 루트면이 예열되면 아크 길이를 약 2~3mm 정도로 짧게 하고, 루트면을 용융시켜 키홀을 만든다.

⑤ 전기용접봉의 각도는 5~10°를 유지하고 비드 양 끝은 약간 정지하듯 운봉하며, 진행 중 키홀이 커질 경우에 전기용접봉의 각도를 20~30° 눕히거나 약간의 휘핑 운봉법으로 진행하며 필요하면 전류를 낮춘 후 진행한다.[그림 4-6 참조]

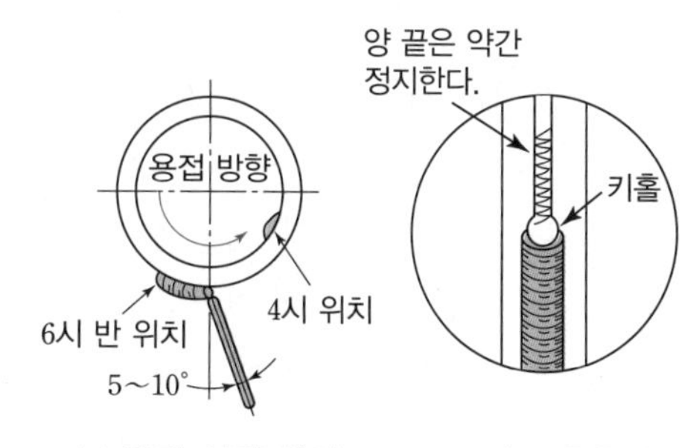

(a) 용접 시작 위치 (b) 비드 운용법

[그림 4-6] 용접 시작 위치와 운봉법

⑥ 이면비드는 용접속도를 조절하면서 작고 고르게 만들어야 한다.

⑦ 4시 방향의 가접된 위치에 도달하면 가접된 부분을 용융시켜 키홀을 유지하면서 계속 진행한다.

⑧ 전기용접봉을 교환할 때가 되면 봉 끝으로

용융금속을 찌르듯이 강관 속으로 밀어 넣어 크레이터 부분에 약 5mm 정도 키홀을 만든 다음 신속히 빼낸다.[그림 4-7 참조]

⑨ 키홀 주위의 슬래그를 깨끗이 제거하고 크레이터 위치에서 약 10~20mm 정도 아래에서 아크를 발생시킨 뒤, 아크 길이를 약간 길게 유지하며 키홀 주위를 예열하고 앞에서와 같이 키홀을 만들면서 연속적으로 비드를 놓아 간다.

⑩ V형 홈을 따라 수직 자세, 아래보기 자세로 자연스럽게 변화시키며 12시 위치까지 한 면의 1층 비드를 완료한다.[그림 4-8 참조]

⑪ 밑부분의 슬래그를 제거하고 반대쪽 5시 반 위치에서 먼저 만든 비드에 연결하여 같은 방법으로 1층 비드 놓기를 완료한다.

⑫ 용접부를 깨끗이 청소한다.

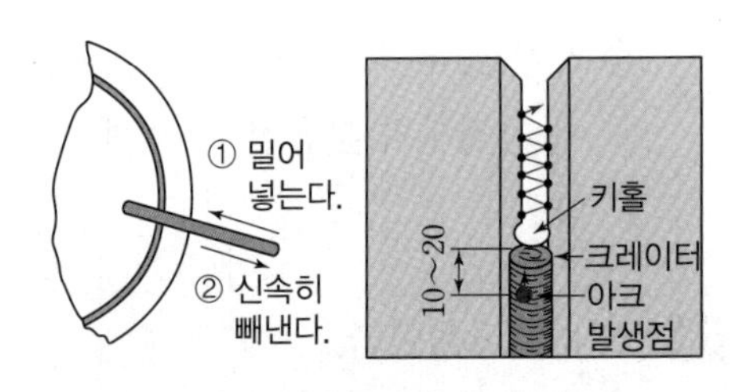

[그림 4-7] 전기용접봉 교환 시 아크 재발생법

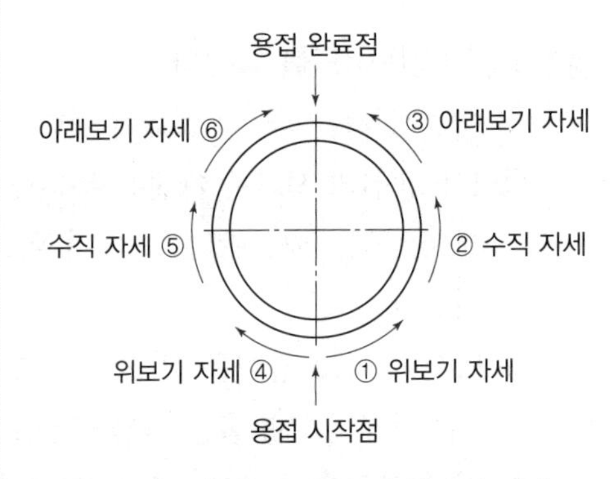

[그림 4-8] 용접 순서 및 위치별 자세

7 2층 비드를 놓는다.

① 용접전류는 105~120A(ϕ3.2 전기용접봉)로 1층 용접보다 10~20A 높게 조절한다.

② 2층 용접은 6시 반(또는 5시 반) 위치에서 아크를 발생시켜 예열을 하고 6시 위치에서 위빙 비드로 진행한다.

③ 위빙방법은 양쪽 모재에 약간 정지하고 중앙은 빨리 진행하여 규칙적인 속도로 진행한다.[그림 4-9 참조]

④ 비드의 높이는 강관의 표면보다 약 1~1.5mm 정도 낮게 되도록 용접한다.

⑤ 전기용접봉을 교환할 때는 슬래그를 제거하고 약 15mm 정도 앞에서 아크를 발생시켜 이음부 위치로 되돌아와 그 부분을 예열하고 크레이터를 충분히 채운 다음 연속적으로 12시 위치까지 용접을 진행한다.

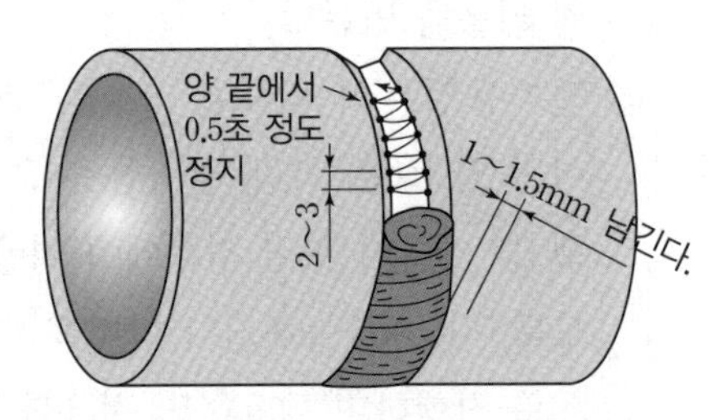

[그림 4-9] 2층 비드 배치와 운봉법

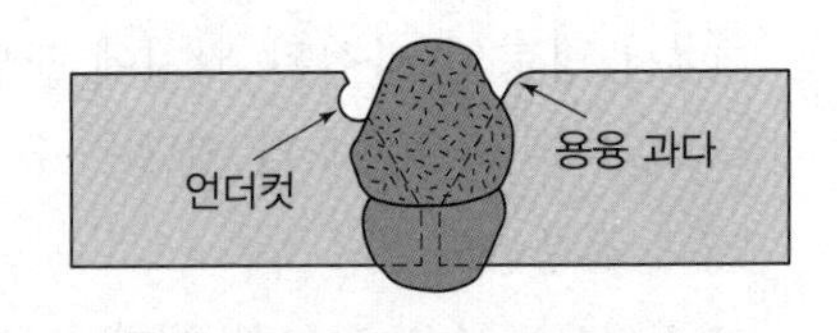

[그림 4-10] 2층 간 용접결함

8 3층(표면) 비드를 놓는다.

① 전류는 110~140A(ϕ4.0)로 조절한다.

② 3층 용접은 모재 표면의 모서리를 따라 비드 폭을 일정하게 하고 양쪽 모재에 약 0.5초 정도 정지하고 중앙을 빨리 진행하여 언더컷을 방지한다.[그림 4-11 참조]

③ 비드 덧살의 높이는 표면보다 2~3mm 이상 높지 않게 평평하도록 용접한다.

9 용접부를 깨끗이 청소한 후 굽힘시험을 하며, 반복작업 후 정리 정돈한다.[그림 4-12 참조]

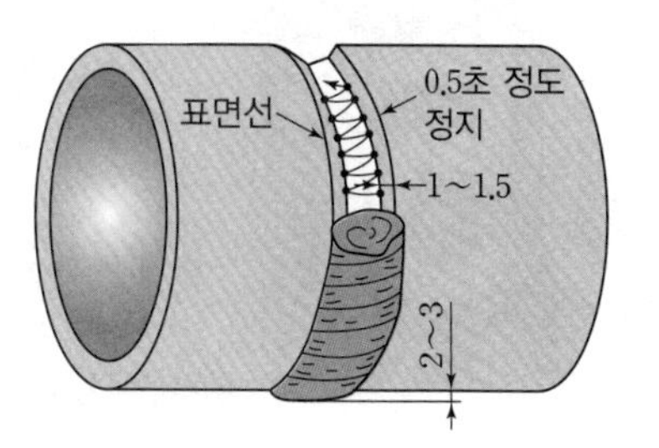

[그림 4-11] 3층(표면) 비드 쌓기

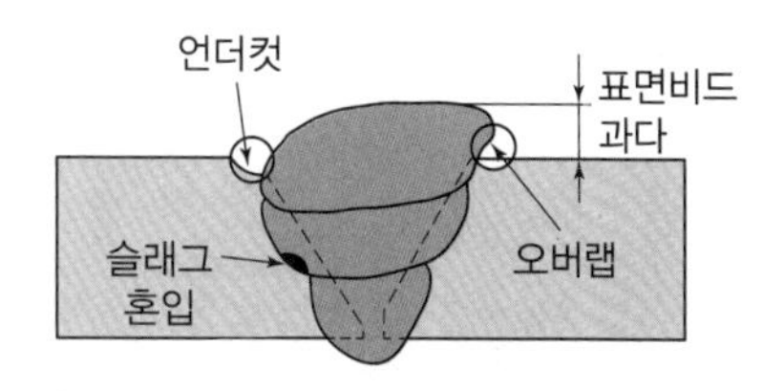

[그림 4-12] 용접결함 검사

05 강관 45° 경사 전 자세 V형 맞대기용접 실습

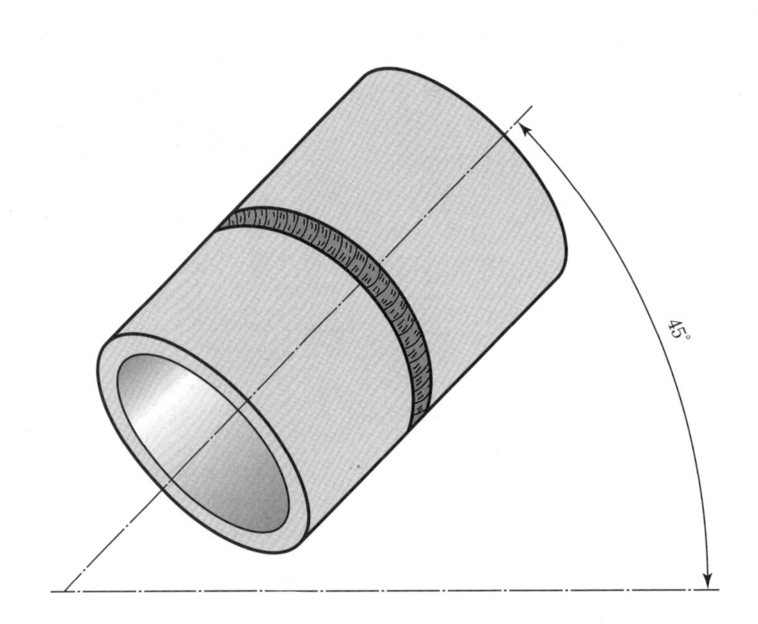

▲ 강관 45° 전 자세 V형 맞대기 피복아크용접

안전 및 유의 사항

① 작업장엔 안전 통로를 확보하여 둔다.
② 용접을 하면서 전류 조절을 하지 않는다.
③ 용접기 내부는 정기적으로 컴프레서를 사용하여 먼지를 제거하다.
④ 누전개폐기는 전류감도가 맞는 것을 사용한다.
⑤ 디스크 그라인더 사용 시 연삭 칩이 다른 작업자에게 방해되지 않도록 한다.

작업순서

1 작업 준비를 한다.

① 도면을 보고 필요한 공구와 재료를 준비하여 작업대 위에 정리한다.

② 저수소계 전기용접봉을 건조시킨다.

2 모재를 가공한 후 전류를 조절한다.

① 강관을 파이프 절단기나 선반으로 한쪽 끝을 베벨각 35°로 절단한다.

② 절단된 강관을 루트면이 1.5~2mm가 되게 균일하게 가공한다.[그림 5-1 참조]

③ ϕ3.2 전기용접봉을 홀더의 180° 홈에 물리고 전류를 85~105A로 맞춘다.

3 가접한다.

① 가공된 재료를 강관용 가접틀에 놓고 루트 간격이 2.5~3.5mm가 되게 가접한다.

② 가접 시 루트 간격을 맞추기 위해 전기용접봉(ϕ2.6~3.2)을 U자로 굽혀 끼우면 쉽게 조절된다.

③ 엇갈림이 생기지 않도록 하여 3~4군데를 10mm 이하로 가접한다.

4 모재를 고정하고 자세를 바르게 잡는다.

① 가접된 강관을 지그에 용접선이 45° 수직이 되게 고정한다.[그림 5-3 참조]

② 고정된 모재의 높이를 앉은 작업자의 머리보다 10~15cm 정도 높이로 조절한다.

③ 지면에 우측 무릎을 대고 좌측 무릎을 ㄱ자로 굽힌 자세에서 전기용접봉을 6시 반(또는 5시 반) 쪽으로 옮긴다.

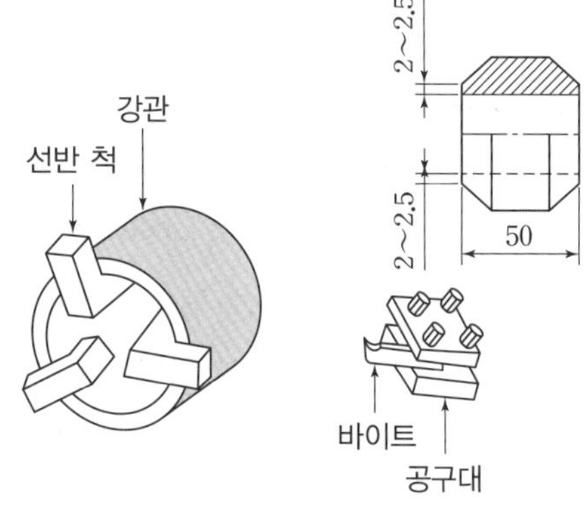

[그림 5-1] 베벨각 절단과 루트면 가공

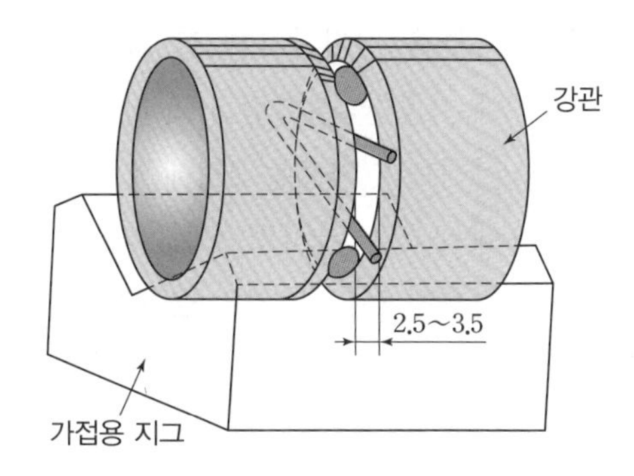

[그림 5-2] 강관의 가접방법

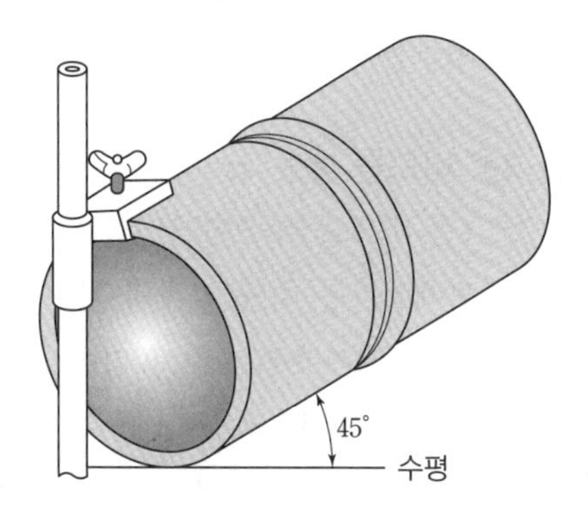

[그림 5-3] 모재의 고정

5 1층(이면) 비드를 놓는다.

① 6시 반 위치에서 전기용접봉을 살짝 접촉시켜 아크를 발생시킨 다음 아크를 안정시킨다.

② 루트면이 용융되어 키홀이 형성될 때까지는 위빙을 하지 않고 조심스럽게 홈 깊숙이 전기용접봉을 밀어 넣는다.

③ 키홀이 형성되면 루트면 좌우 홈의 면 쪽 1~2mm까지 경사 위빙하며 진행한다.

④ 전 자세 운봉각을 [그림 5-4]와 같이한다.

⑤ 6시 반에서 2시, 5시 반에서 10시 사이는 위보기 자세와 수직 자세를 자연스럽게 연결하여 비드를 놓는다.

⑥ 아래보기 자세에서는 일단 아크를 끊고 이음부를 정이나 디스크 그라인더로 경사지게 가공한다.[그림 5-5 참조]

⑦ 아래보기 자세는 2시에서 12시 사이, 10시에서 12시 사이로 용접한다.

⑧ 키홀이 너무 커지면 운봉법을 조절하고 위방법을 취하며, 필요하면 아크를 끊고 전류를 조절한다.

⑨ F자세 위치를 수평 자세로 할 경우는 강관을 세워 용접선이 수평이 되게 한 후 미용접부를 좌에서 우로 용접한다.

6 2층 비드를 놓는다.

① 1층 비드를 깨끗이 청소한다.

② 모재를 1층 비드 놓기와 같이 고정한다.

③ ϕ4.0 전기용접봉을 홀더에 물리고 전류를 110~140A로 조절한다.

④ 1층 비드 놓기와 같은 위치에서 위보기 자세, 수직 자세, 아래보기 자세(또는 수평자세) 비드 놓기를 한다.

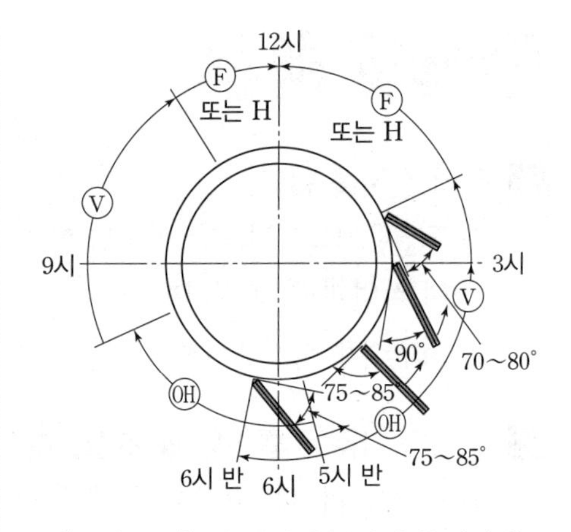

[그림 5-4] 전 자세 운봉각과 용접자세

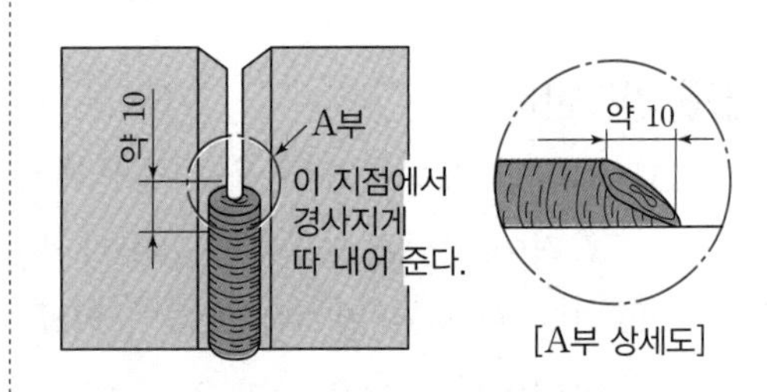

[그림 5-5] 이음부 가공

⑤ 모든 동작은 1층 비드 놓기와 같으나 비드 높이를 모재 표면보다 1~1.5mm 정도 낮게 되도록 용접한다.

⑥ 운봉 시 작업각과 진행방향각을 일정하게 유지하여 경사 위빙을 한다.[그림 5-6 참조]

7 3층 (표면) 비드를 놓는다.

① 2층 비드와 같은 조건으로 용접하나 운봉 폭을 모서리와 모서리까지로 한다.

② 비드 덧살의 높이는 모재 표면보다 2~3mm 정도 높이로 용접한다.

③ 비드 처짐과 언더컷 발생에 주의한다.

8 용접부를 깨끗이 청소한 후 검사하며, 반복작업 후 정리 정돈한다.

① 외관검사를 한다(비드 처짐, 파형, 폭 등).

② 굽힘시험을 한다.

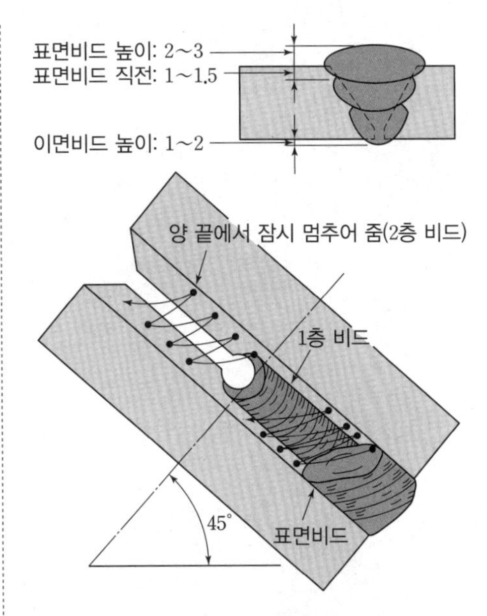

[그림 5-6] 각층 비드의 운봉법과 비드 놓기의 치수

ISO INTERNATIONAL WELDING

PART II

ISO INTERNATIONAL WELDING >>>

FCAW 실습

01 연강판 T형 필릿용접 실습

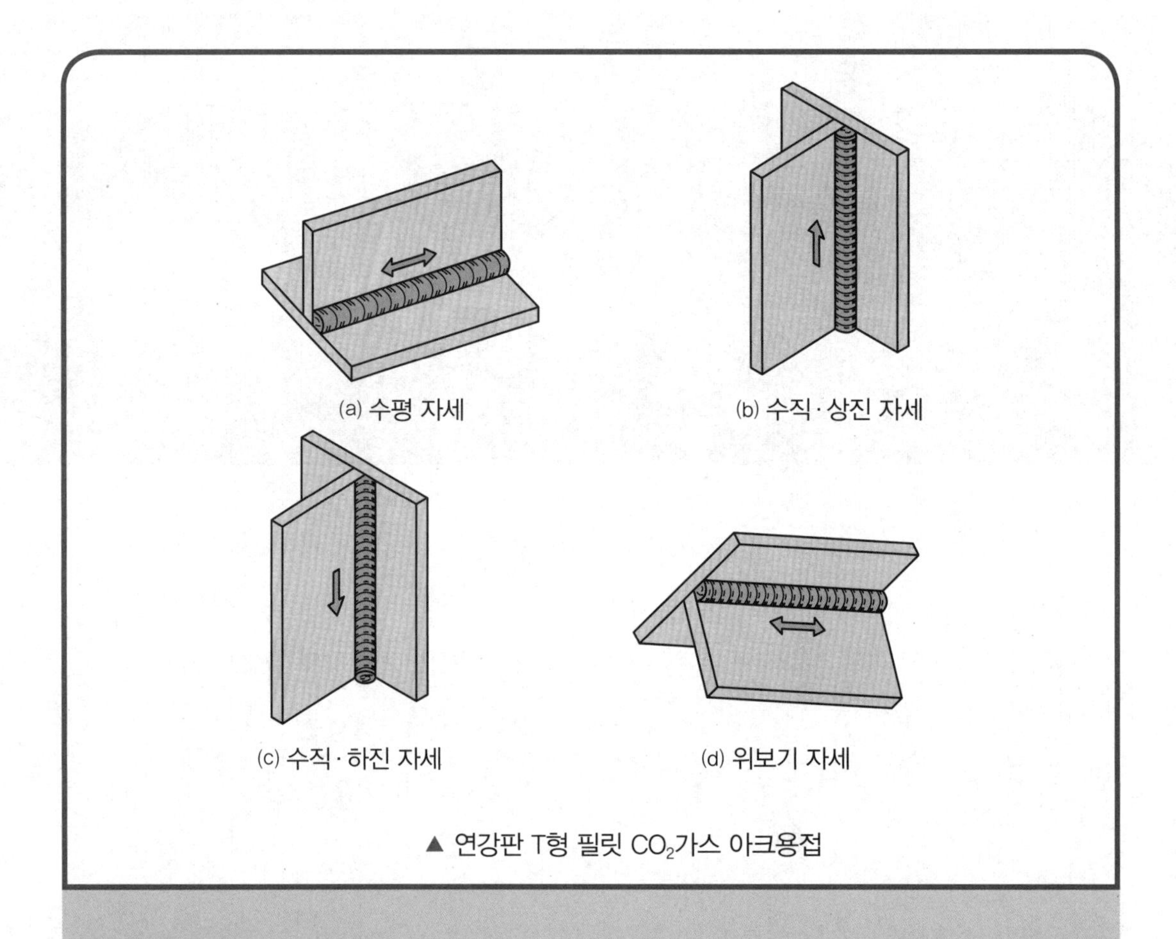

▲ 연강판 T형 필릿 CO_2가스 아크용접

안전 및 유의 사항

① 풍속이 2m/sec 이상인 장소는 방풍장치를 설치하여야 한다.
② 좁은 장소에서의 용접은 반드시 환기시설을 하거나 호흡용 보호구를 착용한다.
③ 용접기는 습기나 먼지, 직사광선 및 비바람이 없는 장소에 설치해야 한다.
④ 용접토치의 케이블은 가능하면 직선으로 펴서 사용한다.

1 작업 준비를 한다.

(1) 도면을 숙지하고 공구 및 보호구를 준비한다.

(2) 용접할 모재와 와이어를 준비한다.

① 모재 2장(폭 50과 80)을 T형 필릿용접을 할 수 있도록 변형 교정과 줄가공을 한다.

② 용접할 모재 표면의 녹·스케일·페인트 등을 샌드페이퍼나 와이어브러시로 깨끗이 제거하며, 오일·수분은 아세톤으로 세척한다.

③ YGW12-ϕ1.2 와이어를 준비한다.[표 1-1 참조]

2 CO_2 용접기를 점검하고 조작한다.

① 용접기 각부의 이상 유무를 검사한다.

② 메인 전원과 용접기의 전원을 접속한다.

③ 와이어 지름 전환스위치 ϕ0.9/1.2를 ϕ1.2에 놓는다.

④ 일원/개별 선택스위치를 일원에 놓는다.

3 가스 유량을 조절한다.

① 용접기 패널의 전환스위치 중에서 유량조절( )을 선택한다.

② CO_2가스 용기의 밸브를 열고 유량조절밸브를 열어 유량을 10~15L/min로 조절한다.

③ 용접기 패널의 조작스위치( )를 1회에 놓는다.

[표 1-1] 연강 및 고장력강 용접용 와이어 선택

와이어 종류 / 모재 상태	재질	CO_2 가스 용접용 솔리드 와이어		혼합가스 용접용 솔리드 와이어	
		연강, HT50	HT60	연강, HT50	HT60
판 두께	박판	YGW12	–	YGW16	–
	중후판	YGW11 YGW13	YGW21	YGW15	YGW23
표면 상태	청결	YGW11 YGW12	YGW21	YGW15 YGW16	YGW23
	불결	YGW13	–	–	–
용접 자세	F, H, Fill	YGW11 YGW13	YGW21	YGW15	YGW23
	OH, V상	YGW12	–	YGW16	–
용접 전류	저전류	YGW12	–	YGW16	–
	고전류	YGW11 YGW13	YGW21	YGW15	YGW23

※ HT: 고장력강, YGW: 솔리드 와이어 기호
저전류: 160~250A 영역, 고전류: 160~250A

4 각 자세별로 전류와 전압을 조절한다.

① 아래보기·수평 자세의 전류를 160~200A, 수직·위보기 자세의 전류를 150~190A로 조절한다.

② 전압 조정 노브는 가운데(0)에 두고 아크를 발생시키면서 시계 방향 또는 반시계 방향 쪽으로 움직이며 최적의 조건을 맞춘다.

③ 크레이터 전류는 용접전류보다 10~30A 낮게 조절한다.

5 가접한다.

① 폭 80mm의 모재 위에 폭 50mm의 판을 틈새가 없게 수직으로 밀착시킨다.

② 용접선 양 끝부분을 용접 길이 10mm 이내로 가접한다.[그림 1-1 참조]

③ 가접부 쪽으로 역변형을 준다.[그림 1-2 참조]

6 수평 T형 필릿용접을 한다.

① 가접한 반대쪽이 수평 용접부가 되도록 작업대 위에 고정한다.

② 용접토치의 작업각 45°, 진행각 80~85°로 유지하고 자세를 취한다.[그림 1-3 참조]

③ 용접토치를 좌측 끝부분에 대고(후진법인 경우) 스위치를 눌러 아크를 발생한다.

④ 와이어 돌출 길이를 15~20mm로 유지하며 후진법으로 이동하면서 타원형 또는 지그재그형으로 진행한다.[그림 1-4 참조]

⑤ 용입불량 등을 방지하기 위하여 루트부에서 운봉을 잠시 멈추는 듯하면서 충분히 가열하여 주며 운봉한다.

⑥ 다리 길이의 크기에 따라 [그림 1-5]와 같이 토치의 작업각을 다르게 한다.

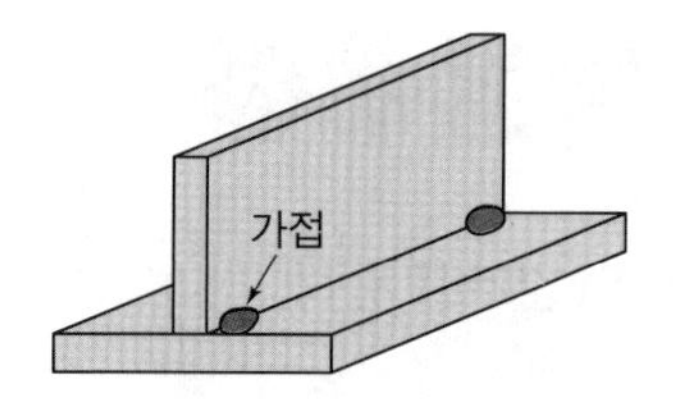

[그림 1-1] 가접방법

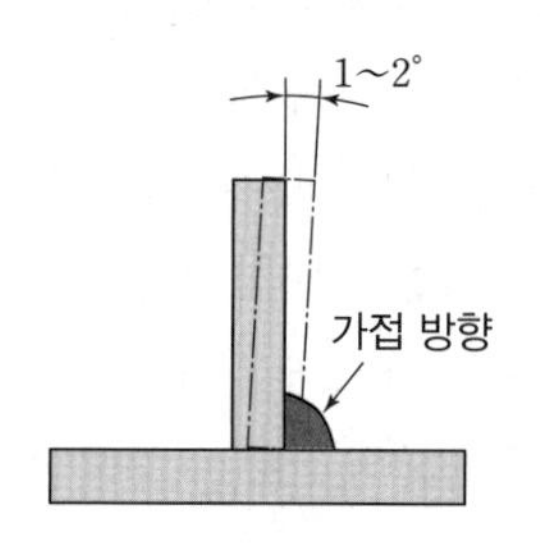

[그림 1-2] 역변형방법

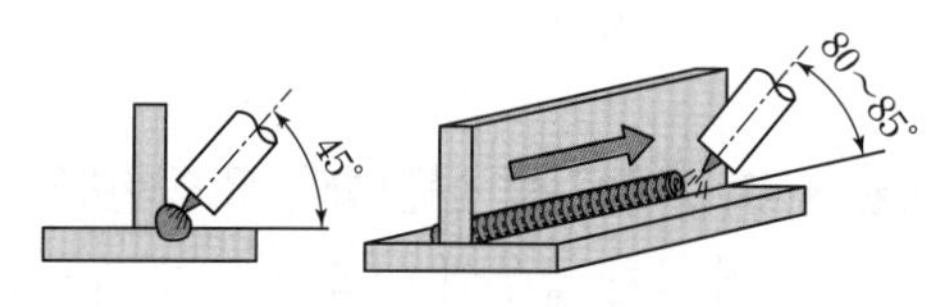

(a) 작업각 (b) 진행각

[그림 1-3] 수평 필릿용접 토치의 유지각도

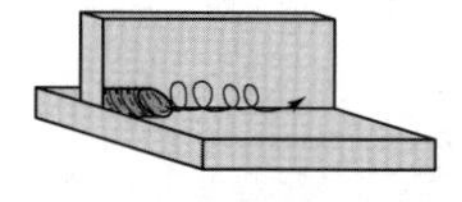
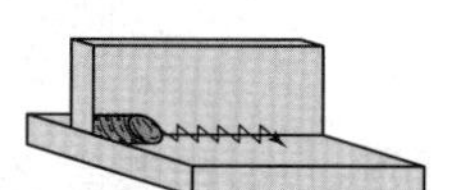

(a) 타원형 운봉 (b) 지그재그형 운봉

[그림 1-4] 운봉방법

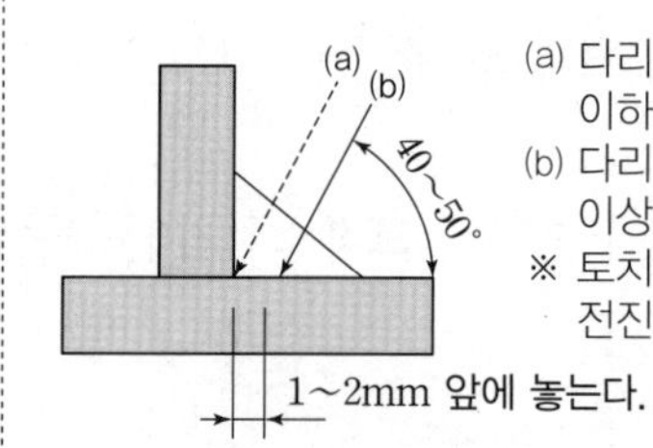

(a) 다리 길이 약 5mm 이하의 경우
(b) 다리 길이 약 5mm 이상의 경우
※ 토치의 진행은 전진법을 사용한다.

[그림 1-5] 다리 길이에 따른 토치의 유지각도

⑦ 언더컷, 오버랩 등의 결함이 없고 다리 길이가 일정한 비드가 형성되도록 용융지를 잘 관찰하면서 진행한다.

⑧ 비드 끝부분(크레이터 부분)에서 토치 스위치를 당겨(off하여) 크레이터 전류로 크레이터 처리를 한다.

⑨ 반대편을 용접 위치로 놓고 작업 순서 ②~⑧항과 같이 작업한다.

7 수직 · 상진 T형 필릿용접을 한다.

① 가접한 반대쪽이 용접부가 되며 용접선이 수직이 되게 지그에 고정한다.[그림 1-6 참조]

② 토치의 작업각 45°, 진행반대각 75~85°로 유지하고 용접자세를 취한다.[그림 1-7 참조]

③ 용접토치를 용접선 하단 끝부분에 대고 스위치를 눌러 아크를 발생시켜 일정하게 돌출 길이를 유지하며 상진한다.

④ 다리 길이의 크기에 따라 [그림 1-8]과 같은 운봉법을 선택하고 언더컷 방지를 위해 비드의 가장자리에서 잠시 머물러 준다.

⑤ 용입불량 등을 방지하기 위하여 루트부를 잘 관찰하면서 모재와 크레이터 경계부를 겨누어 이동한다.[그림 1-9 참조]

⑥ 다리 길이는 판 두께의 80~100%로 하며 가로세로를 같게 한다.

⑦ 반대편에도 작업 순서 ②~⑥항과 같이한다.

8 수직 · 하진 T형 필릿용접을 한다.

① 가접한 반대쪽을 먼저 용접할 수 있도록 용접선이 수직이 되게 지그에 고정한다.

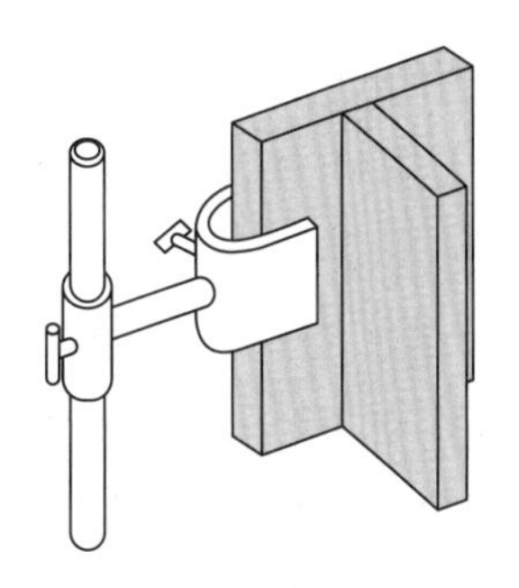

[그림 1-6] 수직 자세의 모재 고정

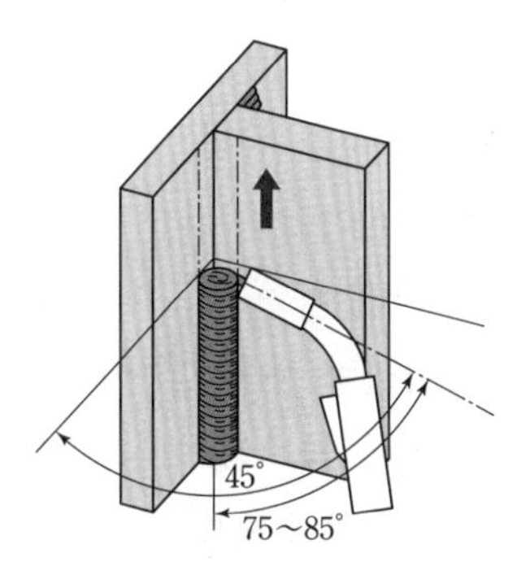

[그림 1-7] 수직 · 상진 자세의 토치 유지각도

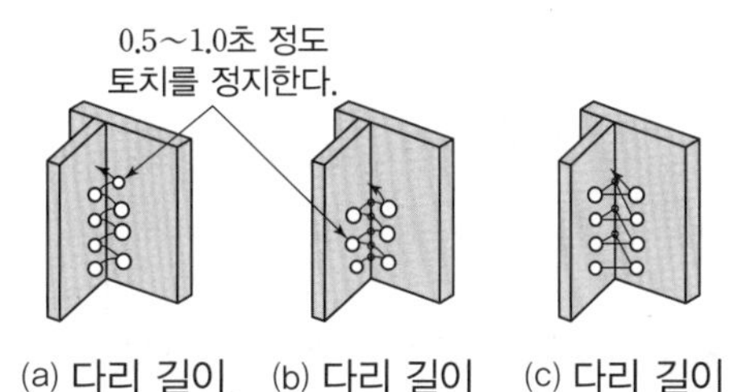

[그림 1-8] 다리 길이에 따른 운봉방법

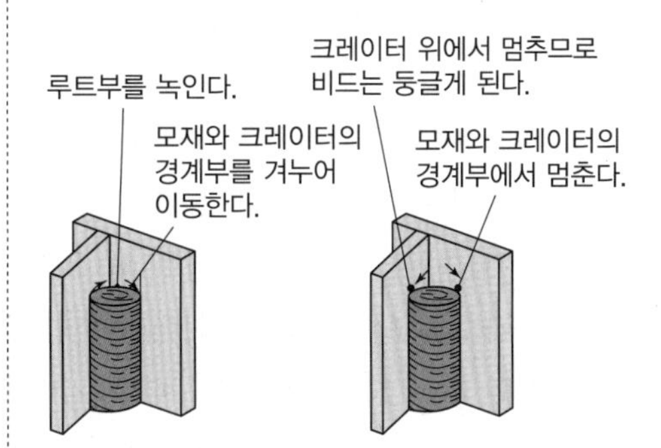

[그림 1-9] 수직 · 상진 T형 필릿용접 요령

② 수직·상진 T형 필릿용접보다 용접전류를 10~30A 높게, 전압 조정 노브를 0에 놓는다.

③ 용접선 상부에서 용접토치의 작업각 45°, 진행각 65~75°로 유지하고 용접자세를 취한다.[그림 1-10 참조]

④ 용접와이어 끝을 용접선 상단 끝부분에서 아크를 발생하여 아크 길이를 유지하며 토치의 스위치를 놓아 용접전류로 하진한다.

⑤ 운봉 폭을 상진 자세보다 약간 좁게 하여 용융금속이 아크보다 앞서지 않을 정도에서 약간 빠르기로 하진 운봉한다.

⑥ 용입불량 등을 방지하기 위하여 비드의 양끝에서 약간씩 머물러 충분히 가열하면서 지그재그 위빙법으로 운봉한다.

⑦ 진행 피치의 간격을 약 2~3mm 정도, 폭은 약 8mm 정도로 되게 한다.[그림 1-11 참조]

⑧ 반대편에도 작업 순서 ②~⑦항과 같이한다.

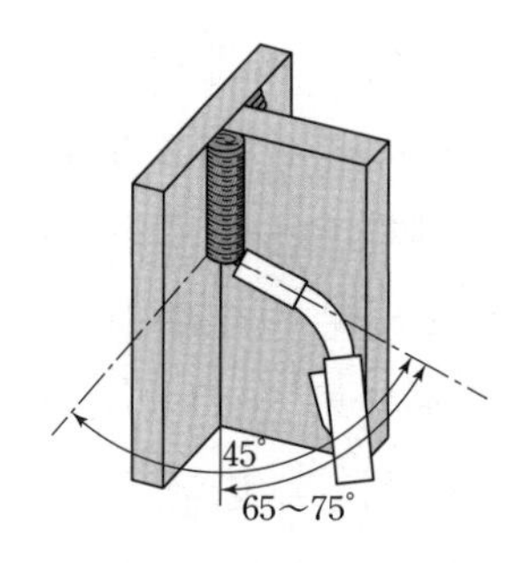

[그림 1-10] 수직·하진 자세의 토치 유지각도

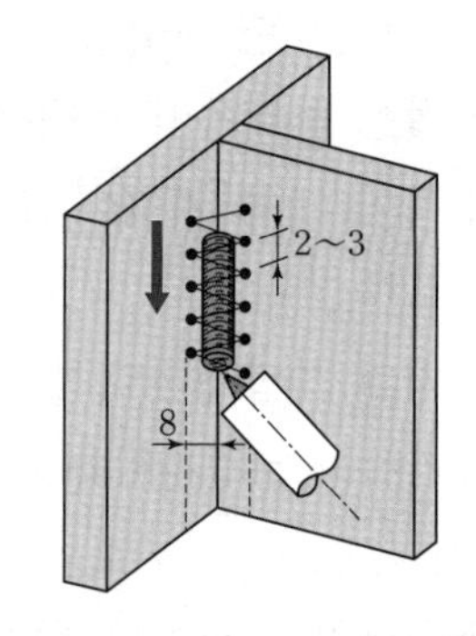

[그림 1-11] 수직·하진 T형 필릿 피치와 비드 폭

9 위보기 T형 필릿용접을 한다.

① 용접선이 위보기 자세가 되게 지그에 고정하고 작업하기 편한 높이로 맞춘다.

② 작업각은 45°, 진행각을 80~85°로 유지하고 용접자세를 취한다.[그림 1-12 참조]

③ 용접선 좌측(또는 우측) 끝에서 아크를 발생시켜 지그재그 또는 대파형으로 운봉하여 후진법(또는 전진법)으로 진행한다.

④ 가로세로의 다리 길이를 같게 한다.

⑤ 언더컷, 오버랩이 없고 다리 길이가 균일한 비드가 형성되도록 용융지를 잘 관찰하면서 진행한다.

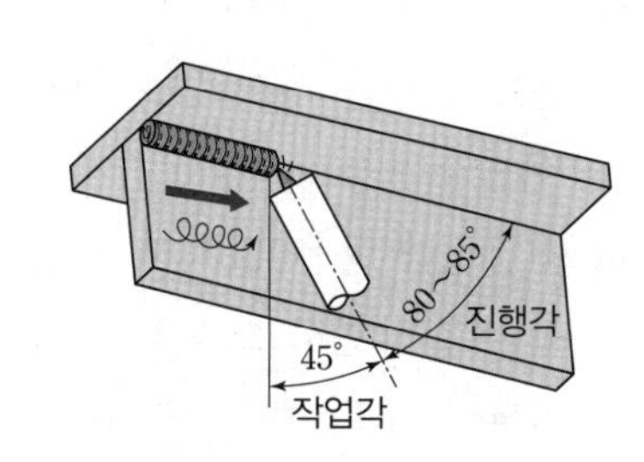

[그림 1-12] 위보기 필릿용접의 토치 유지각도

⑥ 비드 끝부분에서 토치의 스위치를 당겨(on 하여) 크레이터 전류로 크레이터 처리를 한다.

10 2층 용접을 한다.

① 각 자세별로 다리 길이의 증가가 필요하면 2층 용접을 한다.

② 1층 용접부를 깨끗이 청소한다.

③ 1층 비드 때보다 전류를 10~30A 정도 높게 조절한다.

④ 1층 용접과 같은 방법으로 운봉하되 1층 비드의 양 끝부분까지 충분히 운봉하여 언더컷이 발생하지 않도록 한다.

⑤ 비드의 표면은 약간 볼록형이 되도록 운봉한다.

⑥ 반대편에도 작업 순서 ②~⑤항과 같은 방법으로 작업한다.

11 용접부를 깨끗이 청소한 후 용접부를 검사하고 반복작업한다.

각 자세별로 용접부를 검사하고 불량 원인을 시정하며 반복작업을 한다.[그림 1-13 참조]

12 정리 정돈하고 주위를 깨끗이 청소한다.

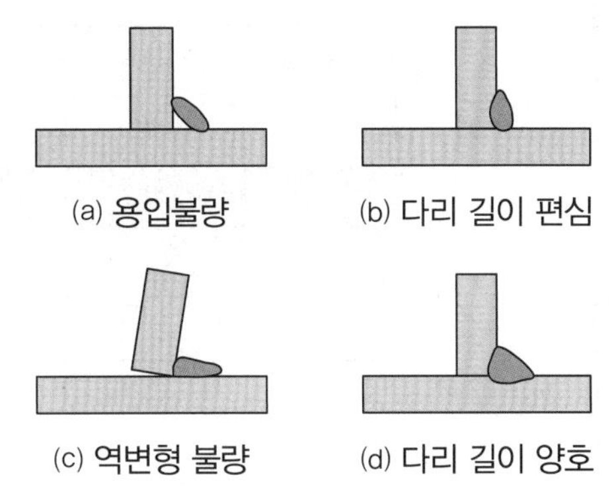

[그림 1-13] 필릿용접 다리 길이의 양부

CHAPTER

02 연강판 V형 맞대기용접 실습

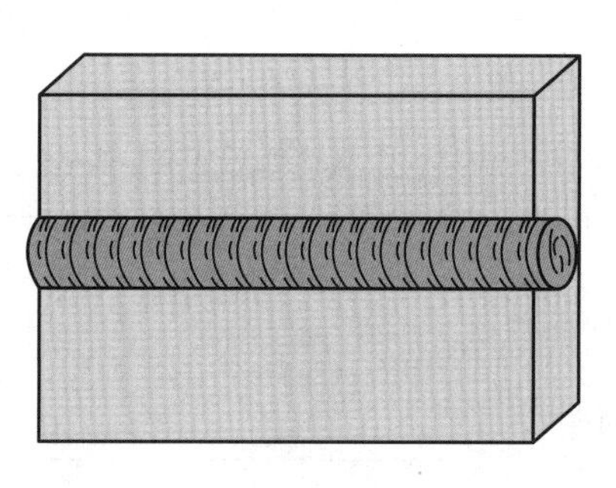

(a) 수평 V형 맞대기용접

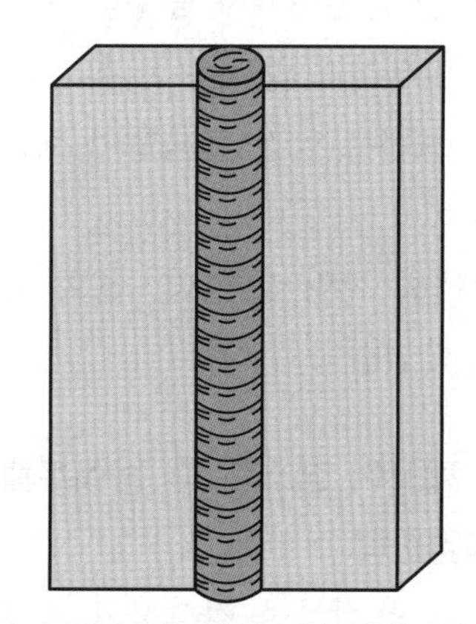

(b) 수직 상진·하진 V형 맞대기용접

▲ 연강판 V형 맞대기 CO_2가스 아크용접

안전 및 유의 사항

① 용접 중 스패터가 눈에 들어갔을 때는 즉시 담당교사에게 알리고 지시를 받는다.
② 용접기를 정기적으로 분해하여 내부에 쌓인 불순물을 건조된 압축공기로 청소한다.
③ 용접기에서 이상한 진동이나 타는 냄새가 나는지 확인한 후 작업한다.

작 업 순 서

1 작업 준비를 한다.

(1) 도면을 숙지하고 공구 및 보호구를 준비한다.

(2) 용접할 모재와 와이어를 준비한다.

① 연강판의 한쪽 면을 기계나 가스 절단으로 30~35°로 경사지게 가공한다.

② 줄로 루트면을 1.5mm 정도가 되게 가공한다.[그림 2-1 참조]

③ 모재 표면을 깨끗하게 한다.

④ YGW11-ϕ1.2 와이어를 준비한다.

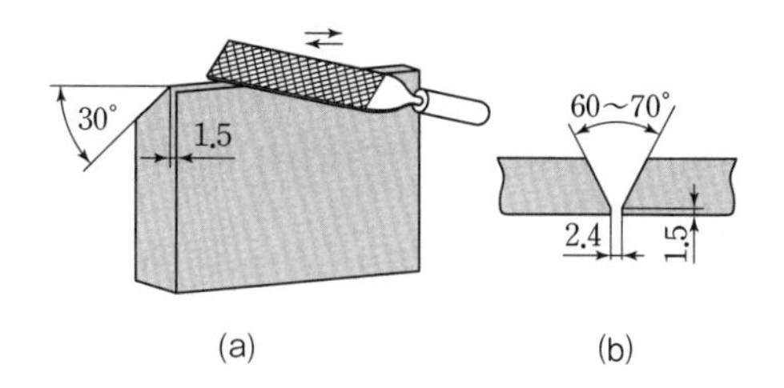

[그림 2-1] 모재가공의 예

2 CO_2 용접기를 점검하고 조작한다.

① 용접기 각부의 이상 유무를 검사하고 메인 전원과 용접기의 전원을 접속한다.

② 와이어 지름 전환스위치 ϕ0.9/1.2를 ϕ1.2에, 일원/개별 전환스위치를 개별에 놓는다.

3 가스 유량을 조절한다.

① 용접기 패널의 전환스위치 중에서 유량조절(□)을 선택한다.

② CO_2가스 용기의 밸브를 열고 유량조절밸브를 열어 유량을 10~15L/min로 조절한다.

③ 용접기 패널의 조작스위치(□)를 1회에 놓는다.

4 전류와 전압을 조절한다.[표 2-1 참조]

[표 2-1] 수평 V형 맞대기용접의 조건(t6.0)

층수	용접 전류 [A]	아크 전압 [V]	와이어 돌출 길이 [mm]	가스 유량 (L/min)
1층	130~160	20~22	10~15	15~20
2층	150~190	21~23	10~15	15~20

5 가접하고 역변형을 준다.

① 모재를 가접대 위에 수평으로 놓고 루트 간격을 2.0~2.5mm로 하여 용접부 뒷면을 가접한다.[그림 2-2 참조]

② 변형 방지를 위해 역변형을 준다.

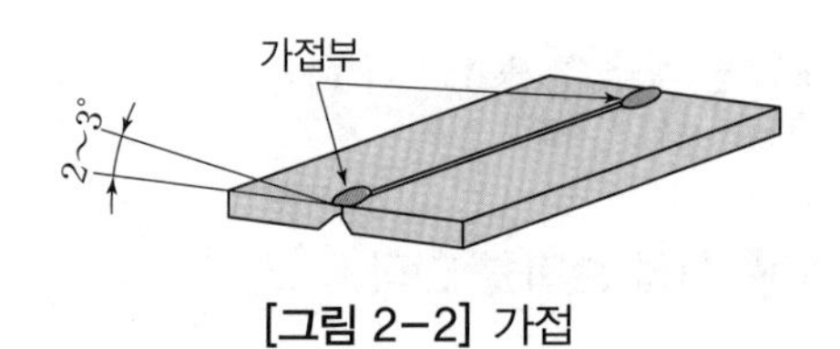

[그림 2-2] 가접

6 수평 V형 맞대기용접(t9.0)을 한다.

(1) 역변형을 준 반대쪽이 용접부가 되며 용접선이 수평이 되게 작업대 지그에 고정하고 작업하기 편한 높이로 맞춘다.

(2) 1층(이면) 비드를 놓는다.

① 용접토치의 작업각은 75~85°, 진행각은 80~85°로 유지하고 자세를 취한다.[그림 2-3 참조]

② 용접토치를 좌측 끝부분에 대고(후진법인 경우) 스위치를 눌러 아크를 발생시킨다.

③ 와이어 돌출 길이를 10~15mm로 유지하며 후진법으로 진행한다.[그림 2-4 참조]

④ 키홀을 일정하게 유지하여 이면비드를 형성한다.[그림 2-5 참조]

⑤ 운봉은 톱니형 또는 부채꼴형으로 하여 루트 간격보다 1~2mm 넓게 운봉하며 운봉 양 끝에서 약간씩(보통 0.5~1초) 머물러 준다.

⑥ 와이어 끝이 루트 간격 사이로 빠질 우려가 있으므로 가능하면 루트 간격 사이의 용융지를 1~2mm 정도 겹쳐서 운봉한다.

⑦ 언더컷, 오버랩 등의 결함이 없고 일정한 비드가 형성되도록 용융지를 잘 관찰하면서 진행한다.

⑧ 이면비드의 높이는 1.5mm 정도가 알맞다(비드 높이는 모재 두께의 20% 이하로 한다).

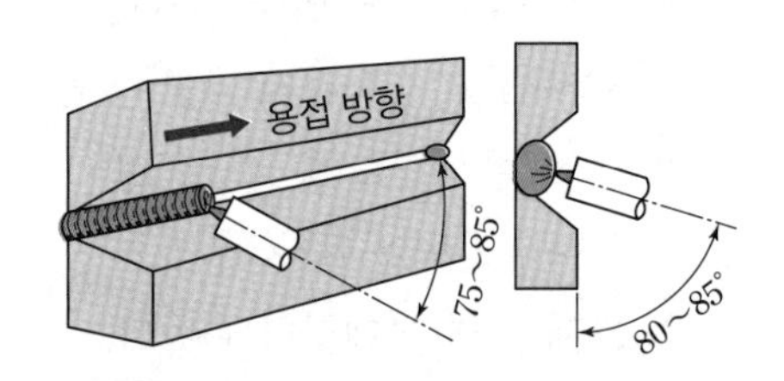

[그림 2-3] 수평 자세의 진행각과 작업각

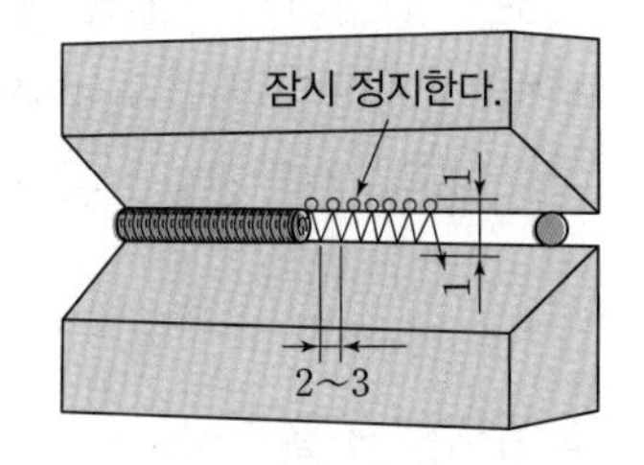

[그림 2-4] 수평 자세의 운봉방법

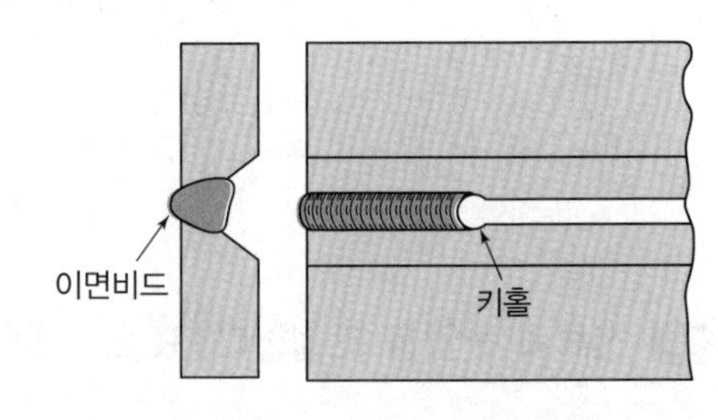

[그림 2-5] 키홀과 이면비드

⑨ 비드 끝부분(크레이터 부분)에서 토치 스위치를 당겨(off하여) 크레이터 전류로 크레이터 처리를 한다.[그림 2-6 참조]

(3) 2층 비드를 놓는다.

① 진행각은 1층과 동일하게 하나 2층 1패스(pass) 용접 시는 작업각을 95~100°로 하고 1층 비드와 아래쪽 모재와의 경계부에 와이어 끝부분이 오게 하여 직선이나 톱니형으로 비드의 윗부분을 잠시 머물러 주면서 운봉하여 용접한다.

② 2층 2패스는 1층 비드와 위쪽 모재와의 경계부에 와이어 끝부분이 오게 하여 2층 1패스와 같이 운봉하여 용접한다.

③ 2층 비드의 높이는 모재 표면보다 0.5~1mm 정도 낮게 한다.[그림 2-7 참조]

(4) 2층 비드를 놓는다.

① 진행각은 1층과 동일하게 하나 3층 1패스는 밑으로 처짐을 방지하기 위해 직선형으로, 2~3패스는 [그림 2-7]과 같은 작업각을 유지하며 톱니형으로 운봉하여 용접한다.

② 2패스 이상은 이전 비드와 1/3~1/2 정도 겹치게 비드를 놓는다.

③ 3층(표면) 비드는 3패스로 완성하며 모재 표면보다 2~3mm 정도 높게 한다.[그림 2-8 참조]

(5) 용접부를 깨끗이 청소한 후 검사한다.

7 수직·상진 V형 맞대기용접(t9.0)을 한다.

(1) 모재의 용접선이 수직이 되게 작업대 지그에 고정하고 작업하기 편한 높이로 맞춘다.

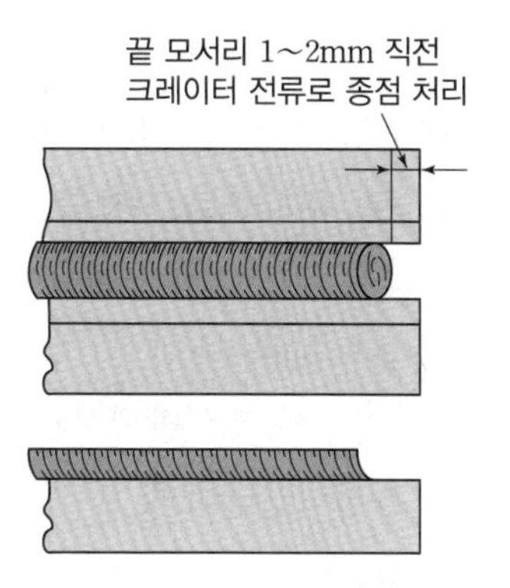

[그림 2-6] 비드 종점(크레이터) 처리

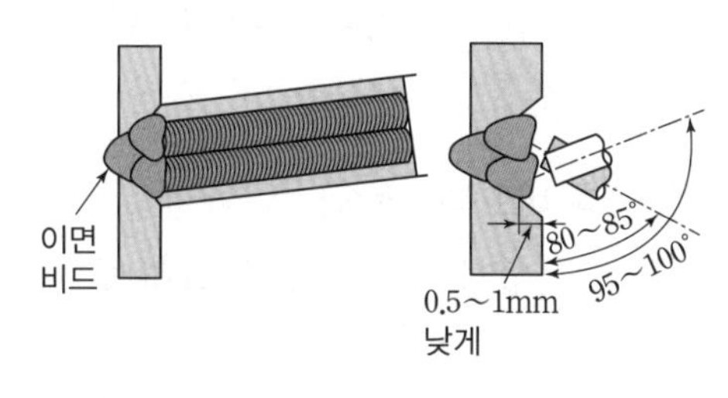

[그림 2-7] 2층 비드 용접의 작업각

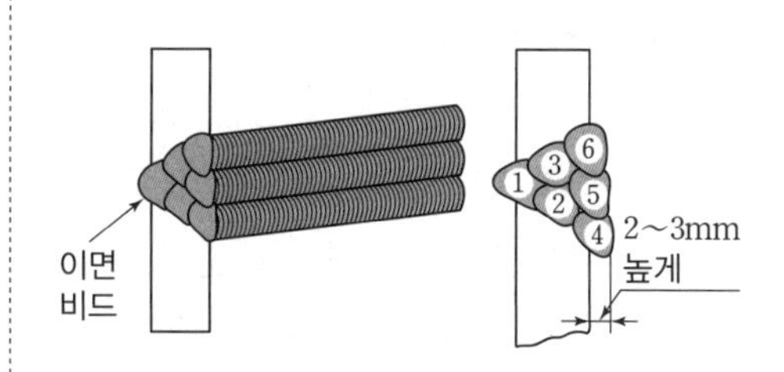

[그림 2-8] 3층 비드 용접의 높이

(2) 1층(이면) 비드를 놓는다.

① 용접토치의 작업각은 90°, 진행각은 75~85°로 유지하고 자세를 취한다.[그림 2-9 참조]

② 용접토치를 용접선 하단에 대고 스위치를 눌러 아크를 발생시킨다.

③ 키홀을 일정하게 유지하여 이면비드를 형성한다.

④ 부채꼴형으로 운봉하여 루트 간격보다 1~2mm 넓게, 운봉 양 끝에서 약간씩(보통 0.5~1초) 머물러 주며 상진한다.

⑤ 작업 순서 6-(2)의 ⑥~⑨항과 같이 작업한다.

(3) 2층 비드를 놓는다.

① 진행각은 1층과 동일하게 하나 전류를 10~30A 높여 준다.

② 비드의 높이를 모재 표면보다 0.5~1mm 정도 낮게 하며 비드 양 끝에서 0.5~1초 정도 머물러 준다.[그림 2-10 참조]

(4) 3층(표면) 비드를 놓는다.

① 토치각, 전류와 전압은 2층 용접과 동일한 조건으로 하며 개선각의 모서리에서 모서리까지 부채꼴형으로 운봉한다.

② 비드 폭이 20mm 이상일 경우는 [그림 2-11]의 (b)와 같이 비드를 배분하여 운봉한다.

8 수직·하진 V형 맞대기용접(t6.0)을 한다.

(1) 모재의 용접선이 수직이 되게 작업대 지그에 고정하고 작업하기 편한 높이로 맞춘다.

[표 2-2] 수직·상진 V형 맞대기용접 조건(t9.0)

층수	용접 전류 [A]	아크 전압 [V]	와이어 돌출 길이 [mm]	가스 유량 [L/min]
1층	130~160	20~22	10~15	15~20
2층	150~190	21~23		

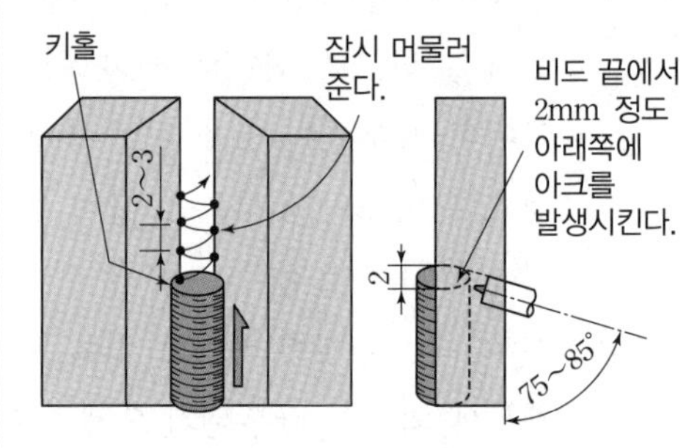

(a) 1층 비드 운봉방법 (b) 아크 발생 지점

[그림 2-9] 운봉방법 및 아크 발생 지점

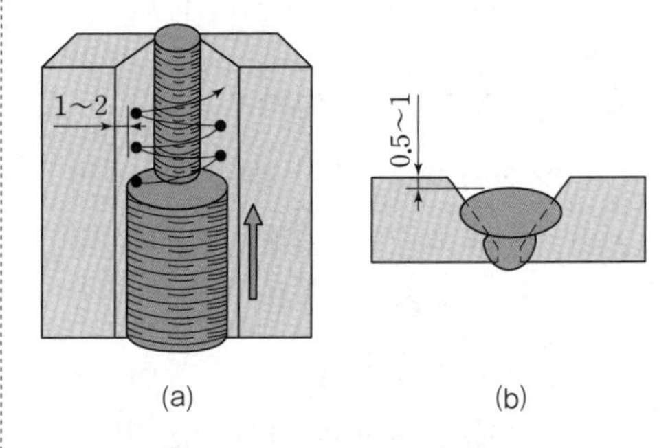

(a) (b)

[그림 2-10] 수직 2층 비드 놓기

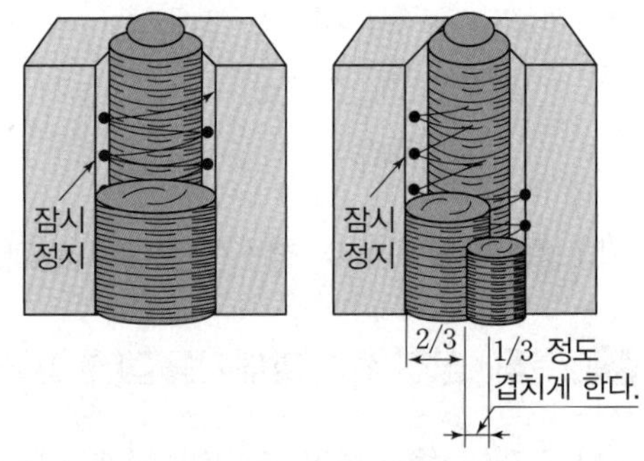

(a) 비드 폭이 작을 경우 (b) 비드 폭이 클 경우

[그림 2-11] 수직 표면비드 놓기

(2) 1층(이면) 비드 용접을 한다.

① 용접전류와 전압은 [표 2-3]과 같이한다.

② 용접토치를 용접선 상단에 대고 아크를 발생시킨다.

③ 용접토치의 작업각은 90°, 진행각은 65~75°로 유지하고 자세를 취한다.[그림 2-12 참조]

④ 용융금속이 와이어 끝보다 앞서지 않을 정도에서 루트 간격보다 약 1~2mm 크게 부채꼴형 운봉을 하며 약간 빠른 속도로 하진한다.

(3) 2층, 3층(표면) 비드는 수직·상진용접 시와 같이한다.

9 용접부를 깨끗이 청소한 후 검사하며 반복작업을 한 후 정리 정돈한다.

[표 2-3] 수직·하진 V형 맞대기용접 조건(t6.0)

층수	용접 전류 [A]	아크 전압 [V]	와이어 돌출 길이 [mm]	가스 유량 [L/min]
1층	150~190	21~23	10~15	15~20
2층	150~190	22~24		

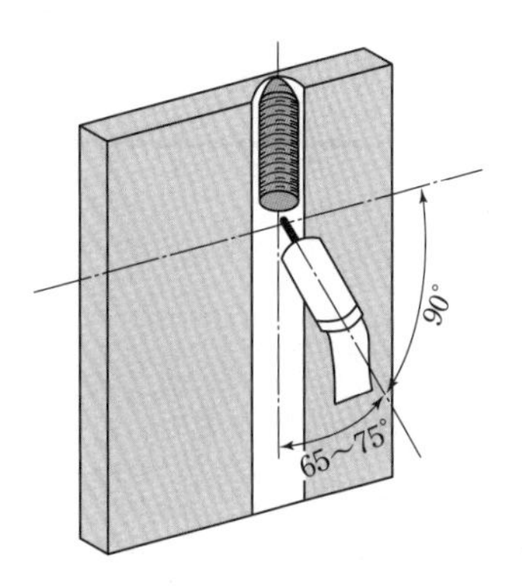

[그림 2-12] 수직·하진 자세의 토치 유지각도

03 강관 45° 경사 전 자세 V형 맞대기용접 실습

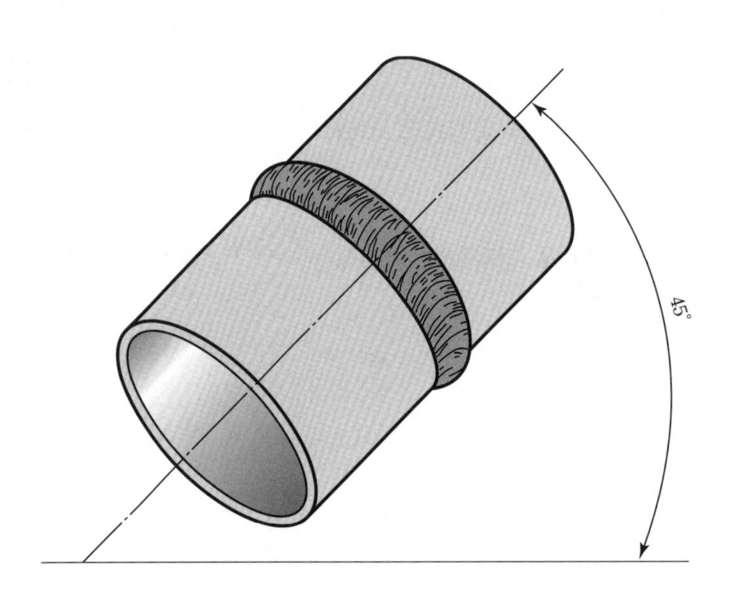

▲ 강관 45° 경사 전 자세 V형 맞대기 FCAW용접

안전 및 유의 사항

① CO_2가스가 공기 중에 15% 이상 있으면 위험하므로 주의한다.
② 누전차단기는 전류감도 30mA 이상의 것을 사용한다.
③ 연삭기를 이용한 모재가공 시 연삭기 사용 안전수칙을 준수하여 안전하게 작업한다.
④ 용접토치의 케이블은 과도하게 굽히지 말고 원형 또는 파도형으로 한다.

작 업 순 서

1 작업 준비를 한다.

① 강관을 선반이나 가스절단으로 30~35° 경사지게 홈을 가공한 후 줄로 루트면을 1.5~2mm가 되도록 가공한다.[그림 3-1의 (a) 참조]

② 연강판 스트롱백 4개를 *R*10으로 하여 가스 절단한다.[그림 3-1의 (b) 참조]

③ 혼합비율이 아르곤 85%, CO_2가스 15%로 혼합된 가스 용기나 CO_2가스 용기와 아르곤가스 용기를 별도로 준비하여 혼합가스비를 맞춘다.

2 용접조건을 설정하고 조절한다.[표 3-1 참조]

3 가접한다.

① 가공된 강관을 ㄱ형강 위에 나란히 올려놓고 루트 간격을 3mm가 되도록 하여 스트롱백을 강관 안쪽에 대고 *R*10으로 가공한 홈이 루트 간격의 중앙에 오도록 하여 가접한다.[그림 3-2 참조]

② 가접 순서는 대각선으로 하며 3~4곳에 가접한다.

③ 홈 1개소에 비드 길이 20mm 이하가 되도록 가접한 후 [그림 3-3]의 (a)와 같이 가공한다(홈 안의 가접부가 용접 시작점).

4 1층 비드를 놓는다.

① 작업대 지그에 홈 안의 가접부(용접 시작점)가 35~30분 사이에 오도록 하여 45° 경사지게 고정한다.

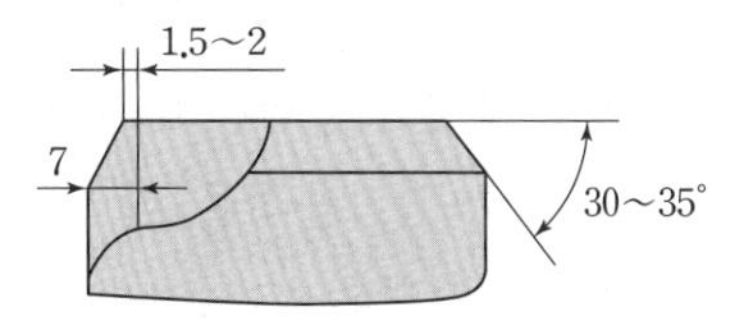

(a) 모재가공

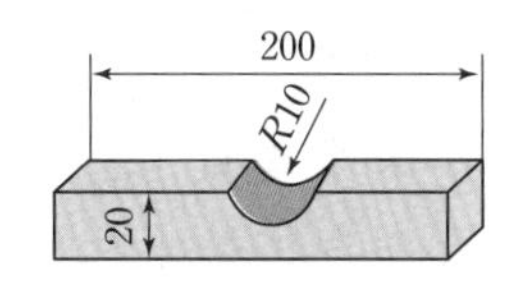

(b) 스트롱백 가공

[그림 3-1] 모재 및 스트롱백 가공

[표 3-1] 강관 V형 맞대기용접의 조건

층수	용접 전류 [A]	아크 전압 [V]	와이어 돌출 길이 [mm]	가스 유량 [L/min]
1층	120~160	MAG위치 (일원 선택)	10~15	15~20
2~3층	140~180			

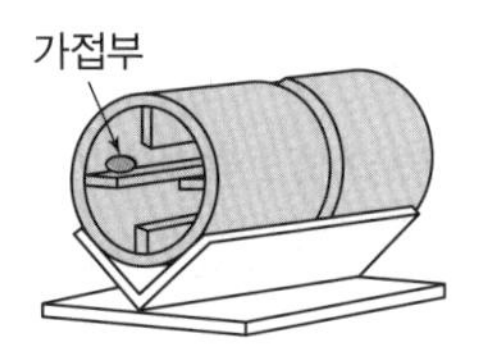

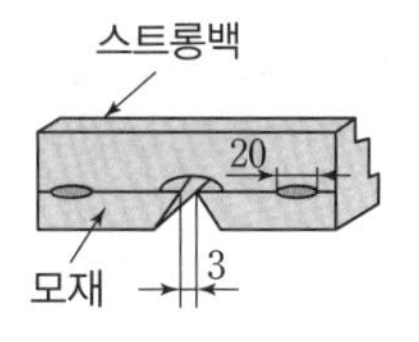

※ 지름이 작은 강관은 스트롱백을 바깥쪽에 설치한다.

[그림 3-2] 가접방법

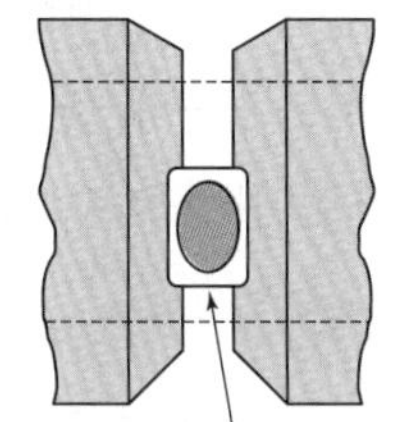

시작부를 20mm 정도 가접 후
양 끝을 그라인더로 얇게 가공

(a)

② 작업각은 90°, 진행각은 80~85°로 강관 어느 위치에서나 일정하게 유지한다.

③ 35~30분 방향에서 용접을 시작하여 60~55분 방향까지 반시계 방향으로 아크를 끊지 않고 연속용접을 하며, 중간에 아크가 끊어졌을 경우 [그림 3-3]의 (a)와 같이 디스크 그라인더로 크레이터부를 가공한 후 재용접한다.

④ 용접 중에 스패터가 심하거나 아크가 불안전한 것은 혼합가스의 혼합비가 맞지 않거나 혼합 상태가 나쁘기 때문이므로 정확한 혼합비를 맞춘다.

⑤ 운봉은 부채꼴형을 사용하여 작업대 면과 수평이 되도록 운봉하고 키홀을 루트 간격보다 약간 크게 형성시키면서 루트 간격 사이에서 용접와이어가 빠져나가지 않도록 빨리 이동한다.[그림 3-4 참조]

⑥ 지그를 회전시켜 반대쪽도 작업 순서 ①~⑤항과 같은 방법으로 용접한다.

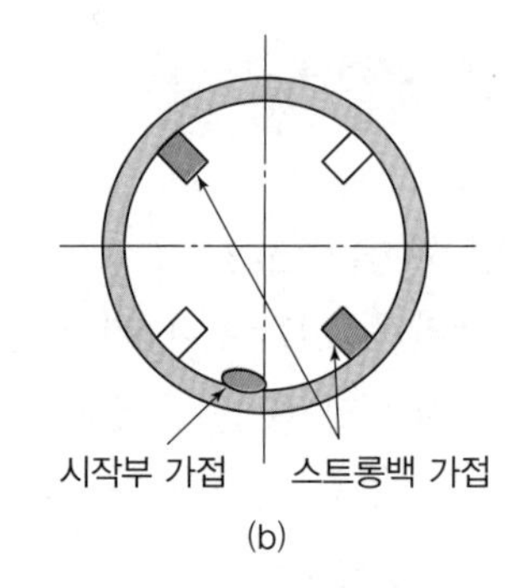

[그림 3-3] 스트롱백 부착 및 용접 시작점 가공

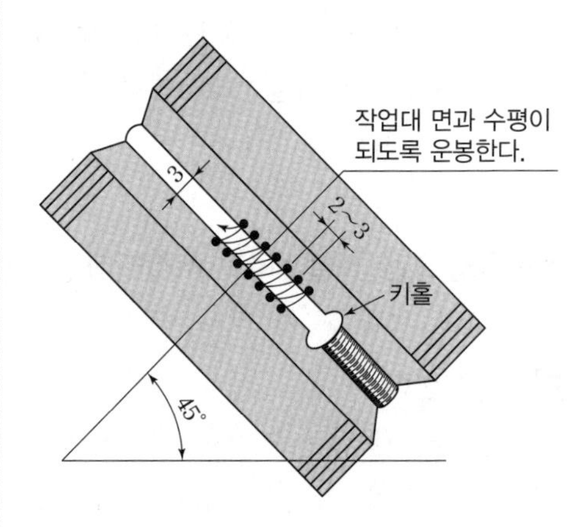

[그림 3-4] 1층 용접방법

5 2층 비드를 놓는다.

① 작업방법은 1층 비드 놓기와 동일하게 하나 용접조건만 조절하고 1층 비드와 충분히 융합되도록 한다.

② 운봉은 부채꼴을 사용하여 작업대 면과 수평이 되도록 운봉하고 위쪽 모재에서 잠시 머물러 주면서 용접한다.[그림 3-5 참조]

③ 1층 비드가 높게 쌓인 경우 2층 비드를 표면비드로 완성할 수 있다.

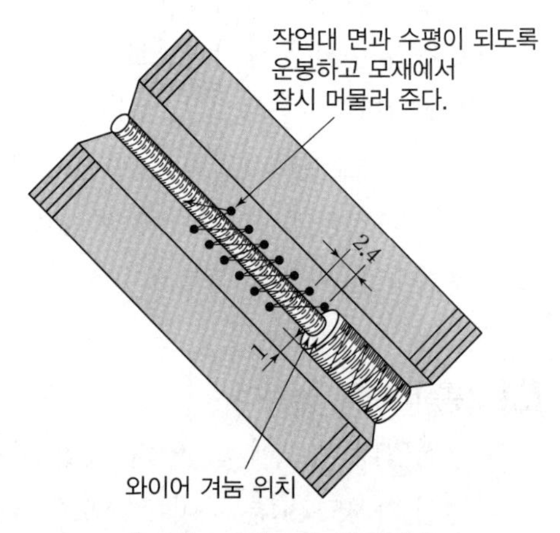

[그림 3-5] 2층 용접방법

6 3층(표면) 비드를 놓는다.

① 3층(표면) 비드의 운봉은 홈의 각 끝부분을 1~15mm 용융시킬 정도로 좁게 운봉하며 언더컷 방지를 위해 양쪽 끝 가장자리에 머물러 준다.[그림 3-6의 (a) 참조]

② 표면비드의 높이는 2~3mm 이하가 되도록 한다.[그림 3-6의 (b) 참조]

7 용접부 검사 및 반복작업 후 정리 정돈하며, 주위를 깨끗이 청소한다.

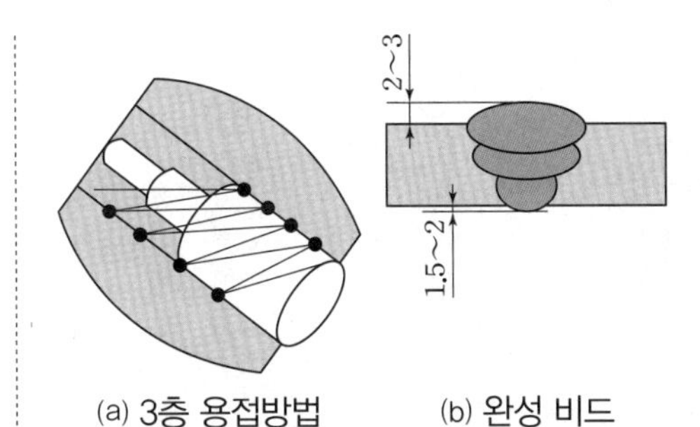

(a) 3층 용접방법 (b) 완성 비드

[그림 3-6] 3층 용접 및 완성 비드

ISO INTERNATIONAL WELDING

PART III

ISO INTERNATIONAL WELDING >>>

GTAW 실습

01 스테인리스강판 V형 Butt-Joint 용접 실습(아래보기, 수평, 수직, 위보기 자세)

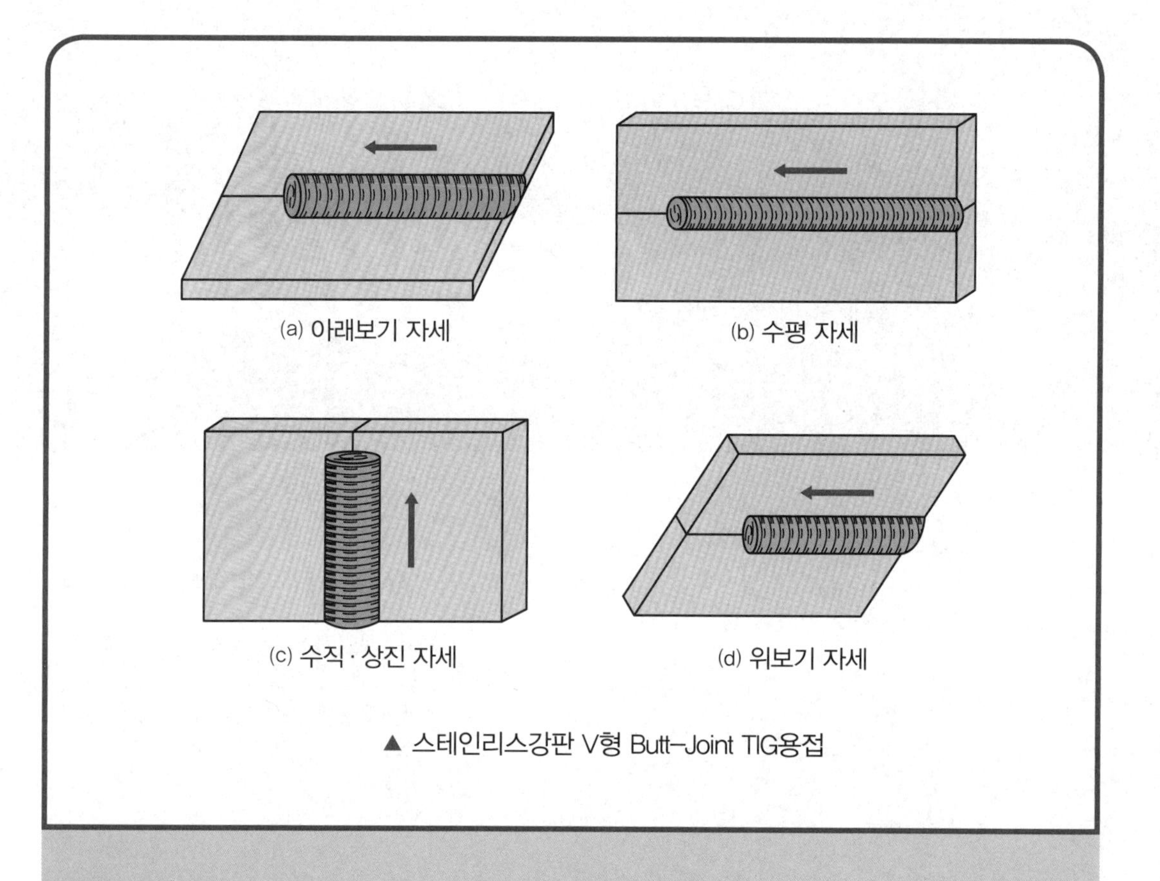

(a) 아래보기 자세

(b) 수평 자세

(c) 수직 · 상진 자세

(d) 위보기 자세

▲ 스테인리스강판 V형 Butt-Joint TIG용접

안전 및 유의 사항

① 냉각수의 순환 상태, 가스의 공급량 및 시간을 조절하고 상태를 점검한다.
② 맨눈으로 아크 불빛을 보지 않는다.
③ 가열된 모재 및 용락에 의한 화상에 유의한다.
④ 탈지, 세정, 분무작업 주위에서 작업하지 않는다.
⑤ 눈이 충혈되었을 때는 방습포를 한 후 안과 진료를 받는다.

1 작업 준비를 한다.

(1) 도면을 숙지하고 공구 및 보호구를 준비한다.

(2) 모재와 용접봉을 준비한다.

① 스테인리스강판 t4.0×100×150 2장을 V형 맞대기용접을 할 수 있도록 플라스마 절단기로 절단한다.

② 절단부를 베벨각 35°, 루트면은 1mm 정도가 되게 가공하고, 이음부를 스테인리스강 브러시로 깨끗이 닦는다.[그림 1-1 참조]

③ ϕ2.4mm 용접봉을 스테인리스강용 샌드페이퍼로 닦는다.

(3) 토륨이 함유된 ϕ2.4mm 텅스텐 전극봉의 끝을 스테인리스강 용접용으로 가공한다.

(4) 콜릿 척은 전극 지름에 맞는 것을 선택한다.

(5) 세라믹 노즐 ϕ8~12mm의 것을 준비한다.

2 TIG 용접기를 점검하고 조작한다.

① 극성 전환스위치를 DC(직류정극성)에, 크레이터 제어스위치를 1회에, 토치 냉각방법은 수랭에 맞춘다.

② 1차 전원과 용접기의 전원스위치를 접속(on)한다.

③ 아르곤가스 지연시간을 5~10초에, 아르곤가스 유량을 6~10L/min로 맞춘다.

3 아래보기 자세의 V형 맞대기용접을 한다.

(1) 전류를 조절한다.

용접전류를 90~130A로, 크레이터 전류는 70~110A로 조절한다.

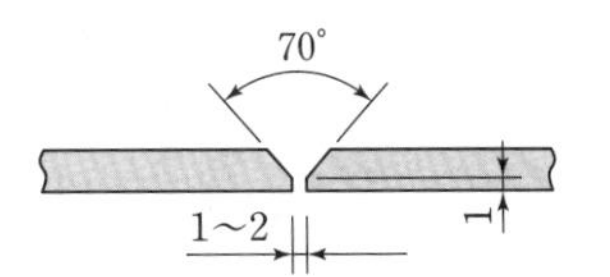

[그림 1-1] V형 맞대기의 재료가공

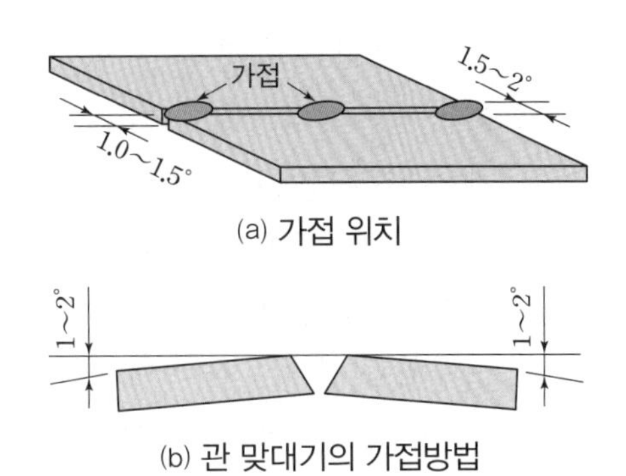

(a) 가접 위치

(b) 관 맞대기의 가접방법

[그림 1-2] V형 맞대기 가접 및 역변형 각도

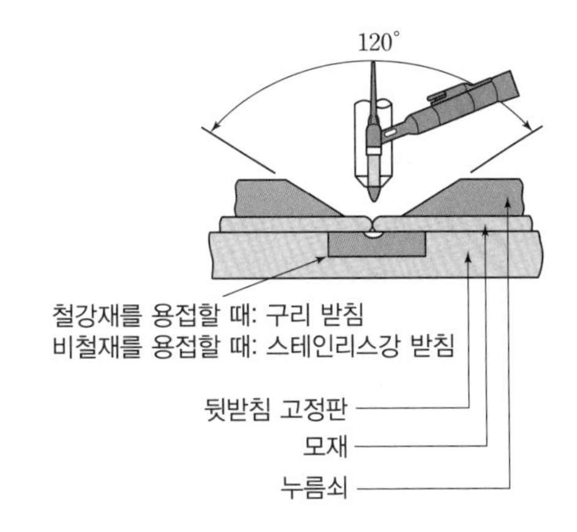

[그림 1-3] 뒷받침 고정판과 모재의 위치

(2) 가접하고 역변형을 준다.

① 가공된 스테인리스강판을 루트 간격이 1~2mm 정도 되게 띄우고 가접한다.

② 가접 위치는 용접선의 시(시작)점과 종점에, 그리고 길이에 따라 중앙에 10mm 이내로 가접한다.[그림 1-2 참조]

③ V홈 반대 방향으로 1~2° 역변형을 준다.

(3) 모재를 고정하고 용접자세를 취한다.

① 보호가스 뒷받침을 모재 뒤에 대고 호스 연결부에 호스를 연결한 후 가스 유량을 6~10L/min로 맞춘다.[그림 1-3 참조]

② 가접된 모재의 V홈이 아래보기 자세가 되게 작업대 위에 수평으로 놓는다.

③ 작업대 앞에 앉아 토치와 용접봉을 잡고 용접자세를 취한다.[그림 1-4 참조]

④ 토치의 진행각은 진행 반대 방향으로 70~80°, 작업각은 90°, 용접봉은 용접선에 대하여 10~30°로 유지한다.[그림 1-5 참조]

(4) 1층(이면비드) 용접을 한다.

① 용접 시점 부근(보통 우측 끝)에서 아크를 발생시킨다.

② 아크 길이는 전극이 모재에 닿지 않을 정도에서 가능한 한 짧게 유지한다.

③ 아크가 안정되면 루트부를 용융시켜 키홀이 형성되면 용접봉을 공급하여 이면비드를 형성하며 전진법으로 진행한다.[그림 1-6 참조]

④ 과용융부 처리 또는 크레이터 처리를 한다.

⑤ 1층 용접이 끝나면 용접부를 깨끗이 청소한다.

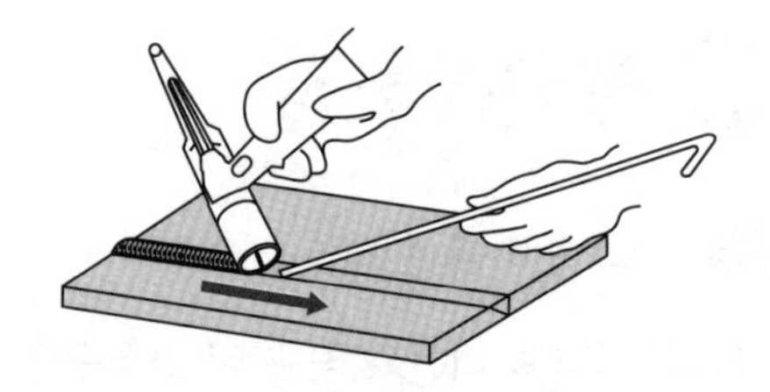

[그림 1-4] 토치와 용접봉을 잡는 법

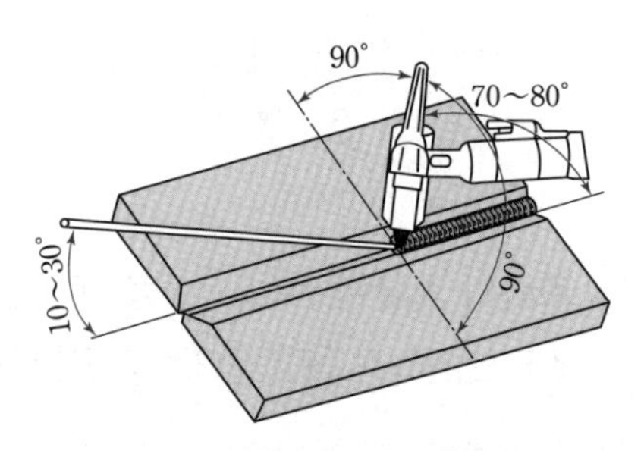

[그림 1-5] 아래보기 V형 맞대기용접의 각도

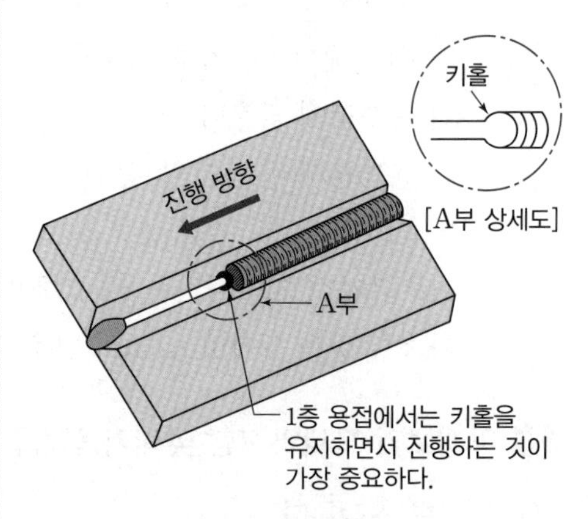

[그림 1-6] 1층(이면비드) 용접

(5) 2층(표면비드) 용접을 한다.

① 전류를 1층 용접보다 10~30A 높인다.

② 모재의 온도가 층간온도(스테인리스강의 경우 312℃) 이하가 될 때 2층 용접을 한다.

③ 토치를 모서리와 모서리까지 대파형 또는 지그재그형으로 움직이며 진행하여 표면비드를 놓는다.[그림 1-7 참조]

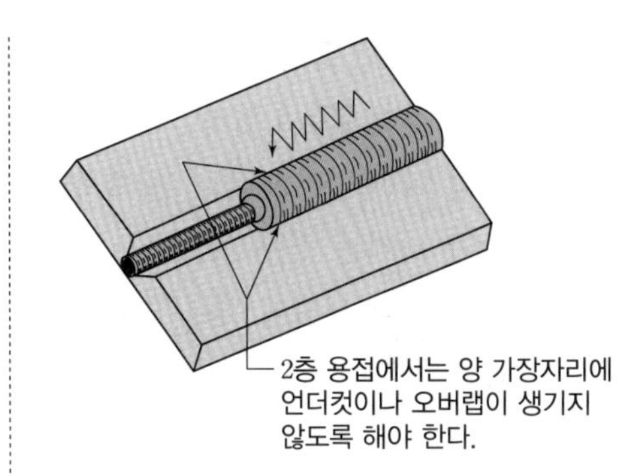

[그림 1-7] 2층(표면비드) 용접

4 수평 자세의 V형 맞대기용접을 한다.

(1) 작업 순서 3 의 (1)과 같이 전류를 조절한다.

(2) 가접하고 역변형을 준다.

① 수평 V형 맞대기의 경우 모재의 위판은 45°, 아래판은 15° 정도로 홈을 가공할 수 있다.[그림 1-8 참조]

② 가공된 모재를 루트 간격이 1~2mm 정도 되게 띄우고 가접한다.[그림 1-9 참조]

③ V홈 반대 방향으로 1~2° 역변형을 준다.

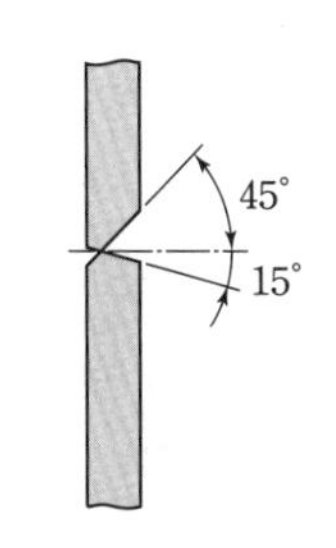

[그림 1-8] 수평 맞대기용접의 재료가공

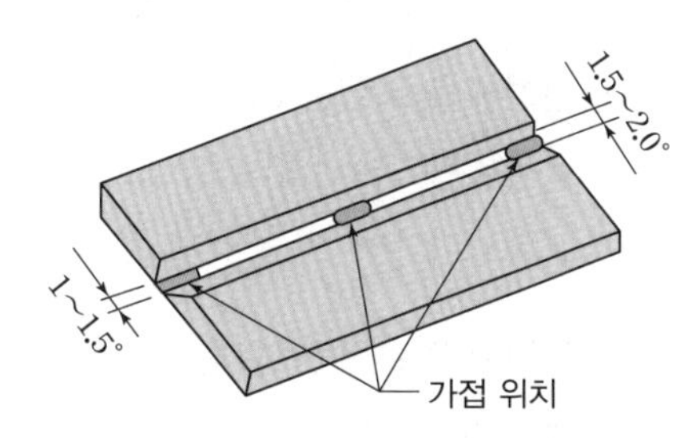

[그림 1-9] 루트 간격 및 가접 위치

(3) 모재를 고정하고 용접자세를 취한다.

① 가접된 모재의 V홈이 앞이 되게 용접선이 수평 자세가 되게 작업대 지그에 고정하고 작업하기 편한 높이로 맞춘다.

② 작업대 앞에 앉아 토치와 용접봉을 잡고 용접자세를 취한다.

③ 용접토치의 진행각은 진행 반대 방향으로 70~80°, 작업각은 75~85°, 용접봉의 유지각도는 용접선에 대하여 10~30°가 되게 한다.[그림 1-10 참조]

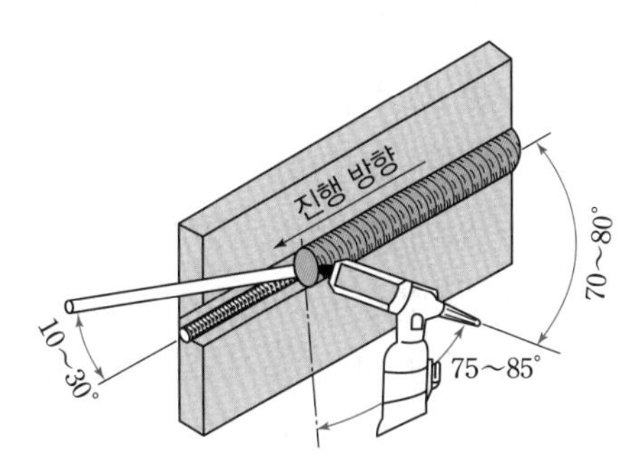

[그림 1-10] 수평 맞대기용접의 각도

(4) 1층(이면비드) 용접을 한다.

① 작업 순서 3 의 (4)와 같이 작업한다.

② 수평 이면비드 용접 시 위판 모재의 키홀이 많이 커지는 경우가 있으므로 용접봉 공급과 작업각 유지에 각별히 신경을 써서 용접해야 한다.

(5) 2층(표면비드) 용접을 한다.

① 전류를 1층 용접보다 10~30A 높인다.

② 모재가 층간온도 이하가 될 때 2층 용접을 한다.

③ 토치를 직선으로 움직여 2패스로 겹침비드를 놓아 2층을 완성한다.[그림 1-11 참조]

④ 용접부를 깨끗이 청소한다.

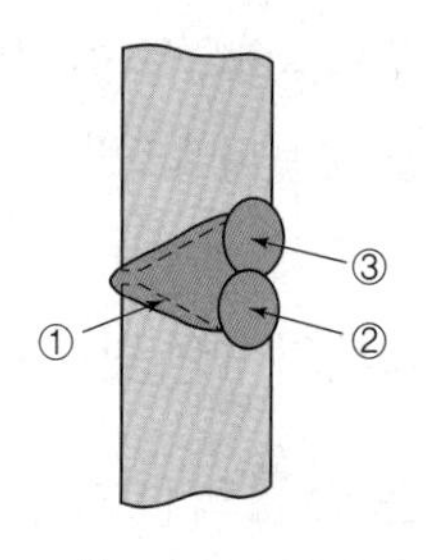

[그림 1-11] 수평 자세의 용접 순서

5 수직 자세의 V형 맞대기용접을 한다.

(1) 용접전류를 조절한다.

용접전류를 85~120A로, 크레이터 전류는 용접전류보다 10~30A 낮게 조절한다.

(2) 가접하고 역변형을 준다.

아래보기 자세와 같은 방법으로 가접한 후 역변형을 준다.

(3) 모재를 고정하고 용접자세를 취한다.

① 가접된 모재의 용접선이 수직 자세가 되게 작업대 지그에 고정하고 작업하기 편한 높이로 맞춘다.[그림 1-12 참조]

② 작업대 앞에 앉아 토치와 용접봉을 잡고 용접자세를 취한다.

③ 용접토치의 진행각은 진행 반대 방향으로 75~85°, 작업각은 90°, 용접봉은 용접선에 대하여 10~30°로 유지한다.[그림 1-13 참조]

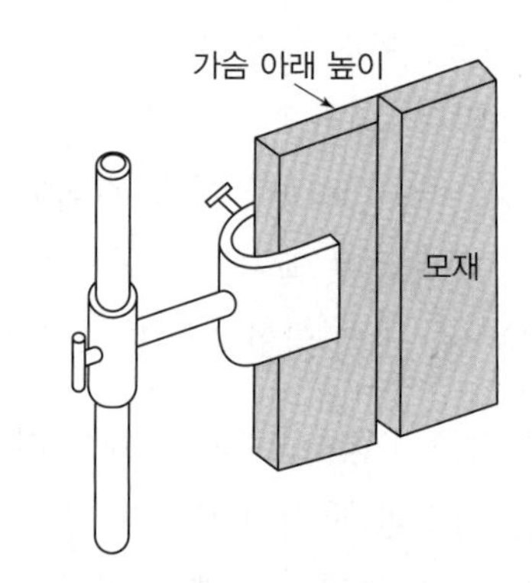

[그림 1-12] 수직 자세의 모재 고정

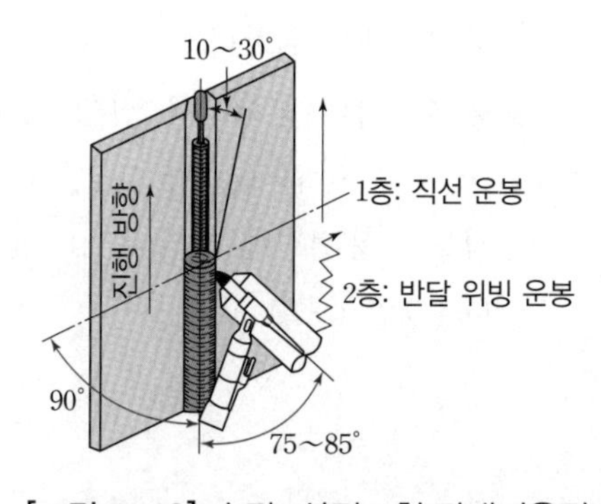

[그림 1-13] 수직·상진 V형 맞대기용접

(4) 1층(이면비드) 용접을 놓는다.

① 용접부 하단 루트부를 용융시켜 키홀이 형성되면 용접봉을 공급하여 이면비드를 형성하며 상진법으로 진행한다.

② 키홀을 일정하게 유지하며 용접봉을 공급하여 이면비드가 일정하게 돌출되게 하여야 한다.

③ 용접 종점에 이르면 크레이터 처리를 하고 용접부를 깨끗이 청소한다.

(5) 2층(표면비드) 용접을 한다.

① 전류를 1층 용접보다 10~30A 높인다.

② 모서리와 모서리 사이를 반달형 또는 지그재그형으로 움직이며 2층 용접을 한다.

③ 표면비드의 높이는 모재 표면에서 모재 두께의 20% 이하가 되게 한다.

④ 용접부를 깨끗이 청소한다.

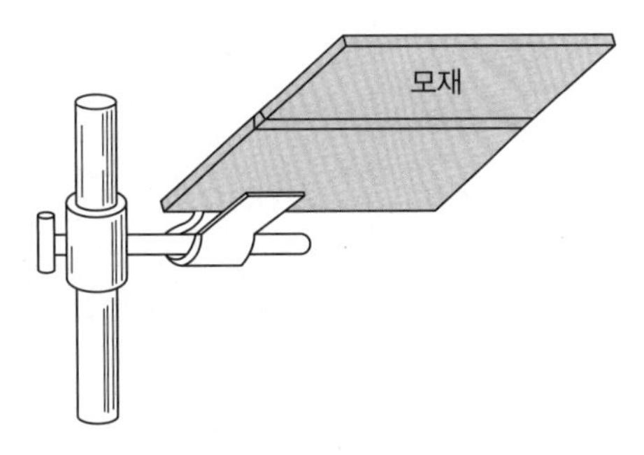

[그림 1-14] 위보기 자세의 모재 고정

6 위보기 자세의 V형 맞대기용접을 한다.

(1) 용접조건을 설정하고 조절한다.

수직 자세와 같이 용접전류를 조절한다.

(2) 가접하고 역변형을 준다.

(3) 모재를 고정하고 용접자세를 취한다.

모재를 작업하기 편한 높이로 고정하고 작업대 앞에 앉아 토치와 용접봉을 잡고 용접자세를 취한다.[그림 1-14, 1-15 참조]

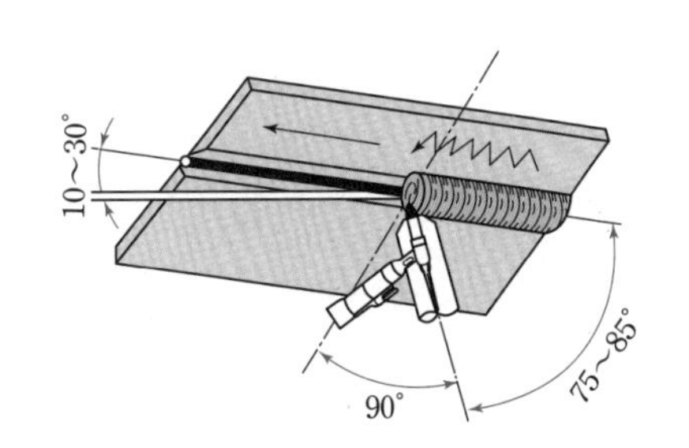

[그림 1-15] 위보기 자세의 V형 맞대기용접

(4) 1층(이면비드) 용접을 한다.

① 용접 시점의 루트부를 용융시켜 키홀을 일정하게 유지하며 용접봉을 공급하여 이면비드가 일정하게 형성될 수 있도록 한다.

② 용접 종점에 이르면 크레이터를 처리하고 용접부를 깨끗이 청소한다.

(5) 작업 순서 5 의 (5)와 같이 작업한다.
위보기 자세의 용접 중 용융금속이 떨어지는 경우가 있으므로 특히 안전에 주의하며 작업한다.

7 용접부를 검사하고 반복작업 후, 정리 정돈 및 주위를 청소한다.[그림 1–16 참조]

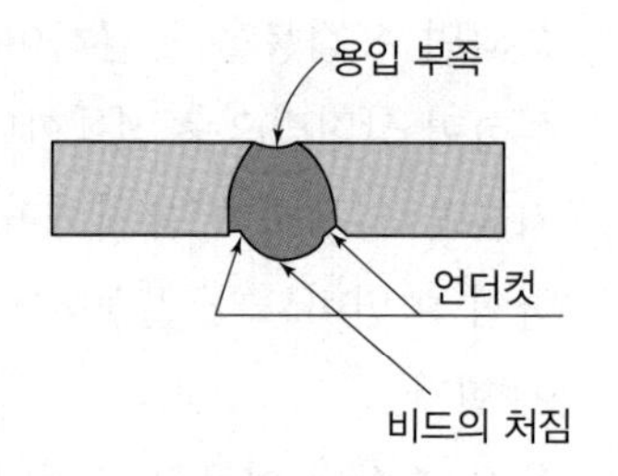

[그림 1–16] 위보기 자세에서 발생하기 쉬운 결함

CHAPTER

02 스테인리스강관 전 자세 V형 Butt-Joint 용접 실습

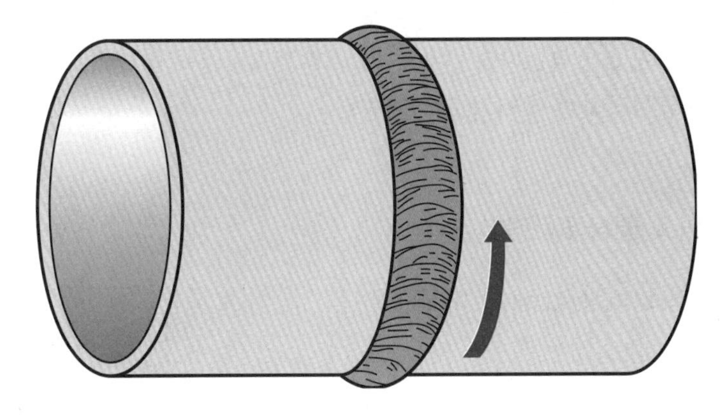

▲ 스테인리스강관 전 자세 V형 Butt-Joint TIG용접

안전 및 유의 사항

① V형 홈가공(플라스마절단 및 그라인더) 시 보안경을 착용하고 모재가공을 한다.
② 옥외의 바람이 있는 곳이나 여름철 선풍기를 사용하는 경우에는 아크 부분에 직접 노출되지 않도록 한다.
③ 실내의 좁은 공간 안에서는 환기를 실시한다.
④ 감전된 사람을 발견하였을 때는 즉시 전원을 끄고 감전자를 구한다.

작업순서

1 작업 준비를 한다.

(1) 도면을 숙지하고 필요한 공구를 준비한다.

(2) 모재와 용접봉을 준비한다.

① 스테인리스강관 한쪽 끝을 플라스마절단 또는 선반이나 그라인더로 경사지게 가공하고 1~1.5mm 정도 루트면을 만든다.[그림 2-1 참조]

② 모재의 이음부나 용접봉을 스테인리스강용 샌드페이퍼로 깨끗이 닦는다.

③ 전극봉을 직류정극성에 적합하도록 가공한다.

(3) 콜릿 척, 세라믹 노즐 등을 준비한다.

(4) 이면비드 보호가스 퍼징(purging) 마개판을 준비한다.

2 TIG 용접기를 점검하고 조작한다.

① 극성 전환스위치를 DC에, 크레이터 제어 스위치를 반복에, 토치 냉각을 수랭에 놓는다.

② 아르곤 유량을 8~12L/min, 이면비드 보호가스 유량을 10~14L/min, 가스 지연시간을 5~10초로 조절한다.

3 가접한다.

① 가공된 관을 가접용 지그 위에 이음면이 어긋나지 않도록 하여 루트 간격을 2~3mm 띄워 놓는다.[그림 2-2 참조]

② 관의 용접선 둘레를 90°(또는 120°)로 분할하여 3~4군데 가접한다.

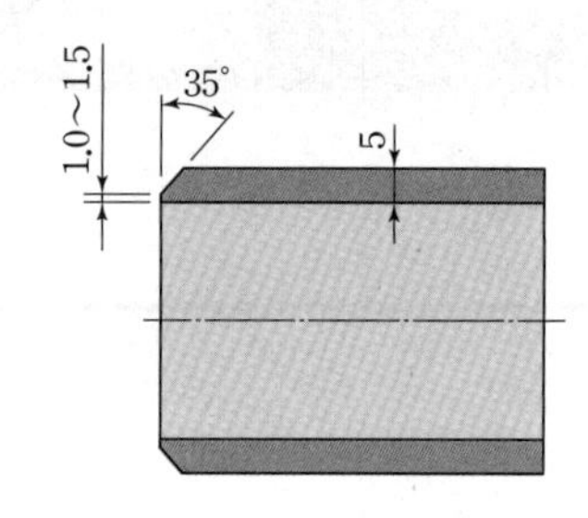

[그림 2-1] 관 V형 맞대기가공의 모양

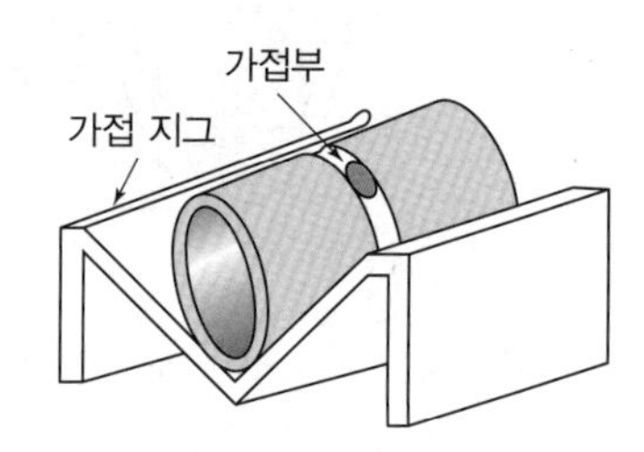

(a) 관 맞대기 가접방법

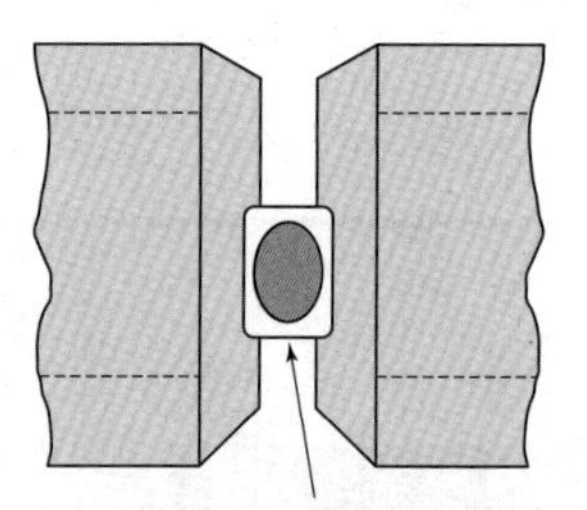

(b)

[그림 2-2] 강관의 가접방법과 가공

③ 가접한 후에 시점과 비드의 연결이 쉽도록 그라인더로 경사지게 가공한다.[그림 2-2 (b) 참조]

4 이면비드의 산화 방지를 위한 보호가스 지그를 설치한다.

① 보호가스 지그는 여러 가지가 있으나 길이가 짧은 연습용 관의 용접에는 [그림 2-3]과 같은 지그를 사용하면 쉽게 고정이 가능하며 보호작용도 잘된다.

② 이 지그는 가스 유입구와 유출고(ϕ4.0 정도의 작은 구멍)를 만들어야 된다.

③ 이면비드의 산화 방지를 위해 루트 간격 사이에 내열테이프를 붙인다.

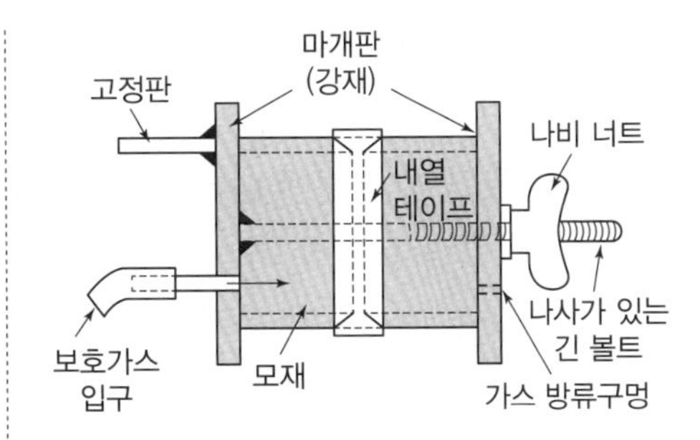

[그림 2-3] 관용접의 보호가스 지그

5 모재를 지그에 고정하고 용접자세를 취한다.

① 스테인리스강관이 수평(용접선이 수직)이 되게, 가접부가 상하가 되지 않게 지그에 고정한다.

② 강관을 작업하기 편한 높이로 맞춘다.

③ 용접자세를 취한다.[그림 2-4 참조]

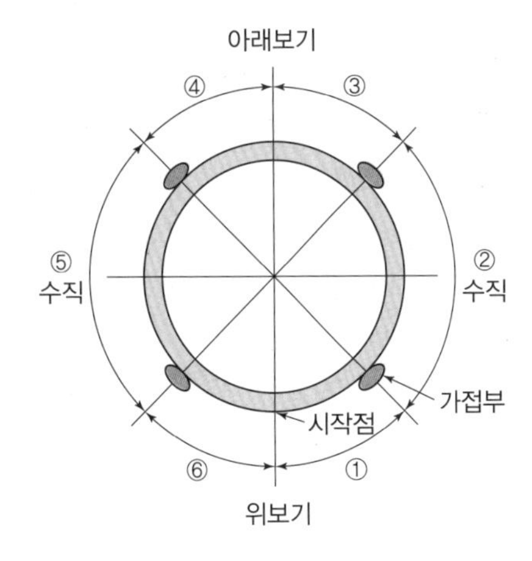

[그림 2-4] 용접의 자세 및 순서

6 1층(이면비드) 용접을 한다.

(1) 용접전류를 80~120A, 크레이터 전류는 용접전류보다 10~30A 낮게 조절한다.

(2) 위보기 자세의 이면비드 용접을 한다.

① 보호가스 콕을 열고 가스를 유입시킨다.

② 시작점이 보이도록 관의 아랫부분의 테이프를 약간 떼어 놓는다.

③ 관의 아랫부분(35~50분 또는 25~30분 주위)에서 아크를 발생시켜 루트부를 용융시키고 용접봉을 첨가하면서 반시계 방향(또는 시계 방향)으로 진행한다.

④ 토치는 용접 진행의 반대 방향 접선에 대하여 70~85°, 작업각은 90°로, 용접봉은 용접 진행 방향 접선에 대하여 10~30°로 유지한다.[그림 2-5 참조]

⑤ 키홀을 일정하게 유지하며 용접봉을 공급한다.

⑥ 위보기 자세의 용접 시 용락이 생기지 않도록 주의하여 진행한다.

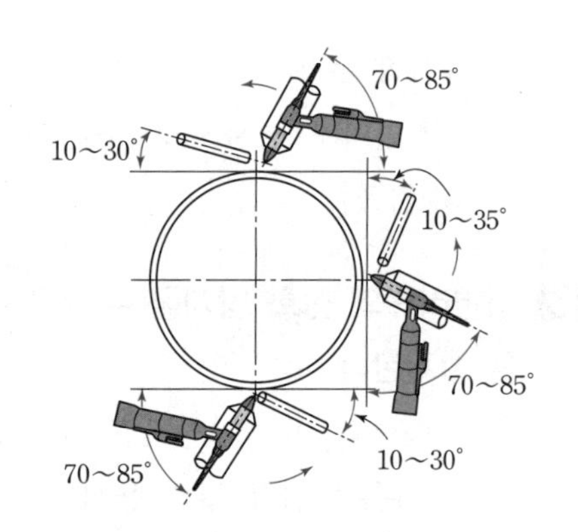

[그림 2-5] 토치 및 용접봉의 유지각도

(3) 수직 자세의 이면비드 용접을 한다.

① 위보기 자세의 용접부에서 자연스럽게 수직자세로 전환되도록 토치와 용접봉의 각도를 조절하며 10분(또는 50분) 주위까지 진행한다.

② 관의 과열로 용융금속의 처짐이나 언더컷이 발생하지 않도록 주의한다.

(4) 아래보기 자세의 이면비드 용접을 한다.

① 수직 자세의 용접이 끝나면 용접을 멈추고 스테인리스강용 브러시로 이음부를 깨끗이 닦는다.

② 필요하면 모재의 높이를 조절한다.

③ 수직비드의 끝부분 약 10mm 정도를 겹쳐 용융지를 형성하고 이음부에 키홀이 형성되면 용접봉을 공급하며 60~55분(또는 0~5분) 위치까지 아래보기 자세의 이면비드 놓기를 한다.

(5) 반대편에도 작업 순서 (2)~(4)와 같이 용접한다. 이음부는 반드시 전 층의 비드를 약 10 mm 정도 겹쳐 용융시켜 이음을 하여야 된다.

(6) 1층 비드의 높이는 재료 표면보다 0.5~1mm 정도 낮게 쌓는 것이 좋다.[그림 2-6 참조]

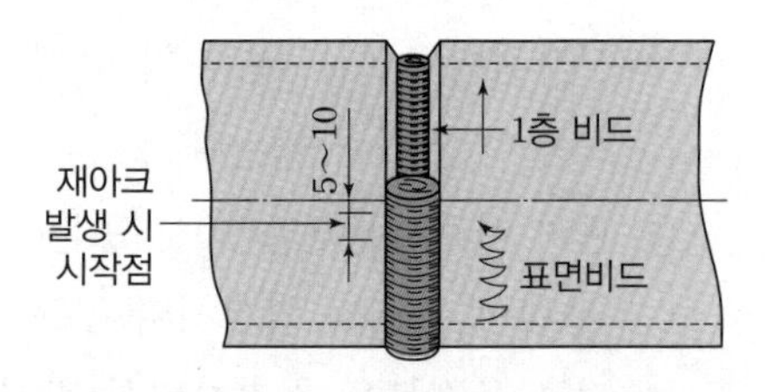

[그림 2-6] 비드의 연결점과 운봉방법

7 2층(표면) 비드 용접을 한다.

① 1층 용접이 끝나면 비드를 깨끗이 청소한다.

② 1층보다 전류를 10~30A 정도 높이고 1층 비드를 충분히 용융시키면서 언더컷이나 오버랩이 생기지 않도록 하며 2층 용접을 한다. 이때 개선부의 모서리와 모서리까지 운봉한다.

③ 표면비드의 높이는 모재 두께의 20% 이하로 쌓는다.[그림 2-7 참조]

④ 용접부를 깨끗이 청소한다.

8 용접부 검사 후 정리 정돈 및 주위를 청소한다.

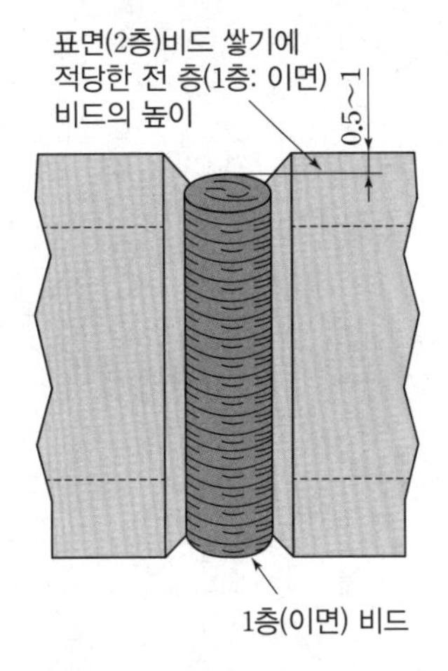

[그림 2-7] 적당한 1층 비드의 높이

ISO INTERNATIONAL WELDING

PART IV

ISO INTERNATIONAL WELDING >>>

가스절단 실습

01 수동 직선 및 직각 가스절단 실습

▲ 수동 직선 및 직각 가스절단

안전 및 유의 사항

① 가스호스의 연결부나 압력조정기 등 누수검사를 비눗물로 한다.
② 절단재료는 항상 집게를 사용하여 집는다.
③ 토치 사용 전에 이상 유무를 검사한다.
④ 토치 냉각용 물통을 준비한다.
⑤ 예열온도가 750~900℃가 되기 전에 절단을 시작해서는 안 된다.

작업순서

1 작업 준비를 한다.

① 공구 및 장비를 준비한다.

② 토치에 연결된 호스가 꼬였는지 확인한다.

③ 모재의 기름, 녹, 페인트 등을 제거한다.

④ 절단선을 석필로 긋는다.

⑤ 안전복과 차광도 번호 5~7번의 보안경을 쓴다.[그림 1-1 참조]

⑥ 작업조건이 고열을 수반할 경우 마스크로 얼굴을 가린다.

⑦ 절단하려는 재료 주위에 인화성 물질이 있는지 확인한다.

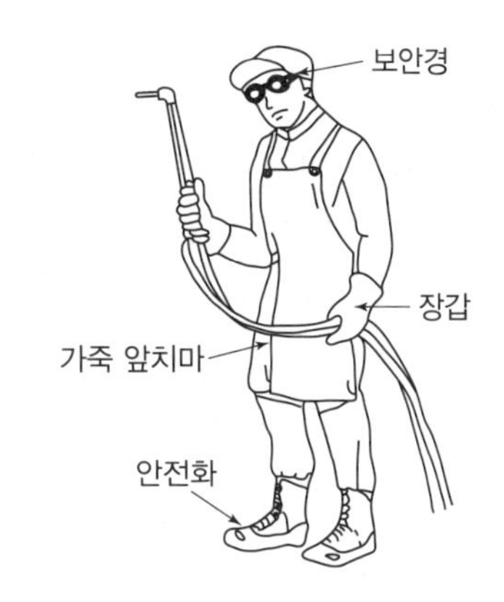

[그림 1-1] 절단용 보호구 착용

2 불꽃을 조절한다.

① 산소 압력을 2~5kgf/cm^2, 아세틸렌 압력을 0.2~0.5kgf/cm^2 정도로 조절하고 예열산소 밸브를 조금만 연다.

② 아세틸렌 밸브를 열면서 점화한다. 특히 혼합가스는 빨리 점화하는 것이 위험이 적다.

③ 먼저 탄화불꽃을 만든 후 선명한 백심인 표준불꽃(중성불꽃)이 나타날 때까지 조절한다.[그림 1-2 참조]

④ 이때 예열불꽃이 너무 강하지 않도록 한다.

⑤ 고압산소(산소절단 레버)를 열어 예열불꽃이 그대로 중성불꽃으로 유지되는지, 즉 절단 중에 변화하지 않는지를 확인한다.

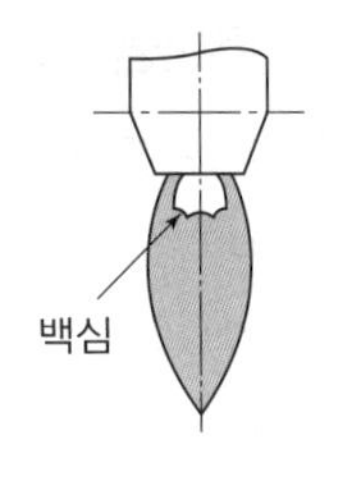

(a) 표준불꽃

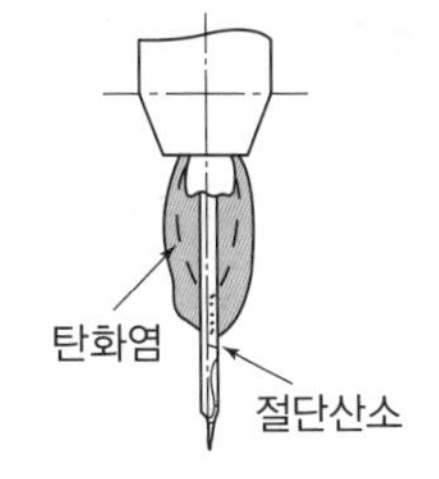

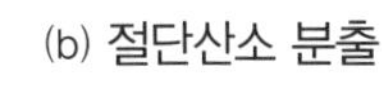

(b) 절단산소 분출

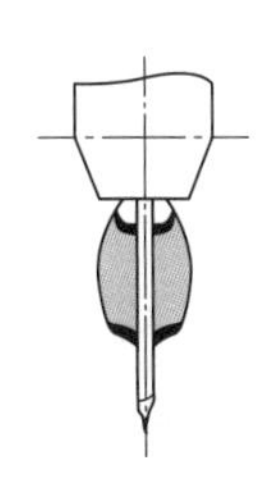

(c) 아세틸렌 밸브 조작

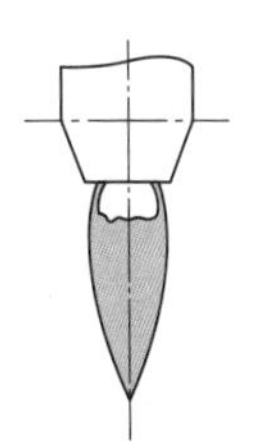

(d) 약간 산화불꽃

[그림 1-2] 가스불꽃의 조절

3 예열한다.

① 절단선을 따라 절단할 부분 전체를 한두 번 예열한다.

② 적열 상태(750~900℃)가 될 때까지 절단의 시작 부분을 예열한다.

③ 백심의 끝에서 모재까지의 거리는 2~3mm 정도 유지한다.

4 절단한다.

① 예열 지점이 적열 상태(750~900℃)에 이르면 고압산소 밸브를 1/2~1번 회전시켜 열거나 절단 레버를 누르면서 토치를 진행시킨다.

② 토치팁은 절단선을 따라 놓은 절단 안내판에 대고 진행한다.[그림 1-3, 1-4 참조]

③ 절단이 끝나면 고압산소 밸브를 잠근다.

5 토치의 불을 끈다.

아세틸렌 밸브를 잠그고 산소 밸브를 잠근다.

6 검사 및 반복작업 후 주변을 정리 정돈한다.

① 절단면의 밑부분이 절단이 잘 안되었으면 예열불꽃이 약하므로 아세틸렌 밸브를 더 열어 강한 중성불꽃으로 다시 조절한다.

② 절단면의 윗부분이 녹을 경우는 절단속도가 느리거나, 예열불꽃이 너무 세거나, 절단팁을 모재에 너무 접촉시켰을 때이므로 이를 다시 조절한다.

③ 절단면 밑부분에 슬래그가 붙어 있는 경우는 예열불꽃이 너무 세거나, 절단속도가 느릴 때이므로 아세틸렌가스를 줄여 다시 중성불꽃으로 조절하고 절단속도를 알맞게 한다.

④ 절단면에 많은 곡선의 드래그 라인이 있으면 절단속도가 너무 빠르거나, 절단 압력이 너무 낮을 때이므로 절단속도를 천천히 하고 절단 압력을 높게 한다.

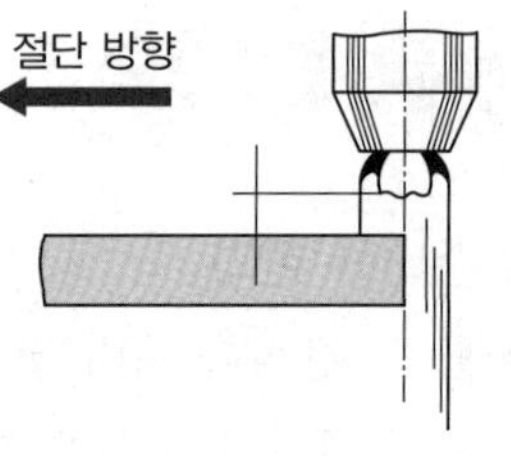

(a) 예열

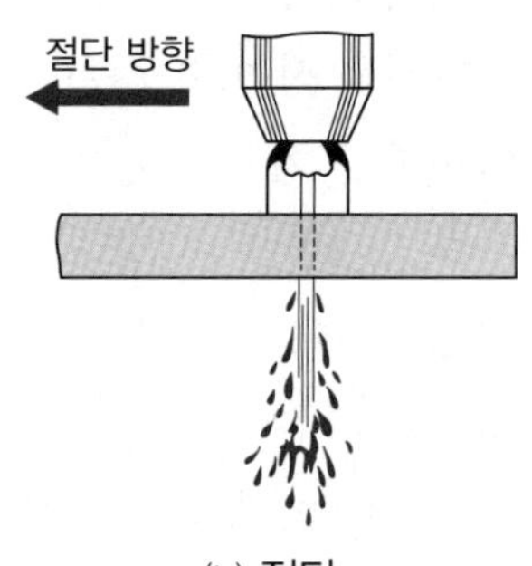

(b) 절단

[그림 1-3] 절단작업의 순서

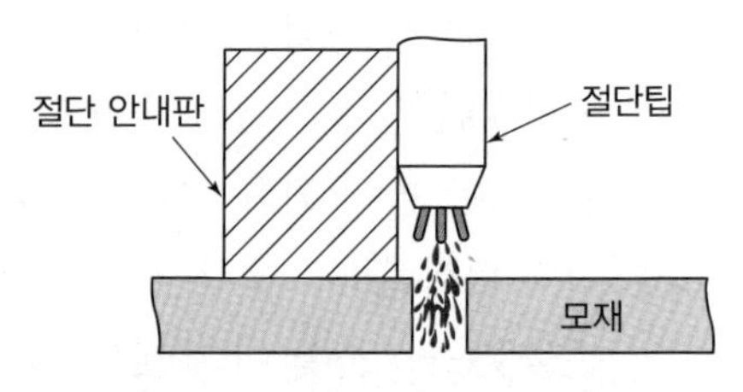

[그림 1-4] 절단 안내판의 사용법

⑤ 절단면이 경사져 있으면(밑부분보다 윗부분이 넓다.) 예열불꽃이 너무 약하고 백심과 모재 사이가 너무 멀 때이므로 예열불꽃을 강하게 하고 백심에서 모재 사이를 2mm 정도로 좁힌다.

⑥ 절단면이 거칠고 평평하지 않으면 토치 진행이 부적당하거나 사용한 팁에 비하여 산소 압력이 너무 센 경우이다. 그러므로 편안한 자세를 취하고 팁을 깨끗이 청소하며 보다 큰 절단팁으로 교체한다. 그리고 산소 압력을 줄인다.[그림 1-5 참조]

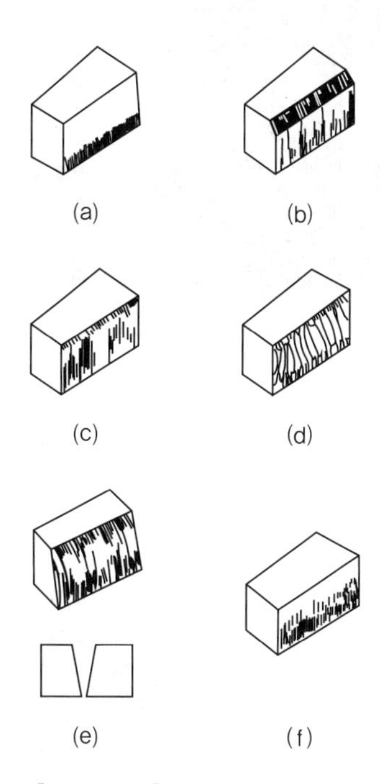

[그림 1-5] 절단결함의 유형

CHAPTER

02 수동 파이프 경사 가스절단 실습

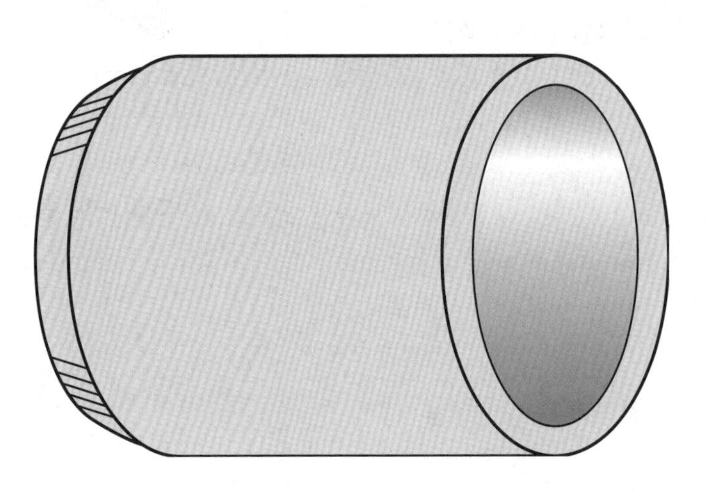

▲ 수동 파이프 경사 가스절단

안전 및 유의 사항

① 비산되는 불꽃이 호스나 가스 용기에 떨어지지 않도록 주의한다.
② 팁의 과열에 의한 역화에 주의한다.
③ 용기 보관 시는 실병과 빈병을 구분하여 저장한다.
④ 가스절단에 적합한 보안경을 착용한다.
⑤ 작업이 끝났을 때 반드시 용기의 밸브 및 압력조정기의 밸브를 잠근다.

작업순서

1 작업 준비를 한다.

① 필요한 공구 및 재료를 준비한다.
② 알맞은 절단팁을 선택한다.
③ 토치에 연결된 호스 및 접속부에 가스의 누설이 있는지의 유무를 검사한다.
④ 모재의 기름, 녹 등을 제거한다.
⑤ 보안경의 차광도 번호는 5~6번을 착용한다.[그림 2-1 참조]
⑥ 절단작업장 주위에 인화성 물질이 있는지 확인한다.
⑦ 재료를 지그에 고정한다.[그림 2-1 참조]

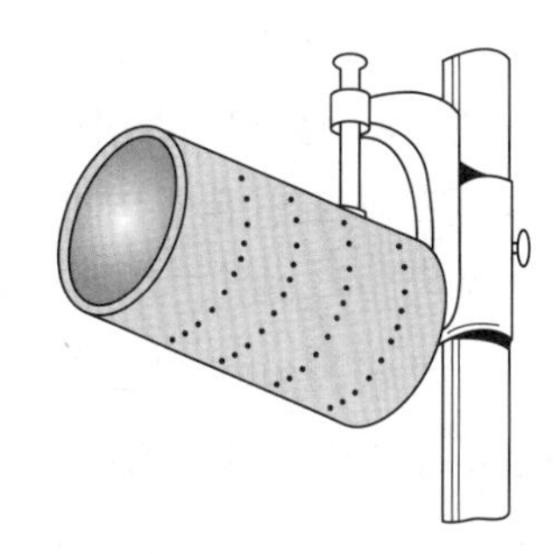

[그림 2-1] 파이프 지그의 고정법

2 불꽃을 조절한다.

① 산소 압력을 2~5kgf/cm^2, 아세틸렌 압력을 0.2~0.5kgf/cm^2 정도로 조절하고 예열 산소 밸브를 조금만 연다.
② 아세틸렌 밸브를 열면서 점화한다.
③ 먼저 탄화불꽃을 만든 후 선명한 백심인 표준불꽃(중성불꽃)이 나타날 때까지 조절한다.
④ 고압산소(산소절단 레버)를 열어 예열불꽃이 그대로 중성불꽃으로 유지되는지, 즉 절단 중에 변하지 않는지를 확인한다.

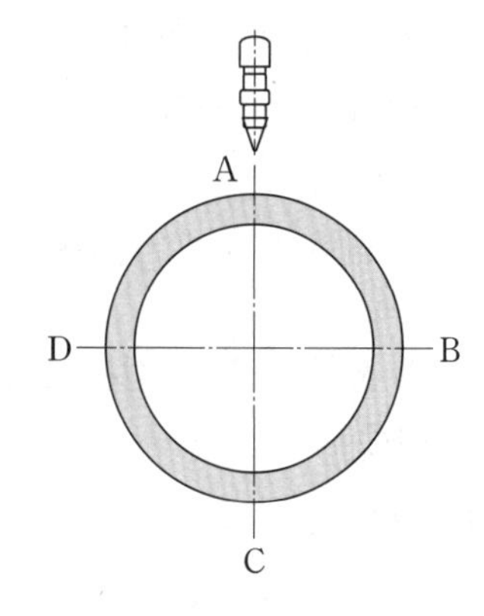

[그림 2-2] 파이프의 등분 및 시작점

3 예열한다.

① 파이프의 윗부분을 넓게 예열한다.
② 토치의 각도를 60°로 유지하고 [그림 2-2]의 A부분을 가열한다.
③ 백심의 끝에서 모재까지의 거리는 1~2mm 정도로 유지한다.[그림 2-3 참조]

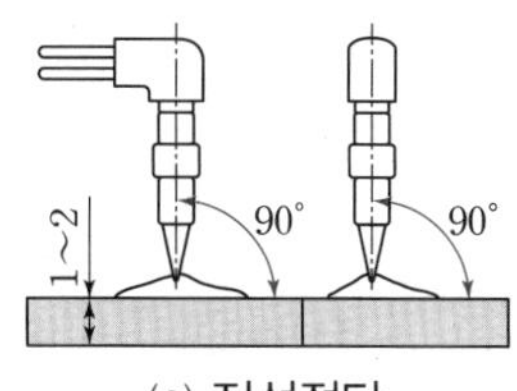

(a) 직선절단

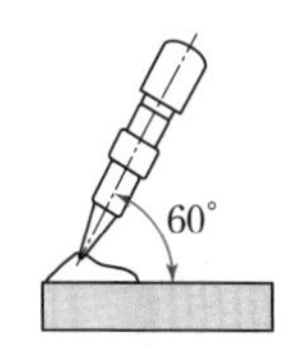

(b) 홈절단

[그림 2-3] 팁의 각도 및 간격

4 절단한다.

① 파이프를 A, B, C, D와 같이 4단계로 구분하여 절단한다.
② 고압산소 밸브를 천천히 열면서 절단팁을 파이프의 표면에서 약간 올려 주면서 절단 구멍을 만든다.
③ A점에서 토치의 각도를 60°로 유지하면서 B지점까지 천천히 절단해 내려간다.
④ 이때 절단팁의 중심은 항상 파이프의 중심을 향하도록 한다.
⑤ 파이프를 1/4등분을 한다.
⑥ 절단 순서는 A에서 B까지 절단한 다음 다시 B에서 C까지, C에서 D까지, D에서 A까지 차례로 절단한다.[그림 2-4 참조]
⑦ 이때 팁 속에 슬래그가 들어가는 것을 방지하여야 한다.
⑧ 고압산소 밸브를 잠근다.

5 토치의 불을 끈 후에 검사 및 반복작업 후 정리 정돈한다.

① 아세틸렌 밸브를 잠근다.
② 산소 밸브를 잠근다.
③ 절단면의 각을 측정하여 본다.
④ 절단면의 폭과 파형을 검사한다.
⑤ 치수가 도면과 맞는지를 검사한다.

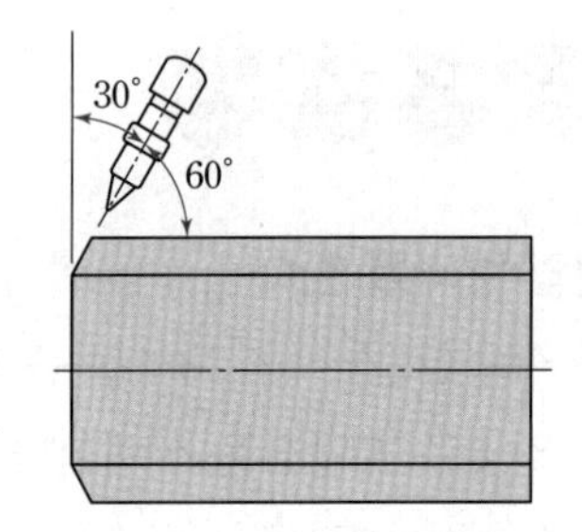

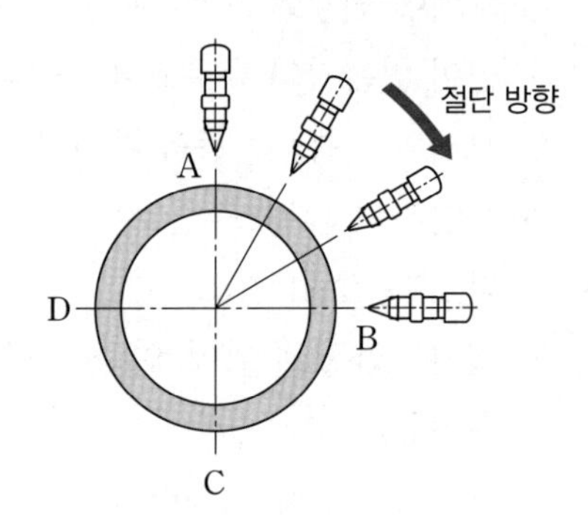

[그림 2-4] 파이프 절단 순서

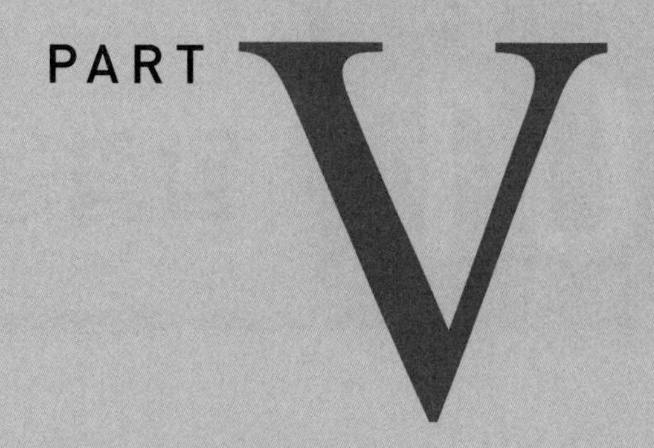

ISO INTERNATIONAL WELDING >>>

압력용기의 제작

01 압력용기의 제작 실습

▲ 압력용기의 제작

안전 및 유의 사항

① 용접기호가 표시되지 않은 모서리 및 필릿 용접부의 구조물 용접작업에서 각각 모서리 및 필릿으로 작업할 수 있고, 조립할 때는 밑판을 수평면으로 하여 용접선에 따라 용접작업을 한다.
② 구조물 용접 시에는 본용접을 시작하기 전에 반드시 구조물의 가접 및 조립 상태를 시험위원에게 검사를 받은 후에 본용접작업에 들어간다.

작 업 순 서

1 가접하기

(1) 도면을 보고 가접 순서를 결정한다.

① 밑판을 수평으로 놓고 정면과 배면의 위치를 금긋기를 한다.

② 마그네틱 등을 이용하여 밑판과 정면, 배면, 좌측면 및 우측면이 수직으로 놓일 수 있도록 한다.

(2) 가접을 한다.

① 가접은 E4316-ϕ3.2 용접봉으로 전류 130A 정도로 사용하나 가능한 한 높은 전류를 사용한다.

② 정면에 있는 파이프의 용접은 아래보기 상태로 하여 가접을 3개소 정도로 하는데, 특히 제품을 수평으로 놓았을 때 정면과 파이프가 만나는 부분의 위보기 자세로 용접되는 부분의 가접은 15mm 정도로 하고 나머지 부분은 10mm 정도로 한다.

③ 모서리가 만나는 부위는 누수의 위험이 있으므로 가접 시 유의하며 삼각형의 모양으로 가접하여 누수 등을 방지한다.

④ 가접을 마치고 나면 스패터 및 슬래그를 제거한 후 안티스패터를 뿌려 준다.

2 1차 비드를 완성한다.

(1) 용접 순서를 결정한다.

① 용접 순서는 우측면의 수평 모서리의 용접부터 한다. 수평 모서리를 용접할 때 모서리 부분의 1mm 정도만 남도록 하고 다 채울 수 있어야 한다.

[그림 1-1] 밑판 구성하기

[그림 1-2] 옆판 구성하기

[그림 1-3] 위판 구성하기

[그림 1-4] 가접 완성

② 차례로 수직 모서리를 용접하되 열영향을 고려하여 대칭적으로 용접을 진행할 수 있도록 하여야 한다.

(2) 전류를 조절한 후 1차 비드를 용접한다.

① 1차 전류는 E4316-ϕ4.0의 용접봉으로 전류 120~150A 가량으로 충분한 용입이 되게 한다. 일반적으로 수직 모서리가 가장 낮은 전류를 사용하며 수평 필릿 등이 가장 높은 전류를 사용한다.

② 파이프와 정면이 만나는 곳은 E4316-ϕ3.0 용접봉으로 전류 125A 정도로 하며 시작은 6시 방향의 가접의 위치보다 앞선 곳에서 시작한다.

③ 슬래그, 스패터 등을 브러시를 이용하여 깨끗이 제거한다.

④ 일반적으로 비드 넓이는 12~13mm 정도가 나올 수 있도록 용기 표면에 금긋기를 실시한다.

3 표면비드를 용접한다.

(1) 용접 순서는 1차 비드 용접할 때와 같은 방법으로 진행한다.

(2) 수평 모서리 표면의 용접하기

① 용접봉 ϕ3.2, 전류 120A 정도로 맞대기 수평비드를 용접하는 것처럼 용접봉은 90°로 홀더에 물리고 진행각은 75° 정도로 하되 가급적 적게 주며 진행한다.

② 수평 줄비드를 2줄 정도 용접하였을 경우 모재 위 용접선에서 1.5mm 정도가 남아야 3차 비드를 용접할 때 언더컷, 용입불량, 오버랩 등의 결함 발생이 적다.

[그림 1-5] 1차 비드 완성(Master)

[그림 1-6] 1차 비드 완성(Semi-Master)

③ 가급적 첫 줄보다는 두 번째 줄이, 두 번째 줄보다는 세 번째 줄의 작업각도를 크게 하여 용접한다.

④ 만일 2줄의 비드로 표면을 완성하고자 하면 2층 비드를 작은 반달형 또는 지그재그 형태의 운봉법으로 진행하고, 3층의 첫 줄과 두 번째 줄이 반씩 겹쳐질 수 있도록 용접을 진행한다.

(3) 수직 모서리 표면의 용접하기

① 용접봉 ϕ3.2, 전류 105~110A 정도로 중앙에서 머물지 말고 빠르게 진행하되 양쪽 끝에서는 반드시 0.5초 정도 멈춘다는 느낌으로 진행한다.

② 용접봉은 135° 정도로 하여 홀더에 물리고 진행각과 작업각 또한 수직 맞대기용접을 할 경우와 같게 하면 된다.

(4) 수직 필릿용접하기

① 용접봉 ϕ3.2, 전류 135A 정도로 하고 중간에는 머물지 말고 양쪽에서는 약간씩 머물면서 진행한다.

② 위빙을 하여 진행할 때 양쪽의 넓이는 똑같이 되도록 해야 하며, 만일 용접선이 작업자의 어깨와 일치하지 않을 때는 용기를 돌려 맞춘 후 용접선이 보이도록 하여야 한다.

(5) 수평 필릿용접하기

① 첫 줄은 용접봉 ϕ3.2, 전류 160A 정도로 진행각은 45°, 작업각은 75° 정도로 진행한다.

② 둘째 줄도 작업각은 70° 정도로 하고 이미 용접한 첫 줄의 반 정도만 덮을 수 있도록 용접을 진행한다. 하지만 용접속도를 조절

[그림 1-7] 압력용기 완성(Master)

[그림 1-8] 압력용기 완성(Semi-Master)

하여 충분한 다리 길이를 확보했다면 마지막 줄의 용접은 하지 않아도 된다.

③ 마지막 줄의 작업각은 50° 정도로 용접하며 다리 길이가 확보될 수 있도록 용접을 진행한다.

④ 크레이터 처리는 비드가 끝나기 직전 아크 길이를 짧게 하여 끝에서 용접 진행 방향의 반대로 위쪽으로 살짝 들어 올려 끊는다.

4 작업을 마무리한다.

① 용접기의 전원을 차단한다.

② 실습에 사용된 각종 공구 및 기구 등을 정리 정돈한다.

PART VI

ISO INTERNATIONAL WELDING >>>

작업형 공개도면

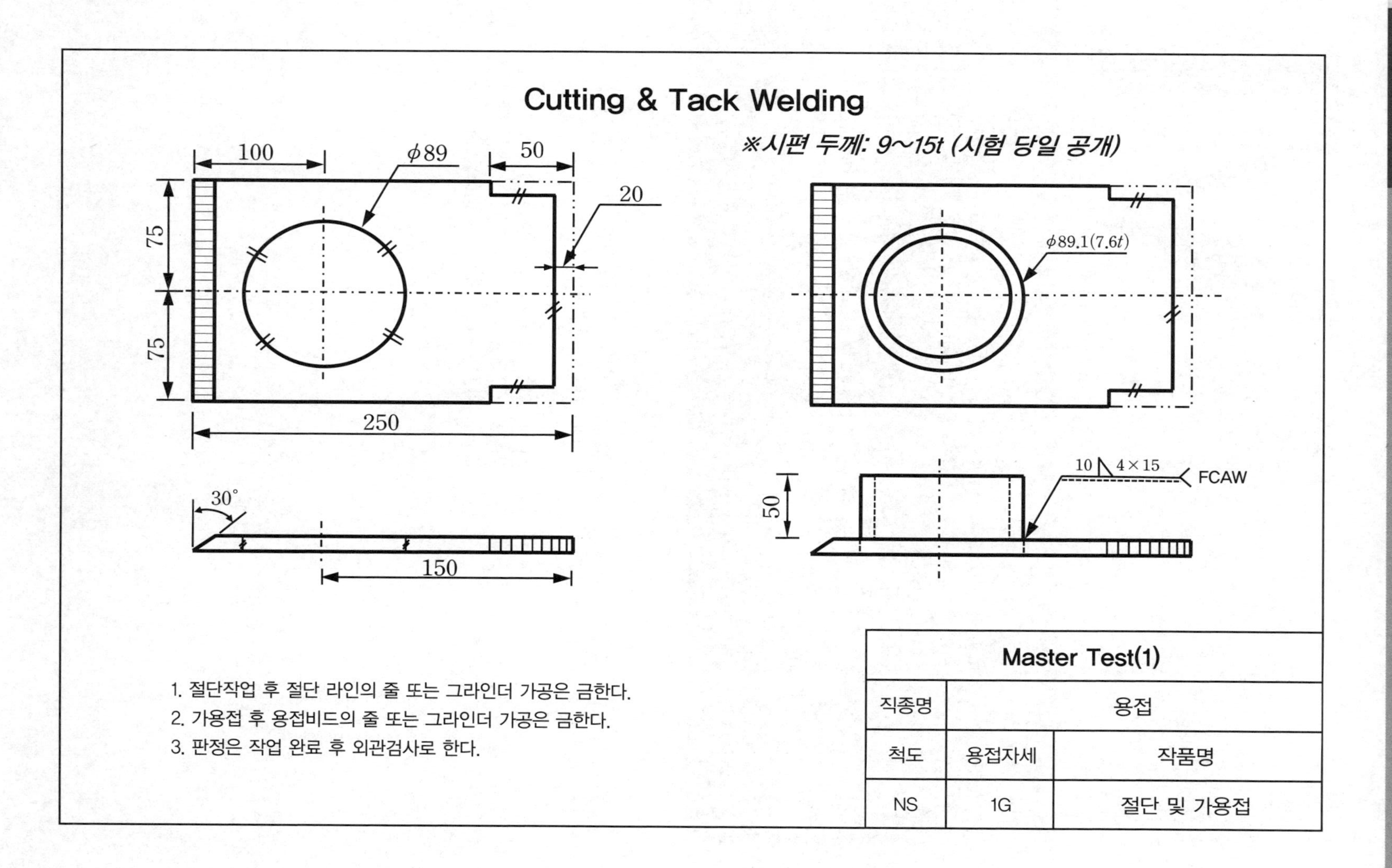
Cutting & Tack Welding
※시편 두께: 9~15t (시험 당일 공개)
100
φ89
50
20
75
75
250
30°
150
φ89.1(7.6t)
10
4×15
FCAW
50
Master Test(1)
직종명
용접
척도
용접자세
작품명
NS
1G
절단 및 가용접
1. 절단작업 후 절단 라인의 줄 또는 그라인더 가공은 금한다.
2. 가용접 후 용접비드의 줄 또는 그라인더 가공은 금한다.
3. 판정은 작업 완료 후 외관검사로 한다.

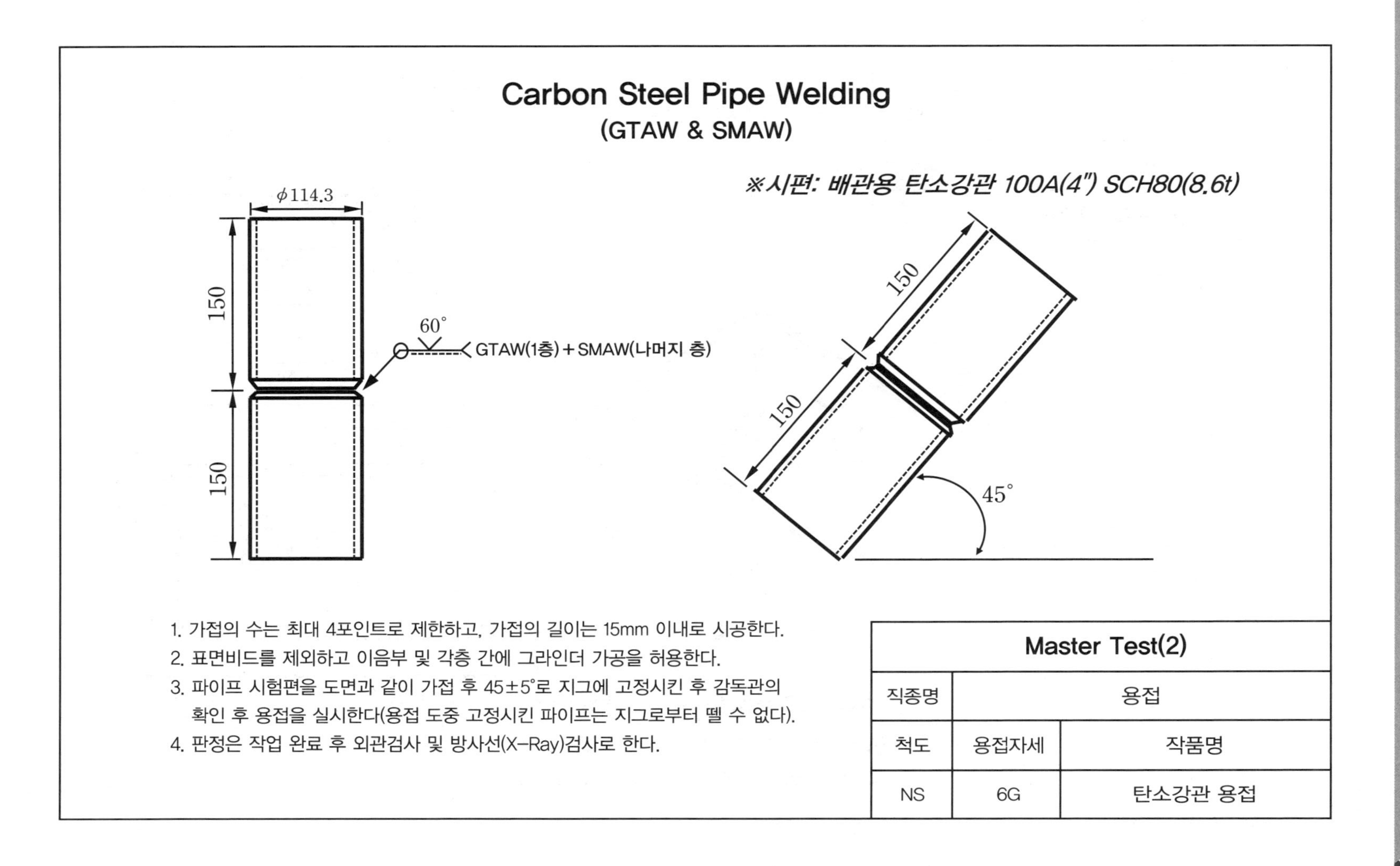

Carbon Steel Pipe Welding

(GTAW & SMAW)

※시편: 배관용 탄소강관 100A(4") SCH80(8.6t)

1. 가접의 수는 최대 4포인트로 제한하고, 가접의 길이는 15mm 이내로 시공한다.
2. 표면비드를 제외하고 이음부 및 각층 간에 그라인더 가공을 허용한다.
3. 파이프 시험편을 도면과 같이 가접 후 45±5°로 지그에 고정시킨 후 감독관의 확인 후 용접을 실시한다(용접 도중 고정시킨 파이프는 지그로부터 뗄 수 없다).
4. 판정은 작업 완료 후 외관검사 및 방사선(X-Ray)검사로 한다.

Master Test(2)		
직종명	용접	
척도	용접자세	작품명
NS	6G	탄소강관 용접

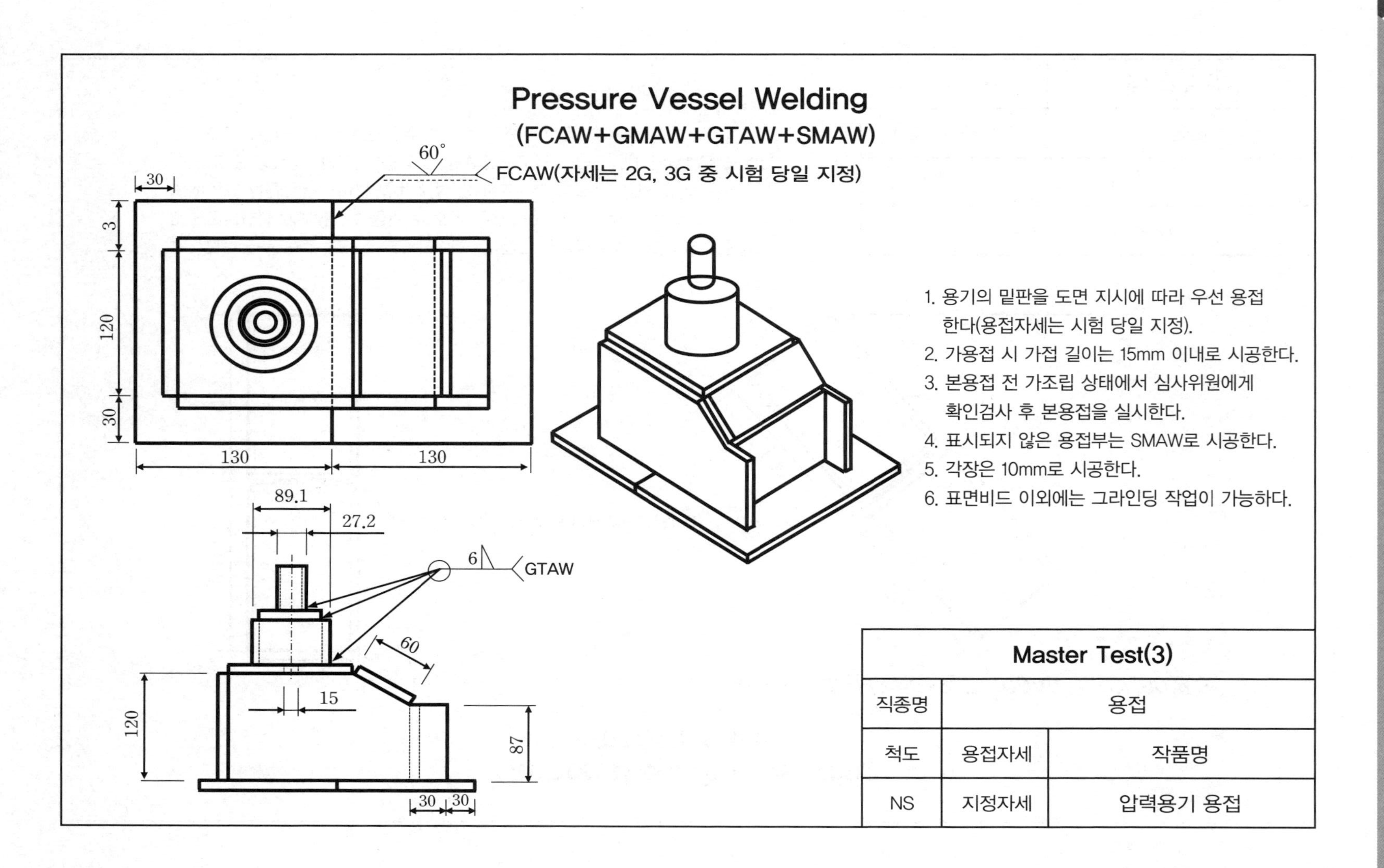

Master Test(3)		
직종명	용접	
척도	용접자세	작품명
NS	지정자세	압력용기 용접

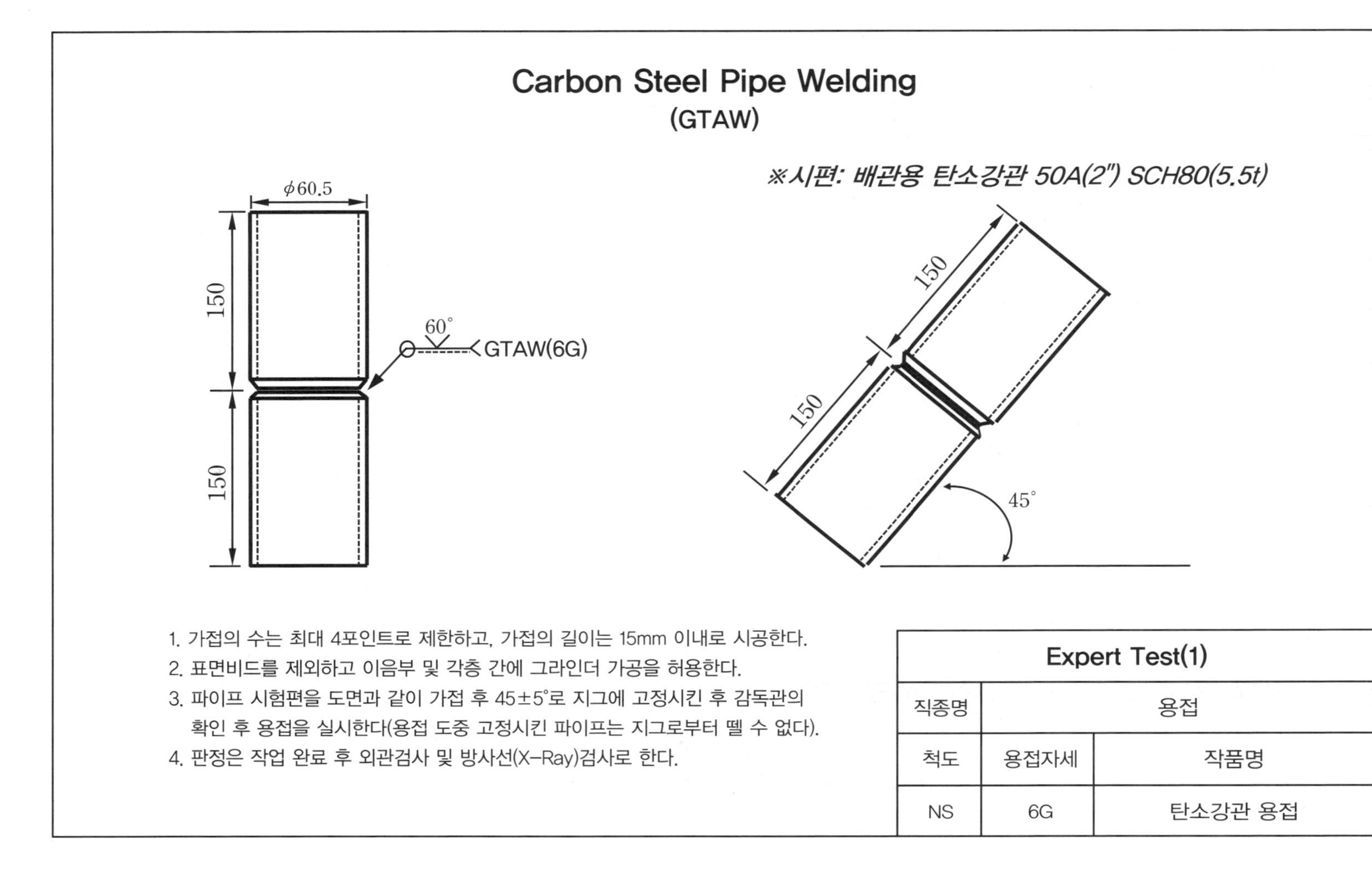

1. 가접의 수는 최대 4포인트로 제한하고, 가접의 길이는 15mm 이내로 시공한다.
2. 표면비드를 제외하고 이음부 및 각층 간에 그라인더 가공을 허용한다.
3. 파이프 시험편을 도면과 같이 가접 후 45±5°로 지그에 고정시킨 후 감독관의 확인 후 용접을 실시한다(용접 도중 고정시킨 파이프는 지그로부터 뗄 수 없다).
4. 판정은 작업 완료 후 외관검사 및 방사선(X-Ray)검사로 한다.

Expert Test(1)		
직종명	용접	
척도	용접자세	작품명
NS	6G	탄소강관 용접

Stainless Steel Pipe Welding
(GTAW)

※시편: 배관용 STS강관 150A(6") SCH80(11.0t)

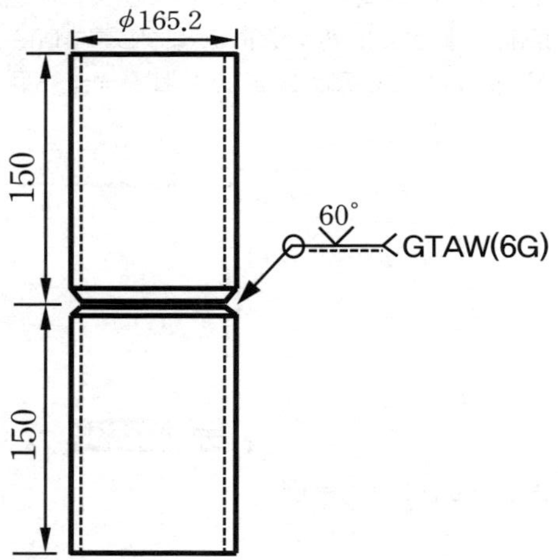

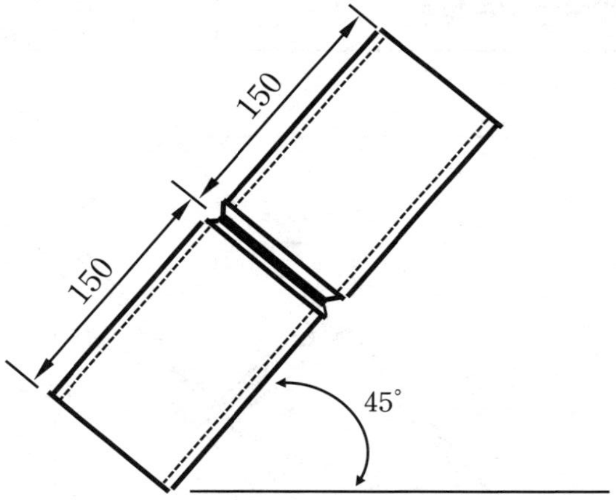

ϕ165.2
150
150
60°
GTAW(6G)
150
150
45°

1. 가접의 수는 최대 4포인트로 제한하고, 가접의 길이는 15mm 이내로 시공한다.
2. 표면비드를 제외하고 이음부 및 각층 간에 그라인더 가공을 허용한다.
3. 파이프 시험편을 도면과 같이 가접 후 45±5°로 지그에 고정시킨 후 감독관의 확인 후 용접을 실시한다(용접 도중 고정시킨 파이프는 지그로부터 뗄 수 없다).
4. 용접 중 가스 퍼징을 실시한다.
5. 판정은 작업 완료 후 외관검사 및 방사선(X-Ray)검사로 한다.

Expert Test(2)		
직종명	용접	
척도	용접자세	작품명
NS	6G	STS강관 용접

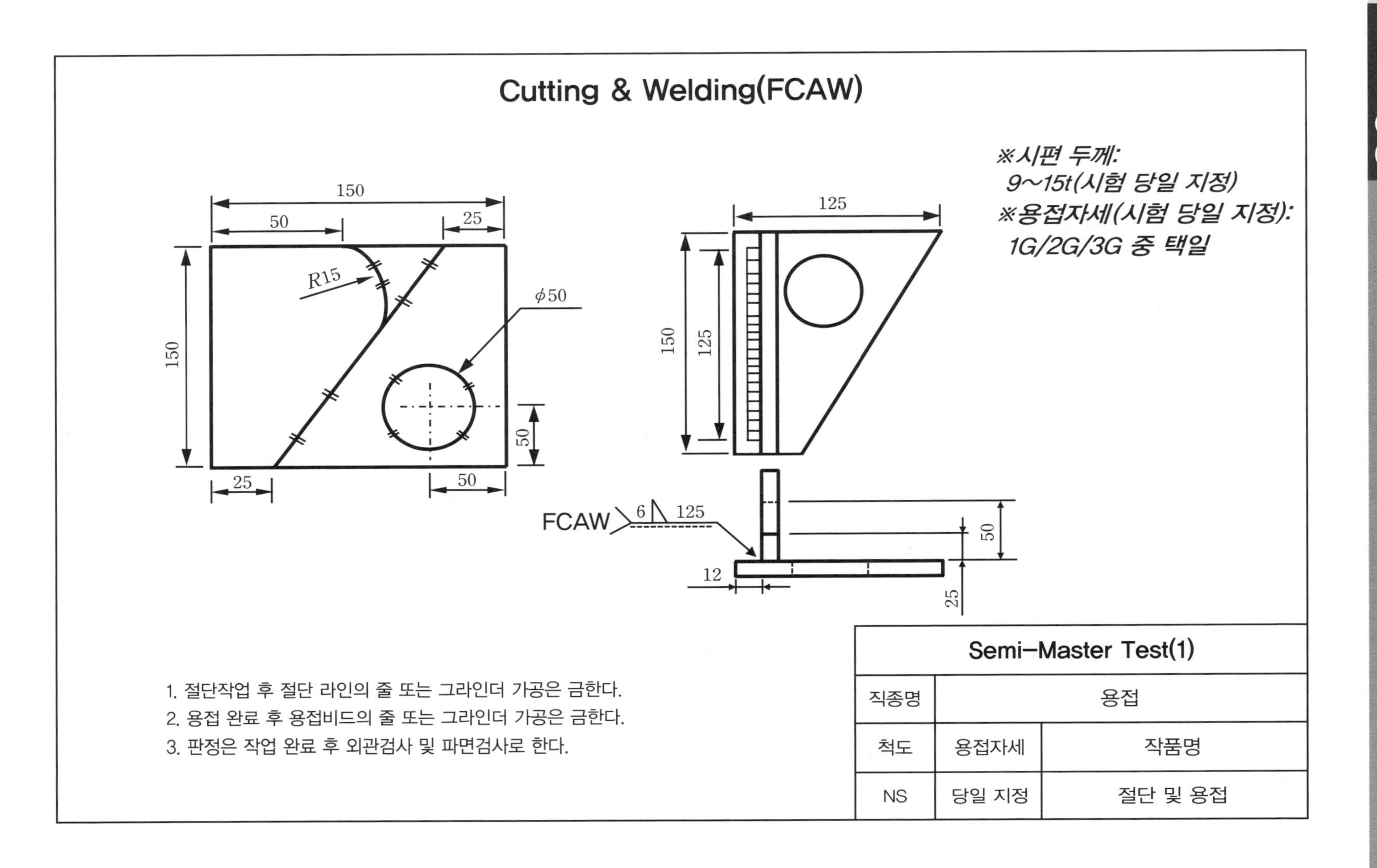
Cutting & Welding(FCAW)
※시편 두께:
9~15t(시험 당일 지정)
※용접자세(시험 당일 지정):
1G/2G/3G 중 택일
150
50
25
R15
φ50
125
FCAW
6
12
1. 절단작업 후 절단 라인의 줄 또는 그라인더 가공은 금한다.
2. 용접 완료 후 용접비드의 줄 또는 그라인더 가공은 금한다.
3. 판정은 작업 완료 후 외관검사 및 파면검사로 한다.
Semi-Master Test(1)
직종명
용접
척도
용접자세
작품명
NS
당일 지정
절단 및 용접

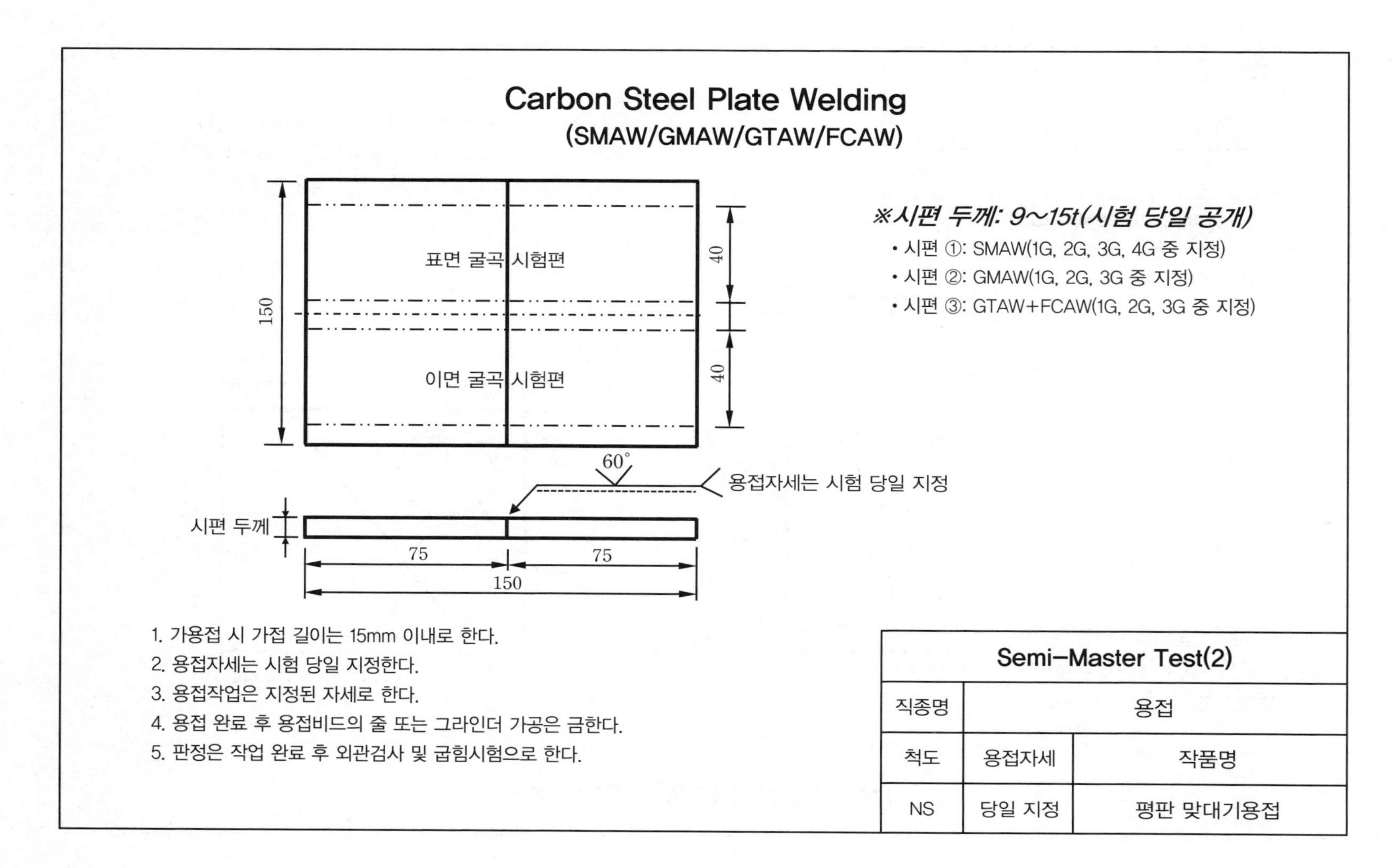
Carbon Steel Plate Welding
(SMAW/GMAW/GTAW/FCAW)
표면 굴곡 시험편
이면 굴곡 시험편
150
40
40
60°
용접자세는 시험 당일 지정
시편 두께
75
75
150
※시편 두께: 9~15t(시험 당일 공개)
• 시편 ①: SMAW(1G, 2G, 3G, 4G 중 지정)
• 시편 ②: GMAW(1G, 2G, 3G 중 지정)
• 시편 ③: GTAW+FCAW(1G, 2G, 3G 중 지정)
1. 가용접 시 가접 길이는 15mm 이내로 한다.
2. 용접자세는 시험 당일 지정한다.
3. 용접작업은 지정된 자세로 한다.
4. 용접 완료 후 용접비드의 줄 또는 그라인더 가공은 금한다.
5. 판정은 작업 완료 후 외관검사 및 굽힘시험으로 한다.
Semi-Master Test(2)
직종명
용접
척도
용접자세
작품명
NS
당일 지정
평판 맞대기용접

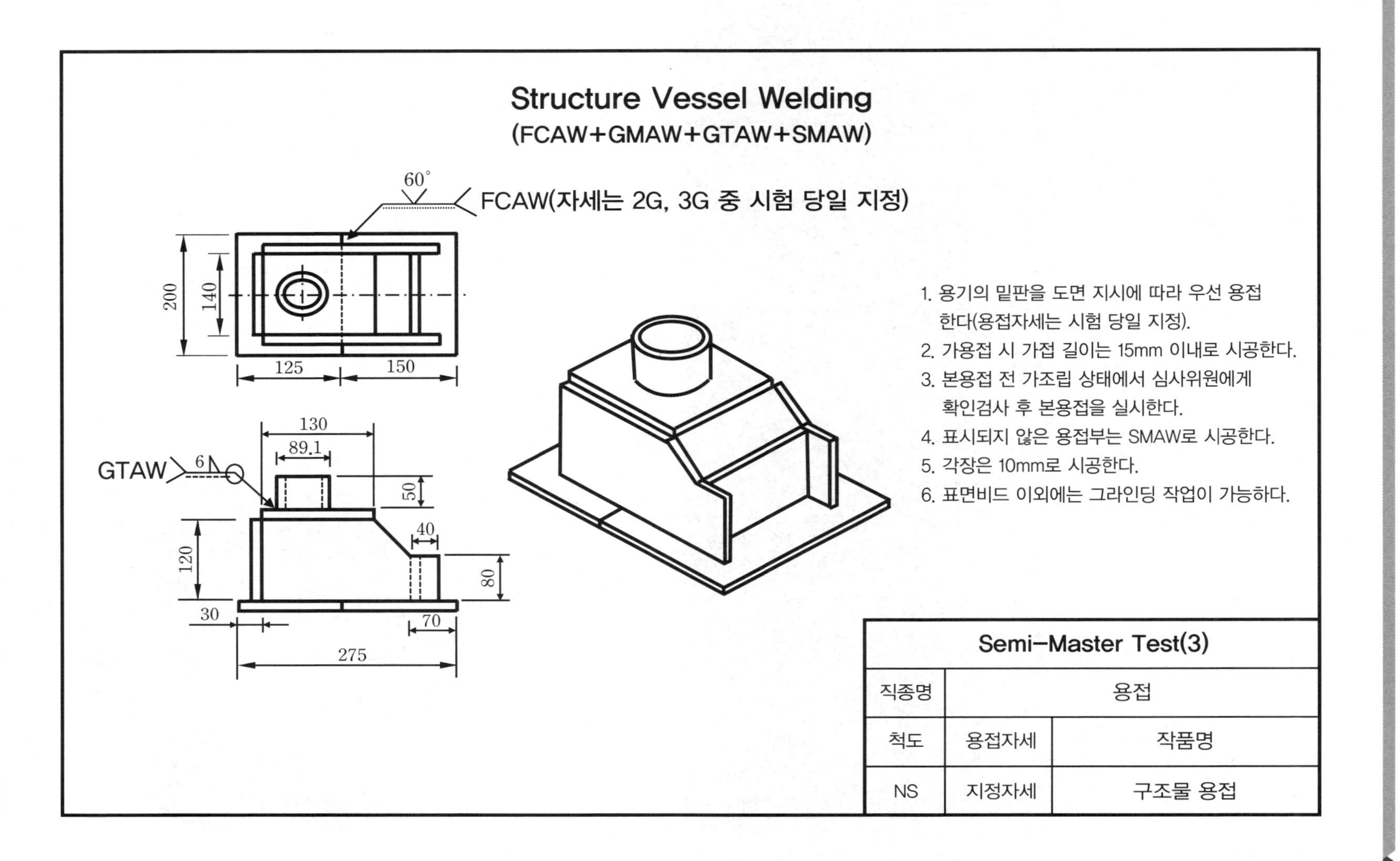
Structure Vessel Welding
(FCAW+GMAW+GTAW+SMAW)
60°
FCAW(자세는 2G, 3G 중 시험 당일 지정)
200
140
125
150
130
89.1
GTAW
6
50
40
120
80
30
70
275
1. 용기의 밑판을 도면 지시에 따라 우선 용접
한다(용접자세는 시험 당일 지정).
2. 가용접 시 가접 길이는 15mm 이내로 시공한다.
3. 본용접 전 가조립 상태에서 심사위원에게
확인검사 후 본용접을 실시한다.
4. 표시되지 않은 용접부는 SMAW로 시공한다.
5. 각장은 10mm로 시공한다.
6. 표면비드 이외에는 그라인딩 작업이 가능하다.
Semi-Master Test(3)
직종명
용접
척도
용접자세
작품명
NS
지정자세
구조물 용접

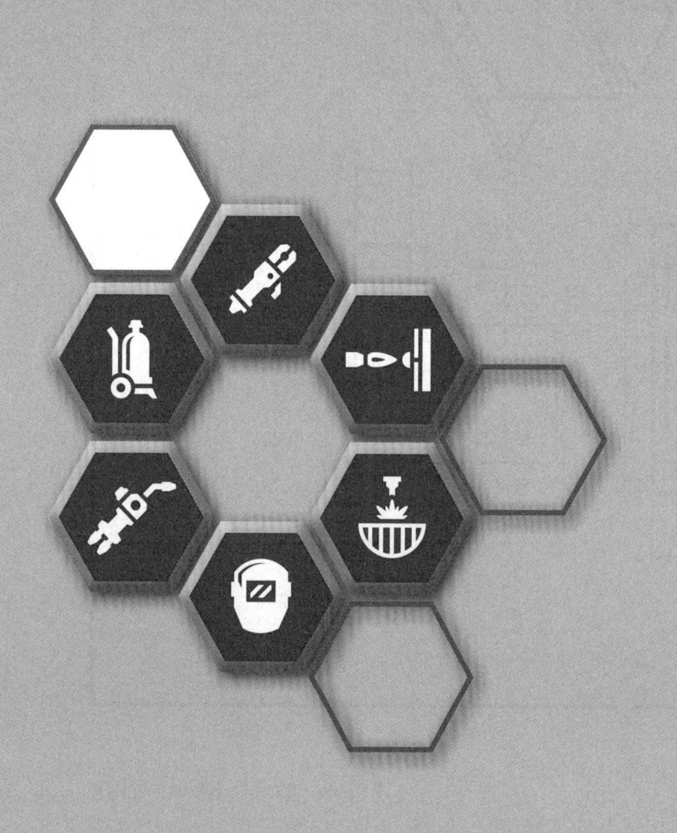

[부록편]

ISO INTERNATIONAL WELDING >>>

- 선급 및 용접사 자격 규정
- 용접 관련 ISO 주요 규격
- 참고문헌 및 자료
- 실전 모의고사

ISO INTERNATIONAL WELDING

ISO INTERNATIONAL WELDING >>>

선급 및 용접사 자격 규정

※ 본 내용은 NCS 국가직무능력표준의 '용접/피복아크용접/본용접작업' 및 한국산업인력공단에서 발간된 '특수용접'의 부록편에 수록된 내용을 그대로 인용한 것입니다.

01 선급 및 용접협회 자격 분야

산업의 발달과 더불어 용접 분야의 급속한 기술 향상으로 우리나라에서도 외국의 많은 공사장에 진출하게 되고 이에 따라 각국의 해당 자격을 취득해야 하는 경우가 많아졌다.

용접에 관한 자격시험으로는 해당 용접 시공법에 대한 인정시험과 용접사 및 용접 관계자 자격시험 등 두 가지가 있다. 이들 시험에 대해서는 무엇보다 해당 규격을 입수하여 면면이 검토하고 이해하는 것이 선결요건이므로 여기서는 산업현장에서 주로 적용되고 있는 AWS(미국용접협회), ASME(미국기계기술자협회), DNV(노르웨이선급협회), ABS(미국선급협회) 등에 관한 시험편 규격 및 규정에 대하여 설명하기로 한다.

아래 표는 용접 관계 규격기호를 나타낸다.

▶ 용접 관계 규격기호

KS	한국산업규격(Korean industrial Standard)
KR	한국선급협회(Korean Register of shipping)
AWS	미국용접협회(American Welding Society)
ASME	미국기계기술자협회(American Society of Mechanical Engineers)
DNV	노르웨이선급협회(Det Norske Veritas)
ABS	미국선급협회(American Bureau of Shipping)
API	미국석유협회(American Petroleum Institute)
IIW	국제용접협회(International Institute of Welding)
NK	일본해사협회(Nippon Kaiji Kyokai)
LR	영국선급협회(Lloyd Register of shipping)
BV	프랑스선급협회(Bureau Veritas)
USCG	미국해안경비대(United States Coast Guard)
ASTM	미국재료시험협회(American Society for Testing and Materials)

02 AWS(미국용접협회) 자격 규정

미국에서 가장 권위를 인정받고 있는 AWS 규정은 대개 ASME(미국기계기술자협회)나 API(미국석유협회) 등의 규정과 서로 상통하기 때문에 더욱 크게 인정받고 있다. 이음 형태에 따른 등급약호는 아래 표와 같다.

▶ 이음 형태에 따른 등급약호

이음 형태	등급약호	용접자세	이음 형태	등급약호	용접자세	이음 형태	등급약호	용접자세
평판 용접	1G	아래보기	필릿 용접	1F	아래보기	파이프 및 튜브 용접	1G	아래보기 (수평 회전)
	2G	수평		2F	수평		2G	수평 (수직 고정)
	3G	수직		3F	수직		5G	전 자세 (수평 고정)
	4G	위보기		4F	위보기		6G	전 자세 (45° 고정)
	–	–		–	–		6GR	전 자세 (45° 고정)

1 용접자세 및 이음 형태의 종류

(1) 평판(plate) 용접자세

① 1G(아래보기 자세) ② 2G(수평 자세) ③ 3G(수직 자세) ④ 4G(위보기 자세)

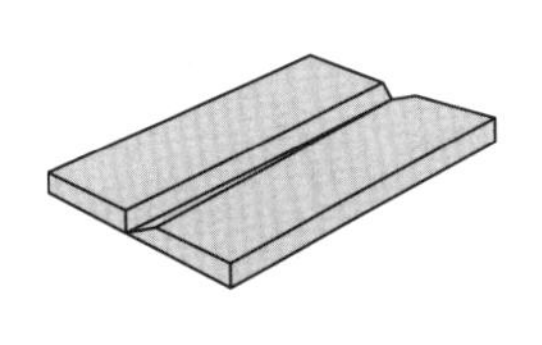

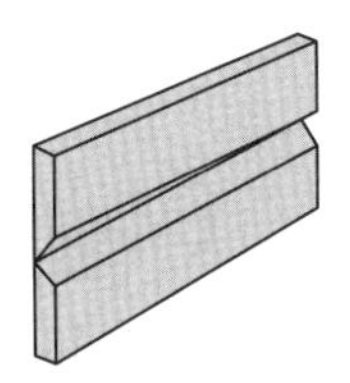

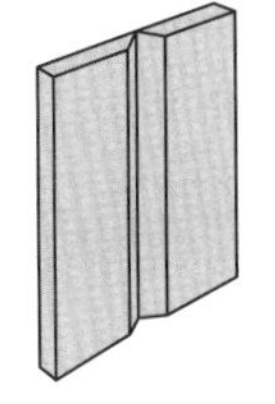

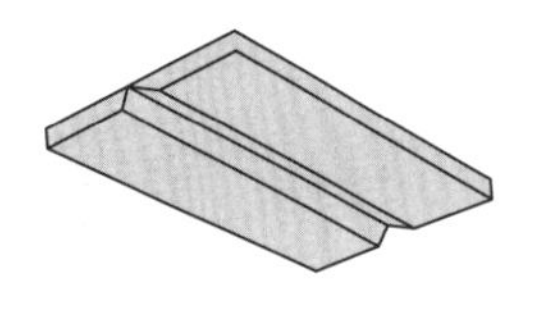

(2) 파이프 및 튜브 용접자세

① 1G(아래보기 자세): 수평 고정

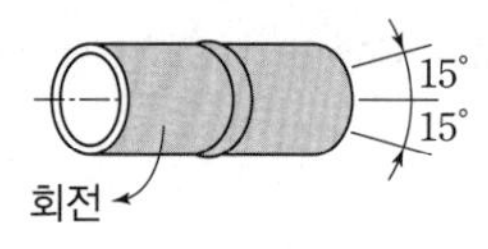

② 2G(수평 자세): 수직 고정

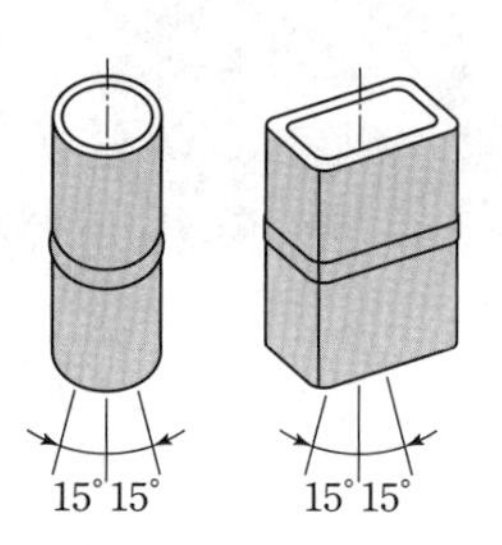

③ 5G(전 자세): 수평 고정

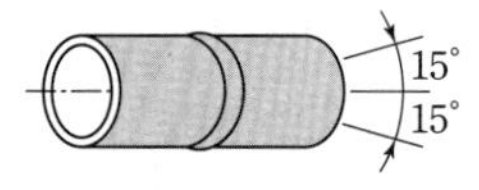

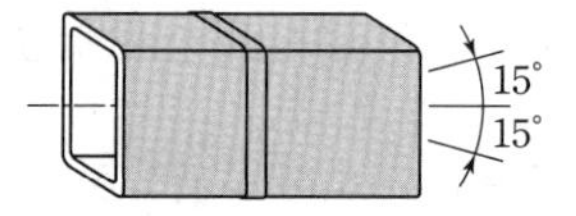

④ 6G(전 자세): 45°

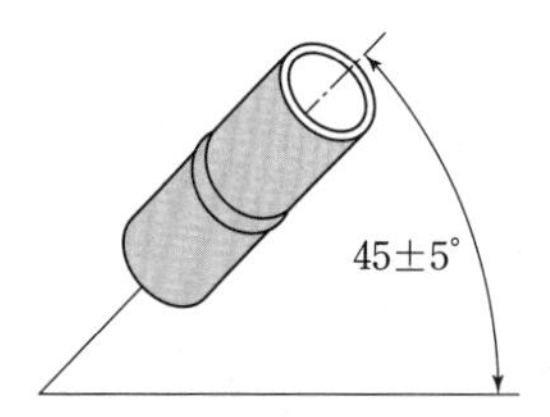

⑤ 6GR(전 자세): 45° 고정

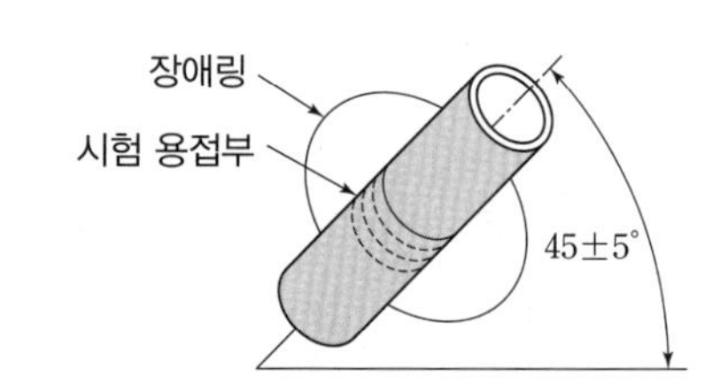

(3) 필릿용접자세

① 1F(아래보기 자세)

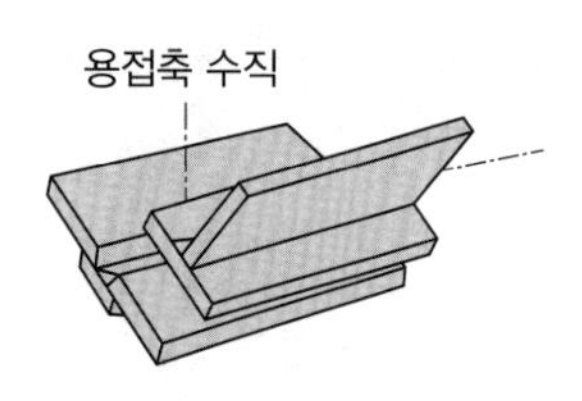

② 2F(수평 자세)

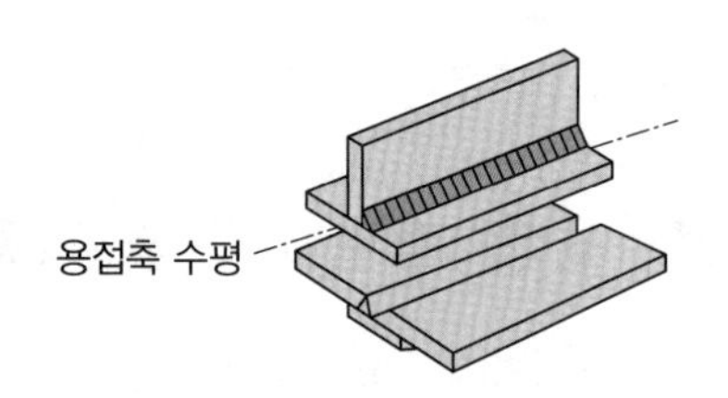

③ 3F(수직 자세)

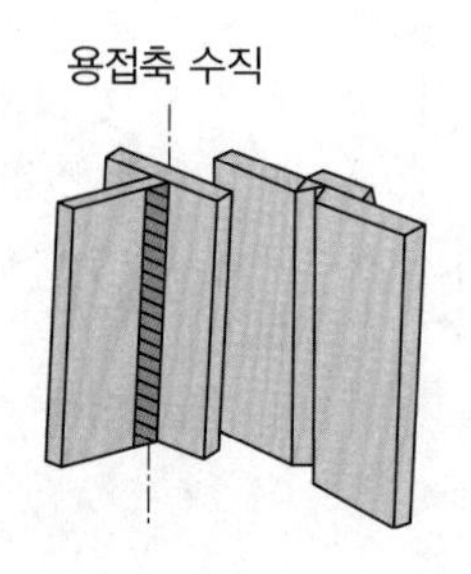

④ 4F(위보기 자세)

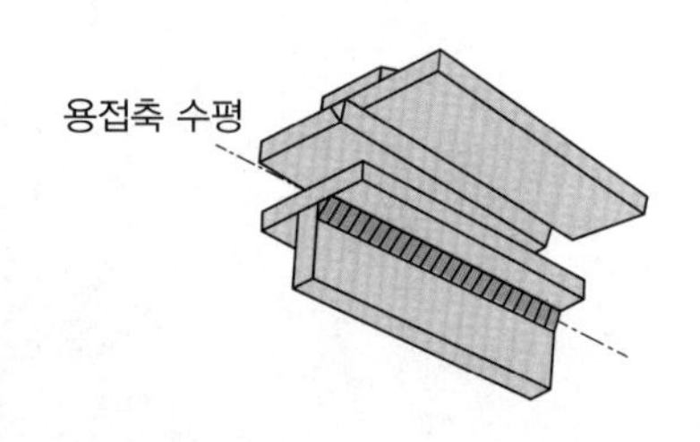

2 시험편 규격

- AWS 1G · 2G · 3G · 4G의 평판용접에서는 제한 두께와 무제한 두께로 분류하며, 제한 두께의 자격에 합격하게 되면 판 두께 19mm까지로 제한을 받게 된다. 그러나 무제한 두께의 자격에 합격하게 되면 합격된 자세의 용접에서 철판 두께에 관계없이 용접할 수 있다.
- 수동 및 반자동 용접사 자격시험을 분류하면 무제한 두께의 평판 맞대기 홈용접, 제한 두께의 평판 맞대기 홈용접, 필릿용접, 플러그용접, 파이프 또는 튜브의 T형 · K형 · Y형 접속부 맞대기 홈용접 등으로 나눌 수 있다.

(1) 제한 및 무제한 두께의 맞대기 홈용접의 시험편 규격

① 제한급에서의 굽힘시험은 표면 · 이면굽힘으로 하고, 무제한급에서는 모두 측면굽힘으로 판정한다(형틀 굽힘시험 대신 방사선투과시험을 할 수 있다).

② 시험편을 180° 굽혀서 3.2mm(1/8″) 이상의 결함이 생기지 않으면 합격이다.

③ 모서리에 생긴 균열은 채점에서 제외된다.

④ 용접부 내에는 가용접을 하지 않는다.

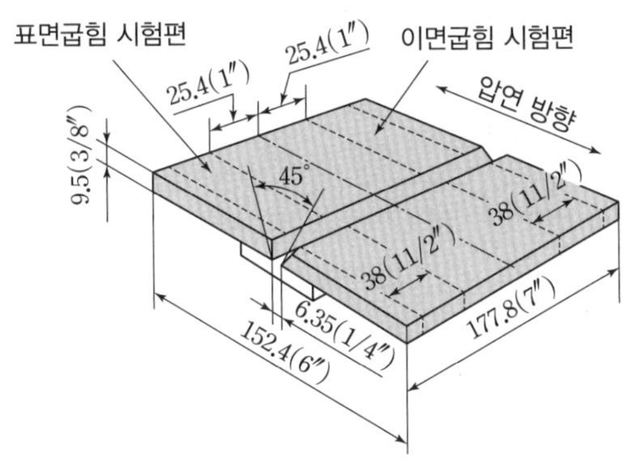

(a) 제한급 두께의 시험편 규격(전 자세 적용)

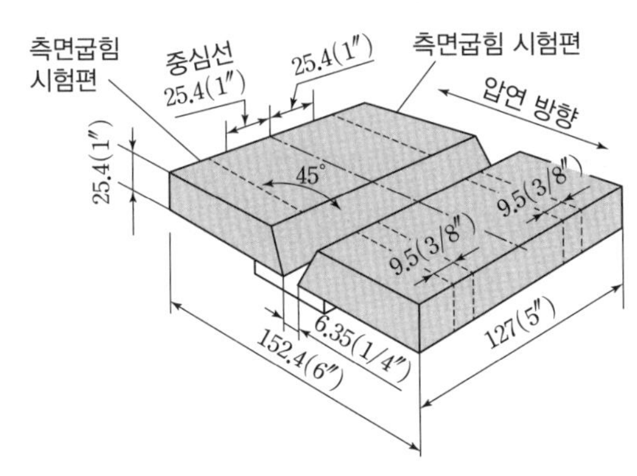

(b) 무제한급 두께의 시험편 규격(전 자세 적용)

▲ AWS 규정 제한 및 무제한 두께의 맞대기 홈용접의 시험편 규격

(2) 평판의 자동용접의 시험편 규격(1G)

① 자동용접장치를 조정하여 용접하는 기능시험은 다음과 같다.

- 시공법 인정시험에 합격하면 기능시험에도 합격된 것으로 한다.
- 판 두께 25.4mm(1″) 이상의 것으로 합격하면 모든 두께의 것에 합격한 것으로 간주한다.

② 판정시험은 형틀 굽힘시험 대신 방사선투과시험을 할 수 있다[굽힘시험 시 180° 굽혀서 표면에 균열 및 기타 결함이 3.2mm(1/8″) 초과하지 않으면 합격이다].

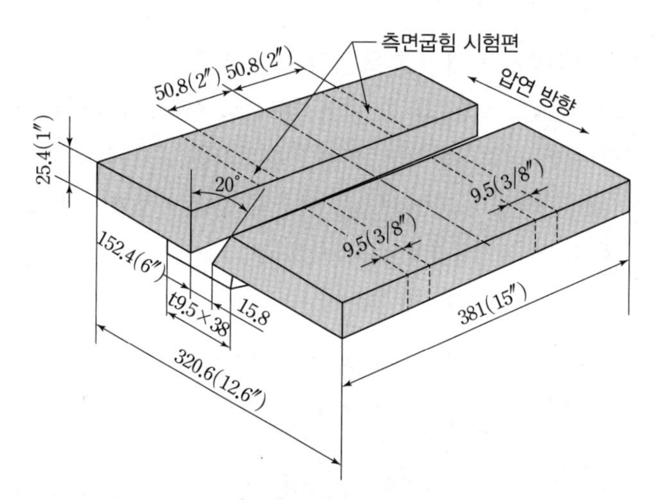

※ 방사선투과시험의 경우 백플레이트 = t9.5×76.2 사용

▲ AWS 자동용접의 시험편 규격

(3) 무제한 두께의 필릿용접 시험편 규격

① 육안검사 시 오버랩, 균열, 언더컷 등 표면결함이 없어야 한다.

② 152.4mm(6″) 길이의 중심시험편을 밖으로 젖히어 파단시킨 다음 용착부 파단면을 검사하여 이음의 루트까지 완전용입이 되어야 하며, 기포나 슬래그 혼입이 2.3mm(3/32″) 이상이면 불합격이다.

③ 용착부가 파단되지 않고, 모재가 휘어지는 경우는 무조건 합격이다.

④ 에칭시험에서 용입이 루트까지 미쳐야 하고 볼록도와 오목도가 4.7mm(3/16″) 이하여야 하며 다리 길이의 차가 3.1mm(1/8") 이하여야 한다.

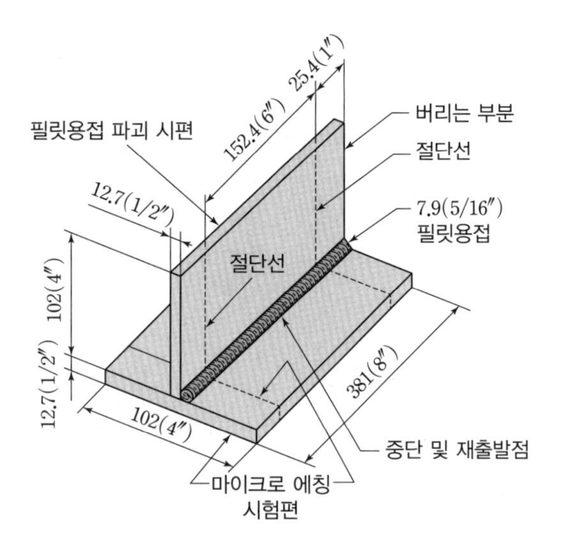

▲ AWS 무제한 두께의 필릿용접 시험편 규격

(4) 전 자세(6GR) 시험편 규격

① 내경이 큰 파이프와 작은 파이프와의 차이는 4.8mm(3/16″) 이상 차이가 나는 것을 사용한다[내경이 큰 것의 두께는 최소 12.7mm(1/2″) 이상].

② 이때 홈의 각도는 37.50°, 루트 간격은 3.2mm(1/8″)로 한다.

③ 파이프 가용접 후 다음 그림(390쪽 위의 그림)과 같이 45±5°로 고정한다(용접 도중 고정시킨 파이프는 지그로부터 뗄 수 없다).

④ 판정시험은 방사선투과시험(RT) 또는 측면 굴곡으로 한다.

⑤ 장애링(restriction ring)은 용접자세를 어렵게 하기 위한 것이다.

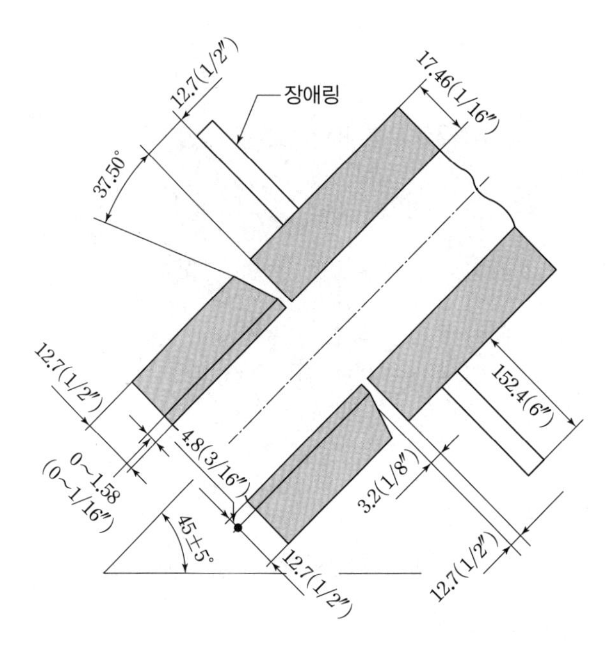

▲ AWS 6GR 시험편 규격

(5) 취부사(tack welder) 자격 시험편 규격

① 용접봉은 선급협회가 인정한 용접봉을 사용하며, 용접자세는 수직(상진)으로 한다.

② 오버랩, 크랙 그리고 지나친 언더컷이 없어야 한다.

③ 표면상 보이는 부분에 다공성(porosity)이 없어야 한다.

④ 용입 부족과 다공성은 최대 2.4mm(3/32″) 이하여야 한다.

⑤ 합격 판정은 위 사항에 부합되면 외관검사 후 다음 그림의 (b)와 같이 파괴시험한다.

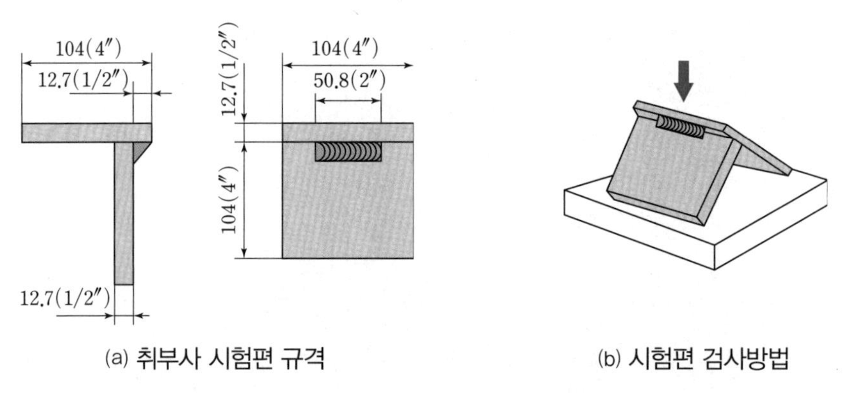

(a) 취부사 시험편 규격

(b) 시험편 검사방법

▲ Tack welder 시험편 규격 및 검사방법

3 용접사 자격에 대한 용접자세의 승인 한계

자격시험 등급		인정 용접자세 및 용접 형태			
		평판(plate)		파이프(pipe)	
등급		홈용접	필릿용접	홈용접	필릿용접
평판으로 시험할 경우	1G	F	F	F	F
	2G	F, H	F, H	F, H	F, H
	3G	F, H, V	F, H, V	F, H, V	F, H, V
	4G	F, OH	F, OH	–	H
	3G 또는 4G	AP	AP	–	F, H
파이프로 시험할 경우	1G	F	F, H	F	F, H
	2G	F, H	F, H	F	F, H
	5G	F, V, OH	F, V, OH	F, V, OH	F, V, OH
	6G	AP	AP	AP	AP
	2G 또는 5G	AP	AP	AP	AP
	6GR	AP	AP	AP	AP

※ F: 아래보기 자세, H: 수평 자세, V: 수직 자세, OH: 위보기 자세, AP: 전 자세

4 AWS 코드에 따른 자격 등급별 허용 범위

(1) AWS(LR, BV) 평판으로 시험할 경우

구분 / 시험 시편 두께	작업 허용 범위					
	평판		파이프			
	최소(min)	최대(max)	두께		외경	
			최소(min)	최대(max)	최소(min)	최대(max)
9.5mm	해당 없음 (NA)	19.1mm	해당 없음 (NA)	19.1mm	600mm(24″)	무제한 (unlim)
9.5mm 이상 25.4mm 미만	실 시험 시편 두께의 1/2	실 시험 시편 두께의 1/2	실 시험 시편 두께의 1/2	실 시험 시편 두께의 1/2	600mm(24″)	무제한 (unlim)
25.4mm 이상	해당 없음 (NA)	무제한 (unlim)	해당 없음 (NA)	무제한 (unlim)	600mm(24″)	무제한 (unlim)

(2) AWS(LR, BV) 파이프로 시험할 경우

시험 시편 두께 \ 구분	작업 허용 범위					
	평판		파이프			
			두께		외경	
	최소(min)	최대(max)	최소(min)	최대(max)	최소(min)	최대(max)
2″ SCH80 또는 3″ SCH 40	3.2mm	17.1mm	3.2mm	17.1mm	해당 없음 (NA)	100mm(4″)
6″ SCH120 또는 8″ SCH80	4.7mm	무제한 (unlim)	4.7mm	무제한 (unlim)	100mm(4″)	무제한 (unlim)
8″ SCH80 +120(6GR)	해당 없음 (NA)	무제한 (unlim)	해당 없음 (NA)	무제한 (unlim)	해당 없음 (NA)	무제한 (unlim)

5 파이프 및 튜브 용접 시험편의 검사방법

① 1G 및 2G 자세에서는 약 180° 떨어진 임의의 두 위치에서 2개의 시험편을 채취하여 표면굽힘과 이면굽힘을 한다[파이프 두께 9.5mm(3/8″) 이상에서는 모두 측면굽힘을 시험한다].

② 5G와 6G 자세에서는 다음 그림과 같이 4개의 측면굽힘 시험편을 만든다.

③ 형틀 굽힘시험 시 용접부가 받침의 중심에 오도록 하고, 표면굽힘은 용접 표면이 아래로 가게 하며, 이면굽힘은 용접 표면이 위로 오게 한다. 또 측면굽힘은 조금이라도 결함이 많은 쪽이 아래로 향하게 놓는다.

④ 굽힘시험 대신 방사선투과시험을 대신할 수도 있다.

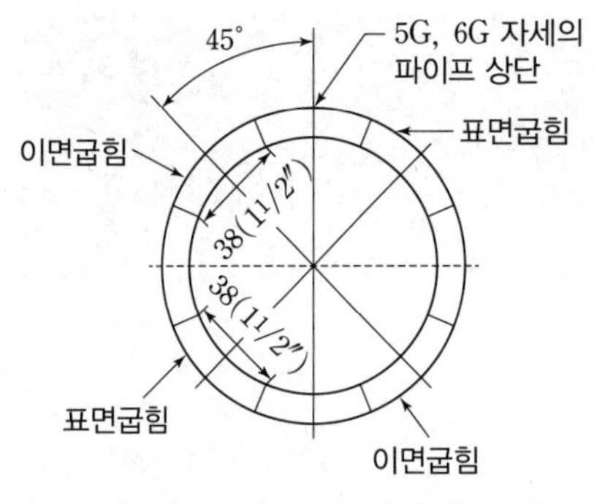

(a) 파이프 두께 9.5mm(3/8″) 이하

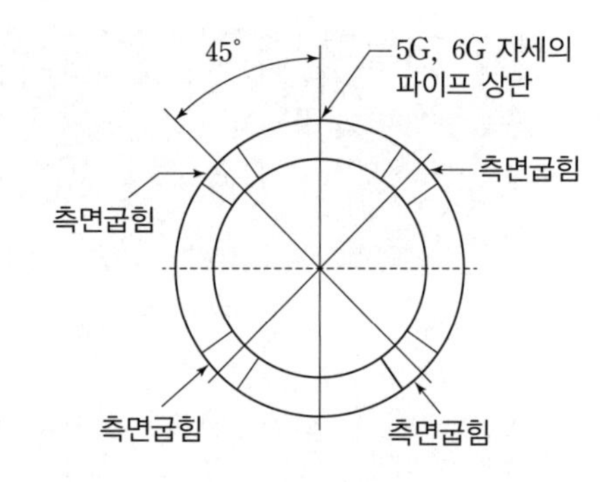

(b) 파이프 두께 9.5mm(3/8″) 이상

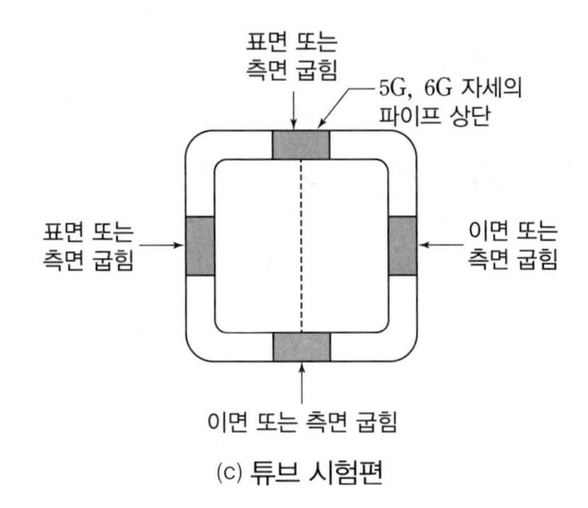

(c) 튜브 시험편

▲ 5G, 6G 자세의 파이프 및 튜브 용접 시험편의 채취 위치

03 ASME(미국기계기술자협회) 자격 규정

AWS(미국용접협회) 규정과 함께 잘 알려진 용접에 관한 규정의 하나가 바로 ASME 규정이다. 이 규정은 보일러 및 고압용기에 대한 규정으로서 시공법의 인정시험과 용접사의 기능시험으로 구분되어 있다.

1 용접자세 및 이음 형태의 종류

(1) 이음 형태에 따른 등급약호

이음 형태	등급약호	용접자세	이음 형태	등급약호	용접자세	이음 형태	등급약호	용접자세
평판 용접	1G	아래보기	필릿 용접	1F	아래보기	파이프 및 튜브용접	1G	아래보기 (수평 회전)
	2G	수평		2F	수평		2G	수평 (수직 고정)
	3G	수직		3F	수직		5G	전 자세 (수평 고정)
	4G	위보기		4F	위보기		6G	전 자세 (45° 고정)

(2) 파이프 필릿용접자세

① 1FR(아래보기 자세): 45°

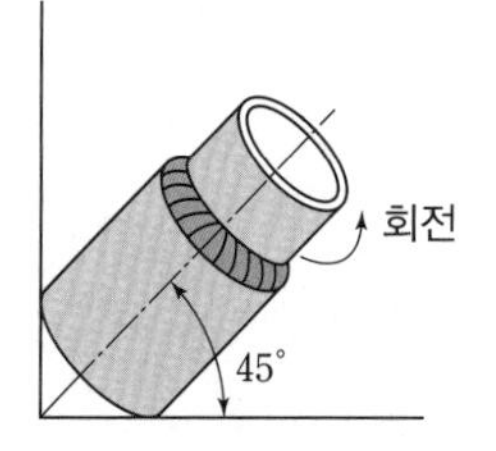

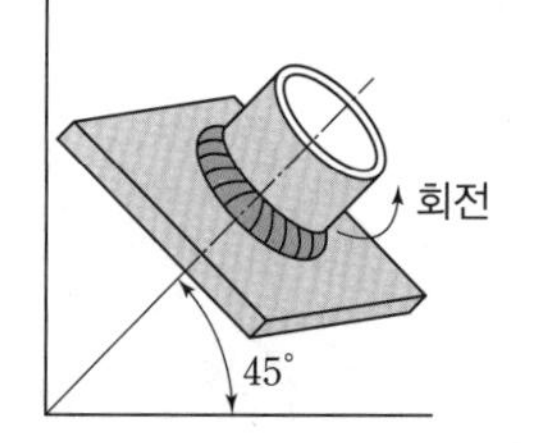

② 2F(수평 자세): 수직 고정

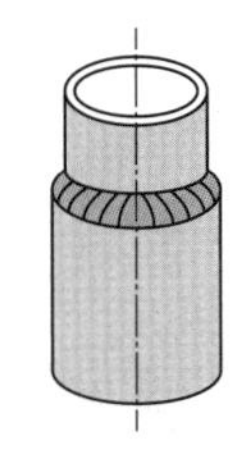
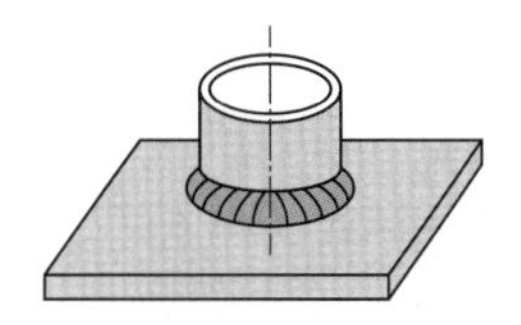

③ 2FR(수평 자세): 수평 회전

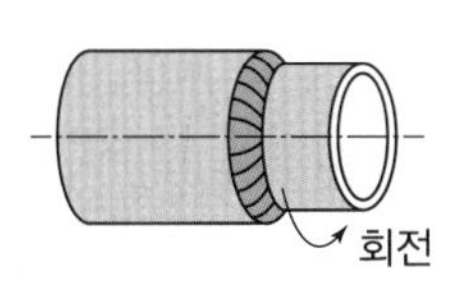

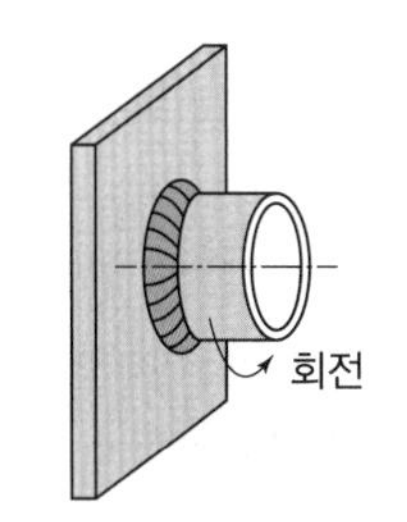

④ 4F(위보기 자세): 수직 고정

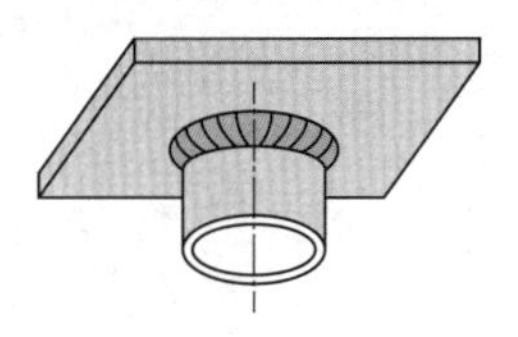
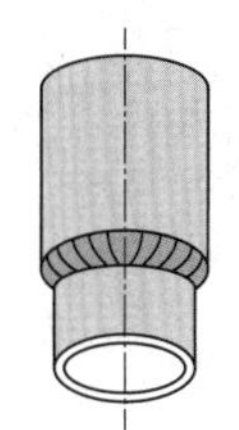

⑤ 5F(전 자세): 수평 고정

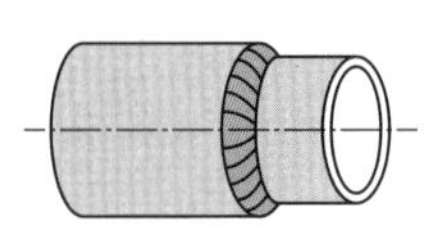
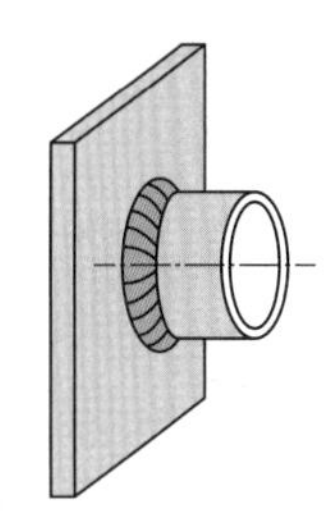

2 시험편의 규격

① 용접을 위한 시험편은 평판(plate), 파이프(pipe) 또는 다른 어떤 제품의 형상이 될 수 있다.

② 1개의 시험편에 2G와 5G를 동시에 검정받아 파이프에 대한 모든 자세의 자격을 받고자 할 때는 150mm(6″), 200mm(8″), 250mm(10″) 또는 그 이상 크기의 파이프를 사용하여 시험편을 만들어야 한다.

③ 맞대기용접에서 양면 홈이음이나 백킹(backing)을 대는 단면 홈용접은 용접작업 표준에 따르거나 본 규정의 표준시험이음법에 의한다.

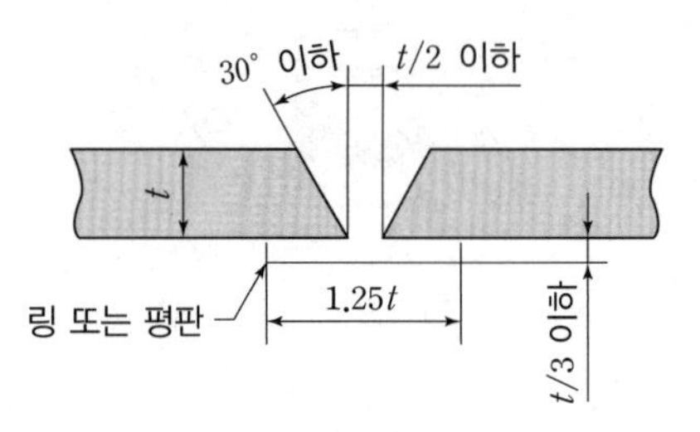

(a) 백킹을 사용하는 맞대기용접의 표준 시험편

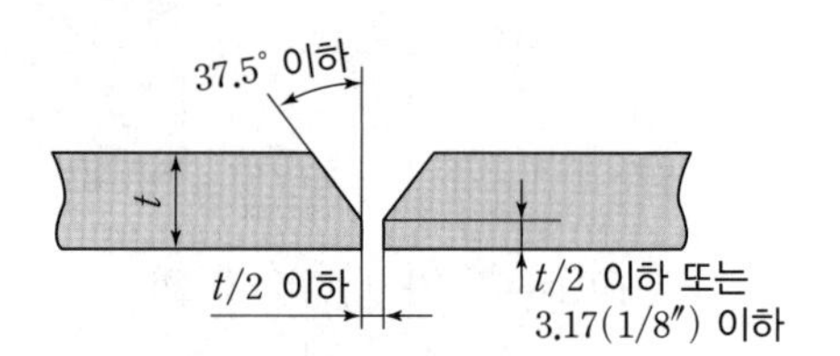

(b) 백킹을 사용하지 않는 맞대기용접의 표준 시험편

▲ ASME 시험편 기준

3 용접 자세 및 형태

자격시험 등급		인정 용접자세 및 용접 형태			자격시험 등급		인정 용접자세 및 용접 형태		
		홈용접		필릿용접			홈용접		필릿용접
용접 형상	등급	외경이 609mm 이상의 파이프 및 평판	파이프	평판 및 파이프	용접 형상	등급	외경이 609mm 이상의 파이프 및 평판	파이프	평판 및 파이프
평판 홈용접	1G	F	F (ϕ73mm 이상)	F	평판 홈용접	1F	–	–	F (파이프 외경 73mm 이상)
	2G	F, H	F, H (ϕ73mm 이상)	F, H		2F	–	–	F, H(″)
	3G	F, V	F (ϕ73mm 이상)	F, H, V		3F	–	–	F, H, V(″)
	4G	F, OH	F (ϕ73mm 이상)	F, H, OH		4F	–	–	F, H, OH(″)
	3G, 4G	F, V, OH	F (ϕ73mm 이상)	AP		3F, 4F	–	–	AP(″)
	2G, 3G, 4G	AP	F (ϕ73mm 이상)	AP		–	–	–	–

자격시험 등급		인정 용접자세 및 용접 형태			자격시험 등급		인정 용접자세 및 용접 형태		
		홈용접		필릿용접			홈용접		필릿용접
용접 형상	등급	외경이 609mm 이상의 파이프 및 평판	파이프	평판 및 파이프	용접 형상	등급	외경이 609mm 이상의 파이프 및 평판	파이프	평판 및 파이프
파이프 홈용접	1G	F	F	F	파이프 홈용접	1F	–	–	–
	2G	F, H	F, H	F, H		2F	–	–	F, H
	5G	F, V, OH	F, V, OH	AP		2FR	–	–	F, H
	6G	AP	AP	AP		4F	–	–	F, V, OH
	2G, 5G	AP	AP	AP		5F	–	–	AP

※ F: 아래보기 자세, H: 수평 자세, V: 수직 자세, OH: 위보기 자세, AP: 전 자세

4 ASME 코드에 따른 자격 등급별 허용 범위

(1) ASME(USCG) 평판으로 시험할 경우

구분 / 시험 시편 두께	작업 허용 범위				비고
	평판	파이프			
	최대(max)	두께	외경		
		최대(max)	최소(min)	최대(max)	
9.5mm 이하	실 시험 시편 두께의 2배	실 시험 시편 두께의 2배	600mm(24″)	무제한 (unlim)	–
9.5mm 초과 19.1mm 미만	실 시험 시편 두께의 2배	실 시험 시편 두께의 2배	600mm(24″)	무제한 (unlim)	–
19.1mm 이상	무제한 (unlim)	무제한 (unlim)	600mm(24″)	무제한 (unlim)	–

(2) ASME(USCG) 파이프로 시험할 경우

구분 / 시험 시편 두께	작업 허용 범위					
	평판	파이프			비고
		두께	외경		
	최대(max)	최대(max)	최소(min)	최대(max)	
외경이 19.1mm(3/4″) 미만일 경우	실 시험 시편 두께의 2배	실 시험 시편 두께의 2배	실 시험 시편 두께의 2배	무제한(unlim)	단, 실 시험 파이프의 두께가 19.1mm(3/4″) 이상일 경우 작업 허용
외경이 19.1mm 이상 50mm 이하일 경우	실 시험 시편 두께의 2배	실 시험 시편 두께의 2배	25mm(1″)	무제한(unlim)	
외경이 50mm(2″) 초과일 경우	무제한(unlim)	무제한(unlim)	73mm(2⅞″)	무제한(unlim)	

5 검정 판정의 기준

(1) 굽힘시험(guide bend test)

① 굽힘시험은 시험 형틀에 의하여 완전히 180°가 되도록 굽혔을 때 부러지지 않아야 한다.

② 굽힘 시험편의 외면(out side)에는 어떤 방향으로 굽혀도 3mm를 초과하는 터짐(crack)이 있거나 외관으로 보아 현저한 결함이 있으면 불합격된다.

③ 위의 기준은 표면굽힘과 이면굽힘 또는 측면굽힘 등 2개의 시험편에 모두 합격해야 자격이 부여된다.

(2) 필릿용접의 파괴시험(facture test for fillet weld)

① 필릿용접부를 가압한 결과 필릿 부위가 파괴되어야 한다.

② 파괴된 용접부의 면을 외관검사를 했을 때 결함이 없어야 한다.

(3) 방사선투과시험(radiographic test)

① 선으로 나타나는 형태(line appearing form)

- 터짐(crack)과 불충분한 용융 및 용입 부족이 있으면 안 된다.
- 슬래그 혼입(slag inclusion) 상태가 다음과 같은 경우에는 불합격된다.
  - 두께 10mm 이하인 재질에서 3.2mm 이상일 때
  - 두께 10~57mm의 재질에서 그 길이가 $t/3$ 이상일 때

– 두께 57mm 이상의 재질에서 19mm 이상으로 나타날 때

- 슬래그 용입 무리(group) 내에서 가장 긴 슬래그의 잠입 길이를 *L*이라고 할 때 결함의 거리가 6*L*을 초과하는 것을 제외하고, 슬래그의 잠입 길이의 총합계가 12*L* 이상이면 안 된다.

② 원으로 나타나는 형태(rounded indications)

- 원으로 나타나는 결함 중 그 크기가 모재 두께의 20% 또는 3.2mm 범위 내에서 결함의 가장 작은 치수가 최대 허용치이다.
- 3.2mm보다 얇은 두께의 재료에서 원으로 나타나는 결함은 150mm의 용접 길이에서 최대 12개까지 허용된다.
- 3.2mm 이상의 재료에서는 규정에 의해 판독하고 원으로 나타나는 결함은 최대 직경이 0.8mm를 초과할 수 없다.

6 재검정 및 재발급에 관한 규정(retests, renewal of requalification)

① 검정시험 결과 불합격한 경우에는 다음과 같이한다.

- 굽힘시험(bend test)에서 실패한 경우 즉시 재검정을 받으려면 2개의 시험편을 연속적으로 만들어서 제출한 것이 모두 합격하면 자격을 부여한다.
- 만일 재검정에서도 실패하면 재훈련을 받아야 한다.
- 방사선투과시험(RT)에 실패한 경우에는 1.83m(6ft) 길이를 용접하여 재검정 결과 합격하면 자격을 부여한다.

② 다음에 해당하는 자는 자격 재발급을 받아야 한다.

- 자신의 해당 자격에 관한 업무를 3개월 이상 수행하지 않는 자(만약 자신이 부여받은 자격증으로 타 용접작업을 수행하고 있으므로 특정 자격의 업무를 수행하지 못한 경우는 6개월까지 유효하다.)
- 어떤 특정 사양의 업무를 시키고자 할 때 해당 용접사의 기량이 의심스러울 때이다.

04 DNV(노르웨이선급협회) 자격 규정

1 용접자세 및 이음 형태의 종류

(1) 평판(plate) 용접자세 및 규격

① 1G(아래보기 자세)

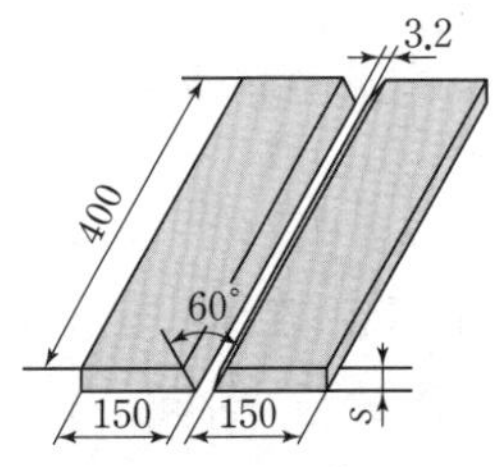

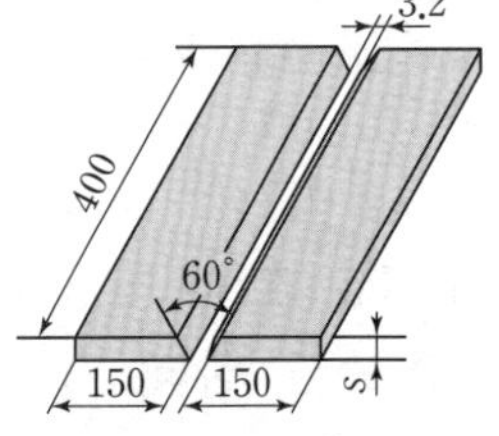

② 2F(수평 자세)

③ 3F(수직 자세)

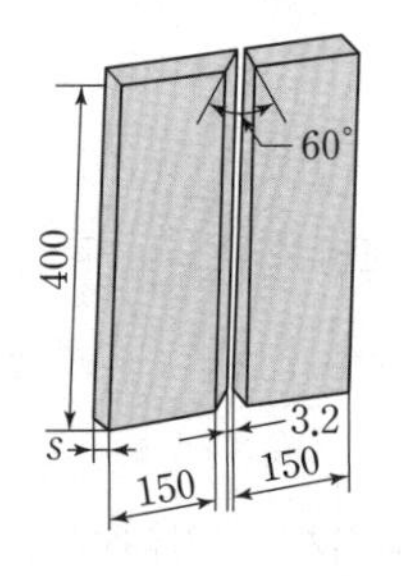

④ 4F(위보기 자세)

(2) 파이프 용접자세 및 규격

① 1G(아래보기 자세): 수평 회전

② 2G(수직 자세): 수직 고정

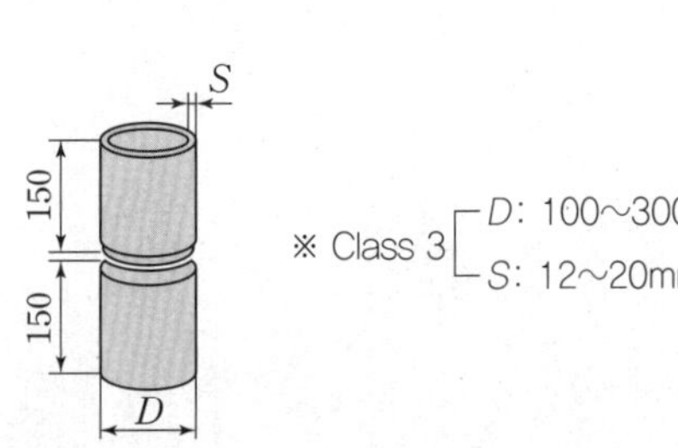

③ 5G(전 자세): 수평 고정

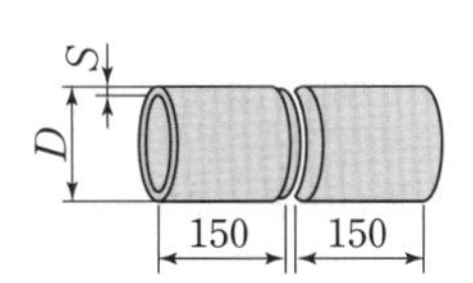

④ 6G(전 자세): 45° 고정

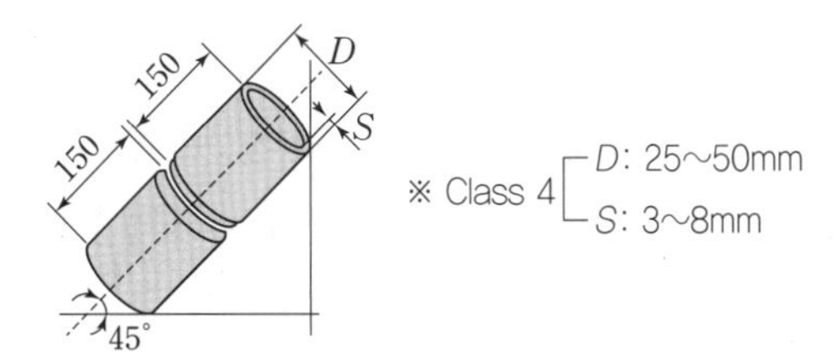

2 자격 및 용접자세의 승인한계

구분 / 자격	실제 작업	시험자세	인정자세	인정 자격
Class 1	평판 양면용접	2G+3G+4G	F, H, V, OH	Class 1
Class 2	평판 양면용접	2G+3G+4G	F, H, V, OH	Class 1, Class 2
Class 3	파이프 편면용접 ϕ100mm 이상	2G+5G 또는 6G	AP	Class 1, Class 2, Class 3
Class 4	파이프 편면용접 ϕ100mm 이하	2G+5G 또는 6G	AP	Class 4
Class 5	튜브 편면용접	분기관(branch pipe)	AP	Class 5

※ F: 아래보기 자세, H: 수평 자세, V: 수직 자세, OH: 위보기 자세, AP: 전 자세

3 용접사에 대한 기본적인 사항

모든 용접사는 18세 이상이어야 하며 일상적으로 특수한 학교에서나 훈련원에서 기술적인 교육, 즉 기초적인 용접기술, 가우징 및 그라인딩, 용접봉의 취급법, 용접절차사양서(Welding Procedure Specification, WPS), 비파괴시험방법 등의 교육을 받아야 한다.

4 일반적인 시험방법

① 수동 용접사의 경우 저수소계 용접봉을 사용하여야 한다.

② 평판 시험편의 루트 패스(root pass) 용접 중 용접 길이의 중간 지점에서 용접을 중단하고, 크레이터 부위를 평탄하게 그라인딩한 후 용접을 다시 시작한다. 루트 부위의 치핑(chipping)은 허락되지 않는다.

③ 시험편에는 백킹(backing)을 사용해서는 안 된다.

④ 양면용접일 경우 양면은 같은 자세에서 용접한다.

5 육안검사

① 용접비드의 폭 및 높이는 균일해야 한다.
② 모재에 날카로운 언더컷은 없어야 한다.
③ 편면용접의 경우 용접비드의 높이가 모재 표면으로부터 3mm를 초과해서는 안 된다.

6 방사선투과검사(RT)

① RT검사의 기준은 국제용접학회(IIW) 규정에 따르며 그레이드 4(blue) 이상을 합격으로 인정한다.
② 평판 시험편의 경우 각 시험편의 끝에서 30mm는 검사 범위에서 제외된다.

7 굽힘시험

① Class 1, 2, 3 및 Class 4의 자격 승인을 위해서는 2개의 굽힘 시험편을 준비해야 한다(굽힘시험의 경우는 슬래그가 형성되지 않는 용접법이다).
② 시험편의 폭은 10mm이며 판 두께와 동일하여야 한다.
③ 용접 덧붙이는 모재 표면과 동일하게 가공한다.
④ 180° 굽힘시험 후 어느 방향에서도 3mm 이상의 균열(crack)의 결함이 있어서는 안 된다(시험편의 모서리에서 발생된 결함은 관계없다).

8 재시험

① 만일 1개의 시험편이 불합격되었을 경우, 새로운 시험편을 2개 준비하여 같은 방법으로 용접한다.
② 2개의 시험편 또는 그 이상의 시험편이 불합격되었을 경우 불합격으로 판정된다. 만일 시험에 불합격되었을 경우 적어도 1주일 내에는 재시험에 응시할 수가 없다.

05 ABS(미국선급협회) 자격 규정

1 자격 분류

자격 종류	실제 작업	시험자세	인정자세	시험편 크기
Q1	평판: 19.1mm 이하	F	F	t = 9.5mm
		V	F, V	
		V, OH	F, V, H, OH	
Q2	평판: 무제한	F	F	19.1≤t≤38.1
		V	F, V	
		V, H	F, V, H, OH	
Q3	파이프	H(회전)	F	파이프: ϕ150mm t≥4.8 이상 t≥19.1
		V(고정)	AP	
Q4	가용접(tack weld)	V	–	t = 9.5mm
		V, OH	–	

※ F: 아래보기 자세, H: 수평 아래보기 자세, V: 수직 아래보기 자세, OH: 위보기 아래보기 자세, AP: 전 자세

2 ABS 코드에 따른 자격 등급별 허용 범위

구분 / 자격등급	작업 허용 범위(두께)			
	평판	파이프		비고
	최대(max)	최소(min)	최대(max)	
Q1	19.1mm	작업 불가	작업 불가	–
Q2	무제한(unlim)	파이프 작업 시 1G 자세만 작업이 가능함		–
6G	무제한(unlim)	1.6mm	시험편 두께의 2배	19.1mm 미만으로 시험할 경우

자격등급 \ 구분	작업 허용 범위(두께)			비고
	평판	파이프		
	최대(max)	최소(min)	최대(max)	
6G	무제한(unlim)	4.8mm	무제한(unlim)	19.1mm 미만으로 시험할 경우
6GR	무제한(unlim)	해당 없음	무제한(unlim)	–

3 용접사 자격시험의 종류

(1) Q1 자격시험

① 용접자세는 수직과 위보기 등 두 자세로 한다.

② 시험 전에 시험편이 움직이지 않도록 수직 자세와 위보기 자세로 고정시킨다.

③ 고정시킨 시험편에 감독관의 지시를 받아 본용접을 한다.

④ 본용접이 완료되면 시험편을 제출하여 외관검사를 실시하고, 외관의 합격 여부를 판단한다.

⑤ 외관에 합격한 모재는 도면과 같이 절단하여 덧붙이 부분을 기계가공한다.

⑥ 기계가공 시 백킹재 및 용접비드를 모재 표면과 평행이 되게 하며, 언더컷이나 오버랩은 제거하지 않는다.

⑦ 기계가공이 완료되면 표면굽힘과 이면굽힘을 한다.

⑧ 굽힘시험은 수직 자세와 위보기 자세에서 각각 1개씩 표면굽힘을 하고, 나머지 1개씩은 이면굽힘을 하여 합격 여부를 판정한다.

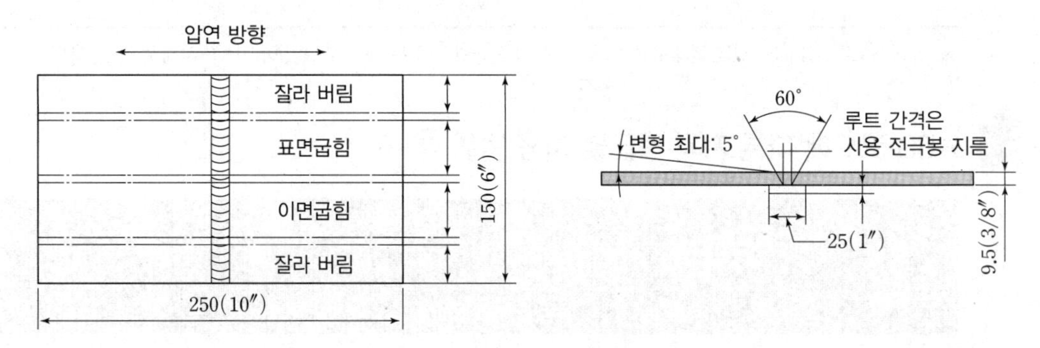

▲ ABS Q1 시험편 규격

(2) Q2 자격시험

① 용접자세는 수평과 수직, 두 가지 자세이다.

② 시험 전에 시험편이 움직이지 않도록 수평 자세와 수직 자세로 고정시킨다.

③ 수평 자세는 35° 개선된 면이 아래로 오도록 고정시키고, 수직 자세는 25° 개선된 면이 우측으로 오도록 고정시킨다.

④ 고정시킨 시험편에 감독관의 지시를 받아 본용접을 한다.

⑤ 외관에서 합격한 모재를 다음 그림과 같이 절단하여 덧붙이 부분을 기계가공한다.

⑥ 기계가공 시 백킹재 및 용접비드를 모재와 평행이 되도록 하며, 언더컷이나 오버랩은 제거하지 않는다.

⑦ 기계가공이 완료되면 4개 모두 측면굽힘을 하여 합격 여부를 판정한다.

⑧ ABS Q2 시험에 합격하게 되면 연강 및 고장력강의 평판용접에는 판 두께에 무관하게 용접할 수 있다.

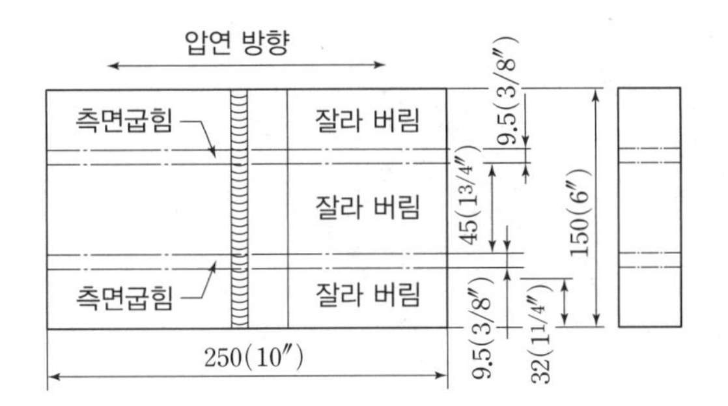

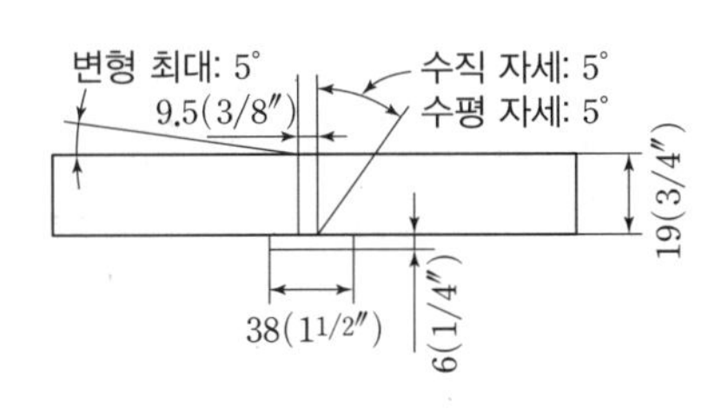

▲ ABS Q2 시험편 규격

(3) Q3 자격시험

(a) Q3 자격시험의 자세

① 1G(아래보기 자세): 수평 회전

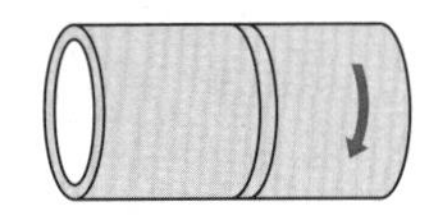

② 5G(전 자세): 수평 고정

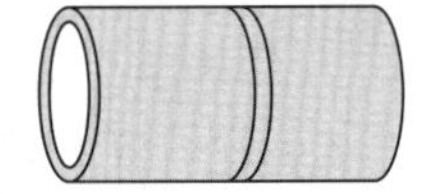

③ 2G(수평 자세): 수직 고정

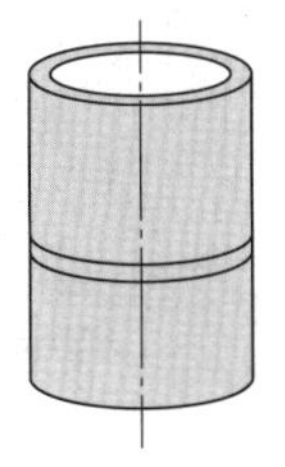

④ 6G(전 자세): 45° 고정

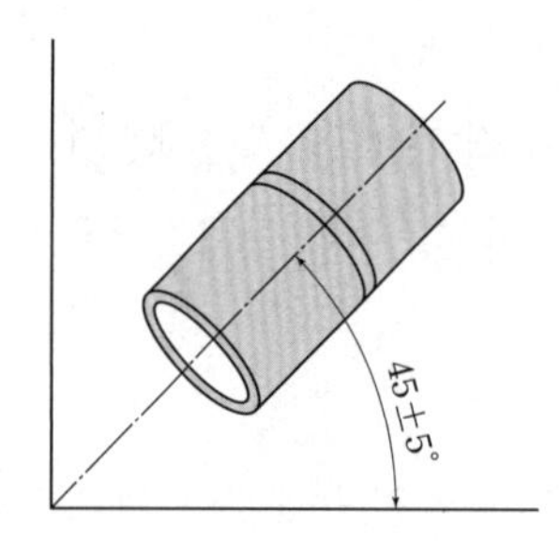

⑤ 6GR(전 자세): 45° 고정

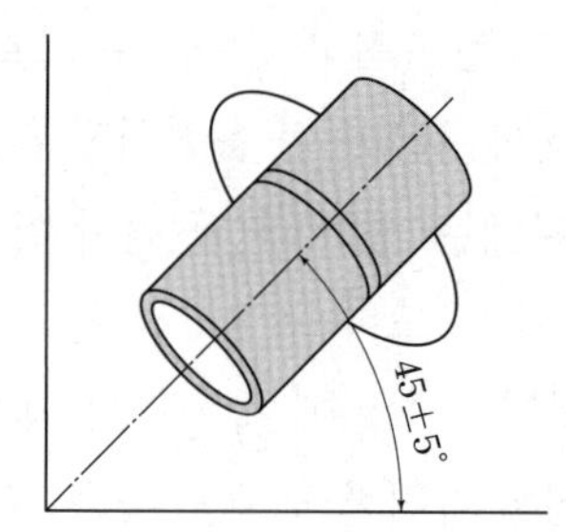

(b) Q3 시험편의 규격(6GR) 및 채취 위치

① Q3 시험편의 규격

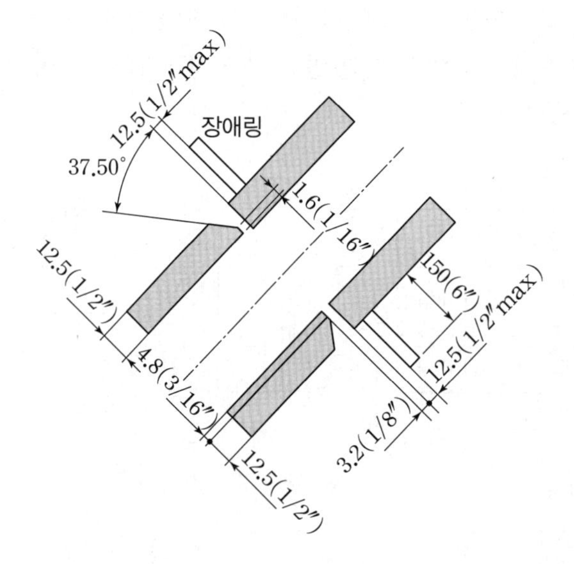

② Q3 시험편의 채취 위치

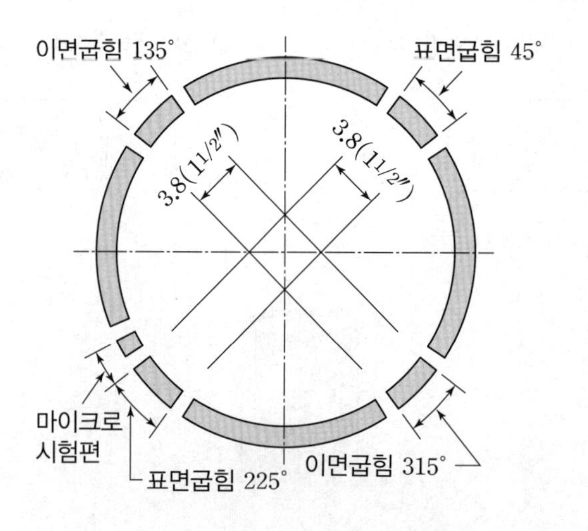

(c) 개선된 Q3 시험편의 규격(6GR)

① 용접자세는 수평 자세와 수직 자세로 고정시킨다.

② 시험 전에 시험편이 움직이지 않도록 고정시킨 다음 감독관의 지시를 받아 본용접을 실시한다.

③ 본용접이 완료되면 검사관에게 제출하여 외관검사를 한 후 합격한 시험편은 도면과 같이 절단하고, 덧붙이 부분을 기계가공을 한다.

④ 기계가공 시 백킹재 및 용접비드를 모재와 평행이 되도록 하며, 언더컷이나 오버랩은 가공하지 않는다.

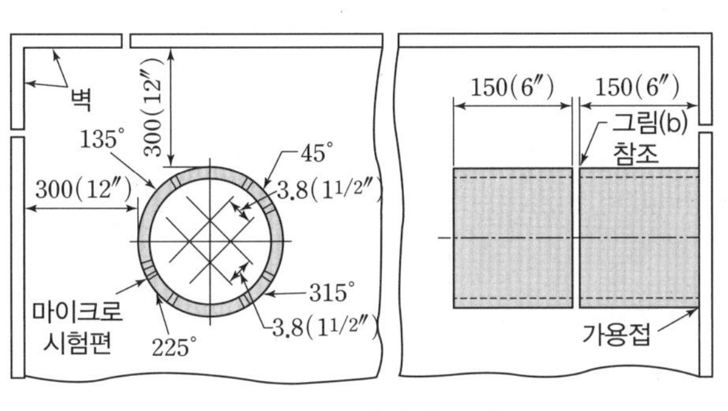

(a) Q3R 시험편의 규격

(b) Q3R 시험편의 개선 형상

▲ ABS Q3R 시험편의 규격 및 개선 형상

4 취부사 자격시험

(1) Q4 자격시험(tack weld)

① 용접봉은 선급협회가 인정한 용접봉을 사용하며, 용접자세는 수직(상진)으로 한다.

② 오버랩, 크랙 그리고 지나친 언더컷이 없어야 한다.

③ 표면상 보이는 부분에 다공성(porosity)이 없어야 한다.

④ 용입 부족과 다공성은 최대 2.4mm(3/32″) 이하이어야 한다.

⑤ 합격 판정은 위 사항에 부합되면 외관검사 후 다음 그림(408쪽)의 (b)와 같이 파괴시험을 한다.

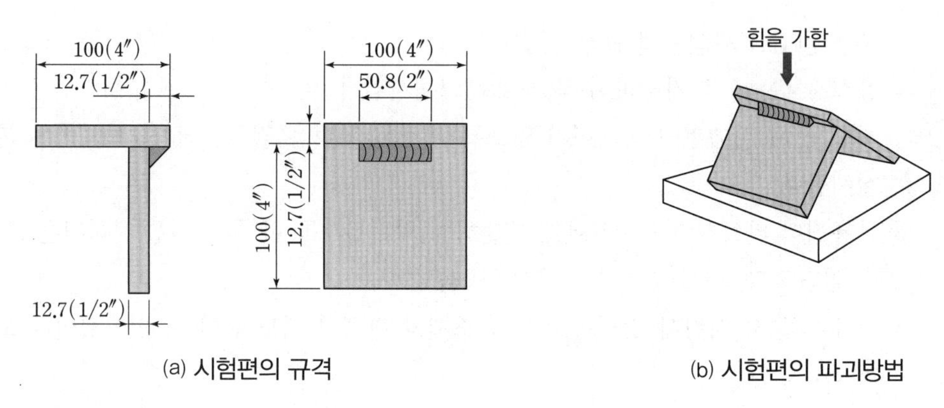

(a) 시험편의 규격
(b) 시험편의 파괴방법

▲ ABS Q4 시험편의 규격 및 파괴방법

CHAPTER

ISO International Welding 

06 Offshore Welder Qualification Test용 시험편 규격

1 배관용접사(piping welding-6G)－ASME 코드 적용

① 파이핑 전 자세 6G 시험편 자세: GTAW의 경우에는 2″ 파이프로 용접한 후 GT+FC는 6″로 시험한다.

- ϕ60.5×T5.54×150－2EA 1set(GTAW CS, STS, CUNI 사이즈 동일) 또는 ϕ165.2×T10.97×150－2EA 1set(GT+FC 혼용용접의 경우)

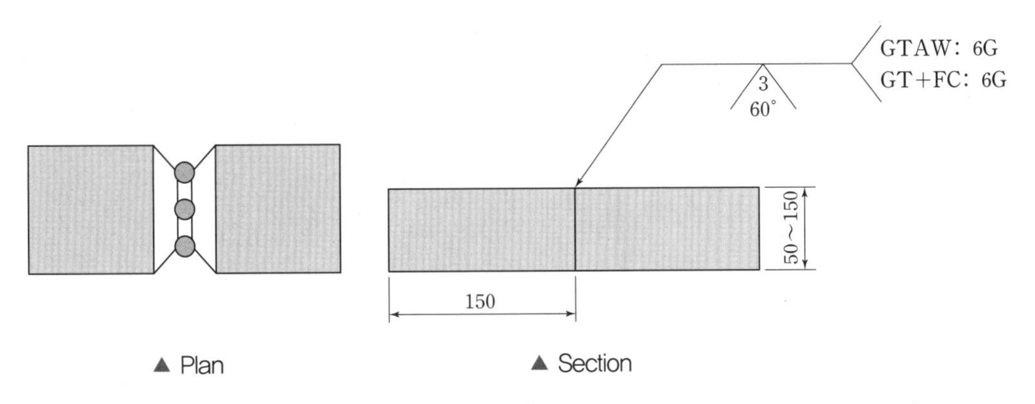

▲ Plan ▲ Section

2 자동용접사(welding operator)－AWS 코드 적용

① 1G 시편 제작

- 8～10t×1000×200－2EA 1set
- 8～10t×150×150(tab piece)－2EA 1set

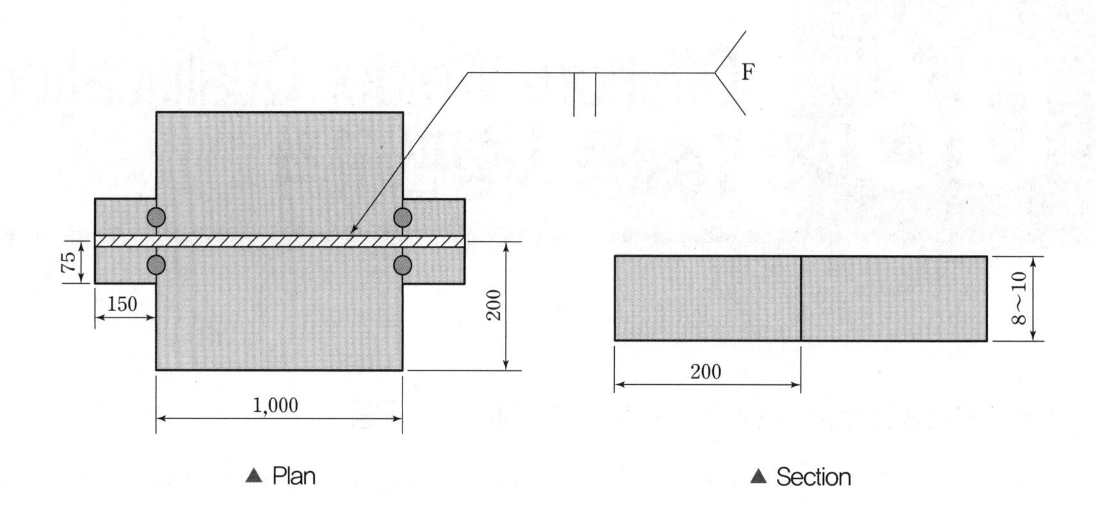

▲ Plan ▲ Section

3 Q2 용접사(welding) – AWS 코드 적용

① 3G와 4G 모두 시험: 응시자 1인당 시편 2EA씩 준비

② 3G와 4G 시편 구분은 없음: 동일 시편 2EA씩 제작

- 25t×200×75–2EA 1set
- 25t×40×50 (tab piece)–4EA 1set

Tab Piece까지 모두 개선(20°)

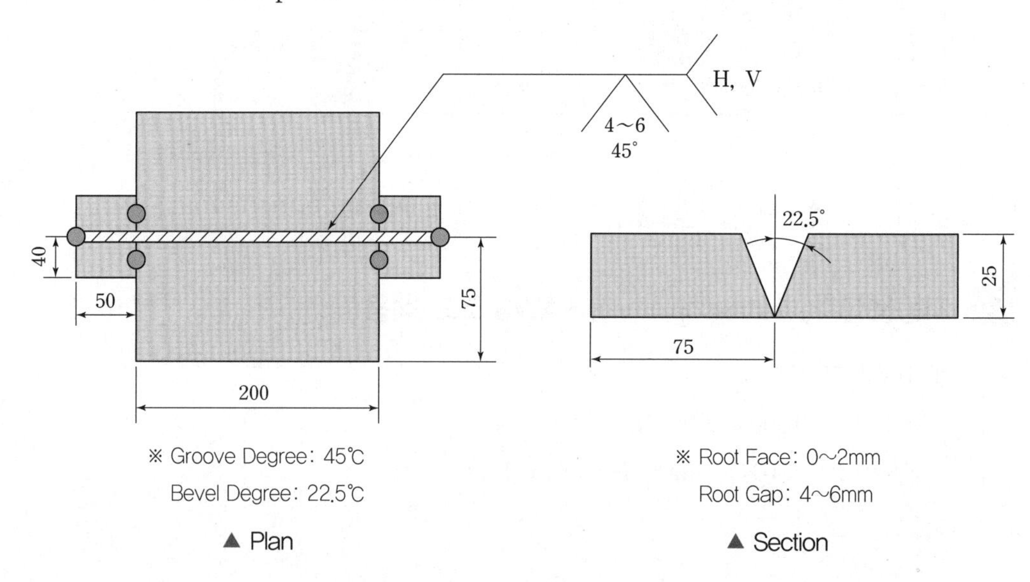

※ Groove Degree: 45℃
Bevel Degree: 22.5℃

▲ Plan

※ Root Face: 0~2mm
Root Gap: 4~6mm

▲ Section

4 Q1 용접사(welding)－AWS 코드 적용

① 3F와 4F 모두 시험: 응시자 1인당 시편 2EA씩 준비

② 3F와 4F 시편 구분은 없음: 동일 시편 2EA씩 제작

- $12t \times 200 \times 100 - 2$EA 1set: 개선 필요
- 용접 길이＝200mm, 각장＝8mm

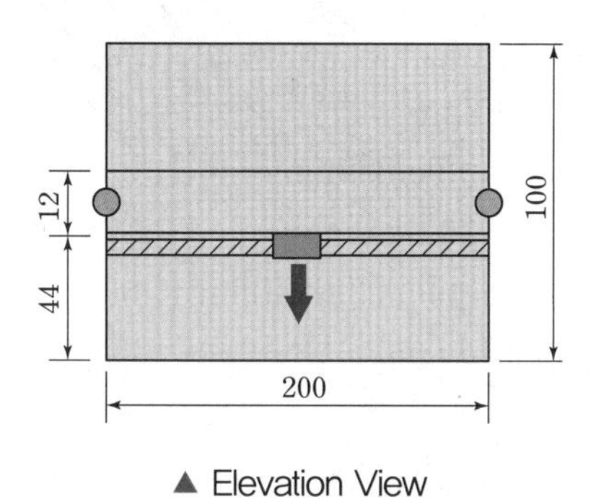

▲ Elevation View

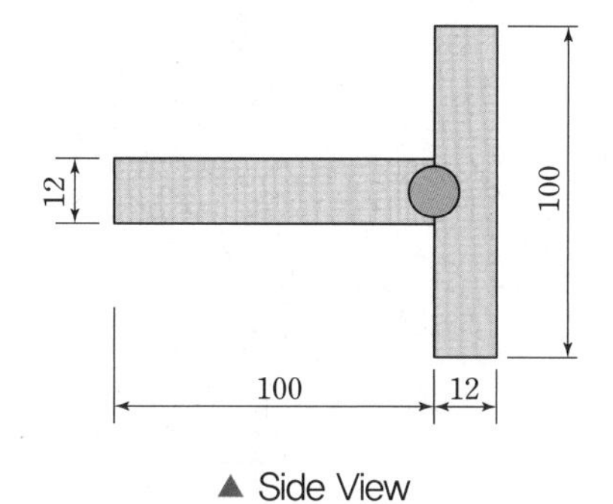

▲ Side View

▶ 시편 Standard 도면(Code & Standard : AWS)

With Backing Type(V−groove)−Welder 자세 − 3G(1EA) / 4G(1EA)

- 시편 두께 최소 1.9mm 이상: AWS일 경우 25mm 이상
- Tab Piece − FCAW: 50×50mm, RUN 30mm

SAW(Y−groove) 자세 − 1G(1EA)

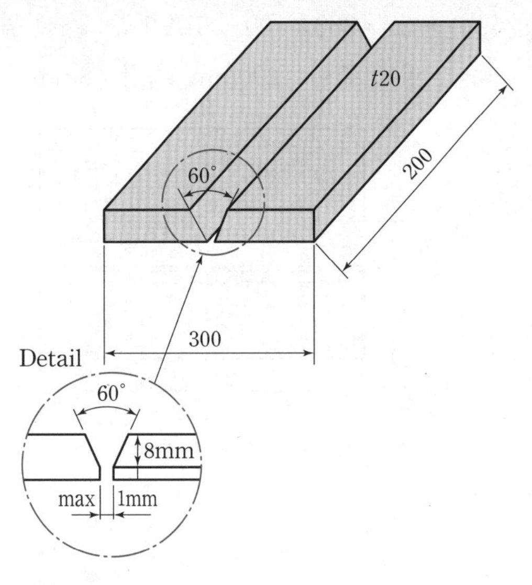

- Tab Piece − SAW: 150×150mm

첨부 Pipe 시험편 도면

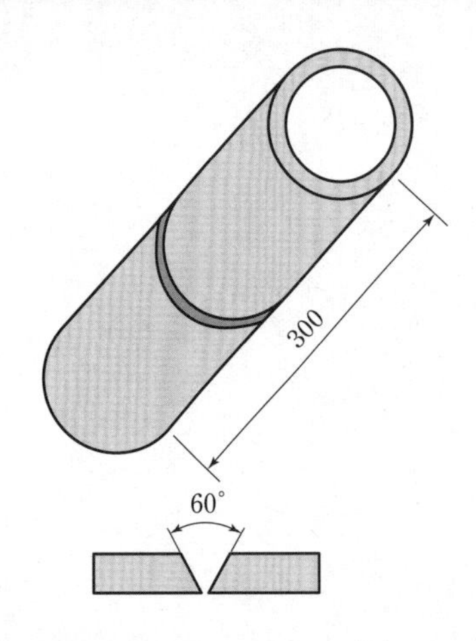

- 파이프 길이는 총 300mm이므로 각각 150mm 길이로 절단
- 개선각은 총 60°이므로 각각 15°씩 개선

Fillet(tack welder) 자세 − Vertica Up(1EA)

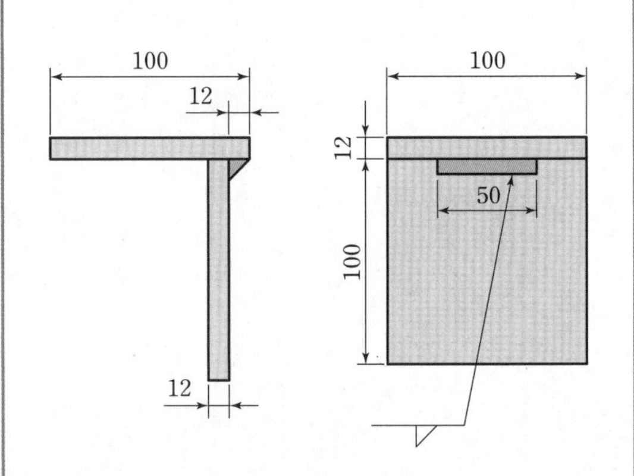

용접 관련 ISO 주요 규격

표준번호	표준명칭
ISO 14324	저항 점용접 – 용접부 파괴시험 – 점용접부의 피로시험법
ISO 5173	금속재료 용접부의 파괴시험 – 굽힘시험
ISO 14554-1	용접의 품질 요구사항 – 금속재료의 저항용접, 제1부: 포괄적 품질 요구사항
ISO 14554-2	용접의 품질 요구사항 – 금속재료의 저항용접, 제2부: 기본적 품질 요구사항
ISO 10042	알루미늄 및 그 합금의 아크용접 이음 – 불완전의 품질등급 지침
ISO 14174	용접재료 – 서브머지드 아크용접 및 일렉트로 슬래그용접용 플럭스 분류
ISO 14175	용접용 소모재 – 아크용접과 절단용 보호가스
ISO 14344	용접 및 관련 공정 – 플럭스와 가스 보호 전기용접 공정 – 용접재료의 조달 지침
ISO 14555	용접 – 금속재료의 아크스터드용접
ISO 14731	용접업무 조정 – 임무와 책임
ISO 15607	금속재료 용접 절차의 시방과 자격 인정 – 일반 규정
ISO 15610	금속재료 용접 절차의 시방과 자격 인정 – 시험된 용접재료에 의한 자격 인정
ISO 15611	금속재료 용접 절차의 시방과 자격 인정 – 이전 용접 경험에 의한 자격 인정
ISO 15612	금속재료 용접 절차의 시방과 자격 인정 – 표준 용접시공에 따른 자격 인정
ISO 15613	금속재료 용접 절차의 시방과 자격 인정 – 생산 이전 용접시험에 의한 자격 인정
ISO 15618-1	수중용접 용접사 자격 인정시험, 제1부: 고압 습식 용접
ISO 16432	저항용접, 돌기를 이용한 비도금 및 도금 강의 프로젝션용접 절차
ISO 17671-1	용접, 금속재료의 용접을 위한 추천, 제1부: 아크용접용 일반 지침
ISO 3834-1	금속재료의 용융용접 품질 요구사항, 제1부: 품질 요구사항의 적정 수준 선정기준
ISO 9017	금속재료 용접부의 파괴시험 – 파단시험
ISO 9606-1	용접사 자격 인정시험 – 용융용접–제1부: 강
ISO 9606-2	용접사 승인시험 – 용융용접 – 제2부: 알루미늄 및 알루미늄합금
ISO 8167	저항용접용 – 프로젝션
ISO 5187	용접과 관련 공정, 솔더 및 브레이징용 충전금속을 이용한 조립체, 기계적 시험방법
ISO 11666	용접의 비파괴검사, 초음파탐상검사, 허용 레벨

참고문헌 및 자료

1. NCS 국가직무능력표준 – 용접

2. 대한용접접합학회, 용접접합편람, 2008년

3. 현대중공업(주), 용접기술, 2007년

4. 도서출판 한진, 용접학과 정복, 2009년

5. 한국산업인력관리공단, 용접일반, 2006년

6. 한국산업인력관리공단, 특수용접, 2006년

7. 한국산업인력관리공단, 기계제도, 2007년

8. ASME Section Ⅸ : Welding Qualifications

9. AWS D1.1/D1.1M 2015 : Structural Welding Code

10. API STD 1104 : Standard for Welding Pipelines and Related Facilities

11. ABS Rules and Standards Part 2 : Materials and Welding

12. DNV–GL Rules and Standards Part 2 : Materials and Welding

13. ISO 14731 : Welding Coordination–Task and Responsibilities

1회 실전 모의고사

O/X 문제

정답 및 해설: p. 433

01 용접을 크게 3가지로 구분하면 용접, 역접, 납땜으로 구분할 수 있다. (O/X)

02 아크용접에서 부하전류가 증가하면 단자전압이 저하하는 특성을 수하 특성이라고 한다. (O/X)

03 가스용접용 팁 중 프랑스식의 용량 표시는 용접할 수 있는 강판의 두께로 나타낸다.(O/X)

04 청정작용이란 아르곤가스의 이온이 모재 표면의 산화막에 충돌하여 산화막을 파괴 및 제거하는 작용을 말하며, 직류정극성으로 용접 시 최대로 발생된다. (O/X)

05 용접물을 겹쳐서 용접팁과 하부 앤빌 사이에 끼워 놓고 압력을 가하면서 초음파(18kHz 이상) 주파수로 횡진동을 주어 그 진동에너지에 의해 접합부의 원자가 확산되어 용접하는 방법을 초음파용접이라 한다. (O/X)

06 로봇의 구성요소 중 에너지를 기계적인 움직임으로 변환하는 기기를 액추에이터(actuator)라고 한다. (O/X)

07 비행기의 몸체로 주로 사용하기 위해 개발된 두랄루민(duralumin)의 주요 합금성분은 Al + Cu + Mg + Mn이다. (O/X)

08 용착법 중 용접이음의 전 길이에 걸쳐서 건너뛰어서 비드를 놓는 방법으로 변형 및 잔류응력이 가장 적게 되며 용접선이 긴 경우에 적합한 용착법은 비석법(skip method)이다. (O/X)

09 재료기호에서 SM−400C는 용접구조용 압연강재로 최소 인장강도가 $400N/mm^2$인 재료를 표시한다. (O/X)

10 절단작업 시 산소의 압력이 절단 품질을 결정하는 중요한 요소이며, 산소의 순도는 상관이 없다. (O/X)

객관식 문제

정답 및 해설: p. 433

01 불활성가스 아크용접에서 주로 사용되는 불활성가스는?

① C_2H_2 ② Ar
③ H_2 ④ N_2

02 용접 순서를 결정하는 기준이 잘못 설명된 것은?

① 용접 구조물이 조립되어 감에 따라 용접 작업이 불가능한 곳이 발생하지 않도록 한다.
② 용접물 중심에 대하여 항상 대칭적으로 용접한다.
③ 수축이 작은 이음을 먼저 용접한 후 수축이 큰 이음을 뒤에 한다.
④ 용접 구조물의 중립축에 대한 수축 모멘트의 합이 0이 되도록 한다.

03 용접부에 대한 비파괴시험 방법에 관한 침투탐상시험법을 나타낸 기호는?

① RT ② UT
③ MT ④ PT

04 관절좌표 로봇(articulated robot) 동작구의 장점에 대한 설명으로 틀린 것은?

① 3개의 회전축을 가진다.
② 장애물의 상하에 접근이 가능하다.
③ 작은 설치 공간에 큰 작업영역을 가진다.
④ 복잡한 머니퓰레이터 구조를 가진다.

05 Cu와 Zn의 합금 및 이것에 다른 원소를 첨가한 합금으로 판, 봉, 관, 선 등의 가공재 또는 주물로 사용되는 것은?

① 주철 ② 합금강
③ 황동 ④ 연강

06 주철용접 시의 예열 및 후열 온도의 범위는 몇 ℃ 정도가 가장 적당한가?

① 500~600℃ ② 700~800℃
③ 300~350℃ ④ 400~450℃

07 일반적으로 용접기에 대한 사용률(duty cycle)을 계산하는 식으로 맞는 것은?

① 사용률[%]=[아크 발생시간÷(아크 발생시간+휴식시간)]×100
② 사용률[%]=[아크 발생시간÷(아크 발생시간−휴식시간)]×100
③ 사용률[%]=[아크 발생시간÷(아크 발생시간×휴식시간)]×100
④ 사용률[%]=[아크 발생시간÷(아크 발생시간÷휴식시간)]×100

08 저항 점용접(spot welding)에서 용접을 좌우하는 중요 인자가 아닌 것은?

① 용접전류 ② 통전시간
③ 용접전압 ④ 전극 가압력

09 저수소계 용접봉은 사용 전에 충분한 건조가 되어야 한다. 가장 알맞은 건조온도는?

① 150~200℃ ② 200~250℃
③ 300~350℃ ④ 400~450℃

10 오스테나이트계 스테인리스강의 용접 시 유의해야 할 사항 중 틀린 것은?

① 예열을 해야 한다.
② 아크를 중단하기 전에 크레이터 처리를 한다.
③ 짧은 아크 길이를 유지한다.
④ 용접봉은 모재의 재질과 동일한 것을 사용한다.

11 다음 용접기호는 무슨 용접법인가?

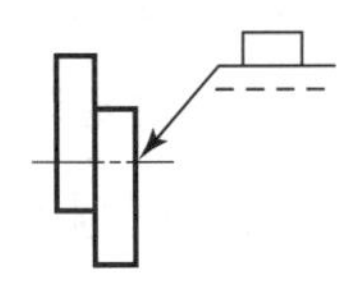

① 스폿용접 ② 심용접
③ 필릿용접 ④ 플러그용접

12 저압식 가스절단토치를 올바르게 설명한 것은?

① 아세틸렌가스의 압력이 보통 0.07kgf/cm^2 이하에서 사용한다.
② 산소가스의 압력이 보통 0.07kgf/cm^2 이하에서 사용한다.
③ 아세틸렌가스의 압력이 보통 0.07kgf/cm^2 이상에서 사용한다.
④ 산소가스의 압력이 보통 0.07~0.4kgf/cm^2 정도에서 사용한다.

13 뉴턴(Newton)의 만유인력의 법칙에 따라 금속원자 간에 인력이 작용하여 결합하게 된다. 이 결합을 이루게 하기 위해서는 원자들은 보통 몇 cm 접근시켰을 때 원자가 결합하는가?

① 10^{-6} ② 10^{-8}
③ 10^{-10} ④ 10^{-12}

14 피복아크용접봉의 피복제 중 탈산제가 아닌 것은?

① Fe-Cu ② Fe-Si
③ Fe-Mn ④ Fe-Ti

15 다음 중 용착효율(deposition efficiency)이 가장 낮은 용접은?

① MIG용접
② 피복아크용접
③ 서브머지드 아크용접
④ 플럭스코어드 아크용접

16 탄소강에 함유된 원소 중 망간(Mn)의 영향으로 옳은 것은?

① 적열취성을 방지한다.
② 뜨임취성을 방지한다.
③ 전자기적 성질을 개선시킨다.
④ Cr과 함께 사용되어 고온 강도와 경도를 증가시킨다.

17 다음 중 용접 포지셔너 사용 시 장점이 아닌 것은?

① 최적의 용접자세를 유지할 수 있다.
② 로봇 손목에 의해 제어되는 이송각도의 일종인 토치팁의 리드각과 애드각의 변화를 줄일 수 있다.
③ 용접토치가 접근하기 어려운 위치를 용접이 가능하도록 접근성을 부여한다.
④ 바닥에 고정되어 있는 로봇의 작업영역 한계를 축소시켜 준다.

18 이산화탄소 아크용접 시 솔리드 와이어와 복합 와이어를 비교한 사항으로 틀린 것은?

① 솔리드 와이어가 복합 와이어보다 용착 효율이 양호하다.
② 솔리드 와이어가 복합 와이어보다 전류 밀도가 높다.
③ 복합 와이어가 솔리드 와이어보다 스패터가 많다.
④ 복합 와이어가 솔리드 와이어보다 아크가 안정된다.

19 테르밋용접의 특징에 대한 설명 중 틀린 것은?

① 용접작업이 단순하다.
② 용접시간이 길고 용접 후 변형이 크다.
③ 용접기구가 간단하고 작업 장소의 이동이 쉽다.
④ 전기가 필요 없다.

20 아크전류 200A, 아크전압 25V, 용접속도 20cm/min인 경우 용접 단위길이 1cm당 발생하는 용접입열은 얼마인가?

① 12,000 J/cm ② 15,000 J/cm
③ 20,000 J/cm ④ 23,000 J/cm

21 직류 아크용접의 극성 중 직류역극성(DCRP)의 특징이 아닌 것은?

① 모재의 용입이 깊다.
② 용접봉 용융속도가 빠르다.
③ 비드의 폭이 넓다.
④ 박판, 주철, 고탄소강, 합금강, 비철금속의 용접에 이용된다.

22 전류가 인체에 미치는 영향 중 순간적으로 사망할 위험이 있는 전류량은 몇 mA 이상인가?

① 10 ② 20
③ 30 ④ 50

23 가스절단면을 보면 거의 일정 간격의 평행곡선이 진행 방향으로 나타나 있는데 이 곡선을 무엇이라 하는가?

① 비드 길이 ② 트랙
③ 드래그 라인 ④ 다리 길이

24 CO_2 가스용접에서 사용되는 복합 와이어의 구조가 아닌 것은?

① 아코스 와이어 ② Y관상 와이어
③ S관상 와이어 ④ U관상 와이어

25 필릿용접 이음부의 루트 부분에 생기는 저온 균열로 모재의 열 팽창 및 수축에 의한 비틀림이 주원인이 되는 균열의 명칭은?

① 비드 밑 균열 ② 루트 균열
③ 힐균열 ④ 수소균열

26 구리 및 구리합금의 용접에서 판 두께 6mm 이하에서 많이 사용되며, 용접부의 기계적 성질이 우수하여 가장 널리 쓰이는 용접법은?

① 불활성가스 텅스텐 아크용접
② 테르밋용접
③ 일렉트로 슬래그용접
④ CO_2 아크용접

27 탄소공구강 및 일반 공구재료의 구비조건 중 틀린 것은?

① 상온 및 고온 경도가 클 것
② 내마모성이 클 것
③ 강인성 및 내충격성이 작을 것
④ 가공성 및 열처리성이 양호할 것

28 서브머지드 아크용접에 사용되는 용융형 플럭스(fused flux)는 원료 광석을 몇 ℃로 가열, 용융시키는가?

① 1,300℃ 이상 ② 800~1,000℃
③ 500~600℃ ④ 150~300℃

29 Ni-Cr계 합금의 특성으로 맞지 않는 것은?

① 전기저항이 대단히 크다.
② 내열성이 크고 고온에서 경도 및 강도의 저하가 작다.
③ 내식성 및 산화도가 크다.
④ 산이나 알칼리에 침식되지 않는다.

30 기본 열처리방법의 목적을 설명한 것으로 틀린 것은?

① 담금질 – 급랭시켜 재질을 경화시킨다.
② 풀림 – 재질을 연하고 균일화하게 한다.
③ 뜨임 – 담금질된 것에 취성을 부여한다.
④ 불림 – 소재를 일정 온도에서 가열 후, 공랭시켜 표준화한다.

31 마그네슘과 그 합금 중 Mg-Al-Zn계 합금의 대표적인 것은?

① 도우메탈　② 일렉트론
③ 하이드로날륨　④ 라우탈

32 잠호용접(SAW)에 대한 설명으로 틀린 것은?

① 용융속도 및 용착속도가 빠르다.
② 개선각을 작게 하여 용접 패스 수를 줄일 수 있다.
③ 용접 진행 상태의 양부를 육안으로 확인할 수 없다.
④ 적용 자세에 제약을 받지 않는다.

33 산업안전보건기준에 관한 규칙에서 근로자가 상시 작업하는 장소의 작업면의 조도 중 정밀 작업 시 조도의 기준으로 맞는 것은? (단, 갱내 및 감광재료를 취급하는 작업장은 제외한다.)

① 300럭스 이상　② 750럭스 이상
③ 150럭스 이상　④ 75럭스 이상

34 강괴, 강편, 슬래그, 기타 표면의 홈이나 주름, 주조 결함, 탈탄층 등을 제거하는 방법으로 가장 적합한 가공법은?

① 가스 가우징(gas gouging)
② 스카핑(scarfing)
③ 분말절단(powder cutting)
④ 아크 에어 가우징(arc air gouging)

35 불활성가스 텅스텐 전극(GTAW) 아크용접에서 텅스텐 극성에 따른 용입 깊이를 가장 적절하게 표시한 것은?

① DCSP > AC > DCRP
② DCRP > AC > DCSP
③ DCRP > DCSP > AC
④ AC > DCSP > DCRP

36 다음 도면에서 지시한 용접법으로 바르게 짝지어진 것은?

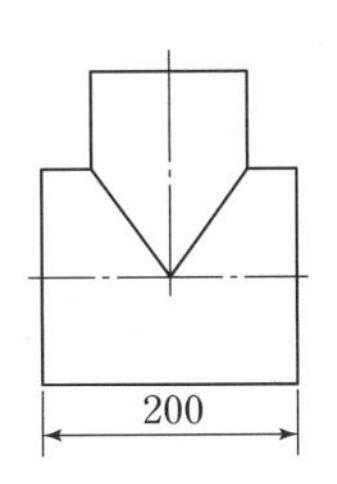

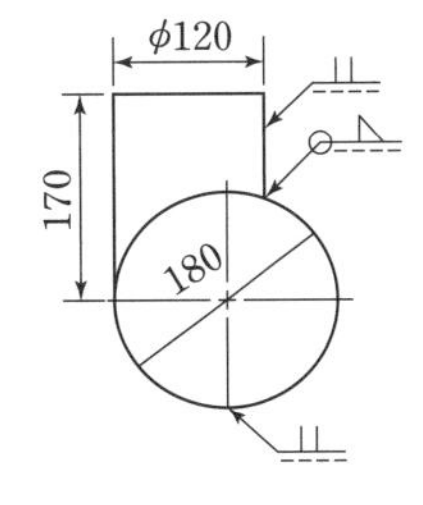

① 이면용접, 필릿용접
② 겹치기용접, 플러그용접
③ 평면형 맞대기용접, 필릿용접
④ 심용접, 겹치기용접

37 다음 중 한쪽 단면도를 올바르게 도시한 것은?

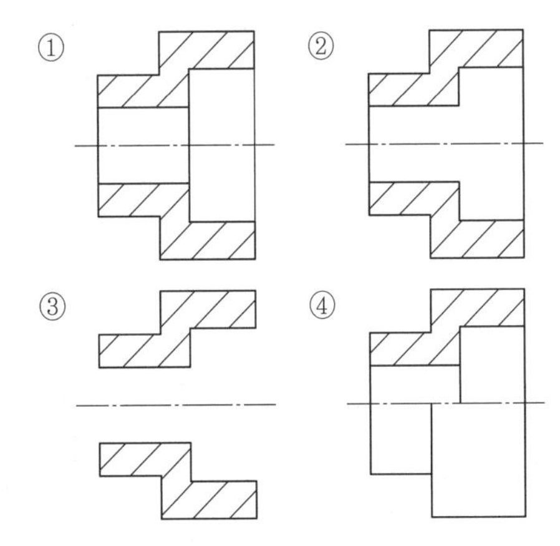

38 다음 그림과 같은 원뿔을 전개하였을 경우 나타난 부채꼴의 전개각(전개된 물체의 꼭지각)이 150°가 되려면 L의 치수는?

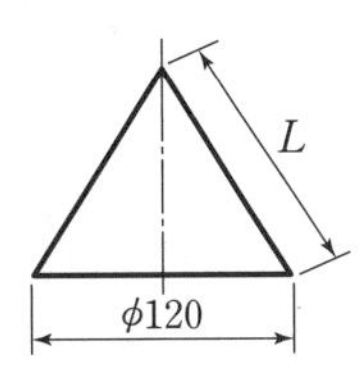

① 100　② 122
③ 144　④ 150

39 다음 그림과 같은 배관 도면에서 도시기호 S는 어떤 유체를 나타내는 것인가?

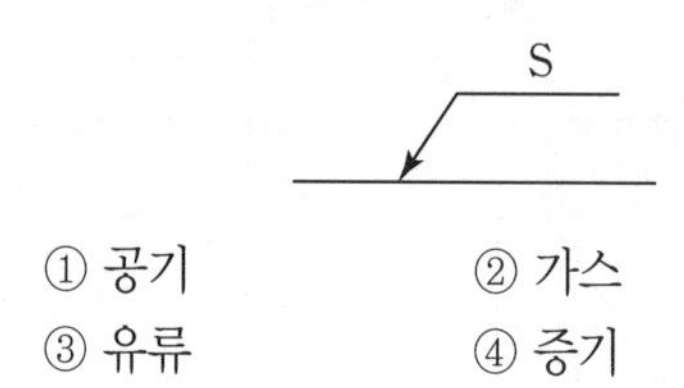

① 공기 ② 가스
③ 유류 ④ 증기

40 용접 보조기호 중 현장용접을 나타내는 기호는?

2회 실전 모의고사

O/X 문제

정답 및 해설: p. 436

01 큰 도면을 접을 때는 A3 크기로 접는 것이 원칙이다. (○/×)

02 용접부의 결함검사법에서 초음파탐상법의 종류에는 투과법, 펄스반사법, 코일법이 있다. (○/×)

03 금색에 가까워 금박 대용으로 사용되며 화폐, 메달 등에 많이 사용되는 황동을 톰백(tombac)이라 한다. (○/×)

04 접합 부분을 용융 또는 반용융 상태로 하고 용가재(용접봉, 와이어 등)를 첨가하여 접합하는 방법을 융접(fusion welding)이라 한다. (○/×)

05 가스용접 시 팁 끝이 모재에 닿아 순간적으로 팁이 막히거나 팁의 과열, 가스 압력이 부적당할 때 팁 속에서 폭발음(굉음)이 나면서 불꽃이 꺼졌다 다시 나타나는 현상을 역류라고 한다. (○/×)

06 용접 시 열에 의해 증발된 피복제(용제) 등의 물질이 냉각되어 생기는 미세한 소립자를 용접흄(fume)이라 한다. (○/×)

07 고탄소강용접 시 균열을 방지하기 위하여 전류를 높게 하며 용접속도를 빠르게 하고 용접 후 풀림처리를 한다. (○/×)

08 모재의 온도가 높을수록 고속절단이 가능하며 절단산소의 압력이 높고 산소의 소비량이 많을수록 절단속도도 증가한다. (○/×)

09 저용점 납땜이란 주석-납합금에 비스무트를 첨가한 것으로, 100℃ 이하의 용융점을 가진 납땜을 의미한다. (○/×)

10 고진공 속에서 음극으로부터 방출되는 전자를 고전압으로 가속시켜 모재와 충돌시켜 그 에너지를 이용하여 용접하는 방법을 전자빔용접이라고 한다. (○/×)

객관식 문제

정답 및 해설: p. 436

01 서브머지드 아크용접용 용제의 종류 중 광물성 원료를 혼합하여 노(爐)에 넣어 1,300℃ 이상으로 가열해서 용해하여 응고시킨 후 분쇄하여 알맞은 입도로 만든 것으로 유리 모양의 광택이 나며 흡습성이 적은 것이 특징인 것은?

① 용융형 용제 ② 소결형 용제
③ 혼성형 용제 ④ 분쇄형 용제

02 정격 2차 전류가 200A인 용접기로 용접전류 160A로 용접을 할 경우 이 용접기의 허용사용률은? (단, 용접기의 정격사용률은 40%임)

① 62.5% ② 72.5%
③ 80.5% ④ 90%

03 아크 에어 가우징의 작업능률은 치핑이나 그라인딩 또는 가스 가우징보다 몇 배 정도 높은가?

① 10~12배 ② 8~9배
③ 5~6배 ④ 2~3배

04 일명 핀치효과형이라고도 하며 비교적 큰 용적이 단락되지 않고 옮겨 가는 이행형식은?

① 단락형 ② 글로뷸러형
③ 스프레이형 ④ 입자형

05 기체를 가열하여 양이온과 음이온이 혼합된 도전성(導電性)을 띤 가스체를 적당한 방법으로 한 방향에 분출시켜 각종 금속의 접합에 이용하는 용접은?

① 서브머지드 아크용접
② MIG용접
③ 피복아크용접
④ 플라스마(plasma) 아크용접

06 아세틸렌가스에 대한 설명으로 틀린 것은?

① 아세틸렌은 충격, 마찰, 진동 등에 의하여 폭발하는 일이 있다.
② 아세틸렌가스는 구리 또는 구리합금과 접촉하면 이들과 폭발성 화합물을 생성한다.
③ 아세틸렌은 공기 중에서 가열하여 406~408℃ 부근에 도달하면 자연발화를 한다.
④ 아세틸렌가스는 수소와 탄소가 화합된 매우 안전한 기체이다.

07 프로판가스가 연소할 때 몇 배의 산소를 필요로 하는가?

① 2 ② 2.5
③ 3 ④ 4.5

08 아세틸렌가스의 통로에 구리 또는 구리합금(62% 이상 구리)을 사용하면 안 되는 이유는?

① 아세틸렌의 과다한 공급을 초래하기 때문에
② 폭발성 화합물을 생성하기 때문에
③ 역화의 원인이 되기 때문에
④ 가스성분이 변하기 때문에

09 연강용 피복금속아크용접봉의 종류 중 철분-산화철계에 해당되는 것은?

① E4324 ② E4340
③ E4326 ④ E4327

10 불스아이 조직(bull's eye structure)이 나타나는 주철로 맞는 것은?

① 칠드 주철 ② 미하나이트 주철
③ 백심가단주철 ④ 구상흑연주철

11 Ni 35~36%, Mn 0.4%, C 0.1~0.3%의 Fe의 합금으로 길이 표준용 기구나 시계의 추 등에 쓰이는 불변강은?

① 플래티나이트(platinite)
② 코엘린바(co-elinvar)
③ 인바(invar)
④ 스텔라이트(stellite)

12 용접선이 응력의 방향과 대략 직각인 필릿용접은?

① 전면 필릿용접 ② 측면 필릿용접
③ 경사 필릿용접 ④ 뒷면 필릿용접

13 불활성가스 금속 아크용접(MIG)법에서 가장 많이 사용되는 것으로 용가재가 고속으로 용융되어 미립자의 용적으로 분사되어 모재로 옮겨 가는 이행방식은?

① 단락 이행 ② 입상 이행
③ 펄스 아크 이행 ④ 스프레이 이행

14 오스테나이트계 스테인리스강의 용접 시 입계부식 방지를 위하여 탄화물을 분해하는 가열온도로 가장 적당한 것은?

① 480~600℃ ② 650~750℃
③ 800~950℃ ④ 1,000~1,100℃

15 주철의 용접이 곤란하고 어려운 이유를 설명한 것은?

① 주철은 연강에 비해 수축이 적어 균열이 생기기 어렵기 때문이다.
② 일산화탄소가 발생하여 용착금속에 기공이 생기기 쉽기 때문이다.
③ 장시간 가열로 흑연이 조대화된 경우 모재와의 친화력이 좋기 때문이다.
④ 주철은 연강에 비하여 경하고 급랭에 의한 흑선화로 기계가공이 쉽기 때문이다.

16 미그(MIG)용접에서 용융속도의 표시방법은?

① 모재의 두께
② 분당 보호가스의 유출량
③ 용접봉의 굵기
④ 분당 용융되는 와이어의 길이, 무게

17 탄소강의 용접에 대한 설명으로 틀린 것은?

① 노치인성이 요구되는 경우 저수소계 계통의 용접봉이 사용된다.
② 중탄소강의 용접에는 650℃ 이상의 예열이 필요하다.
③ 저탄소강의 경우 일반적으로 판 두께 25mm까지는 예열이 필요 없다.
④ 고탄소강의 경우는 용접부의 경화가 현저하여 용접균열이 발생될 위험이 있다.

18 용착부의 단면적 A에 작용하는 허용 인장용력이 σ_t인 경우의 인장하중 P를 구하는 식은?

① $P=A\sigma_t$ ② $P=2A\sigma_t$
③ $P=\frac{A}{\sigma_t}$ ④ $P=\frac{2A}{\sigma_t}$

19 수동가스절단기 토치의 종류 중 작은 곡선 등의 절단은 어려우나, 직선절단에 있어서는 능률적이고 절단면이 깨끗한 절단토치의 팁 모양은?

① 동심(同心)형
② 동심(同心)구멍형
③ 이심(異心)타원형
④ 이심(異心)형

20 가스용접에서 전진법과 비교한 후진법에 대한 설명으로 틀린 것은?

① 판 두께가 두꺼운 후판에 적합하다.
② 용접속도가 빠르다.
③ 용접변형이 작다.
④ 열이용률이 나쁘다.

21 가스절단에서 드래그에 관한 설명 중 틀린 것은?

① 절단면에 일정한 간격의 곡선이 진행 방향으로 나타난 것을 드래그 라인이라 한다.
② 표준 드래그의 길이는 보통 판 두께의 40% 정도이다.
③ 절단면 말단부가 남지 않을 정도의 드래그를 표준 드래그 길이라고 한다.
④ 하나의 드래그 라인의 시작점에서 끝점까지의 수평거리를 드래그라 한다.

22 자기불림 또는 아크쏠림의 방지책이 아닌 것은?

① 큰 가접부를 향하여 용접할 것
② 긴 용접부는 후퇴법을 사용할 것
③ 용접봉 끝은 아크쏠림 쪽으로 기울여 용접할 것
④ 접지점 2개를 연결하여 용접할 것

23 아세틸렌가스의 자연발화온도는 몇 도인가?

① 306~308℃ ② 355~358℃
③ 406~408℃ ④ 455~458℃

24 용접부에 두꺼운 스케일이나 오물 등이 부착되었을 때, 용접 홈이 좁을 때, 양 모재의 두께 차이가 클 경우, 운봉속도가 일정하지 않을 때 생기는 용접결함은?

① 언더컷 ② 융합불량
③ 크랙(crack) ④ 선상조직

25 꼭지각이 136℃인 다이아몬드 사각추의 압입자를 시험하중으로 시험편에 후에 생긴 오목자국의 대각선을 측정해서 환산표에 의해 경도를 표시하는 것은?

① 비커스경도 ② 마이어경도
③ 브리넬경도 ④ 로크웰경도

26 비접촉식 용접선 추적 센서로서 아크용접 도중 위빙할 때 용접 파라미터를 감지하여 용접선을 추적하면서 용접을 진행하도록 하는 센서는?

① 전자기식 센서
② 아크 센서
③ 적응체적 제어 센서
④ 전방인식 광센서

27 열전대 중 가장 높은 온도를 측정할 수 있는 것은?

① 백금-백금로듐 ② 철-콘스탄탄
③ 크로멜-알루멜 ④ 구리

28 철강 표면에 Zn을 확산 침투시키는 방법으로 청분이라고 하는 300mesh 정도의 Zn분말 속에 제품을 넣고, 300~420℃로 1~5시간 가열하여 경화층을 얻는 금속침투법은?

① 칼로라이징(calorizing)
② 세라다이징(sheradizing)
③ 크로마이징(chromizing)
④ 실리코나이징(siliconizing)

29 알루미늄합금의 종류 중 내열성·연신율·절삭성이 좋으나, 고온취성이 크고 수축에 의한 균열 등의 결점이 있는 합금은?

① Al-Co계 합금
② Al-Cu계 합금
③ Al-Zn계 합금
④ Al-Pb계 합금

30 TIG용접 청정작용 효과가 가장 우수한 경우로 옳은 것은?

① 직류정극성, 사용가스는 He
② 직류역극성, 사용가스는 He
③ 직류정극성, 사용가스는 Ar
④ 직류역극성, 사용가스는 Ar

31 다음은 여러 가지 절단법에 대하여 설명한 것이다. 틀린 것은?

① 산소창절단법의 용도는 스테인리스강이나 구리, 알루미늄 및 그 합금을 절단하는 데 주로 사용한다.
② 아크 에어 가우징은 탄소 아크절단에 압축공기를 같이 사용하는 방법으로 용접부의 홈파기, 결함부 제거 등에 사용된다.
③ 수중절단에 사용되는 연료가스로는 수소가 많이 쓰인다.
④ 레이저 절단은 다른 절단법에 비해 에너지 밀도가 높고 정밀절단이 가능하다.

32 응고에서 상온까지 냉각할 때 순철에 발생하는 변태가 아닌 것은?

① A_1 변태점 ② A_2 변태점
③ A_3 변태점 ④ A_4 변태점

33 열처리하지 않아도 충분한 경도를 가지며 코발트를 주성분으로 한 것으로 단련이 불가능하므로 금형 주조에 의해서 소정의 모양으로 만들어 사용하는 합금은?

① 고속도강 ② 스텔라이트
③ 화이트메탈 ④ 합금공구강

34 황동의 탈아연 부식에 대한 설명으로 틀린 것은?

① 탈아연 부식은 60:40황동보다 70:30황동에서 많이 발생한다.
② 탈아연된 부분은 다공질로 되어 강도가 감소하는 경향이 있다.
③ 아연이 구리에 비하여 전기화학적으로 이온화 경향이 크기 때문에 발생한다.
④ 불순물이 부식성 물질이 공존할 때 수용액의 작용에 의하여 생긴다.

35 다음 중 일반구조용 탄소강관의 KS 재료기호는?

① SPP ② SPPS
③ SKH ④ STK

36 다음 그림과 같이 원통을 경사지게 절단한 제품을 제작할 때 어떤 전개법이 가장 적합한가?

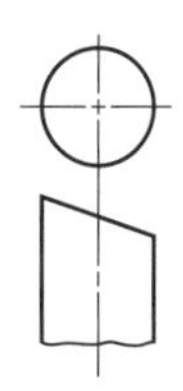

① 사각형법 ② 평행선법
③ 삼각형법 ④ 방사선법

37 다음과 같은 배관의 등각투상도(isometric drawing)를 평면도로 나타낸 것으로 맞는 것은?

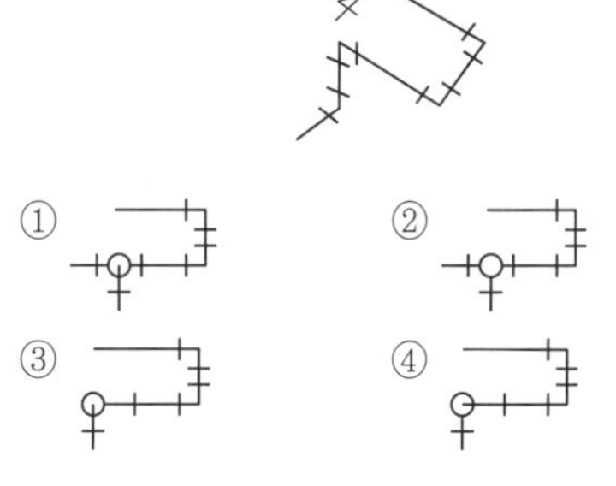

38 그림과 같은 KS 용접기호의 해독으로 틀린 것은?

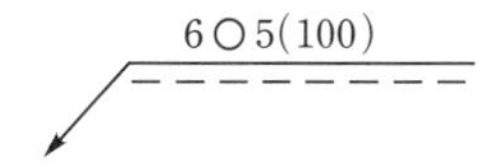

① 화살표 반대쪽 점용접
② 점용접부의 지름 6mm
③ 용접부의 개수(용접 수) 5개
④ 점용접한 간격은 100mm

39 다음 그림은 경유 서비스 탱크 지지철물의 정면도와 측면도이다. 모두 동일한 ㄱ형강일 경우 중량은 약 몇 kgf인가? [단, ㄱ형강(L-50×50×6)의 단위 m당 중량은 4.43kgf/m이고, 정면도와 측면도에서 좌우대칭이다.]

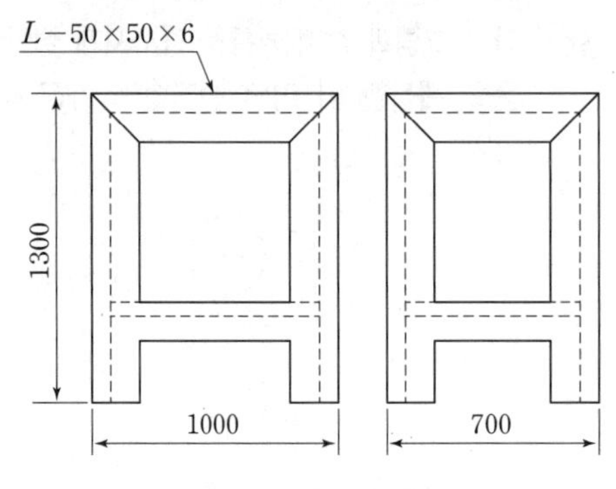

① 44.3 ② 53.1
③ 55.4 ④ 76.1

40 다음 중 현의 치수 기입을 올바르게 나타낸 것은?

①
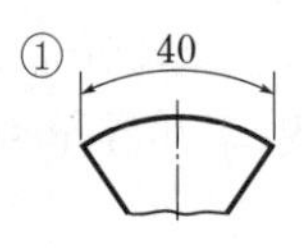

②
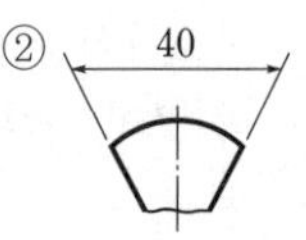

③
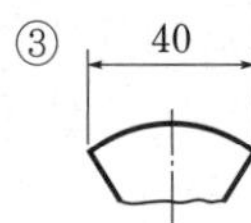

④
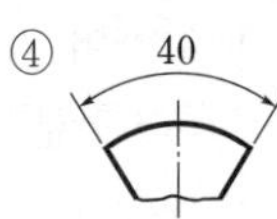

3 회 실전 모의고사

O / X 문제

정답 및 해설: p. 439

01 일렉트로 슬래그용접은 용접법의 분류에서 아크용접으로 분류한다. (O / X)

02 직류 아크용접에서 맨(bare) 용접봉을 사용했을 때 아크가 한쪽으로 쏠리는 현상을 자기불림(magnetic blow)이라 한다. (O / X)

03 서브머지드 아크용접에 사용되는 플럭스 중 고속 용접성이 좋고, 흡습성이 없으며, 반복 사용성이 좋은 것은 소결형 플럭스이다. (O / X)

04 저항용접의 3요소는 용접전류, 통전시간, 가압력이다. (O / X)

05 일반적인 전개도법의 종류에는 평행선법, 방사선법, 사각형법이 있다. (O / X)

06 야금적 접합법이란 금속과 금속을 충분히 접근시키면 금속원자 사이에 인력이 작용하여 그 인력에 의해 금속이 영구 결합하는 것으로 대표적인 것이 용접(welding)이다. (O / X)

07 라우탈(lautal)은 주조용 알루미늄합금으로 Al–Si계의 대표적인 합금이다. (O / X)

08 화재의 종류를 구분할 때, 일반화재는 A급, 유류화재는 B급, 금속화재는 C급, 전기화재는 D급으로 구분한다. (O / X)

09 스테인리스강의 종류에는 마텐자이트계, 페라이트계, 오스테나이트계 등이 있다. (O / X)

10 제어방법에 따른 로봇의 종류에는 서보제어 로봇, 논서보제어 로봇, CP제어 로봇, PTP제어 로봇으로 구분할 수 있다. (O / X)

객관식 문제

정답 및 해설: p. 439

01 교류전원이 없는 옥외 장소에서 사용하는데 가장 적합한 직류 아크용접기는?

① 전류기형 ② 가동철심형
③ 엔진구동형 ④ 전동발전형

02 산소, 아세틸렌 용기의 취급 시 주의사항으로 가장 거리가 먼 것은?

① 운반 시 충격을 금지한다.
② 직사광선을 피하고 50℃ 이하 온도에서 보관한다.
③ 가스누설검사는 비눗물을 사용한다.
④ 저장실의 전기스위치, 전등 등은 방폭 구조여야 한다.

03 교량의 개조나 침몰선의 해체, 항만의 방파제 공사 등에 가장 많이 사용되는 것은?

① 산소창절단 ② 수중절단
③ 분말절단 ④ 플라스마절단

04 가스절단기 중 비교적 가볍고 2가지의 가스를 이중으로 된 동심형의 구멍으로부터 분출하는 토치의 종류는?

① 프랑스식 ② 덴마크식
③ 독일식 ④ 스웨덴식

05 주철은 고온으로 가열과 냉각을 반복하면 차례로 팽창하면서 치수가 변하게 된다. 주철의 성장에 대한 대책으로 틀린 것은?

① C와 결합하기 쉬운 Cr 등의 원소를 첨가한다.
② 구상흑연 또는 국화무늬 모양의 흑연을 발생시킨다.
③ Si의 양을 많게 한다.
④ Ni을 첨가하여 준다.

06 서브머지드 아크용접의 시작점과 끝나는 부분에 결함이 발생되므로 이것을 효과적으로 방지하고 회전 변형의 발생을 막기 위해 용접선 양끝에 무엇을 설치하는가?

① 컴퍼지션 백킹 ② 멜트 백킹
③ 동판 ④ 엔드탭

07 두께가 3.2mm인 박판을 탄산가스 아크용접법으로 맞대기용접을 하고자 한다. 용접전류 100A를 사용할 때 이에 적합한 아크전압[V]의 조정 범위는 어느 정도인가?

① 10~13V ② 18~21V
③ 23~26V ④ 28~31V

08 불활성가스 텅스텐 아크용접(TIG)에서 고주파 발생장치를 더하면 다음과 같은 이점이 있다. 설명 중 틀린 것은?

① 전극을 모재에 접촉시키지 않아도 아크가 발생된다.
② 아크가 안정되고 아크가 길어도 끊어지지 않는다.
③ 전극봉의 소모가 적어 수명이 길어진다.
④ 일정 지름의 전극에 대해서만 지정된 전압의 사용이 가능하다.

09 아크용접작업의 안전 중 전격에 의한 재해예방법으로 틀린 것은?

① 좁은 장소의 용접 작업자는 열기에 의하여 땀을 많이 흘리게 되므로 몸이 노출되지 않게 항상 주의하여야 한다.
② 전격을 받은 사람을 발견했을 때에는 즉시 스위치를 꺼야 한다.
③ 무부하전압이 90V 이상 높은 용접기를 사용한다.
④ 자동 전격방지기를 사용한다.

10 V형 맞대기 피복아크용접 시 슬래그 섞임의 방지대책이 아닌 것은?

① 슬래그를 깨끗이 제거한다.
② 용접전류를 약간 세게 한다.
③ 용접이음부의 루트 간격을 좁게 한다.
④ 봉의 유지각도를 용접 방향에 적절하게 한다.

11 용접 잔류응력을 경감하기 위한 방법 중 맞지 않는 것은?

① 용착금속의 양을 될 수 있는 대로 적게 한다.
② 예열을 이용한다.
③ 적당한 용착법과 용접 순서를 선택한다.
④ 용접 전에 억제법, 역변형법 등을 이용한다.

12 용접구조 설계상의 주의사항으로 틀린 것은?

① 용접치수는 강도상 필요한 이상으로 크게 하지 말 것
② 리벳과 용접의 혼용 시에는 충분한 주의를 할 것
③ 용접성, 노치인성이 우수한 재료를 선택하여 시공하기 쉽게 설계할 것
④ 후판을 용접할 경우는 용입이 얕은 용접법을 이용하여 층수를 늘릴 것

13 방식법 중 15~25% 황산액에서 산화물계의 피막을 형성하는 방법은?

① 알루마이트법　　② 알루미나이트법
③ 크롬산염법　　④ 하이드로날륨법

14 내용적 33.7L의 산소병에 150kgf/cm^{2}의 압력이 게이지에 표시되었다면 산소병에 들어 있는 산소량은 몇 L인가?

① 3,400　　② 5,055
③ 4,700　　④ 4,800

15 스테인리스강의 용접 시 열영향부 부근의 부식저항이 감소되어 입계부식 저항이 일어나기 쉬운데 이러한 현상의 주된 원인은?

① 탄화물의 석출로 크롬함유량 감소
② 산화물의 석출로 니켈함유량 감소
③ 수소의 침투로 니켈함유량 감소
④ 유황의 편석으로 크롬함유량 감소

16 도면에서 표제란과 부품란으로 구분할 때 다음 중 일반적으로 표제란에만 기입하는 것은?

① 부품번호　　② 부품기호
③ 수량　　④ 척도

17 KS 재료기호 중 기계구조용 탄소강재의 기호는?

① SM-35C　　② SS-490B
③ SF-340A　　④ STKM-20A

18 Fe-C 상태도에서 γ고용체와 Fe_3C의 조직으로 옳은 것은?

① 페라이트(ferrite)
② 펄라이트(pearlite)
③ 레데뷰라이트(ledeburite)
④ 오스테나이트(austenite)

19 플라스마 아크용접장치가 아닌 것은?

① 용접토치　　② 제어장치
③ 페룰　　④ 가스공급장치

20 오스테나이트계 스테인리스강은 용접 시 냉각되면서 고온균열이 발생하기 쉬운데 그 원인이 아닌 것은?

① 아크 길이가 너무 길 때
② 크레이터 처리를 하지 않았을 때
③ 모재가 오염되어 있을 때
④ 모재를 구속하지 않은 상태에서 용접할 때

21 테르밋용접(thermit welding)에서 테르밋제는 무엇의 미세한 분말 혼합인가?

① 규소와 납의 분말
② 붕사와 붕산의 분말
③ 알루미늄과 산화철의 분말
④ 알루미늄과 마그네슘의 분말

22 알루미늄이나 그 합금은 용접성이 대체로 불량한데, 그 이유에 해당되지 않는 것은?

① 비열과 열전도도가 대단히 커서 단시간 내에 용융온도까지 이르기가 힘들기 때문이다.
② 용접 후의 변형이 크며 균열이 생기기 쉽기 때문이다.
③ 용융점 660℃로서 낮은 편이고, 색채에 따라 가열온도의 판정이 곤란하여 지나치게 용융되기 쉽기 때문이다.
④ 용융응고 시에 수소가스를 배출하여 기공이 발생되기 어렵기 때문이다.

23 용접부의 국부가열 응력 제거방법에서 용접구조용 압연강재의 응력 제거 시 유지온도와 유지시간으로 적합한 것은?

① 625±25℃ 판 두께 25mm에 대해 1시간
② 725±25℃ 판 두께 25mm에 대해 1시간
③ 625±25℃ 판 두께 25mm에 대해 2시간
④ 725±25℃ 판 두께 25mm에 대해 2시간

24 아세틸렌가스의 통로에 구리 또는 구리합금(62% 이상 구리)을 사용하면 안 되는 이유는?

① 아세틸렌의 과다한 공급을 초래하기 때문에
② 폭발성 화합물을 생성하기 때문에
③ 역화의 원인이 되기 때문에
④ 가스성분이 변하기 때문에

25 주철 중 기계구조용 주물로서 우수하여 널리 사용되는 것으로 강력주철(고급주철)이라고도 하는 것은?

① 백주철 ② 펄라이트 주철
③ 얼룩주철 ④ 페라이트 주철

26 황동의 종류 중 톰백(tombac)이란 무엇을 말하는가?

① 0.3~0.8% Zn의 황동
② 1.2~3.7% Zn의 황동
③ 5~20% Zn의 황동
④ 30~40% Zn의 황동

27 풀림의 목적으로 틀린 것은?

① 냉간가공 시 재료가 경화됨
② 가스 및 분출물의 방출과 확산을 일으키고 내부응력이 저하됨
③ 금속합금의 성질을 변화시켜 연화됨
④ 일정한 조직이 균일화됨

28 용접부의 시험에서 파괴시험이 아닌 것은?

① 형광침투시험 ② 육안조직시험
③ 충격시험 ④ 피로시험

29 450℃까지의 온도에서 강도, 중량비가 높고 내식성이 좋아 항공기 엔진부품, 화학용기 분야에 주로 사용되는 합금은?

① 망간합금 ② 텅스텐합금
③ 구리합금 ④ 티탄합금

30 CO_2용접에서 용접부 가스를 잘 분출시켜 양호한 실드(shield)작용을 하도록 하는 부품은?

① 토치 바디(torch body)
② 노즐(nozzle)
③ 가스분출기(gas diffuser)
④ 인슐레이터(insulator)

31 전기저항 점용접법에 대한 설명으로 틀린 것은?

① 인터랙식 점용접이란 용접점의 부분에 직접 2개의 전극을 물리지 않고 용접전류가 피용접물의 일부를 통하여 다른 곳으로 전달하는 방식이다.
② 단극식 점용접이란 전극이 1쌍으로 1개의 점용접부를 만드는 것이다.
③ 맥동식 점용접은 사이클 단위를 몇 번이고 전류를 연속하여 통전하며 용접속도 향상 및 용접변형 방지에 좋다.
④ 직렬식 점용접이란 1개의 전류회로에 2개 이상의 용접점을 만드는 방법으로 전류손실이 많아 전류를 증가시켜야 한다.

32 피복아크용접봉의 피복제에 대하여 설명한 것 중 맞지 않는 것은?

① 저수소계를 제외한 다른 피복아크용접봉의 피복제는 아크 발생 시 탄산(CO_2)가스와 수증기(H_2O)가 가장 많이 발생한다.
② 아크 안정제는 아크열에 의하여 이온화가 되어 아크전압을 강화시키고 이에 의하여 아크를 안정시킨다.
③ 가스 발생제는 중성 또는 환원성 가스를 발생하여 용접부를 대기로부터 차단하여 용융금속의 산화 및 질화를 방지하는 작용을 한다.
④ 슬래그 생성제는 용융점이 낮은 슬래그를 만들어 용융금속의 표면을 덮어서 산화나 질화를 방지하고 용착금속의 냉각속도를 느리게 한다.

33 다음 중 70~90% Ni, 10~30% Fe을 함유한 합금으로 니켈-철계 합금은?

① 어드밴스(advance)
② 큐프로니켈(cupro-nickel)
③ 퍼멀로이(permalloy)
④ 콘스탄탄(constantan)

34 서브머지드용접과 같이 대전류 영역에서 비교적 큰 용적이 단락되지 않고 옮겨 가는 용적 이행 방식은?

① 입상용적 이행(globular transfer)
② 단락 이행(short-circuiting transfer)
③ 분사식 이행(spray transfer)
④ 중간 이행(middle transfer)

35 절단부에 철분 등을 압축공기로 팁을 통해 분출시키며 예열불꽃 중에서 연소반응에 따른 고온을 이용한 절단법으로 맞는 것은?

① 산소창절단 ② 탄소 아크절단
③ 분말절단 ④ 미그절단

36 치수 기입법에서 지름, 반지름, 구의 지름 및 반지름, 모따기, 두께 등을 표시할 때 사용하는 보조기호 표시가 잘못된 것은?

① 두께: $D6$
② 반지름: $R3$
③ 모따기: $C3$
④ 구의 반지름: $S\phi6$

37 배관의 간략 도시방법에서 파이프의 영구 결합부(용접 또는 다른 공법에 의한다.) 상태를 나타내는 것은?

① ②
③ ④

38 다음의 도면에서 X의 거리는?

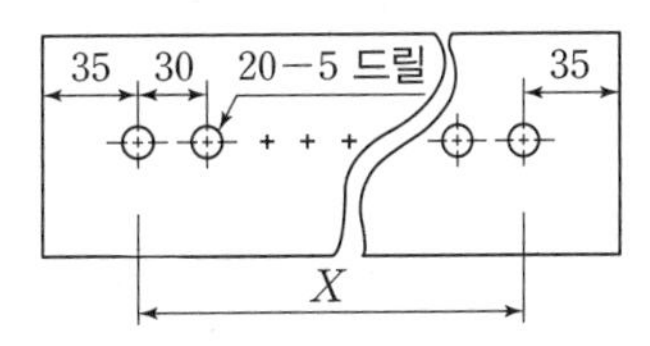

① 510mm ② 570mm
③ 600mm ④ 630mm

39 다음 그림은 투상법의 기호이다. 몇 각법을 나타내는 기호인가?

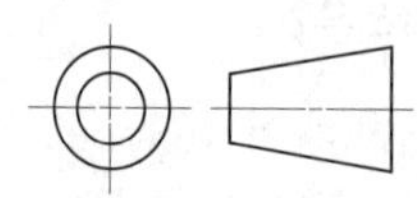

① 제1각법　　② 제2각법
③ 제3각법　　④ 제4각법

40 다음 치수 중 참고치수를 나타내는 것은?

① (50)　　② □50
③ [50]　　④ 50

1회 실전 모의고사 정답 및 해설

O/X 문제

01	×	02	○	03	×	04	×	05	○	06	○	07	○	08	○	09	○	10	×

01

용접은 크게 융접(fusion welding), 압접(pressure welding), 납땜(soldering & brazing)의 3가지로 구분한다.

03

가스용접용 토치 및 팁

- A형(불변압식, 독일식): 니들밸브가 없고, 용접할 수 있는 강판의 두께[mm]로 용량을 표시한다.
- B형(가변압식, 프랑스식): 니들밸브가 있고, 1시간에 표준불꽃으로 용접 시 소비되는 아세틸렌양[L]으로 용량을 표시한다.

04

TIG용접에서 직류역극성으로 아르곤(Ar) 보호가스를 사용할 때 청정작용이 최대가 된다.

10

절단작업 시 산소의 압력 및 순도는 절단 품질을 좌우하는 중요한 요소이다.

객관식 문제

01	②	02	③	03	④	04	④	05	③	06	①	07	①	08	③	09	③	10	①
11	④	12	①	13	②	14	①	15	②	16	①	17	④	18	③	19	②	20	②
21	①	22	④	23	③	24	④	25	③	26	①	27	③	28	①	29	③	30	③
31	②	32	④	33	①	34	②	35	①	36	③	37	④	38	③	39	④	40	①

01

불활성가스 용접에 주로 사용되는 불활성가스는 아르곤(Ar), 헬륨(He) 등이다.

02

수축이 큰 이음부터 먼저 용접한다.

03

- RT: 방사선투과시험
- UT: 초음파탐상시험
- MT: 자기탐상시험
- PT: 침투탐상시험

04

복잡한 머니퓰레이터 구조는 관절좌표 로봇의 큰 단점이다.

07

아크 사용률[%]

$$= \frac{\text{아크 발생시간}}{\text{아크 발생시간} + \text{휴식 시간}} \times 100$$

08

- 저항용접의 3요소: 용접전류, 통전시간, 가압력

09

용접봉의 사용 전 건조온도 및 건조시간

- 저수소계: 300~350℃에서 1~2시간
- 일반 용접봉: 70~100℃에서 30분~1시간

10

오스테나이트계 스테인리스강은 용접 시 예열을 하지 않는다.

12

- 저압식 토치: 아세틸렌가스의 압력이 $0.07 kgf/cm^2$ 이하에서 사용
- 중압식 토치: 아세틸렌가스의 압력이 $0.07 \sim 1.3 kgf/cm^2$에서 사용
- 고압식 토치: 아세틸렌가스의 압력이 $1.3 kgf/cm^2$ 이상에서 사용

15

용접방법별 용착효율

- 피복아크용접: 65%
- 플럭스코어드 아크용접: 75~85%
- MIG용접: 92%
- 서브머지드 아크용접: 100%

※ 용착효율: 용착금속의 중량에 대한 용접봉 사용 중량의 비를 의미하는 것으로 용접봉의 소요량을 산출하거나 용접작업 시간을 판단하는 데 사용된다.

$$\text{용착효율}[\%] = \frac{\text{용착금속의 중량}}{\text{용접봉의 사용 중량}} \times 100$$

16

적열취성의 원인이 되는 원소는 황(S)이며, 적열취성을 방지해 주는 원소는 망간(Mn)이다.

17

용접 포지셔너는 로봇의 작업영역을 확대시켜 주는 역할을 한다.

18

솔리드 와이어 사용 시 스패터가 많이 발생한다.

19

테르밋용접은 용접시간이 짧고 용접 후 변형도 적다.

20

용접입열(H)

$$= \frac{60EI}{V}[J/cm] = \frac{60 \times 25V \times 200A}{20cm/min}$$

$$= 15,000[J/cm]$$

21

- 극성에 따른 용입의 정도: 직류정극성(DCSP) > 교류(AC) > 직류역극성(DCRP)

22

- 20~50mA: 강한 근육수축과 호흡이 곤란하다.
- 50~100mA: 순간적으로 사망할 위험이 있다.
- 100mA 이상: 순간적으로 확실히 사망한다.

24

복합 와이어의 구조에 따른 분류

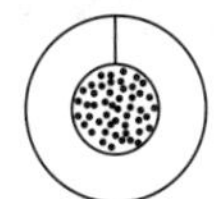

[NCG 와이어]

[아코스 와이어]

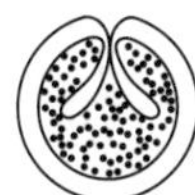

[Y관상 와이어]

[S관상 와이어]

27

강인성 및 내충격성이 높아야 한다.

29

Ni−Cr계 합금의 대표적인 것은 니크롬·인코넬·크로멜 등이 있으며, 내식성·내열성이 우수하고 산화도가 적다.

30

- 뜨임: 담금질된 것에 인성을 부여한다.

31

- 도우메탈: Mg−Al계 합금
- 일렉트론: Mg−Al−Zn계 합금
- 하이드로날륨: Al−Mg계 합금
- 라우탈: Al−Cu−Si계 합금

33

- 정밀작업 시 조도: 300~700lux

34

- 스카핑(scarfing): 강재 표면의 흠이나 개재물, 탈탄층 등을 제거하기 위해 얇은 타원형 모양으로 표면을 깎아 내는 작업

35

- 극성에 따른 용입의 정도: 직류정극성(DCSP) > 교류(AC) > 직류역극성(DCRP)

38

$\frac{\text{꼭지각}}{360} = \frac{\text{밑면의 반지름}(R)}{\text{면의 실제 길이}(L)}$이므로,

$L = R \times \frac{360}{\text{꼭지각}} = 60 \times \frac{360}{150} = 144\,\text{mm}$

39

- 공기: A
- 가스: G
- 유류: O
- 증기: S

2회 실전 모의고사 정답 및 해설

O/X 문제

01	×	02	×	03	○	04	○	05	×	06	○	07	×	08	○	09	○	10	○

01

도면을 접을 때는 A4 크기로 접는 것이 원칙이다.

02

- 초음파탐상법(UT)의 종류: 펄스반사법, 투과법, 공진법

05

- 역류: 고압의 산소가 아세틸렌 호스 쪽으로 흐르는 현상
- 역화: 순간적으로 팁이 막히면서 폭발음과 함께 불꽃이 꺼졌다가 다시 나타나는 현상
- 인화: 순간적으로 팁이 막히면서 불꽃이 토치의 가스 혼합실까지 들어오는 현상

07

고탄소강용접 시 균열을 방지하기 위해서는 낮은 전류로 용접속도를 느리게 하고, 용접 후 풀림처리를 한다.

객관식 문제

01	①	02	①	03	④	04	②	05	④	06	④	07	④	08	②	09	④	10	④
11	③	12	①	13	④	14	④	15	②	16	④	17	②	18	①	19	④	20	④
21	②	22	③	23	③	24	②	25	①	26	②	27	①	28	②	29	②	30	④
31	①	32	①	33	②	34	①	35	④	36	②	37	④	38	①	39	②	40	③

01

서브머지드 아크용접의 용제(flux)

- 용융형: 고속 용접성이 양호하며, 흡습성이 없고 반복 사용성이 좋다.
- 소결형: 합금원소의 첨가가 쉬우나, 흡습성이 높다.
- 혼성형: 분말상 원료에 고착제를 가하여 비교적 저온에서 건조하여 제조한 것이다.

02

허용사용률

$$= \frac{(\text{정격 2차 전류})^2}{(\text{실제 용접전류})^2} \times \text{정격사용률}[\%]$$

$$= \frac{200^2}{160^2} \times 40 = 62.5\%$$

04

용융금속의 이행 형태

- 단락형: 용적이 용융지에 접촉되어 단락되고, 표면장력에 의해 모재로 옮겨 가는 방식
- 스프레이형(분무형): 미세한 용적이 스프레이와 같이 빠른 속도로 모재로 옮겨 가는 방식
- 글로뷸러형(핀치효과형, 입상형): 비교적 큰 용적이 단락되지 않고 옮겨 가는 방식

06

아세틸렌가스는 수소(H_2)와 탄소(C)가 화합된 매우 불안전한 기체이다.

07

산소-프로판가스 용접 시 산소 : 프로판가스의 혼합비 = 4.5 : 1

09

- E4324: 철분-산화티탄계
- E4340: 특수계
- E4326: 철분-저수소계
- E4327: 철분-산화철계

11

- 플래티나이트: Ni 42~48%, 열팽창계수가 작다(전구 및 진공관의 도선용).
- 인바: Ni 36%, 온도에 따른 길이가 불변한다(표준자, 시계추).

13

용융금속의 이행 형태

- 단락형: 용적이 용융지에 접촉되어 단락되고, 표면장력에 의해 모재로 옮겨 가는 방식
- 스프레이형(분무형): 미세한 용적이 스프레이와 같이 빠른 속도로 모재로 옮겨 가는 방식
- 글로뷸러형(핀치효과형, 입상형): 비교적 큰 용적이 단락되지 않고 옮겨 가는 방식

15

주철은 수축이 커서 균열이 발생하기 쉽고, 기공이 생기기 쉽기 때문에 용접이 어렵다.

18

허용 인장응력 $= \dfrac{\text{인장하중}}{\text{단면적}}$이므로,

인장하중 = 허용 인장응력 × 단면적

19

- 프랑스식(동심형): 전후좌우 직선 및 곡선 절단이 가능하다.
- 독일식(이심형): 직선절단에 주로 사용하며, 절단면이 매우 곱다.

20

후진법은 전진법에 비해 열이용률도 좋고 용접속도도 빠르며 열변형도 적게 발생하지만, 용접비드가 나쁘다는 단점이 있다(후판용접 시 사용).

22

아크쏠림 방지대책

- 교류 용접기를 사용할 것
- 용접봉 끝을 아크쏠림의 반대 방향으로 기울일 것
- 접지점은 될 수 있는 대로 용접부에서 멀리할 것
- 가급적이면 짧은 아크를 사용할 것

23

아세틸렌가스

- 자연발화온도: 406~408℃
- 외부 충격 시 폭발온도: 505~515℃
- 자연폭발온도: 780℃

24

- 융합불량(lack of fusion): 모재 개선면의 용융이 제대로 되지 않을 때 발생되는 결함

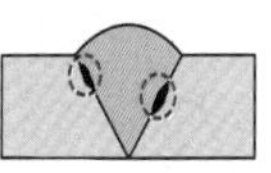

25

- **비커스경도**: 꼭지각이 136°인 사각뿔 압입자를 사용
- **마이어경도**: 압입된 지름을 측정하여 그 투영면적을 구하고, 투영면적에 대한 평균압력을 경도값으로 한다.
- **브리넬경도**: 일정한 지름의 강철볼을 압입자로 사용
- **로크웰경도**: 강구 압입자(B스케일) 또는 꼭지각이 120°인 원뿔형 압입자(C스케일)를 사용

28

- **칼로라이징**: Al 침투
- **세라다이징**: Zn 침투
- **크로마이징**: Cr 침투
- **실리코나이징**: Si 침투

29

- **Al-Cu계 합금**: A2000계 알루미늄(Al)합금으로 두랄루민(2017), 초두랄루민(2024)이 이에 속한다.

31

- 산소창절단은 주로 표면의 슬래그 제거, 강 천공, 후판절단 등에 사용된다.
- 주로 스테인리스 및 구리(Cu), 알루미늄(Al)합금 절단에 사용되는 절단법은 TIG절단이다.

32

- A_0(210℃): 시멘타이트 자기변태점
- A_1(723℃): 공석점
- A_2(768℃): 순철의 자기변태점
- A_3(910℃): 순철의 동소변태점
- A_4(1,400℃): 순철의 동소변태점

33

- **고속도강(SKH)**: 고탄소강에 몰리브덴(Mo), 크롬(Cr), 텅스텐(W), 바나듐(V) 등을 첨가한 강을 담금질 후 뜨임처리한 것으로 고속절삭에 사용되며 표준형으로 18W-4Cr-1V강이 있다.
- **스텔라이트**: 코발트(Co)를 주성분으로 한 코발트(Co)-크롬(Cr)-텅스텐(W)-탄소(C)의 합금으로 대표적인 주조경질합금이다. 단조나 절삭이 안 되므로 주조 후 연마나 성형해서 사용한다.
- **화이트메탈**: 대표적인 베어링용으로 배빗메탈이라고도 하며, 주석(Sn)-안티몬(Sb)-구리(Cu)계 합금이다.

34

6 : 4황동이 7 : 3황동에 비해 탈아연 부식을 일으킬 우려가 높다.

35

- SPP: 배관용 탄소강관
- SPPS(STPG): 압력배관용 탄소강관
- SKH: 고속도강
- STK: 일반구조용 탄소강관

39

사용된 총 ㄱ형강의 길이

= (1300mm × 4개) + (1000mm × 4개) + (700mm × 4개)

= 5200 + 4000 + 2800 = 12000 =12m

∴ ㄱ형강의 총중량 = 12m × 4.43kgf/m = 53.16kgf

3회 실전 모의고사 정답 및 해설

O/X 문제

01	×	02	○	03	×	04	○	05	×	06	○	07	×	08	×	09	○	10	○

01

- 일렉트로 슬래그용접(ESW): 용융 슬래그의 저항열을 이용하여 와이어와 모재를 용융시키면서 단층 수직·상진용접하는 방법으로 아크를 이용한 용접은 아니다.
- 일렉트로 가스용접(EGW): 아크를 이용하는 용접으로 아크용접에 속한다.

03

서브머지드 아크용접의 용제(flux)

- 용융형: 고속 용접성이 양호하며, 흡습성이 없고 반복 사용성이 좋다.
- 소결형: 합금원소의 첨가가 쉬우나, 흡습성이 높다.
- 혼성형: 분말상 원료에 고착제를 가하여 비교적 저온에서 건조해 제조한 것이다.

05

전개도법에는 평행선, 방사선, 삼각형 전개법이 있다.

07

- 라우탈: Al－Cu－Si계 합금
- 실루민: Al－Si계 합금
- 두랄루민: Al－Cu－Mg－Mn계 합금

08

- A급화재: 일반화재
- B급화재: 유류화재
- C급화재: 전기화재
- D급화재: 금속화재

객관식 문제

01	③	02	②	03	②	04	①	05	③	06	④	07	②	08	④	09	③	10	③
11	④	12	④	13	②	14	②	15	①	16	④	17	①	18	③	19	③	20	④
21	③	22	④	23	①	24	②	25	②	26	③	27	①	28	①	29	④	30	②
31	③	32	①	33	③	34	①	35	③	36	①	37	③	38	②	39	③	40	①

02

산소 및 아세틸렌 용기는 항상 40℃ 이하에서 보관한다.

04

- 프랑스식(동심형): 전후좌우 직선 및 곡선 절단이 가능하다.

- 독일식(이심형): 직선절단에 주로 사용하며, 절단면이 매우 곱다.

05

주철의 성장방지법

- 흑연의 미세화(조직의 치밀화)
- 흑연화 방지제를 첨가
- 탄화물 안정제를 첨가(Mn, Cr, Mo, V 등 첨가로 Fe_3C의 분해 방지)
- 규소(Si)의 함유량 감소

07

CO_2용접에서 아크전압 조정 범위

- 박판(6mm 이하)일 경우,
  V = (0.04 × 용접전류) + (15.5 ± 1.5)
- 후판(6mm 초과)일 경우,
  V = (0.04 × 용접전류) + (20 ± 2.0)

따라서, 3.2mm 박판이므로,

V = (0.04 × 용접전류) + 15.5 ± 1.5

= (0.04 × 100A) + (15.5 ± 1.5) = 18~21V

09

무부하전압이 낮은 용접기를 사용한다.

10

슬래그 섞임의 방지 차원에서는 용접이음부의 루트 간격은 넓게 하는 것이 좋다.

11

용접 전에 억제법, 역변형법 등을 이용하는 것은 변형 방지를 위한 조치이다.

12

후판을 용접할 경우 용입이 깊은 용접법을 이용하여 층수를 줄여야 한다.

13

알루미늄 방식법

- 수산법(alumite process; 알루마이트법): 알루미늄(Al)제품을 2% 수용액에 넣고 전류를 송전하여 산화피막을 형성하는 방법
- 황산법(alumilite process; 알루미나이트법): 15~20% 황산액을 사용하며 산화피막을 형성하는 방법
- 크롬산염법: 3.0%의 산화크롬 수용액을 사용하여 산화피막을 형성하는 방법

14

산소량 = 내용적 × 용기 내 압력

= 33.7L × 150kgf/cm^2 = 5,055L

16

- 표제란: 도면번호, 도명, 척도, 공사명, 작성자, 검도자 등을 기입한 것

18

- 레데뷰라이트(ledeburite): γ고용체와 Fe_3C의 공정조직

19

페룰(ferrule)은 스터드용접에 사용되는 장치이다.

22

알루미늄 및 그 합금은 용접 시 기공이 많이 발생되기 때문에 주의가 필요하다.

28

형광침투시험은 비파괴시험법에 속한다.

31

맥동식 점용접은 사이클 단위를 몇 번이고 전류를 단속하여 통전하는 방식이다.

33

- 어드밴스: 44% Ni
- 큐프로니켈: 10~30% Ni(백동)
- 퍼멀로이: 70~90% Ni
- 콘스탄탄: 40~45% Ni

34

용융금속의 이행 형태

- 단락형: 용적이 용융지에 접촉되어 단락되고, 표면장력에 의해 모재로 옮겨 가는 방식
- 스프레이형(분무형): 미세한 용적이 스프레이와 같이 빠른 속도로 모재로 옮겨 가는 방식
- 글로뷸러형(핀치효과형, 입상형): 비교적 큰 용적이 단락되지 않고 옮겨 가는 방식

36

두께: t

38

- 20-5 드릴: 구멍 개수 20개, 구멍 지름 5mm를 뜻한다.

∴ X = 구멍 간격 × (구멍 개수−1)

= 30 × (20−1) = 570mm

40

①: 참고치수, ②: 정사각형의 변, ③: 이론적으로 정확한 치수

Memo

Memo

ISO 국제용접사 필기+실기

2020. 3. 2. 초 판 1쇄 인쇄
2020. 3. 9. 초 판 1쇄 발행

지은이 | 김광암, 강병욱, 권기행
펴낸이 | 이종춘
펴낸곳 | BM (주)도서출판 **성안당**
주소 | 04032 서울시 마포구 양화로 127 첨단빌딩 3층(출판기획 R&D 센터)
10881 경기도 파주시 문발로 112 출판문화정보산업단지(제작 및 물류)
전화 | 02) 3142-0036
031) 950-6300
팩스 | 031) 955-0510
등록 | 1973. 2. 1. 제406-2005-000046호
출판사 홈페이지 | **www.cyber.co.kr**
ISBN | 978-89-315-3893-9 (13550)
정가 | 32,000원

이 책을 만든 사람들
책임 | 최옥현
진행 | 이희영
교정 · 교열 | 이희영, 김경희
본문 디자인 | 이미연
표지 디자인 | 유선영
홍보 | 김계향
국제부 | 이선민, 조혜란, 김혜숙
마케팅 | 구본철, 차정욱, 나진호, 이동후, 강호묵
제작 | 김유석